低温環境の科学事典

河村公隆

大島慶一郎・小達恒夫・川村賢二・佐﨑 元

杉山 慎・関 宰・宮﨑雄三・髙橋晃周

西岡 純・原登志彦・福井 学・藤吉康志

三寺史夫・本山秀明・渡部直樹

[編集]

朝倉書店

口絵1 2009年7月14日にスウェーデンのストックホルムで撮影された夜光雲（Jacek Stegman博士提供）．地平線近くで陰になっている雲が通常の雲である．〔本文項目1-3参照〕

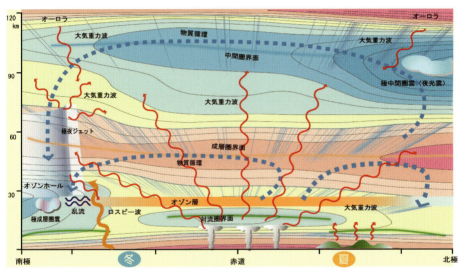

口絵2 地球大気の南北断面．各種大気波動を矢印付波線で，大気波動により駆動される大気の南北循環を矢印付破線で示す（南極昭和基地大型大気レーダー計画ホームページより）．〔1-5〕

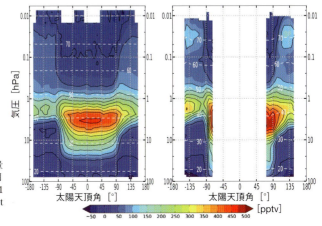

口絵3 ClO分子日変化の存在量高度分布．（左）2009年10～11月緯度20°S～20°N，（右）2010年1～2月緯度50°N～65°N（Sato et al., 2012）〔1-15〕

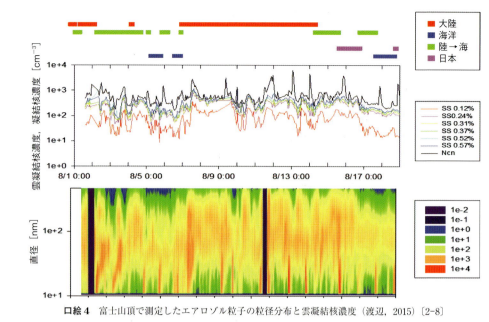

口絵4 富士山頂で測定したエアロゾル粒子の粒径分布と雲凝結核濃度（渡辺, 2015）〔2-8〕

口絵5 立山・室堂平での積雪断面観測〔2-10〕

口絵6 ハイボリュームエアサンプラーによる海洋エアロゾルの採取〔2-15〕

口絵 7 海氷上のフロストフラワー
(左) グリーンランド・シオラパルク沖で観測されたフロストフラワー，(右) フロストフラワーの接写写真．フロストフラワー上に塩（えん）が析出している．〔3-7〕

口絵 8 南極昭和基地近傍の定着氷下面から垂下するアイスアルジーの群体（1983 年 12 月 12 日）〔4-1〕

口絵 9 ナンキョクオキアミ（写真提供：オーストラリア南極局）
(上) 成熟メス，(下) 成熟オス〔4-6〕

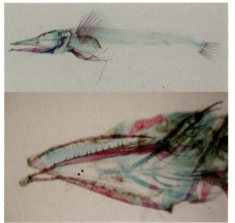

口絵 10 コオリウオ科の一種の仔魚（体長 35 mm）透明二重染色骨格標本．軟骨と硬骨がそれぞれ青と赤に染色され，筋肉は薬品で透明化されている．脊椎骨はまだ形成されていないが（上），顎や歯は十分に発達している（下：頭部を左斜め下から見たところ）．〔4-10〕

口絵 11　チュクチ海でシャチに襲われたコククジラ（撮影：関口圭子博士）北海道大学練習船おしょろ丸北極航海中に撮影された．〔4-16〕

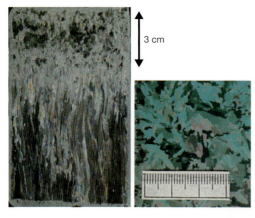

口絵 12　偏光写真で見た（左）海氷の鉛直断面，（右）短冊状氷の部分の水平断面〔5-4〕

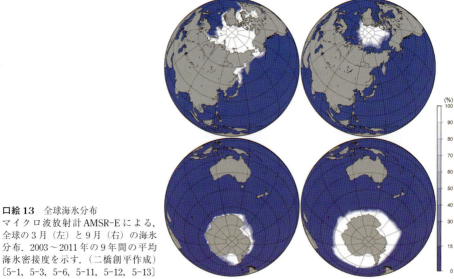

口絵 13　全球海氷分布
マイクロ波放射計 AMSR-E による，全球の 3 月（左）と 9 月（右）の海氷分布．2003〜2011 年の 9 年間の平均海氷密接度を示す．（二橋創平作成）〔5-1, 5-3, 5-6, 5-11, 5-12, 5-13〕

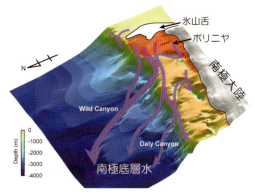

口絵 14 ケープダンレー底層水が形成される模式図

南極大陸から張り出す氷山舌の下流に，多量に海氷が生産される海域（沿岸ポリニヤ）が作られる．この高海氷生産によって重い水が作られ，その重い水が海の峡谷に沿って沈み込み，周りの水と混合しながら南極底層水となって，南極海さらには全世界の海洋深層に拡がっていく（Ohshima et al., 2013 を改変）．〔5-9〕

口絵 15 凍土コアにみられるアイスレンズ〔6-2〕

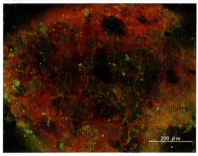

口絵 16 雪氷藻類

（左）一面に広がる赤雪（アラスカ・ハーディング氷原）

（右）グリーンランドの氷河上のクリオコナイト粒の蛍光顕微鏡画像．赤色：糸状シアノバクテリアの光合成色素の自家蛍光，緑色：その他の微生物を核酸染色試薬で染色したもの．〔7-2〕

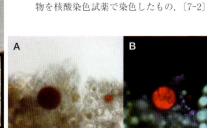

口絵 17 彩雪現象

（左）南極宗谷海岸ラングホブデのやつで沢雪田において観察された赤雪現象（2006 年 1 月 26 日撮影）．矢印で示した赤雪の光学顕微鏡写真：現場で採取した赤雪中には直径 10〜30 μm の赤色の緑藻類細胞の他にも緑色細胞も観察される．

（右）やつで沢から採取した赤雪の顕微鏡写真．A：透過光像，B：DAPI 染色後の UV 励起落斜蛍光像．直径約 30 μm の球形藻類細胞周辺に数 μm のバクテリア細胞が高密度に生息している．遺伝子解析から，アスタキサンチンを産生する耐冷性従属栄養性 *Hymenobacter* が検出されている（Fujii et al., 2010）．〔7-11〕

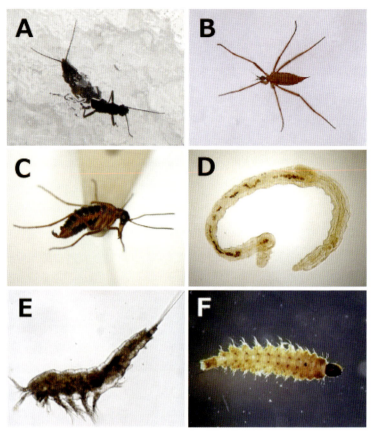

口絵 18　雪氷動物
A：クロカワゲラ科の一種（尾瀬沼），B：クモガタガガンボ属の一種（白神山地，中村剛之氏撮影），C：エゾユキシリアゲムシ（*Boreus yezoensis*，富良野，中村剛之氏撮影），D：ミジンヒメミミズ属の一種（尾瀬ヶ原），E：ソコミジンコ科の一種（尾瀬ヶ原），F：ヌカカ科の一種（尾瀬ヶ原）（福原ら，2012）．〔7-7〕

口絵 19　アカシボの状況
（左）2012 年 3 月 23 日尾瀬ヶ原のコア，（中央）2014 年 5 月 9 日尾瀬沼のコア，（左）尾瀬ヶ原研究見本園 2012 年 5 月 11 日の景観．〔7-12〕

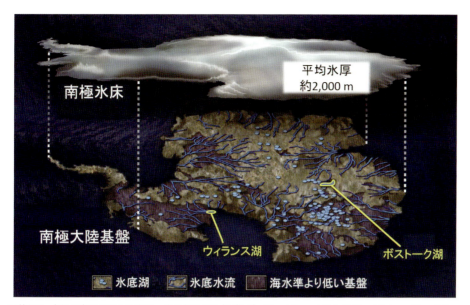

口絵 20 南極氷床における氷底湖，底面水流の分布〔8-6〕（Deretsky and U.S. National Science Foundation, 2012 を改変）

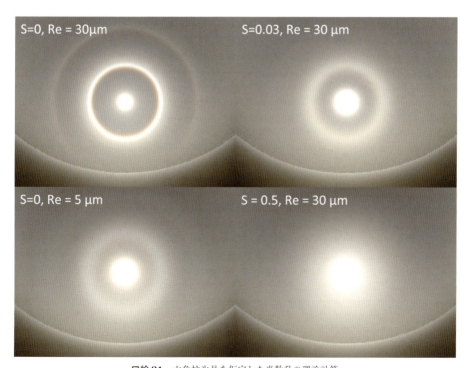

口絵 21 六角柱氷晶を仮定した光散乱の理論計算
S は氷晶表面の粗度を表し，Re は氷晶有効半径を表す．左上の画像では太陽から 22° の位置に内暈，46° の位置に外暈が見えている．〔10-10〕

口絵22 蜃気楼
(上)暖気移流による上位蜃気楼(石狩湾),(下)放射冷却による上位蜃気楼(オホーツク海).〔10-9〕

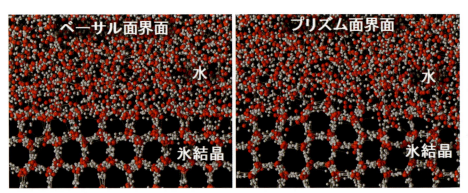

口絵23 ベーサル面およびプリズム面の界面付近の水分子配列構造のMD解析.赤白2つの球は,それぞれ水分子の酸素原子と水素原子を表す.〔11-6〕

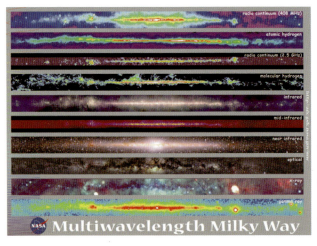

口絵24 さまざまな波長で観測された天の川銀河.可視や近赤外(下から3番目と4番目)で星の世界が観測できる一方,電波では星間空間を漂う冷たい分子ガスからなる分子雲が観測できる(上から4番目).分子雲は星の形成現場であると同時に,水やメタノールなどさまざまな分子が生成される場でもある.http://mwmw.gsfc.nasa.gov/mmw_product.html 〔11-15〕

序

　環境という言葉は人間社会があってはじめて成り立つ概念である．同様に，低温という概念は常温で暮らす我々によって定義される．本書では，低温の概念を身近な雪・氷はもちろんのこと，極域，さらには宇宙空間での低温にまで広めることとする．身の周りの低温現象から地球・宇宙に至るまで，低温に関わるキーワードを広く挙げて一般の人にもわかりやすく解説するのが本書の目的である．読者として大学生・研究者までをも意識したが，低温の場として，身近な大気（地表付近から超高層まで），高緯度（南極・北極），山岳地帯，海氷，深海さらには宇宙空間までを対象とした．低温を理解する科学の基礎として，化学，物理，生物，地理，地質学などを取りあげた．

　本書では，地球温暖化を低温現象との関係で取りあげる．例えば，温暖化により降雪は増えるのか，大気循環，大気環境，気候はどう変わるか．低温に関わる生物現象を取りあげる．氷点下の海に生息する魚，海氷の中で生きる植物プランクトン，極寒の環境でも凍結しない植物，凍結しても生き返る微生物，低温への生物適応等を明らかにする．

　また，低温域が地球システムの維持に果たす役割を理解するため，その基礎となる概念を解説する．海氷の分布と役割，海氷と生物生産，海氷生成と中層水の形成，深層水の生成と海洋循環，熱塩循環，温暖化で深層循環はどう変化するか，などを取り上げる．また，地球温暖化の影響が最も顕著に現れる高緯度域での生態系の変化を取りあげる．温暖化による北極の海氷融解，北極航路の開発，ホッキョクグマなど大型動物への影響，グリーンランド氷床の融解なども取りあげる．

　雪は純白であるが，実は多くの不純物を含んでいる．雪の中の不純物（化学成分）から，現在の大気環境の変化を解明する研究が行われている．また，氷床中の化学成分（ガス，エアロゾル）の解析から過去の気候の復元が可能である．氷河の移動，氷河に削られた地形など，雪と氷にまつわる話題は事欠かない．本書は北海道大学低温科学研究所と国立極地研究所の研究者を中心に，約150名の研究者によって執筆されている．

我が国ではじめて出版される「低温環境の科学事典」が，将来，低温環境の研究を目指そうとする若者の参考書として役立つならば，編集者としてこれほどうれしいことはない．

　2016 年 6 月

編集者を代表して　河 村 公 隆

編集者

〔代表〕河 村 公 隆　中部大学中部高等学術研究院教授
　　　　　　　　　　北海道大学名誉教授

大 島 慶 一 郎	北海道大学低温科学研究所教授	
小 達 恒 夫	国立極地研究所教授	
川 村 賢 二	国立極地研究所准教授	
佐 﨑 　 元	北海道大学低温科学研究所教授	
杉 山 　 慎	北海道大学低温科学研究所准教授	
関 　 　 宰	北海道大学低温科学研究所准教授	
髙 橋 晃 周	国立極地研究所准教授	
西 岡 　 純	北海道大学低温科学研究所准教授	
原 登 志 彦	北海道大学低温科学研究所教授	
福 井 　 学	北海道大学低温科学研究所教授	
藤 吉 康 志	北海道大学名誉教授	
三 寺 史 夫	北海道大学低温科学研究所教授	
宮 﨑 雄 三	北海道大学低温科学研究所助教	
本 山 秀 明	国立極地研究所教授	
渡 部 直 樹	北海道大学低温科学研究所教授	

（五十音順）

執筆者

相 川 祐 理　筑波大学	伊 村 　 智　国立極地研究所
青 木 　 茂　北海道大学	岩 田 智 也　山梨大学
青 木 周 司　東北大学	岩 渕 弘 信　東北大学
青 木 輝 夫　岡山大学	岩 見 哲 夫　東京家政学院大学
浅 野 行 蔵　浅野食品・バイオ技術士事務所	植 竹 　 淳　国立極地研究所
東 　 久 美 子　国立極地研究所	植 村 　 立　琉球大学
阿 部 彩 子　東京大学	内 田 　 努　北海道大学
荒 川 圭 太　北海道大学	海 老 原 祐 輔　京都大学
飯 高 敏 晃　理化学研究所	大 鐘 卓 哉　小樽市総合博物館
飯 田 　 肇　富山県立山カルデラ砂防博物館	大 島 慶 一 郎　北海道大学
飯 塚 芳 徳　北海道大学	大 村 嘉 人　国立科学博物館
池 原 　 実　高知大学	岡 田 邦 宏　上智大学
伊 勢 武 史　京都大学	岡 田 哲 男　東京工業大学
稲 津 　 將　北海道大学	小 川 泰 信　国立極地研究所

奥地 拓生	岡山大学	
落合 正則	北海道大学	
小野 清美	北海道大学	
柿澤 宏昭	北海道大学	
笠井 康子	情報通信研究機構	
金谷 有剛	海洋研究開発機構	
亀田 貴雄	北見工業大学	
加茂野 晃子	首都大学東京	
川合 美千代	東京海洋大学	
河北 秀世	京都産業大学	
川口 創	オーストラリア南極局	
川崎 高雄	東京大学	
河谷 芳雄	海洋研究開発機構	
河村 公隆	中部大学	
川村 賢二	国立極地研究所	
菊地 隆	海洋研究開発機構	
草原 和弥	タスマニア大学	
工藤 栄	国立極地研究所	
久保 響子	鶴岡工業高等専門学校	
久万 健志	北海道大学名誉教授	
黒田 友二	気象研究所	
香内 晃	北海道大学	
高麗 正史	東京大学	
國分 亙彦	国立極地研究所	
小島 久弥	北海道大学	
媚山 政良	室蘭工業大学	
小室 芳樹	海洋研究開発機構	
近藤 宣昭	前（株）三菱化学生命科学研究所	
齋藤 冬樹	海洋研究開発機構	

坂井 亜規子	名古屋大学	
坂上 寛敏	北見工業大学	
桜井 泰憲	函館国際水産・海洋都市推進機構	
佐﨑 元	北海道大学	
佐藤 知紘	情報通信研究機構	
澤柿 教伸	法政大学	
庄子 仁	北見工業大学	
杉本 敦子	北海道大学	
杉山 慎	北海道大学	
鈴木 忠	慶應義塾大学	
鈴木 秀彦	明治大学	
鈴木 芳治	物質・材料研究機構	
隅田 明洋	北海道大学	
瀬川 高弘	山梨大学	
関 宰	北海道大学	
曽根 敏雄	北海道大学	
高橋 晃周	国立極地研究所	
高橋 邦夫	国立極地研究所	
高橋 修平	北海道立オホーツク流氷科学センター	
高橋 英樹	北海道大学	
高原 光	京都府立大学	
田口 哲	東京家政学院大学	
竹内 望	千葉大学	
竹中 規訓	大阪府立大学	
立澤 史郎	北海道大学	
田中 歩	北海道大学	
谷 晃	静岡県立大学	
谷村 篤	前 国立極地研究所	
谷本 浩志	国立環境研究所	

田村 岳史	国立極地研究所	
堤 雅基	国立極地研究所	
露崎 史朗	北海道大学	
戸田 求	広島大学	
豊田 威信	北海道大学	
中島 英彰	内閣府	
中塚 武	総合地球環境学研究所	
永塚 尚子	国立極地研究所	
中村 卓司	国立極地研究所	
中村 知裕	北海道大学	
中村 尚	東京大学	
中山 智喜	名古屋大学	
灘 浩樹	産業技術総合研究所	
西岡 純	北海道大学	
西村 浩一	名古屋大学	
二橋 創平	苫小牧工業高等専門学校	
野原 精一	国立環境研究所	
野村 大樹	北海道大学	
長谷部 文雄	北海道大学	
八久保 晶弘	北見工業大学	
原 圭一郎	福岡大学	
原田 尚美	海洋研究開発機構	
平沢 尚彦	国立極地研究所	
平譯 享	北海道大学	
廣岡 俊彦	九州大学	
福井 幸太郎	富山県立立山カルデラ砂防博物館	
福井 学	北海道大学	
福原 晴夫	新潟大学名誉教授	
藤井 正典	環境科学技術研究所	
藤田 秀二	国立極地研究所	
藤吉 康志	北海道大学名誉教授	
藤原 正智	北海道大学	
古川 義純	北海道大学名誉教授	
星野 保	産業技術総合研究所	
細川 敬祐	電気通信大学	
堀内 一穂	弘前大学	
本田 明治	新潟大学	
本間 航介	新潟大学	
牧 輝弥	金沢大学	
町田 敏暢	国立環境研究所	
松木 篤	金沢大学	
松野 孝平	オーストラリア南極局	
松村 義正	北海道大学	
的場 澄人	北海道大学	
三浦 和彦	東京理科大学	
三谷 曜子	北海道大学	
道本 光一郎	ウェザー・サービス(株)	
三寺 史夫	北海道大学	
南 尚嗣	北見工業大学	
見延 庄士郎	北海道大学	
村上 正隆	名古屋大学	
茂木 正人	東京海洋大学	
本山 秀明	国立極地研究所	
森本 真司	東北大学	
柳井 洋介	文部科学省	
柳瀬 亘	東京大学	
山崎 孝治	北海道大学名誉教授	
山下 聡	北見工業大学	

山下　洋　平	北海道大学	
横　内　陽　子	国立環境研究所	
横　山　悦　郎	学習院大学	
渡　部　直　樹	北海道大学	
渡　邉　研太郎	国立極地研究所	
渡　辺　幸　一	富山県立大学	
渡　辺　　　力	北海道大学	
渡　辺　佑　基	国立極地研究所	
渡　辺　　　豊	北海道大学	

（五十音順）

目 次

① 超高層・中層大気
[編集担当] 宮﨑雄三

1-1	オゾンホール	［中島英彰］	2
1-2	極成層圏雲	［高麗正史］	5
1-3	極中間圏雲 — 地球で一番高い雲	［鈴木秀彦］	7
1-4	極夜ジェット	［黒田友二］	9
1-5	極域大気の不思議な温度構造	［堤 雅基］	11
1-6	成層圏突然昇温	［廣岡俊彦］	13
1-7	ブリューワードブソン循環（成層圏の大気大循環）	［藤原正智］	15
1-8	成層圏の水蒸気	［長谷部文雄］	17
1-9	温暖化に伴う中層大気の変化	［河谷芳雄］	19
1-10	オーロラ	［細川敬祐］	22
1-11	磁 気 嵐	［海老原祐輔］	24
1-12	極域の大気潮汐波	［中村卓司］	26
1-13	超高層大気の長期変動	［小川泰信］	28
1-14	宇宙から観たオゾン同位体	［佐藤知紘］	30
1-15	中層大気の塩素化学	［笠井康子］	32

② 対流圏大気の化学
[編集担当] 河村公隆

2-1	北 極 霞	［河村公隆］	36
2-2	南極積雪中の化学成分	［河村公隆］	38
2-3	炭素質エアロゾルの光学特性	［中山智喜］	40
2-4	生物氷晶核	［松木 篤］	42
2-5	大気バイオエアロゾル	［牧 輝弥］	44
2-6	積雪中のブラックカーボン	［青木輝夫］	46
2-7	温室効果気体	［青木周司］	48
2-8	山岳大気中の雲凝結核	［三浦和彦］	50
2-9	シベリア上空の温室効果ガス	［町田敏暢］	52
2-10	立山・室堂平の積雪中の化学成分	［渡辺幸一］	54
2-11	富士山麓における生物起源VOC	［谷 晃］	56

2-12	北極域でのメタン濃度変動とメタンの炭素・水素同位体比	[森本真司]	58
2-13	高緯度森林大気でのイソプレンとホルムアルデヒド	[金谷有剛]	60
2-14	南極大気中の海塩粒子	[原 圭一郎]	62
2-15	北極海での大気観測	[河村公隆]	64
2-16	森林火災，バイオマス燃焼	[河村公隆]	66
2-17	対流圏オゾン	[谷本浩志]	68
2-18	極域におけるハロカーボン	[横内陽子]	70

③ 寒冷圏の海洋化学
[編集担当] 西岡 純・関 宰

3-1	極域海洋の炭素循環・気体交換過程	[野村大樹]	74
3-2	極域海洋の栄養塩動態	[渡辺 豊]	76
3-3	極域海洋の酸性化	[川合美千代]	78
3-4	北極海の微量金属元素の動態	[久万健志]	80
3-5	極域海洋の非生物態有機物動態	[山下洋平]	82
3-6	陸域-海洋相互作用	[西岡 純]	84
3-7	海氷上のフロストフラワー	[的場澄人]	86
3-8	極域海洋の基礎生産	[平譯 享]	88
3-9	極域海洋の生物ポンプ	[原田尚美]	90
3-10	極域海洋の海氷変動史	[関 宰]	92
3-11	南大洋の基礎生産変動史	[池原 実]	94

④ 海氷域の生物
[編集担当] 髙橋晃周・小達恒夫

4-1	アイスアルジー	[渡邉研太郎]	98
4-2	氷縁ブルーム	[田口 哲]	100
4-3	南極の動物プランクトン	[髙橋邦夫]	102
4-4	北極の動物プランクトン	[松野孝平]	104
4-5	海氷生物群集	[谷村 篤]	106
4-6	南極海洋生態系の鍵種：ナンキョクオキアミ	[川口 創]	108
4-7	南極の魚	[岩見哲夫]	110
4-8	コオリウオ類	[岩見哲夫]	112
4-9	不凍魚	[岩見哲夫]	114
4-10	南極海の魚のこども，そのくらし	[茂木正人]	116
4-11	ホッキョクダラ	[桜井泰憲]	118
4-12	極域の海鳥類	[國分亙彦]	120
4-13	ペンギン	[髙橋晃周]	122
4-14	アザラシ	[渡辺佑基]	124
4-15	ホッキョクグマ	[渡辺佑基]	126

4-16	クジラ類	［三谷曜子］	128

5 海洋物理・海氷
［編集担当］大島慶一郎

5-1	海氷・海洋アルベドフィードバック	［二橋創平］	132
5-2	海氷の熱的性質とブライン	［豊田威信］	134
5-3	海氷の生成と成長過程	［豊田威信］	136
5-4	海氷の結晶構造	［豊田威信］	138
5-5	フラジルアイスと過冷却	［松村義正］	140
5-6	海氷のモデリング	［小室芳樹］	142
5-7	沿岸ポリニヤ	［田村岳史］	144
5-8	海洋深層循環	［大島慶一郎］	146
5-9	南極底層水	［大島慶一郎］	148
5-10	北大西洋深層水	［川崎高雄］	150
5-11	オホーツク海での海氷生成	［大島慶一郎］	152
5-12	北極海の海氷減少と地球温暖化	［菊地　隆］	154
5-13	海氷リモートセンシング	［二橋創平］	156
5-14	棚氷と海洋の相互作用	［草原和弥］	158
5-15	淡水循環と極域	［青木　茂］	160

6 永久凍土と植生
［編集担当］原　登志彦

6-1	永久凍土の形成・分布	［曽根敏雄］	164
6-2	永久凍土の物理と化学	［杉本敦子］	167
6-3	植物の分布	［高橋英樹］	169
6-4	寒冷圏冬季の光合成	［田中　歩］	171
6-5	北方林の天然更新	［本間航介］	173
6-6	北方林樹木の繁殖様式	［本間航介］	175
6-7	樹木細胞の凍結挙動	［荒川圭太］	177
6-8	樹木の生理生態的特徴と寒冷域の環境要因	［隅田明洋］	179
6-9	寒冷域の光ストレスに対する植物の応答	［小野清美］	181
6-10	北方林における森林火災	［露崎史朗］	183
6-11	北方林への人為的影響	［柿澤宏昭］	185
6-12	北方林における熱・水収支	［戸田　求］	187
6-13	バイカル湖周辺における植生史	［高原　光］	189
6-14	地球環境変動と北方植生	［露崎史朗］	191
6-15	北方林における物質生産	［戸田　求］	193
6-16	北方林の利用	［柿澤宏昭］	195
6-17	北方圏における人と動物の暮らし	［立澤史郎］	197

6-18	年輪が語る過去の気候変動	［中塚　武］	199
6-19	永久凍土と北方林生態系の将来	［伊勢武史］	201

7　寒冷圏の微生物・動物
［編集担当］福井　学

7-1	低温と微生物	［小島久弥］	204
7-2	雪氷藻類	［植竹　淳］	208
7-3	氷核活性細菌	［植竹　淳］	210
7-4	雪と植物病原菌	［星野　保］	212
7-5	南極の地衣類はどこから来たのか？	［大村嘉人］	214
7-6	クマムシ	［鈴木　忠］	216
7-7	雪氷動物	［福原晴夫］	218
7-8	昆虫の耐寒性	［落合正則］	223
7-9	鳥類の低温生存戦略	［髙橋晃周］	225
7-10	哺乳類の低温適応—冬眠	［近藤宣昭］	227
7-11	彩雪現象	［福井　学］	229
7-12	アカシボ	［野原精一］	231
7-13	湿地・湖沼のメタン循環	［岩田智也］	233
7-14	土壌凍結と微生物	［柳井洋介］	235
7-15	永久凍土と微生物	［浅野行蔵］	237
7-16	氷河・氷床・氷底湖の微生物	［瀬川高弘］	239
7-17	氷河生態系	［竹内　望］	243
7-18	極地沙漠	［伊村　智］	247
7-19	高山湖沼生態系	［藤井正典］	249
7-20	南極湖沼生態系	［工藤　栄］	252
7-21	メタンハイドレートと微生物	［久保響子］	256
7-22	好雪性変形菌類	［加茂野晃子］	259

雪氷・アイスコア
［編集担当］川村賢二・杉山　慎・本山秀明

8-1	地球最古の氷	［藤田秀二］	264
8-2	氷期-間氷期サイクル	［川村賢二・阿部彩子］	266
8-3	グリーンランドの気候変動	［東久美子］	269
8-4	氷河湖	［坂井亜規子］	272
8-5	氷河地形	［澤柿教伸］	274
8-6	氷河底面プロセス	［杉山　慎］	276
8-7	日本の氷河	［福井幸太郎・飯田　肇］	278
8-8	雪国への恵み，雪資源	［媚山政良］	280
8-9	河川・湖沼の雪氷現象	［高橋修平］	282

8-10	アイスコア掘削技術	[本山秀明]	284
8-11	さまざまな過去の気温推定法	[植村 立]	287
8-12	アイスコア解析の最先端	[東 久美子]	289
8-13	アイスコアの空気からわかること	[川村賢二]	291
8-14	氷床・氷河上ダストの起源	[永塚尚子]	293
8-15	屋久杉とアイスコア	[堀内一穂]	295
8-16	グリーンランド氷床の表面融解	[青木輝夫]	297
8-17	ドームふじ基地での越冬観測	[亀田貴雄]	299
8-18	雪氷圏のガスハイドレート	[内田 努]	301
8-19	粒々のダイナミクス	[西村浩一]	304
8-20	南極とグリーンランドの氷床質量変化と海面上昇	[齋藤冬樹]	306
8-21	過去の二酸化炭素濃度の変動	[青木周司]	308

9 寒冷圏から見た大気・海洋相互作用
[編集担当] 三寺史夫

9-1	オホーツク海高気圧の発達	[中村 尚]	312
9-2	オホーツク海の下層雲・霧と大気海洋相互作用	[中村知裕]	314
9-3	ストームトラック	[中村 尚]	316
9-4	アリューシャン低気圧	[見延庄士郎]	318
9-5	北極振動	[山崎孝治]	320
9-6	成層圏-対流圏結合	[山崎孝治]	322
9-7	北太平洋亜寒帯循環の長期変動	[三寺史夫]	324
9-8	環オホーツク地域の大気海洋海氷相互作用	[三寺史夫]	326
9-9	北極海海氷変動と日本の気象気候	[本田明治]	328
9-10	南極大気・海洋の長期変動	[青木 茂]	330

10 寒冷圏の身近な気象
[編集担当] 藤吉康志

10-1	気温が下がる仕組み	[渡辺 力]	334
10-2	ポーラーロウ	[柳瀬 亘]	336
10-3	爆弾低気圧	[稲津 將]	338
10-4	冬季雷・竜巻	[道本光一郎]	340
10-5	ブリザード	[平沢尚彦]	342
10-6	降雪粒子と雪雲	[藤吉康志]	344
10-7	ダイヤモンドダスト	[平沢尚彦]	346
10-8	雪と雨の境目	[藤吉康志]	348
10-9	蜃気楼	[大鐘卓哉]	350
10-10	氷晶による光学現象(ハロー)	[岩渕弘信]	352
10-11	気象改変	[村上正隆]	354

11 氷の結晶成長／宇宙における氷と物質進化

［編集担当］佐﨑　元・渡部直樹

11-1	氷結晶の構造と相図	［飯高敏晃］	358
11-2	氷 I_h の相転移と自然現象	［佐﨑　元］	360
11-3	アモルファス氷の相転移	［鈴木芳治］	361
11-4	雪の成長とその形	［横山悦郎］	363
11-5	氷結晶の融液からの成長	［古川義純］	365
11-6	氷結晶の成長機構	［灘　浩樹］	367
11-7	表面融解	［佐﨑　元］	368
11-8	雪から氷へ	［飯塚芳徳］	370
11-9	不凍タンパク質と氷核タンパク質	［灘　浩樹］	372
11-10	クラスレートハイドレートの物性	［内田　努］	374
11-11	オホーツク海のメタンハイドレート		379
	［南　尚嗣・八久保晶弘・坂上寛敏・山下　聡・庄子　仁］		
11-12	凍結現象と化学反応	［竹中規訓］	381
11-13	機能性材料としての氷	［岡田哲男］	383
11-14	宇宙低温下の気相反応と分子生成	［岡田邦宏］	385
11-15	分子雲での化学進化	［相川祐理］	387
11-16	氷星間塵	［渡部直樹］	389
11-17	氷星間塵表面での化学	［渡部直樹］	391
11-18	星間雲における有機物生成	［香内　晃］	393
11-19	氷惑星・氷衛星	［奥地拓生］	395
11-20	宇宙の氷―低温下の安定相および準安定相	［香内　晃］	397
11-21	彗　　星	［河北秀世］	399
11-22	彗星の化学	［河北秀世］	401

索　引　403

1

超高層・中層大気

1-1　オゾンホール

ozone hole

成層圏オゾン，フロン，極渦，極成層圏雲

オゾン（O_3）は酸素原子（O）3つからなる気体である．オゾンは，チャップマンメカニズムと呼ばれる，酸素分子（O_2）が太陽紫外線によって解離されてできたOとO_2との反応により生成・消滅をする．地球大気中の定常状態では，O_3は成層圏（高度約10～50 km）の中でも紫外線強度の強い高度20 km付近にその濃度のピークがある．

O_2は植物の光合成によって二酸化炭素と水から有機物を生成する際の廃棄物として大気中に放出されたものが蓄積したものなので，植物の存在しない地球以外の太陽系の惑星大気には存在しない気体である．逆に，ある惑星大気にO_2の存在を確認できれば，その惑星における植物などの生命，つまり地球系外生命の存在を推定できる可能性もある．地球では，約25億年前にストロマトライトなどの光合成を行う藻類が海中に誕生し，徐々に大気中のO_2濃度とO_3濃度が増加し，約5億年前には現在とほぼ同じ濃度のオゾン層が形成されたと考えられている．その結果，太陽からの有害な紫外線がオゾン層によって吸収されることにより地上に降り注がなくなり，生命が陸上で生活できる環境が形成された．紫外線はDNAを破壊するため，オゾン層がないころの地球上の生命は，海中でのみ生存できたのである．

大気中のオゾンの濃度は，地球上では緯度や季節によっても異なるが，最も濃い場所でも体積混合比でせいぜい数ppm（百万分率）である．しかし，このわずかなオゾンのおかげで，生命にとって有害な太陽からの紫外線はほぼ100%吸収され，我々の陸上での生活が可能となっている．いわばオゾン層は，我々の生活になくてはならない目に見えないバリアーの働きをしてくれているのである．

数億年前の地球大気中へのオゾン層の形成以降，現在に至るまでオゾン層はずっと安定して存在しており，地上での生命活動が維持されてきていたと考えられている．しかし1970年代，水爆実験や，成層圏を飛ぶ超音速ジェット機の飛行で生成する窒素酸化物（$NO_x = NO + NO_2$）によるオゾン層の破壊が懸念された．CrutzenはNO$_x$の触媒反応によるオゾンの消失量を見積もった．その結果Crutzenは，計算されたオゾン量がチャップマンメカニズムによって予想される量より少なく，実際に観測されたオゾン量とよく一致していることを示した．また1974年にはMolinaとRowlandによって，大気中のクロロフルオロカーボン（CFC，通称フロン）濃度の増加に伴う塩素酸化物（$ClO_x = Cl + ClO$）によるオゾン破壊の可能性を指摘した．CFCは冷媒や発泡剤に用いるため1930年代に初めて工業目的で製造され，その後数十年のうちに急激に使用量が増加していた．しかし計算によると，オゾンが最も多く存在する20 km付近では，ClO_xによるオゾンの破壊速度は，NO_xによる破壊速度より1けたほど小さく，オゾン層破壊に対するClO_xの影響は小さいものと考えられていた．

ところが1982年，日英の科学者がそれぞれ独立に，南極の昭和基地およびハレー基地において，南極の春先の9～10月にこれまでにみられなかった大規模なオゾンの減少を観測した．第23次日本南極地域観測隊（1981年11月～1983年3月）に気象研究所から越冬隊員として参加していた忠鉢繁隊員は，南極昭和基地で地上設置のドブソン分光計を用いたオゾン鉛直カラム量の観測，およびオゾンゾンデを用いたオゾンの直接観測を実施した．南極の春先に

あたる1982年9月，忠鉢隊員はドブソン分光計を用いたオゾン全量（上空のオゾンの量を積算した値）の観測値に，これまでにみられなかった230 DU（ドブソンユニット）という低い値を観測した[1]．それまでの昭和基地での9月の観測値は平均すると約300 DUだったので，この年のオゾン全量の値は，それまでに得られたことのない低いものだった．オゾン全量の値は10月に入っても200〜250 DUの間で推移した．やがて10月末，突然オゾン全量は上昇して通常の年の値に戻った．

帰国後，忠鉢氏は南極で得られた観測結果を，1984年にギリシャで行われた「国際オゾンシンポジウム」でポスター発表するとともに，英文の論文誌にも発表した[1]．翌年の1985年に，英国のFarmanらが，忠鉢氏と同じ1982年の英国南極観測基地であるハレー基地での観測結果を*Nature*に発表[2]したことから，オゾンホール問題は世界的に脚光を浴びることとなった．図に，南極昭和基地とハレー基地におけるオゾン鉛直全量の10月月平均値の推移の様子を示す．1970年代半ばあたりから，両基地においてオゾン全量の明らかな減少傾向がみてとれる．

Farmanらの*Nature*の論文は，欧米の科学者だけでなく一般大衆にも衝撃を与えた．前述のように，上空のオゾン層が消えてなくなると，人類は陸上では生存できなくなってしまう危険性があるからである．また1978年打ち上げの米国のNimbus 7衛星搭載のオゾン層観測センサーTOMSのデータに，1980年ごろから250 DU以下の低オゾン領域が南極上空に穴のように広がっていたことが後になって判明した．この「オゾンの穴」の形状から，「オゾンホール」という名称が1985年末ごろから使われ始めた．また，米国海洋大気庁（NOAA）のSolomon博士をリーダーとする研究チームが，1987年9月に下部成層

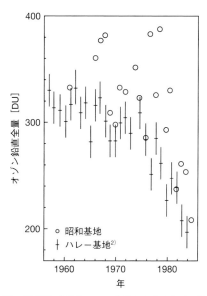

図 南極昭和基地とハレー基地におけるオゾン鉛直全量の10月月平均値の推移[3]

圏まで飛行できるER-2というNASAの航空機による観測キャンペーンを実施し，南極上空の下部成層圏においてオゾンが減少している様子と，それに反相関して一酸化塩素（ClO）が増加している様子をとらえることに成功した．このClOのもととなっているのは人工の化学物質であるフロンであることが予想されたが，MolinaやRowlandによって指摘された触媒反応は高度30 km以上でしか有効に働かないため，なぜ高度20 km以下の下部成層圏でClO濃度が高まっているのかという謎が残った．

この謎を解く鍵となったのは，冬季極域に発達する極渦と低温，さらにその中で生成する極成層圏雲（polar stratospheric cloud：PSC，⇨1-2）である．

南極や北極の成層圏は，冬季に日射がなくなるためオゾン等による加熱が起こらず，放射冷却によって気温が低下する．特に南極大陸は周りを南極海が取り囲んでお

り，大気の運動を阻害する山脈などが存在しないため，冬の南極上空の成層圏では，極を中心とするほぼ円形の極渦と呼ばれる低気圧性の循環が発達する．この極渦は真冬には南極大陸以上の大きさにまで発達する．その周縁部には極夜ジェット気流と呼ばれる強風が吹いており，低緯度と高緯度の間の熱の輸送を妨げ，極渦内部はさらに低温となる．

成層圏は非常に乾燥していて水蒸気濃度が数ppmと低いため，通常雲は発生しない．ところが冬季南極上空のように，気温が$-78°C$以下まで低下すると，主に硫酸(H_2SO_4)と水蒸気(H_2O)からなるエアロゾル等の凝結核に，さらに硝酸(HNO_3)やH_2Oが吸着し，粒子が成長する．このようにして生成した雲をPSCと呼ぶ．

CFCは対流圏では安定な物質であるが，大気拡散によって成層圏に達すると紫外線によって分解され，その中に含まれる塩素原子(Cl)を遊離する．下部成層圏ではClはメタン(CH_4)やNO_xと速やかに反応し，塩素を貯留する準安定な物質(リザボア)である塩酸(HCl)や硝酸塩素($ClONO_2$)の中に閉じ込められ，オゾンを破壊する触媒反応は起こさない．ところが周りにPSCが存在すると，その表面上での高速な不均一反応によって，HClや$ClONO_2$から塩素分子(Cl_2)が放出される反応が進行する．春先に太陽光が極域成層圏に到達するとCl_2はCl原子へと光解離され，ClとClOの触媒反応によって，急速にオゾンが破壊され，オゾンホールが形成されるのである．

1980年代後半から1990年代初頭にかけて集約的に行われた研究によってオゾンホールのメカニズムがほぼ解明され，その原因は人為起源のCFCであることが突き止められた．人類をはじめとする陸上生物の生存を脅かすことにもなりかねないこの事実を科学者は各国政府に忠告し，1985年の「オゾン層の保護のためのウィーン条約」，および1987年の「モントリオール議定書」によってフロン等の排出削減が定められた．おかげで大気中の塩素濃度は2000年前後をピークに減少に転じたことが観測によって確認されてきている．しかし南極のオゾンホール自体は2015年時点でもまだ回復の兆しはみえず，1980年代以前のレベルへの回復までにはあと数十年かかるだろうと予測されている．しかし，オゾン層が危機的状況になる前に対応がなされたため，オゾンホール問題は科学者と各国政府・行政がうまく対応できた環境問題の優等生と呼ばれている．

一方，北極上空ではグリーンランドやスカンジナビア半島などにある山脈のためジェット気流が乱されて蛇行し，真冬でも南極上空ほど気温の低下は起こらず，PSCの発生頻度も低い．したがってこれまで北極上空には南極のようなオゾンホールは現れていなかったが，2011年には北極上空の気象条件が低温で推移したため，南極に匹敵するようなオゾンホールが史上初めて出現した[4]．温室効果ガスの増加に伴う成層圏の寒冷化や循環の変化も報告されており，今後もあと数十年の間は，オゾンやその関連物質の継続的なモニタリングが必須である．

〔中島英彰〕

文　献
1) Chubachi, S., 1984, *Mem. Natl. Inst. Polar Res.*, **34**, 13.
2) Farman, J. C. et al., 1985, *Nature*, **315**, 207.
3) Chubachi, S. and Kajiwara, R., 1986, *Geophys. Res. Lett.*, **12**, 1197.
4) Manney, G. L. et al., 2011, *Nature*, **478**, 469.

1-2 極成層圏雲

polar stratospheric cloud：PSC

極渦, 塩素, 硝酸, 水蒸気, オゾン消失, 低温形成の力学メカニズム

極成層圏雲（PSC）は19世紀後半に発見された，極域下部成層圏の冬季に出現する雲である．日没後の暗くなった空にさまざまな色で輝くことから，真珠母雲（mother-of-pearl cloud, nacreous clouds）と呼ばれることもある．

成層圏は非常に乾燥しており，冬季極域を除いて雲が出現しにくい．極夜の期間，オゾンによる短波放射吸収に伴う加熱がなくなるため，非常に低温となり，雲粒が形成されうる．このとき，気体から新たに粒子が形成されることはほとんどなく，核となる微粒子（エアロゾル）に水蒸気や硝酸，硫酸が凝結・昇華することで，PSCの雲粒が形成される．

成層圏には，ユンゲ層と呼ばれる全球に広がる硫黄を含むエアロゾルの多い層が存在する．この層のエアロゾルは，主に対流圏で放出された二酸化硫黄（SO_2）を起源としている．過去の大規模な火山噴火では，SO_2を含む化学物質が成層圏に直接注入されることでエアロゾルの数や質が変化し，PSC出現頻度やオゾン量に変動が現れた．

PSCは，春季の南極域に出現するオゾンホールの形成に，重要な役割を果たすことが知られている．自然起源あるいは人為起源の塩素や臭素の化合物は，ブリューワードブソン循環（Brewer-Dobson circulation：BDC，⇨1-7）と呼ばれる成層圏子午面循環によって，赤道から極域に運ばれる．この間に，光化学反応を含む化学過程を通して，不活性な化学種（リザボア reservoir）に変換される．リザボアは，極成層圏雲の雲粒上での不均一反応（heterogeneous reaction）によって，オゾンを破壊する形に変わり，冬季の間に極渦（polar vortex）内に蓄積される．春になり，太陽光が極域成層圏に到達すると，塩素や臭素のラジカルが生成される．それらがオゾンの光化学反応において触媒的に働き，オゾンを効率的に破壊する（⇨1-15「中層大気の塩素化学」）．

PSCの雲粒は，温度が露点より高い領域で観測される粒子（Type-I）と，低い領域で形成される粒子（Type-II）に分類される．Type-Iはさらに，非球形固体粒子のType-Iaと，球形液体粒子のType-Ibに分けられる．Type-Iaの雲粒は主に硝酸三水和物（nitric acid trihydrate：NAT）で構成されている．NATの粒径は，普通数μmだが，数十μmの粒径を持つ粒子が観測されることもある．NATの核形成についてはまだわかっていない部分が多く，凝結核の由来や空気塊の温度履歴の影響について，現在議論されている．対して，Type-Ibの雲粒は，水，硝酸，硫酸からなる過冷却三成分溶液（super-cooled ternary solution：STS）などで構成されている．STSの粒径は最大でも1μmである．先に述べた塩素を活性化する不均一反応は，STSのような液体粒子上で主に起こり，固体粒子の寄与は2次的であると考えられている．Type-IIのPSCは氷粒子からなる．真珠母貝の貝殻の内側のような白色に輝くのは，Type-IIのPSCである．

重要な性質は，水蒸気や硝酸の凝結により大きく成長したPSC粒子は重力落下し，粒子を構成する成分を下部成層圏から取り除く点である．STSはそれほど大きくなれない．一方でNATや氷粒子は，重力落下するのに十分大きくなりうる（10μmの粒子の場合，落下速度は約1km/日となる）．硝酸が取り除かれる（脱窒 denitrification）と，オゾンを破壊する物質（塩素分子等）から安定なリザボアへ戻る反応が阻害され

る．これにより，オゾンを破壊する化学種が，効率的に極渦内に蓄積される．

上で述べたようなPSCの特徴は，地上ライダー観測をはじめとするリモートセンシングや気球・航空機観測，室内実験により明らかになった．近年では，衛星搭載ライダー観測により，PSCの出現する季節をカバーしほぼ全球を網羅するデータが得られるようになった．図にCALIPSO衛星によって得られた2008年8月2日の衛星軌道に沿った532 nm消光後方散乱係数とPSCのタイプの高度分布の一例を示す．

PSCは南極と北極のどちらでも観測される一方，南半球の方がその出現頻度は高い．これは主に，南半球の冬季成層圏の東西平均温度が低いことに起因する．成層圏の平均的な温度場は，放射加熱（冷却）とBDCの上昇・下降流に伴う断熱降温・昇温でだいたい決まっている．BDCは大気波動の砕波による運動量注入によって駆動されている．南半球では波活動が穏やかであるため，北半球に比べ，冬季の循環が弱く，極での下降流が弱くなる．結果，南半球冬季成層圏の平均気温が低くなる．

大気波動は，BDCを駆動することで東西平均温度を変調する一方，それ自身が温度変調を伴い，PSCの出現頻度やタイプに影響を与える．大気重力波，特に山岳波に伴って，氷粒子やNATのPSCが頻繁に観測される．北半球のType-IIのPSCの多くが，山岳波に伴うものだと考えられている．さらに，氷粒子がNATの凝結核としてはたらき，山岳波が観測された地域の下流の広い領域でNAT粒子が多く観測されることが報告されている．

より大きな空間スケールの大気波動とPSCの関係も調べられている．惑星規模・総観規模の波動が低温となる位相でPSCが観測される事例が多くある．重力波に伴うPSCの形成過程は，背景場となる総観規模の温度場が十分にPSCの温度閾値に近いときに効率的に働く．最近の研究で，大気波動に伴いPSCと対流圏の雲が同時に出現することが報告されている．PSCと同時に出現する雲は特に対流圏界面付近に存在し，この多くが対流圏界面の高度にある高気圧に伴っていることなどが明らかになっている[3]． 〔高麗正史〕

文献

1) Peter, T., and J.-U. Grooß (Rolf Müller Ed.), 2012, *Stratospheric Ozone Depletion and Climate Change*, Chapter 4, Royal Soc. of Chem.
2) Pitts, M. C. et al., 2009, *Atmos. Chem. Phys.*, **9**, 7577.
3) Kohma, M. and K. Sato, 2013, *Atmos. Chem. Phys.*, **13**, 3849.

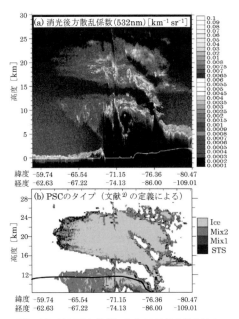

図 (a) CALIPSO衛星による2008年8月2日の消光後方散乱係数（大気中の分子や雲粒子などによる散乱の大きさを表す）．
(b) 同じ断面でのPSCのタイプ．Pitts et al. (2009)の定義による．Mix1とMix2はNAT（Type-Ia）とSTS（Type-Ib）の混合した状態を意味し，Mix1の方がMix2に比べて粒子数が少ない雲に対応する．黒実線は渦位に基づく対流圏界面．

1-3 極中間圏雲—地球で一番高い雲
polar mesospheric clouds：PMC

北極, 南極, 夜光雲, 中間圏

極中間圏雲（PMC）は地球大気中に発生する最も高度の高い雲である．地上からレーザーを照射し，雲粒子によって散乱された光が再び地上に戻ってくるまでの時間から高度などを推定するライダー法（light detection and ranging：LIDAR）や，写真を使った三角測量などによって，その平均発生高度は 85 km 付近であることが知られている．ロケットによる直接観測によって，その正体は空気中にわずかに含まれる水蒸気が極低温によって凝結した氷の層であることがわかっている．85 km 付近は温度構造に基づいた地球大気領域の区分でいうと中間圏と熱圏の境界領域に相当し，中間圏界面領域（mesopause）と呼ばれている．この領域は地球大気の中でも最も低温であり，全球，全季節を平均したときの温度は 160 K（= −113℃）程度しかない．これを平均状態とすれば，北極や南極といった極域においては，それぞれの夏期間においてさらに低温となり，約 130 K（= −143℃）程度まで低下する．このような極低温環境が実現すると，大気中のわずかな水蒸気（通常 1 ppmv 未満）が凝結し，それが PMC となる．夏の極低温が発生の条件であるため，PMC は極域の夏期間にのみ観測される現象である．通常の雲よりもはるかに高高度で発生する PMC は，太陽が沈み薄明の時間帯になっても太陽光にさらされている．そのため，暗い背景に鮮やかに輝き，異様な様相を呈することがある．これは夜光雲（noctilucent cloud：NLC）として知られており 19 世紀末頃より目視による報告例がある[1]．図 1 は，ス

図1　2009 年 7 月 14 日にスウェーデンのストックホルムで撮影された夜光雲（Jacek Stegman 博士提供）．地平線近くで陰になっている雲が通常の雲である．［巻頭カラー口絵 1 参照］

ウェーデンのストックホルムでデジタルカメラによって撮影された夜光雲の例であるが，この特有の色と輝きは文献等では，ペールブルーやシルバーブルーなどと表現される．夜光雲は，氷の粒子（= PMC）が存在し，かつ夏期間でも太陽が地平線下に没する地域でしか見られないため，緯度帯でいうと 50〜65° 付近で最もよく見られる．したがって，オーロラと同様に高緯度帯であれば必ず見えるかというとそうではない．文献等の表記では極中間圏雲は PMC あるいは NLC として登場するが，衛星観測によるものは PMC，地上観測によるものは NLC などと記載されることが多い．いずれにしても，光学観測によってとらえられる PMC（夜光雲）は，その結晶サイズが 100 nm（1 nm は 10^{-9} m）程度まで成長したものに限られる．さらに短い波長の電波を利用した観測でも，同時期に同高度領域から強いエコーが観測されており，極域中間圏夏季エコー（polar mesospheric summer echoe：PMSE）と呼ばれている．これは，極中間圏雲の原因となる氷結晶の成長前の姿ではないかと考えられている．その裏付けとして，PMSE が発生する平均高度は，レーダー観測によって，PMC よりも平均して 1〜2 km 高いことが明らか

になっている.このことから,PMSEは,PMCの元となる微小な氷結晶によって生じた電子密度ゆらぎが原因のエコーであると考えられている.これが重力で降下しつつ成長し,光で検出可能なサイズまで成長した時にPMCとして検出されると理解されている.しかし,PMSEの出現はPMCの出現と完全に相関があるわけではなく,大気乱流やプラズマパラメーターの影響も重要であることが明らかになっており,両者の相互関係の解明は今後の研究に期待されている.

極域の中間圏界面領域は直感に反して,夏に低温,冬に高温という季節変化をする.これは,全球規模にわたる大気の南北循環(子午面循環)の向きと強度が季節変化することで,極域の夏半球では上昇流(断熱膨張 = 冷却),冬半球では下降流(断熱圧縮 = 加熱)が起こることに起因している(⇨1-5「極域大気の不思議な温度構造」).このような地球規模の循環の変化によって,その生成消失が支配されるPMCは,直接探査が難しい極域中間圏界面領域の情報を提供するトレーサーとして注目されている.アメリカ航空宇宙局(NASA)は,PMCの長期変動から,地球大気システムにおける循環の変動をとらえるために,PMCを専門に観測するAIM衛星(Aeronomy of Ice in the Mesosphere)を2009年に打ち上げ[2],2015年時点においても運用を続けている.この衛星にはPMCのアルベドや雲粒子の粒径などのパラメーターを測定するための3種類の観測機器が搭載されているが,特に画期的といえるのが紫外線帯域を利用したカメラ(Cloud Imaging and Particle Size experiment:CIPS)である.PMCは通常の雲と違い光学的厚みが小さいため,宇宙から極域を見下ろしても,雲の有無や濃淡を直接確認することが困難である.しかし,紫外帯域を受信光として利用すれば,背景の光(= 地球からの反射

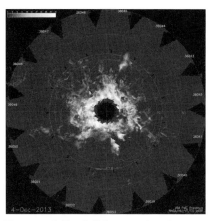

図2 AIM衛星の紫外線カメラ(CIPS)によって得られた2013年12月4日の南極大陸上空におけるPMCの分布(AIM衛星データ公開WEBより)[3].極点周辺の暗部は軌道の関係で観測データがない領域.

光)はPMCよりも低い高度(高度約40km)にあるオゾン層によって吸収されるため,PMCからの散乱光だけが効率的に検出できる.CIPSによって撮像された画像を合成して得られたPMC分布の例を図2に示す.AIM衛星は少しずつ経度を変えながら極の上空を何度も通過し,1日に1枚,このようなPMCの極域全体にわたる分布を得ることに成功している.以上のように,現在のPMC観測は宇宙からの全体像把握と地上からの精密測定,という両面から実施されており,PMCを超高層大気変動のバロメーターとして利用するために理解が不可欠な,背景大気パラメーターと生成消失の関係について研究が進められている.　　　　　　　　　　〔鈴木秀彦〕

文　献

1) Gadsden, M., 1989, *J. Br. Astron. Assoc.*, **99**, no.5, 210.
2) Russell, J. M. et al., 2009, *JASTP*, **71**, Issues 3-4, 289.
3) AIM satellite mission. http://aim.hamptonu.edu/

1-4 極夜ジェット

polar night jet

極渦,成層圏突然昇温,オゾンホール

地表から高度がおよそ 10〜50 km の高度の大気層は成層圏（stratosphere）と呼ばれ，その領域の下層の対流圏（troposphere：0〜10 km）や上層の中間圏（mesosphere：50〜90 km）とはその鉛直温度構造によって区別される．成層圏では，大気中の酸素が太陽放射中の紫外線と光化学反応（photochemical reaction）を通して生成されるオゾン（ozone）が比較的高濃度で存在し，オゾンと紫外線の反応熱が大気の熱源となり，高度とともに気温が高くなる．また，冬半球に比べ夏半球で日射が強いので，同じ高度で比べると冬極か

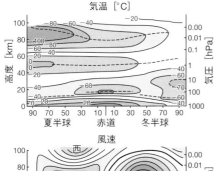

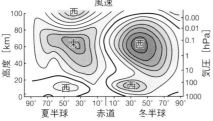

図 東西平均気温（上段）と東西平均東西風（下段）の模式的分布図．コンター間隔は気温は20℃，風速は 10 m/s．下段の太い実線は 0 m/s，「西」は西風，「東」は東風を示す．（Wallace and Hobbs, 2006, *Atmospheric Science*, Academic を改変）

ら夏極に向けて気温は単調に増大する．低温である冬半球の高緯度では大気の重量が下層に集中するので，低緯度域に比べ高度に対する気圧の減少率はより大きくなる．したがって，成層圏では冬極が低気圧の中心となり，それによって作られる南北気圧傾度力とバランスするように強い西風が吹く．この西風域において，南北の温度勾配が最も大きい緯度 60°付近を流れる強風帯を極夜ジェットと呼び，極をめぐる渦を極渦（polar vortex）と呼ぶ．極夜ジェットの強風軸は高度とともに低緯度側にシフトしながら，その風速は大きくなり，中間圏との境界の成層圏界面でピークとなる．さらに，その上空でも風速は弱まりつつ中間圏界面付近まで伸びている．また，極夜ジェットは秋から春まで存在するが，冬季に最も発達する．

極夜ジェットの生成過程において，放射に加えて波動も重要な役割を演じている．特に重要な波動は，地球の丸みに起因するロスビー波（Rossby waves）と呼ばれる波動のうち，特に，東西波数がおおむね 3 以下のプラネタリー波（planetary waves）と呼ばれる惑星規模の波動である．この波は，山岳や，大陸と海洋の温度傾度などによって大気最下層で励起され成層圏へと上方伝播する．ただし，ロスビー波の上方伝播は西風中のみ可能で，しかも上方伝播可能な西風風速の上限（限界風速 critical velocity）が存在する．この限界風速は，波数が大きな空間スケールの小さな波動ほど小さい．このため，強い西風が卓越する冬季成層圏へは，空間スケールの大きなプラネタリー波のみが伝播可能となる．ただし，成層圏の西風風速は上空ほどさらに大きくなるため，プラネタリー波も比較的波数の大きなものから順に上方伝播不能となり成層圏中で砕波（wave breaking）する．また，たとえ上方伝播可能であっても，大気の密度は上空ほど急速に小さくなるた

め，波動の振幅はエネルギー保存から急速に大きくなろうとするが，大振幅になるほど放射過程などによる強い減衰を受ける．このように波動が破砕，減衰する際も，角運動量保存則により，その領域に波加速（wave forcing）と呼ばれる東風を加速する効果が残され，西風が減速する．この効果により，大陸が多くプラネタリー波の振幅が大きい北半球は，南半球に比べ平均的に冬季の極夜ジェットの風速は弱くなる．

さらに，極夜ジェットの風速は数日から年々という，さまざまな時間スケールで変動している．この変動は，放射過程が極夜ジェットを強める効果と，対流圏から伝播するプラネタリー波が砕波，減衰によって極夜ジェットを弱める効果とのせめぎ合いの結果として生じているのである．そのような変動の中で，特に大きなものが成層圏突然昇温（stratospheric sudden warming：SSW）と呼ばれる現象である．これは，対流圏から伝播してきた大振幅のプラネタリー波が極夜ジェットを極端に減速させる現象で，極域での急激な温度上昇を伴う．この温度上昇は，プラネタリー波の砕波に伴う波加速が，西風減速だけでなく，極向きの流れをも駆動する性質があるためである．こうした極向きの流れは極付近で上下に分流し，下層に下降流を作り出し，下降流は断熱圧縮の結果昇温を作り出すのである．

冬季成層圏には，子午面内の顕著な循環も存在する．この子午面循環（meridional circulation）は，冬季成層圏で赤道域から極域に向かう流れであり，上述のプラネタリー波の砕波や減衰に伴う定常的な波加速により駆動されている．発見者にちなんでブリューワードブソン循環（⇨ 1-7）と呼ばれるこの循環は，オゾン等の大気微量成分の分布を決定する重要な要因であり，この循環を考慮することによってのみ，成層圏オゾン濃度が冬極の下部成層圏で最大になることが説明できる．すなわち，この循環がオゾンを生成域の赤道域から冬極の下部成層圏へと輸送している．

こうして，冬季の下部成層圏は気候学的に最もオゾン濃度の高い領域となるはずであるが，近年，南半球の春先に異常にオゾン濃度が低くなるオゾンホール（⇨ 1-1）が出現するようになった．しかもその面積は，年々大きくなる傾向があり，年によっては南極大陸を覆うほどにもなってきた．このオゾン減少は，極夜でのきわめて低温な環境下で発生するごく薄い雲（極域成層圏雲：PSC，⇨ 1-2）が媒介となって生成された塩素を含む活性物質が，太陽光が入射し始める春先にオゾン破壊物質である塩素原子を大量に発生させることに起因する．特に，極渦が強く，極域がより低温になる年には，極渦がバリアーとなり極域とその周辺の大気との混合を妨げるために，より大規模なオゾンホールが出現しやすくなる．近年におけるオゾンホールの出現と拡大は，人類がこれまで排出してきたフロン（chlorofluorocarbons：CFCs）を起源とする成層圏における塩素化合物の急激な増大が原因であることは間違いない．加えて，近年の人為起源の二酸化炭素増大に伴う成層圏の寒冷化（⇨ 1-9「温暖化に伴う中層大気の変化」）も，極域成層圏での雲面積の増大を通じてオゾンホールの拡大に寄与したと考えられる．なお，北半球でも同様なオゾンホールが出現しているが，その規模は南半球に比べるとかなり小さい．それは前述のように，冬季北半球成層圏では波活動が強く，南半球に比べ，極域が低温になりにくいためである．なお，世界的なフロン規制によって，今後は南半球のオゾンホールの面積拡大も頭打ちとなり，数十年スケールでは，その出現頻度や規模は緩やかに縮小していくと予測されている．

〔黒田友二〕

1-5 極域大気の不思議な温度構造
unique thermal structure in the polar atmosphere

大気波動, 大気大循環, PANSY レーダー

地球大気は他の地球型惑星である金星や火星のそれとは異なり，光合成由来の酸素に満ちている．太陽光に含まれる有害紫外線のほとんどは，酸素および酸素から生成されるオゾンに吸収されるため，地球上の生物は自ら作り出した酸素により守られている．オゾンによる紫外線エネルギーの吸収により，地球大気は高度50 km あたりで温度極大（成層圏界面）を持つ．これも金星や火星にはない大きな特徴である．

ところが，冬の極域では日射のない期間が長く続くにもかかわらず夏と同様に成層圏界面の温度極大が存在する（図1）．これはオゾンによる紫外線吸収では説明できない．また夏極の中間圏界面付近（約90 km）は，1日24時間日射を受けるにもかかわらず地球上で最も低温となる不思議な領域で，冬の方が何十℃も温度が高い．あまりの低温のためごくごく微量しかない水分が凍結し，通常の対流圏の雲よりもはるか高いところに特殊な雲（極中間圏雲）が出現する．このような温度構造はどのようにして作られているのだろうか．

まず結論をいうと，この温度構造は，地球大気中に存在する大きな空気の流れ（大気大循環：図2の矢印付破線）が作り出している[1,2]．夏半球の成層圏上部から中間圏にかけての上昇流が空気の断熱冷却（上層ほど気圧が低く空気は膨張）を引き起こし，夏極中間圏界面の超低温を作り出す．一方，冬半球の中間圏から成層圏上部への下降流が断熱加熱により高度50 km 付近の温度極大を作り出す．これは一見すると，太陽放射の吸収が大きくて暖かい領域から上昇した空気が，吸収の小さく寒い領域で下降しているだけの当たり前の対流現象のようにも思えるが，じつはそう単純ではない．地球は自転をしているため，両極間にまたがる大きな循環は直接的には生じないのである．

太陽放射吸収の南北差により大気温度（気圧）の南北差が生じると，南北方向に空気塊を動かそうとする力が発生するが，それは逆向きのコリオリ力とつりあい（低緯度域は除く），大気中の流れは基本的に東西流となってしまう．つまり，そのままでは南北流は発生しない．

現実大気では，風と地表付近の間の摩擦や大気中の不安定などにより，大局的には南北温度差を解消するように空気や熱を輸送する諸現象が起こる．対流圏においては移動性高低気圧などの気象現象，成層圏においては地球を東西に大きく取り巻く構造を持つプラネタリー波と呼ばれる大気波動がその中心的な役割を果たす．中間圏（高度約50〜90 km）や熱圏（高度約90 km以上）においては，大気重力波や大気潮汐波と呼ばれる大気波動が重要となる（⇨1-12「極域の大気潮汐波」）．これらの大気波動（図2の中で矢印付波線で模式的

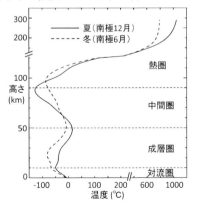

図1 南緯69°における大気温度の高度分布（地表から超高層大気までの観測に基づいて作られたNRLMSISE-00大気モデルより）．

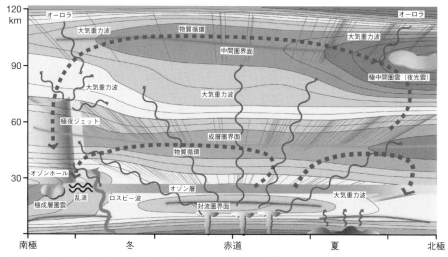

図2 地球大気の南北断面（南極昭和基地大型大気レーダー計画 HP http://pansy.eps.s.u-tokyo.ac.jp/）。各種大気波動を矢印付波線で，大気波動により駆動される大気の南北循環を矢印付破線で示す．〔口絵2参照〕

に表示）の多くは対流圏や成層圏など下層大気中で励起され，エネルギーや運動量を上層大気に輸送する．上層に伝搬した大気波動は，やがて海の波が白波を立てて砕け散るようにエネルギーや運動量を解放するため，南北気圧差とコリオリ力がつりあう状態（東西風だけが存在）とは違う状態に風の場を変えようとする．その結果，東西流に比べると弱いながらも南北・上下方向の大気大循環が作られる．この大気波動のもたらす作用の最終的な結果を模式的に示したのが図2である．またこのような大気大循環はフロンガスや二酸化炭素などの物質を南北や上下に輸送する役割もある．

大気波動の中でもとりわけ時間空間スケールの小さい大気重力波は，観測が困難で未知の点が多い．大型計算機を使った地球大気のシミュレーションにおいても，小スケールの大気重力波を陽に再現するのは容易ではないため，その作用をパラメター化して間接的に与えている．しかし，観測の不足のために計算結果の信頼性には問題があり，特に精密観測に乏しい南極域では深刻である．このような問題の解決のため，東京大学，国立極地研究所，京都大学を中心とした研究グループにより，南極昭和基地大型大気レーダー計画（PANSY）が2000年に立ち上げられた．多くの調査と検討を経て，現在では昭和基地（南緯69°，東経40°）においてアンテナ1000本以上からなる南極域では初となる大型大気レーダーが高度1～500 kmの風速の精密観測を開始し，大気重力波をはじめとする大気諸現象の研究が行われている[3]．

大気波動が大気大循環にもたらす作用の解明が進むことで，大気大循環および大気温度構造についてより定量的に理解が深まることが期待される．またそれは，将来の気候変動予測にとっても基礎となる知見になる．

〔堤　雅基〕

文　献

1) 廣田　勇，1992，グローバル気象学，東京大学出版会，148.
2) 松野太郎，島崎達夫，1981，大気科学講座，第3巻，東京大学出版会，279.
3) Sato, K. et al., 2009, *J. Atmos. Solar-Terr. Phys.*, **118**, PartA, 2.

1-6 成層圏突然昇温

sudden stratospheric warming

大昇温，大振幅プラネタリー波，極夜ジェット

成層圏冬季では，太陽が当たらない寒冷な極夜域を中心に低気圧性の極渦が形成され，周囲に強い西風の極夜ジェットが作られる．対流圏で励起されるプラネタリー波は，西風極夜ジェット中を上方に伝播するが，プラネタリー波の振幅が大振幅になると，1週間程度の間に極渦が崩壊し，極域は一時的に高気圧性渦に支配される．西風極夜ジェットは大幅に弱くなり，しばしば東風へと置き換わる．これに伴い，極域成層圏の気温は40℃以上も上昇する．この現象を成層圏突然昇温という．

歴史的には，ベルリン自由大学のScherhagがベルリン上空のラジオゾンデ観測により，1952年1月26日に最初の昇温を，さらに2月23日にはそれを上回る規模の昇温を発見したのが最初である．このことから当初はベルリン現象（Berlin Phenomenon）と呼ばれていたが，1960年代以降は成層圏突然昇温という名称が普通に用いられる．その後の観測事例の蓄積に基づき昇温規模がさまざまであることから，WMO（世界気象機関）により次のような定義が行われている．「成層圏の任意の高度の任意の領域で，気温が1週間以内に25℃以上昇温し，なおかつ以下の大昇温の基準に至らないもの」を小昇温という．それに加え，「10 hPa高度（約30 km高度）における緯度60°より極側で，帯状平均（緯度円に沿って平均）した気温が高緯度ほど昇温し，なおかつ帯状平均東西風が東風に逆転したもの」を大昇温という．小昇温は南北両半球ともに一冬に数回生じる．大昇温は，プラネタリー波活動の強い北半球では平均して2年に1度ほどの頻度で生じるのに対し，南半球では過去2002年9月に1度観測されたのみである．

現在では，突然昇温の生起機構は，プラネタリー波と平均流の相互作用の結果として理解されている．対流圏で励起されるプラネタリー波が西風極夜ジェット中を上方に伝播すると，プラネタリー波は西向き（東風）運動量を伴っているため，波が到達した高度では，その高度の西風平均流を西向きに加速（西風を減速）する．上方ほど大気の密度が小さくなるため，上方に行くほどプラネタリー波の振幅は増大し，西風減速効果は大きくなる．特に対流圏ですでに大きく増幅した場合は，50 km付近の成層圏界面あたりまでくると，強い西風減速の結果，東風を形成するまでになる．

プラネタリー波が成層圏界面付近に到達する前までは，極渦に伴う極向きの気圧傾度力と，西風極夜ジェットに働く低緯度向きのコリオリ力がつりあった状態であるが，西風減速によりこのつりあいが崩れて気圧傾度力が勝る状態となり，図1のような極向きの子午面流が強制される．その結果，極域では成層圏で下降流，中間圏で上昇流が形成され，低緯度にはそれらと逆の補償流が生じる．下降流には断熱昇温，上昇流には断熱降温が伴う．高緯度側と低緯度側で生じる鉛直流の総量は同じである

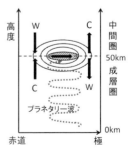

図1 大振幅のプラネタリー波が成層圏界面付近（高度50 km付近）まで到達した時に形成される子午面循環の模式図．等値線は西風減速強度，Wは昇温，Cは降温を表す．

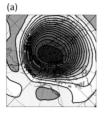 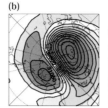 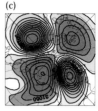

図2　冬季成層圏の気圧配置のパターン．(a) 通常の冬季極渦，(b) 波数1型昇温生起時，(c) 波数2型昇温生起時．色の濃い部分が低気圧の領域．

が，面積が狭い高緯度側の温度変化の方が顕著となる．以上のように，成層圏突然昇温という名称は，極域成層圏の下降流に伴う昇温に注目した命名ということになる．

　突然昇温現象の進行に伴い，大昇温の場合は，通常時に極域に存在する低気圧性の極渦（図2a）が崩壊し，極域は高気圧性渦に支配される．小昇温の場合は，極渦の中心が低緯度側に変位する程度で，極渦の本体は崩壊していないことが大半である．大昇温の場合は，ある高度で出現した東風のため，上方に伝播してきたプラネタリー波がその高度より上に伝播することが困難となるため，その高度より下で強く減衰して東風を作る．その結果，東風の領域が次第に下方に拡大することとなる．真冬に生じた場合は，1〜2週間後にもとの西風極夜ジェットが再形成されるが，晩冬に生じた場合はそのまま夏型の循環に移行することが多く，その場合を最終昇温という．

　西風極夜ジェットの強度を考えると，その中を上方に伝播できるのは，緯度円に沿った波数が1か2のプラネタリー波に限られる．突然昇温の生起にいずれの波数のプラネタリー波が主要な役割を果たすかにより，昇温時の気圧配置には大きな違いが生じる．波数1が主要な役割を果たした場合（図2b）を波数1型の昇温，もしくは極渦変位型昇温，波数2が主要な役割を果たした場合（図2c）を波数2型の昇温，もしくは極渦分裂型昇温という．小昇温の大半は波数1型であり，大昇温の中でも波数2型は少ない．波数2型の場合は大昇温の中でもさらに規模が大きく，影響が対流圏にまで及ぶことがあり，各地に豪雪などの異常気象をもたらす原因となる．また，大昇温直後に成層圏界面が90 km付近まで上昇することや，影響が電離圏などの超高層大気にまで及ぶことが報告されている．北半球の場合，大昇温の生起が北極域成層圏の気温変動に直結するため，極成層圏雲発生を通した成層圏オゾンの破壊にも影響する．

　特に大昇温となる場合は，対流圏で大振幅のプラネタリー波が出現する必要があるが，偏西風の蛇行の結果生じるブロッキング現象がその契機となることがしばしば観測されている．特に波数1型には北大西洋領域の，波数2型には北米西岸領域のブロッキング現象がかかわることが多いといわれている．また，大昇温の生起には，赤道域準2年周期振動，エルニーニョ・ラニーニャ現象の影響がみられ，また生起頻度には約10年規模の変動があることも知られている．

〔廣岡俊彦〕

1-7 ブリューワー−ドブソン循環(成層圏の大気大循環)
Brewer-Dobson circulation

子午面循環，大気微量成分，大気波動

ブリューワー−ドブソン循環とは，成層圏（高度10〜50 km）における鉛直方向・南北方向のゆっくりとした大気大循環のことであり，大気質量や大気微量成分の輸送を担うものである．イギリスのBrewerとDobsonがそれぞれ水蒸気，オゾンの観測により初めにその存在を推察したことからこの名称で呼ばれている．

この循環は（図），熱帯の対流圏界面（高度〜16 km）において対流圏から入り上昇した後，成層圏においては両方の半球の高緯度へと至り，下降して対流圏に戻る．上部成層圏から中間圏（50〜80 km）にかけては夏半球で上昇し冬半球で下降する循環がある．これは後述のように力学的メカニズムが同様なので，しばしばブリューワー−ドブソン循環とあわせて議論される．熱帯対流圏界面を通過してから高緯度の対流圏界面に至るまでの時間は経路によって数年から10年である．

成層圏・中間圏においては，東西方向に比較的速い流れが卓越している．その流れは，さまざまな大気波動の存在によって，日々南北に変動している．このような東西方向に速い流れにより，成層圏における気温や大気微量成分の濃度は，短い時間スケール（最短で10日間程度）で東西方向にはほぼ均一になっている．そこで，成層圏の季節変動や年々変動をみる際には，気温や東西風や大気微量成分濃度を東西方向に平均し，さらに時間的にも平均をとったうえで（たとえば3ヶ月），横軸に南北方向（子午線方向），縦軸に鉛直方向をとった面内，つまり子午面内に諸量を図示する（右図）．ブリューワードブソン循環はこの面内における二次元循環であるので，成層圏子午面循環，平均子午面循環などとも呼ばれる．

Brewerは，第二次世界大戦中，イギリス上空の上部対流圏から下部成層圏の領域において航空機による水蒸気測定を行った．その結果，下部成層圏の水蒸気濃度が直下の対流圏界面の飽和水蒸気濃度よりずっと低い（気温が高すぎる）ことを発見し，イギリス上空の下部成層圏の空気の起源が直下ではなく，より低温である熱帯の対流圏界面にあることを見抜いた．一方，Dobsonは，自ら開発したオゾン全量分光光度計を世界各地に送ることで1929年までにオゾン全量の緯度分布を明らかにした．彼は1956年の論文で，極域下部成層圏というオゾン生成域から遠く離れた領域においてオゾンの濃度が高いことを説明するには，極向きに流れ極域で下降する循環の存在が不可欠である，と指摘している．

その後，1960年代には，熱帯での大気圏内核実験に伴う放射性細塵の観測や熱帯での大規模火山噴火に伴い生成した成層圏エアロゾルの観測に基づいて，熱帯と中緯度の間には不完全ながら輸送障壁があることも発見されている．1990年代には，人工衛星による熱帯下部成層圏の水蒸気観測によ

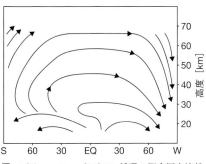

図　ブリューワードブソン循環の概念図を流線で示したもの[1]．縦軸は高度，横軸中央のEQは赤道，左端のSは夏極，右端のWは冬極を示す．

り，熱帯対流圏界面の気温の季節変化により生成された水蒸気濃度の濃淡パターンが1ヶ月に0.5〜1km程度の速度で上昇していくようすが明瞭にとらえられた．また，1990年代から2000年代初頭にかけて，大気微量成分の観測データにより極渦内における下降速度も定量化された．さらに，1970年代以降の中高緯度における継続的な六フッ化硫黄や二酸化炭素の測定により，平均大気年代（mean age of air，熱帯対流圏界面を通過してからその地点に至るまでの時間）とその長期変化の推定も行われている．

ブリューワー–ドブソン循環および中間圏循環の駆動源は，対流圏で生成し上方伝播してくるさまざまな大気波動である．ロスビー波，総観規模波が成層圏循環に，大気重力波が中間圏循環に主としてかかわる．これらの波が砕ける（砕波する）際に，持っていた運動量が平均風に渡され平均風が加速・減速する「波と平均流の相互作用」という力学過程が本質である．赤道上空の空気塊と極上空の空気塊を比べると，地球の自転と地球が球体であることにより赤道上空の空気塊の方がはるかに大きな東西方向の運動量を持っている．したがって，赤道上の空気塊が極方向へ動くためにはその運動量を減らす摩擦力の役割を果たす過程が必要であり，砕波がこれを担っているのである．つまり，砕波による摩擦力の大きさが循環の強さを決めている．このような正しい理解がなされたのは1970年代以降である．気象力学の運動方程式系を変形し，子午面循環に関して波による熱と運動量の輸送を正しく考慮する形にすることで，単純な東西平均操作（オイラー平均）による描像と微量成分分布から推察される正しい描像（ラグランジュ平均，粒子追跡平均）とのずれの原因が理解された．この式変形を変形オイラー平均と呼び，それによる子午面循環を残差子午面循環と呼ぶ．

大気微量成分の分布を決める輸送過程としてのブリューワー–ドブソン循環は，残差子午面循環，ロスビー波等による水平混合，乱流拡散の三者があわさったものであるといえる．水平混合は特に中緯度で重要である．また，成層圏と中間圏の気温分布は，オゾン，二酸化炭素，水蒸気分布に影響を受けた放射伝達過程により決まる気温分布が，ブリューワー–ドブソン循環に伴う熱力学過程（上昇域で降温，下降域で昇温）により変調を受けるかたちで決まっている．

地球温暖化の進行に伴い，ブリューワー–ドブソン循環は加速することが多くの気候モデルにより予測されている（⇨ 1-9「温暖化に伴う中層大気の変化」）．その主な原因は，温暖化により亜熱帯偏西風ジェットが強化かつ上方変位し，その結果この領域における砕波による摩擦力が強化することにある．ブリューワー–ドブソン循環の加速により，下部成層圏のオゾンは熱帯で減少し中高緯度で増加することが予想されている．各種フロンや一酸化二窒素のようなオゾン層破壊物質の寿命は，光分解効率の変化を考慮しなければ，短くなることが予想されている．さらに，中高緯度における成層圏から対流圏へのオゾン輸送量は増加することが予想されている．ただし，現在利用可能な各種観測データには種々の限界があるため，循環強化の証拠を得ることは容易ではない．

〔藤原正智〕

文 献
1) Butchart, N., 2014, *Rev. Geophys.*, **52**, 157.

1-8 成層圏の水蒸気

stratospheric water vapor

放射強制,成層圏光化学,熱帯対流圏界層,脱水過程,Matsuno-Gillパターン,過飽和

　大気の飽和水蒸気圧は温度のみの関数で記述され(クラウジウス-クラペイロンの関係),その強い温度依存性により,平均的に高温の下層大気が多量の水蒸気を含みうるのに対し,低温の対流圏界面付近の大気が保持しうる水蒸気量は著しく制限される.水蒸気の凝結には過飽和状態を経る必要があるが,低温の対流圏界面を通過して対流圏から大気が流入する際に氷結・落下により水を失う(脱水)ため,成層圏は極度の乾燥状態にある.Brewerによるその洞察は成層圏を含む大気大循環像へと結実した(⇨1-7「ブリューワー-ドブソン循環」).

　ゾンデ観測による鉛直温度分布データの集積により,Brewerの仮説は成層圏への大気流入時期・位置を限定した「成層圏の泉」仮説(Newell and Gould-Stewart)へと発展した.一方,上昇する大気が浮力を失う(相当温位が周囲と等しくなる)高度を超え成層圏へオーバーシュートする現象に注目し,それに伴う混合が脱水を引き起こすとの仮説も提示されたが,「成層圏の泉」仮説は「泉」の位置する熱帯西部太平洋の圏界面付近で鉛直流が下向きであることが示されるまで一貫して支持されてきた.

　熱帯対流圏界面は,北半球の冬季に高高度・低温,夏季に低高度・高温となる季節変動を示す.そのようすは圏界面を通過する大気の水蒸気混合比として記録され,熱帯成層圏における大気の上昇運動を可視化する(大気のテープレコーダ).この季節変動は,海面水温変動による下からの熱的強制に対する応答とみなされてきたが,1990年代の大循環理論の発展により,現在は中緯度成層圏からのダウンワードコントロールにより駆動されていると理解されるに至った(⇨1-7).

　成層圏水蒸気に関する理解を大きく変貌させたもう1つの契機は,熱帯対流圏界層(tropical tropopause layer:TTL)概念の導入である.それによれば,対流圏と成層圏とを明瞭に区分する面は存在せず,両者の間には厚みをもつ遷移領域TTLが存在する.TTLは対流圏の主要な対流吹き出し高度より上,かつ,中緯度成層圏からの吸い上げ効果の十分に及ぶ高度より下(150 hPa付近から70 hPa付近まで)に位置し,水平運動の卓越を特徴とする.

　TTL概念の導入は成層圏流入大気に働く脱水過程にまったく新しい仮説[1]を導いた.それによれば,水平移流している大気が低温域に遭遇すると水蒸気が凝結し,その時空間スケールが十分大きければ生成された氷晶の落下により脱水が生じる.現実の3次元場では,熱帯下部境界における熱的強制に対する応答として形成されるケルビン波とロスビー波からなる組織化された系(Matsuno-Gillパターン)で規定される気象場(図1)により効率的な脱水が生じ,乾燥大気が成層圏へ上昇していく[2]と考えられる.脱水を引き起こす大気の冷却を対流に伴う上昇運動に求める従来の考え方と鋭い対照をなすこの仮説は,大気大循環モデルや現場観測による検討を経て,次第に多くの研究者の支持を集めるようになった.

　しかし,TTLは水平流のみの卓越する静穏な領域ではなく,大気波動に充ちた変動性の高い領域である.現場観測により見出された大気波動は,乾燥した成層圏大気を上部対流圏に引き下ろすとともに,対流圏大気が湿潤なまま成層圏へ侵入するのを防ぐ効果を持ち,季節内振動に伴う変動性もTTLにおける脱水効率に大きな影響を与

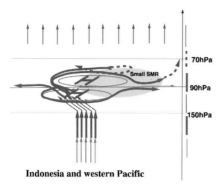

図1 TTL脱水過程を担うインドネシア・西部熱帯太平洋上空気象場の概念図[2]．縦軸は気圧高度でHは高気圧，矢印実線は大気の模式的流れ，影の部分は飽和水蒸気混合比が小さい（Small SMR）低温域を表す．

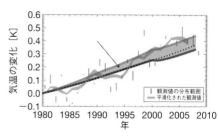

図2 全球地上気温変動に対する成層圏水蒸気変動の寄与の評価[3]．点線はよく混合された温室効果ガスとエアロゾルの寄与，矢印の領域は成層圏水蒸気の長期トレンドと観測された減少の寄与を含む不確実性の範囲．

えている．また，北半球冬季には，熱帯域で脱水された大気が成層圏下端を中緯度へ向けて流出する一方，夏季には成層圏まで達するチベット高気圧を周回する大気の流入・混合によりTTLは湿潤化している．

TTLにおける輸送過程は，脱水効率を介してOHラジカルの関与する成層圏化学過程に影響を与え，エアロゾル・氷晶核形成やオゾンホール内における一連のオゾン消失反応（異相反応）を進行させる極成層圏雲生成にまで影響を及ぼす．また，大気のTTL内滞留時間は，海洋生物起源の短寿命成分の成層圏への輸送効率に影響を与える．さらに，水蒸気は強力な温室効果ガスであるため，放射収支を介して全球地上気温の中長期変動にも影響を及ぼす．図2によれば，観測された地上気温変動（折れ線）を気候モデルで再現するには，1980～1990年代の成層圏水蒸気増加による影響を取り込むことが必要[3]とされる．

成層圏水蒸気変動を理解するには，TTL内における脱水過程の定量的記述が欠かせないが，大気大循環モデルにおけるTTL気温極小の定量的再現が困難であるため，化学輸送モデルの活用は限界を伴う．また，鉛直分解能の高い現業観測は有力な研究手段であるが，TTLや成層圏では現場高層気象観測に用いられる湿度計は十分な感度を持たず，鏡面冷却式水蒸気計やLyman α 線照射による発光を利用した特殊なセンサーが必要とされる．

観測・数値実験両面に及ぶ困難さもあいまって，成層圏水蒸気変動に関して未解明の課題は多い．たとえば，対流圏起源のメタン酸化による水蒸気生成は十分な精度で評価可能であるが，1980～1990年代の増加や2000年の階段関数的減少のメカニズムに関する理解は依然として確立していない．観測データの示す極度の過飽和が事実とすれば，その維持メカニズムや氷晶形成過程に関する雲物理学的知見の深化も必要である．これら課題の解明に向け，地表設置・衛星搭載ライダーの利用や急速に進歩しつつあるデータ同化の活用が促進される一方，脱水現場に位置する途上国の協力を得た国際共同研究も活発に進められている．

〔長谷部文雄〕

文　献

1) Holton, J. R. and Gettelman, A., 2001, *Geophys. Res. Lett.*, **28**, 2799.
2) Hatsushika, H., and Yamazaki, K., 2003, *J. Geophys. Res.*, **108**(D19), 4610.
3) Solomon, S. et al., 2010, *Science*, **327**, 1219.

1-9 温暖化に伴う中層大気の変化
changes of the middle atmosphere associated with global warming

地球温暖化,ブリューワー–ドブソン循環,赤道準2年振動,成層圏オゾン

a. 中層大気の大規模循環

　成層圏・中間圏・下部熱圏で構成される高度約 10〜100 km の大気は中層大気と呼ばれる．図1に中層大気における子午面循環の模式図を示す．成層圏では赤道域で上昇し，そこから南北両半球に広がり，高緯度では下降する，ブリューワー–ドブソン循環（BDC，⇨1-7）とよばれる大規模な循環が存在する．一方，中間圏は夏半球で上昇し，冬半球で下降する循環が存在する．これらの子午面循環は大気波動が輸送する運動量によって駆動され，人体に有害な紫外線を防ぐオゾンや，気候変動と関係する水蒸気などの大気微量成分を全球的に運ぶ働きがある．

b. 地球温暖化による中層大気の変化

　中層大気では，主にオゾンの紫外線吸収による加熱，二酸化炭素等の温室効果気体による赤外線放射による冷却，大気塊の鉛直方向の運動に伴う断熱加熱・冷却がバランスして，その場所での温度が決定される．温室効果気体が増加すると，対流圏では温暖化するが，中層大気では赤外線放射による冷却の効果が強まるため，寒冷化する．温度場の変化と連動して平均東西風の構造も変化し，大気波動の伝播特性および波動の持つ運動量が平均流に引き渡される砕波の場所も変わる．結果として温室効果気体の増加は BDC を強める方向に働くことが知られている．実際に世界の主要な気候モデルのほぼすべてで，地球温暖化に伴う BDC の強化が予測されている．

c. BDC と赤道準2年振動の長期変化

　気候モデルで予測されている BDC の強化が実際に現れているかどうか，観測データを用いて調べる研究がなされてきた．しかし，BDC は非常に弱い循環であるため直接観測ができず，また大気微量成分から見積もられる BDC のトレンドは不確実性が大きすぎるため，気候モデルの予測が正しいかどうかの検証は十分にできなかった．
　ところで，赤道域成層圏には，赤道準2年振動（Quasi-Biennial Oscillation：QBO）と呼ばれる，西風と東風が周期2年強で交代する現象が存在する．近年の気候モデルを用いたシミュレーション研究から，地球温暖化に伴って QBO が変調することが明らかになってきた[1]．図2にそれぞれ20世紀末と21世紀末に相当する条件でシミュレーションした，現在気候と温暖化気候における QBO の特徴を示す．BDC に伴う赤道域上昇流（図1でみられる赤道域成層圏の上昇流）は，QBO が上から下に下りるのを妨げる働きをする．現在気候では，

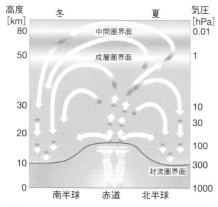

図1 中層大気における子午面循環の模式図（矢印）．北半球が夏で，南半球が冬．黒線は対流圏界面．

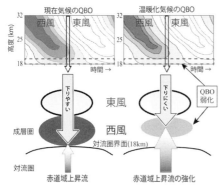

図2 （上）現在気候と温暖化気候におけるQBOの時間-高度断面図．QBO位相は時間とともに高い場所から低い場所へ下りる．点線は高度18～19 km領域．
（下）QBOと赤道域上昇流の模式図．温暖化に伴って赤道域上昇流が強まると，QBOが低い場所まで十分に下りることができなくなり，高度約19 km付近でQBOが弱まる．

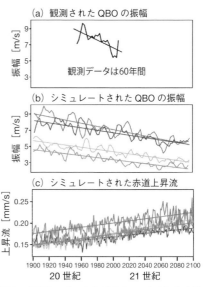

図3 高度約19 kmにおけるQBO (a, b)と赤道域上昇流(c)の200年間の変化．(a)が観測，(b, c)が4種類の気候モデルの結果．20世紀から21世紀にかけてQBOは弱まり，赤道域上昇流は強まっている．

QBOは赤道上昇流に対抗しながら，高度約18 kmに位置する対流圏界面付近まで下りている．一方，地球温暖化に伴って赤道域上昇流が強まると，QBOが対流圏界面付近まで十分に下りることができなくなり，高度19 km付近のQBOは弱くなる．すなわち，地球温暖化に伴うQBOの変化は，下部成層圏におけるQBO振幅の弱化という形で現れる．

東西風の観測データは1953年から現在までそろっている．地表面温度の経年変化等から，この60年間にも地球温暖化が進んでいると考えられる．図3aに観測データから計算された高度19 km付近におけるQBO振幅の時間変化を示す．統計的に有意なQBO振幅の弱化傾向がみられ，この60年間に3割以上減少していることが発見された[2]．

次に気候変動に関する政府間パネル（IPCC）の第5次評価報告書で使用された最新の気候モデルデータの中から，QBOの再現に成功している4種類のモデルによる，高度19 kmにおけるQBO振幅と赤道域上昇流の長期変化を図3b, cに示す．すべてのモデルで20世紀から21世紀にかけてQBOが弱まり，赤道上昇流が強まっている．また，温暖化を伴わない気候モデル実験データでは，これらの変化はみられず，QBOと赤道上昇流の変化は地球温暖化が原因であるといえる．

上述した研究によって，地球温暖化のシグナルが成層圏QBOの変調として現れていることが示されるとともに，熱帯下部成層圏のBDC強化が観測データから立証された．

d． 成層圏オゾンの長期変化

冷蔵庫やクーラーの冷媒，洗浄剤，スプレーの噴射剤などとして幅広く使用されていたクロロフルオロカーボン類（CFC類：以下，フロンと呼ぶ）によって，オゾン層

が破壊される可能性が1974年に指摘された．フロンは対流圏では分解されにくい性質を持っているため，大気の循環によって対流圏から成層圏へと運ばれる．フロンが上部成層圏にまで達すると紫外線によって分解され，塩素原子を放出する．塩素原子は分解触媒となって，オゾンを壊す方向に働く．オゾン層を保護するため，1985年に「ウィーン条約」，1987年に「モントリオール議定書」が採択され，フロン等のオゾン層破壊物質の生産や消費が規制されている（⇨1-1「オゾンホール」）．

オゾン層の将来変化は，地球温暖化とも密接に関連する．世界気象機関（WMO）と国連環境計画（UNEP）はオゾン層破壊の科学アセスメントを3～4年ごとに公表して，オゾン層破壊の現状や見通しについてまとめている．図4に1960年を基準値とした，全球平均したオゾン量とオゾン破壊物質の長期変化の模式図を示す．フロン等の規制が強化されたおかげで，オゾン層破壊物質の総量は，1990年代後半のピーク時の値から減少傾向を示している．世界全体のオゾン量は2130～2140年頃には，オゾン層破壊が明瞭になる1980年以前のレベルにまで回復すると予測されている[3]．

オゾンは大気中の酸素分子が太陽紫外線によって酸素原子に光解離され，生成した酸素原子がまわりの酸素分子と化学反応を起こすことによって生成される．したがってオゾンは太陽紫外線の強い低緯度成層圏で主に生成される．生成されたオゾンはBDCに沿って中高緯度へ運ばれるため（図1），赤道域のオゾン量を減らし，中高緯度のオゾン量を増やす方向に働く．地球温暖化に伴いBD循環が強化されると，より多くのオゾンが熱帯から中高緯度へ運ば

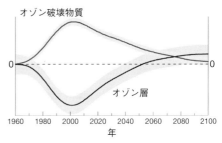

図4 全球平均オゾン量（縦軸左）とオゾン破壊物質（縦軸右）の長期変化の模式図．1960年を基準値としている[3]．実線はマルチモデル平均値，灰色はモデルの値の幅を示す．

れるため，オゾンホールが回復する方向に働く．

オゾンホールは，BDC以外にもさまざまなプロセスが複雑に絡み合って形成されている．南極域の成層圏の気温は低く，$-78°C$以下になるとオゾン破壊を引き起こす極成層圏雲（PSC，⇨1-2）が形成される．温暖化に伴う成層圏の寒冷化の程度により，PSCの発生頻度やオゾンの化学的な消滅量が変わる．また，成層圏の極渦が強まると，極域の大気は周囲から孤立し，低緯度からオゾンが運ばれにくくなるため，オゾンホールの形成は大気の内部変動とも深く関連する．オゾン層の将来予測には，これらの現象の複雑な相互作用過程の理解が重要である．より正確なオゾン将来予測のために，継続的な観測およびさらなるモデル実験による検証が必要である．

〔河谷芳雄〕

文　献

1) Kawatani, Y. et al., 2011, *J. Atmos. Sci.*, **68**, 265.
2) Kawatani, Y. and K. Hamilton, 2013, *Nature*, **497**, 478.
3) WMO, 2011, *Scientific Assessment of Ozone Depletion*: 2010, 516.

1-10 オーロラ

aurora-northern lights

オーロラオーバル,磁気圏,サブストーム

極夜の空を彩るオーロラは,地球近傍の宇宙空間から磁力線に沿って電荷を帯びた粒子(荷電粒子)が降下することによって生じる超高層大気現象である.オーロラの中で,緑色や赤色,ピンク色の光を放っているのは,地球の大気中の酸素原子や窒素分子である.図に模式的に示すように,磁力線に沿って降り込んできた電子や陽子などの荷電粒子(多くの場合は電子)が,高さ100〜300 kmに存在する原子・分子に衝突して,励起状態へと変化させる.励起状態の原子・分子が,基底状態もしくは,よりエネルギーの低い状態に遷移するとき,状態間のエネルギーの差がオーロラの発光という形で放出される.原子・分子がとることができる励起状態には多くの種類があるため,光として放出されるエネルギーの大きさもさまざまな値をとりうる.エネルギーの差が大きいほど,短い波長の光を出すことが知られているため,どのような状態の間を遷移するかによって,出てくる光の波長(色)が決まる.最も代表的なオーロラの光である緑色の光(波長557.7 nm)は,高度100 km程度に存在する酸素原子が励起されて光っている.また,磁気嵐(⇨1-11)の最中や,極冠域に見られる赤いオーロラ(波長630.0 nm)は,より高い高度において,やはり酸素原子が励起されて光っている.同じ酸素原子でも,状態遷移の過程が異なれば,放出されるエネルギーが違うために出てくる光の色が異なり,複数の波長でオーロラの輝度を計測することによって,磁気圏から降下する荷電粒子のエネルギーを推定することができる.

オーロラは,磁気極をリング状に取り囲むように存在するオーロラオーバルと呼ばれる領域において観測される.オーロラオ

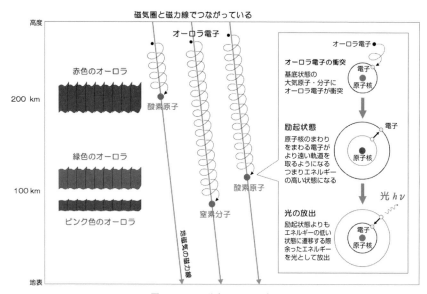

図　オーロラ発光のメカニズム

ーバルは，昼間側では磁気緯度 75°程度，夜側では磁気緯度 65°程度に分布する．オーロラオーバルの空間分布は，地球超高層大気と磁力線によってつながっている領域に存在する電離大気（プラズマ）の空間分布と密接な関係がある．地球は，双極子型の固有の磁場（地磁気）を持つ．また，太陽からは電子や陽子などで構成される荷電粒子の風が吹き出している．この風のことを太陽風と呼ぶ．太陽風は平均秒速 400 km という猛烈なスピードで地球に吹きつけており，地球の固有磁場は太陽風によって吹き流されて，太陽と反対の方向に尾を引く"こいのぼり"のような形をしている．この地磁気の勢力が及ぶ範囲を磁気圏と呼ぶ．磁気圏の夜側の部分には，オーロラの源となる温度の高いプラズマが蓄えられているプラズマシートという領域が存在し，そこから磁力線を地球の方向へとたどっていくと，南北両半球のオーロラオーバルへと行き着く．磁気圏の中を運動する荷電粒子は，磁力線に沿っては動きやすいという性質を持つために，プラズマシートに蓄積されている荷電粒子は，磁力線に沿って地磁気に導かれるようにして高緯度地方へと降り込み，オーロラを光らせることができる．オーロラが南北半球の極域にのみ現れるのは，オーロラ電子の源である磁気圏プラズマシートと磁力線によって強くつながっているからである．

オーロラは，比較的はっきりとした形状を持つディスクリートオーロラと，ぽんやり光るディフューズオーロラに大別される．昼間側のオーロラオーバルや極冠域では，東西にアーク状に広がるディスクリートオーロラがみられる．また，夜側の真夜中よりも少し前の時間帯では，やはりディスクリートオーロラが観測されることが多い．ディスクリートオーロラ上空の高度数千 km に存在する加速域と呼ばれる領域では，磁力線に沿って上向きの強い電場が観測される．磁気圏側に存在する電子は，この磁力線に沿った電場によって加速されて地球大気に降下するために，明るく構造のはっきりとしたディスクリートオーロラが形成される．ディフューズオーロラは，オーロラオーバルの低緯度側に分布し，特に朝側の地方時においては，パッチ状の構造を示し，明滅を繰り返す脈動オーロラとして観測される．ディフューズオーロラを引き起こす電子は，ほとんど加速を受けていないことが衛星などの観測によって示されている．これらの電子は，磁気圏に存在する電磁波動によってピッチ角（プラズマ粒子速度と磁場の成す角）の変調を受け，電離圏まで降下していると考えられている．

夜側のオーロラオーバルでは，オーロラが爆発的に増光し，極方向および経度方向に拡大する現象が頻繁に観測される．この現象はオーロラサブストーム（極磁気嵐）と呼ばれ，1964 年にアラスカ大学の赤祖父博士によってその現象論的様相が示されて以降，地上・衛星による観測を組み合わせて精力的に研究が行われてきた．オーロラサブストームは，磁気圏の外側の惑星間空間の磁場が南に向いたときに，磁気圏尾部，特に夜側プラズマシートに蓄積された太陽風起源のエネルギーが爆発的に解放されるプロセスであると考えられている．しかし，何がきっかけでサブストームが始まっているのかはいまだに明らかになっていない．現在，夜側プラズマシート中での磁気再結合過程，もしくは地球により近い領域におけるプラズマ不安定に基づいた開始メカニズムの議論が行われているが，どちらのモデルにも観測とのつじつまが合わない点が含まれており，いまだに活発な論争が続いている．

〔細川敬祐〕

1-11 磁気嵐

magnetic storms

惑星間空間磁場，リングカレント，極磁気嵐

地球固有の磁場（地磁気）のためコンパスの針はおおよそ北を指すが，1724年，イギリスの時計職人 Graham はコンパスの針が不規則に動くことに気付いた．1741年，スウェーデンの Celsius と Hiorter はオーロラが現れるとイギリスとスウェーデンで同時にコンパスの針が動くこと，つまり地磁気の乱れは局所的ではなく広い範囲で同時に起こると記している．Celsius の名は温度の単位として知られているが，彼は地磁気とオーロラの研究も行ったのである．19世紀になると，こうした地磁気の一時的な変動は地球規模で起こることが次第にわかり，Hunboldt はこれを磁気嵐と名付けた．20世紀に入ると Chapman と Ferraro による体系的な研究により，地球周囲の宇宙空間を流れる電流が磁気嵐の直接的な原因と考えられるようになった．

磁気嵐でみられる地磁気変動の概略を図1に示す．磁気嵐研究では地磁気変動の水平成分（以下 H 成分）がよく用いられる．地磁気は北を向いているため，H 成分の増加は北向き磁場の増加に対応する．

磁気嵐の多くは H 成分が急激に増加することで始まる（磁気嵐初相）．続いて H 成分が急激に減少する（磁気嵐主相）．主相は数時間続く．やがて H 成分は増加に転じ，静穏時の値に近づいていく（磁気嵐回復相）．

磁気嵐の大きさを表す指標として Dst 指数が広く用いられている．端的には経度が異なる4つの地磁気観測所で得られた H 成分の変動分を平均したものである．現在では京都大学地磁気世界資料解析センターが算出し，準リアルタイムで公開している．1957年以降2015年現在まで，Dst の最低値は1989年3月14日に記録された −589 nT（ナノテスラ）である．この磁気嵐では強い地磁気誘導電流が流れてカナダでは大規模な停電が発生し，約600万人が被害を受けた．Dst は算出されていないが，1859年の大磁気嵐時には電信線が火花を放ち，電池がなくとも通信ができたようである．このように磁気嵐は人間活動に大きな影響を与えることがある．

磁気嵐の原因は宇宙を流れる電流が増大することにある．図2に宇宙空間の概略を示す．太陽から電気を帯びた粒子（プラズマ）が絶えず吹いている（太陽風）が，地球固有の磁場が持つ圧力のために地球の近くで流れが妨げられる．地球固有の磁場が支配する領域を磁気圏と呼ぶ．昼側の磁気圏境界では東向きの電流（磁気圏境界電流）が流れ，磁気圏の形状を維持してい

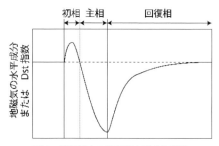

図1 磁気嵐中の地磁気水平成分変動

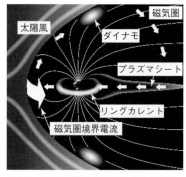

図2 磁気圏構造と磁気圏を流れる電流

る．太陽フレアなどに伴って惑星間空間に放出された高温プラズマの雲が地球を通過すると磁気圏が大きく乱れる．プラズマ雲は周囲の太陽風よりも速く，数千km/秒に達することもある．プラズマ雲の前面ではプラズマが圧縮され密度も上がる．流体力学でいう動圧が高いことを意味する．プラズマ雲の前面が地球磁気圏に接触すると，高い動圧によって磁気圏が急激に圧縮される．このとき東向きの磁気圏境界電流が急増し，アンペールの右ネジの法則に従って地上では地磁気H成分が増加する．これが磁気嵐の始まり，つまり磁気嵐初相の原因である．

プラズマ雲に南向きの惑星間空間磁場が埋め込まれていると，惑星間空間磁場と地球固有の磁場が磁気圏前面で再結合する．すると，磁気圏内では磁場とプラズマの大循環が促進される（図2の小さい矢印）．これを磁気圏対流と呼ぶ．最近のシミュレーション研究によって，磁気圏の高緯度域で太陽風の運動エネルギーが電磁気的なエネルギーに変換され（ダイナモ），磁気圏対流を駆動する可能性が指摘されている[1]．

磁気圏の夜側にはプラズマシートが拡がっている．数千万K近くの温度を持つ熱いプラズマが蓄えられていて，磁気圏対流によって内部磁気圏に運ばれる．内部磁気圏は双極子型の地球磁場が強く，流入してきた熱いプラズマを閉じ込めることができる．するとプラズマの圧力が高まり，圧力勾配によって磁力線に垂直方向に電流が流れる．これがリングカレントである．プラズマ圧のピークを境に外側では西向き，内側では東向きの電流が流れている．西向きに流れる領域のほうが体積が大きく正味の電流量が多い．したがって，リングカレントの増加は地上ではH成分の減少として観測される．これが磁気嵐主相である．

リングカレントの正体（電流を流す実体）は数億Kの温度を持つイオンであることが1967年にわかった．H^+イオンが主成分であるが，地球電離圏に多く含まれるHe^+とO^+イオンと，太陽風に多く含まれているHe^{2+}イオンが共存していることから，イオンは地球電離圏と太陽に起源を持つことがわかる．しかしイオンが内部磁気圏に流入する経路についてはよくわかっていない．内部磁気圏に輸送されたイオンは周囲の中性原子と電荷を交換するなどして失われ，リングカレントは次第に弱まってゆく．これが磁気嵐回復相の原因である．

惑星間空間磁場が南を向くと極磁気嵐（サブストーム）が起こる．極域電離圏ではオーロラが急に明るくなり，ジェット電流が流れて地磁気を大きく乱す一方，磁気圏では熱いプラズマを内部磁気圏に注入し，リングカレントを一時的に強める．極磁気嵐の継続時間は数十分程度であり磁気嵐の継続時間より短いが，度重なる極磁気嵐の積み重ねが磁気嵐を作ると考えられてきた．しかし，極磁気嵐の単純な重ね合わせでは説明がつかない事象も報告されており，リングカレントの発達に対する極磁気嵐の寄与はよくわかっていない[2]．

磁気嵐のときにはオーロラ帯が低緯度に拡がることが知られている[3]．この現象も磁気圏対流の増強で説明できる．磁気圏対流によってプラズマシートから地球近くに運ばれた高温の電子が何らかの原因で散乱を受け，磁力線に沿って電離圏に降下すると主に赤いオーロラが中低緯度帯で光る．すなわち，日本でオーロラが見えるのは磁気嵐のとき，すなわち磁気圏対流が強いときに限られる（⇨1-10「オーロラ」）．

〔海老原祐輔〕

文献
1) Tanaka, T., 2007, *Space Sci. Rev.*, **133**, 1.
2) Gonzarez, W. D. et al., 1994, *J. Geophys. Res.*, **99**, 5571.
3) Yokoyama, N. et al., 1998, *Ann. Geophys.*, **16**, 566.

1-12 極域の大気潮汐波
atmospheric tides in the polar region

太陽熱潮汐，太陽同期/非同期，低緯度で顕著，波動相互作用でも励起

　大気潮汐波（atmospheric tide）は，グローバルな大気の波動の一種である．その周期に応じて，一日潮汐波（diurnal tide），半日潮汐波（semidiurnal tide），8時間潮汐（terdiurnal tide）などと呼ぶ．大気潮汐波は，自由振動とは異なり，太陽や月の加熱や重力による強制力を励起源とする強制振動である．太陽熱潮汐（solar thermal tide）の場合は，1太陽日＝24時間の整数分の1の周期，太陰潮汐（lunar tide）の場合には，1太陰日＝24.84時間の整数分の1となる．たとえば，半日潮汐の場合，太陽潮汐だと12時間周期，太陰潮汐だと12.42時間周期となる．これからわかるように，数日間の短期間で太陰潮汐と太陽潮汐を分離することは困難である．ここでは，最も顕著な太陽熱による熱潮汐に限定して述べる．

　太陽からの放射は，地表，対流圏の水蒸気，成層圏のオゾンや熱圏の窒素，酸素などを1日周期で加熱し，大気潮汐波の直接的励起源になるほか，毎日繰り返して起こる低緯度の積雲対流による潜熱放出も重要な励起源である．また，これらで励起された大気波動の相互作用も2次的な大気潮汐波の励起源となる．

　大気潮汐波は，球状の地球大気を境界条件とするために，周期だけでなく，その水平波数（東西方向の波数をさす）が整数に限定される．また背景場が等温無風の理想大気では水平方向にはラプラスの潮汐方程式（tidal equation）の解であるハフ関数の緯度構造を持つモードに分類される．現実大気では温度の緯度勾配や，強い平均東西風によって，さらには渦粘性や大気波動相互作用によって歪むため，純粋なモードの波動が観測されることはないが，その概念は大気潮汐波の振る舞いを理解するうえで役立つ．1日の$1/n$の周期の大気潮汐波が東西波数nの西進する波である場合，その伝播速度は地球の自転速度と一致するため，「太陽同期潮汐波（migrating tide）」と呼ばれ，それ以外の東西波数のものは「太陽非同期潮汐波（non-migrating tide）」として区別される．大気の種々のパラメータが経度方向に一様である場合には，前者の波のみが励起されるが，現実大気では後者もかなり顕著に存在する．

　大気潮汐波は，地表では低緯度の地上気圧の半日周期変動として観測される．このときの振幅は1hPa程度である．地上付近では振幅の小さい波も，高度80〜100kmの中間圏から下部熱圏に伝播すると大きな振幅になり，この高度領域で最も顕著な波動となる．特に，低緯度では一日潮汐波の振幅は容易に水平風速で30〜40 m/s，温度で30〜40 K程度になるため，同高度の夏極と冬極の温度差程度の変動が1日の中にできてしまうことになる．また，鉛直波長が25〜30kmであるため，大きな温度勾配を作ることになり，時には乾燥大気の断熱減率（9.8 K/km）を超えて，対流不安定を生じて砕波する．高度100kmを超えると一日潮汐波は分子粘性による散逸も加わることで次第に振幅が小さくなり，代わって鉛直波長がより長い半日潮汐波が卓越するようになる．半日潮汐波の基本モードは，100km以上の鉛直波長を持つ．

　大気潮汐波は，励起源に着目した命名であり，内部重力波など波動の構造や特性に基づく名称ではないので，両者は排他的な分類ではないことに注意が必要である．実際，一日周期潮汐の鉛直非伝搬性のモード（evanescent mode）以外の潮汐波は，内部重力波の一種と考えるのが妥当である．

極域の大気潮汐波の特徴として、①一日潮汐波が鉛直伝播できないため半日潮汐や8時間，6時間潮汐が目立って存在する，②南北両極点で境界条件を満たさなければならないため，極に近づくほど温度や東西風の変動が小さくなり南北風に強い潮汐がみられる，という特徴を持つ．

南極域では，中間圏から下部熱圏を観測するレーダーで数少ない定点ながら24時間365日の観測を続けており，周波数ごとの季節変化や水平波数構造の解明に威力を発揮してきた．レーダーは風速変動成分を明らかにするが，近年の昼夜観測可能な共鳴散乱ライダーは温度変動成分も明確にとらえている．これらによると，極域の高度80〜100 kmでの振幅は風速で10 m/s程度，温度変動で5〜10 K程度に達する．南極上空では，夏季には非伝搬性の西進波数1の一日潮汐波（太陽同期），および西進波数1や波数0（ゼロ）の半日潮汐波（太陽非同期）が強くなり，冬季には西進波数2の半日潮汐波（太陽同期）が主となる．太陽非同期の半日潮汐波は，プラネタリー波と太陽同期潮汐波の非線形相互作用によって励起されると考えられている．なお，衛星観測は極域全体をカバーできることが強みであるが，極軌道衛星による高緯度観測では毎日ほぼ同じ地方時にのみデータを取得することになるため，24時間の整数分の1の周期の大気潮汐波の観測は容易ではない．このため，極域大気潮汐波の解明には，地上ネットワークからと複数の衛星からの共同観測が今後重要となってくる．

大気潮汐波は，中低緯度では中間圏以高で存在感の大きい主役的波動となるが，極域では振幅が小さく大気波動としてはエネルギー的には脇役である．しかしながら主

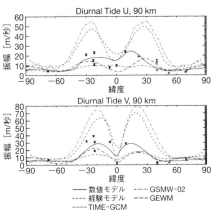

図　高度90 kmにおける9〜10月の大気潮汐波の振幅の緯度分布（文献[1]を改変）．上段・下段は，東西風成分・南北風成分に対応．シンボルは地上からのレーダー観測．実線は，数値モデル，破線はレーダー観測と衛星観測による経験モデル．値は2ヶ月平均であり，数日間のデータでみるとこれらより振幅がずっと大きくなることもある．太陽地球系物理学科学委員会（SCOSTEP）のCAWSES全球潮汐協同観測の成果の1つ．

な励起源から遠く離れた極域の大気波動は大気物理のさまざまな現象を反映した結果として表れているものである．したがってその振る舞いを理解することは，グローバルな大気物理の理解そのものであるということができる．極域の大気潮汐波までも再現できるモデルこそ，正しい大気モデルであるといえるだろう．

〔中村卓司〕

文　献
1) Chang, L.C. et al., 2012, *J. Atmos. Solar-Terr. Phys.*, **78-79**, 19
2) Murphy, D. J. et al., 2006, *J. Geophys. Res.*, **111**, D23104.
3) Lübken, F-J. et al., 2011, *Geophys. Res. Lett.*, **38**, L24806.
4) Kato, S., 1980, *Dynamics of the upper atmosphere*, D. Reidel., 233.

1-13 超高層大気の長期変動

long-term variations of upper atmosphere

太陽活動，温室効果ガス，熱圏の寒冷化

二酸化炭素（CO_2）に代表される温室効果ガス濃度の増加は，地表を含む対流圏で温暖化を起こしているのに対し，成層圏以高の超高層大気（中間圏，熱圏や電離圏．図1を参照）では寒冷化を引き起こしている．その寒冷化の要因として，成層圏以高の大気は対流圏と異なり，上下方向の混合はあまり起きないことがあげられる．そのため，成層圏以高の大気の温度は，その高度での熱の吸収と放出のバランス（N_2 や O_2 との衝突を介した熱のやり取り）や上下方向の断熱膨張・断熱圧縮で決まる．熱吸収には，オゾンによる太陽からの紫外線吸収や，CO_2 による地表を含む対流圏からの赤外線吸収があげられる．一方，熱放出には，その場の CO_2 による上下方向の赤外線放出があげられる．成層圏以高の大気中の CO_2 が増えると，吸収する熱量よりも放出する熱量の方が増えるため，成層圏以高の大気は冷えることになる．

超高層大気の寒冷化のトレンドは，中間圏（50〜80 km）で 2〜3 K/10 年，熱圏（200〜400 km）では 10〜15 K/10 年と見積もられ，実際にそのような変化が各種の大型レーダー等で観測されている（図2を参照）．ただし，地球上で最も温度が低下する中間圏界面（80〜100 km）付近では，寒冷化の傾向がみられない．この超高層大気の寒冷化は，超高層大気の収縮を起こすとともに，電離圏高度を下げている．具体的には，熱圏の高度 400 km では 1.7〜3.0%/10 年の割合で大気密度が減っており，また，電離圏 E 層（図1参照）の電子密度ピーク高度は，0.3 km/10 年の割合で下がっているようすが観測されている．さらに，

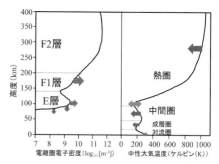

図1 電離圏電子密度と中性大気温度の長期変動の模式図．右向き（左向き）の矢印は密度増加（減少）もしくは温度上昇（低下）を示す．下向き矢印は電離圏高度の低下を表す．

電離圏電子密度の長期的な増加がイオノゾンデ観測で得られている．その変化率は，電子密度の関数であるプラズマ周波数（通常 1〜10 MHz で変化）を用いて，電離圏 E 層では +0.013±0.005 MHz/10 年，電離圏 F 層（図1参照）では +0.019±0.011 MHz/10 年のオーダーであると観測されている．

これらの長期的トレンドの主要因は，CO_2 に代表される温室効果ガスの増加と考えられている．この温室効果ガスは，地表から数百 km までのすべての大気圏中の中性および電離大気に影響を及ぼす．しかし，超高層大気の長期変化やトレンドに対するその他の駆動源もあり，それらも無視できない．特に熱圏や電離圏では，複数の駆動源が長期トレンドの役割を担っている．たとえば，電離圏や熱圏の長期トレンドを計算するときには，（太陽活動周期の約11年の時間スケールにおける）太陽活動の効果も考慮する必要がある．この太陽活動は，20世紀後半や21世紀のはじめに弱まってきているようにみられる．また，電離圏や熱圏の長期トレンドに対するその他の重要な可能性を持つ駆動源として，地磁気活動とその長期的な変化も考えられている．たとえば，地磁気活動には20世

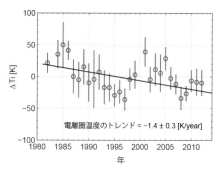

図2　高度320 kmにおける極域電離圏イオン温度の長期トレンド[2]．太陽活動の影響を差し引いたイオン温度（ΔTi）を用いてトレンドを導出している．

を通してわずかな増加傾向がみられる．そのため，この地磁気活動は，電離圏密度（およびF層プラズマ周波数（foF_2））の長期トレンドの主たる駆動源といえるかもしれない．

超高層大気の長期変化に関するさまざまなモデルシミュレーション結果は，これらの検出された結果と定性的に一致する．特に，最近のモデル計算は，CO_2増加以外のトレンド駆動源の役割を示しており，中間圏・熱圏温度や中性大気密度の変化が，CO_2以外のオゾンや水蒸気などの他の温室効果微量ガスの変化にも由来することを明らかにしている．

CO_2の濃度は多かれ少なかれ着実に均一に増加している．一方，他の駆動源の振る舞いは時と場所によって変わる．たとえば，成層圏オゾン濃度は1980年代では減少傾向であったが，2000年代からは回復に変わっている．この変化は高緯度ほど大きく，低緯度では無視できる．また，地磁気活動の効果は低緯度より高緯度で重要となる．

潮汐波や惑星波，重力波などの大気波動は，下層大気と超高層大気間の上下結合を担い，超高層大気と電離圏の長期トレンドにも影響を及ぼすと考えられる．これらの中間圏や下部熱圏で支配的な大気波動は，熱圏にも影響を与える．波活動による長期トレンドの原因と結果を理解することも，超高層大気の長期トレンドを理解するうえでの鍵となるといえる．

これらの長期変動を引き起こす駆動源が組み合わさる効果や，それぞれの役割の変化により，長期変動トレンドの複雑なパターンが生じる．具体的には，①中間圏温度の低下（および，中間圏界面温度が変化しない点），②下部電離圏高度（～100 km）や熱圏高度（200～300 km）の電子密度増加，③熱圏中性大気密度の減少，④F層電離圏温度の低下，が長期的に生じている．これらのすべてのトレンドは，定性的には相互に矛盾なく説明できる内容であり，モデルシミュレーションによる超高層大気の温室効果ガス増加の影響の結果と定量的にも一致する．

熱圏における中性大気密度のトレンドは電離層に影響を与えるとともに，低高度衛星やスペースデブリ（宇宙ゴミ）の軌道寿命にも影響を与えるため，非常に重要である．中性大気密度が長期的に減少すると，スペースデブリを含む飛翔体の周回寿命が長くなる．このことは，衛星軌道上のスペースデブリの危険性が将来的に増すことを意味する[1]．

〔小川泰信〕

文　献

1) Lastovicka, J. et al., 2012, *Sp. Sci. Rev.*, **168**, 113.
2) Ogawa, Y. et al., 2014, *Geophys. Res. Lett.*, **41**, 5629.

1-14 宇宙から観たオゾン同位体
ozone isotopes observed from space

オゾン，同位体，地球大気，遠隔観測

「環境」を考えるとき，そこにどんな物質があり，互いにどう関係しているのか，といった物質循環を理解することは重要であり，同位体（isotope）は物質循環を解明する上で貴重な情報を保有している．

原子核内の中性子数が異なる原子どうしを互いに同位体と呼ぶ．同位体の化学的性質はほぼ変わらないが，その質量数の違いによって化学反応の反応速度が異なると，反応前後で同位体の存在比（同位体比）は変動する．また，同位体比は地域ごとに異なる場合が多い．このようなことから，一般に同位体比は，その物質の起源物質，生成環境や経路，さらには消失環境といった複雑な履歴を記録しており，同位体比は物質循環を追跡する強力な手がかり（トレーサー）になる．

オゾン（O_3）は3つの酸素原子（O）によって構成されており，Oには^{16}O，^{17}O，^{18}Oの3種類の安定同位体が存在する．その同位体比は，次のような百分率（または千分率）で表記される．

$$\delta^m O = \frac{(^mO/^{16}O)_{サンプル}}{(^mO/^{16}O)_{基準}} - 1 \ (\%)$$

ここで，m は 17 または 18 を示し，基準は標準平均海水（おおよそ $^{16}O:^{17}O:^{18}O = 1:1/2700:1/500$）である．$\delta > 0$の場合は，サンプル中の重い同位体の割合が基準よりも大きいことを意味し，同位体濃縮（isotopic enrichment）と呼ぶ．

オゾンといえば，紫外線を吸収することでよく知られているが，一方でオゾンはさまざまな物質と反応するため，大気中の物質循環においても中心的な存在である．酸素同位体比に注目すると，図1のように成層圏オゾンの$\delta^{18}O$ の値は 10～15 ‰，$\delta^{17}O$は 8～12 ‰ であり，他のどの物質よりも大きい[1]．さらにオゾンは非質量依存同位体分別（mass independent fractionation：MIF）という特徴を持つ．MIF は，質量分別直線からのずれで表される．一般的な化学反応による同位体比の変動は，質量差の比に沿って基準からずれるため，同位体比は質量分別直線（酸素の場合は，17-16:18-16 = 1:2，つまり傾き 0.5 の直線）の上に分布する．MIF とは，それとは異なる同位体比の変動を示し，質量の差だけでは説明できない要因が存在することを意味している．

成層圏オゾンの酸素同位体比の観測は 1981 年に初めて報告された．この観測は気球に質量分析器を搭載して行われ，当時の予想を上回る $\delta^{18}O = 40\%$ という大きな同位体濃縮が観測された．これは 2001 年の再解析によって改められたが，この初観測が引き金となってオゾン同位体研究は加速した．科学は，往々にして発見と検証を繰り返すことで発展する．たとえ再解析されたとはいえ，1981 年の初観測による科学の発展への貢献度は高いといえる．その

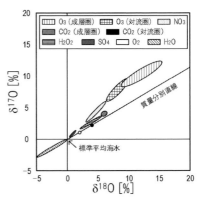

図1 地球大気中のさまざまな分子の酸素同位体比（文献[1]を改変）

後，分光観測によって非対称種（$^{18}O^{16}O^{16}O$）の方が対称種（$^{16}O^{18}O^{16}O$）よりも $\delta^{18}O$ の値が大きいことが明らかになり，この傾向は $\delta^{17}O$ でも確認された．また，オゾンの酸素同位体比は高度 45 km までは高度とともに大きくなることが明らかになっている．

高高度になるほど大気の密度が減少していくため，一般に高高度ほど観測は難しくなる．また，同位体比観測では気球を用いたその場観測が主流だが，気球では高度 45 km より上空に到達することが困難であるという装置の問題もあり，高度 45 km 以上の中間圏の観測は行われていなかった．そもそも中間圏は，濃度の観測すらとても難しいとされている領域である．

中間圏オゾンの酸素同位体比の観測は，超伝導サブミリ波リム放射サウンダ（SMILES）によって 2014 年に初めて報告された[2]．SMILES は国際宇宙ステーションに搭載され，地球大気の物質が放射する電磁波をスペクトルとして高感度で観測する装置である．大気中の物質の存在量は，スペクトルから最大事後確率推定法によって，最も確からしい解として間接的に求められる．このような観測手法を，気球観測などに代表されるその場観測に対して，遠隔観測（remote sensing）と呼ぶ．遠隔観測は，1 つの観測器で広範囲を連続的に観測できるという利点があるが，その観測確度を上げることが原理上困難であるという弱点もある．SMILES 観測データの解析では，オゾンの酸素同位体比の導出に最適化された解析アルゴリズムが用いられている．その最大の特徴は，これまでのオゾン同位体研究の成果を解析の中に事前確率として取り込み，それによる制約を最大限に強めている点である．

図 2 は，SMILES の観測結果から得られた非対称種オゾンの $\delta^{18}O$ の高度分布であ

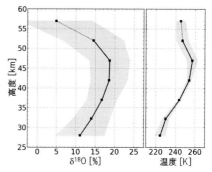

図 2 非対称種オゾンの $\delta^{18}O$ と温度の高度分布．2010 年 2〜3 月，20〜40°N の SMILES の観測データを使用[2]．灰色の部分は，SMILES 観測データの系統誤差を示す．

る．$\delta^{18}O$ は，高度 45 km まではこれまでの観測の通り高度とともに増加するが，それ以上の高度では逆に減少していく．この傾向は大気の温度構造と一致している．オゾンは主に三体衝突反応（$O + O_2 + M \rightarrow O_3 + M$，M は第三体）によって生成され，この反応によって生じるオゾンの酸素同位体比は温度とともに大きくなることが実験や理論計算から示されており，観測結果と定性的には矛盾しない．このことから，温度はオゾンの酸素同位体比を決定する重要な要素の 1 つであるといえる．

ただし，オゾンの酸素同位体比が三体衝突反応のみで決定するわけではないことに注意したい．このほかにも光解離（$O_3 + h\nu \rightarrow O + O_2$）等，オゾンの酸素同位体比に関与する素過程は存在し，そのすべてが明らかになったわけではない．つまりオゾン同位体には，まだ多くの謎と魅力が残されている．

〔佐藤知紘〕

文 献

1) Thiemens, M. H., 2006, *Annu. Rev. Earth Planet. Sci.*, **34**, 217.
2) Sato, T. O. et al., 2014, *Atmos. Meas. Tech.*, **7**, 941.

1-15 中層大気の塩素化学

chlorine chemistry in the middle atomosphere

塩素,成層圏,中間圏,下部熱圏

　中層大気とは成層圏・中間圏・下部熱圏における大気であり，高度領域にして約$10 \sim 110$ km に相当する．中層大気に存在する塩素化合物は，今日ではその約80％以上が人為起源（人間の社会活動の所産である自然には生成しないフロン類等）の塩素であると推定されている[1]．フロン類は大気中に放出されたのち，対流圏を経て成層圏に到達すると，光解離により塩素原子等を放出し，活発な化学反応を展開する．塩素類は成層圏オゾン層破壊において中心的な役割を果たしているため，これまで成層圏における振る舞いや実態は精力的に研究され深い理解が得られている．一方，中間圏や下部熱圏における大気に塩素化合物が与えている影響は，観測的実証がそれほど存在しておらず明確ではない．塩素化合物は中層大気において，どのような化学的振る舞いをしているのであろうか．

　フロン類は 1930 年代に米国で開発された物質で，開発後，その安定性や幾多の利点から冷蔵庫の冷媒やエアロゾル噴霧器の発射剤として爆発的に利用され，1940年代から 1970 年代まで，その大気への放出量は毎年 10 ％ 程度の割合で増加した．1974 年には成層圏に到達したフロン類が光解離により塩素原子を遊離し，触媒反応により成層圏オゾンを破壊する可能性が指摘された（⇨1-1「オゾンホール」）．

$$Cl + O_3 \rightarrow ClO + O_2 \quad (1)$$
$$ClO + O \rightarrow Cl + O_2 \quad (2)$$

この塩素原子による触媒反応は O_3 分子と O 分子を 2 つの O_2 分子に変換する．1988年には「オゾン層を破壊する物質に関するモントリオール議定書」と「オゾン層の保護のためのウィーン条約」が発令され，フロン類生成規制が開始し，2010 年には主たるフロン類が全廃された．図 1 に成層圏における有効成層圏塩素当量（ESSC）を示す[1]．ESSC はフロン類を構成するハロゲン化合物（塩素と臭素）の成層圏におけるオゾン破壊効果の定量的な指標である．施策による規制が有効に働き，成層圏における塩素量は1990 年代後半をピークに 2000 年代は減少傾向にあることが示されている．

　このように太陽光によりフロン類から光解離し生成された塩素原子は反応活性が高く，大気中において種々のラジカル分子反応を誘発する．太陽光が存在している昼間と存在しない夜間ではその化学反応も塩素系分子としての存在形態も異なる．ここでは，成層圏と中間圏における塩素系分子の日変化光化学について述べる．図 2 に国際宇宙ステーション搭載の超伝導サブミリ波リム放射サウンダ SMILES (Superconducting Submillimeter-wave limb-emission sounder) で宇宙から観測した ClO 分子の存在量の日変化を示す．

　成層圏 30 km（10 hPa）において，反応(1)，(2)により ClO 存在量は夜明け後に徐々に増大し，日中 12:00 にピークを迎

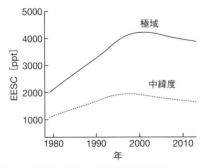

図 1　成層圏における有効成層圏塩素当量（equivalent effective stratospheric chlorine：ESSC）の推移（中緯度，極域）[2]

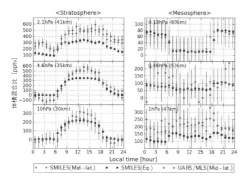
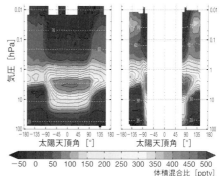

図2 成層圏(左)と中間圏(右)におけるClO分子の日変[23]. SMILES と UARS/MLS 衛星観測の比較を示す. 各グラフごとに SMILES (40°N〜50°N), SMILES (5°S〜5°N), UARS/MLS (40°N〜50°N) の観測値と誤差 (1σ) を表示. SMILES 観測日は 2010年1〜2月, MLS 観測は 1991〜1997年の2月のデータを平均したもの.

図3 ClO分子日変化の存在量高度分布[2]. (左) 2009年10〜11月緯度20°S〜20°N, (右) 2010年1〜2月緯度50°N〜65°N. [口絵3参照]

える. 夜間の ClO はほぼゼロになるが,これは

$$Cl + NO_2 + M \rightarrow ClONO_2 + M \quad (3)$$
$$Cl + CH_4 \rightarrow HCl + CH_3 \quad (4)$$

の反応により, $ClONO_2$, HCl の形で安定に存在しているためである. 夜明けになると光解離し,

$$ClONO_2 + h\nu \rightarrow ClO + NO_2 \quad (5)$$
$$HCl + h\nu \rightarrow H + Cl \quad (6)$$

再び, Cl, ClO ラジカルを生成する.

一方,下部中間圏 60 km では 30 km と比べると昼夜が反転し,昼間の存在量は低く,逆に夜間において ClO 量が増加している. 昼間において,中間圏では成層圏に比べ酸素原子の量が増加しており,反応(1)より(2)が卓越する. しかし一定量の ClO は反応(1)により生成されており, ClO の量がゼロになることはない. 日没近くになると, O_3 量の増加に伴い反応(1)により ClO は急増する. その後,夜間には

$$ClO + HO_2 \rightarrow HOCl + O_2 \quad (7)$$

の反応により, ClO の量はゆるやかに減少している.

図3には ClO 分子の日変化の存在量高度分布を示す. 左図は赤道域の典型的なものであるが,成層圏と中間圏の昼夜逆転の境である 40 km 近辺 (1 hPa) には「ClO レイヤー」(昼夜にわたり, ClO が継続して存在している層) が存在する. また,北極域に近い冬期には 70 km (0.02 hPa) 近辺に ClO の「第三ピーク」が存在している. これらはいずれも SMILES により世界で初めて観測的に明らかになったことである.

〔笠井康子〕

文献

1) Assessment for Decision-Makers, 2014, *Scientific Assessment of Ozone Depletion*, WMO.
2) Sato, T. O. et al., 2012, *Atmos. Meas. Tech.*, **5**, 2809.

2

対流圏大気の化学

2-1 北極霞

Arctic haze

北極の大気化学,エアロゾル,ポーラーサンライズ,ジカルボン酸,光化学反応

北極大気は冬期に太陽光が入射しないことから気温は－70℃まで下がる.低・中緯度で暖められた空気は北上し冷却された北極圏に流入する(図1参照).それに伴ってヨーロッパ,アジア,北米大陸で人間活動によって放出された汚染物質が大気輸送される.北極では3月末から4月はじめにかけて太陽が昇り(ポーラーサンライズ polar sunrise),極夜から白夜へと大気の状態が一変する.太陽光が入射するこの変化に伴って冬期に輸送され北極圏にたまった汚染物質は急激な光化学反応を受け,微粒子(エアロゾル aerosol)を生成する.これは薄茶色をした層を形成することから北極霞と呼ばれる.北極霞の存在は,第二次大戦後に北極航路が使われるようになって以来,国際線のパイロットによってしばしば報告されてきた.北極霞の正体は最近中国で問題になっているPM2.5(直径が2.5μm以下の微粒子)と同様なものと考えてよい.

その後,カナダの研究者が中心となり,1970年代に北極霞の化学組成の研究が始まった[1].その結果,北極大気中の硫酸塩濃度は12から1月にピークを示すが,3～4月にも第二のピークを示すことがわかってきた.冬のピークは硫酸塩が微粒子として冬期に運ばれたものに由来するのに対して,春のピークは気体として運ばれた亜硫酸ガス(SO_2)がポーラーサンライズとともに起こる光化学反応によって硫酸に酸化され微粒子になったものである.近年,北極圏の春において地表オゾンの濃度が著しく低くなる現象が報告され,その際にオゾ

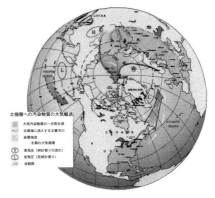

図1 冬期の北極圏への汚染物質の大気輸送

ンとエアロゾル中の臭素の間に逆相関が見出された.この結果は,ハロゲン(臭素原子)が地表オゾンの分解や光化学過程に関与していることを意味している.

こうした光化学過程は極域エアロゾルの有機物組成にも反映する.カナダ・アラートにて2月から6月にかけて採取したエアロゾル試料を分析したところ,エアロゾル炭素は冬から3月に向かって減少傾向を示したが,3月に太陽光が地平線に昇るとともにその濃度が増加した(図2a).3月の減少は汚染物質の輸送が春にかけて減少することに対応する.これに対して,3月下旬から4月にかけての増加は,揮発性有機物の光化学酸化によって微粒子状の炭素が生成していることによる.

さらに,試料の有機物分析を実施したところ,エアロゾル中に高い濃度のシュウ酸(C_2)・マロン酸(C_3)・コハク酸(C_4)など低分子ジカルボン酸を検出した.それらの濃度はポーラーサンライズの前に比べて約4倍に急増した(図2b).また,ジカルボン酸が全炭素に占める割合は平均4%であり,4～5月に増加することがわかった.ジカルボン酸以外に,オキソカルボン酸,ジカルボニルなども検出され,水溶性の有機物が北極圏の春に光化学的に生成してい

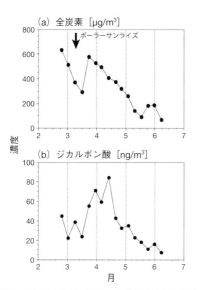

図2 北極圏カナダ・アラート（35.4°N, 139.4°E）において，大気エアロゾル中の全炭素濃度（a），低分子ジカルボン酸（C_2〜C_{10}）濃度（b）の季節変化．極夜から白夜になる3月に全炭素濃度が増加する．また，シュウ酸を主成分とする低分子ジカルボン酸の濃度も増加をし始め，太陽が完全に昇る4月に最大濃度を示す[2]．

ることが示された．低分子ジカルボン酸は硫酸とともに北極霞を構成する重要な成分であり，太陽光の反射・散乱，雲核・氷晶核の形成など，大気科学的に重要な役割を担っている．

この観測でもう1つ興味深いことは，2月から6月において低分子ジカルボン酸の濃度がエアロゾル態臭素とよい正の相関を示したことである．おそらく，大気中でのジカルボン酸の生成には，ハロゲン原子またはハロゲンラジカルが関与していると思われる．実際，水溶性画分には臭素を含むジカルボン酸が検出されており，臭素原子によるオゾン分解，有機物の酸化，有機エアロゾルの生成がリンクしていると考えられる．さらに詳細な研究が求められる．揮発性有機ハロゲンは，海洋の植物プランクトンなどによって生産されることがわかっており，極域の大気化学過程は海洋の生物活動とも連結している可能性がある．

北極霞に関連して忘れてはならない重要な成分がある．それは，ブラックカーボン（黒色炭素，BC）である．BCは石油・石炭など化石燃料の燃焼過程で生成し大気中に放出される．また，森林火災などバイオマス燃焼によっても生成する．低中緯度で大気中に放出されるBCは，大気輸送によって北極圏に到達する．北極圏でのBCの濃度は冬から春にかけて最大となる．BCは，二酸化炭素，メタンなどの温室効果気体と同様に，太陽光を吸収しそれを熱に変える．有機物や硫酸塩は太陽光を直接反射し，雲凝結・氷晶核として作用することにより間接的に地表を冷却する．一方，BCは大気を直接暖める物質である．さらに，雪面に沈着したBCは，雪を融かす効果がある．北極圏に輸送されたBCは，高緯度の温暖化を加速する要因となっている[3]．

〔河村公隆〕

文　献

1) Barrie, L. A. et al., 1988, *Nature*, **334**, 138.
2) Kawamura, K. et al., 2010, *J. Geophys. Res.*, **115**, D21306, doi:10.1029/2010JD014299.
3) Quinn, P. K. et al., 2011, *AMAP*, **72**.

2-2 南極積雪中の化学成分

chemical composition in Antarctic snow

陸起源有機物，陸上植物，ドームふじ基地，南極雪，脂肪酸，子午面循環

雪は，大気上層の小さな水の粒が過冷却状態にあるときに，微粒子（エアロゾル）が氷晶核（ice nuclei）として作用し氷の結晶が成長することで形成される．雪はエアロゾルやガス成分を取り込みながら重力沈降により地表に到達する．雪の研究の大先輩である中谷宇吉郎博士は，雪の結晶を詳細に観察することによって，雪が形成された大気場の物理情報を読み取ろうとした．一方，最新の分析機器を用いて雪に含まれる化学成分を測定することによって，雪が保持するさまざまな情報（たとえば，空気塊の起源，エアロゾルの発生源・輸送過程，大気輸送中でのエアロゾルの化学反応・変質など）を読み解くことが可能である．化学分析は「雪は天からの手紙」[1]を読み解く手段として有効である．本項目では，南極ドームふじ基地で採取された降雪試料中の化学成分，特に，植物起源の有機物の解析結果を紹介し，陸上植物の起源トレーサーを用いて低・中緯度から大気輸送されるエアロゾルの起源域と大気循環を議論する．

白鳳丸による南大洋航海（KH-94-4）で採取した海洋エアロゾル試料を分析したところ，南極大陸沿岸で採取した試料は海洋起源の有機物とともに陸起源有機物を豊富に含むことが明らかにされた[2]．陸上植物に特有の有機分子（長鎖脂肪酸）の解析と大気輸送モデルから，これら有機物は低緯度の森林から放出された有機物が熱帯地方に特有の強い対流によって大気上層まで運ばれた後，赤道から極域方向への風の流れに乗って南極上空にまで輸送され（子午面循環：meridional circulation），それがカタバ風（katabatic wind）と呼ばれる滑降風によって南極大陸斜面から沿岸域まで運ばれてきたとの仮説が提案された（図1参照）．

南極のドームふじ基地（77.18°N，39.41°E，海抜3810 m）にて年間を通して採取された降雪試料を分析したところ，陸上植物に特有の高分子量脂肪酸やノルマルアルカンが検出された[3]．それらの濃度は，夏に高く冬に低い季節変化の特徴を示した（図2を参照）．さらに，長鎖脂肪酸（C_{24}〜C_{32}）の分子分布を詳細に解析した結果，平均炭素鎖（average chain length：ACL）は，冬は25.2程度であったが，夏には26以上にまで増加することがわかった．長鎖脂肪酸やノルマルアルカンは植物の葉のワックス成分であるが，それらの平均炭素鎖はワックスの形状を保つために気温の上昇とともに長くなることが知られている[4]．夏場に南極まで輸送される陸源有機物の起源域は，より高い温度域，すなわち，熱帯域であることが強く示唆された．低・中緯度の高等植物より放出されたワックス起源の一次有機エアロゾル（primary organic aerosol：POA）が夏場の強い対流によって大気上層まで運ばれ，その後，南極大陸上空まで輸送され，最後はカタバ風とともに地上に到達したものと解釈される（図1を参照）．すなわち，赤道付近の対流で上

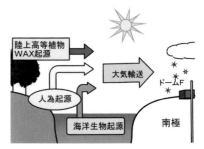

図1 低・中緯度からの陸起源有機物の南極大陸への大気輸送

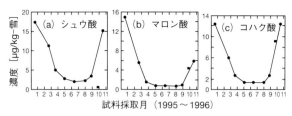

図3 南極ドームふじ基地で採取した積雪試料中に検出された代表的低分子ジカルボン酸濃度の季節変化[5]．(a) シュウ酸，(b) マロン酸，(c) コハク酸

層に運ばれた植物起源エアロゾルが，赤道から極域方向の風の流れ（子午面循環）に乗って南極上層に輸送され，それがカタバ風とともに南極大陸に降下することを意味している．

一方，ドームふじ基地で採取された積雪中に低分子ジカルボン酸が測定された[5]．シュウ酸を主成分とするジカルボン酸が検出されたが，その濃度は夏に高く冬に低い傾向を示した（図3）．この季節変化は，陸上植物由来の長鎖脂肪酸の傾向とよく一致している．最近，シュウ酸はイソプレン（isoprene，C_5H_8）のオゾン・OHラジカル酸化によって生成することが，化学反応モデル[6]，大気化学観測[7]およびイソプレン-オゾンの室内実験[8]によって明らかになってきた．熱帯域の植生からは，イソプレンなど揮発性有機化合物（volatile organic compounds：VOC）が大量に放出されるが，それらは強い赤道対流によって大気上層まで上昇し，子午面循環によって南極にまで大気輸送されるものと考えられる．ドームふじの雪の中に見出されたシュウ酸などの季節変化の原因解明は当時は不可能であったが，その後の研究の進展により赤道域の植生からのイソプレンなどVOCの大気への放出，オゾンなどによる酸化反応による二次有機エアロゾル（secondary organic aerosol：SOA）の生成，赤道域から極域への大気輸送によって説明すること

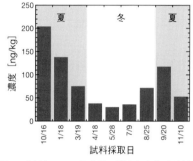

図2 南極ドームふじ基地で採取した降雪試料中の長鎖脂肪酸濃度の季節変化[3]

ができる．おそらく，イソプレンなどが上部対流圏を通して極域まで輸送されている過程で，光化学酸化によりシュウ酸などが生成されているであろう．〔河村公隆〕

文献

1) 中谷宇吉郎，2002，雪は天からの手紙—中谷宇吉郎エッセイ集（池内　了編），岩波書店，285.
2) Bendle, J. et al., 2007, *Geochim. Cosmochim. Acta.*, **71**, 5934.
3) 山本芳樹，1999，北海道大学修士論文．
4) Kawamura, K. et al., 2003, Global *Biogeochemical Cycles*, **17**, No.1, 1003.
5) Matsunaga, S. et al., 1999, *Polar Meteorology and Glaciology*, **13**, 53.
6) Myriokefalitakis, S. et al., 2011, *Atmos. Chem. Phys.*, **11**, 5761.
7) Bikkina, S. et al., 2014, *Geophys. Res. Lett.*, **41**, 3649.
8) 河村公隆ほか，2014, *Res. Org. Geochem.*, **30**, 37.

2-3 炭素質エアロゾルの光学特性
optical properties of carbonaceous aerosols

ブラックカーボン,ブラウンカーボン,光吸収,光散乱,気候変動

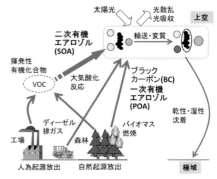

図1 炭素質エアロゾルの生成および大気中での輸送・変質・沈着過程と放射影響

大気中にはさまざまな種類の液体や固体の微粒子(エアロゾル)が存在しており,太陽光を散乱もしくは吸収することにより放射収支を変化させ,気候変動や大気環境の変動に影響を及ぼしている.このようなエアロゾルの放射影響は,個々の粒子の光学特性によって大きく異なることから,エアロゾルの種類や生成過程ごとにその光学特性を知る必要がある.エアロゾルの光学特性を表すパラメータとして複素屈折率($m = n - ki$)があり,その実部 n および虚部 k が,各々電磁波の屈折(電磁波の物質中での速度)および光吸収に対応する.

炭素質エアロゾル(carbonaceous aerosol)という用語は,一般にブラックカーボン(黒色炭素,black carbon:BC)(測定手法により元素状炭素やスス,難燃性炭素とも呼ばれる),もしくは有機性炭素を含有するエアロゾルに対して用いられ,対流圏における主要な大気エアロゾルとして知られている.

BC は,炭化水素類の不完全燃焼を経て生成された多環芳香族炭化水素から,主に炭素原子でできた数十 nm の微小な球体が生成し,これがブドウの房状や鎖状に凝集することで生成すると考えられており,自動車等のエンジン排ガス,暖炉や調理のための木材や石炭,農業残渣物の燃焼,森林火災などにより,大気中に放出される(図1)[1].

BC は,可視やその周辺の波長域において,強い光吸収性を有する(そのため黒色に見える)ことから,太陽光を効率よく吸収し,大気を加熱する.可視周辺においては,BC の複素屈折率の虚部は,ほぼ一定であると考えられている.しかし,BC のような非球形粒子の複素屈折率の測定には技術的な困難さが伴うため不確定性が大きく,現在の気候モデルでは,波長 550 nm における複素屈折率として,1.74 − 0.44i や 1.95 − 0.79i などさまざまな値が用いられている[1].

大気中の BC は,気体成分の凝縮や粒子同士の凝集,表面反応などにより,その形態が大きく変化する.BC が無機塩や有機物などにより被覆されると,被覆物がレンズとして働き,光吸収が増加すると予想されている.しかし,BC が粒子の端に位置すると光吸収の増加はわずかにしか生じないという報告もあり,実大気中で被覆による光吸収の増加がどの程度寄与しているのかは,よくわかっていない.

このような光吸収による直接的な効果に加えて,上空へ輸送された BC は,大気を加熱して対流活動を変化させることで雲の生成を抑制したり,雲凝結核や氷晶核として働くことで,雲の寿命や降水過程に影響を与えたりしている.さらに,極域に輸送され,雪面に沈着することで,雪氷面アルベドを変化させ,極域の気候に影響を及ぼしていると考えられている.

一方，有機性炭素には，燃焼過程などにより，粒子として直接大気中に放出される一次有機エアロゾル（POA）と，植物や人為活動により気体として放出された揮発性有機化合物（VOC）が大気中で酸化されて，低い蒸気圧の成分に変化し生成する二次有機エアロゾル（SOA）がある（図1）．

有機エアロゾルは全体としては，負の放射強制力を持つと考えられているが，有機エアロゾル中に存在する有機化合物は，数千〜数万種類ともいわれ，その生成過程や大気中での変質過程の違いにより，光学特性が複雑に変化する．複素屈折率の実部については，近年1.35〜1.65程度の範囲内でさまざまな値が報告されているものの，生成過程や化学成分との関係など，統一的な理解は得られていない．実部が，1.4から1.5になれば，放射強制力が最大19%変化するとの推定もあり，有機エアロゾルの複素屈折率の実部の不確定性が，気候モデルを用いたエアロゾルの放射影響の推定における誤差要因の1つとなっている．

従来，有機エアロゾルはほとんど光吸収性を持たないと考えられてきたが，近年，一部の有機エアロゾルが，短波長可視から紫外領域に光吸収性（つまり有意な虚部）を持つことが明らかになってきた．これらの光吸収性有機エアロゾルは，茶色や黄色をしており，ブラウンカーボン（BrC）と呼ばれる．有機エアロゾルの存在量は通常，BCに比べて数倍以上大きいことから，光吸収がBCの数十分の1程度であっても，短波長領域における放射収支や，オゾンの光分解を介したヒドロキシル（OH）ラジカルの生成など，紫外光によって駆動される光化学反応に寄与を及ぼす可能性がある．

BrCの候補として，森林火災などによるバイオマス燃焼起源のPOAに加えて，いくつかの種類のSOAが提案されている．

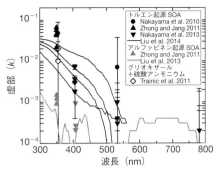

図2　二次有機エアロゾルの複素屈折率の虚部の波長依存性の報告例（縦軸は対数スケール）

気相反応で生成するSOAについては，アルファピネンなど植物起源のVOCから生成するSOAは光吸収をほとんど持たないのに対し，トルエンなどの人為起源の芳香族炭化水素類から生成するSOAは光吸収性を持つことがわかっている[2]（図2）．一方，高湿度環境下でエアロゾル中に水分が存在する場合，グリオキサールとアンモニウムイオンとの水溶液中での反応などを介して，光吸収性成分（イミダゾールなど）が生成することも報告されている[3]（図2）．

このように，炭素質エアロゾルが上空や極域などの低温環境に輸送されたり，雲粒やエアロゾル中での化学反応によりSOAが生成したりすることで，環境変化に大きな影響を及ぼしていると考えられるが，その光学特性については，未解明な点も多い．

〔中山智喜〕

文献

1) Bond, T. C. et al., 2013, *J. Geophys. Res. Atmos.*, **118**, 5380.
2) Nakayama, T. et al. 2013, *Atmos. Chem. Phys.*, **13**, 531.
3) Trainic, M. et al. 2011, *Atmos. Chem. Phys.*, **11**, 9697.

2-4 生物氷晶核
biological ice nuclei

氷晶核,微生物,有機物,花粉

地球上にみられる雲の多くは,低温環境に存在している.不純物をほとんど含まずほぼ水のみで構成される雲の水滴は,0°C以下にさらされてもただちに凍ることはなく,過冷却水の状態を保つ.このような雲粒は $-36 \sim -40°C$ にまで冷やされて初めて自発的に凍結し氷晶を形成する(均質核生成).しかし,現実の大気では,これよりはるかに高い温度範囲($-15°C$ 程度)においても,塵や埃(エアロゾル)などの不純物の助けを借りることで氷晶が生成し(不均質核生成),過冷却水滴と氷晶の両方からなる混合相雲(mixed phase cloud)が形成される.このような,氷晶の形成を促す働きを持つ微粒子を氷晶核(ice nuclei: IN)と呼ぶ.

氷晶核として機能する微粒子は多くの場合,非水溶性の固体である.微粒子の氷核活性を左右する物質の特徴として,氷に近い結晶構造を持つことがあげられる.また,物質表面に局在する不純物や原子配列の乱れといった格子欠損も,氷核活性部位(nucleation site: n_s)として働くといわれる.しかし,現在に至っても,微粒子の氷晶核としての能力を決定する要素については十分に理解されておらず,物質の物理的,化学的特性から氷核活性を予測することはきわめて困難とされる.

$-12 \sim -15°C$ 付近で氷晶核として有効に作用するエアロゾルは,主として黄砂や火山灰に代表される地殻や土壌由来の鉱物粒子であると古くから考えられてきた.より低温域では,燃焼由来のいわゆるスス粒子も氷晶核として働くことが知られている.こうした非生物氷晶核の中でも,氷に近い結晶構造を持つヨウ化銀(AgI)は $-5 \sim -8°C$ という比較的高い気温で氷核活性を示すことから,古く人工降雨への応用が試みられてきた.しかし,これまでに知られている氷晶核の中で最も高い氷晶形成温度を示したのは,実は生物活動由来の有機物粒子(バイオエアロゾル)であった.

ある種の細菌は氷核活性タンパクを合成し,植物の葉や農作物に霜害を引き起こすことでも知られる.特にグラム陰性細菌 *Pseudomonas syringae* の一部の菌株は,$-2°C$ 前後で氷晶を形成するきわめて強い氷核活性を示すことから,殺菌処理された細胞が Snomax として商標化されており,1988年のカルガリー冬季五輪では降雪剤として広く使用された.

一部の微生物が高い氷核活性を示すことがわかって以降,エアロゾル化すると考えられる微生物(細菌,真菌,地衣類,珪藻など)について,氷核活性のスクリーニングが行われてきた[1].氷核活性微生物についての詳細は別項で述べられる(⇨7-3「氷核活性細菌」).本項目では,もともと大気中にごくわずかしか存在しない氷晶核を劇的に増加させている可能性が指摘され,近年注目されている生物氷晶核の中から,特に土壌中の有機物,および花粉に関する研究動向について述べる.

氷核活性が比較的よく調べられている乾燥地由来の土壌粒子(黄砂など)と,有機物を多く含む農地由来の土壌粒子とを比較した研究では,両者が同程度の氷核活性を示した[2].特に,過酸化水素や熱により有機物を分解した場合,農地土壌の氷核活性が著しく失活することも報告されている.このことは,人間の手による大規模な農地開拓によって,表面土壌の改質や露出状態の変化が起こり,有機物を多く含むことで黄砂程度にまで氷核活性が高められた土壌粒子が大気中に拡散しやすい状況にあることを意味する.農地起源の粒子が大気中の

土壌粒子全体に占める割合は20～25％にも及ぶと考えられ，有機物を多く含む農地由来の土壌粒子は全球の氷晶核濃度に重要な影響を与えている可能性がある．

花粉は種子植物の雄性配偶子であり，めしべを受粉させるための戦略の1つとして，大量にエアロゾル化した花粉を風媒させるものがある．花粉の粒径は数十μm程度でありエアロゾルの中では最大級であるが，密度や形状によっては長時間大気中に滞留することができ，事実，地上から数km離れた上空での存在も報告されている．

従来，花粉が氷晶核として機能する可能性については，物理的にも化学的にも非常に安定な物質であるスポロポレニンを主成分とし，多孔質で凹凸のある外膜の構造（発芽口）との関連性が主に議論されてきた．しかし，花粉自体が個数の上では細菌や土壌粒子ほど多量に存在しないことなどを理由に，それほど重要視されてこなかった．ところが，花粉から水で抽出される物質も，花粉そのものと同程度の氷晶核能を有することが指摘され[3]，近年再び注目を集めている．ある種の花粉は高湿度条件下にさらされたり，降雨時に表面が水に覆われたりすると破裂するため，内容物を大気中に放出すると考えられる．実際に，アレルゲンなどの花粉由来物質が花粉そのものよりも小さい粒径範囲に分布していることが報告されている．つまり，花粉は破裂によって微粒子化し，その個数と大気寿命を大幅に増加させることで，より低温な上空へと拡散し，氷晶の形成に寄与している可能性が指摘される．

これまでの研究では，特にカバノキ花粉が高い氷核活性を示すことが報告されてい

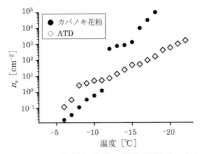

図　カバノキ花粉と黄砂の鉱物粒子プロキシ（Arizona test dust：ATD）の氷核活性（単位表面積換算の氷核活性部位の数 n_s と温度との関係）をコールドフロート法で比較した結果．ある温度範囲を境に，カバノキ花粉が代表的な非生物氷晶核よりも高い活性を示すことがわかる．

る（図）．その理由として，生息地域が高木の生育できる北限に最も近いことや，1年のうち花粉の飛散時期が最も早い種であることなどから，自ら凍結を制御することで細胞内を守る凍結保護機構との関連が指摘されている．また，薬品や酵素を用いた分解反応実験から，花粉に含まれる氷核活性物質は細菌や真菌類にみられるようなタンパク質性のものではなく，多糖類などの高分子ではないかと考えられている．

もしこれらの主張が正しければ，花粉が地球全体の気候に与える影響はこれまで考えられていた以上に大きく，人間が植生に手を加えることにより，生物氷晶核を介したもう1つの間接的な気候影響が起きうることを意味している． 〔松木　篤〕

文　献
1) Després, V. R. et al., 2011, *Tellus B*, 2012, **64**, 15598.
2) Tobo, Y. et al., 2014, *Atmos. Chem. Phys.*, **14**, 8521.
3) Pummer, B. G. et al., 2012, *Atmos. Chem. Phys.*, **12**, 2541.

2-5 大気バイオエアロゾル

atmospheric bioaerosol

健康影響, 大気微生物, 砂塵, 細菌, 真菌

大気中には, 真菌および細菌, ウイルス, 花粉, 動植物の細胞断片などが微粒子となって浮遊している. このように生物に由来する大気粒子を総称して, 「バイオエアロゾル bioaerosol」と呼ぶ[1]. 特に, 真菌と細菌は, ヒトの健康や生態系に影響を及ぼすだけでなく, 雲形成にもかかわる可能性があるため, 学術的な関心が高い.

真菌にはカビやキノコ, 酵母が分類され, 胞子を風送拡散させて生殖域を広げる. そのため, 胞子はバイオエアロゾルになりやすい. さらに, 地上に沈着した胞子は, 環境に適応すれば分裂を繰り返し, 糸状の細胞が連なった菌糸体を形成する(図1). 菌糸体の先端は, 断片化されると, 数μmの粒子になり, バイオエアロゾルとして風送される. キノコの一種であるヤケイロダケ (*Bjerkandera adasta*) は, 高度1000 mの大気粒子からでも分離培養され, 培養株を用いた動物実験の結果, 通常の黄砂アレルギーを10倍に増悪した[2]. よって, 黄砂とともに真菌を吸引すると, アレルギーの相乗的な悪化が懸念される.

単細胞生物である細菌は, 粗大粒子へ付着した状態, あるいは細菌細胞どうしの凝集体として大気中を風送される. 細菌は鉱物粒子などの粗大粒子に付着あるいは潜り込むことで, 乾燥および紫外線, 過酷な温度変化などの大気環境ストレスを軽減し, 高高度の大気中であっても生命を維持できる. このため, 黄砂などの鉱物粒子は,「微生物の空飛ぶ箱船」といわれる(図2). 一方, 細菌は, 芽胞を形成し, 環境ストレスに強い耐性を示す[3]. したがって, 芽胞を形成する *Bacillus* 属の細菌が大気中で頻繁に検出され, 納豆菌 (*Bacillus subtilis*) が高度数千mの上空で優占することもある[1]. また, 高高度の大気中を数日間漂う細菌群は, 雲水に含まれる水分や栄養塩を使って低温下で増殖すると考える研究者もおり, 大気中に特有の微生物生態系が存在するかもしれない. 大気中を漂う細菌の大部分は非病原菌種であり, 病原菌と同種の菌株が単離されても毒性病害は弱い場合がほとんどであり, 通常の健康被害の程度は低いとみなされている.

バイオエアロゾルは, 雲形成に欠かせない氷晶核や凝結核として働き, 雲の性質や降水量の変動に間接的に影響を及ぼしている可能性がある. 特に, 氷核活性微生物である *Pseudomonas syringae* (細菌) や *Fusarium acuminayum* (真菌) は, -20°Cでも凍結しない水滴(過冷却水)を, 比較的高い温度(-5°C以上)で氷晶に変換でき, 氷雲が生じる一因となりうる. 氷核活性微生物の多くは, 植物の感染菌であり, 形成した氷で植物細胞を壊し, 植物体内へと入り込む. 枯死した植物から再び大気中

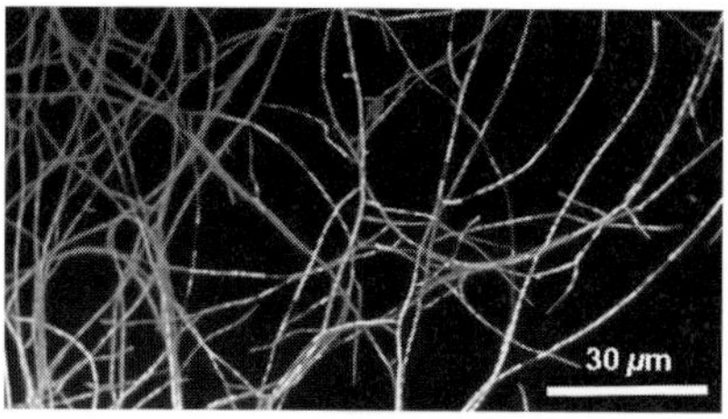

図1 真菌の顕微鏡写真

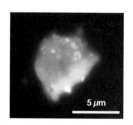

図2 粗大粒子に付着する微生物

へと放出された感染菌は，雲を形成し，雪や雨とともに他の植物へと移動する．氷核活性微生物は，感染主となる植物間を移動するため雲形成能力を進化させてきたといえる．

バイオエアロゾルの健康影響や気象影響を評価するにあたり，大気中を浮遊する微生物の動態を定量的に理解する必要がある．真菌と細菌は，耕作地および都市部，森林，砂漠，外洋，沿岸海域，極域などの大気中で測定され，その細胞密度は，場所によって変動するものの，$10^4 \sim 10^6$ particles/m^3 の程度に収まった．特に，人が密集する都市部において，浮遊細胞数は高くなる傾向にあるのに対し，地表面の微生物数が少ない砂漠や極域では，大気浮遊微生物も極端に減少する．一般的に，夏季には，植物表面や土壌から浮遊する微生物の粒子数が増大し，冬季には，植物が落葉あるいは枯死し，地表面を積雪が覆うため，バイオエアロゾル全体が減少する．日変化をみると，太陽の放射で地表面が温められる早朝には，気塊の上昇とともに粒子が舞い上がり始め，大気中の微生物量も増えるものの，放射による細胞損傷のため，昼あたりをピークに夕方にかけて大気微生物量は減少に転じる．また，降雨のはじめには，雨水が，地表面や植物表面をたたき，付着微生物が大気中へと放出され，バイオエアロゾルは増加しやすい．

砂漠地帯で生じた砂塵は，一時的に大気粒子を100倍以上に激増させる．また，この砂塵は，風下の広域で黄砂やアフリカンダストを引き起こし，鉱物粒子とともにバイオエアロゾル量を顕著に増大させ[4]，大気微生物の群集構造をも大きく変える．たとえば，黄砂飛来時の日本上空3000 m では，土壌由来の細菌群が全細菌の90％以上を占めるのに対し，非黄砂時には，日本

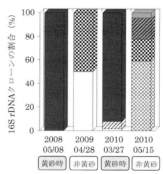

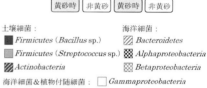

図3　黄砂飛来時と非飛来時の能登半島上空における細菌種組成の比較

本土や海洋の影響を受け，植物表面や海洋環境に由来する細菌に入れ替わる（図3）[5]．

大気中を浮遊する微生物の群集構造は，土壌や水圏に比べ変化が著しく，数時間で激変することもある．したがって，バイオエアロゾルの動態を一般化するのは難しく，これまで述べた知見があらゆる環境に合致するわけでない．しかし，温度・湿度変化，風向風力などの気象条件が，バイオエアロゾルの動態変化に大きな影響を及ぼしているのは確かである．　〔牧　輝弥〕

文　献
1) 岩坂泰信，2012，空飛ぶ納豆菌 黄砂に乗る微生物たち，PHP研究所．
2) He, M. et al., 2014, *Environ. Toxicol.*, **31**, 93.
3) Kobayashi, F. et al., 2014, *J. Biosci. Bioeng*, **119**, 570.
4) Hara, K., and Zhang, D., 2012, *Atmos. Environ.*, **47**, 20.
5) Maki, T. et al., 2013, *Atmos. Environ.*, **74**, 73.

2-6 積雪中のブラックカーボン
black reflected in snowpack

BC, 積雪, バイオマス燃焼, アルベド

ブラックカーボン（黒色炭素，BC）は大気エアロゾルの中で最も太陽光を強く吸収する微粒子で，炭素燃料の不完全燃焼により発生する．すすと同義である．大気中に存在するときは大気を加熱し，積雪に沈着するとアルベドを低下させることにより温暖化を加速する効果を持っているといわれる．積雪中に存在する場合，鉱物性ダストや一部の有機炭素（OC）とともに光吸収性積雪不純物と呼ばれる．主な発生源として人間活動による化石燃料やバイオマスの燃焼があげられる．ダストに比べ粒径が小さく軽いため，大気中で長距離輸送されやすい．BCをはじめとする光吸収性積雪不純物が雪氷圏の気候に潜在的に重要な影響を持つ理由として，以下の4点があげられる．①雪（氷）に比べて可視域における光吸収が大きいため，少量でも可視域のアルベド低下に大きな効果を持つ．②積雪の融解時に積雪表面や内部に残りやすい．③気温上昇に伴う積雪粒径増加効果がさらに積雪不純物によるアルベド低下率を増加させる．④積雪や海氷が融解すると，さらにアルベドの低い地面や海水面が現れ，極域の温度上昇が加速される．

図は積雪アルベド物理モデルによって計算した積雪表面アルベドの積雪中BCおよびダスト濃度依存性である．可視域における単位質量あたりのBCによる光吸収の強さはダストよりも約160倍強いため，これら不純物の濃度が増加したときのアルベド減少率はBCの方がはるかに大きい．また，同じ種類の不純物であっても，新雪より積雪粒径の大きなざらめ雪のときの方

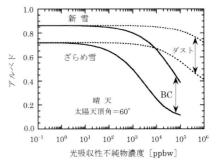

図 積雪表面アルベドの光吸収性積雪不純物（BCとダスト）濃度依存性．晴天時，太陽天頂角60°，新雪粒径50 μm，ざらめ雪粒径1000 μmの条件で積雪アルベド物理モデルによって計算．1 ppbwは積雪1 g中に光吸収性不純物が1 ng含まれることを示す．

が，アルベドが減少し始める不純物濃度が低い（上述③の効果がこれに相当）．このため，融解の起きていない積雪域でBCやダストによってアルベド低下が無視できる場合でも，融解が起きるとアルベド低下が顕在化することがある．放射収支に影響が出始めるBC濃度は，新雪の場合には数百ppbw以上，ざらめ雪の場合には数十ppbw以上である．

積雪中のBC濃度測定には主に以下の3通りの方法がある[1]．（1）光学法：積雪試料をフィルターに濾過し，分光器を用いて可視域における分光透過率からBC濃度を求める．この方法によって1980年代から主に北極域におけるBC濃度が測定された．（2）熱・光学法：石英フィルター上に濾過した積雪不純物を元素状炭素（EC）が燃焼する温度まで加熱し，OCとECが異なった温度で揮発・燃焼することを利用してECとOC濃度を分離・測定する．一般にECとBC濃度が等しいと仮定する．OCの炭化成分を補正するために光学的な手法を組み合わせている．グリーンランドをはじめ多くの測定で使用されている．（3）レーザー誘起白熱法：融解した積雪試

料を気化させ BC 粒子にレーザー光を照射して白熱強度を測定する方法．この方法では single particle soot photometer（SP2）装置を用いる．粒径分布が得られ，測定に必要な試料の量が少ないため，アイスコアの測定などによく用いられる[2]．

上記測定方法により，グリーンランド，北極海氷域，北極カナダ，北米，ヨーロッパ，シベリア，中国，日本，チベット・ヒマラヤ域，南極等で BC 濃度の測定が行われてきた[1]．非常に大雑把に近年の BC 濃度を地域ごとに集計すると，南極が最も低く 1 ppbw 以下，グリーンランドが数 ppbw，北極海氷域と北極カナダが 10 ppbw 前後，それらを除く北極域とアジア高山域では数十 ppbw，中緯度では数十から数百 ppbw，中国やモンゴルでは最大数百からときに 1000 ppbw を超える濃度が観測されている．近年のヒマラヤの氷河融解と雪氷中の BC 濃度の関係も議論されている．近年の北極域における測定結果は 1980 年代の測定値よりもやや減少傾向がみられる．また，北極域における BC 濃度は，ロシアと北米のバイオマス燃焼起源からの寄与が大きいとの報告がある．

長期の連続的な積雪中 BC 濃度は，グリーンランドの氷床コアから SP2 装置によって測定されている[2]．測定期間は 1788 年から 2002 年までで，1850 年以前の産業活動が活発化する以前の時代には平均で 1.7 ppbw の濃度が続き，1888 年頃から上昇し始め，1851～1951 年の平均値で 4.0 ppbw，1908 年には 12.5 ppbw の年平均値を記録し，その後，1952 年以降の平均値は 2.3 ppbw に低下した．低濃度の時代でも，スパイク状に非常に高濃度の年もあり，1850 年前後には 10 ppbw 近い年が 2 回記録され，1952 年以降でも 5 ppbw 近い年がみられる．月平均値では上記の数倍の高濃度が記録されている．この結果から，20 世紀前半の人間活動による高濃度の時代と，全期間に現れるスパイク状の高濃度の年があったことを示している．スパイク状の高濃度は，他の化学成分の分析結果から北方域の森林火災が原因と考えられている．

気候モデルを用いた長期の積雪中 BC による気候影響評価も 1990 年代後半から行われるようになってきた．その結果，気候変動に関する政府間パネル（IPCC）の第 4 次報告書から放射強制力の見積もりに積雪中の BC の効果が追加され，第 5 次報告書では全球年平均値で $+0.04[0.02～0.09]$ W/m^2 と見積もられている．この値は二酸化炭素による放射強制力 $+1.68[1.33～2.03]$ W/m^2 に比べるとかなり小さいが，二酸化炭素が全球・通年で温暖化に寄与するのに対し，積雪中 BC によるアルベド低下は主に北半球の，しかも雪氷面上かつ日射のある季節に働くため，実際に対象となる領域および季節においては無視できない効果をもたらす可能性がある．積雪だけでなく，大気中の BC と OC の効果も同時または独立して計算に含めた結果，大気中に光吸収性エアロゾルが存在することによって地表面に到達する日射量が減少する効果（dimming）よりも，積雪中の BC によって雪面が暗くなる効果（darkening）の方が大きいとの報告もある[3]．　　　　〔青木輝夫〕

文　献

1) 青木輝夫・田中泰宙，2011，気象研究ノート，日本気象学会，**222**, 95.
2) McConnell, J. R. et al., 2007, *Science*, **317**, 1381.
3) Flanner, M. G. et al., 2009, *Atmos. Chem. Phys.*, **9**, 2481.

2-7 温室効果気体

greenhouse gas

温室効果気体の季節，経年変化，CO_2，CH_4，北極，南極

地球は太陽からの放射エネルギーによって温められており，その温度に対応する赤外線を宇宙空間に逃がすことによって気候値としての全球平均気温は長期間ほぼ一定の値を保ってきた．実際に，世界の気象観測網によって求められた地上気温の全球平均値は約15°Cである．一方，もし地球に大気が存在しないと仮定して計算すると，地表の全球平均温度は約−18°Cとなる．このように地表の温度は大気の有無によって33°Cもの差を生じるが，その原因は地球をとりまく大気の温室効果にある．

地球大気は，太陽放射エネルギーの大部分を占める可視光はよく通すが，地表から出される赤外線はほとんど吸収する性質を持っている．このため，太陽からの放射エネルギーは大気を素通りして直接地表面を加熱する．加熱された地表面からは赤外線が放射されるが，これが宇宙空間に逃げていく途中で，水蒸気，二酸化炭素（CO_2），メタン（CH_4）などの気体や雲などによって吸収され，周囲の大気を加熱する．このようにして加熱された大気が赤外線を放射することによって，地表がさらに加熱される．この現象が温室効果であり，それにかかわる気体を温室効果気体と呼んでいる．

温室効果気体のうち最も寄与の大きなものは水蒸気であり，それに次いでCO_2，CH_4の順になっている．水蒸気は大気中に比較的多量に存在し，その量は場所によっても季節によっても大きく変化するが，これまでの人間活動によって大気中の存在量が大きく変化してきたわけではない．一方，CO_2やCH_4などの温室効果気体は大気中の存在量がきわめて小さいため，大気微量成分に分類されているが，それらは人間活動の活発化に伴って大気中の濃度が明らかに増加してきている．このため，大気の温室効果が強まり，近年地球温暖化が顕在化してきつつある[1]．

温室効果気体が大気中でどのように変化してきたかをCO_2についてみていこう．図(a)は，南極の昭和基地と北極のスパールバル諸島ニーオルスン基地で観測された大気中におけるCO_2濃度の変化である．昭和基地では1984年に測定装置を据えつけて，それ以来連続観測を続けている[2]．一方，ニーオルスン基地では1991年以来，大気採取容器に大気を加圧採取し，日本に返送して分析している．図から，両極ともCO_2はきれいな季節変化を伴いながら年々増加し続けていることがわかる．

まず，季節変化に着目する．ニーオルスン基地のCO_2濃度は5月頃に最高値，9月頃に最低値を示し，振幅は15〜20 ppmvとなっている．一方，昭和基地のCO_2濃度は9月頃に最高値，4月頃に最低値を示し，振幅は1.2 ppmvとなっている．したがって，両極での季節変化は完全に反転しており，北極の振幅は南極の約15倍にも達している．これらの観測結果は，CO_2濃度の季節変化が陸上植物の光合成活動と呼吸作用によって引き起こされていることと整合している．すなわち，春から夏にかけて光合成活動の活発化に伴って濃度は低下し，秋から春先にかけては呼吸作用が光合成活動を凌駕するために濃度は上昇する．南北半球で季節が逆転していることにより，CO_2濃度の季節変化も逆転しているのである．さらに陸上植物の大部分が北半球の中・高緯度に存在し，南極は大洋によって植物の繁茂する大陸から隔絶されていることが，両極の振幅の大幅な違いの原因となっている．また，北半球中高緯度のCO_2濃度の季節変化振幅が過去50年間に増加

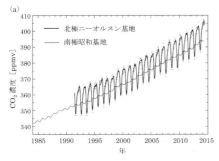
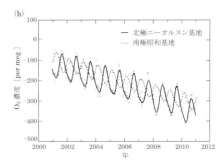

図 (a) 北極ニーオルスン基地および南極昭和基地で観測された大気中の二酸化炭素濃度の変化，および (b) 酸素濃度の変化

してきており，特に高緯度では 50％も増大したと報告されている[3]．この現象の要因について，また温暖化に伴う陸上生物圏活動の変化について研究が進められている．

次に，経年変化をみてみよう．昭和基地での年平均 CO_2 濃度は 1984 年と 2013 年でそれぞれ 342.5 ppmv，393.0 ppmv であり，過去 29 年間の平均増加率は 1.7 ppmv/年である．ニーオルスン基地の 1991 年から 2013 年までの 22 年間の平均増加率も 1.9 ppmv/年であり，両者はよく合っている．年平均濃度を比較すると，北極の方が南極に比べて常に 3〜5 ppmv 高い．このことは CO_2 濃度を増加させている主な要因が，北半球に偏在した化石燃料の消費によるものであることを示唆している．

図(a)を詳しくみると，経年変化は必ずしも一定ではなく，たとえば，大規模なエルニーニョ現象が起きた 1987 年や 1997〜1998 年のみならず，通常のエルニーニョ現象が発生した 2002〜2003 年にも濃度の増加がみられ，1991 年 6 月のピナツボ火山の大噴火の影響による 1992〜1993 年の地球規模の寒冷化時期には増加がかなり抑えられている．このような現象は大気・海洋・陸上生物圏からなる地球規模の炭素循環を定量的に明らかにするうえで重要な情報を与えている．

大気中の CO_2 濃度の経年増加の主要因が化石燃料の消費にあることを明確に示す証拠として，大気中の酸素（O_2）濃度が経年的に減少していることが近年明らかにされた[4]．その例として図(b)に昭和基地とニーオルスン基地で観測された大気中における O_2 濃度の変化を示す[5]．これまでの化石燃料消費統計と大気 CO_2 濃度観測から，大気に放出された CO_2 の約半分が大気に残留していることが明らかになっている．そうすると，残りの半分は陸上生物圏と海洋に吸収されていることになる．光合成によって陸上生物圏に CO_2 が取り込まれる場合，ほぼ等量の O_2 が大気に放出される．逆に呼吸によって陸上生物圏から大気に CO_2 が放出される場合，ほぼ等量の O_2 が大気から除去される．一方，大気と海洋間で CO_2 交換が行われる場合は，大気中の O_2 は関与しない．これらのことを利用して，陸上生物圏と海洋に吸収されている CO_2 を定量的に分離して評価する研究が行われている．　　　　〔青木周司〕

文　献

1) IPCC 2013, *Climate Change 2013*, Cambridge University Press, 1535.
2) Morimoto, S. et al., 2003, *Tellus*, **55**B, 170.
3) Graven, H. D. et al., 2013, *Science*, **341**, 1085.
4) Keeling, R. F. and Shertz, S. R., 1992, *Nature*, **358**, 723.
5) Ishidoya, S. et al., 2012, *Tellus.*, **64**B, 18924.

2-8 山岳大気中の雲凝結核

cloud condensation nuclei in the mountain atmosphere

新粒子生成,粒径分布,吸湿特性

エアロゾル粒子は雲凝結核(CCN)となり,雲のアルベド,寿命を変えることで気候に影響する.基礎生産性の高い海域から放出される生物起源気体は,グローバルなエアロゾル粒子の重要なソースである.粒子数が増加することにより,雲は大気の負の放射強制力を増し,温暖化を抑制するという仮説が提唱されているが,大気境界層(PBL)には海塩粒子が存在するので新粒子生成は起こりにくく,海面付近でナノ粒子の増加を観測した例は少ない.それらも自由対流圏(FT)で生成したものが高気圧下で沈降したものであろうといわれている.

高度約2000 m以上の山岳大気は自由対流圏内に位置することが多く地上からの影響を直接受けにくいので,新粒子生成,粒子の成長,雲凝結核の観測が行われている.

図1はVenzacらがヒマラヤ(ネパール,27.96°N,86.81°E,5079 m)で測定したエアロゾルの粒径分布と負イオンのスペクトルの時間変化である.エアロゾルの粒径分布は電気的移動度を利用した移動度走査型粒子分析器(SMPS)で,イオンスペクトルは大気イオンスペクトルメータ(AIS)で測定している.午前中に谷風の上昇とともに,小イオン濃度が上昇し,それを核としてエアロゾル粒子が生成され(イオン誘発核生成),さらに成長している.このような現象は頻繁に観測されている.

富士山頂(35.36°N,138.73°E,3776 m)においても三浦らがSMPSでエアロゾルの粒径分布を測定している.20 nm以下の粒子濃度が3時間以上継続して高濃度となるイベント(新粒子イベント)は2006年～2014年の夏季258日間の測定観測中139回と約2日に1回みられる.また,日中48回,夜間91回と日中より夜間に多い.この現象は他の山岳地域ではみられず,富士山固有のものである.また,イオン誘発核生成と思われる現象はほとんど観測されていない.新粒子生成は既存粒子濃度が低い時に観測されるが,高くても前駆ガス濃度が高ければ観測される.

エアロゾル粒子すべてがCCNとなるわけではない.ある粒子がCCNになりうるかどうかは水蒸気過飽和度(SS),乾燥粒径,粒子成分(吸湿性)によって決まる.周囲の過飽和度が大きい,また粒子の乾燥粒径,吸湿性が大きいほど,粒子はCCNになりやすい.

三浦らは富士山頂において2011～2014年の夏期に雲凝結核計(CCNC)でCCNを測定している.図2に2013年夏の測定結果を示す.上から後方流跡線解析により推定したエアマスの輸送起源,CCNCで測定した過飽和度別雲凝結核濃度(N_{CCN})と凝結核濃度(N_{CN}),粒径分布を示している.図2は中国大陸からのエアマスが卓越している時にN_{CCN}が高いことを示している.粒径分布のピークが大きい方へシフトしており,粒子が輸送されている間にエイジングを受けたものと考えられる.

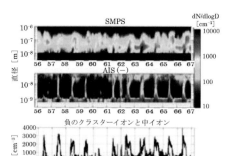

図1 ヒマラヤで測定したエアロゾルの粒径分布とイオンスペクトラム[1]

2013年の観測データをまとめると，SSが0.31%の時のN_{CCN}の値は大陸起源が320±100個/cm³，海洋起源が160±50個/cm³だった．また，CCN活性比は，大陸起源が0.52，海洋起源が0.31と，確かに大陸起源の時に高濃度，高活性比を示している．一方，吸湿性を表すパラメータκの値は，大陸起源が0.47±0.03であるのに対し，海洋起源は0.56±0.06と高かった．

　表に富士山頂で測定したκの値を示す．2011～2013年の夏は0.5程度なのに対して2014年の夏は0.3程度と低かったのは，エアマスの起源が異なるためと思われる．東京で春に同じシステムを用いて測定した値は0.2～0.3であり，都市で発生したばかりのκの値は低いことを示している．

　他の山岳大気と比較すると，Jungfraujoch（スイス，46.55°N，7.99°E，3571 m）の年平均値は約0.2と，Storm Peak Laboratory（アメリカ，40.45°N，106.74°W，3220 m）の秋～春の値とほぼ等しく，富士山頂の夏より小さかった．これはJungfraujochではもともとN_{CCN}の値が低いため，人為起源粒子のCCN活性への影響が大きいためである．JungfraujochのFT起源とPBL起源を比較すると，FT起源の粒子の方が

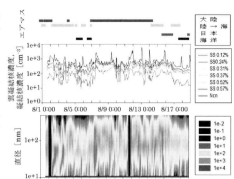

図2 富士山頂で測定したエアロゾル粒子の粒径分布と雲凝結核濃度[2]［口絵4参照］

κの値が大きい．富士山頂でも2013年夏の結果ではFT起源の方が大きかった．

　ピーク過飽和度は，富士山頂の上昇霧では0.08～0.26%，Jungfraujochの積雲では0.37～0.5，薄い層雲では0.17～0.30，Puy de Dôme（フランス，45.77°N，2.95°E，1465 m）では0.1～0.7という報告がある．

〔三浦和彦〕

文　献
1) Venzac, H. et al., 2008, *PNAS*, **105**, 15666.
2) 渡辺彩水, 2015, 東京理科大学理学研究科物理学専攻修士論文.

表　各地の吸湿性を表すパラメータκの値[2]

κ	水蒸気過飽和度（%）	観測地	観測季節・条件等	観測年	文　献
0.32±0.22	0.06～0.55	富士山	夏	2014	
0.53±0.37	0.12～0.57	富士山	夏	2013	
0.55±0.31	0.05～0.31	富士山	夏	2012	
0.46±0.25	0.07～0.37	富士山	夏	2011	
0.56±0.40	0.12～0.57	富士山	FT	2013	
0.44±0.31	0.12～0.57	富士山	PBL	2013	
0.29±0.08	0.13～0.81	東　京	春	2013	
0.21±0.13	0.11～0.45	東　京	春	2012	
0.18	0.12～1.18	Jungfraujoch	年平均		Juranyi et al., 2011
0.24	0.12～1.18	Jungfraujoch	FT		Juranyi et al., 2011
0.17	0.12～1.18	Jungfraujoch	PBL		Juranyi et al., 2011
0.20±0.15	0.07～0.72	Storm Peak Laboratory	秋～春		Friedman et al., 2013

2-9 シベリア上空の温室効果ガス
atmospheric greenhouse gases over Siberia

温室効果ガス,シベリア,航空機観測,タイガ,湿地

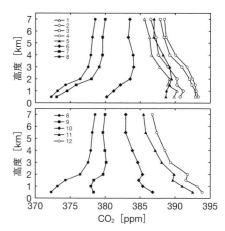

図1 シベリア,スルグート上空における月別のCO_2濃度の鉛直分布

ユーラシア大陸北部のシベリア地域はタイガと呼ばれる森林地帯が広がっており,ここに存在する陸上生態系は光合成および呼吸活動を通して大気中二酸化炭素(CO_2)濃度の変動に大きな影響を及ぼしている.また,西シベリアには大気中メタン(CH_4)の最も重要な自然発生源である湿地帯が広がっているとともに,大規模な油田や天然ガス田が存在しており,天然ガスの漏洩がCH_4の大気中濃度に深くかかわっている.さらにシベリアは地球温暖化による気温上昇の影響を受けやすい地域とされており,東シベリアや西シベリア高緯度に存在する永久凍土が融解することに伴うCH_4の放出が懸念されている.

このようにシベリア地域には温室効果ガスの強い放出源・吸収源が不均一に存在するので,それらの影響を受けた大気の平均像を知るためには航空機を使って上空の観測を行うのが効果的である.本項目では,シベリア上空で長期にわたって行われている航空機観測から明らかになった温室効果ガスの時空間的な変動を紹介する.

図1は西シベリアのスルグート(61°N,73°E)上空で観測された月ごとのCO_2濃度の鉛直分布である.1〜4月のシベリアが寒冷な季節におけるCO_2濃度は鉛直方向の差が小さいが,低高度ほどやや高い濃度を示している.これは,冬季には陸上生態系の呼吸・分解活動が,弱いながらも光合成活動を上回っていることに加えて,人口は少ないものの化石燃料燃焼によるCO_2放出源が存在するために地表面が正味の放出源になっているためである.5月になると陸上生態系の光合成活動が盛んになり,高度3km以下のCO_2濃度が減少を始める.6月にはすべての高度において大きく濃度が減少し,高度2km以下では低高度ほどCO_2濃度が低くなる明瞭な濃度勾配がみられる.このような負の濃度勾配は,この時期にスルグート付近の地表面がCO_2の吸収源となっていることを表している.8月の地表面付近はきわめて低い濃度が観測されているが,強い吸収の影響は対流圏の上部にまで達しており,夏季の大陸内部における鉛直混合の強さを反映している.9月になると陸上生態系の光合成と呼吸・分解のバランスが変わり,濃度は上昇を始める.上部対流圏の濃度は7月と同様であるが,2km以下の濃度勾配は明らかに異なっており,地表面がCO_2の放出源に変わったことが示唆される.10月以降は低高度の濃度増加に先導されるように上空の濃度が上昇していることがわかる.

一方,濃度の年平均値を計算すると高度方向にほとんど差がない.このことから,シベリア地域の1年を通したCO_2放出量と吸収量の差は小さいと推察できる.

スルグート上空のCO_2濃度を高度別の

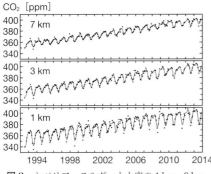

図2 シベリア，スルグート上空の1 km，3 km，7 km におけるCO₂濃度の変動

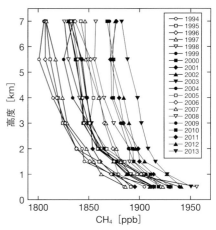

図3 スルグート上空におけるCH₄濃度年平均値の鉛直分布

時系列としてプロットしたものが図2である．CO_2濃度はいずれの高度においても明瞭な季節変動を伴って年々上昇しているが，季節変動の振幅は高度1 kmでは平均で22.0 ppmであるのに対し高度7 kmでは10.8 ppmと約半分である．この振幅の差は陸上生態系の活動によって作り出された季節変動が対流圏上部に伝わるにつれて減衰することを表している．季節変動の位相を比較すると，高度7 kmの極小値は高度1 kmに比べて半月ほど遅れている．

高度1 kmの季節振幅である22.0 ppmという値は，同じ緯度帯の沿岸域での地上観測で得られたCO_2濃度の季節振幅である14～17 ppmに比べて明らかに大きい．これはシベリアが大陸内部に位置し，陸上生態系活動の影響を直接受けやすいためである．CO_2濃度の変動は同じ緯度帯にあっても経度方向に明らかな不均一性がある．

図3はスルグート上空で観測されたCH_4の年平均濃度の鉛直分布である．いずれの年もCH_4濃度は低高度ほど高い値を示している．これはスルグートの周辺の湿地から発生する大量のCH_4が低高度の濃度を上昇させているためである．さらにスルグート付近には石油や天然ガスの掘削地があり，それらからのCH_4の漏洩も有意な寄与がある．スルグート上空で観測されたCH_4の安定同位体比の季節変化から，冬季には化石燃料起源のCH_4放出，夏季には湿地起源のCH_4放出の影響が大きいことがわかっている[1]．西シベリアの森林地帯であるノボシビルスク（55°N，83°E）や東シベリアの森林地帯であるヤクーツク（62°N，130°E）で観測されたCH_4濃度年平均値はスルグートよりも鉛直勾配が小さく，地表面からのCH_4フラックスの違いを反映している．

スルグート上空のCH_4濃度は1994～1997年にかけてほとんど経年的な変化がなかったが，1997年と1998年の間にすべての高度において明瞭な濃度上昇がある．また1998年以降は増加がいったん止まるが，2005年以降に再上昇がみられる．これらはいずれも世界各地で観測されている傾向と同様である．これまでの観測では永久凍土地帯のヤクーツク上空においても凍土融解によると考えられるCH_4濃度の有意な変動は確認されていない．

〔町田敏暢〕

文 献

1) Umezawa, T. et al., 2012, *Global Biogeochem. Cycles*, **26**, GB4009.

2-10 立山・室堂平の積雪中の化学成分
chemical components in snow cover at Murododaira, Mt. Tateyama

北アルプス，立山，積雪断面，無機イオン

北アルプスに位置する立山山頂付近の室堂平（36.6°N，137.6°E，標高 2450 m）では，毎年 11 月頃から積雪が始まり，4 月には 6 m を超える積雪層が形成される．こうして形成された膨大な量の積雪は，単に富山県など北陸地方の水源となっているだけでなく，晩秋期から春期までの約半年間のさまざまな環境情報を記録している．「雪は天から送られてきた手紙」（中谷宇吉郎）といわれるように，雪粒子はその形成時の気温や水分条件によって形が変わるなど気象学的な情報や，大気中のさまざまな成分を含んでいるなど大気の化学的な情報まで記録している．また，雪面上に直接降下した物質も積雪中に保持される．通常，室堂平で積雪の融解が始まるのは 5 月以降であるため，4 月の室堂平での積雪試料の化学分析は，直接的な観測が困難な高所での寒候期の大気環境を考察するうえできわめて重要となる．

図 1 立山・室堂平での積雪断面観測

室堂平における積雪中の化学成分の測定は，1990 年代から行われてきた[1]．2000 年代以降にも室堂平において積雪化学観測が行われ，過酸化水素やホルムアルデヒドなどの測定もなされているが[2,3]，本項目では，積雪中の無機イオン成分について，例として 2010 年 4 月の測定結果[3]を紹介する．図 1 に，立山・室堂平における積雪断面観測のようすを示す．積雪試料は採取後，融解させずに大学など研究機関に持ち帰り冷凍保存し，分析前に融解させ，化学成分の測定を行っている．

図 2 に，2010 年 4 月の立山・室堂平における積雪層位 (stratigraphy)，pH，ナトリウムイオン，塩化物イオン，非海塩性硫酸イオン，硝酸イオン，アンモニウムイオンおよび非海塩性カルシウムイオン濃度の積雪深度分布を示す．非海塩性成分の濃度は，試料中のナトリウムイオン濃度とそれらの海水比から計算している．積雪層位は，国際表記に従い，新雪を（+），しまり雪（新雪が変態し，粒子が球形となったもの）を黒丸（●），ざらめ雪（融解水や降雨により，水の影響を受け粗大化した氷粒子）を白丸（○）で示している．層位には，目視による汚れ層（DL）および氷板（−）も記載している．

非海塩起源性カルシウムイオン濃度が高い層（深度 1.4 m，2.4 m，3.5 m および 4.5 m）は，目視観察による汚れ層とおおむね一致し，pH も比較的高く，冬期から春期に観測される黄砂粒子によるものであり，炭酸カルシウムによる酸性物質の中和の影響と考えられる．海塩起源性成分であるナトリウムイオンおよび塩化物イオンは同様の深度分布を示したが，他のイオン成分との関連性はみられない．両者には数回の濃度ピークがみられ，冬期から春期に，大陸からの寒気によって日本海上での大気の対流活動が活発となり，上空まで海塩粒子が運ばれたことによるものと考えられる[1]．

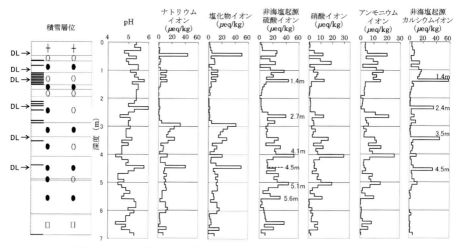

図2 2010年4月の立山・室堂平における積雪層位およびイオン成分濃度

人為汚染由来成分である非海塩性硫酸イオン，硝酸イオン，アンモニウムイオンは相互に類似した鉛直分布を示している．なお，寒候期の立山における降雪中の非海塩性硫酸イオンは平野部に比べアジア大陸からの寄与が大きいことが指摘されている．非海塩性硫酸イオン濃度が高い層（深度1.4 m，2.7 m，4.1 m，5.1 m，5.6 m）は，アンモニウムイオン濃度が高く，深度1.4 m以外の層ではpHが低い．硫酸アンモニウム（$(NH_4)_2SO_4$）などとして長距離輸送されてきていたものと考えられる．

非海塩性カルシウムイオンが高濃度の層について，黄砂観測日をもとに堆積期日の推定を行い，深度4.5 m層は2009年12月26日に，1.4 m深の層は2010年3月21日に飛来した黄砂粒子によるものであると推定された．なお，両日ともに黄砂層が形成されやすくなる降水現象が富山県内で観測されていた[3]．

イオン成分を比較すると，深度1.4 m層（3月21日）では，非海塩性カルシウムイオン濃度とともに非海塩性硫酸イオンも高濃度であるのに対し，深度4.5 m層（12月26日）については，非海塩性カルシウムイオンのみ高濃度である．3月21日の事例については，硫酸エアロゾルなどの大気汚染物質が，黄砂粒子とともに立山に到達していたものと考えられる．一方，12月26日については，人為汚染性物質の影響を受けずに黄砂粒子が輸送されていた可能性が考えられる．

近年（1990年代以降），国内にはアジア大陸から大気汚染物質が活発に輸送され，多量の酸性降下物が観測されている．実際，4月の室堂平における積雪中の非海塩性硫酸イオンは，1990年代に測定された濃度よりも2000年代の方が高濃度であり，2007年に極大であった[2,3]．2000年以降，中国国内の二酸化硫黄排出量（2006年に極大とされている）が増加したことが原因の1つと考えられる．

〔渡辺幸一〕

文　献
1) 長田和雄ら，2000，雪氷，**62**，3．
2) Watanabe, K. et al., 2011, *Ann. Glaciol.*, **52**(58), 102.
3) 岩間真治ら，2011，雪氷，**73**，295．

2-11 富士山麓における生物起源VOC
biogenic VOCs at the foothill of Mt. Fuji

イソプレン，モノテルペン，森林生態系

a. 生物起源揮発性有機化合物

植物が生産する二次代謝物のうち揮発性のものは大気へ放出される．これらの物質は，生物起源揮発性有機化合物（biogenic volatile organic compound：BVOC）と呼ばれる．BVOCには，メタノールやエタノールなどの低級アルコール，アセトンやアセトアルデヒドといったカルボニル，虫による食害などで葉が傷ついたときに放出される"緑の香り"と呼ばれる青臭い成分（cis-3-Hexen-1-ol，cis-3-Hexenal）など，さまざまな含酸素VOCがある．また，揮発性のテルペン類は植物の二次代謝物の代表的な物質である．

BVOCの中で大気への放出量が圧倒的に多いものはテルペン類である．揮発性のテルペン類には，分子式がC_5H_8で表されるイソプレン（isoprene），$C_{10}H_{16}$および$C_{15}H_{24}$でそれぞれ示されるモノテルペン（monoterpene）およびセスキテルペン（sesquiterpene）が含まれる．

森林からのテルペン類の放出量は，人為起源VOC（AVOC）の排出量より1けた多いと見積もられている．

b. テルペン類の重要性

テルペン類は大気中でオゾンやOHラジカルとの反応性がきわめて高く，OHラジカルとの一連の反応によって局地的なオゾン生成に関わる．光化学オキシダントの主成分であるオゾンは，通常，AVOCの反応過程で主に生産されると考えられているが，モデル計算では，AVOCだけでは現在のオゾン濃度を説明できずテルペン類など

BVOCを考慮する必要性が指摘されている．

テルペン類は，大気中での酸化過程を経て二次有機エアロゾル（secondary organic aerosol：SOA）の生成にも関与する．たとえばαピネンはピン酸，ピノン酸へ，イソプレンは大気中で2-メチルテトロールなどの吸湿性の高いポリオールへ酸化され，SOAを生成する．大気中に浮遊するSOAは雲を形成する雲粒の凝結核となりうる．

イソプレンとモノテルペンは，それぞれ1分子に5および10個の炭素を含む．森林生態系の炭素の収支や分配を定量化する場合，光合成で固定した炭素がテルペン類として葉，枝，根から放出される量を考慮する必要がある．

モノテルペン類の多くは，それぞれ異なる特有の芳香を有する．樹木は種ごとに数種から十数種のモノテルペンを含むが，モノテルペンを生産するマツ，スギ，ヒノキ，トウヒなどでは樹木ごとに香りが異なるのは，これら樹木に含まれるモノテルペン類の種とその組成比が異なるためである．最近日本でも注目されつつある森林療法や森林保養では，この香りによるリラックス効果に期待するところが大きい．

c. 富士山麓の森林からのテルペン類放出

標高3776 mの日本最高峰富士山は，標高2500～2800 m付近に森林限界を持つ．森林限界を超えると，脆弱な草本植生がわずかな範囲で存在し，スコリアと呼ばれる火山礫で覆われた山頂付近には永久凍土も存在する．他方，森林限界以下では亜高山性針葉樹林帯，次いで夏緑広葉樹林帯（落葉性広葉樹林帯）が広がっている．

主要植物は，シラビソ，オオシラビソ，コメツガ，カラマツなどの針葉樹，ブナ，ミズナラ，カエデ類などの広葉樹である．針葉樹のほとんどは，モノテルペンやセスキテルペンを生産し植物体内の貯蔵器官に

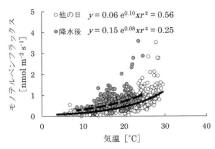

図1 富士山麓のカラマツ林で測定したモノテルペンフラックスと気温の関係

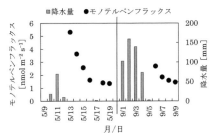

図2 降水後に観測された高いモノテルペン放出速度

貯える．広葉樹の数種ではイソプレンを合成し貯蔵せず直ちに放出するものがある．

図1に富士山麓で1年間測定した，針葉樹であるカラマツのモノテルペンフラックスと気温の関係を示す．植物からのモノテルペン放出は温度の上昇とともに高まることが多くの樹種で報告されているが，富士山麓のカラマツ林でも同様の結果となる．モノテルペンフラックスと温度の関係は下式で表される[1]．

$$E = E_s \exp\{\beta(T-30)\}$$

ここで E はモノテルペンフラックス，E_s は基準温度30℃におけるモノテルペンフラックス，β は係数，T は温度である．β は0.09前後の値をとることが多い．

図1では降水後数日間とそれ以外の日に分けてデータがプロットされているが，まとまった降水の後でモノテルペンフラックスは高い傾向にある．葉や枝の濡れや，風により枝どうしが擦れ合う接触刺激はモノテルペン放出を高めるが，実験室レベルの測定でその影響の持続時間は1日程度であることがわかっている．このカラマツ林で観測された降水後の高いモノテルペンフラックスは最大5日持続したため（図2），これら以外の影響が考えられた．検討の結果，この放出増加は土壌含水率と相関が高いことがわかった．その理由として，根や土壌中の落葉や落枝の表皮のガス透過特性が変化しモノテルペンの揮発が促進された可能性があるが，詳細は明らかでない．この関係を用いれば土壌含水率から降水後のモノテルペン放出速度の増大を推定可能である．気温と土壌含水率を独立変数にするモデルを確立することによって，年間のモノテルペン放出量の推定精度が向上した[2]．

他方，富士山の夏緑広葉樹林の代表種であるミズナラはイソプレンを大量に放出する．ミズナラのイソプレン放出は温度と光強度の影響を強く受けるが，乾燥ストレスに対しては鈍感で，土壌水分の低下に伴い気孔閉鎖が始まり純光合成速度が低下しても，ミズナラのイソプレン放出速度は高いままである．さらに深刻な水分欠乏状態となるとイソプレン放出速度は徐々に低下し，葉が枯れる直前にはイソプレンの合成と放出が停止する[3]．　〔谷　晃〕

文　献
1) Guenther, A. et al., 1993, *J. Geophys. Res.*, **98**, 12609.
2) Mochizuki, T. et al., 2014, *Atmos. Environ.*, **83**, 53.
3) Tani, A. et al., 2011, *Atmos. Environ.*, **45**, 6261.

2-12 北極域でのメタン濃度変動とメタンの炭素・水素同位体比
CH₄ concentration and its stable isotopes in the Arctic region

北極の大気化学，温室効果気体，同位体比

二酸化炭素（CO_2）に次いで重要な温室効果気体であるメタン（CH_4）は，主に嫌気的環境下における有機物の分解や，森林・泥炭火災（バイオマス燃焼），地殻からの漏出，化石燃料採掘時の漏洩などによって大気に放出され，主に対流圏での水酸基ラジカル（OHラジカル：以下 OH と記す）との反応，土壌による吸収（通気土壌中でのメタン細菌による酸化）によって消滅している．このように，CH_4 の発生源は自然起源・人為起源ともに非常に多岐にわたっており，かつ CH_4 の消滅量も直接観測できないことから，大気中の CH_4 濃度変動の原因を明らかにすることは簡単ではない．

CH_4 を構成する炭素と水素には，それぞれ質量数が12と13の炭素（^{12}C, ^{13}C）および1と2の水素（H, D）安定同位体が存在し，その量比（同位体比）を $\delta^{13}C$ と δD（単位はパーミル：‰）と表現する[1]．たとえば，ある場所の大気中に $^{13}CH_4$ が多く含まれていれば $\delta^{13}C$ 値が大きくなり，逆に $^{13}CH_4$ が少なければ $\delta^{13}C$ 値は小さくなる．また，大気中の $^{13}CH_4$ と $^{12}CH_4$ の比が 1×10^{-5} 変化すれば，$\delta^{13}C$ 値が約 1‰ 変化することになる．

各放出源から大気に放出される CH_4 はそれぞれ特徴的な $\delta^{13}C$, δD 値を示すことが知られており，大きく3つのカテゴリーに分けられる（図1）．すなわち，有機物の嫌気性分解（$\delta^{13}C$ -60‰，δD -350‰），化石燃料（-40‰，-180‰）そしてバイオマス燃焼（-25‰，-220‰）である．一

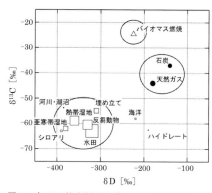

図1 各 CH_4 放出源から放出される CH_4 の $\delta^{13}C$ と δD の値．マーカーの大きさは相対的な CH_4 放出量を示す．

方，OH との反応速度は $^{12}CH_4$ の方が $^{13}CH_4$, $^{12}CH_3D$ よりも大きいため，CH_4 が OH と反応して消滅するときに大気中の $\delta^{13}C$, δD 値は大きくなる．これらのことから，大気中の CH_4 濃度と CH_4 の同位体比を精密に測定することによって，CH_4 濃度変動の原因についての情報が得られる．

一例として，図2にスバールバル諸島ニーオルスン（79°N, 12°E）で測定された CH_4 濃度と $\delta^{13}C$ の変動を示す[2]．まず両者の季節変化に着目すると，CH_4 濃度は冬期に高く，春から夏にかけて急激に減少して7月に極小値を示す一方で，$\delta^{13}C$ は6月に極大値，10月に極小値を示しており，両者はほぼ負相関に近いものの位相のずれが特徴的である．このような変動は，OH との反応による CH_4 消滅（$\delta^{13}C$ を大きくする）の極大が6月頃である一方で，湿地からの CH_4 放出（$\delta^{13}C$ を小さくする）の極大が8月頃であるとすれば説明できる．

一方，CH_4 放出源の近傍では季節変化のようすが大きく異なる．図3には，湿地帯が広がる西シベリア・スルグート（61°N, 73°E）の上空高度 1～2 km で観測された CH_4 濃度と $\delta^{13}C$, δD の季節変化を示している[3]．まず CH_4 濃度と δD に注目すると，

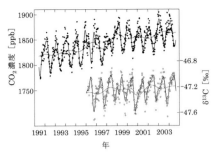

図2 スバールバル諸島ニーオルスン（北緯79°N，12°E）で観測された大気中のCH$_4$濃度（黒丸），δ^{13}C（白丸）とそれらへのベストフィットカーブ（実線）と長期成分（灰色線）[2]

両者には明瞭な季節変化はみられないことがわかる．これは，夏期のOHによるCH$_4$消滅量と湿地からのCH$_4$放出量がほぼつりあっており，かつOHとの消滅反応によってδDを大きくする効果と湿地起源CH$_4$が加わることによってδDを小さくする効果がお互いに打ち消し合っていることによる．一方のδ^{13}Cには8〜9月に極小を示す季節変化がみられる．これはOHとの消滅反応に対するδ^{13}CとδDの敏感度の違いに原因があり，湿地起源CH$_4$の放出によるδ^{13}Cの変化がOHとの反応による変化量を凌駕しているためと考えられる．

次に，ニーオルスンで観測されたCH$_4$濃度とδ^{13}Cの長期変化成分に注目する．図2から，1998年にCH$_4$濃度増加率が非常に大きくなっているが，δ^{13}Cはほとんど変化していないことが分かる．前述の3つの放出源カテゴリーのうち，化石燃料起源のCH$_4$放出量は変化していないと仮定すると，1998年のCH$_4$濃度とδ^{13}Cの変動から，湿地（嫌気性分解）起源の同位体的に軽いCH$_4$とバイオマス燃焼起源の重いCH$_4$の両方がCH$_4$濃度増加に寄与したと考えられる．1998年は大規模なエルニーニョが発生し，特に北半球高緯度（30〜

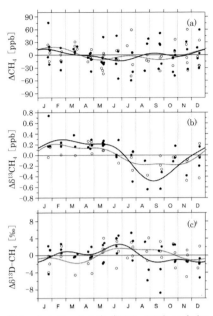

図3 スルグート上空（61°N，73°E）の高度1km（黒丸；太線）と2km（白丸；細線）で観測された大気中のCH$_4$濃度（a），δ^{13}C（b）およびδD（c）の季節変化[3]

90°N）湿地域での高温・降水量増加と熱帯域での高温が報告されており，湿地からのCH$_4$放出量が増加する気象条件であった．また，亜寒帯で森林・泥炭火災が頻発したことも報告されている．一方で，1998年以外の期間はCH$_4$濃度とδ^{13}Cがほぼ逆位相で変動していることから，CH$_4$濃度変動に湿地起源のCH$_4$が大きな影響を与えていたことが示唆される． 〔森本真司〕

文献
1) Whiticar, M. and Shaefer, H., 2007, *Phil. Trans. R. Soc.*, A **365**, 1793.
2) Morimoto, S. et al., 2006, *Geophys. Res. Lett.*, **33**, L01807.
3) Umezawa, T. et al., 2012, *Global Biogeochem. Cycles*, **26**, GB4009.

2-13 高緯度森林大気でのイソプレンとホルムアルデヒド
isoprene and formaldehyde over the forest atmosphere in the high latitudes

大気化学, 陸域植生・大気物質交換, 光化学反応, 衛星観測, 放出量推計

地表面から大気へ放出される揮発性有機化合物については, 現代においても, 人間活動よりも自然起源からのほうが圧倒的に量が多いとされている. なかでも炭素数5の炭化水素であるイソプレン (isoprene, C_5H_8) は, 陸上の植生から放出される主要成分である. 高緯度森林においても, 光や温度等の環境条件に応答しながら, 広葉樹林等が夏季を中心に放出していると考えられている. 大気中に放出されたイソプレンは, 化学反応により対流圏オゾンや有機エアロゾルを生成する. 温暖化によりイソプレン放出量が増すとすれば, オゾンの生成を促し, オゾンの温室効果によってさらに温暖化が進むといった正のフィードバックを生む可能性もある. 一方, エアロゾルの生成は, 温暖化に歯止めをかけるように働くかもしれない. そのため, 植生分布ごとにイソプレン放出の時空間変動と要因を明らかにし, 気候との相互作用を明らかにすることは重要である.

陸上生態系からのイソプレン放出量推計モデルとしては, MEGAN (Model of Emissions of Gases and Aerosols from Nature)[1] が知られ, 植生のタイプや光強度・温度・水分などの条件を考慮して, 全球のイソプレン放出量が約 $1 km^2$ の分解能で推計される (図1). しかしながら, 限られた地点での情報をもとにした推計であり, イソプレン放出係数が大きく異なる種レベルの分布の情報を取り入れているわけではないため, 推定された放出量とその気候応答については不確かさが大きい.

近年, イソプレンの酸化生成物であり, 放出のマーカーとなるホルムアルデヒド (HCHO) について衛星観測が可能となり, 広域の濃度分布がとらえられるようになった[4] (図2). メタン酸化に由来した寄与等を取り除いたうえで得られる, イソプレン酸化から発生した HCHO 濃度の分布に対して, イソプレン酸化反応での HCHO の収率, 反応時間や大気輸送を考慮した逆計算法を適用することにより, イソプレン放出量の分布や変動が推定される[2]. HCHO の衛星観測では, 地表付近からの太陽反射光 (波長 350 nm 付近) を分光計測し, 波長に対して固有の構造をもつ HCHO の差分吸収度を定量した後, 光の経路の傾きを考慮に入れて鉛直カラム濃度を求める.

衛星観測には不確かさが伴うため, 地上

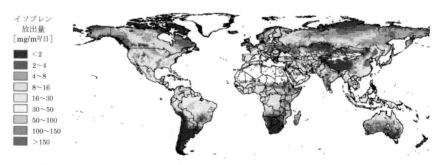

図1 MEGAN モデルによって推定された 2003 年 7 月のイソプレン放出量の全球分布[1].

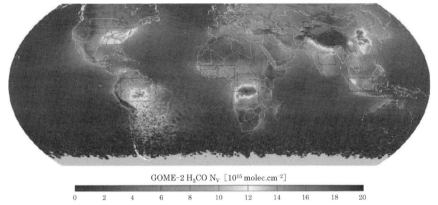

図2 GOME-2衛星センサによって測定されたホルムアルデヒドのカラム濃度の全球分布．ベルギー宇宙航空研究所による導出結果（v12）で，2007〜2011年の6〜8月平均値[4]．

観測により精度が検証されたうえで用いられる．地上観測で用いられるMAX-DOAS法（multi-axis differential optical absorption spectroscopy：複数仰角太陽散乱光分光計測・差分吸収法）では，衛星と同様に差分吸収の原理を用いるが，上空から届く太陽の散乱光を複数の角度で計測するため，カラム濃度や高度分布を精度よく求めることができる．この方法による検証がロシア・モスクワ郊外の森林地帯で数年にわたり行われた結果[3]，GOME-2，OMI衛星センサによる観測から，ベルギー宇宙航空研究所が導出したHCHO鉛直カラム濃度は，夏に極大となる季節性や濃度レベル，月ごとの変動を的確にとらえていることが明らかとなった．

このように検証された広域衛星観測に基づいて，ロシア高緯度森林からのイソプレン放出量を逆推計した結果では，MEGANで推定された量を3〜5割上方修正する必要があると最近報告されている[5]．今後，多点での検証により，まずHCHOの衛星観測の信頼性をより高めたうえで，広域のイソプレン放出量の長期変動が精度よく推定されるようになれば，地域ごとの特性や変動要因・気候への応答が解明されることが期待されている．

なお，高緯度森林から大気への揮発性有機化合物放出の全体像と大気環境・気候への影響を明らかにするには，イソプレンに加えて，主に針葉樹林から放出されるモノテルペン類（$C_{10}H_{16}$）の量や，森林火災によって放出される各種有機ガスの量を把握することも重要となっている． 〔金谷有剛〕

文 献

1) Guenther, A. et al., 2006, *Atmos. Chem. Phys.*, **6**, 3181. http://lar.wsu.edu/megan/
2) Palmer, P. I. et al., 2003, *J. Geophys. Res.*, **108**, D6, 4180.
3) Borovski, A. N. et al., 2014, *Int. J. Remote Sensing*, **35**, 5609.; Kanaya, Y. et al., 2014, in preparation.
4) De Smedt, I. et al., 2012, *Atmos. Meas. Tech.*, **5**. 2933. http://h2co.aeronomie.be/
5) Stavrakou, T. et al., 2009, *Atmos. Chem. Phys.*, **9**, 3663.

2-14 南極大気中の海塩粒子

sea-salt particles in the Antarctic atmosphere

エアロゾル，海塩粒子，変質，組成分別，南極

海塩は南極対流圏大気中のエアロゾルの主成分であり，南極周辺海域の海洋表面からの飛沫，海氷上の海塩成分（フロストフラワー・ブライン）の飛散，大陸氷床表面積雪中の海塩成分の飛散により大気へ放出される．図に示すように，大気中の海塩粒子濃度は，海氷縁が近くなる夏季に低く，海氷縁までの距離が遠くなる冬～春季に高い．この季節変化は，①夏季には天候が安定し，海塩粒子の放出量が少ないこと，②冬～春季には低気圧接近に伴う荒天が頻繁に起き，海氷域からの海塩粒子の放出が卓越することに起因している．荒天により海氷表面から飛散した海塩粒子は，超微小粒子から粗大粒子の広い粒形域に存在し[1]，南極沿岸域上では境界層～自由対流圏中層（約4～5 km）まで拡散されることが観測により確認されている[2]．内陸域における海塩粒子濃度は沿岸域の数分の1から1けた程度低い傾向にあり，冬に高くなる季節変化の傾向を示す[3]．

大気中を輸送される間に，海塩粒子上ではガス状の酸性成分による不均一反応（例：R1～R3）が進み，Cl^-などのハロゲン成分が大気中へ揮発していく．

R1: $NaCl + HNO_3 \rightarrow NaNO_3 + HCl(\uparrow)$
R2: $2NaCl + H_2SO_4 \rightarrow Na_2SO_4 + 2HCl(\uparrow)$
R3: $NaCl + CH_3SO_3H \rightarrow CH_3SO_3Na + HCl(\uparrow)$

硝酸や反応性窒素酸化物による海塩粒子の変質は，沿岸部では8～9月頃に，内陸部では8～9月だけではなく，夏季にも顕著に観測されている[4,5]．海洋生物活動由来の硫酸やメタンスルホン酸による変質は，沿岸・内陸ともに夏季に進行することが明らかとなっている[4,5]．一方，冬季には不均一反応による変質を受けていない海塩粒子が卓越する．そのため，エアロゾル中のCl^-/Na^+比は冬に極大，夏季に極小を示す（図1）．R1～R3の反応以外にも，海塩粒子や海氷上の海塩成分の不均一反応に伴い，高反応性の臭素成分・ヨウ素成分も効率よく大気へ放出されることが知られている[6]．日射条件下では，これらの高反応性成分はハロゲンラジカルへ変換され，R4のような反応を経て，対流圏内のO_3消失現象をもたらすことも知られている．

R4: $Br + O_3 \rightarrow BrO + O_2$

さらにハロゲンラジカルはガス状水銀とも反応を起こし，大気中に存在する水銀の沈着を加速する[7]．この水銀沈着過程は極域生態系への水銀汚染をもたらす要因となっている．

海塩粒子中の海塩成分変化は，不均一反応に加え，冬～春季には季節海氷域で，夏季には大陸氷床上積雪表面で海塩組成分別が進行する[5,8,9]．海氷形成時には，海水中

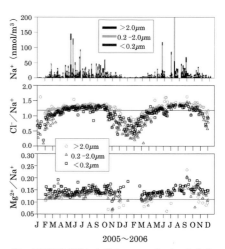

図 南極昭和基地におけるエアロゾル中の海塩成分（Na^+），Cl^-/Na^+とMg^{2+}/Na^+モル濃度比の季節変化（図中の実線は海水中の濃度比を示す）

の水が凍結を始め、濃縮された海水（ブライン brine）の一部は海氷上に分布する。気温やブライン温度の低下に伴い、$CaCO_3·6H_2O$（イカイト ikaite）、$Na_2SO_4·10H_2O$（ミラビライト mirabilite）、$NaCl·2H_2O$（ハイドロハライト hydrohalite）などの塩が徐々に海氷に析出する。その結果、海氷上のブラインや海氷上に形成するフロストフラワー中の海塩成分の組成比は、海水組成比から徐々に異なる値となる。荒天時には海氷上に形成したフロストフラワーやブラインなどの飛散により、大気中へ海塩粒子が放出されるため、海氷起源の海塩粒子は海洋起源の海塩粒子とは組成比が異なっている。冬～春季の南極沿岸域では、海氷起源の海塩粒子の寄与が高く、mirabiliteなどの塩が析出するため、図1に示すようにCl^-/Na^+やMg^{2+}/Na^+比が海水比より高くなる傾向が確認されている[9]。組成分別を受けた海氷域起源の海塩粒子は、南極内陸部での観測で確認されており、海氷域から内陸へ輸送されていることも示唆されている[3]。

夏季の南極域では、粒子中のMgの割合が高い（Mg-rich）海塩粒子に加え、Mgが検出されない（Mg-free）海塩粒子、$MgSO_4$粒子、$MgCl_2$粒子も確認された[4,5]。昭和基地での観測では、Mg-free 海塩粒子は冬季にはほとんど観測されず、春～夏季に確認されることが多い[4]。Mg-rich 海塩粒子は、海氷上での組成分別過程でも生成しうるが、海氷上の組成分別過程ではMg-free 海塩粒子の存在は説明ができず、Mg塩の分離過程を考えなければならない。南極内陸部では、夏季でも気温が-30℃以下に達することが多い。また、積雪表面では、日中は日射により積雪表面から大気へ水が昇華し、太陽高度が下がった時間帯には大気から積雪表面へ水蒸気が凝結する過程が日々繰り返される。水の相変化や気温の日変化に伴い、海塩成分の潮解、疑似液体層（quasi liquid layer）の厚さの変化、液体層の凝固過程が起こり、積雪表面上に存在する液相中の海塩成分は希釈・濃縮を繰り返す。その結果、各成分の溶解度の違いにより、海塩成分が徐々に積雪表面に析出することで組成分別が進行していると考えられる。その後、強風により積雪表面が削剥され、海塩粒子や組成分別により形成した塩粒子が大気へ再飛散し、Mgが分離された粒子（Mg-rich 海塩、Mg-free 海塩、$MgSO_4$、$MgCl_2$）が大気中に分散していくことが示唆される。

〔原　圭一郎〕

文　献

1) Hara, K. et al., 2011, *Atmos. Chem. Phys.*, **11**, 9803.
2) Hara, K. et al., 2014, *Atmos. Chem. Phys.*, **14**, 4169.
3) Hara, K. et al., 2004, *J. Geophys. Res.*, **109**, D20208.
4) Hara, K. et al., 2013, *Atmos. Chem. Phys.*, **13**, 9119.
5) Hara, K. et al., 2014, *Atmos. Chem. Phys.*, **14**, 10211.
6) Saiz-Lopez, A. et al., 2008, *Atmos. Chem. Phys.*, **8**, 887.
7) Ebinghaus, R. et al., 2002, *Environ. Sci. Technol.*, **36**(6), 1238.
8) Wagenbach, D. et al., 1998, *J. Geophys. Res.*, **103**, 10961.
9) Hara, K. et al., 2012, *Geophys. Res. Lett.*, **39**, L18801.

2-15 北極海での大気観測

atmospheric observation over the Arctic Ocean

北極海,大気エアロゾル,海氷の後退,有機物,イオン成分

近年の地球温暖化は,高緯度ほど気温の上昇をもたらす.そのため,1980年代までは平均5mの厚い海氷で覆われていた北極海の氷の厚さは半減し,海氷の後退が著しく進んでいる.現在では夏に限ってではあるが,ヨーロッパとアジアを結ぶ北極海航路が物流輸送に使われている.

2009年8月3～25日に北極海ボーフォート海にて,カナダ地質調査所の砕氷船アムンゼンを利用したフランス・カナダ・日本の共同研究による大気観測が行われた.本項目ではこの航海で採取された北極海エアロゾルの化学分析の結果を紹介する.サンプリング期間中の大気温度は−1.5℃から9.2℃(平均3.0℃)であったが,海上には海氷が存在していた(図1参照).また,洋上ではしばしば霧の発生が確認された.

エアロゾル粒子は,砕氷船の上部デッキに設置されたハイボリュームエアサンプラーを用いて石英フィルター上に捕集された.空気の吸引速度は毎分1000L,1試料あたりの捕集期間は約48時間,10試料を採取した(図2を参照).試料採取時に船の煙突からの汚染を防ぐために風向風速計を用いてサンプラーのポンプを制御した.フィルターの色は無色であり黒色炭素の存在は確認できなかった.

エアロゾル試料は,−20℃の冷凍庫で保存した後,各種有機化合物の測定に使われた.低分子ジカルボン酸,オキソ酸,ジカルボニルなどは,試料の一部を純水で抽出後,pH = 8.5～9.0に調整し,抽出物をロータリーエバポレーターで濃縮した.三フッ化ホウ素・n-ブタノール試薬を用いて,カルボキシル基をブチルエステルに,アルデヒド基をジブトキシアセタールに誘導体化した.これら誘導体をガスクロマトグラフ(GC)装置にて分析した.また,試料を塩化メチレン・メタノール(2:1)混合溶媒にて抽出したのち,トリメチルシリル(TMS)誘導体化試薬で糖類・アルコールの水酸基をTMSエーテルに,カルボキシル基をTMSエステルに誘導体化した.誘導体はGC質量分析計にて分析し,n-アルカン,脂肪酸,脂肪族アルコール,糖類,リグニン/レジン酸,ステロール類,フタル酸エステル,ヒドロキシ酸・ポリカルボン酸,芳香族カルボン酸,イソプレン酸化生成物・モノテルペン酸化生成物(二次有機エアロゾル:SOAトレーサー)を定量した.さらに,全有機炭素(OC)および元素状炭素(EC)をOC/EC計を用いて測定した.また,主要イオンの測定はイオンクロマトグラフィーを用いて行った.

表に,北極海大気エアロゾル中の低分子

図1 北極・ボーフォート海での海洋観測.海氷が8月でも残っているのが見える.右図は海氷のクローズアップ.

図2 ハイボリュームエアサンプラーによる海洋エアロゾルの採取

表 北極海ボーフォート海上の大気エアロゾル中の有機物の濃度（2009年8月）

化合物群	濃度 [ng/m^3] 平均（範囲）
ジカルボン酸（$C_2 \sim C_{12}$）	19.3（3.6～69.2）
オキソ酸（$C_2 \sim C_9$）	2.3（0.45～10.8）
α-ジカルボニル	0.4（0.07～1.91）
n-アルカン（$C_{18} \sim C_{34}$）	0.8（0.14～4.5）
脂肪酸（$C_8 \sim C_{32}$）	3.6（0.9～11.9）
脂肪族アルコール（$C_{20} \sim C_{30}$）	2.6（0.42～8.1）
糖類	24.5（0.91～111）
リグニン/レジン酸	0.2（0.03～0.75）
ステロール	0.7（0.13～3.2）
フタレート	2.6（0.79～12.4）
ヒドロキシ/ポリカルボン酸	2.9（0.36～8.7）
芳香族カルボン酸	0.4（0.06～1.8）
生物起源 SOA トレーサー	8.8（0.63～55.8）
有機炭素（OC）	560（110～2900）
無機イオン	
F$^-$	3（0～10）
MSA	45（11～200）
Cl$^-$	2420（260～9960）
NO$_2^-$	2（0～6）
Br$^-$	4（0～16）
NO$_3^-$	120（26～420）
PO$_4^{2-}$	29（7～140）
SO$_4^{2-}$	640（85～3380）
Na$^+$	770（165～2010）
NH$_4^+$	39（6～250）
K$^+$	42（8～150）
Ca^{2+}	260（19～1820）
Mg^{2+}	250（19～1490）

ジカルボン酸など有機化合物，OC，無機イオンの濃度を示す．有機炭素の平均濃度は 560 ng/m^3 であったが，この値は東京や北京などの大都市に比べると 10 分の 1 以下である．北極海に面したカナダ・エルズミア島のアラート基地で報告された値に比べると数倍高い[1]．北極海エアロゾルは大気経由の有機物に加えて海洋起源の有機物が寄与していることを示している．このことは植物プランクトン起源の低分子脂肪酸が比較的高い濃度で検出されたことからも支持される[2]．

化合物レベルでみると，糖類がジカルボン酸よりも多いことがわかる（表）．主要な糖はグルコースであり，その起源は菌類の胞子で北極海に面した陸域から放出・大気輸送されたと考えられる．シュウ酸を主成分とするジカルボン酸が高い濃度で検出されたが，霧が発生したときにはシュウ酸が相対的に減少した[3]．霧水の中で鉄と錯体を形成したシュウ酸が光分解を受けたものと考えられる[4]．また，植物から放出されるイソプレンやα-ピネンの大気酸化で生成する二次有機エアロゾル（SOA）トレーサーも比較的高い濃度で検出された．夏の北極圏では，植物由来の揮発性有機物が大気酸化を受け SOA を生成していると考えられる．しかし，有機物に比べると，塩化物，ナトリウム等の無機成分ははるかに高い濃度を示し，海塩の影響は大きいことが示された．硫酸，カルシウム，マグネシウム等も高い濃度で検出された．海氷が後退することにより海水からの大気への海塩および有機物の放出は増加すると考えられ，今後，北極海大気の組成は大きく変わっていく可能性がある．

〔河村公隆〕

文献

1) Kawamura, K. et al., 1996, *Atmos. Environ.* **30**, 1709.
2) Fu, P. Q. et al., 2013, *Biogeosciences*, **10**, 653.
3) Kawamura, K. et al., 2012, *Biogeosciences*, **9**, 4725.
4) Pavuluri, C. M. et al., 2012, *Geophys. Res. Lett.*, **39**, L03802.

2-16 森林火災, バイオマス燃焼
forest fires and biomass burning

レボグルコサン, 有機エアロゾル, 凝結核, ブラックカーボン

森林火災などバイオマス燃焼は, 大気微粒子の重要なソースであり, 地球環境の変動や生物地球化学循環に対して重要な役割を果たしている[1]. 特に, 地球上の有機エアロゾルの一次発生源の50%以上がバイオマス燃焼に由来すると見積もられており, 炭素循環においても重要な要素である. 地球上でのバイオマス燃焼によるエアロゾルの発生は, 年間45 Tgに達するが, そのうちわけはサバンナ (15 Tg), 熱帯森林火災 (16 Tg), 農業燃焼 (3 Tg), 家庭燃焼 (9 Tg) である. バイオマス燃焼によるエアロゾルの発生量は, 化石燃料の燃焼によるそれ (28 Tg) に比べても1.5倍ほど大きい. 森林火災などバイオマス燃焼で生成するエアロゾルは水溶性成分 (たとえば, シュウ酸など低分子ジカルボン酸) に富むことから, それらは雲凝結核として作用し, バイオマス燃焼は雲の形成, 太陽光の反射, 気候変動に影響を与えると考えられる. 図1に森林火災で発生する煙霧の様子を示す.

バイオマスの燃焼は多くの場合不完全燃焼であることから, 燃焼生成物としてブラックカーボン (黒色炭素) を生成する. 石油・石炭の燃焼に加えて, バイオマス燃焼はブラックカーボンの重要なソースである. ブラックカーボンは太陽光を吸収し高い効率で熱に変換することから, 強力な温室効果物質として知られている. これらが極域やチベット高原などの氷河・氷床に堆積すると, 太陽光を吸収し雪や氷を融解する効果が発生する. グリーンランドのアイスコア中では, ブラックカーボンの濃度が近年増加しているとの報告もある[2]. また, チベット高原の湖の堆積物中の研究から, ブラックカーボンの濃度は1900年以降増加傾向にあることが報告されている[3]. その原因として, インドにおけるバイオマス燃焼の生成物がヒマラヤ山脈を越えてチベット高原まで大気輸送されていると考えられている. 実際に, チベット高原の氷河の後退は近年著しいものがあり, 地域的水循環に多大な影響を持つと考えられる. しかし, バイオマス燃焼からのブラックカーボンの生成は重要であるものの, 石油・石炭燃焼からもブラックカーボンが生成されるため, バイオマス燃焼のトレーサーとしてブラックカーボンは完璧な指標ではない.

バイオマス燃焼に特有のトレーサーとして, レボグルコサンが注目されている. レボグルコサンは糖類の一種であるが, これ

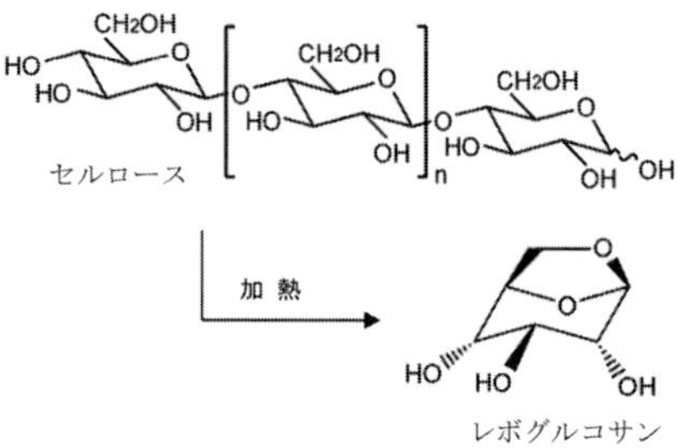

図1 森林火災と煙霧. 煙霧の中には有機物が大量に含まれている.

図2 バイオマス燃焼によるセルロースからのレボグルコサン生成

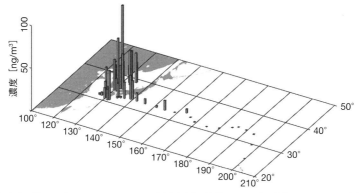

図3 西部北太平洋におけるレボグルコサンの空間分布[6]．海洋エアロゾル試料はアメリカ国立大気海洋局NOAAの研究船 Ron Brown によって採取された．

はセルロースの不完全燃焼によって生成される有機物である．セルロースは植物体に広く存在する多糖類であるが，300℃以上の高温にさらされると脱水反応を起こし，レボグルコサンなど単糖を生成する（図2参照）．この化合物は脱水反応により一部のヒドロキシル基を失った構造を示す．こうした構造は生体中には存在しないことから，バイオマス燃焼に特有なトレーサーとして大気エアロゾルの研究で広く使用され始めている[4]．これまでにレボグルコサンは都市など陸上，海洋，極域の大気中で報告されている．図3に，北太平洋大気中で測定されたレボグルコサンの空間分布を示す．バイオマス燃焼トレーサーの濃度は，アジア大陸に近い海域で高く，外洋で低い傾向が認められる．この結果は，バイオマス燃焼が陸上で起きており，その生成物が偏西風によって太平洋中部までまで大気輸送されることを考えると合理的に解釈できる．また，カムチャッカ半島で採取されたアイスコア中にもその存在が報告されており，過去から現在にかけて森林火災などバイオマス燃焼の歴史を復元する研究でも，レボグルコサンは有効なトレーサーとして用いられている[5]．

〔河村公隆〕

文 献

1) Crutzen, P. J. and Andreae, M. O., 1990, *Science*, **250**, 1669.
2) McConnell, J. R. et al., 2007, *Science*, **317**, 1381.
3) Cong, Z. et al., 2013, *Environ. Sci. Technol.*, **47**, 2579.
4) Simoneit, B. R. T., 2002, *Appl. Geochem.*, **17**, 129.
5) Kawamura, K. et al., 2012, *Geochim. Cosmochim. Acta*, **99**, 317.
6) Mochida, M. et al., 2003, *J. Geophys. Res. Atmos.*, **108**, D23, 8638.

2-17 対流圏オゾン

tropospheric ozone

大気化学,光化学反応,窒素酸化物

地球大気中におけるオゾンは9割が成層圏に存在し,1割が対流圏に存在する.成層圏では,フロン類によるオゾン層の破壊が問題となっている一方,対流圏オゾン濃度は産業革命以降,急激なペースで増加していることが知られている.対流圏におけるオゾンは赤外線を吸収することで地表面から放射される輻射熱が宇宙へ散逸するのを防ぐため,対流圏オゾンは温室効果気体の1つとして認識されている.このように,同じオゾンでも成層圏と対流圏で役割や環境影響が対照的であることから,成層圏オゾンは「善玉オゾン」,対流圏オゾンは「悪玉オゾン」と呼ばれている.

本項目では,対流圏オゾンについて解説する.対流圏オゾンは,窒素酸化物（NO_x = $NO + NO_2$）と一酸化炭素,メタン,揮発性有機化合物（nonmethane volatile organic compounds：NMVOCs）が太陽からの紫外線を受けて光化学的に生成する.大気中寿命が数日から数週間程度と比較的短いため,その濃度には地域差が大きいことが知られているが,通常は10〜50 ppbv（ppbv：10億分の1）程度,大気汚染がひどい光化学スモッグやヘイズの場合には100〜200 ppbvにも及ぶことがある.

極域では北極,南極ともに複数の観測所において長期モニタリングが行われており,その季節変化や長期変化といった情報が明らかになってきている[1].北極では,たとえばバロー（アラスカ,71°N),アラート（カナダ,82°N),ニーオルスン（ノルウェー,79°N）といった観測所で長期間の観測が行われている.また,南極大陸では,南極点にあるアムンゼン・スコット基地（米国）,昭和基地（日本),ノイマイヤー基地（ドイツ),コンコルディア基地（フランス,イタリア),マクマード基地（米国）など各国の基地で観測が行われている.

これらの観測から,極域における対流圏オゾンの季節的な変動パターンや長期的な変動傾向が明らかになってきた.一般に,北半球中高緯度帯では,対流圏,特に地表付近のオゾンは春季に極大となることが知られており,北極圏でも基本的な傾向は同様である.

こうした北極における対流圏オゾンの現象の理解は,春季極大の原因を大気化学的なアプローチで解明する研究により進んできた[2].

冬季の北極域における大気は$-70°C$まで冷えるが,その結果,北半球中高緯度の大気が北極圏に流入する.そこで,欧州で排出されたNO_xやNMVOCsなどの大気汚染物質が長距離輸送されて北極圏で蓄積し,3月末〜4月はじめに太陽が昇り（ポーラーサンライズという),極夜から白夜に移行する春季に光化学反応が活発に起こると考えられ,「冬の間に蓄積したオゾン前駆物質に太陽光が当たりオゾンが効率よく生成される」という仮説が立てられ,対流圏オゾンの前駆物質であるNO_xやその酸化生成物であるパーオキシアセチルナイトレート（peroxyacetyl nitrate：PAN),総反応性窒素酸化物と呼ばれるNO_y,NMVOCのフィールド観測が行われた.こうした観測結果から,北極域でもPANとオゾンの間によい相関がみられることから（図1),オゾンの起源は成層圏よりもむしろ対流圏の光化学生成であり,人間活動によるNO_xの放出が主であることがわかった[3].

また,バローにおけるオゾンの連続観測データから,毎年春季になると決まって地表オゾン濃度が通常の30 ppbv程度から数

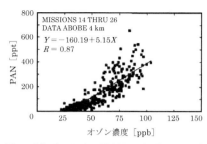

図1 北極域における対流圏オゾンとPANの相関図.高度4km以上のデータ[3].

時間のうちに急速に減少し,ほとんど0 ppbvまで低下する現象が知られていた.オゾン濃度の低下時に,フィルター上に採取されたエアロゾル中の臭素濃度が増加していることがわかり[4],海洋起源の臭素が関与する化学反応により,オゾンが急激に消失していることがわかった.その結果,臭素が関与する化学反応の影響が大きいと思われるバローでは,オゾンの季節変化は春季に極小を示す.その後,同様のハロゲンが関与する低濃度オゾン現象(または,オゾン破壊現象)は南極大陸でも見出されている.

対流圏オゾンは人間社会の工業化とともに地球規模で増加しており,過去100年間のうちにオゾン濃度が約10〜20 ppbvから約40 ppbvに増加しているといわれている.極域でも,長期的な変化傾向について観測的知見が蓄積されてきた(図2).北極域のバローにおいて1973年から行われてきたオゾン観測からは,年率0.35%の増加が観測され,なかでも1970年代と2000年代における増加が大きい.また,季節的には夏季と秋季における増加が大きい.欧州や北米からのオゾン前駆物質の排出量はそれぞれ1990年以降,2000年以降漸減しているため,2000年以降の増加は東アジア

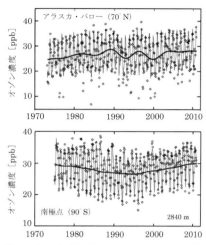

図2 バローと南極点における地表オゾン濃度の経年変化[5].○は月平均濃度,細線はフィッティング曲線,太線はトレンド曲線を示す.

からの排出量増加により,半球規模で越境汚染され,対流圏オゾン濃度が増加したためかもしれない.ただし,10年規模の変動も大きく,成層圏の寄与も指摘されている.南極では,南極点で1970年代における観測開始から徐々に減少傾向にあったが,1990年代半ば以降徐々に増加傾向を示し,結果として現在までの変化はないと見積もられている.昭和基地における観測でも同様である[5].

〔谷本浩志〕

文 献

1) World Data Centre for Greenhouse Gases (WDCGG), http://ds.data.jma.go.jp/gmd/wdcgg/
2) Penkett, S. A. and Brice, K. A., 1986, *Nature*, **319**, 655.
3) Singh, H. B. et al., 1992, *J. Geophys. Res.*, **97**, 16511.
4) Barrie, L. A. et al., 1988, *Nature*, **334**, 138.
5) Oltmans, S. J. et al., 2013, *Atmos. Environ.*, **67**, 331.

2-18 極域におけるハロカーボン

halocarbons in the polar region

ブロモホルム，ヨウ化メチル，地表オゾン破壊

「ハロカーボン halocarbon」は塩素や(Cl)などのハロゲンを含む揮発性有機化合物を指す．極域の人為起源ハロカーボンは，主に低・中緯度から移流してきたものであるが，海洋や海氷中では，低温環境に適した藻類がブロモホルムやジヨードメタンなどのハロカーボンを生成している．それらの自然起源ハロカーボンには反応性の高いものが含まれており，光分解によって臭素(Br)あるいはヨウ素(I)ラジカルを放出する．低温で安定成層した大気境界層内では，これらのハロゲンラジカルによるオゾン破壊が効率的に起きる[1]．実際に，極夜が明ける春先に，地表オゾンの劇的な減少が北極・南極の沿岸域で広く観測されている[2]．Brラジカルの発生源としては，そのほかに海氷や海塩上で無機的に生成される反応性臭素化合物の光分解があり，春の地表オゾン減少のメカニズムは全体として図のように理解されている．

a. 海洋・海氷中のハロカーボン

北極海，南極海では，主に藻類起源と考えられるブロモホルム，ジブロモメタン，ジブロモクロロメタン，ヨウ化メチル，ジヨードメタンなどが検出されている．表にMattsonら[3]が南極海（アムンゼン海とロス海）で観測したハロカーボン濃度を示す．他の海域と同様に，ブロモホルムが最も多い．ハロカーボンの分布は海氷に大きく影響され，氷で覆われた海域の表面海水中濃度が高くなる傾向がある．また，大気に対する飽和度をもとに，南極海ではクロロヨードメタンは海洋と海氷から発生し，

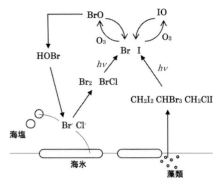

図 春の極域における地表オゾン破壊のメカニズム概要[1]

表 南極海で観測された表面海水中のハロカーボン平均濃度[3]（括弧内は範囲，単位：pmol/L）

化合物名	アムンゼン海	ロス海
$CHBr_3$	7.22 (3.17〜13.7)	5.25 (4.00〜6.37)
CH_2Br_2	4.37 (2.24〜6.65)	2.99 (2.68〜3.3)
$CHBr_2Cl$	1.53 (0.81〜3.54)	1.05 (0.70〜1.29)
$CHBrCl_2$	2.79 (1.19〜13.8)	1.87 (0.72〜2.6)
CH_2BrCl	0.46 (0.18〜1.06)	0.4 (0.19〜0.85)
CH_2BrI	0.06 (0.021〜0.15)	0.03 (0.014〜0.05)
CH_3I	2.48 (1.17〜4.25)	3.02 (2.05〜4.73)
C_2H_5I	0.3 (0.087〜0.72)	0.21 (0.15〜0.36)
C_3H_7I	4.5 (1.73〜7.87)	3.99 (3.08〜4.64)
CH_2ClI	1.12 (0.18〜3.12)	0.31 (0.19〜0.55)
$sec\text{-}C_4H_9I$	0.02 (0.003〜0.18)	0.02 (0.006〜0.03)
C_4H_9I	0.25 (0.093〜0.42)	0.21 (0.13〜0.28)
CH_2I_2	0.28 (0.16〜0.42)	0.45 (0.28〜1.07)

ブロモホルムは海氷のみから発生していることがわかっている．一方，北極では，Karlssonら[4]が北極海を縦断して，4つの海域（アラスカ陸棚，カナダ海盆，マカロフ海盆，ユーラシア海盆）の海水中ハロカーボン濃度を調べて，上述の南極海のデータよりも少し高い濃度（$CHBr_3$：13〜29 pmol kg^{-1}，CH_2Br_2：7〜22 pmol kg^{-1}，$CHBr_2Cl$：1.4〜3.3 pmol kg^{-1}，CH2ClI：1〜3.3 pmol kg^{-1}）を報告している．北極海でも，海氷が表面海水中のハロカーボン濃度に大きく影響する．また，スバールバル周辺の観測航海では，沿岸付近で280 pmol L^{-1}に達する高濃度の海水中ブロモホルム

が報告されている[5]．フィヨルドやアルジーフィールドでは 1 nmol L^{-1} を上回る高濃度のブロモホルムが観測されている[6]．

海氷に付着するアイスアルジーや氷内の微生物がハロカーボンを生成するが，それらのばらつきが大きいため，海氷によるハロカーボン生成量の詳細は不明である．海氷のブライン中ヨウ素化合物について，海氷直下の海水に比べて 10 倍以上高濃度であったとする報告がある[7]．

積雪中でも高濃度のブロモホルムが観測されているが，その起源については，その下にある海氷からの拡散であるという説と積雪中で生成しているという説がある．フィルンの空気中に存在するヨウ化メチルとヨウ化エチルの濃度は周辺大気中よりも高く，その濃度に日変化がみられるので，おそらく雪の中で生成していると思われる[8]．

b. 大気中のハロカーボン

人間活動の影響を受けにくい極域では大気中の人為起源ハロカーボン濃度は低い．自然起源ハロカーボンも，発生源が熱帯域に偏っている塩化メチルなどは低中緯度に比べて低濃度である．輸送中の反応による消失のみならず，冷たい海水も吸収源としてこれらの濃度を下げる方向に働く．

極域の海洋・海氷中で生成されるハロカーボンのうち，ブロモホルム，ジブロモメタン，ジブロモクロロメタン，クロロヨードメタン，ヨウ化メチル，ヨウ化エチルなどが大気中でも観測されている．極夜〜白夜という日射量の大きな季節変化があるため，光分解性の高いハロカーボンの夏と冬の濃度差が大きい．たとえば，北極（アラート）の大気中にはブロモホルムは夏に約 1 ppt，冬に約 3 ppt，ヨウ化メチルは夏に約 0.2 ppt，冬に約 0.6 ppt で，クロロヨードメタンは夏に 0.005 ppt 以下，冬に約 0.03 ppt の濃度で存在する[8,9]．南極点におけるハロカーボン濃度は沿岸よりも低いが，同様に大きな季節変化がみられる（ブロモホルム：夏に約 0.4 ppt，冬に約 1.2 ppt，ヨウ化メチル：夏に約 0.1 ppt，冬に約 0.4 ppt）[8,10]．このようなブロモホルムやヨウ化メチル濃度の季節変化は南極のフィルンの測定でも確認されている．一方，反応性が低いジブロモメタンは，大きな季節変化を示さず，北極（アラート）ではおおむね 1 ppt 前後，南極点では少し低い濃度で推移する[8,9]．北極海上では沿岸のアラートと大差のないヨウ化メチル，ブロモホルム，ジブロモメタン濃度が観測されているが，海水の場合と同様に多年氷の近辺でやや高くなる傾向がみられる[11]．

春の地表オゾン減少の際には大気中ブロモホルムの濃度が増加し，オゾン濃度と高い負の相関を示す．これは図 1 に示すブロモホルム起源の Br ラジカルによるオゾン破壊と整合するが，数 ppt のブロモホルムではその一部しか説明できない．より反応性の高いジヨードメタンなどの観測例は乏しく，ハロカーボンによる地表オゾン破壊の解明は途上にある．

近年北極海の海氷の減衰がみられるが，これに呼応するように夏期の大気中ヨウ化メチル濃度の増加傾向がみられる[12]．

〔横内陽子〕

文　献
1) von Glasow, R., 2008, *Nature*, **453**, 1195.
2) Barrie, L. A. et al., 1988, *Nature*, **334**, 138.
3) Mattson, E. et al., 2012, *Marine Chemistry*, **140**, 1.
4) Karlsson, A. et al., 2013, *GBC*, **27**, 1246.
5) Fogelqvist, E. and Krysell, 1986, *Marine Pollution Bulletin*, **17**, 378.
6) Dyrssen, D. and Fogelqvist, E., 1981, *Oceanol. Acta.*, **4**, 313.
7) Atkinson, H. M. et al., 2012, *ACP*, **12**, 11229.
8) Hossaini, R. et al., 2013, *ACP*, **13**, 11819.
9) Yokouchi, Y. et al., 1996, *Atmos. Environ.*, **30**, 1723.
10) Beyersdorf, A. J. et al., 2010, *Atmos. Environ.*, **44**, 4565
11) Yokouchi, Y. et al., 2013, *GRL*, **40**, 4086.
12) Yokouchi, Y. et al., 2012, *GRL*, **39**, L23805.

3

寒冷圏の海洋化学

3-1 極域海洋の炭素循環・気体交換過程
carbon cycle and gas exchange process in the polar oceans

二酸化炭素，海氷，大気-海洋間の気体交換，イカイト

海洋は，地球温暖化の主な要因である二酸化炭素（CO_2）を大気から吸収し，海洋の中に蓄えることで，温暖化の進行を抑制している．特に，極域の冷たい海は，溶解度が大きいため（気体を海水中に溶かす能力は，水温が低いほど大きくなる），大気中の CO_2 を海洋に吸収しやすい．そして，極域海洋における特有の結氷現象によって，高塩分水であるブラインが，海氷から海氷下に排出される．その結果生成する高密度水は，大気から海洋表層に吸収された CO_2 とともに海洋深層に沈み込むため，大気中の CO_2 を効率よく海洋深層に輸送・隔離すると考えられている（図1）．

上記過程は，海氷が風や海流によって次々と沖へ運ばれ，常に新しい海氷が多く生産される沿岸ポリニヤ（⇨5-7）で最も効率よく起きると考えられる（図1）．よって，一度海氷が海洋表面を覆うような状況になった場合，大気と海洋間での気体交換がなくなってしまうため，海氷は，大気-海洋間の物質循環を妨げる"障壁"として機能すると認識されていた．これまで，全球規模での炭素循環研究において，大気-海洋間の CO_2 交換に関する研究がなされてきたが，両極海洋において広大なデータ空白域が目立っていた．これは，海氷存在域での炭素循環過程が不明であったことが一因であったと考えられる．一方，海氷物理分野の先行研究によると，海氷内には，海氷成長に伴う高塩分水（ブライン brine）の排出経路となるブラインチャンネルが存在し，その微細構造は多孔質であることがわかっていた（⇨5-4「海氷の結晶構造」）．そこで，海氷を"無数の穴のあいた蓋"としてとらえることから始め，2000年はじめごろから国内外の研究者によって室内実験や海氷域での氷上野外観測が実施され，物質循環・気体交換過程についての研究がなされてきた．たとえば，大気-海氷間の CO_2 交換量を実測するため，北極海および南極海の氷上でチャンバー法を用いた野外観測が実施された[1]．その結果，開水域（海氷がない海域）と同様に，海氷域において CO_2 交換が起きることがわかった（図1）．また，大気-海氷間の CO_2 交換量は，①海氷内部での CO_2 濃度（大気中濃度は一定）と，②海氷面の物理的形態に依存することが発見された．まず①の変化要因として，①-1 生物活動による光合成・呼吸，①-2 海氷の生成・融解による海水の濃縮・希釈があげられる．海氷融解時の炭酸系成分（たとえば溶存無機炭素やアルカリ度）と海水希釈率を調べたところ，海氷内部の CO_2 濃度の変化をもたらすのは，①-2 が支配的であることがわかった．次に②の変化要因として，海氷の表面に降り積もった雪の影響を考える．海氷表面の状態と CO_2 交換の関係を調べたところ，積雪量（水当量）が増加すると大気-海氷間の CO_2 交換効率が著しく減少することがわかった（図2）．

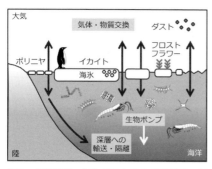

図1 極域海洋・海氷域における炭素循環，気体・物質交換過程に関する概略図

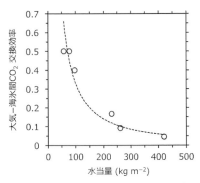

図2 北極・スバールバル諸島沖（4〜5月）および南極・昭和基地沖（1〜2月）の氷上観測で得られた大気-海氷間 CO_2 交換効率（積雪上と積雪除去後に測定した CO_2 交換量の比）と積雪量（水当量）との関係

また，CO_2 以外のガス成分（硫化ジメチル等）についても同様な結果が得られている．このように海氷は，気候変動にかかわる温室効果ガスや揮発性有機化合物等の大気-海洋間の交換に重要な役割を果たしていることがわかってきた．また大気からのダスト降下・海氷内での蓄積，海氷上の水蒸気を起源としたフロストフラワー（⇨3-7）の生成による海水成分の濃縮・析出，その後の大気への飛散等，海氷の存在に関わる極域海洋特有の物質交換過程も今後注目すべき課題である（図1）．

近年，極域海洋での炭素循環過程において，イカイト（ikaite）が注目されつつある．イカイトは，炭酸カルシウムの6水和塩（$CaCO_3 \cdot 6H_2O$）の結晶であり，自然界では主に海底湧水や海底地層などの低温環境下に存在するが，近年，南極海の海氷内からも発見された[2]．海氷内でのイカイトの生成は，海洋表層の炭素を炭酸塩として海氷内に固定し，海氷融解とともにイカイトは海氷から放出され，溶解しながら海底へ沈降する．そのため，海氷内でのイカイトの生成は，大気から海洋への CO_2 吸収を促進するため，結果として，海氷の生成・融解過程は，物質輸送のポンプとして機能し，極域海洋における炭素循環に大きな役割を果たすと考えられており，将来その定量化がまたれる．

このように，極域での炭素循環・気体交換過程に関わる海氷・海洋研究についての理解が進みつつある．しかし，依然として厳しい自然環境のため，冬季の観測データは極端に不足している．次に必要なのは，実際の冬季海氷域での検証である．そして，極域の大気-海氷-海洋間の炭素輸送の定量的な評価と，炭素輸送プロセスを解明し，冬季の海氷が極域海洋の物質循環に及ぼす影響の実証的研究を行う必要がある．一方で，北極海のように，近年海氷が激減する状況において大気-海氷-海洋間での物質輸送プロセスが今後どう変化するかについての議論がなされつつある[3]．海氷融解等の物理場が激変することによって，物理・生物・化学過程がどのように作用し，陸-海洋-大気-海氷間での物質輸送・循環過程にどう影響を及ぼすのか，早急な理解がまたれている．　　　〔野村大樹〕

文献
1) Nomura, D. et al., 2013, *J. Geophys. Res. Oceans*, **118**, 6511.
2) Dieckmann, G. S. et al., 2008, *Geophys. Res. Lett.*, **35**, 8, L08501.
3) Parmentier, F. J. W. et al., 2013, *Nat. Clim. Change*, **3**, 202.

3-2 極域海洋の栄養塩動態

dynamics of nutrients in the polar oceans

栄養塩の供給と変動，陸域海洋相互作用，脱窒，窒素固定，北極海と南極海の違い

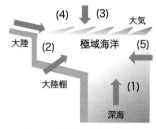

図　極域海洋の栄養塩供給

海洋の物質循環は，大気・海洋相互作用や海洋大循環等の物理過程とともに，生物活動によって駆動されている．海洋の生物生産は陸上植物の生産量に匹敵し，海洋の植物プランクトンは，海洋表層で，溶解している主にHCO_3^-を使って自らの身体（有機物，石灰質やケイ酸の殻）を作る．この際，表層に供給される硝酸塩類（NH_3, NO_2, NO_3），リン酸塩，ケイ酸塩を主な栄養源（主栄養塩類）として生物生産が営まれ，同時にさまざまな物質が生物体内に取り込まれる．表層で取り込まれた物質は，生物活動の終焉・死滅後に，一部は深海に沈んでいく．その際，分解を受け，深層水へ無機物として戻っていく．このため，海洋の栄養塩の動態は海洋物質循環の要であり，全地球規模の海洋熱塩循環の出発点となる極域海洋は，その入り口として全地球規模の栄養塩循環と物質循環を制御している．特に，栄養塩供給量とその変動は全地球的な物質循環変動を考える際に重要である．

海洋表層への栄養塩の供給には，(1) 海洋深層から表層への供給，(2) 河川水・大陸棚からの供給，(3) 大気からの供給，(4) 人間活動起源による供給，(5) その他（別海域からの移送など）がある．

a. 海洋深層から表層への供給

この供給源が一般に最も大きい．極域海洋では，表面冷却および海氷形成による高塩分化によって鉛直的に密度不安定となり，深層と表層が混ざることで，深層から表層へ栄養塩がもたらされる．この栄養塩量は極域海洋の生物生産によって消費できないほど供給されるため，表層に沿って低緯度へと移送されることで，低緯度海洋の生物生産を支えている．

しかし，近年の地球温暖化の影響によって，極域海洋から始まる栄養塩の供給とその循環は大きく変わりつつある．地球温暖化により全地球規模で水温上昇や淡水化が進み，海洋の成層化が強くなることで，深層から表層へ栄養塩が供給されにくくなっている．しかし，極域海洋では，海洋表層の成層化により，植物プランクトンの繁茂にはより最適な安定した海洋表層環境ができるため，生物活動が活発になるかもしれない．その結果，さらに極域海洋から低緯度への栄養塩供給量が減少し，全地球的にはよりいっそう生物生産が減少する可能性がある[1]．

b. 河川水・大陸棚からの供給

北極海と南極海ではこの供給と変動についてはそのようすは異なっている．南極大陸は平均約1.6 kmの厚さからなる氷床に98%も覆われており，また降水量が少ないため，河川水からの供給はほとんどない．大陸棚に堆積した生物起源粒子の再無機化により栄養塩が供給されている．地球温暖化によるその供給量の変動があるのか，また，南大洋に影響を与えているのかはいまだ見出されていない．

一方，北極海はユーラシア大陸と北米大

陸によってほぼ四方を囲まれており，大河であるオビ川，エニセイ川，レナ川，マッケンジー川などの世界の約10％にも及ぶ河川から栄養塩が流れ込んでいる．また，北極海の1/3以上にも及ぶ面積を大陸棚が占めており，大陸棚堆積物からの再無機化による栄養塩供給はかなり大きい．

地球温暖化や人間活動による土地開発等により大陸土壌から栄養塩が染み出し，海洋への栄養塩供給が増加し海洋の生物生産を押し上げ，大陸棚での生物起源粒子の沈積量が増加する可能性がある．この結果，極域の成層化とあいまって，大陸棚ではより貧酸素環境となり，脱窒（有機物分解には一般に海水に溶存する酸素が使われるが，その量が枯渇した場合には，硝酸塩中の酸素を使って分解が進められ，これを脱窒という）が現在より活発になり，供給が増えた海水中の硝酸を減らすかもしれない．

c. 大気からの供給

陸起源粒子として大気経由で海洋にもたらされる供給は，北極海には中国の砂漠地帯から，南大洋についてはパタゴニア地域からもたらされている．主栄養塩の供給量は他の供給源と比べて大きくはないが，微量栄養塩である鉄の供給源としては大きな割合を占めているかもしれない（⇨3-4「北極海の微量金属元素の動態」，3-6「陸域－海洋相互作用」）．これらの供給は，大気大循環と密接に関連しており，地球温暖化に対して敏感で供給量の変動も大きい．

また，後に述べるが，北極海では，大気から海洋への気体である窒素の取り込みが生物活動の窒素源として重要な割合を占めているのかもしれない[2]．

d. 人間活動による供給

農業や工業による人間活動によって，1800年代半ばから現在にかけて人間活動起源の海洋への窒素供給は10倍になっている．その放出源は主にアジア，北米・ヨーロッパの北半球に集中している．これらは，ベーリング海とバレンツ海を経て北極海に広がり，年間で海洋表面混合層の硝酸塩濃度の1/1000程度であるが，今後も増え続けることが予想されている[3]．この増加量は現存の硝酸塩量に比べてわずかであるが，海洋表面ではリン酸塩に比べて硝酸塩が枯渇気味であるため，その補完に重要な役割を担っているかもしれない．

e. その他

北極海の場合には，太平洋から流れ込んでくる海水がこの海域への栄養塩供給に重要な役割を担っている．流れ込んでくる海水には，リン酸塩は残っているが硝酸塩が枯渇している状態である．この海水は北極海でさらに大陸棚等での脱窒過程を受けて，より硝酸塩の枯渇が北極海全体で強化され広がっていく．しかし，北極海から北大西洋へ流れ出ていくまでに，大気から海洋へ気体である窒素を取り込む窒素固定が行われ，海水中の硝酸塩の枯渇が解消されていく[6]．おそらく，これには北極海の広大な大陸棚からの必須微量栄養塩である鉄の供給が必須であり，陸と海洋の相互作用が重要な鍵を握っている（⇨3-4, 3-6）．

上記に述べたように，両極域海洋への栄養塩への供給とその変動は，全地球規模の物質循環に大きな影響を与える．このため，その定量化が全地球的な物質循環変動を把握するための重要課題の1つであり，今後の展開が期待される． 〔渡辺 豊〕

文 献
1) Doney, S. D., 2006, *Nature*, **444**, 695.
2) Yamamoto-Kawai, M., et al., 2006, *Nature*, **443**, 43.
3) Duce, R. A., et al., 2008, *Science*, **320**, 893.

3-3　極域海洋の酸性化

ocean acidification in polar regions

酸性化, 生物影響, 北極海と南極海

　海洋酸性化とは, 海水中の水素イオン濃度が増加してpH（水素イオン指数）が低下し, もともと弱アルカリ性である海水が, 長い時間をかけて徐々に酸性に近づく現象である. 現在, 人為起源二酸化炭素による海洋酸性化が全球規模で進行している[1]. 大気中に増えた二酸化炭素の一部が海に溶け込み, 水と反応して水素イオンを生じるためである. この時, pHの低下と同時に, 海水中の二酸化炭素濃度が増加し, 化学反応により海水の炭酸カルシウム飽和度（Ω）の低下が起きる. そこでこれらの変化を合わせて, 「海洋酸性化問題」として議論される.

　特に問題視されているのは海水のΩの低下である. Ωが低下すると, サンゴや貝などの殻や骨格をかたちづくる炭酸カルシウムの形成・維持が困難になるからである. Ωが1以下になると, 海水は炭酸カルシウムに対して未飽和, つまり炭酸カルシウムが溶解しうる状況となる. なお, 炭酸カルシウムの結晶形がアラゴナイト（あられ石, aragonite）かカルサイト（方解石, calcite）かによってΩの値は異なり, より溶けやすいアラゴナイトに対するΩの方が低い. つまり, 酸性化が進んだ時, 海水はまずアラゴナイトに対して未飽和になり, 後にカルサイト未飽和に達する. サンゴや翼足類はアラゴナイト, 有孔虫や円石藻はカルサイト, 貝類の多くはその両方により殻や骨格を構成している.

　極域の海水はもともと他の海域に比べてΩが低い. 冷たい海水は二酸化炭素をたくさん溶かしているためである（⇨3-1「極域海洋の炭素循環・気体交換過程」）. 加えて, 南極では有機物分解により二酸化炭素濃度が高い深層水の湧昇, 北極海では陸からの大量の淡水流入によるカルシウム濃度とアルカリ度（pH低下を抑える干渉能力）の減少があり, それぞれΩをさらに低下させている. このため極域は, 海洋酸性化が進行した際, 他の海域に先んじて$\Omega<1$に達する場所として注目されている[1].

　南極海では, まず2030年頃に冬季の表層水がアラゴナイト未飽和になり, その数十年後には年間を通じてアラゴナイト未飽和, 2100年頃には冬季にカルサイトに対して未飽和になると予測されている. 南極海のΩの鉛直分布は, 他の多くの海域と同様に, 表層で高く, 底層に向けて減少する. したがって, 表層が炭酸カルシウム未飽和に達するということは, 表層から海底までの全水柱内で炭酸カルシウムの生成・維持が困難となることを意味する. このような状況下では, 石灰化生物の生息が困難になると予想される. 実際, 南極海の中でもアラゴナイト飽和度が1に近い海水中に生息している翼足類を調べたところ, アラゴナイト殻が溶解によるダメージを受けていたという報告がなされている. また, 翼足類とともに南極の生態系にとって重要な生物であるナンキョクオキアミの卵は, 二酸化炭素濃度が上昇すると孵化率が低下するという実験結果があり, 2300年には南極海のほとんどの海域で孵化不可能な状況に達する危険があることが指摘されている.

　北極海では, すでに一部の海域の表層でアラゴナイト未飽和が観測されている[2]. 主に沿岸域の低塩分な海域であり, 河川水や海氷融解水による希釈の影響が大きい. 海盆域でも, 2000年代後半にアラゴナイト飽和度が急速に低下し, 未飽和海水が広域で観測されるようになった（図）. 近年の温暖化による海氷融解水の増加に加えて, 海氷のない時期が延長したことによる

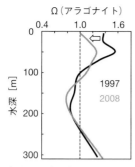

図 1997年と2008年に観測された北極海カナダ海盆のアラゴナイト飽和度の鉛直分布

ガス交換の活発化が二酸化炭素の吸収を促進したためである．モデル計算によると，未飽和海域は今後も拡大し，北極海のほとんどの海域で2040年までにアラゴナイト未飽和，2080年までにカルサイト未飽和に達すると見積もられている．表層未飽和による有殻翼足類や有孔虫などの浮遊性石灰化生物への負の影響が懸念されている．ただし，北極海海盆域におけるΩの鉛直分布は複雑であり，夏季亜表層では光合成によるΩ上昇，大陸棚からの低Ω水，大西洋からの高Ω水の貫入などがみられる（図）．したがって，表層が$\Omega<1$になっても，水柱全体が未飽和になるわけではないため，海洋酸性化による生物への影響を評価する際には，生息水深や鉛直移動の情報が必須となる．

北極海が有する広大な大陸棚では，底層水の酸性化も注視する必要がある．大陸棚では表層の生物や陸に由来する多量の有機物が沈降し，分解されることで，底層に二酸化炭素濃度が高く，pHやΩが低い水が形成される[2]．$\Omega<1$の底層水は一部の大陸棚ですでに観測されており，今後さらに面積を広げると考えられる．北極海の大陸棚上には貝類や甲殻類などの石灰化生物が豊富に存在しており，底層の酸性化はこれらの生物に深刻な影響を与える可能性がある．また，大陸棚での酸性化は，底層水の流出により他の海域の生物にも影響を与えうる．

これまでにさまざまな植物・動物プランクトン，魚，ベントスなどについて酸性化への応答を調べる研究が世界中で数多く進められており，種だけでなく，個体や生活史段階などによっても応答が異なること，海草のように酸性化が有利に作用する生物もいること，石灰化生物は負の影響を受けやすいことなどが明らかになっている[3]．しかしながら，アクセスの困難さ等により，極域生物を対象とした研究は，まだまだ数が少ない．海洋酸性化の影響がいち早く起きている極域の生物応答を調べることが急務である．また，極域は水温上昇や海氷・氷床融解による淡水化など，気候変化の影響を大きく受ける海域でもあるため，海洋酸性化とその他の環境変化が複合的に生物に与える影響について明らかにする必要がある．さらに，極域は鉄や栄養塩，炭素などの物質循環の要となる海域でもあるため（⇨3-2「極域海洋の栄養塩動態」），極域におけるこれらの物質循環の変化と海洋酸性化との間のフィードバックについてもさらなる研究が望まれる．　〔川合美千代〕

文　献
1) IPCC, 2011, *Working Group II Technical Support Unit*, 164.
2) AMAP, 2013, *Arctic Monitoring and Assessment Programme*, viii + 99.
3) Kroeker, K. J. et al., 2013, *Glob. Change Biol.*, **9**, 1884.

3-4 北極海の微量金属元素の動態
trace metals in the Arctic Ocean

北極海の海洋化学，微量金属，鉄，栄養塩，高密度陸棚水，大陸棚堆積物

　鉄（Fe）は栄養塩（N，P，Si）と同様，海洋の基礎生産において最も重要な必須微量金属の1つである．鉄の海洋表層への供給源の1つとして，大陸棚堆積物由来の鉄が海洋の基礎生産を支えている海域が多くあることが指摘され，新たな鉄供給源として注目されている．北極海では河川，大陸棚堆積物，熱水からの供給が考えられる．

　広大で浅い大陸棚域を有する西部北極海のチャクチ海および東シベリア海では（図1），冬季海氷生成時に低温高塩分（ブラインbrine）の高密度陸棚水（dense shelf water：DSW）が形成され，大陸棚底層から陸棚斜面-海盆域の亜表層（～100-250 m）にかけて広範囲に広がっていることが知られている[1]．オホーツク海やベーリング海陸棚域においても，その規模は北極海に比べ大きくはないが，高密度陸棚水が確認されており，その形成にはポリニヤ（⇨5-7）が大きくかかわっている．西部北極海の約250 m以深には高塩分の大西洋起源水があり，それより軽い低温高密度陸棚水は沈み込むことなく水平的に広がっているのが確認されている．また，亜表層に広がったその高密度陸棚水中の栄養塩や溶存有機物濃度は高く，大陸棚域底層の低温高塩分の高密度陸棚水と大陸棚堆積物との相互作用によるものであると考えてよい．

　2010年前後に，やっと北極海における微量金属研究が始まったばかりである．微量金属の中で鉄は，夏季表層混合層において海氷融解水と河川水流入により比較的その濃度は高い．陸棚斜面-海盆の亜表層では，低温高塩分の高密度陸棚水が全域に広がっており，溶存鉄濃度は栄養塩，フミン様溶存有機物と同様，亜表層で極大を示す（図2，3）．この亜表層は，脱窒（大陸棚堆積物の低酸素間隙水中において，バクテリアによる有機物分解時にNO_3の酸素を消費することにより，N_2として放出される現象）の影響を強く受けており，栄養塩およびフミン様溶存有機物同様，鉄も大陸棚域から陸棚斜面-海盆域へ水平移流されていると解釈でき，それらの化学成分が大陸棚堆積物由来であることは明らかである[2]．また，その亜表層の高密度陸棚水で高濃度のマンガン（Mn），コバルト（Co），ニッケル（Ni），銅（Cu），亜鉛（Zn）などが検出され[3]，それらの必須微量金属においても，大陸棚堆積物から高密度陸棚水へ供給されていると考えてよいだろう．

　生物生産の高い大陸棚の堆積物中では，バクテリアによる生物起源粒状有機物分解により還元状態となり，溶解度の高い2価鉄（Fe^{2+}）が生成され，堆積物直上水へと流出すると考えられる．そのFe^{2+}は海水中の酸素によって急激に酸化され，著しく溶解度の低い粒子状3価水酸化鉄になり除去される傾向にあるが，堆積物か

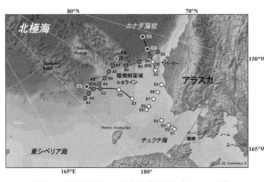

図1　西部北極海の広大な大陸棚（チャクチ海，東シベリア海），陸棚斜面およびカナダ海盆域[2]

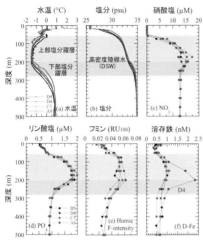

図2 カナダ海盆およびチャクチ海陸棚斜面域における水温（a），塩分（b）および化学成分濃度（d～f）の鉛直分布[2]

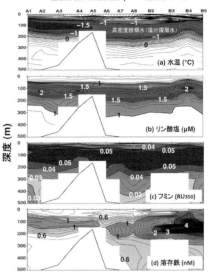

図3 陸棚斜面域（図1）における水温（a），および化学成分濃度（b～d）の鉛直断面分布[2]

ら生成供給されるフミン物質により3価鉄と溶存有機鉄錯体を形成し，亜表層の高密度陸棚水中を溶存鉄として比較的安定に存在し外洋へと運ばれると考えられる[2]．また，他の必須微量金属についても，バクテリアによる粒状有機物分解，堆積物間隙水中の還元状態，フミン物質との錯形成等により，亜表層の高密度陸棚水中に高い濃度で存在していると推察される．

このように，広大な大陸棚を有する極域および極域付近（北極海，オホーツク海，ベーリング海）においては，①冬季海氷生成時に低温高塩分ブラインが生成，②その低温高塩分の高密度陸棚水と浅い大陸棚堆積物との長期にわたる相互作用，③堆積物から高密度陸棚水への栄養塩，溶存フミン物質，鉄および生物に重要な他の微量金属の供給，④その後の基礎生産に重要な化学成分の外洋への輸送，に関して低温高塩分の高密度陸棚水形成が重要な役割を果たしている．栄養塩同様，必須微量金属濃度の高い亜表層水の北極海表層への供給は，基礎生産，その後の生態系に影響すると考えられ，地球温暖化による夏季北極海の海氷減少に伴う生態系への影響が強く懸念される．

〔久万健志〕

文献

1) Anderson, L. G. et al., 2013, *J. Geophys. Res.*, **118**, 410, doi:10.1029/2012JC008291.
2) Hioki, N. et al., 2014, *Sci. Rep.*, **4**, 6775, doi:10.1038/srep06775.
3) Cid, A. P. et al., 2012, *J. Oceanogr.*, **68**, 985.

3-5 極域海洋の非生物態有機物動態
nonliving organic matter in polar oceans

溶存有機物,陸起源,堆積物起源,海氷

　土壌中には有機物が存在し，その多くは植物，動物，微生物の死骸や排泄物が変成した非生物態有機物である．土壌有機物は腐食生物や微生物の炭素源・エネルギー源であり，また，微生物による分解に伴い栄養塩へと無機化され，植物に利用される．このように，陸上生態系において土壌有機物が重要な役割を果たすことは容易に想像ができる．海水中にも土壌有機物に相当する非生物態有機物が存在し，それは海洋生態系と密接にかかわっている．

　海水中の有機物は海水の濾過作業によって区別され，孔径 0.2～1.0 μm の濾紙上に捕集されるものが粒子状（懸濁態）有機物（particulate organic matter：POM），濾紙を通過する画分に存在するものが溶存有機物（dissolved organic matter：DOM）と定義される．粒子状有機物は自重で沈降し，海洋中深層に棲む生物の炭素源・エネルギー源として重要である．溶存有機物の一部も微生物に利用され，それらは易分解性成分，準易分解性成分と称される．一方，溶存有機物の大部分は微生物が容易に利用できない難分解な成分により構成されている．海洋に存在する非生物態有機物の 90 ％以上は溶存有機物であり，その総量（700×10^{15} g C）は大気中の二酸化炭素量や陸上植生の炭素量と同程度であるため，地球表層における主要炭素プールの 1 つとして知られている．本項目では，溶存有機物に焦点をあてる．なお，極域海洋を含む海洋溶存有機物動態および組成の詳細に関しては，文献[1] を参照されたい．

　陸上における土壌有機物動態を考えるうえでは，大気からの沈着や河川への流出もあるが，基本的にはその場での生成および分解を考えればよい．一方，海洋において難分解性の溶存有機物は水とともに移動する．すなわち，海洋の溶存有機物動態を考えるうえではその場での生成・分解に加え，河川や海流などによる移流を考える必要がある．極域海洋では，南極海と北極海で共通のプロセスもあるが，海洋物理場が大きく異なるため，溶存有機物動態は大きく異なる（図1，2）．

　南極海と北極海で共通するプロセスとしては，海氷生成および融解に伴う溶存有機物動態がある．海氷生成時には，塩などの溶質はブラインとして排出される．溶存有機物も例外ではなく，海氷生成時の溶存有機物濃度は，海氷内では低濃度，ブライン中では高濃度となる．したがって，海氷融解水が極域海洋へ供給されると，基本的に低塩分，低溶存有機物濃度となることが考えられる．一方，海氷中（特に下部）に生息するアイスアルジー等により，溶存有機物が生成され，その濃度は周辺海水よりも高くなる場合もある．したがって，海氷融解水が極域海洋における溶存有機物の濃度・組成に及ぼす影響は，海氷ごとに大きく異なる．

　南極海における物理場の大きな特徴は，周極深層水の湧昇と，南極中層水および底層水の沈み込みであり，南極海における溶存有機物の分布・動態に大きく影響する

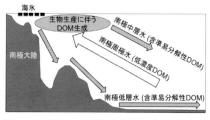

図1　南極海における溶存有機物（DOM）動態の模式図

(図1)．一般的に，海洋溶存有機物濃度は高生物生産である表層で高く，分解の卓越している中深層で低い．したがって，溶存有機物濃度の低い周極深層水の湧昇により，他海域表層と比べ，南極海表層では溶存有機物濃度が低い．一方，南極海表層においても，生物生産に伴い溶存有機物が生成されるため，表層の溶存有機物濃度は深層よりも高い．これらの表層水が南極中層水および底層水として沈み込むため，南極海における南極中層水および底層水中の溶存有機物濃度は他海域と比較して高い．表層で生成される溶存有機物には準易分解性成分が含まれるため，南極中層水および底層水に取り込まれた溶存有機物濃度は，水塊の年齢が古くなるにつれ減少することがわかっている．

北極海の溶存有機物動態は南極海と大きく異なり（図2），最も特徴的な点は陸起源有機物の流入である．北極海の面積および体積は，それぞれ全海洋のおよそ3％および1％程度であるが，北極海には全球河川流量のおよそ10％の河川水が流入する．また，北極海に流入する河川水中の溶存有機物濃度は，北極海に流入する大西洋水および太平洋水中の溶存有機物濃度より1けた高い．したがって，北極海の溶存有機物動態を考えるうえでは，陸起源有機物の動態を考慮することは必須である．北極海における陸起源有機物の分布や分解性に関して，近年精力的に研究が進められている．たとえば，ユーラシア大陸から北極海に供給された陸起源有機物の一部は，シベリア陸棚域からフラム海峡に向かう極横断流により大西洋へと輸送されるが，一部は東側の東シベリア海に輸送されることが明らかになりつつある．また，北極海に流入した陸起源有機物は大西洋深層水に取り込まれ，長距離輸送されることも知られている．陸起源有機物の分解性に関しては，古くから難分解であると考えられてきたが，近年の研究ではその半減期が＜10年とも見積もられており，さらなる研究が必要である．

北極海は広大な大陸棚を有することも特徴である．海氷生成時に低温高塩分のブラインが生成され，低温高塩分水が大陸棚堆積物と相互作用することにより，堆積物から溶存有機物が供給されることが示唆されている．この低温高塩分水中では，生物にとって必須な栄養素である溶存鉄も高濃度で存在することが知られており（⇨3-4「北極海の微量金属元素の動態」），堆積物由来の溶存有機物が3価鉄と錯体を形成し，高濃度溶存鉄の維持に貢献していると考えられている．さらに，低温高塩分水中では，準易分解性溶存有機物も高濃度で存在することが発見された．大陸棚で生成される低温高塩分水は海盆域に輸送されるため，大陸棚堆積物由来の溶存有機物は，海盆域での従属栄養微生物や植物プランクトンの生産に重要であると考えられている．

〔山下洋平〕

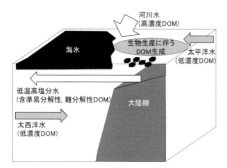

図2　北極海における溶存有機物（DOM）動態の模式図

文献

1) Hansell, D. A. and Carlson, C. A., 2014. *Biogeochemistry of marine dissolved organic matter*, 2nd Ed, Academic Press, 693.

3-6 陸域−海洋相互作用
land-ocean linkage

陸海リンケージ，海氷，物質移送，中層循環

寒冷圏では，陸域と海洋が物質を通して密接につながっている．その中で海氷が果たす役割は大きい．

北極海にはユーラシア大陸のオビ川，エニセイ川，レナ川，北米大陸のマッケンジー川などの大河川が流れ込んでいる．また北半球にはベーリング海やオホーツク海などの寒冷圏縁辺海があり，これらの海にはそれぞれユーコン川やアムール川の大河川が流れ込んでいる．この大河川が海洋に流れ込むことで，陸起源のさまざまな物質が寒冷圏海洋に流入している．大河川から流入する物質には，栄養塩や微量金属元素，溶存有機物などがある．陸域から河川によって流出したこれらの物質の一部は，溶存物質として海水循環に乗って広範囲に運ばれるが，大分部分は河口域で凝集し大陸棚上に沈降して堆積物となる．大陸棚上に堆積物として蓄積された物質は，寒冷圏特有のプロセスによって海洋内部に運ばれていく．

寒冷圏特有のプロセスの1つは海氷が駆動する海洋循環と密接にかかわる．海氷が生成される際に高密度水（ブラインbrine；⇨5-7「沿岸ポリニヤ」）が大陸棚上に溜まる．大陸棚上の水が潮汐によって揺さぶられることで，高密度水に堆積物が取り込まれる．この堆積物を取り込んだ高密度水が海洋の等密度面に流れ出すことで，大陸棚上の物質が長距離輸送される．たとえば，オホーツク海の北西部大陸棚域で冬季に海氷が生成されることで，オホーツクと北太平洋をまたぐ中層循環が駆動される（⇨5-11「オホーツク海での海氷生成」）．この中層循環に乗って，オホーツク海陸棚上の有機物や鉄などが北太平洋に移送されている．このような寒冷圏特有の海洋循環に伴う物質移送は，広範囲にわたって北太平洋の物質循環や生態系に影響を与えている．また，同様の物質移送は北極海においても数例報告されている（⇨3-4「北極海の微量金属元素の動態」）．

大陸棚から物質を移送するもう1つのプロセスには，海氷自体の移動が大きくかかわっている．海氷が大陸棚上で形成される際，塩分など海水中の溶存物質はブラインとともに海水中に排出される（⇨5-7）．しかし，海氷は主に粒子の形で大陸棚上の堆積物を取り込み，海洋へ運び出している．北アメリカ大陸に面する北極海のバロー沖

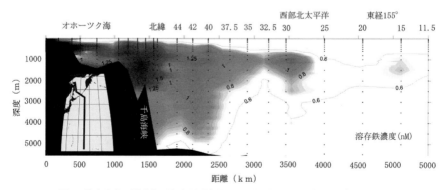

図1　海氷生成が駆動する海洋中層循環による大陸棚から海洋への溶存鉄の輸送

図2 海氷内に取り込まれた堆積物

の大陸棚では,海氷によって年に 5〜8×10^6 t の堆積物が沖合に運ばれているという見積もりもある[1].海氷内の化学物質を分析することで,海氷はさまざまな物質を含んでいることも明らかになっている.海氷は,地殻起源の鉄やアルミニウムなどの鉱物粒子を海氷下の海水に比べて1〜2オーダー以上高い濃度で蓄積していることが,北極海,南極海,オホーツク海で確認されている.オホーツク海では,北西部大陸棚からひと冬に 3×10^4 t 程度の鉄が南部のクリル海盆に運ばれていると試算されている[2].

南極海においては,海氷による大陸棚由来の物質の移送だけでなく,南極大陸に雪とともに降り注いだ大気中のダストが氷床に取り込まれ,最終的には氷山として海に流れ出ることで鉄分などが移送されている.これらの氷山に取り込まれた鉄分は,夏季になると融解水とともに海洋表層に放出され,鉄不足の南極海の生態系や海洋物質循環に影響を与える可能性がある.実際,氷山の融解によって海洋表層へ放出された鉄分が,南極海の植物プランクトンの増殖を促進していることが報告されている[3].

これら寒冷圏特有の物質を移送するプロセスは,寒冷圏の海洋全体の中でいくつか事例が見つかったにすぎず,このようなプロセスがどこでどれだけ起こっているのかはわかっていない.そのため海氷によって運ばれた物質が寒冷圏海洋全体の生態系や物質循環に対してどれだけの影響を与えているのかについては,十分に理解されていない.

現在,北極海をはじめ寒冷圏海洋のさまざまなエリアで海氷生成量の減少が報告されている.海氷の減少が,寒冷圏海洋生態系にどのような影響を与えるのか,寒冷圏海洋の物質循環をどのように変えてしまうのかを予測するうえでも,寒冷圏の陸域と海洋のつながりを定量的に理解していく必要がある.

〔西岡 純〕

文 献
1) Eiken, H. et al., 2005, *Deep-Sea Res. II*, **52**, 3281.
2) Kanna, N. et al., 2014, *Prog. Oceanogr.*, **126**, 44.
3) Smith, K. L. et al., 2007, *Science*, **317**, 478.

3-7 海氷上のフロストフラワー
frost flower on sea ice

海氷，霜の華，極域の大気化学

　フロストフラワー（frost flower）は，海氷や湖氷の上に形成される霜の結晶である．まるで畑に直径数 cm の大きさの白い花が咲いているように見えることから，霜の華・フロストフラワーと呼ばれる．本章では，大気化学反応に影響があると考えられている海氷上に形成されるフロストフラワーについて述べる．

　経験的に，フロストフラワーが形成される条件は，海氷，湖氷が新しいこと，気温が -15°C 以下であること，風が弱いことがあげられている．低温実験室で行われたフロストフラワー形成の模擬実験から，フロストフラワーは以下のような過程で形成されると考えられている．海氷が薄いとき，海氷は海氷下の海水に暖められている．このときに大気の温度が下がり，湿度が低い大気が海氷上に存在すると，大気に比べて暖かい海氷の表面から水蒸気が昇華し，風が穏やかだと飽和水蒸気圧よりも水蒸気が含まれる水蒸気の過飽和層が海氷表面の直上に形成され，海氷表面の突起など核に部分に水蒸気が昇華し，氷の結晶が成長する．この時，暖かい海氷表面にはブライン（brine）と呼ばれる，海氷が形成する時に氷から排出され海水の数〜10 倍程度に濃縮された塩分の濃い海水が存在している．ブラインは表面張力によってフロストフラワー表面に吸い上げられ，フロストフラワー上を覆い，その後，水分が蒸発すると海氷成分がフロストフラワーの表面に析出する[1]．実際にフロストフラワーを舐めてみると，とても塩辛い．フロストフラワー全体を融解させた溶液中の塩分は海水の 2 倍から 3 倍の濃度であり，フロストフラワー表面には高濃度の海水が析出していることがわかる．

　このフロストフラワー表面に濃縮された海塩成分が極域の大気化学反応に影響を与えていることがわかってきた．極域では，大気中の水銀濃度が急激に減少するイベント（atmospheric mercury depletion events: AMDEs）が起こることが知られている．北極海氷域においてフロストフラワーの存在下で AMDEs が生じたときに，フロストフラワー中に高濃度の水銀が観測された．このとき，大気からの水銀の除去過程にフロストフラワー表面にブラインから濃縮さ

図1　グリーンランド・シオラパルク沖で観測されたフロストフラワー［口絵7参照］

図2　フロストフラワーの接写写真．フロストフラワー上に塩（えん）が析出している．

れた臭素，臭素酸，ヨウ素，ヨウ素酸による水銀の酸化が作用するメカニズムが提案されている．その後，水銀は大気へ放出とフロストフラワーへの再沈着を繰り返し，最終的にはフロストフラワーに沈着する．これらのプロセスの結果として，フロストフラワーは大気から海水への水銀の付加量を増加させている[2]．しかし大気-雪氷間の水銀の物質循環メカニズムについては不明な点が多く，議論の最中である．

もう1つ，フロストフラワーの化学成分において特徴的なことは，化学成分の組成比が変化することである．フロストフラワーに含まれる硫酸イオンとナトリウムイオンの比は，海水比（重量比0.25）に比べると小さいことが多い（重量比0.1 程度）．これは低温下におけるイオン種の挙動の違いによって引き起こされる．フロストフラワーを覆っているブラインの温度が$-8°C$以下まで冷却されると，ミラビライト（mirabilte，$Na_2SO_4・10H_2O$）が析出する．さらに冷却されるとミラビライトの析出が増大し，$-20°C$まで冷却されたときにはブラインに含まれる硫酸はほとんど除去され，ナトリウムイオンの13％が除去される．その結果，硫酸イオンとナトリウムイオンの濃度比が小さくなる．この性質を利用すると，大気エアロゾル中の海塩の起源が海水面から生じた海塩かフロストフラワーの表面に析出した海塩かを区別することができ，アイスコア中に含まれる海塩濃度変化の解釈に大きな影響を与えることとなる．

アイスコア中に含まれる海塩（ナトリウム）の濃度は，現在の気候である間氷期に比べ，氷期には数倍から数十倍高い．これまで，海塩の起源は海水面で泡がはじけるときに大気中に飛散される飛沫だけだと考えられてきた．氷期には南極大陸周辺の海氷は現在より広く張り出すため，海水面から南極までの距離が長くなる．にもかかわらず氷期に海塩の濃度が高くなるのは，輸送力つまり風力や低気圧活動が強くなったことが要因だと解釈されていた．その後，アイスコア中のナトリウムと硫酸の濃度の比は，海水比より硫酸が少ないことがわかり，フロストフラワーに含まれる硫酸とナトリウムの濃度比がアイスコア中の濃度比と近いことがわかった．このことを根拠に，アイスコアに含まれるほとんどの海塩の起源はフロストフラワーであるという仮説が提案され，海塩の濃度の変化は放出源である新氷，つまり季節海氷域の面積の変化であるという解釈が提案された．つまり，氷期に海塩成分濃度が高くなるのは，氷期に季節海氷域の面積が広がったからであり，その濃度の増減は海氷面積の指標になると考えられている[3]．この解釈の妥当性についてはまだ議論の途中であるが，氷床の内陸部で採取されたアイスコアから海氷面積の増減というこれまでにない知見が復元できる可能性が高く，古環境学的にも注目されている． 〔的場澄人〕

文　献

1) Style, R. W. and Worster, M. G., 2009, *Geophys. Res. Lett*, **36**, L11501.
2) Sherman, L. S. et al., 2012, *J. Geophys. Res.*, **117**, D00R10.
3) Rankin, A. M. and Wolff, E. W., 2002, *J. Geophys. Res.*, **107**, D23, 4683.

3-8 極域海洋の基礎生産

primary production in the polar seas

植物プランクトン，アイスアルジー，光合成，
ブルーム，海氷

基礎生産とは，光合成または化学合成により無機物から有機物を生産することである．海洋の主要な基礎生産者は，海水中に浮遊して生息する藻類（植物プランクトン）であるが，極域海洋においては，海氷中に生息する藻類（⇨4-1「アイスアルジー」）も重要な基礎生産者である．また，これらの基礎生産者が食物網の底辺となり，カイアシ類やオキアミなどの動物プランクトン，魚類，クジラやアザラシなどの海生哺乳類，ペンギンを含む海鳥類などで構成される極域生態系を支えている．

極域海洋の藻類を取り巻く環境はきわめて厳しい．海水温は夏季でも $-1.8 \sim +5°C$ 程度である．また，冬季の太陽高度は低いため，海氷に覆われていない海表面でさえ，光合成に必要となる光は微弱で日長も短い．さらに，海氷とその上に降り積もった雪は，太陽光のほとんど（80%以上）を反射し，透過光の拡散減衰も大きいため，海氷下に達する光はきわめて微弱である．

このような厳しい生息環境は，冬季の基礎生産を著しく制限している．しかしながら，春季には徐々に太陽光が強くなり，植物プランクトンよりも弱光に適応しているアイスアルジーの基礎生産が増加する．さらに初夏になると，海氷融解に伴い，十分な光が海水中に入射し，植物プランクトンが大増殖する．特に，海氷縁においては，海氷融解による密度の小さい海水が海表面を覆うことにより，鉛直方向の混合が弱まり（成層），植物プランクトンが十分な光を受けられる海面付近にとどまって活発に基礎生産を行うことができる（⇨4-2「氷縁ブルーム」）．

北極海と南大洋における1日あたりの基礎生産量は，それぞれ5～6月および12月に最大となる．その後，両海域の基礎生産は減少するが，北極海の場合，栄養塩の1つである硝酸塩の枯渇が原因である．一方，南大洋では，栄養塩が枯渇する前に基礎生産は減少に転じる．このような海域では，栄養塩が豊富に存在するにもかかわらず，植物プランクトンが持っているクロロフィル a（葉緑素）の濃度が低く，高栄養塩低クロロフィル（high nutrients and low chlorophyll：HNLC）海域と呼ばれる．この原因には諸説あるが，植物プランクトンの光合成に必要な微量栄養塩である「鉄」の不足が基礎生産を制限しているとの報告が多数ある（⇨3-2「極域海洋の栄養塩動態」）．

極域海洋の基礎生産の分布と時間変化をとらえるために，過去には船舶による観測を積み重ねてきたが，極域の過酷な環境における観測は，数も季節も限られてきた．しかしながら，1996年以降，海の色から植物プランクトンの量を測定する技術である海色リモートセンシングを利用し，人工衛星から連続的にかつ面的に植物プランクトンの基礎生産を観測できるようになった．リモートセンシングデータを利用した場合，北極海と南大洋（50°S以南）の年間基礎生産量は約0.4～1 Pg C/年）および約2～3 Pg C/年と推定されている．基礎生産量の推定方法（アルゴリズム）によって，推定値には開きがあるが，極域海洋は，全海洋の年間基礎生産量（40～50 Pg C/年）の5～10%程度を担っており，特に夏季の爆発的な基礎生産は，二酸化炭素の吸収にも大きく寄与していると考えられている．

ところが，最近の極域海洋の環境は急激に変化している．北極域では温暖化によって海氷が激減し，南大洋においても暖水化や棚氷の大規模流出などが起こっている．

前述の通り，海氷は光合成に必要な光環境を大きく変化させるとともに，藻類の生息場所であるため，これらの環境変動は基礎生産に多大な影響を与えると考えられる．

実際に，北極海では海氷面積が減少し，海氷に覆われない海域（開水面）の面積が増加したため，植物プランクトンが光合成できる機会（時間，面積）が増え，年間基礎生産量は1998年から2009年にかけて有意に増加したと報告されている（図）．

一方，南大洋全体の海氷面積には減少傾向がみられず，50°N以南の基礎生産にも増減の傾向がないとの報告がある．しかしながら，60°N以南の平均海氷密接度は減少傾向にあり，基礎生産は増加傾向にあると推定されている[2]．これは，海氷や基礎生産の増加・減少傾向が，海域や緯度帯によって異なり，基礎生産の増減を決める要因も海域によって異なるためと推察される．たとえば，2002～2003年には，巨大な氷山がロス海の入り口に留まったため，生成された海氷がロス海を覆い，ロス海の年間基礎生産量は10分の1以下となった．また，南極半島付近では海氷面積が減少しているが，海氷と基礎生産の相関は低く，他の要因が基礎生産の増減を決めていると推察されている．

衛星から観測できる植物プランクトンの基礎生産に関しては，さまざまな不確実性があるものの，多くの知見が得られてきた．その一方で，海氷の下に生息するアイスアルジーの基礎生産については，広域および時系列観測がきわめて困難であり，数値モデルを使ったシミュレーションに頼らざるを得ない．最新の見積もり[3]では，アイスアルジーの基礎生産量は南大洋全体で約0.02 Pg C/年と推定されている．この基

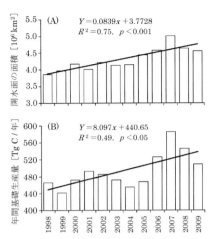

図 北極海における開水面の面積（A）および年間基礎生産量（B：1000 Tg = 1 Pg）の経年変化[1]

礎生産量は，植物プランクトンの年間基礎生産量と比べると少ない（約1%）が，南極オキアミや底生生物の餌になることや，海氷から放たれたアイスアルジーが植物プランクトンブルームの「種」になる可能性を考えると，極域生態系にとって無視できない量である．また，最近になって，北極海の海氷下の水中で発生する，大規模な植物プランクトンブルーム（under-ice bloom）が発見された．その基礎生産力は非常に高く，早急に北極海全域の量を推定し，衛星から見積もられた基礎生産量に加える必要がある．

〔平譯 享〕

文 献
1) Arrigo, K. R. and G. L. van Dijken, 2011, *J. Geophys. Res.*, **116**, C09011.
2) Smith Jr., W. O. and J. C. Comiso, 2008, *J. Geophys. Res.*, **113**, C05S93.
3) Saenz, B. T. and K. R. Arrigo, 2014, *J. Geophys. Res.*, **119**, 3645.

3-9 極域海洋の生物ポンプ
biological pump in the polar seas

南氷洋，北極海，生物ポンプ，セジメントトラップ係留系，海洋生態系モデル，中規模渦

南極大陸を取り囲む南氷洋は生物生産が高く，50°S 以南では炭素量にして年間 0.9 ～ 2.2 Gt の沈降量がある．これは全海洋の生物ポンプ（植物プランクトンが光合成によって海水中の CO_2 を吸収し，生成した有機化合物の形で炭素を中深層に速やかに輸送する機構．海洋の CO_2 吸収機構の1つ）の約 15% を担う[1]．50 ～ 55°S で特に沈降量が高いものの，55°S 以南は海氷の存在もあり急激に小さくなる．同様に北極海も海氷に覆われる海盆域では，生物生産やそれに伴う生物起源粒子の生成が年間を通じてほとんどない．ところが近年，顕著な海氷減少に伴い，植物プランクトンを取り巻く環境が大きく変わってきている．海氷がなくなることによる光環境の改善や引き続いて起こる水温上昇は，植物プランクトンの成長にとって正の影響を及ぼす．一方で，海氷の融解水は密度が軽いため，海洋の成層構造の発達を促し（鉛直混合の弱化），中深層から表層への栄養塩の供給を阻害し，負の影響を及ぼすと考えられる．さらに海洋酸性化の進行も深刻である．このように，両極域の海氷減少に伴う複合的な環境変化が，生物起源粒子の生産や生物ポンプにどのような影響を及ぼすのかはまだよくわかっていない．

北極海で海氷激減が顕著になる前の 1995 ～ 1996 年，ラプテフ海で時系列セジメントトラップ係留系（図1）による1年を通した生物起源粒子の観測が行われた．その結果，生物起源粒子が沈降する季節は 7 ～ 9 月の海氷が融解する夏季に集中し，主要構成粒子は植物プランクトンの珪藻であることがわかった．海氷が融解する夏季に集中する生物起源粒子の沈降や珪藻が主要構成粒子であることは，南氷洋でも共通である．1995 年に南極ラーセン棚氷の一部崩壊に伴い巨大な解放水面が出現した際，珪藻を主とした植物プランクトンの生産が増加した．北極海でも海氷減少が顕著なカナダ海盆周辺域では，1990 年代と比べて 2000 年代に植物プランクトンの生産が増加していた．両極で生じたこのような事例から，今後，海氷消失による光環境改善が，植物プランクトンの生産の増加や生物ポンプの強化を促す可能性がある．2005 年以降特に海氷融解の著しい西部北極海ノースウインド深海平原における時系列セジメントトラップ係留系観測（2010 年 10 月 ～ 2014 年 9 月）によると，珪藻の沈降量は北太平洋亜熱帯の沈降量に匹敵し[2]，北極海は，生物が生産する海へと変化しつつあることが明らかとなった．さらに，生物起源粒子の沈降が 7 ～ 9 月の夏季のみなら

図1 セジメントトラップ係留系．海中に係留し，漏斗状の部分で沈降してくる粒子を捕集する．下部に回転台とともに海水入りのボトルが付いている．目的の期間毎に回転台が動き，時系列で沈降粒子採取が可能．

ず10〜11月の結氷期初期に増加する結果が得られた．しかも，細胞の一部が付着したままのきわめて新鮮な粒子が多く含まれていた．なぜ日射量のほとんどない結氷期初期に生物起源粒子の沈降量が増加するのであろうか？　北極海全域を対象とした水平5km格子の高解像度大循環モデルに海洋生態系モデルを結合させ，現実的な大気境界条件を与えた実験によると，西部北極海に多く存在する中規模渦が，陸棚起源の栄養塩を海盆域へ輸送する過程を通じて生物生産に影響を及ぼしていた．すなわち渦内では，鉛直方向の混合が活発で，栄養塩や粒子に富んだ亜表層の水塊を表層へもたらす効果があり，これらの栄養塩をもとに低次生物の生産が渦の中で生じていることが示唆され，渦がボーフォート循環（時計回り）に沿ってカナダ海盆陸棚斜面域からノースウインド深海平原へと生物起源粒子を輸送する役割が明らかになった[2]．中規模渦は直径が数十〜100 kmほどの大きさで，中心部の水温が+7℃にも達する場合もある[3]．現場観測の結果，渦内では陸棚起源の栄養塩（アンモニア）に富み，小型の植物プランクトン（鞭毛藻など）が渦周辺より多く存在していた[3]．また，中規模渦の特性をモデル計算で比較した結果，2000年代以降で渦の形成量が1990年代より約8割増加し，それに伴い生物起源粒子の沈降量が約2倍増加していた（図2）[2]．このように，中規模渦は陸棚域から熱や栄養塩を海盆域へ輸送すると同時に海盆域の生態系に影響を与えている可能性があり，海氷が激減する北極海において生物粒子輸送機構として大きな役割を果たしていると予想される．

〔原田尚美〕

文　献

1) MacCready, P. and Quay, P. D., 2001, *Deep-Sea Res. II*, **48**, 4299.
2) Watanabe, E. J. et al., 2014, *Nat. Commun.*, **5**, 3950.
3) Nishino, S. et al., 2011, *Geophys. Res. Lett.*, **38**, L16602.

 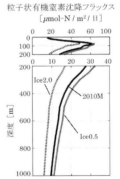

図2　（文献[2]を改変）
（左）モデル計算で得られた10月1日の海氷分布．Ice2.0は1990年代（濃い灰色），2010Mは標準実験（薄い灰色），Ice0.5は最少海氷面積を記録した2012年よりやや多い海氷量に相当（中程度の灰色）．
（右）カナダ海盆南部（左図の黒点線で定義）で領域平均した11月の沈降粒子量．200 m深ではIce2.0（点線）に比べIce0.5（灰色線）で2倍に増え，最近20年間で同程度の変化があったと推察される．

3-10 極域海洋の海氷変動史
sea ice history in polar ocean

海氷，海洋堆積物，代理指標，新生代

　海氷は氷床とともに気候システムにおける重要な構成要素として，地球の気候に影響を与えている．海氷と海水のアルベドの差は大きいため，極域における海氷の有無は太陽放射の吸収・反射において決定的な違いをもたらし，海氷は気候変動に対して強い正のフィードバック機能を持つ．また海氷は地球上の熱と塩分の再配分に対しても深くかかわっており，地球の気候を大きく支配している海洋の熱塩循環に対し重要な役割を担っている．そのため過去の海氷の変動を明らかにすることは気候システムを理解するうえで重要である．

a. 過去の海氷分布の復元方法
　過去の海氷の痕跡はさまざまな形で海洋堆積物中に記録されている．極域の海洋から採取した堆積物コアを解析することで，過去の海氷に関する情報を得ることが可能である．堆積物中に残された過去に海氷が存在した痕跡は間接的な証拠であり，代理指標（プロキシ）と呼ばれる．堆積物の粒度，化学組成や性質のほかに微化石などを利用したさまざまな海氷プロキシが提案されている．

　堆積物中の陸起源鉱物粒子の粒度から海氷の分布を推定する手法がある．陸起源の鉱物粒子は大気や河川経由または海氷に取り込まれることで陸上から海洋へと運ばれる．このうち海氷により運搬されるものは漂流岩屑（ice rafted debris : IRD）と呼ばれる．大気経由でエアロゾルとして外洋に運ばれる鉱物粒子は細粒子であるのに対し，沿岸で形成される海氷には粗大粒子も取り込まれる．そうした海氷が漂流後に融解したとき，粒径の大きな砕屑物が海底に沈降し堆積する．そのため，陸起源粒子の粒度から過去に海氷が存在したかどうかを推定できる．

　さらに堆積物の磁化率からも海氷の消長を復元することが可能である．海氷に取り込まれた漂流岩屑には陸源の磁性鉱物が含まれており，磁化率の測定によって堆積物中の漂流岩屑量を推定できる．

　また過去の基礎生産の復元から海氷の存在を推定することも可能である．季節的に海氷が存在する海域では海氷の存在と生物生産によい相関があり，海氷の存在下では光環境が悪化し，生物生産が著しく減衰することが知られている．そのような海域では堆積物中の基礎生産プロキシ（全有機態炭素含有量，生物起源シリカの含有量など）を測定することで過去の海氷がどの程度存在していたのかを推定することができる．ただし水温や栄養塩なども生物生産を規定する要因であるため，基礎生産量を海氷プロキシとして使用するには他の要因の可能性を検証する必要がある．

　堆積物中に保存された動植物プランクトンの微化石の種組成解析からも海氷の存在を推定することができる．たとえば寒冷な海における主要な藻類である珪藻のなかには海氷中に好んで生息するアイスアルジー（⇨4-1）と呼ばれる種が存在する．たとえば *Fragilariopsis cylindrus* や *Fragilariopsis curta* などは南極海における代表的なアイスアルジーであり，そのケイ酸塩の殻は分解耐性にもすぐれ，有能な海氷プロキシである．しかし珪藻種組成を用いた方法は南極海では有効であるが，北極圏の堆積物の珪藻微化石の保存状態は良好でないケースが多く注意が必要である．

　また，ある種のアイスアルジーは特異的な有機化合物（炭素数25の高分岐イソプレノイド：IP_{25}）を合成することが知られている．こうした生体有機分子の一部も堆

積物中に保存される．そのため，堆積物中の IP$_{25}$ 測定から過去の海氷に関する情報を得ることができる．この手法の利点は微化石の保存状態があまりよくない北半球高緯度域においても適用できることである．しかし保存性に問題があることから古い地質時代には適用できないという欠点もある．

b．新生代の海氷変動

過去 6500 万年間は新生代と呼ばれ，哺乳類が繁栄する時代である．新生代は長期的な寒冷化が進行する時代であり，現在よりもずっと温暖で両極に氷床が存在しない温室地球（始新世）から両極に氷床や海氷が存在する現在の氷室地球へと進化していった（図）[1]．

北極点における堆積物中の IRD 記録によると，今から約 5000 万年前の始新世初期の温暖期には極域に海氷はまだ存在していなかったと考えられている．北極点付近において初めて海氷が存在する証拠が得られるのは今から約 4500 万年前であり，これは南極の氷床の発達が開始した時期よりやや先行するものの，両極の寒冷化が始新世の後期に進行したことを示している[2]．しかし，この時期には北半球に安定した氷床はまだ発達していなかったとされている．

北極圏の堆積物記録によると，北極圏の南限においても海氷の痕跡が堆積物中に現れるのは北極点付近における最初の海氷の出現から約 3500 万年後の中新世の終盤（1000～600 万年前）である[1]．その後の鮮新世（500～250 万年前）において北半球のグリーンランドで氷床の著しい発達が開始され，以後，両極に巨大な氷床が存在する氷室時代に突入する．それと同期するように海氷もさらに拡大した．

近年の北極圏の海氷の変動に着目する

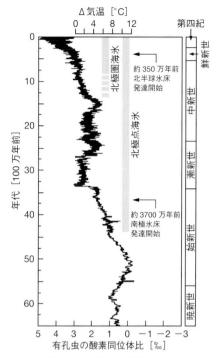

図 新生代における気温の変動[1] と極域の海氷および氷床の発達史

と，ここ数十年で著しい海氷面積の減少が起きているが，これは過去 1400 年間において最大の減少であることが古気候記録から明らかにされた[3]．この近年の著しい海氷の減少は地球温暖化が主因と考えられており，アイス・アルベド・フィードバックに伴う加速度的な極域の温暖化が懸念される．　　　　　　　　　　〔関 宰〕

文 献
1) Zachos, J. et al., 2001, *Science*, **292**, 686.
2) Moran, K. et al., 2006, *Nature*, **441**, 601.
3) Kinnard, C. et al., 2011, *Nature*, **479**, 509.

3-11 南大洋の基礎生産変動史

primary production change in Southern Ocean

環境変遷, 古海洋, 基礎生産変動

極域の海洋では一般的に海洋表層における基礎生産量が大きい．極域の海洋表層に栄養塩が豊富に存在することに起因する．豊富な栄養塩は，冬季の暴風による海水の混合や湧昇流によって中深層から表層に供給されている．このように海洋表層に栄養塩が高濃度で存在するにもかかわらず，植物プランクトンの生産量が比較的低い状態が維持されている特徴を持つ海域を高栄養塩-低クロロフィル (high-nutrient, low-chlorophyll：HNLC) 海域と呼ぶ．典型的なHNLC海域は，南大洋，北太平洋亜寒帯域，東赤道太平洋である．HNLC海域における基礎生産量変動は，大気中の二酸化炭素濃度の変動機構としても重要視されている．その極域海洋における基礎生産量変遷史は，光環境，栄養塩供給，マイクロ栄養塩としての鉄の供給に支配されていると考えられている．特に，Martinらによる鉄仮説 (Iron Hypothesis) の提唱以来，HNLC海域における鉄供給と生物ポンプ (biological pump) の駆動効率の変化が二酸化炭素濃度を変化させるプロセスとして注目され，現場海洋での鉄散布実験やHNLC海域における古海洋研究が盛んに行われてきている．

南大洋は地球規模の気候システム変動においてきわめて重要な役割を持っている．南大洋の場合，亜南極前線，南極前線などの表層フロントと栄養塩濃度は密接な関係があり，南極前線より南の南極表層水において周極深層水の湧昇によって栄養塩が豊富に供給される状態が維持されている．しかし，現在では鉄律速によって典型的なHNLCとなっている．氷床コアや海底コアの記録から，氷期には南米や豪州からのダスト供給量が増大していたことがわかっている．このような氷期のダスト供給の増加によって，南大洋の基礎生産が増大し生物ポンプが効率的に働いていたと考えられている．しかし，南大洋全体で氷期に基礎生産量が増加していたわけではなく，完新世に比べて氷期に有意に基礎生産量が増加していた海域は南極前線より北側に限定されている (図1)[1]．南極前線より南では，氷期に冬季海氷分布が拡大し表層の成層化が強化されるため，湧昇が弱まり，基礎生産量は低下していた．このような南大洋の成層化は，南大洋の中深層水から大気への二酸化炭素の放出を制限することに寄与していたと考えられる[2]．

近年，南大洋の成層化の変動や偏西風帯での湧昇流の強弱が，氷期-間氷期スケール，および，より短い時間スケールでの大

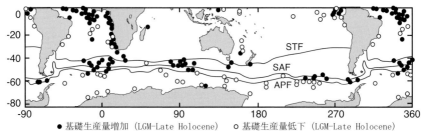

● 基礎生産量増加 (LGM-Late Holocene)　　○ 基礎生産量低下 (LGM-Late Holocene)
STF：亜熱帯前線，SAF：亜南極前線，APF：南極前線

図1 最終氷期最寒期 (LGM) と完新世後期の基礎生産量の比較[1]

気-海洋間の炭素循環を支配しているプロセスとして着目されている[2]．南大洋には世界最大級の表層流である南極周極流（Antarctic Circumpolar Current：ACC）が流れ，その上空には大陸に妨げられることなく非常に強い偏西風が吹いている．この偏西風起源の湧昇流（wind-driven upwelling）が表層の栄養塩濃度を変化させる因子の1つである．最終融氷期には，それまで成層構造が発達していた南極前線の南側において湧昇流が強化され，基礎生産量が増加したことが明らかとなった[2]．このとき活発化した湧昇流の影響で，南大洋から大気へ二酸化炭素が放出され，融氷期に大気二酸化炭素濃度を増大させた．この最終融氷期における南大洋の湧昇流強化は，Antarctic Cold Reversal（ACR）の前後の2回起こっていたことが推定されており，大気中での^{14}C生成率や南極氷床コアの二酸化炭素濃度が2段階で変化することと整合的である．

より長い時間スケールにおいては，南大洋における過去110万年間のダスト供給量と基礎生産量の変動史が明らかとなっている[3]．南大西洋（ODP1090地点）では，氷期に主に南米パタゴニアを起源とするダスト供給量（アルカンやFeの埋積速度）が増大し，生物ポンプが駆動して表層生物生産量（アルケノン埋積速度）が有意に増加していた．このような氷期-間氷期スケールの周期的な変化が，過去110万年間継続していた．また，過去400万年間の南大西洋

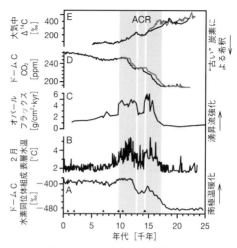

図2　過去2万5000年間の南大洋の古環境変動[2]

へのダスト供給量変動が復元され，中期更新世気候変遷期（mid-Pleistocene climatic transition：MPT）を挟んで，ダスト供給量が大きく変調したことが明らかとなった．その結果によると，MPT以降に南大洋へのダスト供給量は増加し，南大洋での鉄肥沃化が強化された結果，生物ポンプの効率化によって大気二酸化炭素が減少し地球規模の寒冷化が進行した，というシナリオが提案されている．
〔池原　実〕

文　献
1) Kohfeld, K. E. et al., 2013, *Quat. Sci. Rev.*, **68**, 76.
2) Anderson, R. F. et al., 2009, *Science*, **323**, 1443.
3) Martínez-Garcia, A. et al., 2009, *Paleoceanography*, **24**, PA1207.

海氷域の生物

4-1 アイスアルジー

ice algae

海氷，珪藻，基礎生産者，氷縁ブルーム

海氷域を砕氷船で航行すると，割れて裏返された海氷の下面が茶褐色に呈色し，また下面に毛糸クズのようなひも状のものやかたまりが視認できる．これはアイスアルジー（ice algae）が海氷下部で増殖し，その光合成色素による着色や，海中にまで群体が伸長した結果である．アイスアルジーの研究は 19 世紀はじめから半ばにかけて開始され，Hooker による 1847 年の南極海からの記載が最初とされる[1]．

アイスアルジーは，海氷が一定期間以上存在し，ある強度以上の光環境下の海域にみられる．これまで南北両極海，バレンツ海，バフィン湾，セントローレンス湾，日本周辺ではオホーツク海やサロマ湖[2]等から報告され，厚岸湖でも観察されている．それぞれの場所では陸から沖合へ拡がる定着氷（fast ice）域，さらにその先の流氷（浮氷）域にもアイスアルジーによる海氷の着色現象が認められる．

アイスアルジーは図 1 に示すように，海氷中の位置により分類できる[3]．海氷は真水の氷と異なり，氷の結晶間に塩分の高い

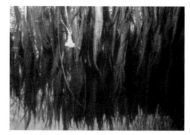

図 2　南極昭和基地近傍の定着氷下面から垂下するアイスアルジーの群体［口絵 8 参照］

ブライン（brine）がつまった小さな隙間や，その隙間が連続的に接続したブラインチャンネル（brine channel）という，海氷下の海水に通じる空隙が存在する．微細藻類が海氷中で増殖するのは，このブライン中の栄養塩等を利用できるからである．海氷下部のブラインは，ブラインチャンネルにより海水と交換がされやすく，栄養塩が枯渇しにくいので微細藻類が増殖しやすい．そのため，最も多くみられるタイプは海氷下部の数 mm ないし数 cm の層が着色するタイプのアイスアルジー（図 1 の底層）となっている．

また，海氷上の積雪や海氷上層が融け，その融け水で水たまりのようになった融水プールでは，微細藻類が増殖して緑色ないし黄褐色の着色を呈するタイプのアイスアルジー（図 1 の表層）がみられる．このほか，図 2 に示すような，海氷から海中に垂下する群体状のタイプ（図 1 の氷下）が南極海，北極海から報告されている．南極昭和基地近くの定着氷下での潜水調査で，春〜夏期の 11 月上旬に 5〜15 cm の長さだった群体が，1 ヶ月ほどで図 2 に示すように 70 cm 余に伸長した報告がある．このような場所では水の動きがゆっくりで，脆弱な群体が長く生長しても壊されない環境であったためと考えられる．

図 2 の群体の一部をシリンジで採取して光学顕微鏡で観察すると，図 3 に示す珪藻

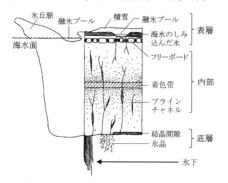

図 1　アイスアルジーのさまざまなタイプ[3]

図3 図2の群体を構成する微細藻類

類，なかでも細長い蓋殻を持つ羽状目の珪藻類が優占していた．Amphiprora, Fragilariopsis, Navicula, Nitzschia 属の細胞同士が接着して群体を作る種が多くみられた．海氷下部の着色層からは Porosira, Thalassiosira 属等の中心目珪藻類のほか，ハプト藻類，クリプト藻類，渦鞭毛藻類や有孔虫等も報告されている．

南極昭和基地周辺の定着氷域での報告では，アイスアルジーの季節変化は次のように考えられている．夏から秋にかけて海氷が融解し，海氷中あるいは海氷から垂下していたアイスアルジーの群体は，増殖基盤を失って海中に放出され，一部は海中に懸濁し，一部は海底へ沈降して底棲生物の餌となる．秋から冬にかけて気温の低下により海中に氷晶（frazil ice）が生じ，その表面に海中の懸濁物が付着するなどして海氷中に取り込まれる．海氷から放出されたアイスアルジーを構成していた微細藻類もこのような過程で海氷中に取り込まれ，海氷下面で増殖を始め，海氷が下方に生長するにつれ，ブライン中を含めさらに増殖して環境により秋の着色層を形成するまでに至る．その後極域では極夜となって光合成が行われなくなり，海氷はさらに厚くなる．

昭和基地では7月中頃から太陽が出るようになり，8月下旬には再び海氷下面での微細藻類の増殖が顕著となり，積雪の少ない場所では10月頃から着色が認められるようになる．春から夏の日射の増大期に増殖を続け，海氷下層の着色層が濃さを増し，ところによっては海氷から海中に垂れ下がるアイスアルジー群体が伸長し，先述したように数十 cm にまで達する．海氷中の現存量は11月中頃に最大値 125 mg chl. a/m^2 を記録した．夏には強い日射，気温上昇により海氷上に融水プールが発達し，場所により緑や黄褐色の表面型のアイスアルジーがみられた．さらに季節が進み海氷の内部や底部が融解し，海中に放出される．

アイスアルジーの現存量は，南極海域で最大値約 $10 g C/m^2$ と見積もられているが，図2の群体について測定していれば，これを大きく超えたものと考えられる．極海域では生態系を支える主な基礎生産者（primary producer）として，アイスアルジーと植物プランクトンがあげられる．南極の海氷域では春から夏にかけての海氷減少期には，融氷による海表層の比重の低下で有光層内に密度躍層が形成され，海氷縁辺部で植物プランクトンの大増殖がみられる．この氷縁ブルーム（ice edge blooming）による基礎生産の増加もあり，南極海氷域ではアイスアルジーによる基礎生産の貢献度が1～5割という見積もりがある．

アイスアルジーは，春先に海氷下部で増殖を始めることから，植物プランクトンが少ない時期にオキアミ等二次生産者の貴重な餌として利用される．ウェッデル海では冬～春の間にナンキョクオキアミが海氷下面でアイスアルジーを捕食していた報告があり，温暖化による海氷減少がアイスアルジーの減少を通じ，ペンギンの個体数減少等南極海の生態系変化につながっていると指摘されている．

〔渡邉研太郎〕

文 献

1) Horner, R., 1996, *Proc. NIPR Symp. Polar Biol.*, **9**, 1.
2) 渡邉研太郎ほか，1993, 日本プランクトン学会報, **39**, 165.
3) Horner, R. et al., 1992, *Polar Biol.*, **12**, 417.

4-2 氷縁ブルーム

ice edge bloom

海氷，植物プランクトン，アイスアルジー，海氷縁生態系

　生物海洋学の分野では一般に，植物プランクトンが大増殖し，細胞密度が高くなった状態のことをブルーム（bloom）と呼ぶ．海氷の存在で特徴づけられる低温環境の極域海洋においても植物プランクトンは存在しており，ときとしてブルームを形成することがある．極域海洋で起こるブルームのうち，春から夏にかけ海氷が融解して退行する海氷縁で起こるブルームを氷縁ブルームと呼ぶ．20世紀初頭の南極探検の時代から，海氷縁付近で植物プランクトン量が高くなる現象は知られていたがこうした氷縁ブルームの成因について学術的に初めて記述されるまでには半世紀もかかった[1]．

　植物プランクトンが大増殖するためには，光条件や栄養塩条件が整う必要がある．通常，極域海洋では栄養塩は豊富にあるので，光条件が最も重要な因子となる．海水中では太陽光が深度とともに急速に減衰するので，植物プランクトンが大増殖するためには，光条件のよい表層に留まる必要がある．表層ほど軽い水，下層ほど重い水が存在する状態では，鉛直的混合は起こらない．この状態を安定成層（以下，単に成層と呼ぶ）という．中緯度海域では日射量が増える春に，表層水が温められることによって成層する．一方，水温がきわめて低い極域海洋環境では，塩分のわずかな低下が成層をもたらす．海氷が融解すると海洋表層の塩分を低下させるため成層化が進み，植物プランクトンが大増殖する．しかしながら，極域海洋では暴風圏と呼ばれるような強風帯が存在し，強い風による表層の混合が頻繁に起こる．そのため，植物プランクトンは光環境の悪い下層へ運ばれ，

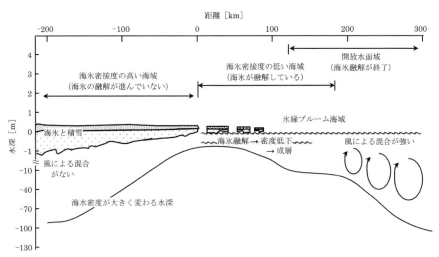

　図　氷縁ブルーム形成の模式図（文献[2]を改変）．海氷が融解する夏のある瞬間を示している．高緯度側はまだ海氷密度が高い海域（左側），低緯度側はすでに海氷が融解し，開放水面となっている（右側）．実線は海氷の融解が進み表層と下層の密度差が大きい層を示している．海氷密度が低い表層水中の植物プランクトンは，太陽光を十分に受けて大増殖を起こす．細胞密度が最も高くなるのは，海氷融解後，細胞分裂に十分な時間が経過した海氷縁のやや低緯度側と考えられる．

ブルームは長く続かない．時間の経過とともに，海氷縁は高緯度側へ移ることになり，それに伴い氷縁ブルームの位置も高緯度側へ移る（図）．この図では，海氷分布，氷縁ブルームの位置，風により鉛直的に混合された海域の位置が，右から左（高緯度側）へ移行することになる．こうした時空間的変化を現場でとらえることは困難であったが，1980年代になると海洋表層の植物プランクトン量をとらえることのできる海色センサーを搭載した人工衛星を用いた氷縁ブルームの時空間観測が可能となった．

氷縁ブルームを形成する植物プランクトンの「種（たね）」が，海氷中にいたアイスアルジーなのか海水中の植物プランクトンなのかについては不明な点が多い．最も伝統的な方法は，海氷中に生息しているアイスアルジーの種組成と氷縁海水中に生息している植物プランクトンの種組成を比較することである．その結果は高い相似性を示すこともあれば，まったく関係性を示さないこともあるので，決定的ではない．海氷中のアイスアルジーは，海氷融解とともに海水中に放出されても，生理学的に何も障害なく，氷縁ブルームの「種（たね）」となりうることは知られているが，定量的な研究はまだ行われていない．一方で，クロロフィル蛍光法による観測では，アイスアルジーは高照度への光保護適応能の欠陥のために，低照度に適応していることが知られている．このことは光を急激に吸収する海氷中で生息するうえでは有利であるが，海水中に放出されたアイスアルジー細胞は，海氷という光を遮るものを失うことになる．そのため急激な高照度への変化には耐えることができず，細胞は分裂することができなくなるため，アイスアルジーが直接に氷縁ブルームにつながる可能性は低いと思われる．

氷縁ブルームで生成される1次生産有機物は，1次消費者である動物プランクトンを経て高次消費者へと伝達され，海氷縁生態系が形成・維持されている．前述のように，氷縁ブルームの位置は時空間的に移動するので，極域海洋の動物プランクトンやさらに高次捕食者は，その生活史を氷縁ブルームのタイミングに合わせて進化してきたと考えられる．

近年，北極海の夏季の海氷面積が縮小傾向にあることが報告されている．北極海は大陸で囲まれているので冬季の最大海氷面積に変化がないとすると，氷縁ブルームを起こす可能性のある海氷縁の移動面積が増大していると考えられ，氷縁ブルームによる1次生産量は増加しているものと推察され，北極海洋生態系の構造にも変化が起こっているのかもしれない．一方，南極海では，南極半島を中心とした西南極では，夏の海氷面積に減少傾向がみられ，ペンギン等の高次捕食者の群集構造にも変化が起こっている．今のところ，東南極では海氷面積に減少傾向はみられていないが，氷縁ブルームの時空間変動や規模，さらにはそれを摂食する動物プランクトンやさらに高次の捕食動物の動態を注意深く観測していく必要がある．

〔田口 哲〕

文献

1) Smith, W. O. Jr. and D. M. Nelson, 1985, *Science*, **227**, 163.
2) Sullivan, C. W. et al., 1988, *J. Geophys. Res.*, **93**, 12487.

4-3 南極の動物プランクトン

Antarctic zooplankton

周極分布, 固有種, カイアシ類, 脂質貯蔵

南極海は大西洋, 太平洋, インド洋に囲まれているが, 低温海水が東へ還流する南極前線によって, 3大洋とは明瞭な境界が存在する. この南極大陸を取り巻く海洋前線の影響で, 南極海の動物プランクトンは東西方向に連続的に出現する, いわゆる周極分布（circumpolar distribution）をとることが知られている（図1）. 一方で, 南北方向の違いは顕著であり, 海洋前線による水塊構造と密接な関係にある. 主要な前線域では南北で表層水温に2～3℃の差が生じており, 前線を生息域の境界としている種類が存在する[1].

南極海の動物プランクトンの中で, 生物量（重量）, 個体数で優占するのは甲殻類のカイアシ類（Copepoda）である. 海域により差があるが, 全動物プランクトン群集のおよそ75％以上を占めるのが典型である. 南極海産カイアシ類の中でも大型種である *Calanoides acutus*, *Calanus propinquus*, *Calanus simillimus*, *Rhincalanus gigas*, *Metridia gerlachei* の5種で全カイアシ類生物量の40％以上を占める. 一方で小型種である *Oithona* 属, *Oncaea* 属, *Microcalanus* 属, *Ctenocalanus* 属で全カイアシ類個体数の80％以上を占めている.

2005～2010年に南極海の海洋生物の多様性, 分布, 個体数を調査した国際プロジェクト「南極海の海洋生物センサス（Census of Antarctic Marine Life）」の結果によると, 南極海産カイアシ類は283種が確認されている[2]. そのほか, 南極海の動物プランクトン群集を構成する主要分類群では, ヨコエビ類65種, オキアミ類8種, ヤムシ類15種, タリア類9種, 尾虫類26種, クシクラゲ類10種, クダクラゲ類52種等と報告されている.

南極前線により外洋と隔離された南極海に生息する動物プランクトンには, 固有種（endemic species）が多いという特徴がある. 特に海氷が存在する南極大陸沿岸では, 生理的に低温環境に適応している固有種の占める割合が増加する. たとえば, カイアシ類のカラヌス目は南極海で205種が報告されているが, そのうち深海性の184種中50種, 表層性の13種中8種, そして沿岸性の8種はすべてが固有種である.

南極大陸沿岸を西へ還流する南極沿岸流の北縁から冬季の海氷縁までの海域は, 季節とともに海氷消長を繰り返す季節海氷域（seasonal ice zone）として知られている. 南極海固有の大型カイアシ類 *C. acutus* と *C. propinquus* は季節海氷域において卓越して出現する. 2種は冬季に深層で休眠越冬し, 春季に基礎生産が活発となる表層に移動して産卵を行う. 孵化した幼生は短い夏季に飽食して成長し, 休眠越冬中の呼吸基質や卵生産の材料となる脂質を体内に貯

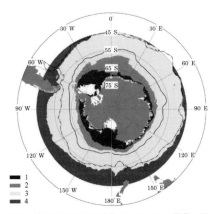

図1 南極海における動物プランクトン群集の周極分布. 連続プランクトン採集器により周極全体スケールで蓄積されたデータを用いたモデル解析結果. 検出されたグループ（1～4）ごとに色分けし, 南極大陸を取り巻くように種類組成が類似していることを示す.

蔵する．そして秋季に再び深層に移動し越冬する．脂質は油球（oil sac）と呼ばれる器官に貯えられ，越冬直前には油球が乾重量の50％以上を占める個体が出現する．この生活史は高緯度海域の植食性カイアシ類に普遍的にみられ，個体発生に伴った季節的鉛直移動（ontogenetic vertical migration）と呼ばれている．

休眠越冬のために貯蔵される脂質の成分は種によって異なり，*C. acutus* は休眠時の代謝エネルギー保存に適したワックスエステルを体内に蓄積する．一方で *C. propinquus* の一部は，冬季に植物プランクトン食性から雑食性に変わり，海氷下部の表層域に留まって摂餌活動を行うことが知られており，活動を促進する脂質成分であるトリアシルグリセロールを貯蔵する．

季節海氷域では海氷の後退に伴って起こる氷縁ブルーム（ice-edge bloom）が，低緯度から高緯度へ連続的に移動していくことが知られている．この海域に分布するカイアシ類の繁殖活動は，表層の基礎生産に大きく依存している．つまり，氷縁域の後退に伴って深層からの浮上時期，さらには産卵時期も氷縁ブルームに合わせて移動し，南北で最大1〜3ヶ月の差が生じる（図2）．

餌が欠乏する冬季に備えた脂質貯蔵は，基礎生産が活発となる夏季に，エネルギー源としての脂質をどれだけ合成，蓄積できるのかが鍵となる．春先から基礎生産を利用できる北側の海域の *C. acutus* は，夏季に十分な脂質貯蔵を行えるため，1年で成熟する．一方，大陸側では基礎生産を利用できる期間が短いため，夏季の成長や脂質貯蔵が不十分となり，成熟するのに2年以

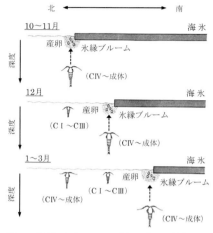

図2 季節海氷域における氷縁の後退に伴うカイアシ類の繁殖活動の時間変化（模式図）．植食性カイアシ類は春季から夏季に起こる氷縁ブルームに合わせて浮上し，産卵を行う．孵化した幼生は豊富な植物プランクトンを利用して成長する．CIからCVはカイアシ類のコペポディド（copepodite）幼生I期からV期を示す．CI〜CV期を経て成体（CVI期）となる．

上を費やす個体が存在する[3]．

このように季節海氷域のカイアシ類の産卵時期や世代時間は，利用可能な基礎生産量によって変化する．基礎生産は海氷に大きく影響されることから，海氷の存在が間接的にカイアシ類の繁殖活動や発育過程に強く関与しているといえる． 〔高橋邦夫〕

文　献

1) Hosie, G. et al., 2014, *Biogeographic Atlas of the Southern Ocean*. Chapter 10.3, 422.
2) De Broyer, C. et al., 2011, *Deep-Sea Res. II.*, **58**, 5.
3) 福地光男・谷村　篤・高橋邦夫，2014，南極海に生きる動物プランクトン—地球環境の変動を探る—，成山堂書店，80．

4-4 北極の動物プランクトン

Arctic zooplankton

分布, カイアシ類, 生活史, 南方種の流入

北極海は太平洋と大西洋につながっており, 両海洋から海水が北極海に流入している (図1). 動物プランクトンは海流によって輸送されるが, 3海洋それぞれの海域に分布する動物プランクトン群集は大きく異なっている. 海洋における動物プランクトンを構成する分類群には, カイアシ類, オキアミ類, アミ類, 端脚類, 十脚類 (エビやカニ), 介形類, ヤムシ類, クラゲ類, 尾虫類, 翼足類, サルパ類などが存在している. この中で, 同じ低水温海域である南極海にはサルパ類が分布するが, 北極海には存在しない. しかし, 北極海は水深が浅い大陸棚 (水深〜50 m) を有するため (図1), ベントス (ウニや二枚貝) の幼生が夏季に多く出現するという特徴がある.

北極海の動物プランクトン現存量に優占する分類群はカイアシ類 (Copepoda) である. 北極海の中でも水深の浅い大陸棚域と水深の深い海盆域 (水深〜3000 m) では分布する種が異なっている. 陸棚域では, 大型の Calanus glacialis や小型の Pseudocalanus spp. など主に植食性種が出現するが, 海盆域の表層では, 植食性の Calanus hyperboreus, 粒子食性の Metridia longa および肉食性の Paraeuchaeta glacialis とさまざまな食性を持つ種が出現する. さまざまな食性の種が同所的に出現することは, 餌の乏しい北太平洋の深海などで観察されている. 北極海でみられる同様の現象は, 海氷が長期間存在する海盆域で餌が少ないことと関係しているかもしれない.

北極海では日照と海氷の顕著な季節的変化があるために, 植物プランクトンが増殖できる期間が限られている (図2a). その

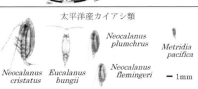

図1 北極海全体の等深線図と各海洋に優占するカイアシ類. 矢印は太平洋および大西洋から北極海へ流入する主な表層海流を示す. 星印は図2aの観測点 (75°N, 162°W).

ような過酷な環境下で, カイアシ類は, 植物プランクトンのみならずアイスアルジーも摂餌し, 深層での休眠期と長い世代時間 (generation length) を持つことにより, 餌 (植物プランクトン) の乏しい北極海の環境に適応している. 北極海産カイアシ類 (C. glacialis) は, 世代時間が2年であり, 4月頃に深層から表層に移動し, アイスアルジーと氷縁ブルーム (ice-edge bloom) を摂餌しながら産卵を行う (図2b). 一方, 太平洋産や大西洋産カイアシ類の世代時間は, 基本的に1年であり, 北極海産と比較すると短い (図2c, d). それぞれの種の産卵する季節と水深も異なっており, 太平洋産種は秋季から冬季に深層で産卵し, 大西洋産種は春季に表層で摂餌をしながら産卵を行う. この生活史 (life cycle) の違いのために, 太平洋産種と大西洋産種は北極海に輸送されても次世代を残すことが困難 (死滅個体群) であると考えられている.

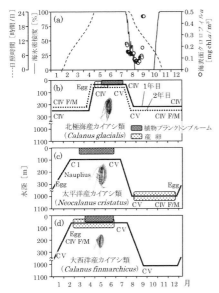

図2 北極海（75°N, 162°W）における環境条件（海氷密接度, 日照時間および海表面クロロフィル a）の季節変動（a）[4] と, 北極海, 太平洋および大西洋における優占カイアシ類の生活史を模式図（b〜d）. 海氷密接度とクロロフィル a は衛星観測に基づく. CI〜VI F/M は各カイアシ類の発育段階を示す. CI 期が若く, 脱皮により CII 期〜CIII 期と成長し, CVI F は雌成体, CVI M が雄成体の意味である. 線は各発育段階の季節的な分布深度を示す.

北極海産カイアシ類の世代時間は, その海域の年間の基礎生産量の影響を受ける[1]. 海氷が少なく年間基礎生産量が多い海域（たとえば陸棚域）では, 餌が多いためカイアシ類の成長が早く, 世代時間が短くなる. 逆に, 海氷が多い高緯度海域では, 年間基礎生産量が少ないためにカイアシ類の成長が遅く, 世代時間が長くなる. 実際に, *C. glacialis* は1〜3年, *C. hyperboreus* は1〜5年と世代時間に柔軟性を持っている. この柔軟性も北極海に生息するために必要な特性であると考えられる.

近年の北極海では温暖化（水温上昇）と急激な海氷衰退に伴い, 動物プランクトンにさまざまな変化が生じていることが明らかになりつつある. 太平洋から北極海へ海水が流入する際, 同時に太平洋産カイアシ類も輸送される. これは, 1930年代から観察されてきたが, 近年の調査でそれらの流入量が増加していたことが報告されている. 1991, 1992年と2007, 2008年の調査を比較したところ, 2007年は海氷が早く融解したことにより海水温が例年よりも6℃高く, 太平洋産種が多く流入した（太平洋産種の *Eucalanus bungii* は個体数がおよそ10倍増えた）. その結果, 動物プランクトン全体の現存量や種多様度も増加した[2].

また, 北極海に分布するオキアミ類は, 南方から流入しており, 北極海内で個体群を維持できない死滅個体群だと考えられていた. しかし, 2011年のスバールバル諸島のフィヨルド内で大西洋から輸送されてきたオキアミ類（*Thysanoessa raschii*）が産卵を行っていることが初めて発見された[3]. 海氷衰退により環境条件が変化している北極海において, 今後もこのような動物プランクトン群集の変化をモニタリングしていく必要がある.

〔松野孝平〕

文　献

1) Falk-Petersen, S. et al., 2009, *Mar. Biol. Res.*, **5**, 18.
2) Matsuno, K. et al., 2011, *Polar Biol.*, **34**, 1349.
3) Buchholz, F. et al., 2012, *Polar Biol.*, **35**, 1273.
4) Matsuno, K. et al., 2014, *J. Plankton Res.*, **36**, 490.

4-5 海氷生物群集

sea ice biota

海氷, ブライン, 海氷生物群集, プランクトン,

海氷が成長して厚みを増していくとき，氷の内部には排出された濃縮海水（ブラインbrine）の排水路が人間の身体の血管や毛細血管のように無数に形成されていく．また，海氷中には成長の途中で結晶と結晶の間にブラインの一部が閉じ込められたり，空気などの気体も含まれる．そのため，海氷は真水として凍った純氷（固体），ブライン（液体），空気（気体）からなる．こうした海氷内部の複雑な構造が，微小な生物に多様な生息場所を提供している．

南北両極の海氷中からは，大気と接する海氷表面から海水と接する海氷下端に至るまで，細菌，ウイルス，藻類，原生動物，後生動物などじつに多くの生物が生息している[1]．これらの生物の中には，海水中から氷晶が形成されるとき，あるいは，その後の海氷の成長に伴って物理的に取り込まれたものもあるが，多くはその生活史のすべてあるいは一部を海氷と関係を持ちながら，海氷を生息場所にして生活している．

海氷は，鉛直的に表層域，内部域ならびに底層域（海氷下部）の3つの領域にそれぞれ特有の生物群集がみられる（図1）．

表層群集は，海水面より上部に形成される生物群集を指し，海氷の上に積もった雪の重みで海氷が沈み，そこに周辺の海水がしみ込んでできた空間（フリーボード）に形成された群集や，海氷表面が夏の日射によって融けてできた水たまりに形成された群集などからなる．したがって表層群集は基本的に周辺のプランクトン群集に近い．

内部群集は，海水面位の20〜30 cm下から海氷下部近くまでの海氷本体部分に形成される群集をさす．この内部域には海氷上部から底部に抜けるブラインの排水路のネットワークが無数に走っており，生息場所としては，これらの排水路が利用される．内部群集の藻類は，海氷下部の形成される底層群集と海氷下のプランクトン群集からなる．

底層群集は，海氷の底部の厚さが数cm程度の部位の結晶間隙に形成される群集である．海氷域ではひっくり返った海氷がしばしば黄褐色に染まっているのがみられるが，これは，アイスアルジー（氷中藻類）と呼ばれる羽状目珪藻を中心とする珪藻や渦鞭毛藻などの藻類の繁殖による着色現象である（⇨4-1「アイスアルジー」）．海氷底部には，こうした藻類の他に，繊毛虫，有孔虫，太陽虫などの原生動物，ワムシ類，線虫類，渦虫類，カイアシ類や端脚類などの甲殻類，多毛類など体長が1 mmにも満たない後生動物が出現する．海氷底部の生物群集は，内部群集よりも多様性が高く，生物量も格段に高い．また，海氷底部の生物群集の多くは，その下の水柱環境にすむいわゆるプランクトン群集とは異なり，海氷という基質に依存した付着性の強い群集

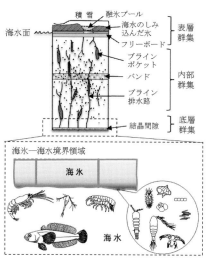

図1 海氷生物群集構造と生息場所の模式図

からなっており，底生生物群集に近い独特の生物群集の世界（生態系）といえる．

海水と接する海氷直下の領域（海氷-海水境界領域）にも特有の生物群集がみられる（図1の下図参照）．海氷直下の生物群集は，海氷内部には入り込まないが，海水直下に特異的に分布し，海氷下部に形成されるアイスアルジーに依存し，食物連鎖を通じて海氷中（特に海氷底部）に生息する生物群と密接につながりを持った生活を営んでいる．ここでの生物群集には，海氷下面から海中に垂れ下がっている藻類群集のほかに，多毛類，カイアシ類，端脚類，オキアミ類などの無脊椎動物や，ボウズハゲギスなどノトセニア科の中層性の魚類の仔・稚魚等から構成される．このように海氷-海水境界領域には，アイスアルジーを出発点とする食物連鎖でつながった独特の生態系が形成されており，その下の海中の生態系とはかなり異なっている．こうした海氷とその直下の海水中にすみ，海氷と何らかの関係を持って生活している生物群を総称して「海氷生物群集」と呼んでいる[2]．

昭和基地周辺の定着氷の海氷下部からも藻類のほかに，さまざまな微小な動物群が見出される[3]（図2）．特に昭和基地周辺の海氷下部には，1 cm^{3}の氷の中から多い時には1～2個体もの動物が見出される．通常昭和基地周辺の海氷下の動物プランクトンの密度は，1 Lあたり5個体以下であるから，海氷下部の動物の密度は海水中に比べて数百倍も高い．おそらく，海氷下部の氷の結晶と結晶との間の間隙や，直径が1 mmに満たないブラインの排水路がこれらの生物群の格好のすみかとなっているのであろう．さらに海氷下部の動物は，ボウズハゲギスの稚魚に捕食されていることが見出されており，昭和基地周辺の海氷域でも海氷と海氷-海水境界領域の間は，アイスアルジーを出発点とする食物連鎖でつながっている．

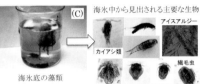

図2　昭和基地周辺定着氷における海氷の採取と海氷下部から見出される主要な生物群．(A) 海氷採取，(B) 採取された海氷コア，(C) 海氷を溶かした後の生物の塊とその中から見出されたさまざまな微小な生物群．

冬から春にかけて，両極の海洋ではおよそ2000～3000万km^{2}もの広大な領域が海氷で覆われるが，夏季にはその大部分が融けてなくなってしまう．すなわち，極域海洋では，驚くことに「熱帯雨林」に匹敵するほど広大な面積を占める「sea ice biota」という1つの生物群系（バイオーム）の形成と消失が，年々繰り返されているのである．

しかし，海氷を生活の場とする生物で，その生活史や生態が明らかとなっている種はきわめて少ない[2]．そのため，海氷に生活する多くの生物種がいつどのようにして海氷中を生息場所とするのか，あるいは海氷中で生活する理由や海氷が融解し海水中に放出された後，彼らがどのような運命をたどるのかほとんどわかっていない．海氷生物群集は不思議な群集なのである．

〔谷村　篤〕

文　献

1) Thomas, D. N. and Dieckmann, G. S. eds., 2010, *Sea Ice*, 2nd Ed., Wiley–Blackwell.
2) 福地光男・谷村　篤・高橋邦夫，2014，南極海に生きる動物プランクトン―地球環境の変動を探る―，成山堂書店．
3) 星合孝男，2009，南極昭和基地に氷の海の生き物をみる，自費出版．

4-6 南極海洋生態系の鍵種：ナンキョクオキアミ
Antarctic krill

季節海氷, 気候変動, 海洋酸性化, オキアミ漁業, CCAMLR

オキアミ類はエビやアミに似た甲殻類で世界中の海に広く分布し，85種が知られ，そのうち7種（*Euphausia superba*，*E. crystallorophias*，*E. vallentini*，*E. frigida*，*E. triacantha*，*Tysanoessa vicina*，*T. macrura*）が南極海に生息する．このうち最も大型で資源量が圧倒的に多く，南極海洋生態系で重要な位置を占める種がナンキョクオキアミ（*E. superba*，英名 Antarctic krill）（図）である[1]．

ナンキョクオキアミ（以下オキアミと略す）の寿命は5～7年，体長は最大7cmほどまで成長する．資源量は南極海全体で1～10億tと推定され（現在の最良推定値は3億7900万tとされる），その7割ほどが大西洋海区に分布する．通常数百m～数km以上にも及ぶパッチと呼ばれる群をなして存在する．分布域は南極前線以南，

図 ナンキョクオキアミ（写真提供：オーストラリア南極局）．（上）成熟メス，（下）成熟オス

主に季節海氷域であり，その生活史は海氷の動態と密接に関連する．オキアミは南極海に生息する多くの高次捕食者の主要な餌であると同時に基礎生産（植物プランクトン）の主要な消費者であることから，南極海洋生態系の鍵種とも呼ばれる．また，海洋生態系の中で単一種として最大の炭素プールの1つとも考えられており，オキアミ群集の遊泳行動によってもたらされる水柱の生物攪拌や鉛直的な炭素輸送，さらには基礎生産に不可欠な鉄分の生物プールとしての役割など，海洋の物質循環過程における重要性も明らかになりつつある．

分布深度は主に水柱の200m以浅であると考えられてきたが，近年の観測機器等の進歩により深海にも生息することが明らかになりつつある．しかし中深層におけるその資源量がどの程度であるかはいまだ不明である．

a. 生活史と産卵生態[1]

春先から夏にかけ日照時間の増加により季節海氷が融解し海洋表層の塩分濃度が低下し水柱の成層化が進む．これによって混合層深度が浅くなり，基礎生産が促進されオキアミの成長や成熟にとって好適な餌条件が整う．交尾，産卵は夏季（11～3月）主に表層200m以浅で行われる．1回で数千個産卵し，餌条件がよければひと夏に何回も産卵する．卵は約1週間で700～1000m程度の深さまで沈降し孵化後，脱皮変態を重ね表層200m以浅に浮上したタイミングで口器が完成し摂餌を開始する．3年目の夏から成熟，産卵する．

冬季は海水中に餌が乏しいため，海氷下面に繁殖するアイスアルジーや微生物群集，デトライタス（生物以外の有機物の破片），他の動物プランクトン等が重要な餌となるが，それらの存在量は成長するには十分でなく，その間体の大きさはほとんど増加しないかあるいは縮小する．体の縮小

は総エネルギー消費の低下にもつながることから有効な越冬戦略の1つとも考えられている．特に幼生およびジュベニル期はエネルギーの備蓄が少ないため冬季の海氷微生物群集への餌依存度が高いとされ，また季節海氷下面の複雑な構造はナーサリーグラウンドとしても機能する．一般に，2年続けて冬季海氷が強く張り出すと，高い若齢オキアミの加入につながると考えられている．すなわち1年目の張り出しで成体オキアミにとって成熟や産卵にとって良好な餌条件が整い，2年目の良好な氷の張り出しが幼生の高生残率につながることでオキアミ資源増加に寄与する．

b. 気候変動と海洋酸性化の影響[2]

空気中の二酸化炭素濃度の上昇に起因する気候変動は，南極域の風場や温度の変化を介して季節海氷の分布パターンに大きな変化をもたらしつつある．オキアミの主分布域である大西洋海区においては近年冬場の海氷面積や海氷張り出しの強い年の頻度の減少傾向が観測されており，これが同海域で指摘されている1970年代から2000年にかけてのオキアミ密度減少の要因の1つとして考えられている．

オキアミの成長に最適な水温は0.5℃前後であるとされる．今後予測される南極域の水温上昇に伴い，オキアミ生息域の北限は極方向へシフトすると考えられている．さらに，オキアミの卵発生は大気中の増加した二酸化炭素が海水中に溶け込むために起こる海洋酸性化の影響を受けやすいことが実験的に示されており，今から数百年後には現在のオキアミ生息域のほぼ全域がオキアミの卵発生に適さない環境になるとの予測もされている．

c. オキアミ漁業および資源管理[3]

漁獲許容量は国際条約機関である南極海洋生物資源保存委員会（Commission for the Conservation of Antarctic Marine Living Resources：CCAMLR）において科学的調査データをもとに算出される．

オキアミを対象とした漁業は1980年代に旧ソビエト連邦を中心に周極的に行われ年間50万t以上にも達したが，ソ連崩壊後10〜15万t前後で推移した．近年オキアミ加工精製技術の進歩により，従来のフィッシュミール，養殖飼料や釣餌を中心とした製品に加え，機能性食品としてのオキアミオイルの開発が進み，その需要の高まりから漁獲量が増加傾向にある．現在の主漁場は南極半島付近およびスコシア海である．オキアミオイルは赤色カロチノイドであるアスタキサンチンに富み，成人病に対して有効な働きをすると考えられるEPAやDHA等の不飽和脂肪酸を多量に含んでいる．現在の主要漁獲国は，ノルウェー，韓国，中国等である．

〔川口 創〕

文 献

1) Everson, I. (ed.), 2000, *Krill: biology, Ecology and Fisheries*. Fish and Aquatic Resources Series 6. Blackwell Science, 372.
2) Flores, H. et al., 2012, *Mar. Ecol. Prog. Ser.*, **458**, 1.
3) Nicol, S. et al., 2012, *Fish and Fisheries*, **13**, 30.

4-7 南極の魚

Antarctic fishes

ナンキョクカジカ亜目, ハダカイワシ科

a. 南極海の魚類相

南極海からは約300種の魚類が報告されており、調査の進んでいない外洋中層域や深海底からの情報が増えればさらに種数は増えると思われるが、生物多様性の高い沿岸域はかなり詳細に調査されているので、現在の値を大きく上回ることはないと考えられている。南極海の魚類相は、種類数・個体数ともにこの海域において最も優占し、かつ南極海もしくはその周辺の海域に固有な魚類群であるスズキ目ナンキョクカジカ亜目 (Notothenioidei) によって特徴づけられる。南極・ロス海の大陸棚域での調査では、種数において76.6%、個体数において91.6%がナンキョクカジカ亜目によって占められていたという結果が出ている (図1参照)。

ただし、ナンキョクカジカ亜目魚類の主要な分布域は陸棚域で、南極海の外洋域では、他の海域同様、ハダカイワシ科、ヨコエソ科、ハダカエソ科などの中層性魚類群が優占する。特にハダカイワシ科魚類は約35種が確認されており、南極海に広く分布する種類としてナンキョクダルマハダカ (*Electrona antarctica*) やクレフトハダカ (*Krefftichthys anderssoni*) などが知られている。また、これらのハダカイワシ科魚類は南極海沖合域の生態系において、海鳥や鯨類などの高次捕食者の餌生物として重要な位置を占めているものと考えられている。

底生性の魚類群に限って南極海の魚類相をみると、ナンキョクカジカ亜目に次いで種類数が多いのが、クサウオ科、ゲンゲ科である。これらは北半球の高緯度海域においても多くみられる分類群であることは興味深い。ほかにウナギダラ科という南半球に固有なタラ目魚類の存在も特徴的である。

b. ナンキョクカジカ亜目の構成と分布

ナンキョクカジカ亜目魚類の多くは、外見上、ハゼ類やカジカ類・コチ類に似た底生性の魚類で、現在8科約130種が知られている。ナンキョクカジカ亜目8科のうち、プセウダプリティス科 (1種) とフォークランドアイナメ科 (1種) はそれぞれ、オーストラリア南部および南アメリカ南部海域に生息し、南極海には分布しない。なお、括弧内はそれぞれの科で知られている種数を示す。ボウィクトゥス科 (11種) では1種のみが南極海で記録されており、他はオーストラリア南部および南アメリカ南部海域に分布する。ハルパギフェル科 (10種) は主として亜南極の島々の周辺に生息し、南極大陸沿岸でみられるのは1種のみである。ナンキョクカジカ亜目の中で49種と最も種数の多いナンキョクカジカ科では、約30種が南極海に分布し、その他は亜南極からさらに北側の海域に分布する。アルテディドラコ科 (25種)、カモグチウオ科 (16種)、コオリウオ科 (16種) の3科はそのほとんどが南極大陸沿岸域に分布

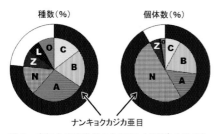

図1 南極大陸沿岸域の魚類相 (文献1) を改変). 外周の黒色部分はナンキョクカジカ亜目が占める割合を示す。A アルテディドラコ科, B カモグチウオ科, C コオリウオ科, L クサウオ科, N ナンキョクカジカ科, O その他, Z ゲンゲ科.

する種類から構成されており，ナンキョクカジカ亜目の中でも南極海の環境に最も適応しているグループである．

c. ナンキョクカジカ亜目の進化

　ナンキョクカジカ亜目の中で，現在南極海に分布しているナンキョクカジカ科，ハルパギフェル科，アルテディドラコ科，カモグチウオ科，コオリウオ科などのグループが南半球高緯度海域で進化したのは間違いないと考えられており，その多様化には南極の寒冷化が大きな影響を与えていると思われている．遺伝子の解析から寒冷適応の鍵となる不凍糖タンパク質の獲得が今から約4200万から2200万年前の間と推定されており，その後，今から約1100万から500万年前の間に，急速に現在みられるような多様化を成し遂げたとされている[2]．

　環境が比較的均質な南極海沿岸域において，南極海産のグループが多様な分化を遂げた原因については意見の一致をみていないが，海氷の発達と退縮を繰り返す気候変動に伴って沿岸域に複雑な地形が成立，これが集団の隔離を促したために種分化が進んだとの説が有力である．

d. ナンキョクカジカ亜目魚類の生活

　ナンキョクカジカ亜目魚類はうきぶくろを持たないため基本的に底生性であるが，ナンキョクカジカ科のコオリイワシ（*Pleuragramma antarcticum*）やライギョダマシ（*Dissostichus mawsoni*）のように2次的に浮遊生活に適応した種類もある．これらの種類では，皮下や筋肉中に脂肪を蓄えたり，骨格のカルシウム分を減少させたりして体を軽くすることで浮遊生活への適応を果たしている．ナンキョクカジカ亜目魚類は主に，オキアミ類や底生の小型甲殻

図2　食用として流通しているナンキョクカジカ科の「メロ」．上はマジェランアイナメ，下はライギョダマシ．

類，魚類などを餌としている．一方で，海鳥や鯨類，アザラシ類の重要な餌ともなっている．

　一部の種類を除いて，海底の石の上や，親魚が海底の砂を掘って作ったくぼみなどに卵を産み付ける．なかにはカイメンの中に卵を産む種や，産卵後に親魚が卵を保護する種類も知られている．

　大きさは，全長10 cm程度のアルテディドラコ科の種類から，前述のライギョダマシのように全長2 m近くまでさまざまであるが，多くの種類は全長20～30 cm程度の大きさである．なお，ライギョダマシは亜南極海域を中心に分布する近縁のマジェランアイナメ（*Dissostichus eleginoides*）とともに，メロの流通名で食用として利用されており，南極海の魚類として水産上最も重要な種類である（図2参照）．近年，資源量の減少も懸念されており，南極海洋資源保護委員会CCAMLRの管理のもと，適切な資源利用が進められている．

〔岩見哲夫〕

文　献
1) Eastman, J. T., 2005, *Polar Biology*, **28**, 93.
2) Near, T. J. et al., 2012, *PNAS*, **109**, 3434.

4-8 コオリウオ類
icefish

ナンキョクカジカ亜目，ヘモグロビン，適応

コオリウオ類とは，スズキ目ナンキョクカジカ亜目コオリウオ科に属する魚類の総称で，現在16種類が知られている[1]．ただし，研究者によってはさらに細分化して18種もしくはそれ以上とする意見もある．南半球高緯度海域に生息し，南アメリカ南部に分布する1種を除き，他はすべて南極海もしくは亜南極域の島々周辺の海域に分布する．

a. 白い血の魚

コオリウオ類の最大の特徴は，ヘモグロビンを欠くため，無色透明の血液を持つことで，魚類全体の中でも他に例をみない形質である．ヘモグロビンは赤血球中に存在し，酸素を運搬するタンパク質である．コオリウオ類の血液中にはわずかであるが赤血球様の細胞が存在し，遺伝子の解析でも機能しなくなったヘモグロビン遺伝子は確認されているが，ヘモグロビン自体はまったく存在しない．これらのことは，コオリウオ科が単系統群で，コオリウオ科共通祖先においてヘモグロビンの発現能を失ったことを強く示唆している．

図 コオリウオ類の一種スイショウウオ（*Chaenocephalus aceratus*）の内臓

この血液の特徴から，コオリウオ類のことを英語では，icefishのほかにwhite-blooded fish，すなわち白い血の魚とも表記される．ただし，コオリウオ類の血液はほぼ無色透明なのであって，ミルクのように白いわけではない．したがって，血液の色が反映される鰓や，肝臓・腎臓・脾臓などもすべて白色かクリーム色である（図参照）．

生命維持に必須の酸素を運搬するヘモグロビンを欠くにもかかわらず，組織に必要量の酸素を供給できている理由については，①主な生息場所である南極海は低水温のため溶存酸素量が多い，②コオリウオ類の心臓は他の魚に比べて相対的に大きく血液量が多い，③血球が少ないことで血液粘性が低いので循環の効率がよい，④鱗がないため体表からのガス交換の効率がよい，さらに⑤頭部が大きいことで鰓も相対的に大きくガス交換面積も大きくなっていること，などが考えられている．つまり，大量の酸素が溶け込んでいる海水中から，大きな鰓と体表を通して酸素を効率よく取り入れ，これを大量の血液（血漿）に溶け込ませて大きな心臓で素早く送り出しているということである．ただし，なぜヘモグロビンをなくすという，一見有利性がないような進化を遂げたのかということについては説得力のある説明がなされていない．最近になって，一酸化窒素とヘモグロビンの関係に注目し，血管形成を促進したり，エネルギー生産の場であるミトコンドリアを増やしたり，さらには筋肉増大にも影響する一酸化窒素を，ヘモグロビンが酸化して減少させるという負の効果をもつことから，コオリウオ類の祖先において，ヘモグロビンの消失が有利にはたらくような事態が生じたとする説も出されている．ただし，南極海にはヘモグロビンを有する他科のナンキョクカジカ亜目魚類が存在するわけで，コオリウオ科の祖先においてのみ，ヘモグ

ロビンの発現能が失われた積極的理由としてとらえるのは問題点が残されている．

b. コオリウオ類の生活様式

本来底生性であるナンキョクカジカ亜目の中で，特にコオリウオ類は相対的に大型で縦扁（背腹に平たい）した頭部を持つことで，形態的には，より底生生活への適応が進んだグループと認識されている．主として他の魚類を捕食するが，中層域に浮遊してナンキョクオキアミを捕食している事実も明らかとなっている．コオリウオ類に限らず，ナンキョクカジカ亜目魚類はすべてうきぶくろを欠いており，海水より比重の大きい体を有しているが，コオリウオ類はできる限りエネルギーを使わず効率よく体を浮かせるために体から重い部分を減らす，具体的には骨を減らす（正確には骨に沈着しているカルシウム分を減らす）という戦略をとっている．コオリウオ類は頭部に棘が発達し，これを防御として用いていることが潜水観察によって確認されているが，アザラシ類やクジラ類の餌生物の一部ともなっている．

多くのコオリウオ類では，産卵期は3～5月頃の南半球の秋にあたる時期で，卵は卵径が3～5 mmと比較的大きく，海水よりも比重が大きな沈性卵である．産卵数は種類によって異なるが，通常は1万個に達しない程度である．ある種類では海底をすり鉢状に掘って巣を作り，その中に産みつけられた卵を親魚と思われる個体が保護する様子が観察されている．特殊な例としては，棒状に伸びた腹鰭に団子のようにした卵の塊をつけているものも知られている．低水温の南極海という環境で，孵化には3～6ヶ月を要するので，この長い期間卵を保護するものと考えられている．

コオリウオ類は南極・ロス海で行われた19回の底曳き網調査において，総重量で全体の30％近くを占めるという結果が出ている[2]．このことからも，ヘモグロビンを失うというきわめて特殊な進化を遂げたコオリウオ類は，南極海において最も繁栄している魚類群の1つといえる．

〔岩見哲夫〕

文 献

1) Iwami, T. and Kock, K. H., 1990, *Fishes of the Southern Ocean* (Gon, O. and Heemstra, P. C., eds.), J. L. B. Smith Institute of Ichthyology, 381.
2) Eastman, J. T., 2005, *Polar Biology*, **28**, 93.

4-9 不凍魚

cold-adapted fishes

不凍糖タンパク質,不凍ペプチド,無糸球体腎

気温が0℃を下回るような環境に接する海水域では,生息環境は凍結することなく維持されていても,体内で氷の結晶が生じ,生命維持に問題を生じる可能性がある.

軟骨魚類(いわゆるサメ・エイ類)を別として,温帯域に生息する通常の海産魚類の体液には塩化ナトリウムをはじめ種々の塩類や尿素,アミノ酸,グルコースなどが含まれているので,0℃では凍結せず,だいたい-0.7℃が氷点(凝固点)となっている.しかし,一般に海水は-1.9℃まで凍結しないため,この程度の氷点降下では南極・北極といった極域の沿岸で遭遇する低水温環境において自身の凍結を防ぐことができない.さらに,海水の凍結温度は塩分濃度や圧力などさまざまな要因で変動し,時には-2℃以下の過冷却と呼ばれる状態も存在する.そのため,極域の特に沿岸域に生息する魚類は,体液組成によって得られる氷点降下に加えて,何らかの耐凍結手段をとらなければならなくなる.このような,耐凍結手段をもって海水の氷点以下に体液の凍結温度を下げている魚類を,不凍魚と呼んでいる.したがって,不凍魚といっても,あくまでも液体として存在している海水中で凍らないということで,-10〜-20℃といった,一般的な冷凍庫の温度でも凍結しないということではない.

a. 不凍物質

南極海沿岸に生息する,ナンキョクカジカ亜目・ナンキョクカジカ科のボウズハゲギス(*Pagothenia borchgrevinki*;図1参照)は,周囲に氷があっても-2.3℃まで凍結

図1 ボウズハゲギス.昭和基地近くの定着氷直下より採集された個体.全長約25 cm.

しないことが知られている.

体液中の塩化ナトリウムやその他のイオン類によって期待される氷点降下は約-1℃なので,残りの1℃分以上の氷点降下は,何らかの不凍物質によって生じたものである.この役割を担っているのが,不凍タンパク質または不凍糖タンパク質と呼ばれる物質である.この不凍糖タンパク質は,3個のアミノ酸(アラニン-アラニン-トレオニン)と1個の二糖類が基本単位となって構成されており(図2参照),ボウズハゲギスの血液中からは分子量が異なる8種類の不凍糖タンパク質が確認されている.ただし,一部のアラニンがプロリンという別のアミノ酸と置き換わっているものもある.

この不凍糖タンパク質の機能は,体液中に生成される微小な氷の表面に吸着して結晶化を阻害することで,それ以上氷の結晶が成長できず,結果として細胞や組織に障害を引き起こすレベルの凍結を防いでいる.このように,不凍糖ペプチドの示す耐

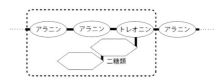

図2 不凍糖タンパク質の基本構造.点線で囲まれた部分を単位として構成されている.

凍結性は，種々の塩類やイオン類などが示す凝固点降下とは異なり，分子レベルの立体障害が効果的に機能したものである[1]．

不凍物質には，この不凍糖タンパク質以外に，不凍ペプチドが知られている．不凍ペプチドにも分子量の異なる4種類があり，不凍糖タンパク質同様アラニンを多く含む．耐氷結性の機構も，不凍糖タンパク質同様，氷の結晶表面に吸着することによる成長阻害である．

b. 不凍糖タンパク質の起源

ナンキョクカジカ科の持つ不凍糖タンパク質の遺伝子を解析した結果，その起源はトリプシノゲン様のタンパク質分解酵素遺伝子であることが判明している．この変化は今から約4200万から2200万年前に生じたものと推測されており，南半球の寒冷化時期とも一致していることから，低温環境への適応の結果と考えられている[2]．不凍糖タンパク質は，ナンキョクカジカ科以外にも，コオリウオ科，カモグチウオ科など，南極大陸周辺の低水温海域に生息するナンキョクカジカ亜目魚類に見出されている．北極海に分布するタラ科魚類の一部にも類似の不凍糖タンパク質が存在するが，遺伝子の解析からその起源は異なっていることがわかっており，北極・南極の魚類が類似した物質を持っていることは収斂の結果である．

なお，もう1つの不凍物質である不凍ペプチドは，南極海に分布するナンキョクカジカ科やゲンゲ科魚類の一部にみられるほか，北極海に生息するカレイ科，ケムシカジカ科，カジカ科，クサウオ科，オオカミウオ科，タウエガジ科，キュウリウオ科，ニシン科など，広い分類群にわたって存在が確認されている．

c. 不凍糖タンパク質に関連した適応

不凍糖タンパク質の分子量は比較的小さいため，本来なら腎臓の糸球体において他の血液中の老廃物とともに排出されてしまう．しかしながら，放射性同位元素を用いた実験でも尿中への排出はみられない．その理由は，不凍糖タンパク質を持つ魚類の腎臓は濾過装置である糸球体を欠く無糸球体腎となっているからで，主として分泌と類似した機構で不要な物質を尿中に出すように進化している．無糸球体腎の発達は不凍糖タンパク質の発現と並行してみられる現象で，合成した不凍糖タンパク質を無駄に排出されないようにするための適応と考えられる[3]．

〔岩見哲夫〕

文 献

1) DeVries, A. L., and Cheng, C.-H. C., 2005, *The physiology of polar fishes*（Farrell, A. P., and Steffensen, J. F., eds.），Elsevier Academic Press, 155.
2) Near, T. J. et al., 2012, *PNAS*, **109**, 3434.
3) Eastman, J. T., 1993, *Antarctic fish biology*, Academic Press.

4-10 南極海の魚のこども，そのくらし
early life of fish larvae in Antarctic Ocean

ノトセニア，海氷，進化，骨格

　魚類は水があるところならどこにでも，といってよいくらい地球上のあらゆるところで適応放散することに成功した．その生息域は標高5000 mの源流域から8000 mの深海にまで至る．もちろん，真冬には広大な面積が海氷に覆われる南極海もその例外ではなく，およそ300種が生息している．しかし，魚類全体でおよそ3万種であることを考えると，広大な南極海にたった300種ということは，その生息環境の厳しさを物語っているのではないだろうか．実際に，ほとんどが南極海に分布するノトセニア類（ここではノトセニア亜目というグループを指す）では，-1.9°Cでも凍らないために不凍物質を持つことや，ヘモグロビンを持たないことなど，かなり特殊な進化を遂げた例もみられる．ここでは，やはり少し変わった南極海での魚のこども（専門的には仔魚と呼ぶ）のくらしをみてみよう．

　南極海の生態系は季節的な海氷の増減に大きな影響を受ける．冬季に2000万km^{2}の海面を覆う海氷は春から夏にかけて，大陸の周辺に一部を残し，ほとんどが融解してしまう．もともと冬季には日照時間がどんどん短くなるが，氷やその上に積もった雪によって，海中に届く太陽エネルギーはさらに乏しくなる．薄暗いあるいは真っ暗な海中では，基礎生産者である植物プランクトンは増えず，それを餌とする動物プランクトン量が増大することも難しくなるだろう．一方，春から夏の海氷の融解に伴って海中に光が届くようになり，生物生産は活発になる．海氷の融解に伴い，植物プランクトンが大増殖することがあり，それに合わせて動物プランクトンも増殖する．多くの魚類は，この時期に卵が孵化するようにタイミングを合わせているらしい．

　仔魚は孵化してしばらくの間，卵黄や油球といった内部栄養を持ちこれを使って発育するため餌を取る必要はないが，内部栄養を使い果たす前に，外部栄養つまり動物プランクトンなどの餌を捕らえられないと餓死してしまう．この餌の食べ始めの時期に，小さな口に合う大きさ，乏しい遊泳力でも捕らえられるくらい動きが遅いこと，それなりの栄養価をもつこと，さらに十分に高い分布密度といったいくつもの条件を備えた餌環境が仔稚魚の周りにあることが，生き残りに求められるのである．

　このような仔稚魚の生き残り戦略や親の産卵生態についてはまだよくわかっていないことが多いが，海氷の存在や融解過程が大きくかかわっていることは間違いないであろう．実際にコオリイワシ（*Pleuragramma antarcticum*，ノトセニア科）は定着氷の下で産卵し，卵は氷の下に形成される無数の氷の隙間にみられる．これはおそらく卵が捕食から免れるのに役立っていると考えられ，海氷の動態（増減）がコオリイワシの個体群動態に影響を及ぼしていることが想像される．このことは，この魚を重要な餌としているペンギン類や飛翔性海鳥類の個体群変動や繁殖成功率にもかかわってくる．地球温暖化によって海氷が減少すると，食物連鎖を通じて生態系全体に大きな影響を及ぼすことも考えられる．

　ノトセニア類の卵は概して巨大である．普通魚の卵は直径1～3 mmの範囲に収まるが，ノトセニア類には3～5 mmのものも多い．このような大きな卵でさらに油球を持たないことから，そのほとんどが沈性卵（比重が大きく海底に沈むか岩などに付着する）と考えられており，実際に海底に浅い穴を掘ってそこに産卵するもの，岩の

上に産卵するもの，あるいはカイメンに産卵するものなどがいる．少なくとも一部の種では，親が産卵した卵を孵化するまで守る行動をすることが知られている．孵化までに数ヶ月はかかるらしく，その間守る親もたいへんである．

ノトセニア類はうきぶくろ（鰾）を持たないため，そのほとんどが底生性であるが，孵化した仔魚は，親と同じような形態になるまで海中をプランクトンのように漂いながら生活する．この期間もまた長い．種によっても異なるが，1年以上にわたって浮遊生活をする種もある．このように長く，ある程度成長するまで浮遊生活を送ることは，海底付近に多い魚類などの捕食者から逃れるために有利と考えられる．

図は骨格を観察するための処理を施した，コオリウオ科の1種の仔魚である．仔魚といっても体長35 mmもあり，海産魚類の中では非常に大きい仔魚といってもよい（実際には45 mmくらいまで中層で採集される）．しかしこの時点でも，この仔魚は脊椎骨が完成しておらず，まだ脊索が残っている状態である．これはうきぶくろを持たない魚が浮くための適応とも考えられる．骨格は脊椎動物にとって最も密度の高い（重い）パーツであり，骨格の形成を遅らせて体全体の比重を小さくしようしているのである．頑丈な骨格がよく発達した筋肉の付着基盤となることを考えると，この仔魚は活発に泳ぎ回ってくらしているとは考えにくい．一方で，顎（頭部）の骨格はすでによく発達し，その大きさも体の大きさに比べてアンバランスに大きい．さらに，多くの犬歯状の歯が多数並んでいることも観察できる．泳ぐ気はあまりないが，喰う気はマンマンなのである．

これらの骨格の状態から考えると，この仔魚は，表層・中層を泳ぐというよりも漂いながら，餌の動物プランクトンがうっか

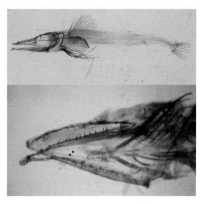

図 コオリウオ科の一種の仔魚（体長35 mm）．透明二重染色骨格標本．軟骨と硬骨がそれぞれ青と赤に染色され，筋肉は薬品で透明化されている．脊椎骨はまだ形成されていないが（上），顎や歯は十分に発達している（下，頭部を左斜め下から見たところ）．［口絵10参照］

り近づくのを待ち，その大きなよく発達した顎で瞬間的に吸い込み，そしてそれが不釣り合いに大きな餌だったとしても，鋭い歯でくわえ込んで逃れられないようにして捕食することが想像できる．

泳ぎ回って餌を探さないということは，泳ぎ回って得られるエネルギー（餌）が泳ぐことで消費されるエネルギーに見合わないことを示している．つまり，中層域での餌の密度がそれだけ小さいのである．彼らの生息域は南極海の中でもさらに高緯度域なので，特に日射の乏しくなる秋～冬季には餌の密度は小さくなるかもしれない．また，0°Cにも満たない海水中に生息する彼らにとっては，水の粘性が大きな抵抗となっているはずである．水の粘性は低温になるほど大きくなり，泳ぐために消費されるエネルギーもそれだけ大きくなるからだ．やはり動き回らない方が得策なのだ．ノトセニア類は，成魚のみならず子供時代のくらしにおいても，その寒冷な環境に適応し進化してきたのである．　　　〔茂木正人〕

4-11 ホッキョクダラ

polar cod (Arctic cod)

寒冷適応, 温暖化指標種, 生態系鍵種

タラ科魚類は世界に55種生息するが,ホッキョクダラ Boreogadus saida (図1) は, 血液中に不凍タンパク質 (antifreeze protein) を持つ冷水性種である. 本種は北極海盆およびその縁辺海域に環状に分布し, グリーンランド周辺, ハドソン湾, 北部ベーリング海にも生息している[1]. 近縁種の Arctogadus galacialis は, グリーンランド北部沿岸域と北極海海盆の西側海域に局所的に分布している.

本種は, 北極海海盆および縁辺の氷縁生態系において, 動物プランクトンなどの低次栄養段階と海生哺乳類や海鳥類などの高次の栄養段階をつなぐ鍵種である. また, 海氷・氷縁生態系の低温, 淡水から通常海水までの広塩分環境に適応した魚類であり, 将来の地球温暖化に伴う海氷の減少は, 種自体の存続にも危機をもたらすことから, 北極海の温暖化指標種ともいえる.

これまで, ホッキョクダラの生物学的特性に関する研究は, おもに北極海のロシア側海域やバレンツ海などでなされてきた. 本種の分布については, 多くの研究で海氷縁辺に出現することが報告されており, 海氷の季節的な分布の変化が本種の分布に影響を与えると考えられるが, その実態には不明な点が多い. また, 本種の産卵は12月から2月の海氷下であるため, その再生産過程に関する情報も不足している.

これまで筆者らは, 1990年代からの北海道大学練習船「おしょろ丸」による北部ベーリング海, チャクチ海での調査航海時に, ホッキョクダラの分布特性などを調べてきた. 加えて, 生きたホッキョクダラを持ち帰り, 飼育実験によって繁殖生態などを調べてきた[2]. そこで, これまで明らかにできた本種の生活史の特徴について, 既往の知見とともに以下に紹介する.

本種は, タラ科魚類の中で最も小型種で, 最大体長 (全長) は40 cm, 成魚は20～25 cmで寿命は3～7歳である. 体重は, 15 cmで約25 g, 20 cmで50 g, 25 cmで75 gである. 成熟年齢は海域によって異なり, ビュフォート海やロシア沿岸では, 雄が2～3歳, 雌は3歳以上, 白海では雌雄とも4～5歳とされている[1].

産卵期は, 海域によってやや異なるが, おおむね12月から2月で, 飼育実験下でも産卵は2月中であった. 飼育下では, 5℃以上での長期飼育は難しく, 3℃以下であれば1年以上の飼育が可能である. このことから, 夏季の索餌期中には2～7℃, 時には10℃前後の高水温域にも出現するが, その生息適水温は3℃以下と判断される. 産卵は, 一生で1回と推定されており, 飼育下でも1回の産卵で全完熟卵を放出した. 孕卵数は, 1万～2万個であり, 飼育下の全長21 cmの5歳魚は約1万4000個の完熟卵を放出した. 卵径は1.5～1.7 mmで, 油球を持たない分離浮遊卵であり, タラ科魚類の中で最も大きな卵を産む.

本種は, 産卵に多量のエネルギーを費やすために, 産卵後は斃死するとされている. ただし, 飼育下では, 産卵後の雌雄の一部が摂餌を開始し, 翌年の産卵期まで生

図1 産卵直前のホッキョクダラ (雌)

存した．筆者らは，ベーリング海セントローレンス島南の3℃以下の冷水域で，夏季に採集したホッキョクダラ成魚の生殖腺を組織学的に調べ，雌雄とも経産卵魚の生存を確認している．これらのことから，本種もタラ科魚類特有の多回産卵 (iteroparous, 高年齢まで毎年産卵する) 魚であるが，産卵後の疲弊と海氷下の餌不足，加えて捕食によって多くの親魚が死亡すると推定される．

筆者らは，ホッキョクダラの発生卵および孵化仔魚の最適生存のための水温・塩分について，飼育下で自然産卵および人工授精した卵を用いて精査した[2]．その結果，正常な卵発生は−1.5℃～3℃の範囲で，最も高い孵化率は0.5℃～3℃であった (図2)．受精から50％孵化までの日数は，−1℃で75日，1.5℃で44日，3℃で35日であった．一方，塩分は32.1から40.8までの高塩分濃度下で70％以上の高い孵化率を示したが，22.5以下の低塩分下では孵化率は20％以下と低かった．また，孵化仔魚を無給餌で飼育した結果，塩分濃度は12.9から40.8の広い範囲で生存し，3℃以下の水温では，より低水温ほど長期間生存し，1℃では70％の孵化仔魚が飢餓条件下でも1ヶ月生存した (図2参照)．なお，チャクチ海での海氷縁辺から開放海域までの稚魚ネット，ボンゴネットなどによる稚仔魚の採集から，仔魚は氷縁域で多く採集され，より成長した稚魚ほど氷縁から離れた開放海域で採集されている．

これらのことから，ホッキョクダラの再生産-加入過程は，自然下では以下のような海洋環境変化に適応しているとの仮説を提案した (図2参照)．①本種は，冬季に結氷する季節海氷縁辺域で産卵し，その浮遊卵は海氷の下で発生する．その産卵盛期は2月と推定される．②この環境は，低水温で，塩分は32以上と高く，その環境下

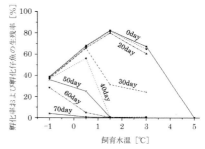

図2 ホッキョクダラの孵化率，および孵化後の仔魚の生残率と水温の関係[2]

で正常発生する．③孵化日数は，3℃以下では1ヶ月以上，マイナス水温では2ヶ月以上となる．④季節海氷の融解時 (海域によって4～6月と幅が広い) に孵化するが，その環境下の低温，広塩分変化に耐性を持ち，かつ1ヶ月程度の長い飢餓条件下でも生存できる．⑤融氷後の鉛直混合と成層化，その後の植物プランクトンのブルームと動物プランクトン幼生の大量出現に遭遇し，摂餌を開始する．⑥仔稚魚は，成長しながら海氷縁辺から餌生物の多い海域へと移動する．

以上が，これまでの飼育実験とフィールド調査から導き出されたホッキョクダラの再生産-加入仮説である．その後の成長期のホッキョクダラは，餌となるアミ類，端脚類，カイアシ類を摂餌している．成熟して産卵するまでの大規模回遊などの知見は少ない．ただし，最近のチャクチ海での海洋調査では，夏季の索餌期には，3℃以上の高水温域にも生息域を拡げること，また高水温で餌環境が良いほど成長が早いという知見が得られつつある．

〔桜井泰憲〕

文　献

1) Cohen, D. M. et al., 1990. *FAO Fisheries Synopsis*, **10**, 125, 442.
2) Sakurai, Y. et al., 1998. *Mem. Fac. Fish. Hokkaido Univ.*, **105**, 77.

4-12 極域の海鳥類

polar seabirds

海氷縁,潜水,飛翔,渡り

海鳥とは,生涯の多くを海の上ですごし,餌のほとんどを海に依存する鳥類のことを指す.世界には約310種類,約7億羽の海鳥が生息しており,年間6980万tの餌を消費していると考えられている.そのうち餌の消費量順で上位20種に限ってみると,1種を除いてすべてが緯度30°以上の高緯度海域を主な生息地とする種類であり,この19種で世界の海鳥の餌消費量の約7割にあたる4600万tの餌を消費している[1].彼らは,ときに数百万に及ぶ個体が離島や海岸の崖などに集団繁殖地を形成して繁殖する.このように,種類は多くないながらも個体数が多く,人間による年間海面漁獲量(約8000万t)の半分以上にのぼる量の水産資源を消費している点が,高緯度海域の海鳥類の大きな特徴である.

高緯度海域に多くの海鳥が集まるのは,春から夏にかけて餌の量が一気に増えるからだと考えられている.特に,海氷のある海域とない海域の境界である海氷縁(sea-ice edge),冷たい海域と暖かい海域の境界である極前線(polar front),浅い大陸棚と深い外洋域の境界である陸棚斜面(shelf edge)など,性質の異なる海洋環境の境界で,春から夏にかけて大型動物プランクトンや魚類が大増殖する.これらの海域が極域の海鳥にとっての採餌のホットスポットとなっている.北極域ではカラフトシシャモ,ニシン,イカナゴ,スケトウダラ,ホッキョクダラ等の魚類,南極域ではナンキョクオキアミ(Antarctic krill)等のオキアミ類やコオリイワシ等の魚類,また両極域でハダカイワシ等の魚類,イカ類,大型のカイアシ類や端脚類などの動物プランクトンが海鳥の主な餌生物である.海鳥の排泄物は窒素やリンに富むため,両極域では,海鳥類の営巣地が陸域生態系への貴重な栄養塩の供給源となっている.

海鳥の体の形状や生活スタイルは,種によってさまざまである.高緯度海域の海鳥の主な構成種は,北半球の特有種ではウミスズメ類,南半球の特有種ではペンギン類,両極にわたって分布する種ではアホウドリ類,ミズナギドリ類,カモメ類などである.

南北の潜水性の海鳥の代表であるペンギン類とウミスズメ類は系統が大きく異なり,ウミスズメ類は飛行できるがペンギン類は飛行できないという違いがある.しかし,水中で遊泳抵抗の小さくなるような流線型の体型と小さな翼,撥水性の高い羽毛を持ち,血中酸素の保有能が他の海鳥に比べて高く,水中で目立たない白い腹面と黒い背面の配色を持つなど,ともに潜水に特化した体の特徴を備えている(図1).これは,系統の大きく異なる種間でも,似たような環境下で同じような形質が観察される収斂進化の具体例だとされている.

飛翔性の海鳥であるアホウドリ類や大・中型のミズナギドリ類,カモメ類は,体重の割に長く大きな翼を持っていたり,中空構造の骨格で体重を軽くしたりしている.このような体の特徴によって飛ぶのに必要

図1 北極域に生息するハシブトウミガラス(左)と南極域沿岸に生息するアデリーペンギン(右)

な揚力をわずかな力で得ることができる．中でも最大 3.5 m の翼開長を持つワタリアホウドリは，水面すれすれまで滑らかに降りてきた後，そのスピードにのって高くまで舞い上がり，翼で風を受けて加速をつけながら再び降りていく，という独特の飛び方をする（図2）．その結果長時間ほとんどはばたくことなく飛び続けることができる．このような飛翔方法はダイナミックソアリング（dynamic soaring）または帆翔（はんしょう）と呼ばれ，亜南極等の偏西風の強い海域で，エネルギー消費を抑えつつ長距離を飛びながら生活することを可能にしている．

体や翼の大小，潜水能力の有無といった体の特徴から，生息域にいたるまで，多様性が特に高いのがミズナギドリ類である．体の大きさでは，体重 5 kg，翼開長 2 m におよぶオオフルマカモメから，体重 170 g，翼開長 60 cm のクジラドリまで大きな幅がある．潜水能力に関しては，飛翔性でかつ最大 70 m まで潜水することのできるハシボソミズナギドリやハイイロミズナギドリなど，高い潜水能力を持つ種がいる．さらに生息域に関しては，北極域に生息するフルマカモメから，南極域に生息するユキドリまで，世界中にさまざまな種が生息する．

高緯度海域に生息する海鳥は，生産力の高い夏期に高緯度で繁殖し，環境が過酷で餌の不足する冬期には比較的温暖なより低緯度の海域に移動する季節渡りを行う．多くの種類で，季節渡りは極域から亜寒帯域または温帯域，亜寒帯域から温帯域または亜熱帯域などへの，各半球内での移動にとどまるが，ハシボソミズナギドリなどのように，冬期に赤道を通り越し，南半球と北半球を行き来して越冬する種類もいる．北極と南極の間を往復して渡るキョクアジサ

図2　風の強い南大洋をダイナミックソアリング（帆翔）して飛ぶワタリアホウドリ

シは，年間の渡りの総移動距離が 8 万 km にも達する[2]．

両極域で進行する海洋環境変動は，海鳥にさまざまな影響を与えている．たとえば北極域に生息する 2 種の近縁な海鳥，ウミガラスとハシブトウミガラスでは，年ごとの個体数の増加と水温の間に関係がある．ウミガラスでは平年より水温が少し低い年に個体数の増加率が最も高い．ハシブトウミガラスでは平年より水温が少し高い年に個体数の増加率が最も高い．水温がこれらの最適値より高すぎても低すぎても，両種ともに個体数は減少する傾向がある[3]．このように，ある海域の同時期の環境変化から，負の影響を受ける種もいれば正の影響を受ける種もいる．海氷や餌生物など，海洋生態系のどの要素の変化が，種によって異なる応答の原因となっているのか，環境変化と個体数動向のリンクを明らかにすることは，今後の大きな研究課題の1つである．

〔國分亙彦〕

文　献
1) Brooke, M. L., 2004, *Biol. Lett.*, **271**, S246-S248.
2) Egevang, C. et al., 2008, *Proc. Nat. Acad. Sci.*, **107**, 2078.
3) Irons, D. B. et al., 2008, *Glob. Change Biol.*, **14**, 1455.

4-13 ペンギン

penguins

潜水行動,海氷,温暖化

ペンギンは世界に18種が知られており,南極から熱帯のガラパゴス諸島まで南半球に広く分布している.18種のうち,南極(60°S以南の地域)で繁殖するのはコウテイペンギン(*Aptenodytes forsteri*),アデリーペンギン(*Pygoscelis adeliae*),ヒゲペンギン(*P. antarcticus*),ジェンツーペンギン(*P. papua*),マカロニペンギン(*Eudyptes chrysolophus*)の5種である.日本の昭和基地近くで見られるのは,南極大陸を分布の中心とするコウテイペンギン,アデリーペンギンの2種のみである.

ペンギンは飛行能力を失っており,潜水によって水中で魚・イカ・オキアミなどを捕食して生活している.潜水能力が高く,これまでに記録のある最大の潜水深度と最長の潜水時間はアデリーペンギンでは180 m・5分,コウテイペンギンでは564 m・27.6分となっている.ペンギンの体の形状は効率的に潜水を行うために特化しており,一般的な鳥類に比べて短い羽毛を持ち,翼がひれのような形状となり(フリッパー),体全体が流線型になることで遊泳抵抗を小さくしている.また体内の酸素保有量が高く,潜水中の心拍数や体温が低下するなど,長時間の潜水を可能にする生理機能も備えている.

南極に生息するコウテイペンギンの生態は,海氷と密接に関係している(図1).コウテイペンギンは南極の冬から初夏にあたる5~12月にかけて,陸地に固着した海氷上に集まって卵を温め,雛を育てる.親はこの間,海へ餌を獲りにいって繁殖地に戻るという行動を繰り返すため,繁殖地は数ヶ月以上安定した海氷の上につくる必要

図1 南極の海氷上で休むコウテイペンギン

がある.その一方で,海が一面の氷で覆われていると,潜水して水中の餌をとるために,海氷の縁まで歩いて移動する必要がある.ときには繁殖地から70 km近くも離れた海氷の縁まで歩いて餌を獲りに行くことがある.繁殖地から海氷の縁までの距離が長い年ほど,雛の巣立ち率が悪いことが報告されている.このようにコウテイペンギンは,繁殖地には安定した海氷が必要だが,餌取りには海氷の張り出しが大きすぎるとよくないというジレンマを抱えているといえる.アデリーペンギン(図2)など,南極に生息する他の種類は,海氷が大陸沿岸近くまで融解し,営巣可能な岩場が露出する夏の時期(11~2月)に卵を産み,雛を育てる.

地球温暖化の影響は南極半島域に生息するペンギンで顕著に現れていると考えられている[1].米国パーマー基地近くにあるアデリーペンギンの繁殖地では1975年には約1.5万ペアであったアデリーペンギンの個体数が,2012年には約2200ペアまで約80%近く減少した.この主な原因と考えられるのが,繁殖地周辺のオキアミの現存量の減少である.南極半島域では冬に海氷が張り出す面積や結氷期間が,温暖化に伴って大きく減少している.冬に海氷が張り出した場所では,アイスアルジーと呼ばれる藻類が海氷の直下に固着して繁茂する.アイスアルジーはオキアミの,特に冬期間の

図2 南極の露岩域で子育てをするアデリーペンギン

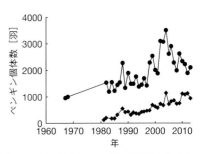

図3 昭和基地近くの2ヶ所の繁殖地におけるアデリーペンギンの個体数の経年変化

餌として重要である．実際に冬の海氷の張り出し面積が大きかった翌夏ほど，オキアミの現存量が多いという結果が報告されている．したがって，温暖化に伴う海氷環境の変化が，藻類，動物プランクトンという食物連鎖を通じて，アデリーペンギンに影響を与えていると考えられている．南極半島においては，アデリーペンギンだけでなく，ヒゲペンギンの個体数も減少しており，オキアミの現存量の減少を反映していると考えられている．その一方で，ジェンツーペンギンの個体数は多くの繁殖地で変化がないか，逆に増加している．ジェンツーペンギンも餌の多くをオキアミに依存しているが，なぜアデリー・ヒゲペンギンと違って個体数が減少していないのか，その原因はよくわかっていない．また，南極半島域においてはコウテイペンギンの小規模な繁殖地が2000年以降に消失した事例も報告されている．これは温暖化によって繁殖に適した安定した海氷がなくなったことが原因と考えられている．ただ，これらペンギン類の過去数十年にわたる個体数変化は，クジラやアザラシ等の海生哺乳類との餌をめぐる競合によっても影響されているので，哺乳類の個体数変化による効果と温暖化の効果を分離するのは難しいという指摘もある．

一方で，昭和基地を含めた東南極域においては気温の顕著な温暖化の傾向はみられず，ペンギンへの影響もはっきりとしない．南極半島域とは逆に，アデリーペンギンの個体数は東南極域の多くの繁殖地で長期的な増加傾向にある（図3）．この増加は海氷状況の変化に伴う餌環境の改善に起因すると考えられているが，まだ十分に検証されていない．コウテイペンギンの個体数変化についてはフランスのデュモンデュルビル基地近くの繁殖地で長期的な研究が行われている．1950年代から約6000ペアで安定していたペンギンの個体数は，海水温が高かった1970年代後半におよそ半減した．これまでに得られたペンギンの生存率と海水温の間の関係式と将来の温暖化予測によるシミュレーションから，21世紀末にはこの繁殖地が消失する可能性が指摘されている[2]．しかし，これには，別の繁殖地への分散を考慮していない，1980年代以降の個体数は安定しているなどの懐疑的意見もある．東南極域においてペンギンが顕著な温暖化の影響を受けているかどうか，今後の研究が必要である． 〔髙橋晃周〕

文献
1) 髙橋晃周ほか，2012，バイオロギング-「ペンギン目線」の動物行動学，第6章，成山堂書店．
2) Jenouvrier, S. et al., 2009, *PNAS*, **106**, 1844.

4-14 アザラシ

seal

潜水,海氷,温暖化,繁殖

北極圏の海にはタテゴトアザラシ(*Phoca groenlandica*)やズキンアザラシ(*Cystophora cristata*)など,計7種のアザラシが分布している.また南極海にはカニクイアザラシ(*Lobodon carcinophagus*)やウェッデルアザラシ(*Leptonychotes weddellii*)など,計5種のアザラシが生息している.アザラシは種によっては個体数が非常に多く,たとえばカニクイアザラシの個体数は南極海全体で5000万頭とも推定されている.つまりアザラシという動物は,北極,南極の厳しい自然環境下で最も繁栄している哺乳類だといえる.

北極のアザラシと南極のアザラシとの間には,行動パターンに顕著な差がある.北極には天敵のホッキョクグマがいるので,北極のアザラシは種にかかわらず警戒心がとても強い.氷上や陸上で休む際も,常に頭を海の方へ向けていて,何か異変を感じるとすぐにポチャリと海に飛び込み,泳ぎ去ってしまう(図1).それに対して,南極のアザラシは天敵がいないので,警戒心がすこぶる弱く,私たち研究者が近づいても逃げようとしない(図2).

そのような理由から,北極のアザラシは研究がしにくく,南極のアザラシは研究がしやすい.後で述べるような潜水生理学の研究は,主に南極のウェッデルアザラシを対象として発展してきたが,その背景には天敵の有無という北極と南極との根本的な違いがある.

さて,アザラシをアザラシたらしめている最大の特徴は,優れた潜水能力である.たとえば南極海のウェッデルアザラシは,深さにして300 m,時間にして20分ほど

図1 北極のアゴヒゲアザラシ

図2 南極のウェッデルアザラシ

の潜水を日常的に繰り返しており,最大で741 m・67分という潜水の記録を残している.ウェッデルアザラシを凌ぐ潜水能力を持つのは,キタゾウアザラシ(*Mirounga angstirostris*),ミナミゾウアザラシ(*M. leonina*)という2種のゾウアザラシである.どちらのゾウアザラシも,深さにして最大で2000 m近く,時間にして約2時間という驚くべき潜水の記録を残している.これに匹敵する潜水能力を持つ動物は,マッコウクジラ,アカボウクジラなどの大きなハクジラ類数種に限られる.

なぜアザラシは人間には絶対不可能な,深くて長い潜水をすることができるのだろうか.この素朴な疑問は潜水生理学と呼ばれる1つの研究分野を生み出し,いままでに数多くの研究がなされてきた.いまだに

わかっていない謎も多いのだが，わかってきたことをごく簡単に総括しよう．アザラシはまず，血液中にヘモグロビンと呼ばれる色素を，また筋肉中にミオグロビンと呼ばれる色素をそれぞれ多く持っており，そのために血液や筋肉の中に人間よりも多くの酸素を蓄えることができる．またアザラシは潜水を始めると心拍数が急激に下がり，代謝速度が抑えられ，そのために体内の限られた酸素をゆっくり使うことができる．さらに潜水の終盤，体中の酸素濃度は人間ならとうに意識を失ってしまうほどの低いレベルまで落ち込むが，アザラシはそれに耐えることができる．それらの総合的な効果として，アザラシは水中で長く息を止めることができ，そのため深く潜ることができる．

ところで北極のアザラシも南極のアザラシも，海氷に強く依存して生活している．海氷は彼らにとって休息の場であり，また浜辺で繁殖する一部の種を除いては，繁殖，子育ての場所でもある．そのため温暖化によって海氷の量が減れば，アザラシは負の影響を被るおそれがある．たとえばアゴヒゲアザラシの雌は毎年春の時期，ぷかぷかと浮かぶ海氷の上で子育てをしながら，海に潜って底生の餌を捕える．したがってその時期の海氷が減れば，アゴヒゲアザラシは繁殖の成功率を減少させる可能性がある．またワモンアザラシの雌は雪に埋もれた海氷の隙間で子育てをする．もし利用可能な海氷が減れば，ワモンアザラシの繁殖の成功率にも影響が出るおそれがある[1]．

さらに，スバールバル諸島（ノルウェー）のワモンアザラシ（*Pusa hispida*）は，夏の間に北極海を泳いで北上し，海氷の南端まで行くことが知られている．現地にしばらく滞在し，餌を獲って体に脂肪を蓄えるためである．もし温暖化のために海氷の南端が北上すれば，アザラシはより長い距離を泳がなければ海氷にたどり着けなくなり，エネルギー的な負担が大きくなると予想されている[2]．

〔渡辺佑基〕

文 献
1) Kovacs, K. M. et al., 2010, *Mar. Biodiversity*, **41**, 181.
2) Freitas, C. et al., 2008, *Ecol. Model*, **217**, 19.

4-15 ホッキョクグマ

polar bear

海氷, 生態系, 温暖化, 個体数

ホッキョクグマ（*Ursus martimus*）は北極を代表する大型哺乳類であり，地球温暖化の影響を真っ先に被ると考えられている象徴的な動物でもある．全身が真っ白な毛に覆われており，クマ類としては他に例をみない特徴的な外見をしているものの，実際は北海道に生息するヒグマの近縁種であり，同じ属に分類されている．

ホッキョクグマは北極海の食物網の頂点に君臨し，まわりの生態系や他の動物たちに計り知れない影響を与えている．たとえば北極のアザラシはホッキョクグマに襲われる危険が高いので，氷上で休んでいる際も警戒を怠らない．これは警戒を大いに怠る南極のアザラシとは非常に対照的である．またホッキョクグマの存在は，私たち極地の研究者にとっても大きな心配事になる．南極では自由にキャンプを張ってフィールド調査を進めることができるが，北極では常に誰かがライフル銃を携帯し，まわりを警戒していなくてはならない．

さて，ホッキョクグマの個体数変動や地球温暖化の影響を考える際には，この動物の調査がいかに難しいかを考慮に入れなければならない．ホッキョクグマは海氷の上を歩いたり，あるいは海面を泳いだりして広範囲を動き回るので，目視で観察しようとすれば，飛行機やヘリコプターをチャーターして上空から行わなければならない．また人間にとってきわめて危険な動物なので，捕獲調査の際には特別な装備を整え，慎重に行わなければならない．

筆者は一度，ノルウェー人の共同研究者の誘いを受けて，スバールバル諸島（ノルウェー）でのホッキョクグマの調査に参加したことがあるが，それは思いのほか大がかりな調査であった．

まず，砕氷能力のある大きな調査船でクマのいそうな海域まで移動する．次に，船上からヘリコプターを発進させ，上空からホッキョクグマを探しまわる．クマを見つけたらヘリコプターで近づき，少しずつ高度を下げていって，その間にすばやく共同研究者が麻酔銃を準備する．そして雪煙を蹴立てて走るクマのすぐ上空にヘリコプターをぴたりと付けたら，扉を開け，真下を走るクマ目がけて麻酔銃を発射する（図1）．麻酔が効くのを待ってから，ヘリコプターを近くの海氷上に着陸させ，そうした後にやっと，体長，体重の測定，血液の採取，GPSを組み込んだ首輪の取り付けなどの作業に入った（図2）．

これほど大がかりな調査は，他の野生動物の調査ではほとんどありえない．調査船とヘリコプターの両方を使用するので膨大な研究資金が必要になるし，ヘリコプターから麻酔銃を撃つという特殊な技能も必要である．しかもそこまでしても，1日に調査できるホッキョクグマはせいぜい1頭か2頭にすぎない．

このようにホッキョクグマはあまりに調査が困難な動物なので，これまでに得られた生態情報は，ごく限られたものでしかない．個体数変動の調査も，限られたエリアでしかなされておらず，しかもそのエリアですら全体像を正しく把握するのは難しい．

今までに一番徹底してホッキョクグマの個体数変動が調べられたのは，カナダのボーフォート海においてである．この海域では1971年からほぼ2年に1回の頻度で，ホッキョクグマの捕獲調査が行われている．捕獲された個体数に占める，再捕獲された個体数の割合から，海域全体のクマの個体数が見積もられている．それによると，ホッキョクグマの個体数は1970年代

図1 ホッキョクグマを追いかけている瞬間（ヘリコプターの中から撮影）

図2 麻酔で眠らせたホッキョクグマを調査

を通じて500頭前後から1000頭前後まで増加し，その後は2006年まで，1000頭前後で安定していた．つまりこの海域に関する限り，ホッキョクグマの個体数が減少しているという証拠は得られていない[1]．

ただし，同じカナダのハドソン湾では，ここ数十年の間に平均的な親グマの体重が減少し，かつ子グマや若グマの生存率が低下したことが報告されている[2]．個体数の変化はわからなくても，これらの情報は，ホッキョクグマが近年の温暖化によって負の影響を受けていることを強く示唆している．

ホッキョクグマは海氷の上を歩き回り，その割れ目などから獲物（おもにワモンアザラシ）を捕らえ，命をつないでいる．とりわけ重要なのは，夏のワモンアザラシの子育てのシーズンだ．この時期に子アザラシを捕れるだけ捕って体脂肪を蓄え，エサの少ない残りの時期を乗り越えるというのがホッキョクグマの生存戦略である．したがって，温暖化によって夏の時期の海氷が減り，狩りのチャンスを失うことは，ホッキョクグマにとっては致命的な痛手になると考えられている[3]．

北極の温暖化がホッキョクグマの生態や個体数に与える影響を正しく理解し，必要な保全策を講じるためには，地道な調査を続けていくしかない． 〔渡辺佑基〕

文 献
1) Stirling, I. et al., 2011, *Ecol. Appl.*, **21**(3), 859.
2) Stirling, I. and Derocher, A. E., 2012, *Glob. Change Biol.*, **18**, 2694.
3) Kovacs, K. M. et al., 2010, *Mar. Biodiversity*, **41**, 181.

4-16 クジラ類

cetaceans

ハクジラ類,ヒゲクジラ類,回遊

　鯨偶蹄目の鯨凹歯類に属する水生哺乳類の総称であり，現在約90種が知られている．クジラ類には，歯を持つハクジラ類（toothed whales, 約76種）と，歯の代わりにヒゲ板と呼ばれるケラチンタンパク質の器官が左右の上顎から数百枚ずつ下垂しているヒゲクジラ類（baleen whales, 約14種）とに分類される．両者では採餌方法が異なり，ハクジラ類は水中で超音波を発して，反響定位により餌を認知して捕食する．ヒゲクジラ類は餌を海水ごと口の中に入れ，ヒゲ板の細かい繊維で濾しとって摂餌する．慣習的には体長約4mよりも大きいものをクジラ，小さいものをイルカと呼ぶ．

　クジラ類が北極や南極の零下の海で暮らせるのは，皮膚の下にある厚い脂肪層のおかげである．1年中，北極域に暮らしているホッキョククジラの脂肪層は約50 cmにもなる．そのほかに，北極域に周年生息するクジラ類（好氷性種）にはシロイルカ，イッカクがあり，どの種も脂肪層が厚く，背びれがなく，頭頂部が硬くて薄い氷であれば割ることができるという特徴がある[1]．夏期，海氷後退とともに来遊する種（季節回遊種）には，ナガスクジラ，ミンククジラ，ザトウクジラ，コククジラ，シャチなどがいて，北極域で採餌を行う．

　南極域（南極前線から流氷縁）を主な生息地として利用するクジラ類には，ハクジラ類の3種（シャチ，ヒレナガゴンドウ，ダンダラカマイルカ）が知られている．その他に南極域に生息するハクジラ類には，アカボウクジラ科のミナミトックリクジラ，ミナミツチクジラ，ヒモハクジラがいるが，これら3種は洋上での見分けがつきにくく，詳しい分布については不明である．またマッコウクジラについては，オスのみが南極域に来遊する．季節回遊種として，ヒゲクジラ類のシロナガスクジラとその亜種であるピグミーシロナガスクジラ，ナガスクジラ，ザトウクジラ，イワシクジラ，クロミンククジラ，ドワーフミンククジラ，ミナミセミクジラがおり，高密度なナンキョクオキアミの群れを摂餌する[1]．

　南極域のシャチについては，外見が異なる3つのエコタイプが確認されている．タイプAは主にクロミンククジラを捕食し，タイプBはタイプAより体長が少し小さく，目の上方にある白い部分（アイパッチ）が大きい．主に鰭脚類を捕食しており，流氷上にアザラシを見つけた群れは，隊列を作って流氷に向かって泳ぎ，波を起こしてアザラシを海に落とし，襲って食べる．タイプCは最も体長が小さく，アイパッチは斜めで細く，主に魚食性だと考えられている．タイプBとCは背部にドーサルケープと呼ばれる濃灰色の部分があり，体色は薄灰色であるが，体表面に珪藻が付着して黄色がかって見えることもある．

　極域における大型クジラ類の分布や生態については，商業捕鯨時代の情報によりもたらされてきた．そして商業捕鯨の一時停止（モラトリアム）以降は，船や飛行機による目視調査が行われている．近年では，サーモグラフィーによる噴気の検出，設置型音響記録計による鳴音モニタリングなども行われている（図1）．

　近年の海氷減少によって，クジラ類の回遊行動にも変化がみられている．衛星発信器による追跡の結果，2010年にグリーンランド西部のホッキョククジラが北西航路を通り，反対側からやってきたアラスカの個体と同時期に北極諸島バイカウントメルヴィル海峡に滞在したことが初めて明らかとなった[2]．また，同じく2010年に現在は

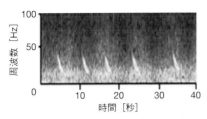

図1 チャクチ海南部に設置した音響記録計によって記録されたナガスクジラの鳴音

図2 チャクチ海でシャチに襲われたコククジラ．北海道大学練習船おしょろ丸北極航海中に撮影された（撮影：関口圭子博士）[口絵11参照]

太平洋側にしか生息しないはずのコククジラが地中海で目視され，北極を横断したのではないかと考えられている[3]．このように北極の海氷減少は，分断された系群の交流促進，分布域の拡大というはたらきがあるものと考えられる．また，海氷密接度の高い海域には侵入できないシャチが，海氷減少に伴い北極域に侵入することにより，他のクジラ類や鰭脚類を捕食することが考えられ（図2），北極域における生態系変動を加速させることが危惧されている．

また，北極では船の往来や油田・ガス田の開発活動が活発化していることから，船への衝突事故の増加やタンカー座礁などの事故による海洋汚染の可能性が懸念されている．そのほかに，海中騒音の問題がある．クジラ類は鳴音を他個体とのコミュニケーションや，採餌のために使っているが（図1），船のエンジン音や，エアガン音（油田探査法の1つ．エアガンで地震波を発生させる．seismic airgun survey）が増え，クジラ類への影響が危惧されている．

北極域のイヌイットは，数千年にわたって捕鯨を行っており，肉や脂肪を食料として，鯨油を燃料に，骨を住居の骨組みなどとして利用してきた．ホッキョククジラの商業捕鯨は16世紀からバスク人によって始められ，その主な目的は鯨油であったが，17世紀までに，4mにもなるヒゲ板も重要な商品となった．ヒゲ板を蒸して曲げると，冷めた後も形をとどめるため，コルセットや傘など，さまざまな加工品の材料として重宝された．しかし乱獲により資源は激減し，1931年に国際連盟の枠内で制定された国際捕鯨条約により保護されることとなった．現在では原住民生存捕鯨が行われている[1]．

北半球のクジラ類資源が枯渇すると，亜南極や南極の島々に捕鯨基地が進出し，20世紀初頭には南極海捕鯨が開始された．ザトウクジラ，シロナガスクジラ，ナガスクジラ，イワシクジラと次々に乱獲と資源崩壊を繰り返し，1982年に南極海の商業捕鯨モラトリアムが決定された．

捕鯨によって大型クジラ類が生態系から除去されたことにより，他種によるニッチの占有，シャチの捕食対象種のシフト，といった変化が現在の生態系にも引き続き影響を及ぼしているという研究報告がある[4]．

〔三谷曜子〕

文 献

1) Perrin, W. F. et al. (Eds), 2009, *Encyclopedia of Marine Mammals*, 2nd Ed, Academic Press, 1316.
2) Heide-Jørgensen, M. P. et al., 2012, *Biol. Lett.*, **8**, 270.
3) Scheinin, A. P. et al., 2011, *Mar. Biodivers. Rec.*, **4**, e28.
4) Springer, A. M. et al., 2003, *Proc. Natl. Acad. Sci. USA*, **100**, 12223.

5

海洋物理・海氷

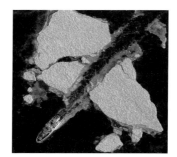

5-1 海氷・海洋アルベドフィードバック
ice-ocean albedo feedback

海氷融解過程, 季節海氷域, 正のフィードバック

a. 海氷のアルベド

日射に対する反射率をアルベド（albedo）といい，アルベドの値の大きい地表面ほど日射を反射し，小さい地表面ほど日射を吸収する．海氷上の積雪のアルベドは，新雪の場合は0.9程度であり大部分の日射を反射してしまう．降雪から時間が経って，ある程度締まった状態の積雪のアルベドは0.8程度，融けかけている積雪のアルベドは0.6程度まで下がる．積雪がない海氷のアルベドは0.5程度である．一方，海面のアルベドは0.1未満と，海氷に比べてとても小さい．したがって日射量が同じ場合，海面は海氷表面に比べ，はるかに多くの日射を吸収することになる．

b. 多年氷域・季節海氷域

海氷が夏期でも融けきらず次の結氷期まで残り，何年も存在するような海氷域を多年氷域という．一方，夏期には融けてなくなってしまうような海氷域を季節海氷域という．典型的な多年氷域は北極海であり，典型的な季節海氷域は南極海である．身近なところでは，オホーツク海も季節海氷域である．全球の海氷分布については口絵参照．

c. 海氷融解過程

大気と海洋・海氷間の熱のやりとりは，短波放射（日射）ならびに長波放射の放射によるものと，顕熱ならびに潜熱の乱流熱フラックスによるもので行われる．高緯度地域では夏期になるに従って日射時間が長くなり，短波放射が熱フラックスの主な成分になる．

一面を海氷で覆われる北極海の多年氷域では，表面融解が卓越し，メルトポンド（melt pond）が形成される．メルトポンドは，海氷の表面に融け水で形成される水溜まり（池）である．したがって北極海の多年氷域における海氷の融解は，基本的には大気と海氷間の熱収支で決まる．

一方で海氷表面よりもずっとアルベドが小さい海面の部分が海氷域に存在する場合，そこで膨大な量の日射が吸収され，海洋上層が暖められることになる．そしてこの熱は，海氷の側面と底面の融解の主な熱源になる．この効果は，相対的に氷盤間の海面の部分の割合が大きい氷縁域や季節海氷域で重要になる．

d. 海氷・海洋アルベドフィードバック

「アイス・アルベドフィードバック」は，気候変動に関する用語の1つである．たとえば，温暖化によりいったんアルベドの大きな雪氷圏の面積が小さくなると，アルベドの小さな地面が露出し，日射を吸収することによりさらに雪氷圏が後退して温暖化していく．逆に寒冷化により，いったん雪氷圏の面積が拡大すると，日射が反射されることによりさらに雪氷圏が拡大して寒冷化していく．このような正のフィードバックを伴う気候プロセスに用いられる．

融解期の海氷域において，もし氷盤間の海面の部分から海洋上層に入る日射によって海氷が主に融解するなら，次の正のフィードバックが働きうる．海氷融解初期にいったん海氷が減少（増加）すると，それに伴い増加（減少）するアルベドの小さな海面の部分から海洋上層に入る日射が増加（減少）する．この海洋の熱によって海氷がさらに減少する（海氷の減少が抑えられる）．この効果は，海氷表面と海面のアルベドの違いにより生じるので，アイス・アルベドフィードバックの一種とみなすこと

ができる．アイス・アルベドフィードバックは，通常は複数年にわたる気候プロセスに用いられる．一方ここで述べている海氷域のアルベドフィードバックは，季節変動（海氷融解期）の時間スケールにおける海氷変動も含めて説明することができる．このような海氷域のアルベドフィードバックを「海氷・海洋アルベドフィードバック」という．

海氷・海洋アルベドフィードバックは，季節海氷域の海氷後退の年々変動を説明する重要な過程の1つである．典型的な季節海氷域である南極海では，海氷融解初期に沖向きの風が吹くと，海氷野が発散場になりアルベドの小さな海面の部分が増え，そこから海洋上層に入る日射が増加し，例年よりも早く海氷が融けてなくなることが示されている[1]（図a）．逆に海氷融解初期に岸向きの風が吹くと，海氷野が収束場になり海面の部分が減り，海洋上層に入る日射が抑えられて，例年よりも遅くまで海氷が残ることが示されている（図b）．同様な傾向は，オホーツク海の海氷融解期でも示されている[2]．

融解期の海氷の多寡は，大気から海面の部分を通って海洋上層へ入る熱の多寡を生む．この熱の違いは，次の結氷期に影響を及ぼしうることが南極海で示されている[3]．つまり，融解期に海氷が少ない（多い）ほど海洋上層へ入る熱が多く（少なく）なり，結氷を遅らせる（早める）．これも海氷・海洋アルベドフィードバックの1つとみなすことができる．

海氷・海洋アルベドフィードバック効果が重要な役割を果たすのは，季節海氷域の海氷融解期であり，典型的な多年氷域である北極海ではそれほど重要ではないと考えられていた．北極海の夏期海氷面積は，こ

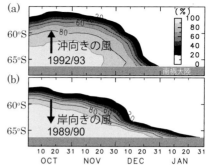

図　人工衛星観測による南極昭和基地沖の南北方向（沿岸線に対して沖向き・岸向き方向）の解析ライン上における海氷融解期の海氷密接度の時系列．(a) 融解期初期（11月頃）に海氷の発散を引き起こす沖向きの風が卓越した1992/93年．12月中には海氷が融けてなくなっていることが示される．(b) 岸向きの風が卓越した1989/90年．1月下旬まで海氷が岸近くに残っていることが示される．

の30年間で半分近く減少したことが示されている（⇨5-12「北極海の海氷減少と地球温暖化」）．一方冬期の最大面積はそこまで大きくは減少していない．このことは，北極海が広範囲で季節海氷域化していることを示している．温暖化の影響により北極海の季節海氷域化が進行すると，海氷・海洋アルベドフィードバック効果が，北極海の海氷融解期でも効いてくる可能性がある．また，近年の夏期北極海海氷域の縮小に，この効果が重要な役割を果たしている可能性もある．

〔二橋創平〕

文　献

1) Ohshima, K. I. and Nihashi, S., 2005, *J. Phys. Oceanogr.*, **35**, 188.
2) Nihashi, S. et al., 2011, *J. Oceanogr.*, **67**, 551.
3) Nihashi, S. and Ohshima, K. I., 2001, *Geophys. Res. Lett.*, **28**, 3677.

5-2 海氷の熱的性質とブライン
thermal properties and brine of sea ice

比熱, 熱伝導率, 融解熱, 温度拡散率

　海氷は極域の気候システムにおいて大気と海洋の熱交換を取り持つ重要な役割を担っている．海氷を介して海洋から大気へ放出された熱量に応じた海氷量が生成され，海氷が大気や海洋から吸収した熱量に応じた海氷量が融解する．このように，海氷の生成・融解量は極域気候の仕組みや変動を考える上で重要な物理量である．

　海氷の生成・融解量を決定する要素としては，気温や水温といった大気や海洋の環境変数の他に海氷自体の氷厚や熱的性質もまた重要な役割を果たしている．特に熱的性質を左右する比熱，融解熱，熱伝導率，温度拡散率は純氷とは異なる海氷に特有の性質を持つ点が注目される．このことは特に融解過程において重要な意味を持つ．

　海氷は海水が凍結して生成された海に浮かぶ氷として定義され，固相（純氷）・液相（ブライン brine）・気相（気泡）の三相が共存する複合体である．ブラインは結氷時に海氷内に取り込まれた濃縮された高塩分海水で，個々のブラインは直径0.1〜数mmのやや長細い形状をしており，純氷と純氷の合間に散在する．厳密にいえば固相としてはブライン中に析出した固体塩も存在するが，$-22.9°C$で$NaCl_2 \cdot 2H_2O$が析出するまでは海氷の熱的性質への影響は少ないと考えられており，ここでは考慮しない．

　熱的性質を考えるうえでブラインと純氷が常にほぼ熱平衡状態にあるという点は重要であり，このため海氷は純氷とは異なる特性を持つ．たとえば$-5°C$の海氷を考えた場合，ブラインは$-5°C$が結氷点となるような塩分濃度をもって純氷と熱平衡状態にある．結氷温度（$T_f °C$）と塩分濃度（S‰）には$T_f = -0.05411S$の関係があるため，ブラインの塩分濃度は92‰と計算される．同様に$-4°C$の海氷の場合にはブラインの塩分濃度は74‰となり，$-5°C$の海氷に比べてやや低い塩分濃度を持つことになる．生じた塩分変化はブラインを取り囲む純氷が融解してブラインを希釈することにより調整される．このように，海氷の温度を上昇させるにあたっては純氷やブラインの温度を上げるのに必要な熱に加えて，純氷を溶かすための融解熱が加わるため，海氷の比熱（1気圧のもとで1kgの海氷の温度を1°C上昇させるのに必要な熱量）は純氷に比べて大きな値をとる．具体的には温度$T°C$，塩分S‰の海氷の比熱は次の(1)式で与えられる［単位：$J/(kg°C)$］[1]．

$$C_{si} = -2.114 \times 10^3 + 7.535T - 3.349S \\ + 0.08372ST + 1.805 \times 10^4(S/T^2) \quad (1)$$

右辺第5項は融解熱の寄与に対応する項であり，融点に近づくにつれて急激に増加することから推察される通り，海氷の比熱は温度の上昇とともに非常に大きな値をとるのが特徴である．このため融解期に海氷はなかなか昇温せず，海氷域の気温は比較的低温に維持されやすいと考えられる．

　このように海氷はたとえ氷点下であっても昇温すること自体が内部に融解をもたらすことがわかる．すなわち，海氷の融解は昇温とともに内部で徐々に進行するのである．この点が融点（0°C）で一気に融解する純氷とは異なる．したがって，海氷の融解熱は純氷に用いた定義をそのまま適用するわけにはいかず，「1気圧のもとで温度$T°C$，塩分S‰の海氷1kgを完全に溶かすのに必要な熱量」として定義される．具体的には，海氷の比熱（(1)式）を温度Tから海氷塩分で定まる融点まで積分して計算される．温度が高い海氷の方が溶かすべき純氷の量が少ないのであるから，融点に近

づくにつれて海氷の融解熱は急激に減少する．

一方，熱伝導率（k_{si}）は海氷中の温度勾配と熱伝導フラックスとを結ぶ比例係数であり，特に海氷の成長期に生成量に直接かかわる量である．ブラインの熱伝導率（0 °Cで 0.52 W/(m°C)）は純氷（同 2.24 W/(m°C)）に比べて約 4 分の 1 であるため，温度の上昇とともにブラインの体積比が増加するにつれて海氷全体の熱伝導率は減少する傾向がある．しかし変化量は比較的小さく，塩分 4‰の海氷では，-10°C（2.31 W/(m°C)）と-2°C（2.08 W/(m°C)）の違いは 1 割程度である．

温度拡散率は $k_{si}/(C_{si}\rho_{si})$ と表され，外から与えられた温度変化が海氷内を伝搬する速さおよび変動の振幅が減衰する深さの指標となる（ρ_{si} は海氷密度）．温度が上昇するにつれて k_{si} は減少し C_{si} と ρ_{si} はともに増加するため，温度の増加とともに急激に減少する傾向を持つ（図 1）．このため，融点に近づくほど海氷は断熱材として有効に機能することになる．これは特に多年氷の氷厚の季節変化を理解するうえで重要な特性である．春先に海氷表面が融解点に達してメルトポンド（melt pond, 図 2）が形成される状況になっても，海氷の底面付近では温度勾配が維持されたまま結氷が進行しており，逆に秋口に表面付近で温度が下降し始めても，海氷底面で結氷が始まるのは約 2 ヶ月遅れることになる．実際，北極海の多年氷での年間を通した観測からも，このことが裏づけられている[2]．

実際の海氷の融解過程においては，上に述べた熱的性質以外にも海氷内部の浸透性や強度の弱化などを考慮する必要がある．海氷温度の上昇とともにブライン体積比が増加するとブラインどうしがつながり，海

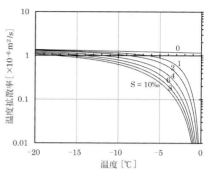

図 1 海氷の温度拡散率の温度・塩分依存性（気泡がない場合の理論値）

図 2 東シベリア海でみられたメルトポンド（1995 年 8 月ロシア船より撮影）

氷からブラインが脱落すると同時に相対的に温かい海水の流入を誘引する．同時に，空隙も多くなって海氷強度が弱化し崩壊を誘引する．あるいは表面にメルトポンドが形成されて日射の吸収量が増加するなど，いずれも融解を促進する方向に働く．このように，実際の融解は複数の要因が重なって進行するものと考えられる．

〔豊田威信〕

文　献
1) 小野延雄, 1968, 低温科学, A **26**, 329.
2) Perovich, D. K., et al., 2003, *J. Geophys. Res.*, **108** (C3), 8050.

5-3 海氷の生成と成長過程
sea ice formation and growth processes

蓮葉氷, 変形氷, リッジ

海氷の生成は海の環境を一変する．冬期結氷温度にまで冷えた海面付近に生まれた小さな晶氷（フラジルアイス frazil ice）が成長して数ヶ月で広大な海を白い大陸に変えるさまは，自然の生命力すら感じさせる．成長とともに海氷が持つ高アルベド（⇨5-1「海氷・海洋アルベドフィードバック」）と断熱材の機能もまた発達する．海氷が覆う海域は地球の全海洋面積の約1割，うち約3分の2が毎年海氷の生成と消滅を繰り返す季節海氷域であることを考えると，海氷域が極域気候システムに及ぼす影響の大きさがうかがえる（口絵参照）．

海氷生成過程には大きく分けて①静穏な環境における底面結氷，②擾乱下でのフラジルアイスの形成および集積，③雪ごおりの形成，の3つが存在する．

静穏な環境では，まず海面に生成した直径2〜3 mmの円盤状のフラジルアイスが急速に水平方向に成長して海面に氷の薄膜が形成される．その後は表面から大気に奪われた熱量に応じて底面で結氷し成長してゆく．この場合，海氷は柱状節理のような短冊状の結晶構造を持つため，薄片解析により容易に見分けられる．氷厚発達段階に応じて，ニラス（nilas, 氷厚0〜10 cm），ヤングアイス（10〜30 cm），一年氷（30 cm〜2 m）と名付けられている．ニラスは薄くとも弾性に富み，互いに重なるようすも頻繁に観察される．成長の際に底面でブラインを若干取り込むため，成長とともに海氷は白さを増す．これに伴いアルベドは次第に増加する（開放水面で0.07，氷厚3 cmと30 cmで各々0.12および0.40）．この成長過程は，海氷の中を上向きに伝わる熱伝導フラックスにより底面で奪われた熱量に応じて結氷するという関係式から，成長量が精度よく求められる．実際には海氷上の積雪や海洋からの熱フラックスによって成長量が抑制される効果も考慮に入れて，一冬の成長量は北極域で1.5〜2 m，南極域で0.5〜1 m程度と見積もられている．

一方，擾乱のある環境では若干過冷却となった海面付近で発生したフラジルアイスが集積して海氷が生成される．風が強い場合には生成されたフラジルアイスは波によって風下に運ばれてゆき，風下側に比較的厚い氷盤があれば氷盤を壁として集積してゆく．集積されたフラジルアイス（グリースアイス grease ice）は波を減衰する働きがあり，波がある程度収まった段階でグリースアイスが固化して海氷が生成される[1]．

あるいは，氷縁域のような開けた海域であれば表面付近で波に漂うフラジルアイスが凝集して直径数十cmの蓮葉氷（パンケーキアイス pancake ice）と呼ばれる円盤状で縁が少し捲れ上がった氷塊が生じる（図1）．まず，グリースアイスに覆われた海面は，波活動に伴う海表面の伸縮運動とフラジルアイスどうしの固着作用のせめぎ合いによって初期には直径数cmのスポンジ氷（シュガ shuga）と呼ばれる氷塊が生成される．波長の短い波が減衰するにつれ

図1 オホーツク海南部氷縁域の蓮葉氷（2013年2月巡視船「そうや」より撮影）

て氷塊は次第に成長し，時に直径数 m，厚さ 50cm 程度まで成長することもある[2]．その頃には波も十分収まり蓮葉氷は互いに固着して氷盤の大きさが成長してゆく．蓮葉氷が広範囲に出現する海域としては，南極海氷縁域のほかにグリーンランド海のオッデン（Odden）と呼ばれる氷舌域が知られている．

これらフラジルアイスが主役となる海氷生成に共通する特徴は，フラジルアイスが限られた領域に集約して発達するため開放水面が維持されやすく，したがって高い海氷生産量が期待されることである．特に南極ウェッデル海などでは，成長した蓮葉氷どうしが互いに乗り重なり合うことにより氷厚が効率よく発達すると同時に開放水面を維持して海氷生産量を高める効果（pancake cycle）があることが指摘されている．

雪ごおりの形成は，海氷上の積雪量が増して海氷-積雪境界が海面下に沈降する状況で，積雪が冠水してできたスラッシュの層が凍結して生成される過程である．海氷中のブラインが上方の雪に滲み上がって形成される場合もある．特に南極域ではいたる所に雪ごおりが存在して全氷厚の約 1～4 割を占め，海氷成長の考慮すべき一過程という共通認識ができつつある．

実際の海氷成長においては①～③で示した熱力学的な成長に加えて，氷盤どうしが乗り重なる力学的な変形過程（ラフティング rafting とリッジング ridging）もまた重要な過程である．ラフティングは 2 つの氷盤が破壊されることなく互いに乗り重なる過程であり，氷厚が比較的薄くて同程度の場合に生じやすい．一方，リッジングは 2 つの氷盤が破砕を伴いながら乗り重なる過程である（図2）．力学的には海氷の運動エネルギーが，前者は氷盤間の摩擦エネルギーに，後者は位置エネルギーに変換される過程と理解される[3]．季節海氷域において

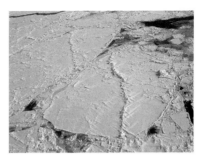

図2 南極ウェッデル海でみられたリッジ（2006年9月ドイツ船 Polarstern ヘリより撮影）

は，開放水面で 10 cm 程度まで成長した海氷がラフティングによって厚みを増し，続いてリッジングによってさらに発達して変化に富んだ氷厚分布が形成される．リッジの海面上に突き出た部分をセール（sail），下に突き出た部分をキール（keel）と呼び，南極では平均して，それぞれ幅10 m 高さ1 m，幅30 m 深さ4 m 程度と解析されているが，深さ 10 m を超える発達したキールも時折報告されている．南極海やオホーツク海では，リッジが海氷面積に占める割合は 4 分の 1 程度であるものの，体積にすると約 4 分の 3 に達し，リッジを仮に平坦な氷とみなすと海氷全体積を約半分も過小評価すると見積もられており，全海氷量を考慮するうえで変形氷の重要性がわかる．

以上のように海氷の成長には熱力学的および力学的なさまざまな過程が関与する．個々の過程はまだ十分解明されていないものも多く，海氷の変動予測のためにさらなる研究が期待されている． 〔豊田威信〕

文献

1) Martin, S. and Kauffman, P., 1981, *J. Glaciol.*, **27**(96), 283.
2) Doble, M. et al., 2003, *J. Geophys. Res.*, **108**(C7), 3209.
3) Hopkins, M. A. et al., 1999, *J. Geophys. Res.*, **104**(C6), 13605.

5-4 海氷の結晶構造

microstructure of sea ice

ブラインチャンネル，薄片，C軸

　海水が凍結する際，基本的には海水中の塩は排除されて純氷が生成される．しかし海氷は少ししょっぱく，一年氷で4〜15‰の塩分を持つ．これは結氷の際に濃縮された高塩分水（ブライン brine）が純氷の結晶の隙間に取り込まれるためである．取り込まれたブラインは海氷成長とともにブライン排出路（ブラインチャンネル brine channel）を通して海氷底面から一部排出され，海氷の特性にも影響を与える．

　海氷の結晶構造は生成過程を反映して大まかには2通りの形態をとる．1つは柱状節理に似た短冊状の形態で，海氷が底面結氷により生成される場合に生じる．もう1つは粒状の形態で，無秩序に集積した晶氷（フラジルアイス frazil ice）が凍結して生成される場合や，海氷上の積雪に海水が浸透して凍結する場合に生じ，両者は酸素安定同位体比により識別することができる．

　これらの結晶構造は，海氷の薄片を作成すれば偏光板を通して明瞭に観察することができる．低温室の中でまずバンドソーを用いて海氷を鉛直方向に約1 cmの厚さに丁寧にスライスする．次にこの薄氷板を少し温めたガラス板に融かしながら固着させ，ミクロトームを用いて厚さ約1 mmの薄片を作成する．この薄片を2枚の直交する偏光板の間に挟み入れて下から光を当てれば，結晶主軸のそろった結晶粒ごとに色付き結晶構造が浮き彫りになって見える（図1，口絵参照）．

　図1からは，表面3 cmにみられる粒状構造がわずか数 cmの遷移層を経て短冊状に推移するようすが見てとれる．この構造を理解するには，少々氷の結晶の性質につ

図1 偏光写真で見た海氷の鉛直断面（左）と短冊状氷の部分の水平断面（右）．薄板が集合した構造に着目（2001年2月オホーツク海で採取）．[口絵12参照]

いての知識を必要とする．

　一般に，氷の結晶は温度や圧力に応じて12種類以上もの形態をとるとされているが，地球上の温度・圧力条件で存在するのは六方晶系の氷 I_h のみである．この結晶は酸素原子が0.276 nmの距離をおいて配位する正四面体が連なった構造を持っており，酸素原子が規則正しく正六角形の頂点に配置して見える方向が1つだけ存在する．この方向を結晶主軸（C軸）と呼ぶ．C軸に垂直な方向から見ると，酸素原子の密集した層が重なり合った構造をしており，この方向の結晶の成長速度がC軸に平行な方向に比べて10倍以上も速い．このため，表面付近でさまざまな方向のC軸を持った結晶のうち，C軸が水平な結晶が鉛直方向への成長速度が最も速く他の結晶の行く手を遮るようにしてC軸が水平にそろった短冊状の結晶構造が卓越してくるのである[1]．非常に静穏な環境で凍り始めた場合は表面付近にC軸が鉛直な層が生成されるが，この場合でも1 cmほど成長した後C軸が水平に傾いて短冊状氷が生成される．したがって，海氷では短冊状氷と底面結氷過程はほぼ同等に対応づけられる．

　短冊状氷が生成された後の海氷底面の成

長のようすは図2に示される．海氷底面は決して平坦ではなく先の尖った幅約1 mmの純氷の薄板が規則正しく整列した構造をしている．先端部はやや過冷却となっており，個々の薄板が下方に成長する際に排出されたブラインが薄板間の隙間にたまる．このブラインが薄板の成長とともに間欠的に一部海氷に取り込まれて海氷内にブラインセルを形成するのである．したがって，短冊状氷の内部ではブラインセルは純氷の板に挟まれてほぼ規則的に分布する．また，結氷速度が速いほどブラインを頻繁に取り込むため，海氷の塩分が増加することになる．一方，粒状氷の場合にはブラインは粒状の結晶の合間に挟まれて分布する．

取り込まれたブラインはその後の成長過程で全体的に少しずつ海氷から脱落する．この過程は次のように説明される．ブラインの取り込み過程から推察されるように，個々のブラインは互いに連結しやすい特性を持つ．結氷期の海氷は通常表面に近い方が低温のため，高塩分濃度のブラインが存在する．ここでブラインが連結してブラインチャンネルが下の海水までつながると，チャンネル内で密度不安定となり対流が生じて高密度のブラインが海水に脱落する．このように成長とともにブラインの脱落が徐々に進行するため，海氷塩分は一年氷の氷厚（<30 cm）と比較的よい負の相関を持つ．特に融解期にはブラインチャンネルが発達してブラインの脱落を促進するうえ，表面融解水の浸透も伴うことになる．このため，夏季を経験した多年氷の塩分は顕著に低い値（1〜4‰）をとる．ブラインチャンネルは直径1 mm以下の細い枝流が直径数 mmの太い幹流に流れ込むような樹木状の構造を持ち，冷たいブラインが海氷から流れ落ちる際に周囲の海水を冷やして底面にアイススタラクタイト（ice stalactite）という中空の氷柱を形成することもある．

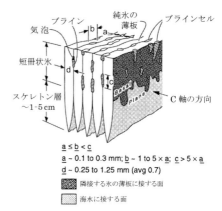

図2 短冊状氷の底面付近の構造（文献[2]を改変）

海氷の結晶構造から生成過程をある程度読み取ることもできる．たとえば薄片を用いた結晶形態の解析からは，北極域では底面結氷が主な生成過程であるのに対して，南極海やオホーツク海ではフラジルアイス起源が主であり雪ごおり起源も1〜4割程度占めることなどの特徴が明らかになってきた．また，短冊状氷の場合には純氷の薄板の幅は結氷速度の増加とともに減少傾向があること，水平C軸の向きは海氷下の海流の向きとよく合致することなどの特性も観測から明らかにされている．

以上のミクロな内部構造の特性はマクロな海氷の特性にも影響を及ぼす．たとえば結晶構造の間にブラインを含有するゆえに海氷は湖氷に比べて高いアルベドを持つことになる．また，海氷塩分が氷厚と相関を持つことは衛星マイクロ波から海氷の種類を識別するための根拠を与えている．

〔豊田威信〕

文　献
1) Petrich, C. and Eicken, H., 2010, *SEA ICE* (Thomas, D.N. and Dieckmann, G.S. eds), Wiley-Blackwell, 23.
2) Kovacs, A., 1996, *CRREL Report*, **96**-7, 1.

5-5 フラジルアイスと過冷却

frazil ice and supercooling of seawater

グリースアイス，結氷点降下，鉛直対流

海氷は新生氷から次第に大きな氷盤に成長していく各ステージでさまざまな形態をとる（⇨5-2～5-4）が，特に最初に結氷が生じる際には，海況によって新生氷の様相が大きく左右される．冷たい大気によって海面から熱が奪われると，冷却され重くなった表層の水が沈み込むことで対流（convection）が生じて海水がかき混ぜられる．したがって大気による冷却で海面から海底または密度躍層（海水の密度が大きく変化し対流が遮られる層）の深さまで水温（厳密には温位）が一様に低下していく．このように対流によってかき混ぜられた鉛直一様な海水の層を混合層（mixed layer）という．淡水の大気圧における結氷温度は0℃であるが，海水のそれは塩分による凝固点降下作用によってより低くなる．具体的には，海水の結氷温度 T_f [℃] は塩分 S [‰] と圧力（1気圧からの偏差）p [db] の関数として

$$T_f = -5.75 \times 10^{-2}S + 1.71 \times 10^{-3}S^{3/2} - 2.15 \times 10^{-4}S^2 - 7.53 \times 10^{-4}p$$

と書ける[1]．海氷域表層の典型的な塩分は30～33‰程度であるから，海面での結氷点はおよそ-1.6～-1.8℃となる．また海水密度の塩分依存性も海氷生成過程に重要な役割を担う．よく知られているように淡水は大気圧のもとでは約4℃で密度が最大となり，それより冷却されると逆に軽くなる．したがって湖や池が凍結する場合は，4℃より低温となった軽い水が水面を覆うことで対流が停止し，以後は表層のみが冷却され，0℃に達すると凝結を始める．しかし塩分が24.7‰以上の場合このような密度の極大は存在せず，水温低下に伴い結氷温度まで単調に密度が増加する．したがって海水の凍結過程では対流は停止せず，混合層全体が結氷点まで冷やされないと結氷が生じない．このため水深（または密度躍層の深さ）が浅い方が奪わなければならない熱量が少ないので，海氷が生成されやすい．

海水が結氷点まで冷却されると，まずフラジルアイス（frazil ice）と呼ばれる微小な氷の結晶（晶氷）が析出する．フラジルアイスは円盤状の結晶構造をしており，直径は数十 μm から最大数 mm 程度である[2]（図）．なお，成長した海氷にはブラインとして塩分が含まれるが，海氷の最初の段階であるフラジルアイスは純水が凍結したものであり，塩分は海水中に排出される．海水が結氷点まで冷却されるとフラジルアイスが生成されると書いたが，より厳密には結氷温度でただちに結晶が析出するとは限らず，冷たい大気による強い冷却のもとでは水温が結氷温度より低い過冷却（supercooling）状態となりうる．そのような過冷却水の中から，海水中に含まれる粘土等の微粒子や降雪等を凝結核として多数のフラジルアイスが析出し，次第に成長していく．実際に室内実験では0.1 K以上の過冷却が実現され，さまざまな凝結核粒子

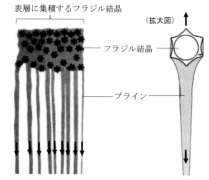

図 フラジル結晶とブライン排出の模式図（文献[3]を一部改変）

や擾乱の存在する現実の海洋においても0.02 K程度の過冷却が観測された例がある．海水の過冷却の実現には，先に述べた結氷温度の圧力依存性も重要な役割を担う可能性がある．結氷温度は水深が深くなると低下するため，海面冷却で生じた過冷却水が，凝結による潜熱放出で昇温するより前に対流によって沈降すると，表層結氷温度より低い温位を保つことができる．同様の水温構造は，表層で析出したフラジルアイスが対流によって下層に運ばれ，水圧による結氷温度の降下によって融解し下層で潜熱を奪う場合にも実現されうる．このように海水の温位が表層結氷点を下回る状況をポテンシャル過冷却（potential supercooling）と呼ぶ．北極海沿岸ポリニヤにおける現場係留観測では，水深数十 m にわたりポテンシャル過冷却が生じていることがしばしば確認されている．

海水中のフラジルアイスは結晶が成長するにつれ浮上し海面で集積する．海面が穏やかな場合は比較的短時間で海面の薄い層に凝集して固化し，ニラス（nilas）と呼ばれる平らで薄い板状の海氷を形成する．ひとたび海面がこのような板状の氷で覆われると，以後の熱損失はこの板状氷の底面成長をもたらし，その厚みが増していく．一方，海上風が強く海面が荒れた状態にある場合には，海水が活発にかき混ぜられ続けるためフラジルアイスは容易には凝集せず，海面付近はフラジルアイスと海水の混合物であるシャーベット状のグリースアイス（grease ice）で覆われる．大気によって熱が奪われるにつれグリースアイスを構成する個々の結晶が成長し，また波浪に揺られながら結晶どうしが互いに衝突して併合するなどして離合集散を繰り返し，次第に非均一なスポンジ状の氷塊群であるシュガ（shuga）を構成していく．どろどろとしたグリースアイスやシュガは波浪を減衰させ

る効果があるので，結晶が成長するにつれ強い海上風の下でも海水をかき混ぜ続けることができなくなる．固相の割合がおよそ30％を超えると結晶間の海水が急激に固化し，波浪の状況に応じてパンケーキアイス（pancake ice）が形成されたり，リードやポリニヤ縁等でグリースアイスが大きな氷盤に向かって吹き流される場合には氷盤の側面成長をもたらす．

板状の海氷の底面が徐々に成長したものと，グリースアイスやシュガが固化したものでは結晶構造が大きく異なっているため，海氷の結晶構造を観察することで成長の履歴やそのときの海況を知ることができる．またこのような新生氷の生成・成長過程の違いは大気海洋間の熱収支にも大きな差異をもたらす．固相の海氷は海水に比べ熱伝導率が著しく低いため，海面を覆う板状の海氷は断熱効果が高く，ある程度の厚さに成長すると以後の熱損失と海氷成長が抑制される．一方，グリースアイスやシュガが海面を漂う場合は比較的長い期間海水が直接大気にさらされるため，高い熱損失が維持される．しかしこのような海氷形態の違いによる熱収支の差異は現在の気候モデルの海氷コンポーネント（⇨5-6「海氷のモデリング」）においても十分には表現されておらず，不確実性の要因となっている．近年ではフラジルアイスの成長と集積を陽に扱うことによって微小スケールの結氷過程を直接シミュレーションするといった新たな試みもなされており，それらの知見をもとにした海洋-海氷結合モデルのさらなる高度化が期待される． 〔松村義正〕

文 献
1) Millero, F. J. and W. H. Leung, 1976. *Amer. J. Sci.*, **276**, 1035.
2) Daly, S. F., 1994, *CRREL Special report*, 94-23.
3) Ushio, S. and Wakatsuchi, M., 1993, *J. Geophys. Res.*, **98**, 20321.

5-6 海氷のモデリング

sea ice modeling

気候モデル，VP レオロジー，熱伝導方程式，サブグリッドスケール

海氷の振る舞いを決める素過程は，成長や融解・移流・変形や破壊など多岐にわたる．また，気候システムの中での海氷の役割も非常に複雑である．このような複雑な系を理解するための手段として，計算機内で模型（モデル）を用いての実験は有用である．気候研究では一般に，地球を水平数十〜数百 km の格子（グリッド）で区切って計算するモデル（気候モデル）が用いられる．この中で海氷モデルは，主にグリッドセルより大きな空間スケールの海氷分布や流速などを再現する役割を負う（図：計算結果の例）．本項では，以上のような意味での海氷モデルについて，「力学過程」「熱力学過程」「グリッドセル内の不均一性の表現」の 3 つの要素に分けて説明する．

a. 力学過程

力学過程が扱うのは海氷の大規模運動である．また，氷盤どうしがぶつかって変形したり，それによりリード（lead, 氷盤間に生じる割れ目）等の隙間が形成されたりする氷盤間相互作用も扱われる．

孤立した氷盤の運動は，風や海流からの応力を主な駆動力とする運動方程式に従う．ごく初期のモデルは氷盤群の運動もこれと同様に扱っていたが，それでは海氷の厚さ分布などを現実的に再現できなかった．この結果は，変形や破壊など氷盤間の相互作用を表現することの重要性を示している．そこで近年のモデルでは，氷盤群を連続体（continuum）として扱う手法が主流である．海氷の厚さが空間的広がりに比べてきわめて薄いことから水平 2 次元の連続体を考え，氷盤間，あるいは氷盤とリードとの相互作用はこの仮想連続体の力学的特性として表現する．典型的なモデルでは，特性として等方性と粘塑性（viscous-plastic：VP），より具体的な振る舞いとしては，氷盤群は発散場では相互作用しないが，収束場や流速が大きく変化する領域では活発に相互作用し全体としては流れに抵抗する，と仮定する．氷盤間相互作用に関するこのモデルは，仮定した特性から粘塑

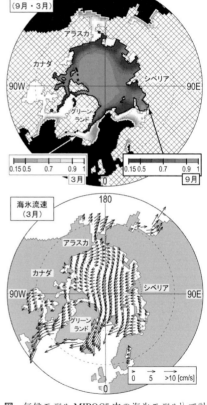

図 気候モデル MIROC5 内の海氷モデル[1] で計算された 20 世紀終盤（1979〜1999 平均）の海氷場．上図は 9 月（濃い灰色）・3 月（薄い灰色）の密接度，下図は 3 月海氷流速．実際の海氷場の様相については 5-12, 口絵などを参照のこと．

性（VP）レオロジーと呼ばれる[2]．VPレオロジーは，これに人為的な弾性を加えて計算の効率と安定性を高めた弾粘塑性（elastic-viscous-plastic：EVP）レオロジーとともに，現在の気候モデルで最もよく採用されている．ただし，VP/EVPレオロジーのいくつかの仮定は，今後格子間隔がより細かくなり氷盤やリードの大きさに近づくにつれ成り立たなくなっていくことが予想される．すでに開発が始まっている異方性を仮定したモデルの活用に加えて，将来的には連続体としての取り扱い自体も再考が必要となる可能性もある．

b． 熱力学過程

熱力学過程が扱うのは海氷の熱バランスと大気−海氷−海洋間の熱交換である．また海氷の生成・融解についても取り扱う．

現在のモデルでは，海氷の形状を考え鉛直方向の熱バランスのみを扱うのが一般的である[3]．この場合，海氷中を伝わる熱は鉛直1次元の熱伝導方程式に従う．多くの場合海氷内部の熱的性質は一様とし，鉛直温度分布もたかだか数点の値で表される[3]．方程式を解くのに必要な境界条件のうち，海水と接する下端の温度は海水の結氷点に等しいと考えられる．上端の温度については，日射・風・気温など外部の条件と，海氷表面の状態に依存するアルベド（⇨5-1「海氷・海洋アルベドフィードバック」）などによって決まる熱収支から診断する．以上より，海氷内の温度分布と大気−海氷−海洋間の熱の移動を求められる．また，海水と接している海氷下端では，海洋から熱が奪われると海氷が生成し，海洋へ熱が与えられると海氷を融解するので，海氷の生成・融解量も求められる．

熱力学過程には，不確定性のあるパラメータを含む過程が多く含まれている．それらのパラメータの評価は重要な課題である．特にアルベドは熱収支への影響が大きく，これをモデルでよりよく表現する試みが行われている．また，海洋内部の詳細な構造の熱力学過程への反映や生成期の薄い海氷の取り扱い（⇨5-2, 5-3）なども今後の課題としてあげられる．

c． グリッドセル内の不均一性の表現

気候モデルにおける計算の最小単位はグリッドセルである．しかし実際の海洋ではグリッドセルに相当する空間に開水面やさまざまな状態の海氷が混在する．この不均一性の表現もモデルの重要な要素である．

現在のモデルで最も単純な表現方法は，各グリッドセルを一定の厚さの海氷で覆われた部分と海氷のない部分に分ける手法である．これを2カテゴリーモデルという．実装が容易で，氷盤間にリードが点在する状況などをある程度表現できる．

これに対し，各グリッドセルの海氷をさらにいくつかの種類に分けるモデルも存在する．グリッドセル内にいくつかの異なる厚さを持つ海氷を混在させるサブグリッドスケール海氷厚分布モデル，あるいはマルチカテゴリーモデルが代表的である．異なる厚さを持つ海氷を混在させることで，氷盤が変形・破壊された時に平均海氷厚を保ったまま薄い氷を厚い氷に変換できる，大気−海氷−海洋間の熱交換が氷の薄い場所に集中して起きることを明示的に表現できるといった利点がある．さらに最近のモデルでは，厚さ分布から想定される海氷の形状を力学過程に反映させるなどの新しい試みもなされており，今後の発展が期待される．

〔小室芳樹〕

文　献

1) Komuro, Y. et al., 2012, *J. Meteor. Soc. Japan*, **90A**, 213.
2) Hibler, W. D. III, 1979, *J. Phys. Oceanogr.*, **9**, 815.
3) Semtner, A. J. Jr., 1976, *J. Phys. Oceanogr.*, **6**, 379.

5-7 沿岸ポリニヤ

coastal polynya

ブライン排出,薄氷域,高密度陸棚水

ポリニヤ(polynya)とは,気象条件から考えるとより厚い海氷が存在するであろう場所に,開水面と薄氷域がある程度の時空間的持続性を持って維持される海域である.沖合の外洋域で形成されるポリニヤは外洋ポリニヤと呼ばれ,海洋下層からの暖かい水塊の湧昇による熱の供給によって,開水面が維持されることによって生じる.一方,沿岸域において海岸線に沿って形成されるポリニヤは沿岸ポリニヤと呼ばれ,風や海流によって海氷が沖に運ばれることが原因で出現し維持され[1],そのほとんどは厚さ20～30 cm以下程度の薄氷で覆われている.

寒気の厳しい沿岸ポリニヤは開水面を維持することが難しく,すぐに結氷が生じる.現実には冬季において開水面を保っているのは沿岸から1 km程度で,その先数kmから数十kmは薄氷域となっている.冬季において薄氷域での大気に対する熱損失は非常に大きい.沿岸ポリニヤが位置する大陸棚域は水深が比較的浅いため,海洋下層から熱が供給されにくく,冬季において表層水温が結氷点に近い.ここで大気から奪われる熱のほとんどは海氷生産に使われると考えられ,また薄氷域である沿岸ポリニヤでの熱損失は他の一般の海氷域と比べて1～2けた大きいため,ここでは海氷生成と移流が繰り返される(図1).そのため,沿岸ポリニヤは海氷生成工場ともいわれている.海洋から大気への熱損失はそこでの海氷厚に強く依存する関係であることから,沿岸ポリニヤ内の薄氷の厚さや分布といった情報を現場観測・衛星観測・数値シミュレーションから測定することによっ

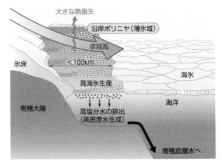

図1 「海氷の生産工場」沿岸ポリニヤでの海氷生成と南極底層水生成の模式図

て,熱フラックスやそれに伴う海氷生産量を議論することができる.

海洋の大規模な深層循環は,高密度水が沈み込み,それが徐々に湧き上がってくるという密度(熱塩)循環である.高密度水が生成されるのが極域・海氷域の海であり,海氷生成の際に吐き出される高塩分水(ブライン)が高密度水の生成源になっている.世界で最も重く,深層循環の最も重要な駆動源の1つである南極底層水の形成に対して,南極沿岸ポリニヤにおける多量の海氷生産が重要な役割を果たしていると考えられている.また,北極海での亜表層水であり海氷の拡がりに影響を持っている低温の塩分躍層は,大陸棚域での海氷生産に伴う低温・高塩水の水平貫入によって維持されていると考えられている.このように,沿岸ポリニヤは,海氷生成のみならず,それに伴う高密度水生成という重要な役割を果たしている.

南極沿岸域には大小さまざまな沿岸ポリニヤが存在し,ウェッデル海・ロス海沿岸を除くと,海岸線から沖に突き出している半島や氷舌(氷床が流れ出て海に突き出したもの)の西側(大陸付近を流れる南極沿岸流の下流側にあたる)に多くの沿岸ポリニヤが出現する(図2).ロス海沿岸では南極海で最も沖まで発達し,最も高い海氷生

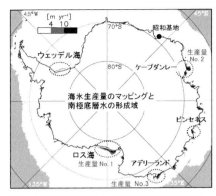

図2 南極海における年間積算海氷生産量のマッピング（1992～2001年で平均）と南極底層水形成域（点線枠）．生産量は海氷の厚さで換算し，4m以上の海域を灰色でシェードしている（文献[2]を改変）．

産率を示す沿岸ポリニヤが形成され，これはロス海で最も高塩の南極底層水が生成されている事実に対応している．一方，ウェッデル海沿岸は，南極底層水の主要形成域の1つであるにもかかわらず，沿岸ポリニヤの沖方向への発達は活発ではなく，単位面積あたりの海氷生産率もそれほど高くない．しかしながらウェッデル海沿岸全体の面積は大きいため，領域積算の海氷生産量で比べると，ロス海沿岸とほぼ同程度である．東南極沿岸のアメリー氷棚の西側にあるケープダンレーポリニヤの海氷生産率は，ロス海沿岸ポリニヤに次いで2番目に高く，そこでの海氷生産量は，南極底層水の第三の源であるアデリーランド底層水形成の要因の1つであるメルツポリニヤのそれよりも大きい．衛星観測によるこの結果を受けて，IPY（国際極年）の日本のプログラムの1つがこのケープダンレーポリニヤでの集中観測を行い，未知の南極底層水の生成を発見した（⇨5-9）．

北極沿岸域にも大小さまざまな沿岸ポリニヤが存在し，NOW（North Water）ポリニヤ・NEW（North East Water）ポリニヤ・チャクチ（Chukchi）ポリニヤや，ノヴァヤゼムリャ・フランツヨーゼフランド・スバールバルの海岸に出現するポリニヤでは，海氷生産の高い領域が存在する．NOWポリニヤは，北極海で最も高い海氷生産率を持つ．カナダ多島海やシベリア沿岸（東シベリア海・ラプテフ海・カラ海沿岸）のポリニヤにおいては，高い海氷生産率は示されていないが，これらの面積は大きいため，領域積算の海氷生産量でみると，他の沿岸ポリニヤよりも海氷生産の総量は大きい．スバールバル北部海岸付近では，沿岸であるにもかかわらず外洋ポリニヤが形成され，これは西スピッツベルゲン海流による暖かい大西洋水の流入と混合によって起きていると考えられている．NOWポリニヤは沿岸ポリニヤであるが，海洋下層からの熱の供給によって外洋ポリニヤの特徴も多少持ち合わせていると考えられている．チャクチポリニヤは，沖向きの風によって海氷が運ばれると同時に，海洋下層から暖かい大西洋水が湧昇し，沿岸ポリニヤと外洋ポリニヤのイベントが同時期に発生するという特徴を持つことが明らかになりつつある．〔田村岳史〕

文　献

1) Morales Maqueda, M. A. et al., 2004, *Rev. Geophys.*, **42**, RG1004.
2) Tamura, T. et al., 2008, *Geophys. Res. Lett.*, **35**, L07606.

5-8 海洋深層循環

deep water circulation

熱塩循環, 深層水, 海洋のコンベアベルト, 南極底層水, 北大西洋深層水

世界の海洋の深層まで及ぶ最も大きな循環は, 重い水が沈み込みそれが徐々に湧き上がってくる, という密度差による循環である. 純水は水温4℃のときが一番密度が高くなるが, 塩を含んだ海水は冷たくなればなるほど密度が高く重くなる. 重い水の潜り込みは寒冷な海で起こる. 世界中の海の深層水のもととなる重い水は北大西洋の北部と南極海の2ヶ所で潜り込み, それぞれ北大西洋深層水 (North Atlantic deep water: NADW), 南極底層水 (Antarctic bottom water: AABW) と呼ばれている. この深層への潜り込みが起点となり, 約1500〜2000年で世界の海をひと巡りするゆっくりした循環, 海洋深層循環が作られる. このようにしてできる海洋の大循環を模式的に示したのが図1で, 海洋のコンベアベルト (ocean converbelt) という呼ばれ方をされる[1]. 海水の密度は温度 (熱) と塩分で決まることから, この密度差による深層循環は熱塩循環 (thermohaline circulation) とも呼ばれる.

同じ北半球の高緯度域でも北太平洋では深層までの沈み込みが起こらず, 北大西洋でのみ起こるのは, 北大西洋表層が北太平洋表層より塩分が0.2％ほど高い, つまりその分重いことによる. このわずか0.2％の差が水の沈み込む場所を決め, 世界の海の循環パターンを決めているのである. 北大西洋でより塩分が高いのは, 北太平洋に比べ降水より蒸発が盛んであることによる. 北大西洋では, 南から高塩の水がガルフストリーム (Gulf Stream) という海流で運ばれて, それが冷やされるだけで深層まで沈み込む重い水 (北大西洋深層水) ができる. 海水が沈み込むもう一方の南極海は, 表層の塩分が北大西洋ほど高くないため, 海水が冷やされるだけでは深層に沈み込むまでの重い水ができない. 南極海の沿岸では, 大量に海氷が生成される. 海水が凍って海氷となるとき, 海水の塩分の7〜9割ははきだされ, 濃縮された高塩分水ブライン (brine) が下の海へ排出される. そのため, 大量に海氷が作られる場所では塩分の高い重い水ができ, それがもととなって南極底層水が生成される.

南極海と北大西洋で生成される南極底層水と北大西洋深層水は, それぞれ北上, 南下して深層に拡がっていき, 全海洋の深層を占めることになる. 図2は, 海水の性質から, 南極底層水と北大西洋深層水を起源

図1 海洋のコンベアベルトと2つの深層水の形成域. ⊗は表層から重い水が潜り込んで深層水が形成される場所. NOAAのHPから加筆・修正.

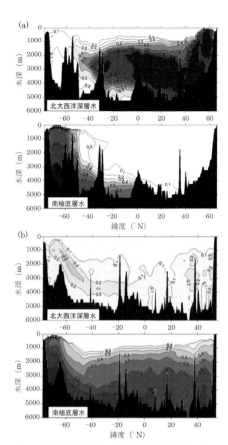

図2 南極底層水と北大西洋深層水を起源とする海水の割合．大西洋（a）と太平洋（b）での南北断面（文献[2]を改変）．

とする海水の割合を，大西洋と太平洋について示したものである[2]．図2に示されていないインド洋も含めて世界の深層（水深約1000 m 以下）は，この2つの深層水がゆっくりではあるが供給され続けているので，赤道域も含めて冷たさを保つことになる．南極底層水起源の水は，全海洋の30～40％をも占め，北大西洋深層水起源の水の約2倍であると見積もられている[2]．太平洋では2000 m 以深の水は2℃以下となっていて，そのかなりの部分は南極底層水起源の水で占められている（図2b）．

さて，熱塩（深層）循環を閉じさせるためには，深層で潜り込んだ海水が湧き上がる機構が必要となる．これを担っているのが，主に潮流による鉛直乱流拡散である．海洋は重い水ほど下方にあり成層しているが，鉛直拡散により上方の軽い水が強制的に下方へ運ばれると，浮力を得ることになる．ごく限られた海域で沈み込んだ海水は，鉛直拡散によって得た浮力によって海洋全域で徐々に湧き上がって，循環を閉じることになる．重い水の沈み込みが弱くなったり，沈み込む場所が変わったりすると，海洋深層循環が変わることになる．そうすると，海の持っている熱容量は非常に大きいので，地球上の気候が激変することになる．実際に古い過去には深層循環が今のものとは異なっている時期があり，そのために地球の気候が大きく異なっていたことが示唆されている．

なお，海洋の大循環は，このような密度差による鉛直循環である熱塩循環のほかに，風の力によって駆動される風成循環がある．海洋の表層から500～1000 m くらいまでの水平方向の循環は主にこの風成循環であり，この循環による水平方向の流速は深層循環によるものよりずっと大きい．一般に海流と呼ばれる流れは，この風成循環によるものである． 〔大島慶一郎〕

文 献
1) Broecker, W., 2010, *The Great Ocean Conveyor: Discovering the Trigger for Abrupt Climate Change*, Princeton University Press.
2) Johnson, G. C., 2008, *J. Geophys. Res.*, **113**, C05027.

5-9 南極底層水

Antarctic bottom water

熱塩循環，沿岸ポリニヤ，海氷生産，高密度陸棚水，フロン

地球上の一番大きな海洋熱塩循環は，南極底層水（Antarctic bottom water；AABW）と北大西洋深層水（North Atlantic deep water：NADW）の潜り込みが起点となって駆動される．これら2つの深層水のうち，より冷たくて重いのが南極底層水である．南極底層水は全大洋の底層に拡がっており（⇨5-8「海洋深層循環」），冷たさ（負の熱）を全球に輸送している．南極底層水起源の水は，全海洋の30〜40％をも占める．北大西洋深層水の場合，冷やされるだけで深層まで沈み込む重い水が作られるのに対し，南極底層水は海氷生成を伴って重い水が作られる．南極大陸周辺の沿岸ポリニヤ（coastal polynya，風や海流によって生成された海氷が次々と沖へ運ばれ薄氷域が維持される場所）では，大陸からの寒気により大量の海氷が作られ，高塩分水ブライン（brine）排出によって，大陸棚上では高密度陸棚水（dense shelf water）が生成される（⇨5-7「沿岸ポリニヤ」）．この高密度水が陸棚斜面を下りながら，周りの海水と混合し徐々に量を増しながら底層へと潜り込んで，南極底層水が作られることになる．ただし，南極の陸棚のどこからでも底層水が作られるわけではない．

南極底層水がどこで生成され，どのように拡がっているのかを調べるには，海水の性質，特に化学トレーサーが有効となる．図1は，南極海の海底付近におけるフロン（CFC-11：chlorofluorocarbon）の濃度分布を示したものである[1]．フロンは人工的に作られ1930年前後から大気中に存在する物質で，大気と接して間もない海水ほど

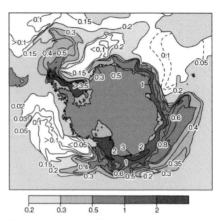

図1 南極海の海底付近におけるフロン（CFC-11）の濃度分布[2]．単位は pmol/kg.

高いフロン濃度を示す．底層でフロン濃度が高いということは，表層から底層に水が潜り込んでいること，つまり底層水の生成域に近いことを意味する．図1から，フロン濃度は南極の沿岸に近いほど高く，特にロス海（Ross Sea）・ウェッデル海（Weddell Sea）・アデリーランド沖で高い値を示しており，これらの3つの海域が，南極底層水の3大生成海域とされている[1]．

フロンなどの観測から，南極陸棚上で表層から潜り込んで底層水となる高密度陸棚水の潜り込み流量は南極全体で5 Sv（1 Sv ＝ 10^6 m³/s）程度と見積もられているが[1]，それが周極深層水（circumpolar deep water：CDW）などと混合することで流量を増し，南極底層水となった際には，その3倍程度の15〜20 Sv 程度の流量を持つことになる．フロンなどのデータから，このうちの約50〜60％がウェッデル海，約30〜40％がロス海，約10％がアデリーランド沖からの底層水と見積もられているが[1]，これらは大雑把な見積もりであるとともに，最終的な南極底層水としての流量であり，もともとどの海域からどの程度表層から底層へ潜り込んでいるのか，という

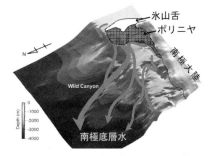

図2 ケープダンレー底層水が形成される模式図（文献3)を改変）．南極大陸から張り出す氷山舌の下流に，多量に海氷が生産される海域（沿岸ポリニヤ）が作られる．この高海氷生産によって重い水が作られ，その重い水が海の峡谷に沿って沈み込み，周りの水と混合しながら南極底層水となって，南極海さらには全世界の海洋深層に拡がっていく．［口絵14参照］

起源を同定するには至っていない．

最近の研究では，衛星マイクロ波放射計データ（⇒5-13「海氷リモートセンシング」）から，どこに薄氷域（ポリニヤ）があるかを検知し海氷生産量の分布を見積もる（マッピングする）ことで，どこで重い水ができているかの推定が試みられている．それらの研究から，底層水の主生成域であるロス海に次ぐ第2の海氷生産海域が，南極昭和基地の東方約1200 kmにあるケープダンレー（Cape Darnley）沖のポリニヤであることがわかり（⇒5-7），さらに日本を中心とした現場観測から，ここが未知（第4）の南極底層水生成域であることが明らかになった[3]．図2は，この底層水が形成される機構を模式図で示したものである．南極大陸から張り出す氷山舌の下流に沿岸ポリニヤが形成，ここでの高海氷生産によって重い水が作られ，その重い水が海の峡谷に沿って沈み込み，周りの水と混合しながら底層水となっていく．この底層水は，その後ゆっくりと西方へ拡がっていき，ウェッデル海の底層水生成の15～30％程度を担っていると推定される[3]．

最近まで蓄積されたデータから，この30～40年で南極底層水は昇温・低塩化しており，底層水生成が減少していることが示唆されている（⇒9-10「南極域大気・海洋の長期変動」）．底層水生成の減少は，将来熱塩循環を変化させる可能性がある．もしそうなれば，海洋の熱容量は莫大なため，全球規模の気候変動が生ずることになる．なお，底層水の低塩化は，西南極での棚氷の融解が加速していることが主要な原因と考えられている（⇒5-15「淡水循環と極域」）．

〔大島慶一郎〕

文献
1) Orsi, A. H. et al., 1999, *Prog. Oceanogr.*, **43**, 55.
2) 青木茂, 2011, 南極海ダイナミクスをめぐる地球の不思議, C&R研究所.
3) Ohshima, K. I. et al., 2013, *Nature Geosci.*, **6**, 235.

5-10 北大西洋深層水

North Atlantic deep water：NADW

気候変動，大西洋子午面循環（AMOC），グリーンランド氷床，低塩分水

数千年かけて全球を駆け巡る海洋コンベアベルト（⇨5-8「海洋深層循環」）において，その代表的な起点は北大西洋である．北大西洋において冬季の海面冷却に伴い生成される水塊を北大西洋深層水（NADW）と呼ぶ．大西洋における子午面循環（Atlantic meridional overturning circulation：AMOC）は，北大西洋深層水の形成とそれを補償する表層での北上流と深層での南下流によって構成される（図1）．AMOCは膨大な南北熱輸送を伴っており，気候の変動・維持に対しても重要な役割を果たしている[1]．ヨーロッパ諸国が日本よりも高緯度に位置するにもかかわらず比較的温暖であることは，AMOCの表層北上流に相当する北大西洋海流が気候に多大な影響を与えていることの証左である．

北大西洋深層水とAMOCの存在が観測によって示唆されたのは1920年代以降である．大西洋の南北縦断観測から得られた塩分分布から，深さ1000～4000m付近において高塩分で特徴づけられる北大西洋深層水の存在が明らかにされた．1960年代になると炭素同位体比の観測結果から北大西洋深層が全球海洋コンベアベルトの最上流域に位置することが定性的に明らかにされた．その後1990年代に実施されたWOCE（世界海洋循環実験計画）を中心に，多くの船舶海洋観測によって北大西洋深層水の南下流量が見積もられ，2004年以降は，観測プログラムRAPID-MOCによって係留系観測を用いたAMOCの流量のモニタリングが継続されている．

2004年公開のハリウッド映画『デイ・アフター・トゥモロー（Day After Tomorrow）』をご覧になっただろうか．同作は，地球温暖化が原因となり欧米諸国が急激な寒冷化に襲われるというパニック映画である．「寒冷化のトリガーが温暖化とは是如何？」と懐疑的な目を向ける読者も多いと思うが，完全に荒唐無稽なシナリオと断言できないことを以下のメカニズムによって説明できる．地球温暖化はグリーンランドなど北大西洋地域にある氷床の融解・流出速度を増加させる．この北大西洋への淡水供給の急増が表層水の低塩分化（低密度化）を促進し，北大西洋深層水の形成およびAMOCを弱化させる．AMOCの衰退とともに南北熱輸送量が減少すれば，前述したヨーロッパ地域の温暖な気候が維持されず寒冷化する．映画ほどの急激な寒冷化は現実的ではないが，数十年規模で数℃程度の寒冷化であれば，十分起こり得ると考えられている．

たとえば，今から約1万3000年前に，それ以前の温暖期から急激な寒の戻り（ヤンガードリアス期）が数千年間続いたこと

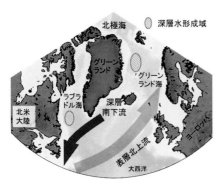

図1 大西洋子午面循環（AMOC）と北大西洋深層水の形成海域．AMOCはラブラドル海やグリーンランド海の一部の限られた海域での深層水形成と表層での暖水北上流・深層で南下流からなる．温かい表層北上流は「北大西洋海流」と呼ばれ，ヨーロッパ地域の温暖な気候を維持している．

がグリーンランド氷床コアの酸素同位体比の解析などから明らかになっており，その主要因としてAMOCの弱化があげられている．現代においても，大西洋25°N線に沿った計5回の横断観測から，1957年と2004年の間での30％のAMOCの弱化が明らかにされている[2]．また，気候変動に関する政府間パネル（IPCC）の第3～5次評価報告書によると，ほぼすべての温暖化予測モデルが21世紀を通じたAMOCの弱化を示しており，21世紀中にAMOCが完全に停止する可能性さえも排除できないとされている．

しかしながら，氷床融解による淡水供給が北大西洋深層水の形成を阻害するというメカニズムについては自明でない部分がある．「北大西洋」深層水といっても，その形成海域は北大西洋全体にまんべんなく存在するのではなく，ラブラドル海・グリーンランド海などのごく一部の海域である（図1）．限られた深層水形成海域へグリーンランド氷床起源の淡水を供給・輸送する物理メカニズムについては不確定な部分が多かった．たとえば，ラブラドル海では，北極海の海水とグリーンランド氷床の融解水からなる低塩分水が西グリーンランド海流によってラブラドル海北東部へ流入するが（図2），低塩分水が深層水形成域（ラブラドル海中央部）に達するには，中規模渦と呼ばれる直径20～50 km程度の海洋渦による水平輸送が必要である．2000年代以降の衛星観測などによって定性的に示されたラブラドル海での低塩分水輸送における中規模渦の役割が，渦を陽に表現できる高解像度の海洋循環シミュレーション（図2）によって，定量的にも顕著であることが示された[3]．この研究によって，地球温暖化に伴うグリーンランド氷床の融解・流出量増加とAMOCの弱化，ひいては「寒

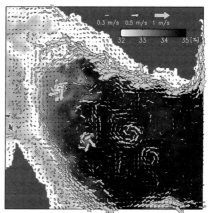

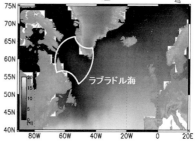

図2 上図は海洋循環シミュレーションによって再現されたラブラドル海（下図の白線枠内）での表層塩分濃度（シェード，単位は‰）と海流速度（矢印）[3]．西グリーンランド海流（図上部の左上向き流）によってラブラドル海北東部へ流入した低塩分水が北大西洋深層水の形成海域である中央部へと時計回りの渦によって輸送される．

の戻り」を直接結びつけて解釈できるようになった．

〔川崎高雄〕

文 献

1) Bryden, H. L. and Imawaki, S., 2001, *Ocean Circulation and Climate*, Chap. 6.1, 455, Academic Press.
2) Bryden, H. L. et al., 2005, *Nature*, **438**, 655.
3) Kawasaki, T. and Hasumi, H., 2014, *Ocean Model.*, **75**, 51.

5-11 オホーツク海での海氷生成
sea ice production in the Sea of Okhotsk

季節海氷域,東樺太海流,海氷生成,北太平洋中層水,巨大魚付林

オホーツク海は冬季にのみ海氷が出現する季節海氷域（seasonal ice zone）である．オホーツク海では，11～12月より北西部から結氷が始まり，2～3月に海氷面積のピークを迎え，5～6月ごろまでに海氷が融けきる．オホーツク海は本格的な海氷域としては北半球の南限である．図1は，地球全体での2月の平均の海氷分布を白で，2月の平均気温を等値線で示している[1]．北半球の寒極（最も寒い地域）がオホーツク海の風上にあることがわかる．秋季から冬季，この寒極からの厳しい寒気がオホーツク海上に季節風として吹き込み，海を強力に冷却することが海氷域の南限となっている一番の要因となっている．これに加え，季節風である北西風と，サハリン東岸を南下するオホーツク海最大の海流である東樺太海流（East Sakhalin Current）が，海氷を南へと漂流させることで，海氷の南下は促進されることになる．

海氷ができる時には，塩分の一部しか氷に残らないので，冷たくて重い高塩分水がはき出される．オホーツク海は，大量に海氷が作られるため，北太平洋で（表面で作られる海水としては）一番重い水が生成されることになる．この重い水はオホーツク海中層に潜り込んで，さらには北太平洋中層（200～800m）全域に広がっていき，北太平洋規模の鉛直循環（上下方向の循環）を作っている．オホーツク海は，大気と接した水を北太平洋中層水（North Pacific intermediate water）を含めて北太平洋の中層全域に供給している場所ともいえる．

衛星による海氷データと大気データから求めた海氷生産量（sea ice production）の分布によると（図2），最も海氷生産量が大きいのは北西部沿岸域であることがわかる[2]．この海域は，巨大な沿岸ポリニヤ（⇨5-7）が出現する海域で，厳しい寒気に加え沖向きの風が卓越するため，生成された海氷が吹き流され薄氷域が維持され，多量に熱が奪われ，大量の海氷が生成される．オホーツク海の海氷は多くこのような沿岸ポリニヤで生成されて拡がっていく．しばしば，「オホーツク海の流氷（海氷）は，アムール川の水が凍ったもの．それが漂流して北海道沖まで到来する」という言い方をされるが，これは正しくない．アムール川の水が凍った分の氷はオホーツク全体の氷からするとごくほんのわずかでしかない．

海氷生成により重い水が中層に潜り込む際に，同時にさまざまな物質も中層に送り

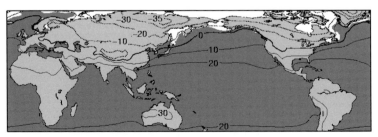

図1 全球での2月の海氷分布と平均気温（文献[1]を改変）．海氷分布の気候値（平均値）を白で，表面平均気温の気候値を等値線で示す．全球の海氷分布については口絵参照．

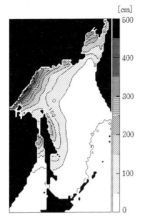

図2 オホーツク海での年間の海氷生産量分布.海氷の厚さ(cm)に換算して示す.人工衛星のマイクロ波放射計による海氷データと熱収支計算から見積もったもの[2].

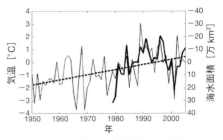

図3 オホーツク海の海氷面積とその風上での地上気温の年々変動.衛星観測によるオホーツク海全域の2月の海氷面積偏差を太線で,風上域(50°~65°N,110°~140°E)における秋冬(10~3月)の地上気温偏差を細線で示す[3].海氷面積偏差の軸は右端に示しており,上ほど小である点に注意.

込まれる.特に,海の生物生産量を決めうる重要な栄養素である鉄分が多量に送り込まれていることが発見され注目されている(⇒3-6「陸域-海洋相互作用」).オホーツク海中層からの鉄分が北太平洋西部域にも供給され,そこでの高い生物生産を支えているという考え(中層鉄仮説)が提案されている.さらに,この鉄分はもともとは陸面よりアムール川を介して海へ供給されていると考えられ,陸が海を涵養している「巨大魚付林(うおつきりん)」という概念で,アムールオホーツクシステムを理解することが提唱されている.

オホーツク海の海氷面積は,人工衛星により正確な観測が可能になった1970年代から,この30~40年間で約20%減少している(図3の太線).オホーツク海の海氷の拡がりは,寒極であるその風上での地上気温(図3の細線)とよく対応(負の相関)しており,この気温は50年で約2.0°C上昇している.地球全体の平均気温は過去50年で0.65°Cの上昇であるので,オホーツクの風上域は温暖化の影響が強く出る場所であることがわかる.この気温と海氷面積の高い相関から考えると,海氷面積の減少傾向は50~100年スケールで生じていたことが推定される.オホーツク海ではこの40~50年で冷たく重い水の潜り込みも減少しており,これは海氷の生成量が減ったことによると考えられている[3].さらに,オホーツク海での水の潜り込みの減少は北太平洋の鉛直(上下方向の)循環までも弱めていることが示唆されている.海水の鉛直循環が弱まると,鉄の循環さらには生物生産量まで北太平洋規模で影響が出てくる可能性もある.

〔大島慶一郎〕

文献
1) Nihashi, S. et al., 2009, *J. Geophys. Res.*, **114**, C10025.
2) Ohshima, K. I. et al., 2003, *J. Meteorol. Soc. Jpn.*, **81**, 653.
3) Nakanowatari, T. et al., 2007, *Geophys. Res. Lett.*, **34**, L04602.

5-12 北極海の海氷減少と地球温暖化
sea ice reduction in the Arctic Ocean and global warming

北極海，海氷減少，地球温暖化

2013年に発表されたIPCC第5次報告書によると，地球気候システムの温暖化はもはや疑いの余地はなく，その主たる原因は産業革命以降の大気中の二酸化炭素の増加であると記されている．これによる環境変化はさまざまな形ですでに地球上に現れているが，最も顕著なものとしてあげられるのが北極海に存在する海氷の減少である．

北極海は北極点を含む形で地球の最北に位置する海洋であり，周りをユーラシア大陸と北アメリカ大陸，グリーンランドに取り囲まれている．大西洋や太平洋から流れ込む海水と，シベリア・北アメリカからの河川流入水で構成されている[1]．その海水が冬季の冷却を受けて結氷してできたものが北極海の海氷である．10月頃から海洋の冷却が始まり，翌年4月頃に太陽の熱が北極海域を温め始めるまでの冬期間に海氷は成長を続ける．夏季に開水面であった場所が冬季の冷却を受けると，およそ1.5m程度の厚さの海氷ができるとされている．

海氷は風や海流の影響を受けて動いている．北極海の海氷の動きを全体的にみると，極横断漂流とボーフォート循環にまとめられる（図1）．極横断漂流は，シベリア側から北極点近くを通りグリーンランド海に向かう海氷の流れである．北極海からグリーンランドとスバールバル諸島の間にあるフラム海峡を通じて海氷を大西洋側に出す役割を持つ．一方ボーフォート循環は，カナダ海盆側に広がるボーフォート高気圧による時計周りに吹く風で動かされており，カナダ・アラスカ沖の海域を数年かけて1周する程度の速さで動いている．

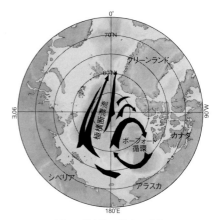

図1 北極海の海氷の動き

北極海の海氷の厚さの分布は，これら海氷の流れと密接に関係している．グリーンランドの北側やカナダ多島海沖は海氷が溜まって動きにくい海域になっており，何度かの冬を経た厚い海氷（多年氷）が広がっている．それに対してシベリア側は，薄い一年氷に広く覆われている．

北極海は冬季にはほぼ完全に海氷に覆われる．そして春から夏へと暖かくなるにつれて，シベリア側やアラスカ・カナダ沿岸など海氷が薄い海域から海氷がなくなる．そして9月には大陸棚にはほとんど海氷がなくなり，北極海中央部やグリーンランド北側・カナダ多島海沖などの海盆域が海氷に覆われた海域として残ることになる．図2は北半球の夏季（2012年）と冬季（2013年）の海氷面積分布を示す．

図3は人工衛星による海氷観測が始まった1979年から2014年までの北極海の年最小海氷面積（1年で最も海氷が少なくなる時の面積）の変化を示している．2000年までは平均すると650万km^{2}だった年最小面積が，1990年代後半から急速に減少し，2012年には317万km^{2}にまで減少した（図2）．2000年以降は，10年で約150万km^{2}の速さで減少しており，このままでは

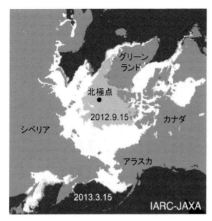

図2 人工衛星「しずく」で得られた北半球の海氷分布. 灰色が2012年9月15日, 白が2013年3月15日の分布を示す.

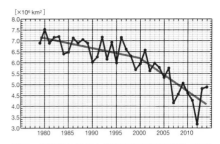

図3 北極海の年最小海氷面積の経年変化 (1979～2014年). 灰色線は2000年の前と後での線形近似直線を示す.

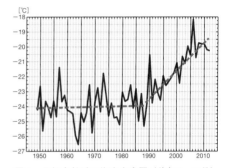

図4 北極点付近の海氷生成期 (前年9～5月) の平均気温. 1949～2012年. 点線が1990年の前と後での線形近似直線を示す.

2030～40年頃には北極海が夏季に海氷がない海域になると予測されている.

北極海の急速な海氷減少は, ①海氷融解の増加, ②海氷生成量の減少, ③北極海からの海氷流出の増加などが重なった結果と考えられる. 特に地球温暖化の影響を考えた場合には, 海氷融解の増加と生成量の減少への影響が大きい. 北極海の海氷減少については, 海氷・海洋アルベドフィードバック (⇨5-1) や, 大西洋や太平洋から入ってくる熱量の増加の影響がある.

一方, 北極海の海氷の成長は, 第一義的には海氷が成長できる期間にどれだけ冷やされるかで決められる. 図4は1949年から2013年までの北極点付近での海氷成長期 (前年9月から5月まで) の平均気温の変化を示している. 1980年代までは約 $-24℃$ であった平均気温が, 1990年代以降10年で1.8℃ の速さで高くなっており, 近年は海氷成長期の平均気温は $-20℃$ よりも高くなってきた. つまり冬季の海氷成長が1990年以降徐々に減少していることを示唆しているといえる.

北極海の海氷には, 太陽放射を跳ね返す日傘の役割と, 海洋の熱の放出を抑える蓋の役割がある. このはたらきが, 北極海域が地球気候システムの冷熱源として重要な役割を担う大切な要因であった. しかしながら地球温暖化が海氷を減少させ, 急速な海氷減少が北極域のみならず日本を含む地球環境や気候システムにも影響を及ぼしている. 海氷減少が環境や気候に対してどのような影響を及ぼすのか, 科学的のみならず社会的にも注目を集めている. 〔菊地 隆〕

文 献
1) 菊地 隆・猪上 淳, 2013, 図説 地球環境の事典 (吉崎正憲・野田 彰ほか編), 朝倉書店, 213.
2) Stroeve, J., 2003, Sea Ice Trends and Climatologies from SMMR and SSM/I-SSMIS, NASA DAAC at the National Snow and Ice Data Center, https://nsidc.org/data/smmr_ssmi_ancillary/area_extent.html

5-13 海氷リモートセンシング
sea ice remote sensing

可視・赤外線，マイクロ波，レーザー高度計

海氷域は気象条件が厳しく，砕氷船を用いないと現場に行くことができないので，観測の機会は著しく限られる．このようなアクセスが難しい海域では，人工衛星によるリモートセンシング観測が重要になる．海氷のリモートセンシング観測は，さまざまな周波数帯の電磁波を用いて行われ，海氷の広がり・密接度（ある面積に海氷が占める割合）・動き・厚さなどを観測することができる．以下にセンサの種類ごとにより詳しく説明する．

a. 可視・赤外線センサ

人工衛星による海氷観測は，まず1960年代に気象衛星を用いて行われ，断片的ではあるが初めて広範囲の海氷の広がりを知ることができるようになった．気象衛星は，地球表面からやってくる可視光や赤外線の観測を行うので，雲があると海氷の観測ができない．また夜間の観測も可視光の場合は不可能である．冬期間の極域は天候が悪い日が多く，さらに日照時間もまったくないか極端に短いため，可視や赤外線センサは，海氷域を断片的にしか観測することができない．しかし可視・赤外線センサは，空間分解能がよい（約1km）ので，NOAA衛星に搭載されるAVHRR（1979年以降，代替わりをしながら現在まで継続）や，TerraならびにAqua衛星に搭載されるMODIS（Terraは1999年以降，Aquaは2002年以降）によって，現在でも盛んに海氷観測に使われている．可視・赤外線センサにより，海氷の広がり，氷盤の形状や分布，表面のアルベド（反射率）や温度の観測を行うことができる．表面温度を用いた熱収支計算からは，比較的薄い海氷の厚さ（<50cm程度）の見積もりを行うこともできる．

b. マイクロ波センサ

可視光線や赤外線より波長の長いマイクロ波（microwave）領域を用いることにより，空間分解能は荒くなるが（数km～数十km），雲や夜間の制限を受けずに日ごとの時間スケールで全球の海氷観測を行うことができる．マイクロ波のセンサは，地表面からの電磁放射を観測するもの（受動型センサ）と，自らマイクロ波を射出し，地表面からの反射を観測するもの（能動型センサ）に分けられる．特に受動型センサであるマイクロ波放射計は，海氷観測に欠かせないものになっている．

1972年にマイクロ波放射計ESMRを搭載したNimbus-5が打ち上げられ，1976年まで観測を行った．このESMRにより，初めて地球全体の海氷の広がりがわかるようになった．マイクロ波放射計による観測は，1978年に打ち上げられたNimbus-7に搭載されたSMMRに引き継がれ，1987年まで観測が行われた．さらにその後はDMSPに搭載されたSSM/Iに引き継がれている．SSM/Iは代替わりしながら1987年から2007年まで観測を行った．2007年からはSSM/Iの後継センサであるSSMISがDMSPに搭載され，現在まで観測を行っている．2002年には従来のセンサよりも倍の空間分解能（約12km）のデータを得ることができるAMSR-Eを搭載したAquaが打ち上げられた．ASMR-Eによる観測は2011年に終了したが，2012年には後継センサであるAMSR2を搭載したGCOM-W1「しずく」が打ち上げられ，継続的に観測を行っている．

マイクロ波放射計は，地表の輝度温度を観測する．輝度温度から得られる海氷の代表的な物理パラメータは，海氷密接度であ

る（口絵参照）．水平と垂直の異なる偏波と，異なる周波数帯による輝度温度を組み合わせて用い，海氷密接度の見積もりを行う．海氷密接度を推定するアルゴリズムは複数存在するが，代表的なものとして，Bootstrap algorithm, NASA Team algorithm（enhanced NT2 algorithm），ARTIST sea ice algorithm がある．この海氷密接度データにより30年間以上の連続した海氷面積の変動が示されている．継続的な衛星観測は，気候変動を理解するうえできわめて重要である．北極海では，特に夏季の海氷面積が1970年代後半と比べて半分近くまで縮小したことが示されている（図）．マイクロ波放射計による輝度温度データからは，ほかにも面相関法から海氷の漂流速度を求めることができる．さらに水平と垂直偏波の輝度温度比から，薄い氷の厚さを見積もることもでき，沿岸ポリニヤ（⇨5-7）をモニタリングすることも可能である．

　能動型センサであるマイクロ波散乱計（例：QuikSCAT SeaWinds, 1999～2009）のデータは，海氷の漂流速度の見積もりや海氷の種類（特に複数年にわたって存在する厚い多年氷域）の検出に用いられている．合成開口レーダー（SAR）も能動型センサの一種である（例：RADARSAT ScanSAR, 1995～2013；Envisat ASAR, 2002～2012；ALOS PALSAR, 2006～2011）．SARは 数m～数百mの高空間分解能で地表を観測することができる．ただし一度に観測できる幅は数十～数百kmと狭く，同じ場所を観測するには数日から数週間かかってしまう．SARはその高空間分解能を生かして，リード（氷盤の割れ目）や氷縁・氷盤の形状や分布，海氷表面の状況，海氷の動きといった空間スケールの小さな海氷諸特性を調べるのに用いられている．

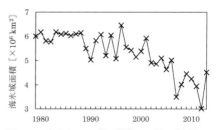

図 1979年から2013年の期間の9月の北極海における海氷の張り出し．米国 National Snow and Ice Data Center によるデータ[1] を使用した．

c. レーザー・レーダー高度計

　電磁波は海氷の内部を透過しにくいため，衛星観測から特に厚い海氷の厚さを見積もることは難しい．2003年にレーザー高度計 GLAS を搭載する ICESat が打ち上げられた．レーザー高度計は，センサからレーザー光を照射し，地表面から戻ってくる光を検知して距離を測定する．レーザー高度計は，主に氷床の変動を観測するのに用いられるが，海面から出ている海氷の高さ（freeboard）も計測でき，そこから海氷の厚さの推定を行うことができる．ICESat のデータにより，海氷の厚さの分布が初めて全球規模で示された．残念ながらICESat による観測は2009年に終了してしまったが，2016年には後継衛星であるICESat-2が打ち上げられる予定である．2010年には，マイクロ波を用いたレーダー高度計 CryoSat-2 が打ち上げられた．レーダー高度計によるデータからも氷厚を推測することができる．　　〔二橋創平〕

文　献

1) Stroeve, J., 2003, Sea Ice Trends and Climatologies from SMMR and SSM/I-SSMIS, NASA DAAC at the National Snow and Ice Data Center. https://nsidc.org/data/smmr_ssmi_ancillary/

5-14 棚氷と海洋の相互作用

ice shelf-ocean interaction

棚氷-海洋相互作用，棚氷底面融解，アイスポンプ，棚氷融解水

棚氷（ice shelf）とは大陸の岩盤上に発達した氷床の末端で，海洋にせり出した部分を指す．現在気候場において，棚氷はカナダ北部とグリーンランドのごく一部および南極大陸周辺に数多く存在している．本項目では南極大陸周辺の棚氷を念頭におき，棚氷と海洋の相互作用について説明する．

海洋にとって，棚氷底面とは上部にある壁境界であり，その境界面を通じて棚氷と熱，淡水，物質／トレーサーの交換（たとえば，酸素同位体比；⇨5-15「淡水循環と極域」）がある．棚氷下の海洋は，海面がぶ厚い氷で常に覆われた鉛直的に反閉鎖空間であるという点で，非常にユニークな環境場である．棚氷の厚さは開水面と接する末端部で数十～100 mで，大陸上の氷床と連結する接地線付近では数百 mとなる（場所によっては2000 m近くに及ぶ）．海水の結氷点は水深（圧力）と塩分によって決まっており，結氷水温は水深が増すにつれて低下する（その割合は1000 mで約 $0.75°C$ である．⇨5-5「フラジルアイスと過冷却」）．この結氷点の水深依存性によって，海氷生成時に形成される表層結氷水温（約 $-1.8°C$）の海水でさえも，棚氷底面を融解させる熱源となる．

主な棚氷底面を融解させる熱源として，①周極深層水，②沿岸ポリニヤ（⇨5-7）で形成される大陸棚上の陸棚水（shelf water），③南極表層水（Antarctic surface water）がある．周極深層水は高温・高塩分で特徴づけられる水塊で，大陸棚上の海底地形に沿って棚氷下に到達し，棚氷底面を融解させる．沿岸水は冬季，沿岸域で海氷生成時に形成される水塊で，高塩分・表層結氷水温で特徴づけられる．外洋で作られる最も冷たい水である陸棚水であっても，棚氷下に流入すると，その水温が現場の結氷水温より高いため，棚氷底面融解の熱源となりうる．南極表層水は海氷が溶けることによって形成され，主に夏季の太陽放射によって温められた水塊で，風や潮汐の効果によって，棚氷下に押し込められ，棚氷底面を融解させる．

棚氷底面が融解すると，海洋に淡水が供給される．この棚氷融解水は周囲の海水に比べて塩分が低いために密度が小さい．そのため，軽い棚氷融解水は棚氷底面に沿って上昇し始める．この棚氷底面融解水によって引き起こされる棚氷下の海洋循環形成メカニズムを，アイスポンプ（ice pump）と呼ぶ．アイスポンプに伴う上昇流の中で，その棚氷融解水の一部は，現場の結氷水温より低くなるために結氷する．棚氷下のおおよその海洋循環は，棚氷外の海洋環境とアイスポンプで決まっている．

南極氷床の質量の増減（海洋との水の交換）は全球海面平均水位や海洋大循環に大きな影響を与える．反対に，南大洋の海洋循環やその変化が棚氷を通じて南極氷床内部に大きな影響を与えると考えられており，氷床-海洋間相互作用が近年注目を集めている．現在，南極氷床から南大洋へ1年間におよそ2000～2500 Gt（10^{12} kg）の氷床起源の淡水が供給されている．この南大洋への淡水の供給は棚氷を介した2つのプロセス，棚氷底面融解と棚氷末端での氷山形成，によって行われている．ごく最近まで，棚氷底面融解は南極氷床からの南大洋への供給量の20～40％程度の寄与であると見積もられていたが，最新の衛星データの解析結果によると，棚氷底面融解が支配的な淡水供給プロセスであることがわかってきた[1]．南極棚氷底面が融解すると，

その融解水は海洋循環に沿って南大洋全体に広がる．その多くは表層から亜表層に分布するが，その一部は南極沿岸ポリニヤで形成される高密度水に取り込まれ，南極底層水（⇨5-9）に寄与する．近年，南大洋の水塊の淡水化が報告されており，その原因の1つとして，南極棚氷の底面融解の増加があげられている．

棚氷-海洋間相互作用を理解するために，棚氷-海洋結合モデルの開発とそれによる数値モデリング研究が現在活発に行われている．ここでは，南極棚氷底面融解に関する数値モデリングの研究例を1つ紹介する[2]．図1は海氷-海洋結合モデル（⇨5-6「海氷のモデリング」）に棚氷コンポーネントを導入した数値モデルによって再現された南極棚氷底面の1年間の単位面積あたりの融解率の水平分布図である．南極棚氷は正味融解している．南極の三大棚氷であるフィルフィナー・ロンネ棚氷（図のBの棚氷），アメリー棚氷（D），ロス棚氷（H）では結氷域（ドット領域）も再現されている．この結氷域では，アイスポンプによる上昇流が再現されている．これらの三大棚氷の面積は南極棚氷の総面積のおよそ6割を占めているが，その融解量は南極棚氷全体の4割程度である．一方，南極沿岸域に細長くへばりついた4割を占める棚氷の融解量は，南極棚氷の総融解量の半分以上に寄与している．棚氷下に流入する水塊は棚氷ごとに大きく違っており，各棚氷の底面融解を引き起こす熱源が異なっている．たとえば，西南極の棚氷群（J, K, L）では，周極深層水の流入が支配的であるのに対し，フィルフィナー・ロンネ棚氷（B）では，ほとんど陸棚水の流入で決まっている．

このような棚氷-海氷-海洋結合モデル

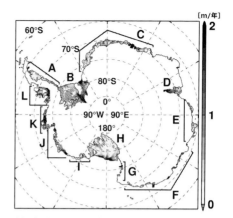

図　棚氷-海氷-海洋モデルによって再現された南極棚氷の底面融解率の水平分布図[2]．正の値は融解領域を示す．結氷領域（負値）はドットで示した．

を使った棚氷底面融解量の将来予測に関する数値実験も実施されている[2,3]．それらの数値実験によると，温暖化した気候状態では現在よりも暖かい水塊が棚氷下へ流入するようになり，棚氷底面融解が大幅に上昇することが予測されている．この棚氷底面融解の増加は南極氷床内部の流動場も大きく変化させ，より多くの氷／淡水が海洋に供給されるようになると考えられるため，海面水位上昇への影響が危惧されている．現在大きく変化しつつある気候システムを理解・予測するうえで，現場観測，衛星データ，数値モデルを駆使した氷床／棚氷-海洋間相互作用の総合的な理解が必要不可欠である．

〔草原和弥〕

文　献
1) Rignot, E. et al., 2013, *Science*, **341**, 266.
2) Kusahara, K. and Hasumi, H., 2013, *J. Geophys. Res.*, **118**, 2454.
3) Hellmer, H. et al., 2012, *Nature*, **485**, 225.

5-15 淡水循環と極域

freshwater cycle and polar regions

海面塩分,氷床融解,水位上昇,酸素同位体

　地球上の淡水循環において,極域は特有の働きをしている.極域は淡水の最大の貯蔵庫である.全球規模の淡水循環の変化とあいまって,極域における淡水循環のようすも変化しつつある.

　地球上の水の97％は海洋に海水の形で存在しており,2％は極域の氷として,1％は陸上にそれぞれ淡水の形で存在している.大気中に存在する水の量は0.001％にすぎない[1].水は,これらの貯蔵庫の間を循環している.地球表面の71％を占める海洋上では,蒸発全体の85％が起きるのに対して,降水は77％にしかならない.この水の余剰分は陸上に輸送されて陸上における降水の余剰分を補償し,河川等を通じて海洋へと戻っている.

　ハドレー循環やフェレル循環,極循環といった大気の子午面循環によって,蒸発や降水の分布は緯度によって特徴的なパターンを形成する.赤道収束帯と極域では降水(precipitation)が蒸発(evaporation)を上回るのに対して,亜熱帯高圧帯では蒸発が降水を上回る.亜熱帯高圧帯で大気中に残された水の一部は赤道収束帯に輸送され,残りは高緯度側へ輸送される.

　海洋上でもこの蒸発と降水のパターンが働くため,海面における塩分はこれを強く反映している.気候学平均的な海面塩分の分布と蒸発−降水の分布とは,空間的によく対応している.海面塩分は赤道付近でやや低く,亜熱帯域で高くなり,高緯度で低いという特徴を持つ.また海面塩分には大西洋では高く太平洋では低いという海盆による違いもある.この海盆間の違いが,大西洋で高塩分の深層水が形成され,太平洋では形成されないという重要な相違を生み出している.

　20世紀半ば以降について,こうした淡水循環の強度が時間的に変化していることが指摘されている.すなわち,もともと降水が過多な熱帯域や極域などでは降水がさらに増加し,降水が少ない亜熱帯域では降水が減少している可能性があることが,降水の観測から指摘されている("Wet-gets-wetter"メカニズム).陸上観測網からは,北半球中緯度では降水量の増加がとらえられているものの,それ以外の緯度帯では必ずしも十分な描像が得られているわけではない.一方,近年の海洋塩分観測の充実により,海洋観測からも淡水循環の変化傾向が裏づけられた.すなわち,20世紀半ば以降,海面塩分が比較的低い海域では海面塩分はさらに低下し,高い海域ではさらに上昇していることが明らかになった.こうした海面塩分の地域的なコントラストの強化は,大気を介した淡水輸送が活発化し,海流による淡水(塩分)輸送などによる寄与を上回っている結果であるとすると説明できる[1].このことは,海面塩分分布の時間的な変化が,淡水循環の変化を測る雨量計の役割を果たすことを示している.

　極域では蒸発量に比べて降水量が多いが,寒冷なため余剰の水は雪や氷などの固相として存在する.積雪については季節的な融解によって河川等を通して流出する部分が多いものの,場所によっては氷床や氷河として長期間蓄えられる.特に,南極大陸と北半球グリーンランドには氷床という形で膨大な量の淡水が蓄えられている.降雪に涵養され,その雪が固まって形成された氷床は,長い年月をかけて流動し,末端部で消耗する.グリーンランド氷床では表面融解による消耗が相対的に大きいのに対し,南極氷床では棚氷底面での融解や氷山の分離(カービングcalving)による消耗が大きい(図).消耗した水が海へ戻るこ

とで，淡水循環を完結している．

極域海洋では，海氷過程も淡水輸送に関わっている．海氷が形成し高塩分水（ブライン brine）が排出されることで，形成された場所では塩分が残されることになる一方，海氷が輸送された先では淡水を供給することになる（⇨5-7「沿岸ポリニヤ」）．南極大陸の沿岸域では，その淡水輸送過程が低塩分の表層水や南極底層水形成の基礎となる高塩分陸棚水といった水塊の形成にかかわっている（⇨5-9「南極底層水」）．

近年，極域におけるこうした淡水輸送過程についても時間的な変化が明らかになってきた．世界中の氷河は縮小しており，グリーンランドや南極では，氷床が消耗傾向にあることがわかってきた[2]．特に1990年代以降の人工衛星による評価の精密化により，氷床流出の加速が指摘されている．グリーンランド氷床では表面融解量の増加や接地線を越える流動の加速が顕著である．南極氷床では，パインアイランド氷河を中心とする西南極域の陸氷の流出が加速しつつある．氷河や氷床流出の加速は，全球海水位の上昇につながっている．南極では，沿岸の陸棚水の密度を低下させることで，南極底層水の形成に影響を与えている可能性もある（⇨9-10「南極域大気・海洋の長期変動」）．

水循環の実態の把握には，人工衛星を含む観測や数値モデルが用いられるが，水の安定同位体（isotope）比などのトレーサー情報を加えることが，さらなる理解の進展につながる．気相と液相・固相との間の相変化の際に重い同位体比を持つ水は後者に集まりやすい傾向を持つことなどから，水の安定同位体比はその水の輸送過程の履歴を残すことになる[3]．こうした特性から，

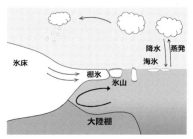

図　南極大陸を中心とした淡水循環

安定同位体比は，大気科学や気候学において淡水輸送の追跡に利用されている．極域海洋においても水の安定同位体比は有用である．海洋の塩分は淡水循環を反映するが，その淡水分の起源が降雪か氷床融解かなどといった詳細な原因を特定することはできない．極域でのそうした淡水循環変化の起源を探るうえでは，酸素の安定同位体比が有効である．内陸氷床上の降雪が持つ酸素同位体比は，海洋上での降雪のそれよりも著しく低い．また，海氷の形成過程における同位体分別では，酸素同位体比の変化は比較的小さい．こうした酸素同位体比の顕著な相違により，変化を引き起こす淡水過程に関する知見が得られる．

淡水循環の変化は，水資源利用の変化や水災害傾向の変化につながる可能性があることから，社会に直接的・間接的影響を与える．極域を含む地球全体の淡水循環とその変化の理解と監視が求められる．

〔青木　茂〕

文　献
1) Durack, P. J. et al., 2012, *Science*, **336**, 455.
2) Vaughan, D. G., 2013, *Climate Change 2013: The physical science basis*, IPCC, 317.
3) 芳村　圭ほか，2009，気象学における水安定同位体比の利用，日本気象学会．

6

永久凍土と植生

6-1 永久凍土の形成・分布

permafrost formation and distribution

アイスウェッジ,パルサ,エドマ

土壌凍結が生じるには,地表面が0°C以下に冷却されることが必要であり,積雪が少なく気温が低いことが好条件である.また融解期の気温が低いことに加えて,地面が温まりにくい性質を持っていると,凍土を維持するために有利となる.土壌の凍結深が融解深よりも深くなる場所では,凍土層が長期間維持されるようになる.こうして永久凍土が形成されるが,少なくとも2年以上継続して0°C以下の状態の土壌や岩石を永久凍土という.永久凍土の上には夏期に地表から融解する季節融解層があり,活動層と呼ばれる.永久凍土分布地にある非永久凍土部分をタリク(talik)という(図1参照).

低地の永久凍土地域は,永久凍土の地理的連続性から連続永久凍土(地域の90～100%に存在),不連続永久凍土(50～90%),散在的永久凍土(10～50%),孤立的永久凍土(0～10%)に分けられる.ただし連続永久凍土地域においても深い湖や大河の下にはタリクが存在する.不連続および散在的永久凍土の分布はパッチ状で複雑である.水平なゾーン区分に加えて,主に中低緯度の高山に分布する永久凍土を山岳永久凍土ということもある.

北半球における永久凍土の分布を図2に示す[1]).北半球では,永久凍土は陸地の約24%(23×10^6 km^2)を占める.北半球の大陸の内陸部では,永久凍土の連続と不連続との境界の永久凍土上部の温度は約−5°Cで,およそ年平均気温−8°Cに相当する.中低緯度の山岳永久凍土は温度が0～−数°Cと暖かく,その分布は斜面の傾斜や向き,植生パターン,積雪など地表の特徴に密接に関係する.海底永久凍土は温度が0°C近くで,大部分が北極海の大陸棚地域にあり,最終氷期の陸化していた時代に形成された.南極大陸では氷河のない地域と寒冷氷河の下で永久凍土は連続的である.

永久凍土の厚さは,1 m以下～1500 mに及ぶ.現存している永久凍土の多くは寒冷な氷期に形成され始め,完新世を含むより暖かい間氷期を経て存在している.東シベリアのように氷期に氷床に覆われなかった地域では,特に地下深くまで永久凍土が発達している.厚い永久凍土の形成には長い時間が必要で,深さ250 mまで凍結するのに2万年程度の時間がかかるという試算もある.比較的浅い(30～70 m)永久凍土は完新世の後半(6000年前)から,小氷期(400～150年前)に形成されている.

永久凍土地域に発達する特有の地形には,アイスウェッジポリゴン(ice wedge polygon),ピンゴ(pingo),パルサ(palsa),岩石氷河などがある.凍土が急冷されて出

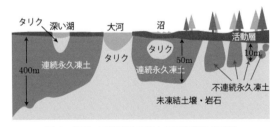

図1 連続・不連続永久凍土の遷移帯での断面

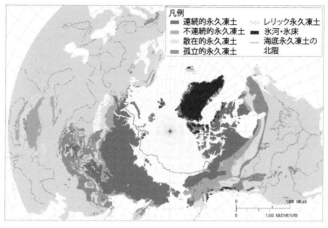

図2 北半球における永久凍土の分布[1]

来る熱収縮割れ目（凍結割れ目）を充填した楔状の氷をアイスウェッジという．これが平面的に一辺が数十m程度の多角形状に配列した地形がアイスウェッジポリゴンである（図3）．ピンゴは内部に氷核を持つ，最大直径300m，高さ60mに達する永久凍土の丘であり，連続永久凍土帯でみられる．これに対して主に連続永久凍土帯以外の泥炭地に分布し，シルトや泥炭の凍結核を持つ高さ10m以下の小丘状の地形がパルサである（図4）．岩石氷河は氷河に似た舌状の形態を持ち，表面を岩石で覆われ内部に永久凍土を含む地形で，ゆっくりと斜面下方へ移動する（図5）．これらの地形は，永久凍土の分布を景観から判読できる重要な永久凍土の指標となっている．

永久凍土は土質や形成過程の違いにより，その構造も含水率も多様である．含氷率の高い永久凍土が融解すると地面の沈下（融解沈下）が生じる．これをサーモカルスト（thermokarst）といい，側方からの融解浸食も含む．アイスウェッジポリゴンが発達した永久凍土が融解すると，多角形状の凹地が生じることになる．永久凍土の衰退，縮小はサーモカルストによる地形変化によってとらえられることが多い．なかでも大きな変化が観測されるのがエドマ（yedoma）である（図6）．

図3 アイスウェッジ（左）とアイスウェッジポリゴン（右）

図4 パルサ（大雪山）．右側の盛り上がりの部分

図5　岩石氷河（スイス）

図6　エドマ（シベリア）．表土が滑落し氷体（エドマ）が崖に露出している．

　エドマはシベリア北東部の現地語に由来し，アイスコンプレックス（ice complex）とも呼ばれ，体積含氷率が50〜90％と非常に高い凍土層をさす．有機物に富みメタンの放出源であることや，マンモスが発掘されることにより注目されている．かつてはシベリアだけに知られていたが，広くアラスカにも分布することが明らかになってきた．海岸線や河川沿いに高さ数十mの崖となって露出することから，年々側方から浸食され急速に崖が後退していく．地理的発見の時代に北極海で記載されたもののその後その存在が確認されていない島々のなかには，エドマの融解によってなくなってしまった島もある可能性がある[3,4]．

　日本でも富士山，大雪山の山頂部の風衝地に永久凍土の存在が知られている．また立山でも永久凍土の存在が報告された[5]．富士山は火山であり融解期に地中に雨水が浸透することから，以前考えられていたよりも永久凍土の発達が抑制されていることがわかってきた．大雪山では中緯度では稀な存在であるパルサがみられるが，その分布面積は近年減少している．このほか北日本には年平均気温が＋数℃の場所にも永久凍土が観測されているが，これらは岩塊斜面や風穴，マット状の植生の被覆などの特殊な環境で局所的に形成，維持されている[6]．また火星にも永久凍土が存在し，アイスウェッジポリゴン状の地形が観測されている[7]．　　　　　　　　　　〔曽根敏雄〕

文献

1) Heginbottom, J. A. et al., 2012, U.S. Geological Survey Professional Paper, 1386-A-5.
2) Kanevskiy, M. et al., 2011, *Quaternary Research*, **75**, 584.
3) 池田　敦ほか, 2012, 地学雑誌, **121**, 306.
4) 高橋伸幸・曽根敏雄, 1988, 地理学評論, **61**, 665.
5) 福井幸太郎, 2002, 地学雑誌, **111**, 564.
6) Sawada, Y. et al., 2003, *Geomorphology*, **52**, 121.
7) Levy, J. S. et al., 2010, *Icarus*, **206**, 229.

6-2　永久凍土の物理と化学

physical and chemical properties of permafrost and vegetation

活動層，アイスレンズ，不凍水分，透水係数

永久凍土は，「2 年以上の期間連続して 0 ℃以下の温度である土壌」と国際永久凍土学会によって定義されている．永久凍土の定義は 0℃ 以下という温度のみを考慮しているため，中に含まれている水分が氷か水かは無関係である．

永久凍土の上に存在する土壌層は夏期に融解してプラスの温度になる．この夏期に融解する土壌層は活動層と呼ばれている．一方，永久凍土の下端は深いところでは数百 m に及び，地温は下部に向かって上昇する．永久凍土とその上の活動層の地温の鉛直プロファイルは，特徴的な季節変化を示す．表層土壌は大きな地温変化を示し，深度が増すにつれて地温の変化は小さくなり，ちょうどトランペットのような形となる．夏期に気温が上昇するにつれて地表面から暖気が侵入し，表層から地温が上昇し，熱伝導で順次下層土壌を暖めていくため，下層土壌は相対的に遅れて地温が上昇する．

図 1 はロシア・チョクルダ（70.6°N，148.3°E）の永久凍土の地温の季節変化である．地表面の温度は気温の変化とほぼ同じ季節変化を示すが，1 m 深では 10 月に最高値，3 月下旬に最低値がみられ，気温の変化から遅れて変化する．深部ではさらに遅れて，5 m 深では最高値が 12 月，最低値は 5 月に現れている．

永久凍土および冬期に凍結した活動層土壌内には氷だけではなく，通常，不凍水が存在している．土壌中の水分は土壌粒子のさまざまな大きさの空隙に存在し，毛細管現象によりサクションがかかっていて空隙が小さいほどその力は大きい．水は他の物

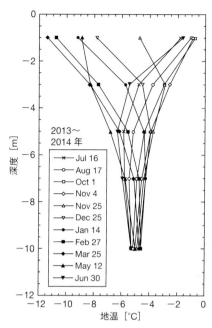

図 1　ロシアチョクルダ近くコダックサイト（70.6°N，148.3°E）における永久凍土の地温観測例

質と異なり，圧力が高いほど融点が低くなるため，大きなサクションがかかる小さな空隙の水分と土壌表面に吸着している水はマイナスの地温でも凍結せず液体のまま存在している．地温が下がると不凍水分量も減少するが，土壌水が完全に凍結することは通常はない．

地温が 0℃ に近い永久凍土では，冬期も凍結しない土壌層が形成されることがある．このような土壌層はタリク（talik）と呼ばれる．通常冬期には凍結する土壌層でも，含水率が高くなることにより凍結せず一時的に地下水帯が形成され，タリクとなることもある．

水は温度が 0℃ になって凍結が始まると，土壌の物理的性質は温度が 0℃ からわずかに低下する過程で急激に変化する．上述べた不凍水分量は，砂では 0℃ 付近で数％まですぐに低下するが，シルト質土壌

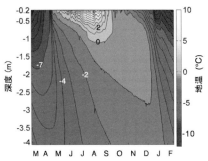

図2 ロシアヤクーツク近郊のスパスカヤパッド実験林（62.3°N，129.7°E）における地温観測例．2013年3月1日から2014年2月29日までの地温の等高線を示した．

図3 凍土コアにみられるアイスレンズ［口絵15参照］

では$-1°C$程度に低下する間に10％程度まで低下する．粘土質土壌ではさらにゆっくり低下する．その量や温度依存性は土壌組成により大きく異なる．不凍水分量の大きな変化は，土壌の透水係数が大きく変化することを意味している．一般的に凍土は透水性が低く，不透水層として機能するが，0°C付近でその性質は急激に変化する．また，土壌の熱伝導率は水の熱伝導率が高いため，一般的には湿潤な土壌ほど高い熱伝導率を示す．氷の熱伝導率は水よりもさらに大きいことから，凍土の熱伝導度も0°C付近で大きな変化を示す．

図2はロシア・ヤクーツク近郊のスパスカヤパッド実験林における1年間の地温の観測例を等高線で表したものである．この観測例では活動層の厚さは約1.1mで，夏期には上部から融解しているようすがわかる．また，秋期，気温の低下とともに地温が低下しているが，0°Cの等高線をみると，地表面から下に向かって凍結が急激に進む一方で，活動層の最下部でも上に向かってゆっくりと凍結が進んでいることがわかる．水が0°Cになって凍結が始まると，

氷と共存する水にかかるサクションは高くなるため，土壌層内で水分の移動が起こり，水は凍結フロント（凍結が起こりつつある面）付近に集まってくる．水に圧力勾配が生じ，凍結面付近へと水分の移動が起こる．このような水分の移動によって凍土中には氷の層（アイスレンズ ice lens）が形成されることがある（図3）．アイスレンズはさまざまな厚さのものが何層にも形成されていることが多い．凍結は水分の移動を起こさせるだけでなく，凍結によって放出される潜熱で温度が上昇すると，サクションは低下し，水分の移動は抑えられる．これによって比較的乾燥した凍結層ができると，今度は温度の低下によりサクションが上昇して水分の移動が起こり，氷の層が何層も形成されて凍結が進む．また，凍結面付近のわずかな温度差は土壌の透水係数に大きな差を作り，これがアイスレンズの厚さを決める因子にもなりうる．

水から氷への相変化では体積が約1割増加するため，水分量の多い土壌が凍結すると地表面が持ち上がり，凍上と呼ばれる現象が起こる．このような地表面の起伏は，植生や物質循環に大きな影響を及ぼす．

〔杉本敦子〕

6-3 植物の分布

plant distribution

植物系統地理学,植物区系区,周北区,周極植物

　植物は地球上に不均一に分布し,種・属・科などの分類群や生活形・群落などの生態群は固有の分布パターンを持っている.たとえば,熱帯圏／北方圏,旧大陸／新大陸,沿海域／内陸域,森林／草原といった対立的な分布パターンがみられる.植物は個体としての移動能力がないため,動物に較べれば立地環境により大きく支配され,逆に植物分布が立地環境の指標となるともいえる.ある植物がなぜそこに分布するのかを立地の物理環境から説明したり,そこに分布するまでの歴史を解明したりする研究分野が植物地理学である.
　そのなかでも特に物理環境との因果関係を解明する分野を植物生態地理学,特に地史的因果関係を解明する分野を植物分類地理学というが,最近は分子系統解析手法が取り込まれることで,後者は植物系統地理学として発展している[1].
　現在の物理環境要因と過去の地史的要因の重要度は対象とする分布のスケールによって変わってくる.たとえば,ツンドラにおける凍結と融解による土壌表面の物理環境に対応した植生の違いといった小さなスケールの分布はより現在の物理環境要因に支配されるし,旧大陸に分布するか新大陸に分布するかといった大きなスケールの分布は地史的要因に支配されている.
　植物分布に影響を与える環境要因を,非生物的環境要因(気候や土壌など)と生物的環境要因(種間競争,送粉,食害など)に分けて考えることもできる.環境が厳しく,生育できる植物種が限られる立地では,植物の分布は非生物的環境要因とよい対応関係を持つ傾向があり,一方多数種の生育を許すようなマイルドな立地環境では,生物的環境要因が植物種の分布・生存に大きな影響を与えることがある.
　複数要因が絡み合った結果が現在の分布として表現されているため,現在の植物分布パターンの成立を少数の要因に帰すことは難しいが,研究対象とする分布パターンのスケールを意識して,解析すべき要因を絞り込むことが大切であろう.
　多くの植物種の地理分布を重ね合わせることで,地球上には35の植物区系区が認識されている[2].区系区の境界地域では各区に固有の植物種の分布境界線が多数重なり,これらの境界は一般に生態的な気候条件よりもその地域の地史に影響されるところが大きい.
　区系区のサイズには,南アフリカのケープ区や南太平洋のニューカレドニア区など固有種や固有属が集中する小さなものがあるが,北半球においては,低緯度地域では東西方向でいくつかの区系区に分化するが高緯度に行くにつれ東西方向での分化は少なく,最後には北極を取り巻く1つの大きな周北区(Circumboreal Region)となる.一般に北半球低緯度では東西方向で属や科など比較的大きな分類ランクでの分化がみられるのに対し,高緯度では東西方向で共通の属や種がみられ,近縁種間や種内分類群の亜種や変種間での地理的置き換わりが多くなる.一方イトキンポウゲ,ヤナギランなど1種で北極を中心としてドーナツ状に温帯〜寒帯に広く分布する植物は,周極植物(circumpolar plant)といわれる.
　周北区における植物種の地理分布図作成はスウェーデンのHulténにより大きな貢献がなされた.日本の維管束植物の地理分布は,シダ植物では調査が進みほぼすべての種類の分布図が作成されている.一方,日本に5000種ほどと見積もられる種子植物では,特に草本の分布図作成が遅れている.日本の種子植物種の半分くらいはまだ

証拠標本に基づく地理分布図が作成されていないのが現状である．

日本を含む植物区系区は東アジア区と呼ばれ，北の周北区との境界は，植物分布境界線として注目されるサハリン中央部のシュミット・ラインと千島列島の択捉島とウルップ島間の宮部ライン（ウルップ島とシムシル島間のブッソル・ラインとの考えもある）に対応している．これら東アジア区の北方境界以北では，温帯植物のササ属，つる植物，落葉性高木が激減する．

北日本の植物相の成立には，これら北方の2つの移動経路（サハリンルートと千島ルート）が重要であった．また西方・南方からの暖温帯系植物の移動経路としては朝鮮半島と琉球列島が重要だった．日本の植物相は地史的には，大きく①第三紀の温帯〜冷温帯系植物，②第四紀氷河期の北方亜寒帯系植物，③第四紀後氷期の暖温帯系植物の3つの時代の植物要素から構成されている[3]．①ではザゼンソウ属，ミズバショウ属，ユリノキ属などの分子系統解析からアジア種と北米種の分岐が，それまでの温暖期から寒冷期に向かう新生代第三紀の中新世〜鮮新世にかけて起こったことが明らかになっており，②ではエゾコザクラやヨツバシオガマなど高山植物の分子系統解析から第四紀更新世の氷期・間氷期に対応した日本列島への南下・北上の歴史が解明され，③ではキブシやアオキなど温帯系木本の最終氷期における南西日本でのレフュジア，後氷期における急速な北上などの歴史が解明されている．

東アジア区と周北区との境界はおもに①の第三紀の温帯〜冷温帯系植物の北限地域とみなせる（図）．

一般に植物分布の局在性は希少種・絶滅

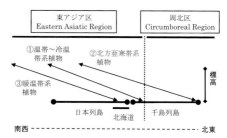

図　日本・千島の2つの植物区系区と3つの植物分布要素

危惧種問題ともかかわるが，レッドデータブックは国や地方行政区単位でまとめられることが多い．国や行政区の境界は一般に植物区系区の境界とは一致しないため，隣接する2国の一方で普通種，他方では絶滅危惧種と評価されることが起こる．たとえば北海道を含む日本ではタラノキやウドは普通種だが，ロシア側のサハリン・南千島のレッドデータブックではこれらが絶滅危惧種としてランクされている．

現代的な問題である帰化植物・外来種問題を研究することは，過去の植物移動の歴史を解明することにつながるだろう．また不連続分布（隔離分布）の成立には新しい時代の長距離種子散布によるものと古い時代の遺存によるものとの可能性があり，植物系統地理学の興味深い研究テーマとなっている．　　　　　　　　　　〔高橋英樹〕

文　献

1) 植田邦彦，2012，植物地理の自然史―進化のダイナミクスにアプローチする，北海道大学出版会．
2) Takhtajan, A., 1986, *Floristic Regions of the World*, University of California Press.
3) 高橋英樹，2015，千島列島の植物，北海道大学出版会．

6-4　寒冷圏冬季の光合成

photosynthesis in winter cryosphere

光合成，常緑樹，活性酸素，葉緑体

　寒冷圏において，夏季の長い日長は光合成活動に大きく寄与するが，冬季の低温下では，たとえ緑葉を維持していても，光合成を行うことができない．しかし，寒冷圏の樹木では，冬季に落葉せず，光合成器官（葉）を維持しているものが多い．常緑樹が落葉せず，光合成器官を維持するのは，春季の温度の上昇に素早く対応し，光合成を開始するのに有利なためと考えられる．しかし一方では，凍結温度下で光合成装置を安全に維持するという難しい課題が存在する．

　光合成は光エネルギーを利用して二酸化炭素を固定する反応である．光合成の最初の過程は，チラコイド膜で行われる，クロロフィルやカロテノイドによる光エネルギーの捕捉である．捕捉された光エネルギーは，光化学系の反応中心で電子伝達を駆動する．この電子の流れは，NAD^+の還元とATPの生産に使われる．こうして作られたNADPHとATPを利用し，葉緑体のストロマに存在する酵素群によって二酸化炭素が糖に変換される．通常，光合成が正常に行われている場合は，チラコイド膜で行われるATPとNADPHの生産は二酸化炭素の固定に使われ，エネルギーの捕捉と利用がバランスを保っている．しかし，強光下で捕捉する光エネルギーが過剰な場合や，ストレスなどで二酸化炭素の固定反応が低下した場合，還元力（NADPH）が過剰に蓄積し，チラコイドの電子伝達体は還元状態になる．このため，光化学系Ⅱからは一重項酸素（$^1O_2$）が，光化学系Ⅰからはスーパーオキシド（O_2^-）が発生し，これが光合成装置を破壊し，最終的には細胞死を引き起こす．

　植物はこのような傷害を防ぐため，光強度に応じて，さまざまな工夫を行っている．その1つは，光強度に応じて集光装置の大きさを変え，捕捉する光エネルギーを調節していることである．これは数日の長い適応過程で，遺伝子の発現調節を必要とする．さらに，過剰な光エネルギーに対応するため，捕捉した光エネルギーを熱に変換する機構をもっている．これは，秒〜分の時間で行われるすばやい応答である．

　しかし寒冷圏の冬季の光合成においては，集光装置の大きさや熱への変換だけでは対応できない．凍結温度下では，気孔が閉じ二酸化炭素を取り込むことができず，また酵素の反応速度がきわめて低いため，二酸化炭素の固定反応は起こらない．にもかかわらず，クロロフィルなど光合成色素による光エネルギーの捕捉は，温度に関係なく進行するため，捕捉した光エネルギーを光合成に利用することができない．このため，捕捉した光エネルギーすべてを安全に捨てることがきわめて重要であり，寒冷圏の光合成は，さまざまな工夫を行っている．

　第一に，葉緑体の形態的な変化が起こる（図）．夏季の細胞では，細胞の中心部に大きな液胞があり，葉緑体はラグビーボールのような形をし，細胞膜と液胞に挟まれて存在している．これは，二酸化炭素の取り込みや，光の効率的な捕捉に適した形態である．一方，冬季の細胞では，液胞が小さく分裂し，葉緑体が細胞の中心に集まる．さらに，葉緑体包膜が大きく変形し，隣の葉緑体包膜と接している．葉緑体が集まることで，互いに日陰になり，捕捉する光エネルギーを減らしている．また，葉緑体包膜が細胞質と接しないため，光合成に必要な葉緑体と細胞質間の物質輸送が行われない．このことは，冬季の葉緑体が光合成を行わず，休眠状態にあることを示してい

 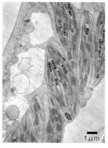

図 常緑針葉樹イチイの細胞．夏季（左）と冬季（右）の電子顕微鏡写真．夏季の葉緑体は細胞膜周辺に存在する．冬季には葉緑体包膜は膨潤し，互いに接している．

る．これは，イチイだけにとどまらず，寒冷圏の常緑針葉樹一般にみられる現象である．また，この機構は越冬するコケ植物でも報告されている．このような葉緑体の細胞内の位置は，温度依存的に変化する．冬季のイチイの葉を常温に置くと，数時間後には葉緑体の移動が始まり，1日でほぼ夏型の配置になる．冬季の緑葉は，常温に移すと，はじめはまったく光合成活性を示さないが，細胞内の葉緑体の分布の変化と対応して二酸化炭素の固定が始まる．このことは，春に温度上昇があれば，素早く光合成を開始できることを示している．

葉緑体が集まることで日陰効果があるにせよ，多くの光は光合成色素によって捕捉される．捕捉された光エネルギーは，光合成反応中心に到達する前に熱として放出されなくてはならない．この熱への変換は，通常の光合成過程でも起こっており，ゼアザンチン等のカロテノイドやPSBSなどのタンパク質が関与している．冬季の熱放散にもこれらのカロテノイドやタンパク質が関与している．夏季の光合成は必要に応じて熱放散が行われるが，冬季の光合成は，常に熱放散する状態にある．このため，光合成色素が光エネルギーを補足しても，光合成反応中心まで到達するエネルギーは常に低く抑えられている．このことは光傷害の防御に貢献している．

しかしながら，わずかではあるが，光エネルギーは反応中心まで到達する．反応中心まで到達したエネルギーは，通常は電子伝達に使われる．しかし，冬季の光化学系では，部分的な電子伝達しか起こらない．光エネルギーによって，光化学系IIでは，P680とPheophytin (Phe) の間で電荷分離 ($P680^+$-Phe^-) を行い，これが次の電子伝達体 Q_A に渡される．しかし，凍結温度下では，Q_A はその先に電子を渡すことはできない．このため，冬季の光化学系IIは，きわめて低い照度においても，還元状態に保たれている．そのため，P680とPheの間で電荷分離が起こってもPheの電子が再びP680に戻る電荷再結合が起こると想像される．少なくとも，反応中心まで届いたエネルギーの一部は電荷再結合によって消費されているのであろう．

その他にもいくつかの防御機構が考えられる．冬季の葉緑体は，酸素も発生せず，還元的になっていると報告されている．そのため，^3Chl が発生しても，酸素濃度が低いため活性酸素 $^1O_2$ の発生は抑制されている．同じ理由で，光化学系Iからの O_2^- の発生も抑制されていると考えられる．

さらに，冬季の葉緑体に多く蓄積しているタンパク質 early-light-inducible protein (ELIP) が知られている．ELIPは光を補足する light-harvesting chlorophyll a/b-protein complex (LHC) と似たタンパク質であるが，機能はよくわかっていない．しかし，おそらく捕捉したエネルギーの散逸に関与しているのであろう．このような多くの機構によって冬季の光合成が保護されており，寒冷圏の光合成を可能にしている．

〔田中 歩〕

6-5 北方林の天然更新

dynamics of boreal forest

森林構造, ギャップ更新, 山火事, ダフ

北方林の動態の特徴について考えるには，まず温帯の「普通の森林」の示す挙動を把握し，それと比較しながら北方林の特徴や独自性を理解していくのがわかりやすい．

一般に，温帯域や熱帯域で「天然林」と呼ばれる森林は，樹種や樹齢が異なる樹木個体の集合体であり，複雑な垂直・水平構造をもつ．垂直構造では，最も上の層に林冠層，次いで亜高木層・低木層など3層から5層の階層性を持つ．極相種の発達段階の個体は中木層や低木層に稚樹として混じって生活しているのが普通である．水平構造でみた場合は幹密度の粗密の差が大きい．このうち，林冠層が欠損し直達光が林内までさし込んでいる場所を「ギャップ（gap）」と呼ぶ．ギャップは天然林の更新に中核的な役割を果たす存在で，ギャップ形成を引き金として森林群集が更新していく過程は天然林の普遍的な現象と考えられてきた．

図 ロシア・カムチャッカ半島のカラマツ林．林齢200年以上の成熟林分だが中木層が欠如し林冠は疎開している．

枯死木や風倒木で形成されたギャップには多くの種類の実生が発芽し，光を求めて競争した結果，弱齢個体のパッチが形成される．この過程の繰り返しによって，森林全体がパッチの複合したモザイク構造になっていく．

ところが，シベリアなどの典型的な北方林ではこうした森林動態に関する「常識」や「定説」が通用しないことが多い．

まず，森林の種組成や構造が温帯林に比べて単純である．林冠構成種は1種のみである場合も多く，多くとも4種程度である．「先駆種」や「極相種」という相対的位置づけや競争排除的な要素もあまり重要な意味をなさなくなり，更新動態は，構成種の生活要求そのものをより強く反映することになる．

垂直構造では，中木層や亜高木層の発達が悪く，「層をなす」というよりも「局在」に近い状態が多い．低木層および林床の多くはハイマツやコケでカバーされているので，林冠層と林床の2層構造に近いスッキリした概観の森林が大面積で広がる単調な景観となる．高木種の更新は連続的というよりは，機会的ないし一斉に起こっている場合が多い．

水平構造の特徴は，「疎林」状の森林が多いことである．上空全体を林冠が覆い尽くすような森林は比較的少ない．林内が全体的に明るく，ギャップ面積は温帯林比で格段に広いが，ギャップ内の実生密度は低く，樹木の定着が容易でないことがわかる．

以上をまとめると，
① 北方林は単調な疎林になりやすい．
② 林床は光環境がよいことが多い．
③ 更新は必ずしも連続的ではない．
④ 光をめぐる種間競争が顕著ではない．
となる．ここに，北方林の更新の大きな矛盾が浮かび上がる．高緯度地域は植物の生育期間が3ヶ月ほどしかなく獲得エネ

一量がきわめて少ないので，光環境のよいギャップは本来温帯以上に生存に重要で真っ先に植物が侵入するはずである．そこが更新の場として機能しにくいというのはどういうことなのか，という点である．

この矛盾についてすべてが解明されたわけではないが，いくつかの重要な知見が提示されている．1つは，北方林の更新が山火事と非常に強くかかわっており，安定した環境下で世代交代が行われる森林が少ないという点である．筆者らがカムチャッカ半島のカラマツ天然林で調査した事例では，表層土壌の中に多くの炭化した植物遺体や焦げた土の層が観察され，山火事の再来周期は長くとも 200 年程度であった．アラスカの研究事例でも 100～300 年程度と樹木の一生よりも短い[1]．近年，人為的要因によって山火事の再来周期は数十年の単位まで急激に短くなっているといわれている．山火事の多くは表層火災（flaming combustion）であり，稚樹や低木は消失するが，山火事に耐性がある大型樹木の一部は生き残る．この繰り返しが頻繁になれば疎林形成が促進され，個体サイズがそろった一斉林が増えることにもつながる．

2 つ目に，北方林特有の表層土壌の問題がある．コケの遺体や植物遺体・落ち葉などが半分解状態で堆積した有機物層をダフ（duff）と呼ぶ．ダフと相同の土壌層は温帯でも識別できるが，北方林のそれは格段に分厚く，低温環境に行くにつれて明瞭に増加する[2]．このダフ層の 60～70% は空気であるといわれており，高い断熱効果をもち，表面は乾いて火災の延焼を促進するが，内部は断熱効果のために燃えにくい．ダフは樹木の実生定着には大きな障害となる．ダフの表層に落ちた種子が発芽できずに乾燥枯死したり，越冬期間中に暗色雪腐病に感染して大量に腐敗するからである．また，発芽できても鉱質土層まで下胚軸が到達するのを妨げられ，ここでも枯死が生じる．表層火災後の森林でも林床には上面だけが焦げた大量のダフが残存しており，実生更新は進みにくい．発芽床になりうるのは焼け落ちた大木や倒木の根元で強い火力によってダフの深層まで消失した凹みだけである．また，山火事が起こらないときに実生が多く確認できるのは倒木の上であることが多く，ここから生長した成木は直線上に配列して面的には広がらない．

3 つ目は，北方林では低温環境がギャップの意義を 180 度変えてしまっており，北方林ではギャップは「ゆりかご」ではなく「墓場」になっているのではないかという仮説である[3,4]．筆者らは，カムチャッカ半島のエゾマツ-シラカンバ-ヤマナラシの混交林で森林動態の調査を行ってきているが，そのなかで個体識別し追跡調査をしていたエゾマツの多数の稚樹がギャップ内で葉を褐変させて数年で立ち枯れ，生残した稚樹の大部分は親木の林冠下に囲い込まれるようにして無傷で生活していることを発見した．ギャップの中は夏の間こそ高温で光も強いが，1 年の 3/4 は，積雪以外に遮蔽物のない低温環境である．特に極東ロシアやアラスカでは超低温環境下での寒乾害や霜害，低温下で常緑の葉に太陽光が当たることで生じる光障害などの死亡要因が推測される．

このように，北方林の森林動態は温帯や熱帯で積み上げられてきた理論や知識を大幅に逸脱するものであり，それゆえに魅力的であるともいえる． 〔本間航介〕

文 献
1) Chapin, F. S. et al. (eds.), 2006, *Alaska's changing boreal forest*, Oxford University Press.
2) Johnson, A. J., 1992, *Fire and vegetation dynamics*, Cambridge University Press.
3) Homma, K. et al., 2003, *Plant Ecology*, **166**, 25.
4) Hara, T., 2010, *Sustainable Low-Carbon Society*, Hokkaido University Press, pp.31-43.
5) 小野清美ほか，2015，低温科学便覧（北海道大学低温科学研究所編），丸善出版，pp.367-375.

6-6 北方林樹木の繁殖様式

regeneration of tree species in boreal forests

種子繁殖, クローン生長, 山火事

北方林は, 構成する樹木, 特に高木の種数が温帯林や熱帯林に比べて極端に少ない反面, 1種類あたりがカバーする面積は広大である. そのおもなものは, カラマツ属 (*Larix*)・トウヒ属 (*Picea*)・モミ属 (*Abies*)・マツ属 (*Pinus*) などの針葉樹である. 一方, 比較的湿潤で土壌が肥沃な立地には, カバノキ属 (*Betula*) とポプラ属 (*Populus*) という2つの広葉樹類が混生し, 「針広混交林」をつくっている.

北方林は, 種間の光をめぐる競争よりも環境とのせめぎ合いで生き残った種類が森林を作っている面が強く (⇨6-5「北方林の天然更新」), 低温ストレスや山火事に対して, 進化的に適応していると考えられる種類も多い. 特に種子生産から発芽・稚樹定着までの間は幼植物体が脆弱で死亡率が非常に高いので, この間にどのような戦略をとるのかが生存の可否を握っている.

北方林の構成樹種の種子は比較的小型で, 土壌のダフ (⇨6-5) が厚く堆積する高緯度地域では, セーフサイト (発芽・定着できる条件のそろった場所) が倒木上などに限定されるので分散力の強い小型種子が適している. また, 山火事によって広範にセーフサイトが確保された後は近隣の森林から種子散布が行われるが, この場合も小型種子やウイングの付いた風散布種子を大量に生産する樹種が有利である.

山火事攪乱と種子散布特性が絶妙にマッチしている植物として有名なのが, 北米のジャックパイン (*Pinus banksiana*) やロッジポールパイン (*Pinus contorta*) である[1]. これらのマツは, 親木の生産したコーン (マツボックリ) の鱗片が樹脂で固着しており, 種子が成熟しても散布が行われずに何年も樹上で貯蔵されている. しかし, 山火事によって気温が50℃前後まで上昇すると, 樹脂が融解して鱗片が反り返り, 周囲の高木とダフが焼失した地面に大量の種子が散布される. これは, 温帯で多くの種類が採用する「埋土休眠種子」という発芽待機手法が山火事攪乱に適さず, 樹上で複数年にわたり種子を待機・貯蔵する形質が選択されたものと解釈できる. もっとも, すべての林冠構成種がこのような卓越した手法をとれるわけではなく, 基本的に, 山火事のない期間に生産された大多数の樹木種子は無駄になっていると考えるべきだろう.

カラマツ (*Larix cajanderii*) の場合は成木の樹皮 (バーク) が分厚いために断熱効果によって若干の親個体が山火事をくぐり抜けて生残し, そこからの種子散布によって世代をつないでいるケースが観察される.

エゾマツ (*Picea ajanensis*) は特に山火事に脆弱な植物で, 幹の下部から下垂した枯れ枝が地表の火を拾って簡単に全焼してしまう. 生長が遅いことや種子が暗色雪腐病に特に弱いなど更新上の弱点も多いので[2], エゾマツ林の復活には山火事後長い時間を要すると考えられる.

低確率の種子更新で世代交代させざるをえない北方林の樹木のなかで, クローン生長を組み合わせることにより更新確率を高めようとする種群がいる. カバノキ属やポプラ属の落葉広葉樹である.

ダケカンバ (*Betula ermanii*) は比較的萌芽能力が旺盛な種類で, 日本の山でも森林限界付近で地際から萌芽幹を出して株立ちした個体を見ることができる. 一方, シラカンバ (*Betula platyphylla*) は日本では萌芽・株立ち樹形を見ることがほとんどない種類であるが, カムチャツカ半島のカラマツ林やエゾマツ林ではやはり旺盛な萌芽

を行い株立ち樹形で生育する．シラカンバやダケカンバの種子も小型で死亡率の高い種子であり，稚樹供給の大部分は萌芽によるクローン生長でなされていた．このクローン幹は，親個体と根茎を完全に共有しており，個体として独立していない．親個体が古くなった幹をクローン生長によって入れ替え，種子更新の機会を待つための「延命策」として機能していると推測される．山火事後も地下部分が生残し，旺盛に萌芽幹を生長させることでいち早く損傷した樹体を回復させるので，種子散布が山火事後に比較的速やかに行われるメリットもある．

カバノキ属に比べて，クローン生長をより積極的に使い北方林の悪条件を逆手にとった生活戦略をとっているのがヤマナラシ (*Populus tremula*) である[3]．この植物の成木は，カラマツ林やエゾマツ林の中に，1 ha あたり数本から十数本という低密度で出現する．ただし，親木よりも大きなサイズの葉（異形葉という）を着けた，高さ数十 cm から 1 m 程度の萌芽稚樹（root sucker）をギャップの中に複数立ち上げる．この萌芽稚樹は 50 m ほども離れた場所にある親幹と太さ 10 mm 前後の地下茎（lateral root）で接続しており，この地下茎を通して親個体からの水分や栄養塩転流を受けてギャップ内で光合成を行っている．萌芽幹の挙動を調べたところ，多年生草本にも似て，2～3 年ほどで大部分が枯死していた．枯れた後は同じ場所から新しい萌芽幹を再度立ち上げ直す．このため，ギャップがヤマナラシで埋められることはない．一見すると無駄が非常に多く，どういう意義があるのかよくわからないのだが，この真意は山火事が起こりすべての地上部が焼失した直後に判明した．じつは，カラマツ林のダフの中には，数百年間かけて膨

図 山火事直後のカラマツ林で一斉に地下から発生し始めたヤマナラシのルートサッカー（ロシア・カムチャッカ半島中央低地帯の例）

大な長さのヤマナラシの地下茎ネットワークが地下鉄路線網のごとく縦横無尽に張り巡らされていたのである．

山火事による温度変化がシグナルとなり，ヤマナラシの地下茎は，これまで長きにわたって貯めてきた養分をすべて吐き出すかのように猛烈な勢いで萌芽稚樹を生産し始めた．その密度は 1 ha あたり数十万本という桁外れの数であり，山火事後わずか 2 年足らずでカラマツの疎林はヤマナラシの萌芽稚樹集団へと変化してしまった．

ヤマナラシ林の山火事後の急速な拡大は，アラスカや北海道でも報告されており，人為的な出火や温暖化によって山火事頻度が高まっていることが，北方林を変貌させつつある．森林資源としての価値が大幅に低下する可能性が高いので，対策が急がれる問題でもある． 〔本間航介〕

文 献
1) Burns R. M. and Honkala B. H. (eds.), 1990, *Silvics of North America* (revised edition), USDA Forest Service.
2) 程 東昇, 1999, 北海道大学農学部演習林研究報告, **46**(3), 529.
3) Homma, K. et al., 2003, *Plant Ecology*, **166**, 25.
4) 小野清美ほか, 2015, 低温科学便覧（北海道大学低温科学研究所編）, 丸善出版, pp.367-375.

6-7 樹木細胞の凍結挙動

freezing behavior of cells in trees

樹木, 低温馴化, 凍結抵抗性, 凍結挙動

　生育地の緯度や高度が高くなると生育環境の低温条件は厳しさを増す．そのため，樹木の地理的分布は低温環境に対する適応能力（耐寒性 cold hardiness）と密接に関連する[1]．

　氷点下温度でも生存する樹木では，細胞内の水は決して凍結しない．もしも細胞内部の水が凍結して氷晶が成長すれば，生体膜構造が破壊されるからである（細胞内凍結 intracellular freezing）．この損傷は不可逆的で，融解後も元の構造に戻らないため，細胞は致死的な傷害を被る．越冬する樹木では，樹体内の道管や細胞間隙などの細胞外（アポプラスト）の水が凍結しても，細胞内凍結の発生を防ぐメカニズムが備わっている．この生理機能は凍結抵抗性（freezing resistance）と呼ばれ，樹木が寒冷地に分布するための主たる要因の1つである．凍結抵抗性の高さは遺伝的に決まっており，樹種によって異なる．また，同一個体でも地上部の樹幹と地下部の根では凍結抵抗性が異なる例が多い．この能力の発現には季節性があり，秋から冬にかけて短日・低温の条件によって低温馴化（cold acclimation）して凍結抵抗性が上昇する．そして，春先に気温が上昇するにつれて脱馴化して凍結抵抗性は低下する．このような凍結抵抗性には遺伝子発現を介したさまざまな生理的因子が関与する．

　樹木をはじめ，植物にとって水は必要不可欠な構成成分であるが，水が凍結すると樹体内の水分環境は一変する．そのため，水の凍結を伴わない0℃以上の低温と水の凍結を伴う低温とでは樹木細胞の応答は大きく異なる．樹体内のアポプラストの水が凍結する条件では，樹木細胞は主として細胞外凍結か深過冷却で応答する．

　アポプラストの水が凍って細胞外氷晶が形成されると，細胞内の未凍結水との間で蒸気圧差が生じ，平衡化するまで細胞は脱水する．さらに外気温が低下すると脱水は進み，細胞は細胞壁ごと収縮する．このような凍結挙動（freezing behavior）は細胞外凍結（extracellular freezing）と呼ばれる[2]．この凍結挙動は広く草本植物でみられ，樹木では皮層や形成層の細胞などで観察される．冷却温度に平衡化した際の凍結脱水の程度を，凝固点降下度を求める式を利用して見積もると，およそ-2℃の凍結では約 1.08 mol/L の非電解質溶液に浸したときと同程度に脱水されることになる．さらに，気温が低下して凍結脱水が進むと，細胞外氷晶が大きくなり細胞は著しく収縮・変形する．それによって局所的に生体膜どうしが異常に接近することで，双方の膜脂質が相互作用して不可逆的な微細構造変化を起こす．特に細胞膜で微細構造変化が生じると機能損傷による凍結傷害につながるため，凍結脱水条件下で細胞膜の安定性を維持することは凍結抵抗性にとって重要な要素と考えられている．寒冷地に分布する樹木では，皮層柔細胞の凍結抵抗性は非常に高く，緩速凍結して徐々に脱水することで，最終的に液体窒素（-196℃）で凍結処理しても融解後に生存できる事例が多く知られている．このような高い凍結抵抗性を示す樹木の皮層柔細胞では，凍結脱水によって細胞膜直下に広く小胞体（ER）由来の多重層構造を形成する事例が知られている．ヤマグワでは，この ER 多重層構造の発生頻度と凍結抵抗性の向上には正の相関性があり，細胞膜と他の生体膜との異常接近を防いでいるかのようにみえる．この現象は草本植物では観察されていないため，樹木の高い凍結抵抗性に関与する可能性が考えられる．ただし，樹種によ

ってER多層構造以外に膜傷害を防ぐメカニズムの存在も考えられている.

一方，樹木の木部柔細胞では，細胞外氷晶が形成されても皮層柔細胞のように脱水せず，水を保持したまま過冷却して細胞内凍結を回避している．木部柔細胞の過冷却は，日常生活で垣間みられるような一過的な過冷却現象とは異なり，野外での風雪等の物理的な衝撃を受けても過冷却は破れない．寒冷地に分布する樹木の木部柔細胞では−40℃程度まで過冷却が維持されている．このように，より低温で長期間過冷却を維持する凍結挙動のことを深過冷却（deep supercooling）と呼んでいる[3]．なかには，非平衡的な脱水を伴うことで，さらに−60℃近くまで深過冷却する木部柔細胞もみられる．しかし，いずれの場合でも深過冷却の限度温度を超えて冷却すると，過冷却が破れて細胞内凍結を起こす．深過冷却する細胞の凍結傷害のメカニズムは，細胞外凍結する細胞の場合とは異なっている．

このような木部柔細胞の深過冷却能力は，細胞壁の構造特性と細胞内部に蓄積する溶質の双方が関与していると考えられている．木部柔細胞の堅牢な細胞壁構造は，凍結脱水を妨げ，氷晶の侵入を防ぐ役割を担っている．また，近年，氷核物質による氷核形成活性（ice nucleation activity）を阻害して過冷却を促進する活性を有するフラボノール配糖体や加水分解性タンニンに属するポリフェノールが木部中に存在することが明らかになった．木部柔細胞では，スクロースなどの適合溶質（compatible solutes）が高濃度に蓄積して濃度依存的に過冷却能を上昇させるのに加え，過冷却を促進する活性を有するポリフェノールによってより低い氷点下温度で安定的に過冷却を維持して深過冷却能に貢献するものと考えられている．

さらに一部の樹木の冬芽では，器官全体で氷点下温度に適応する器官外凍結（extraorgan freezing）という凍結挙動が知られている．器官外凍結しているカラマツ冬芽を低温走査型電子顕微鏡で観察すると，ice sinkと呼ばれる部位（芽鱗の間やクラウン組織下の空隙など）でのみ細胞外氷晶が析出し，翌春に枝葉を展開する原基組織の細胞間隙には細胞外氷晶は観察されない．このとき，原基細胞そのものは非平衡的な凍結脱水をして細胞内に残存する水が深過冷却しているが，芽鱗のようなice sink部位の細胞では細胞外凍結を示す．また，冬芽からice sink部位を除いて原基のみを凍結融解すると，無傷の冬芽に比べて凍結抵抗性が顕著に低下する．そのため，器官外凍結する冬芽では，それぞれ異なる凍結挙動を示す複数組織の細胞が協同し，原基組織を細胞外氷晶から隔離するよう冬芽全体で凍結適応しているといえる．

本項に紹介した凍結挙動の分子機構の詳細については，いずれも引き続き今後の解析がまたれる．　　　　　〔荒川圭太〕

文　献

1) Sakai, A. and Larcher, W., 1987, *Frost Survival of Plants: Responses and Adaptation to Freezing Stress*, Springer-Verlag.
2) Fujikawa, S. and Takabe, K., 1996, *Protoplasma*, **190**, 198.
3) Fujikawa, S. et al., 2009, *Plant Cold Hardiness ― From the Laboratory to the Field―*, CABI Publishing, 29.

6-8 樹木の生理生態的特徴と寒冷域の環境要因
factors of cold environments affecting eco-physiological features of forest trees

菌根菌, 常緑性, 地下部, 窒素制限, 土壌

ケッペンの気候区分によれば，森林が成立するには最も暖かい月の平均気温が10℃以上であることが必要である．冬季には寒冷域の樹木（主に針葉樹＝裸子植物）は休眠等により低温環境を生き抜く能力を備えている．また，一般的に高緯度地域ほど年間降水量は少ないため，乾燥しすぎないことも重要である．すなわち寒冷域の森林の成立要件として重要なのは，樹木の成長や生理活動に必要な暖かさが夏季にあることと，利用可能な水が存在することである．

寒冷域においては地下部の環境も樹木の生理生態を特徴づける．冬季の平均気温が氷点下の地域では，積雪が少なければ空気を含む積雪による土壌保温効果が小さいので地下部も低温になりやすい．春季に日最高気温が上昇しても地温の上昇はそれに即座に追随できないため，地温の季節変化と気温の季節変化との間にずれが生じる（図）．このずれにより，樹木個体の地下部の成長の季節変化が地上部よりも遅れるという，成長活性の個体内不一致が生じる[1]．

樹木は幹や葉の構成元素である炭素を光合成反応で固定できるが，DNA，アミノ酸やタンパク質等の構成元素である窒素（N）は土壌から摂取する必要がある．寒冷域の森林生態系において土壌の窒素制限状態の重要性が強く認識されるようになってきた．長い間樹木の成長の制限になるものは炭素（樹体内で移動可能な形で存在する炭水化物）であると考えられてきた．ところが今世紀になって，気象条件が厳しい年でさえも樹体内には1年中必ずどこかに

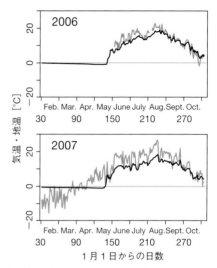

図 気温（灰色）および地温（黒）の日平均値の季節変化（2006/2007年2～10月，北海道幌加内町）．地温（地表下5cm）は積雪が完全に消失する5月頃まではほぼ0℃のままで，融雪後に急激に上昇するが，夏以降にようやく気温に追いつく．

利用可能な炭水化物が存在することが報告されるようになり，炭水化物が樹木の成長の制限となることはないと考えられるようになってきた[2]．

地下部の低温による土壌微生物活動の低さも樹木の生理生態に影響する．母岩由来の元素であるリン（P）と異なり，土壌中の窒素のほとんどは元をたどれば窒素固定バクテリアが数万年かかって大気中の窒素（N_2）を土壌中に固定したものである．しかしその固定速度は好気的な陸域環境では非常に低く，森林内の植物遺体（葉，幹，枝，樹皮，根など）由来の物質による土壌への窒素供給速度の方が1～2けた大きいと見積もられている．つまり土壌への窒素供給や土壌窒素の維持は，森林内の物質循環に大きく依存している．低温な土壌では微生物による生物遺体の分解は非常に遅いので，寒冷域では大量の土壌有機物が蓄積

されることとなるが，大量の有機物質の存在にもかかわらず樹木が利用できる窒素は制限された状態にある．

多くの森林樹木は根の表面に外生菌根菌と呼ばれる真菌類を共生させ，樹木が光合成産物（炭水化物）を菌根菌に供給する見返りに，菌根菌から窒素を摂取できる．しかし寒冷域のような窒素制限的な環境になるほど，菌根菌は優先的に窒素を確保し，樹木には多く供給しなくなることが知られている[3]．

このように寒冷域は窒素制限的な環境であるため，樹木にとって個体内の窒素を再利用する生理的機能は重要である．落葉樹は生育に不適な冬季に葉を捨てる戦略をとるが，落葉前に葉中のタンパク質を分解してアミノ酸の形にして樹体内に転流することで葉内窒素を回収する．その窒素は冬季には樹皮（師部柔組織細胞）内にタンパク質として貯蔵され，春になると新葉の展開に使うために再転流される[2]．春の新葉の展開期にはまだ地温が低く根の土壌窒素吸収能が低いため，この転流は春季にすみやかに光合成を開始するうえで重要である．

一方冬季にも葉を保持する常緑樹では葉が冬季の窒素の貯蔵庫として重要である．葉内には光合成反応の炭酸固定速度を律速するルビスコ（ribulose-1.5-bisphosphate carboxylase/oxygenase：RuBisCo）と呼ばれる酵素タンパク質が大量に存在する．冬季には光合成に必要以上のルビスコが葉に蓄積されることから，ルビスコは光合成に必要であるばかりでなく窒素の貯蔵庫としても重要であると考えられるようになってきた[2]．窒素制限的な土壌に生育する寒冷地の常緑広葉樹が春先の新葉の展開に必要な窒素の主要供給源を古い葉からの転流に頼るという研究例も報告されている．常緑性には寒冷域に優占する常緑針葉樹の窒素貯蔵庫という意義もあると考えられる．

〔隅田明洋〕

文 献

1) Abramoff, R. Z. and Finzi, A. C., 2015, *New Phytol.*, **205**, 1054.
2) Millard, P. and Grelet, G.-A., 2010, *Tree Physiol.*, **30**, 1083.
3) Näshlom, T. et al., 2013, *New Phytol.*, **198**, 214.
4) 小野清美ほか，2015，低温科学便覧（北海道大学低温科学研究所編），丸善出版，pp.367-375.

6-9 寒冷域の光ストレスに対する植物の応答
responses of plants to photo-oxidative stress in the cold region

キサントフィルサイクル, 積雪, 低温, 光ストレス

　寒冷域では気温や日長の季節変化が大きい。冬季は気温が低くなる。植物の多くは光エネルギーと二酸化炭素を利用して、生存や成長に必要な炭水化物を合成している（光合成）。光合成を担うのは、細胞内小器官である葉緑体内のチラコイド膜上に存在する光化学系や電子伝達系のタンパク質や色素と、葉緑体内のストロマに存在する炭酸固定系の酵素である。集光性クロロフィルで吸収された光エネルギーが光化学系で反応中心クロロフィルを励起した後、酸化還元電位に従って電子が受け渡されていき（電子伝達）、還元物質 NADPH がつくられる。電子伝達の過程でチラコイド膜内外に形成された水素イオン（H^+）の濃度勾配を利用し、H^+-ATPase により ATP がつくられる。NADPH や ATP は炭酸固定系で使われる。炭酸固定系は多くの酵素反応から成り立っているために、低温で酵素活性が低下したり、気孔の閉鎖により二酸化炭素が葉緑体内に取り込まれにくくなったりすると、NADPH や ATP の利用が少なくなる。すると電子伝達系が滞り、過還元状態になり、光エネルギーが過剰な状態になる。利用されない光エネルギーは葉緑体内で活性酸素を生じさせ、活性酸素は、酵素、生体膜、色素に傷害を与えうる。過剰な光エネルギーによりこのような傷害が起こる可能性が高くなる冬季を迎える前に、気温の低下や日長の短縮をシグナルとして葉を落とす植物もあるが、寒冷域には多くの常緑植物が存在する。

　植物には細胞内の活性酸素を消去する系（water-water サイクルなど）が存在するが、光の吸収を減らす応答や、吸収された光エネルギーを熱に変えて放散する応答がみられる。光エネルギーの吸収を減らすには、集光性クロロフィルのアンテナサイズを小さくする。吸収された光エネルギーを熱として放散する系には、キサントフィルサイクルの色素が主にかかわる[1]。キサントフィルサイクルはビオラキサンチン、アンテラキサンチン、ゼアキサンチンという色素からなる（図）。強光下では活発に電子伝達が起こり、チラコイド膜内腔のルーメンが酸性化し、脱エポキシ化酵素が働き、ビオラキサンチンからアンテラキサンチン、ゼアキサンチンへと変化する。アンテラキサンチンやゼアキサンチンが光エネルギーの熱放散にかかわるため、強光に対するストレス応答時にはキサントフィルサイクルの色素の脱エポキシ化の割合が高くなる。気温は低いが光は強いままである冬季に、光の吸収を少なくする系や熱として放散する系の働きが活発になる。弱光下や暗所では、反対に、ゼアキサンチンからアンテラキサンチン、ビオラキサンチンへと変化する（エポキシ化）。寒さが厳しくない時期には、キサントフィルサイクルの脱エポキシ化の割合は日変化し、昼間は高く、夜間は低くなり、夜明け前には最も低くなる。しかし、しばしば氷点下にまで気温が低下する環境におかれた常緑植物では、夜間もキサントフィルサイクルの脱エポキシ化の割合が高いまま保たれる[1]。寒冷域の冬季の厳しい環境下での常緑植物の葉の維持には、集光性クロロフィルアンテナタンパク質（LHCP）の仲間である PsbS や、光化学系 II の反応中心（RC）を構成するタンパク質のリン酸化や分解などといった他の機構も働いている。詳しくは文献[1]を参考にしてほしい。

　寒冷域にみられる現象の1つとして積雪がある。気温が氷点下にまで低下する寒冷域では、積雪が常緑植物の越冬に重要な役

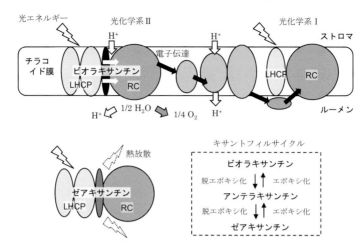

図 キサントフィルサイクルによる光エネルギーの熱放散．LHCP：集光性クロロフィル結合タンパク質，RC：光化学系反応中心，H$^+$：水素イオン．この図は詳細は省き，模式的に表したものである．

割を果たす．深い積雪下では光はほとんど届かず，気温が氷点下にまで低下しても，植物体や土壌温度は0℃付近に保たれ，湿度も高い．雪は遮光，断熱，保湿の役割を果たし，積雪下では常緑植物の葉は，強光，低温，乾燥といったストレスから保護される[2]．葉が積雪下に安定して置かれる前や雪解け直後には，葉は低温かつ強光にさらされるためにストレス応答を示し，キサントフィルサイクルの色素量と脱エポキシ化の割合の増加がみられる．光合成機能が発達していない未成熟葉や実生は低温や乾燥などのストレスに弱い．林冠木から離れた場所では林冠木下より小さい実生が多いこと，北側の実生は光が当たる南側の実生よりも大きいことがシベリアのヨーロッパアカマツで示されている[3]．このように，寒冷域では強光を受けるギャップよりも大木の陰で実生の成長がよくなることがある（⇒6-5「北方林の天然更新」，6-15「北方林における物質生産」）．

〔小野清美〕

文献

1) Demmig-Adams, B. et al., 2012, *Photosyn. Res.*, **113**, 75.
2) Neuner, G. et al., 1999, *Tree Physiol.*, **19**, 725.
3) Slot, M. et al., 2005, *Tree Physiol.*, **25**, 1139.
4) 小野清美ほか，2015，低温科学便覧（北海道大学低温科学研究所編），丸善出版，pp.367-375.

6-10 北方林における森林火災

wildfire in boreal forests

森林更新, 火災頻度・強度, トウヒ林

北方林（boreal forset）とは，高緯度域に形成される森林を指し，おもに針葉樹林から構成されるため，タイガと同意として扱われることもある．アラスカではトウヒ属（*Picea*）の森林が，東シベリアではカラマツ属（*Larix*）の森林が代表である．アラスカの不連続凍土帯における森林の発達様式は，大まかには北側斜面と南側斜面に分けてとらえることができる．北側斜面は，弱い日射と，それに伴う永久凍土の発達と遅い有機物分解により，貧栄養土壌となり，そのような赤貧土壌上でも定着できるクロトウヒの森林が持続する．一方，南側斜面は，強い日射のため凍土があまり発達せず，相対的には土壌の発達も良好であり，火災後には，低木林が形成され，次いで成長の早い落葉広葉樹林が形成され，次第にシロトウヒ林に置き換わり極相となる遷移がみられる．

森林火災が環境に与える影響は，火災時の大気中へのCO_2放出にとどまらず（図1），長期にわたる光合成能力の低下と，それに伴う森林のCO_2吸収機能の減少，また伴う温室効果ガスであるメタンの放出などがある．メタン放出は，火災後に地表面が直射日光に曝され，永久凍土の融解が進行することで起こる．これらのすべてが温暖化を促進するため，北方林における森林火災によって地球温暖化への正のフィードバックが引き起こされることが懸念される．

森林火災は北方林で頻繁にみられるが，その原因は人為起源と自然起源のものに分けられる．アラスカにおいては落雷という自然起源の火災が主である．北米北部に広範に分布するクロトウヒは，林冠種子貯蔵を行い，火災直後に主に種子を散布する火災適応型の種である．シベリアのカラマツも火災に適応した種子散布特性を持つ．これらのことは，森林火災が北方林生態系の構造と機能を大きく規定していることを示している．これまでの森林火災は，林冠火災と呼ばれる主に林冠部が燃え，地表面は全焼には至らない火災が主であった．そのため，林床は火災後に散布されたクロトウヒ種子の発芽適地となり，クロトウヒ林が維持されていた．

しかし，温暖化に伴い，北方林の森林火災は強度・規模ともに増しつつある．その結果，地表面の有機物層をも焼失させる強度の大きな火災となることが予測されている．特に，アラスカのタイガでは凍土の発達した北側斜面の方が温暖化の影響が表れやすいと考えられる．2004年にはアラスカ各地で大規模森林火災が発生し，その合計面積は四国の面積を上回るほどであった．火災強度も大きく，有機物層の相当の部分が焼失した火災も認められた．そこで，クロトウヒ林で火災強度が増した場合，林冠火災後の遷移と同様のパターンがみられるかどうか，長期にわたり調べられている．

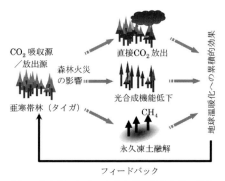

図1 北方林における森林火災に伴う森林の温室効果ガス放出増加と吸収低下は，長期にわたる温暖化に対して正のフィードバック効果を有する．

有機物層が火災により焼失した地表面と焼失していない地表面では，回復様式が大きく異なっていた．すなわち，非焼失面では栄養繁殖による回復が主であり，クロトウヒ林林床でみられるイソツツジ・クロマメノキなどの低木類が順調な回復をみせていた．一方，焼失面では，植生回復は主に移入によってなされ，成熟したトウヒ林にはみられないヤノウエノアカゴケ・ウマスギゴケなどの蘚苔類，ヤナギラン・ノガリヤスなどの草本植物，ヤマナラシ・カンバ・ヤナギなどの落葉広葉樹が初期に定着していた．これらのことは，大規模火災により，遷移の初期段階ですでに群集構造が大きく変化することを意味している．

大規模火災域では，火災直後には，永久凍土層が減少し活動層が増していた．火災から10年を経過してもその回復傾向はみられない．この原因として，地表面アルベドが総植被とともに増加しており，植被と有機物層の断熱効果が減少したことがあげられた．また，アルベド回復は，植生回復と並行して起こるため，植被が回復しないことにはアルベドも回復しない（図2）．さらに，焼失面にはクロトウヒも定着するが，非焼失面では定着がまったくみられないカンバなどの先駆種的な落葉広葉樹がクロトウヒを上回る密度で侵入定着し，さらに成長もクロトウヒよりも早く，死亡率は樹種間で大きな差がないことも明らかとなった．これらのことは，これまでの林冠火災と比べて，大規模火災により遷移系列が偏向することを示唆している．

温暖化により，北半球では生物の分布域が北に移動している．樹木を食害する昆虫もその例から漏れず，アラスカではこれまでに記録のない南方起源の昆虫の食害による森林被害が増えている．虫害により枯死した樹木は生木よりも燃焼しやすく，大規

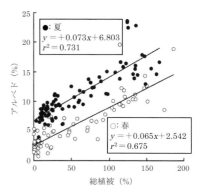

図2　2004年に大規模森林火災が起こったアラスカ・フェアバンクス近郊のポーカーフラット北向き斜面で2005年に測定された総植被とアルベドの関係[3]．x＝総植被，y＝アルベド．

模火災を誘導しやすい．このように，火災強度の変化には，捕食者などを介した間接的な作用をも考慮せねばならない．

温暖化に関して，北方林はこれまで炭素の吸収源として重要であったが，火災が増加することで，放出源となりつつある．シベリアのカラマツ林では，地上部・地下部のバイオマス比率は，ほぼ1となることがある．さらに，泥炭および有機物層の炭素蓄積量を加えれば，地下部の炭素蓄積量は地上部を上回る．タイガにおける炭素循環については，これまでの知見の変更を迫られている．これらのことは，森林火災に伴う温暖化へのフィードバック機構が存在することを示唆している．今後，森林火災の大規模化に伴う永久凍土の変化を介した生態系の応答とフィードバックを明らかとすることが必要である．　〔露崎史朗〕

文　献

1) Tsuyuzaki, S. et al., 2013, *Ecol. Res.*, **28**, 1061.
2) Tsuyuzaki, S. et al., 2014, *Plant Ecol.*, **215**, 327.
3) Tsuyuzaki, S. et al., 2009, *Climatic Change*, **93**, 517.

6-11 北方林への人為的影響

anthropogenic impact on boreal forest

森林火災,生物多様性保全,違法伐採,
エネルギー開発

北方林に与えている大きな人為的影響としては,森林伐採,エネルギー開発,森林火災があげられる.

まず森林伐採についてであるが,伐採一般については別項目(⇨6-16「北方林の利用」)でふれられるので,ここでは原生的森林の保護,違法伐採問題に絞って述べることとしたい.

ロシア・カナダには人間の影響がほとんど及んでいない原生的な森林が広大に存在している.FAO(国連食糧農業機関)の2010年森林アセスメントによれば,カナダの森林に占める原生的森林(pristine forest)の比率は32%,ロシアでは55%であり,ロシアは世界で最もまとまって原生的森林が存在している地域とされている.

これら原生的森林の多くは良好な木材資源を擁しているため,森林伐採の対象とされ,開発が進んできた.これに対し,生態系保全のために原生的な北方林を保護すべきであるという観点からの環境保護運動が行われてきた.

特に,ロシア北西部では,早くから森林開発が進んだために原生的森林が減少し,欧州向け木材輸出のための伐採圧力が高い.このため,国際的な保護運動が展開された.保護団体が原生的森林の地図化を行い(図1),政府や林産業者に対してこれら森林の開発を行わないように圧力をかけてきた.

森林伐採に関する第二の問題は違法伐採問題であり,ロシアの違法伐採は熱帯林諸国と並んで国際的に問題視されてきた.

公的な統計では伐採量に占める違法伐採の比率は1%程度であるが,自然保護団体や世界銀行などはこれは過少であると指摘しており,最大20%程度の違法伐採が生じていると推測している.

違法伐採は,法令や伐採許可に違反して過大な伐採を行ったり保護すべき森林や樹木などを伐採したりすることで,生態系に大きな影響を与えている.たとえばロシア極東地域南部では針広混交林が広がり絶滅危惧種のアムールトラの生息地となっているが,市場で高価に取引される広葉樹大径材が違法伐採され,生態系の劣化を招いている.

違法伐採対策を求める動きが国際的に展開してきており,これに対応してロシア政府・国内企業やロシア森林開発に参加している国外企業が対策を進めている.

欧州諸国では市場における環境配慮を求める力が強く,ロシア森林開発に参加したりロシア材を輸入している欧州企業は市場で生き残るため,違法伐採材排除や原生的森林保護の取り組みを進めてきた.ロシアのビジネスパートナーとも協力しつつロシアで森林認証(持続的な森林管理を行っていることを第三者機関が認証する仕組み)を取得する取り組みを行い,これまでに約3800万haの森林が認証を受けている.

次にエネルギー開発による森林への影響

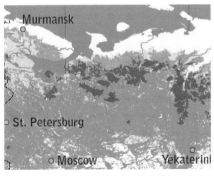

図1 グリーンピース等によって地図化された原生的森林

であるが，カナダ・ロシアには石油ガス資源が豊富に存在し，エネルギー開発にかかわって北方林への影響がしばしば問題となってきた．

ロシア極東地域では，シベリア太平洋パイプラインの建設に伴う森林保護地域への影響が懸念されてルートの変更が行われるなど，パイプライン建設による生態系への影響が問題とされてきた．

カナダで近年問題とされているのは，アルバータ州におけるオイルサンドの開発である．オイルサンドは油分を含む砂岩のことで，原油を代替する資源として注目されている．オイルサンドは北方林分布域に存在しており，露天掘りをする場合は広大な森林を開発するほか，砂岩から油分を分離するため大量の水を必要とし，また大量の廃棄土砂・水が発生するために，自然生態系への影響が懸念されている．

オイルサンドの環境影響を評価するためにカナダ科学アカデミーが設置した専門委員会では，開発跡地の修復はテンポは遅いが不可能ではないこと，適切な措置が講じられれば水利用が地域水供給に大きな影響を与えるおそれはないなどとしたが，さらなる調査モニタリングや，行政の規制能力向上の必要性を指摘している．

北方林への人為的影響としての森林火災は，ロシアにおいて大きな問題となっている．問題には人間活動が原因となって森林火災を発生させるという側面と，森林火災に十分な対策がとられておらず広大な森林を焼失させてしまうという側面がある．

図2はロシア連邦の公式統計から森林火災の発生状況をみたものである．降雨量などの気象状況などを反映して，焼失面積は大きな変動があり，年によっては年間200万haも焼失している．なお，公式統計は地域からの報告と航空機による監視に基づいて出されているため，過小に集計されているとされ，衛星データによる推定値は公

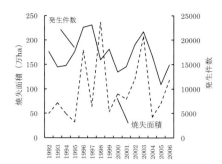

図2　ロシア連邦における森林火災発生件数と焼失面積

図3　サハリン州の山火事跡地

式統計の2～6倍に及んでいる．

これら森林火災の約8割が野焼きや森林内での火の不始末など人間活動によって生じているとされている．このため，住民や入林者への教育などの必要性が繰り返し指摘されているが，効果が上がっているとはいえない．

頻発する森林火災に対処するために，各地方に森林火災対策組織が設置されているほか，航空機による消火活動を行うための航空基地がある．しかし，繰り返される組織改編および急速な地方分権化のなかで，森林火災対策組織や航空基地は弱体化してきている．このため，森林火災への対応がますます不十分となってきており，抜本的な森林火災対策組織の整備が必要であることが指摘されている．　　　　〔柿澤宏昭〕

6-12 北方林における熱・水収支
energy and water balance in boreal forests

気候システム，積雪，凍土，植生遷移，攪乱

太陽を駆動源として地球へ入射する光エネルギー（短波放射）のうち，一部は大気に反射・吸収され，さらに地表面により一部が反射される．これらのプロセスの結果，地面に吸収される放射エネルギー（正味放射量 net radiation）が決まる．地表面が積雪に覆われていない場合，地表面で吸収されたエネルギーは，主に地表面直上の大気を加熱する顕熱（sensible heat），植物による蒸散や地面および地上物からの蒸発に伴う潜熱（latent heat），地面に伝わる地中伝導熱（ground heat）に分配される．一般に地表面が植生の場合，その生育場所，生育期間，生育段階などで異なるが，熱エネルギーの年間収支でみると，潜熱に配分される割合が大きくなる傾向にあり，顕熱の大きい砂漠や都市などと比べて地表面周辺の大気加熱を緩和する作用が働く．

積雪面の熱収支を考える際には，上述の熱収支各成分とともに地表面に横たわる雪層が表裏の両面から得るエネルギー成分を考慮する必要がある．この成分の取扱いは積雪が常時存在する積雪期と雪解けが進む融雪期とで異なり，これらが混在する移行期には対象域の熱収支評価は複雑になる．

北半球高緯度帯の陸域には北方林（タイガまたは亜寒帯林）が広域に分布する．北方林の主な構成樹種（極相種）は常緑針葉樹であり，上空から北方林が広がる地面を見下ろすと年間を通じて黒々とした地表面が確認される．一方，北方林の生育空間よりさらに高緯度に行くと，徐々に背丈の低い木々が現れ，さらに北上するともはや樹木のない草本類やコケ類，地衣類などが広がるツンドラとなる．ツンドラに入ると，冬季は広大な陸上空間が積雪で覆われ一面真っ白になることが想像されよう．北方林からツンドラへと植生が変化するに伴い，地表面熱収支も大きく変化する．

大気から地表面へのエネルギー伝達過程のうち，特に積雪が存在する北方域では，反射光の影響力が大きい．この入射光に対する反射光の割合をアルベド（albedo；α）という．積雪のアルベドは旧雪（$\alpha \approx 0.40$）か新雪（0.95）かで大きな差異があるものの，さまざまな地表面のなかで最も値が大きいものの1つである．一方，森林のアルベドは針葉樹で 0.05〜0.15，落葉樹で 0.15〜0.20，さらにツンドラでは 0.18〜0.25 である．このことから，北半球高緯度域では地表面が植生なのか積雪なのか，さらに，植生ならば背丈や着葉（生活）型の違い，積雪の有無およびその状態の違いによってアルベドが大きく変化し，地表面で吸収されるエネルギー量に大きく影響する．

積雪地帯における森林の有無が地表面の熱収支に及ぼす影響について調べた研究によると，森林（常緑樹林を想定）が存在する場合は，存在しない場合と比べてアルベドが小さくなる．晴天に近い大気条件では，入射エネルギーは積雪面より地上上部に位置する葉群や樹体に吸収され温度が上昇する．この結果，上下方向（大気および地面）に顕熱が輸送されて周囲の環境を暖めることになり，融雪期であれば融雪を促す方向へ働く[1]．また，積雪期においても森林が存在すると，樹体に着水・着雪した水分が気化し潜熱が生じて大気中に輸送される[2]．このように，北方林は年間を通じて顕熱，潜熱を熱収支の主要項として大気との間で熱・水交換を行っている．

林内の熱収支についてみると，北方林は一般に疎な林分構造ではあるものの，林内への入射エネルギーは大きく減衰し，林冠上より50％から80％まで減少する．風速

も同様に林内では減少する．この北方林の林分構造の特徴を反映して，短波放射，（葉群からの）長波放射，顕熱，潜熱が雪面に向かう．その結果，雪層の正味エネルギーが決まり，同時に水収支が変化していくことになる．

地表面の熱・水収支は植生遷移に伴って変化する．北方林の植生は，自然火災攪乱や風害，植食昆虫による大規模被食の攪乱を受けることが多い．特に，火災による攪乱被害は全体の68％，残りの33％は後者2つ（風害・食害）による攪乱被害である[3]．強度の大きい火災が生じると，森林は一斉倒壊を引き起こし，初期の遷移段階へ移行する．アラスカにおける例では，初期の遷移段階に草本種のイネ科植物が優占し，その後に落葉先駆樹種であるポプラやヤナギ，カンバが侵入，さらに時間が経過すると極相林を成す常緑針葉樹へと変化する[4]．火災による被害は大規模化する特徴があり，いったん被害を受けると再び極相林に至るまで長い時間を要する．一方で，風害や食害による攪乱によっては一斉倒壊は起こらず，極相林をなす針葉樹種の更新が繰り返される．

このような災害に伴う植生遷移は地表面の熱収支にも変化を与える．アラスカの森林火災区を対象とした植生遷移と地表面熱収支の変化に関する過去の研究例[4]によると，火災直後はアルベドが増加し正味放射量は30％程度まで低下する．また，攪乱後の顕熱は攪乱前の50％程度までに低下し，この熱配分の変化により周辺地域が冷却されることになる．時間が経過し，草本から木本（落葉先駆種）に遷移すると，アルベドは徐々に増加し，熱収支の主要成分は潜熱となる．さらにその後の遷移で常緑針葉樹が優占すると潜熱と顕熱が同程度の大きさをもち，主要な熱収支成分となる．

北方林における植生遷移，火災攪乱後の回復過程，これらに伴う地表面の熱収支の変化傾向は，どの場所でも共通ではない．優占する植生は各地域に広がる土壌・地形条件，凍土の有無によって異なるためである．北方域を対象とした近年の環境影響評価にかかわる研究では温暖化との関係が重要視される．特に，凍土の挙動が北方林に及ぼす影響評価は，重要な課題ながら未解明な点が多く残されている．元来降水量が少ない北方域で，植生の生育期間である夏季に土壌表層に潤沢な水分を供給する凍土は，積雪とならび植生にとって不可欠な存在である．一方，凍土にとっての森林は土壌層への過度な日射を遮断し融解を軽減してくれる貴重な存在である．温暖化に伴い両者の関係が崩れ凍土の融解が過剰になると，植物にとっては水分過多になるばかりか，根腐れや地形の改変を通して生育に不適な環境に陥る事態も想定される．

北方域の気候システムは，大気，陸域植生，海洋，海氷，凍土間の動的な相互作用を通して成立している．そのため，1つの構成要素の崩壊が他の構成要素の崩壊を導く可能性も否定できない．温暖化が海氷面積を縮小させ，また森林をツンドラ域へ北進させていることが指摘される昨今，大気と北方林間の熱・水収支を植生遷移や攪乱要因とあわせて定量的に評価する試みは，今後の気候変化とのかかわりのなかで重要な課題である[5]．

〔戸田 求〕

文 献

1) Yamazaki et al., 1995, *J. Appl. Meteorol.*, **31**, 1322.
2) Nakai et al., 1999, *Hydrol. Proc.*, **13**, 515.
3) Scheluze, E.-D. et al., 2009, *Old-Growth Forest* (Wirth, C., Gleixner, G. and Heimann, M. eds.), Springer.
4) Liu, H. and Randerson, J.T., 2008, *J. Geophys. Res.*, **113**, G01006.
5) 小野清美ほか，2015，低温科学便覧（北海道大学低温科学研究所編），丸善出版，pp.367-375.

6-13 バイカル湖周辺における植生史
vegetation history in Lake Baikal region

バイカル湖, タイガ, 永久凍土, 花粉

中央シベリア南東部に位置するバイカル湖は南北の長さ 639 km, 幅 40〜50 km で南北に長く, 水深は 1643 m に及ぶ. バイカル湖周辺にはタイガと呼ばれる北方針葉樹林が拡がっている. これは湖の南北で異なり, 南部では常緑針葉樹林, 北部では落葉針葉樹が多くなり, 湖よりも北方地域では落葉針葉樹林となる. この落葉針葉樹林は主に永久凍土地帯に分布している. バイカル湖周辺の北方針葉樹林が形成された歴史は, この永久凍土の分布の変遷とも関連している. ここでは, バイカル湖周辺における現植生の形成過程を湖底堆積物や湖周辺に広く分布する湿原堆積物の花粉分析による研究結果から解説する.

バイカル湖の西岸は断層で切り立った斜面が多く, 降水量も少ないため, 南側斜面は草原状になり, 北側斜面ではヨーロッパアカマツ (*Pinus sylvestris*) やカンバ類が森林を形成している.

バイカル湖南東部湖岸域にはハマルダバン山地が位置し, 年降水量は 1000 mm を超える. そのため森林が発達しており, 湖岸の低地域では, シベリアモミ (*Abies sibirica*), シベリアトウヒ (*Picea obovata*), シベリアマツ (*Pinus sibirica*) からなる常緑針葉樹林である (図1). 特に, 河川周辺の氾濫源ではシベリアトウヒの密度が高い林分が認められる. また, 砂質土壌には二葉のヨーロッパアカマツが優占している. 五葉のシベリアマツは林冠を抜けて散在し, 大径木となるものが多い. また, ハマルダバン山地の斜面には非常に細い樹冠をもつシベリアモミの純林が形成

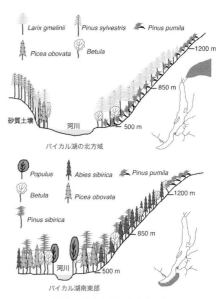

図1 バイカル湖周辺の植生

されている. 標高 1200 m 以上では森林限界となり, ハイマツ (*Pinus pumila*) が拡がっている. ハイマツは, 低標高地でも雪崩跡や岩石地などに分布している.

バイカル湖北東部湖岸域では, 道路がないため豊かな自然が残されている. また, 部分的に永久凍土も分布している. ここでは, 南部と同様の常緑針葉樹も分布しているが, 北へ行くほどグイマツ (*Larix gmelinii*) の割合が増加し, しだいに落葉針葉樹林になる. 低木層にはハイマツが優占し, 林床にはコケモモ, イソツツジ, ガンコウランが広く認められる.

バイカル湖北方の内陸域は永久凍土地帯となり, 夏期のみ地表付近の氷が溶けている. そこでは, 高木層をグイマツが, 低木層をハイマツが優占している. 年降水量は 300 mm 以下であるが, 永久凍土からの水分供給があり, 森林が成立しているのであろう. ここでも, 砂質土壌の斜面にはヨーロッパアカマツ, 河川周辺にはシベリアトウヒの林分が形成されている.

以上のように，バイカル湖は常緑タイガと落葉タイガの境界に位置している．

バイカル湖周辺および北方地域に分布する25地点の湖沼や湿原堆積物の花粉分析を行った結果（図2），寒冷で乾燥していた最終氷期最盛期から現在までの植生変遷が明らかになってきた．植生変遷の大きな特徴は，氷期終了後から現在までの植生を構成する樹木が，上述の現植生を構成する樹種とほぼ同じということである．

約2万数千年前から1.5万年前までの寒冷で乾燥した氷期には，バイカル湖周辺は永久凍土に覆われていたといわれている．周辺山地には氷河地形が認められることから，山地では氷河が発達していた．この時期には，バイカル湖の南部から東北部まで，イネ科，ヨモギ属などの草本花粉やカバノキ属，ハンノキ属，ヤナギ属などの低木花粉が優占し，高木性の樹木花粉はほとんど認められない．したがって，最終氷期最盛期から1.4万年前には，バイカル湖周辺はイネ科，ヨモギ属などの草本植生に低木が混生する植生であったと考えられる．

約1.4万年前には，南部から東北部まで，カバノキ属に加えてトウヒ属花粉が増加し始める．この時期におけるトウヒ属の増加は湖東部の沿岸域でほぼ同時に起こっている．このことから，2万年前以前の最終氷期最盛期にもシベリアトウヒはバイカル湖周辺において小規模ながら条件の許す場所に分布していたと考えられる．約1.4万〜1万年前には，永久凍土の融解した河川周辺にシベリアトウヒが拡がっていたが，いまだ他の常緑針葉樹が分布を広げるための立地は形成されていなかったのであろう．約1万年前には，バイカル湖の南部・中部でトウヒ属に加えモミ属花粉が増加し，北部では低率ながらカラマツ属が増加する．このことは，バイカル湖南部から中部にかけて，温暖化による永久凍土の融解とともに，シベリアモミ林の成立できる立地が形成され，南部・中部は常緑針葉樹林が，北部では現在も優勢であるグイマツ林が発達し始めたことを示している．

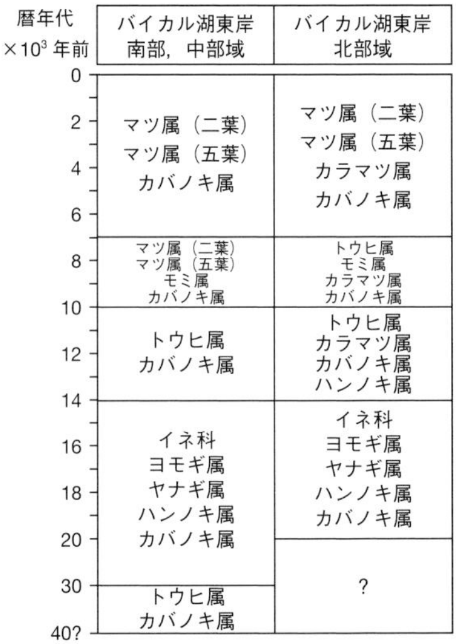

完新世中期の8000〜7000年前には，南部から北部まで二葉型のマツ属，五葉型のマツ属花粉が優勢となる．また，北部ではカラマツ属花粉がマツ属花粉とともに優勢となる．この完新世中期には，ほぼ現在の植生が形成された．すなわち，バイカル湖東岸南部から中部では，山地斜面にはシベリアモミ，低地にはシベリアマツ，ヨーロッパアカマツ，シベリアトウヒの優占する常緑タイガが，北部以北にはグイマツにハイマツが伴う永久凍土に対応した植生が形成された．また，広範囲にわたって，特に河川周辺では，シベリアトウヒが林分を形成した． 〔高原 光〕

暦年代 ×10³年前	バイカル湖東岸 南部，中部域	バイカル湖東岸 北部域
0		
2	マツ属（二葉） マツ属（五葉） カバノキ属	マツ属（二葉） マツ属（五葉） カラマツ属 カバノキ属
4		
6		
8	マツ属（二葉） マツ属（五葉） モミ属 カバノキ属	トウヒ属 モミ属 カラマツ属 カバノキ属
10		
12	トウヒ属 カバノキ属	トウヒ属 カラマツ属 カバノキ属 ハンノキ属
14		
16	イネ科 ヨモギ属 ヤナギ属 ハンノキ属 カバノキ属	イネ科 ヨモギ属 ヤナギ属 ハンノキ属 カバノキ属
18		
20		
30	トウヒ属 カバノキ属	?
40?		

図2 バイカル湖周辺の花粉分析結果の要約

文献

1) 井上源喜ほか編著，1998，地球環境変動の科学—バイカル湖ドリリングプロジェクト，古今書院．
2) 高原 光ほか，2003，月刊地球，**42**, 160.
3) Shichi, k. et al., 2009, *Quaternary International*, **205**, 98.

6-14 地球環境変動と北方植生

global environmental changes and boreal vegetation

温暖化, 生物多様性, 永久凍土, バイオマス

地球温暖化の影響は，極域・周極域の永久凍土帯で表れやすいといわれる．その理由は，温暖化の鍋蓋効果で，極地に移動した熱はそれ以上の逃げ場がなく，温度として表れるためである．その結果北方植生では，永久凍土のこれまでにない劇的な変化と，それに伴う生態系の変化が予測されている．

北方圏の植生は，林冠を有するか否かによって，北方林（タイガ）とツンドラに大別できる．ツンドラとタイガの境界は，北米や北欧ではおおむね連続凍土帯にツンドラが，不連続凍土帯にタイガが分布し，2つの凍土帯境界と一致する．しかし，東シベリアのタイガで優占するカラマツ林は，極地に向かい疎林化しタイガとツンドラの移行帯である森林ツンドラとなり，北極海近くでツンドラに入れ替わる．したがって，不連続凍土帯北限とタイガの北限は一致せず，連続凍土帯中でもカラマツ林は発達している．これに対する1つの考え方は，日射の低下による光合成の低下が樹木の北進を妨げているとするものである．しかし，これでもシベリアのタイガの分布は説明できず，落葉というカラマツの生活史特性や，凍土層による排水抑制と活動層からの水分供給，地史的スケールでの氷床形成過程をも考慮する必要があるとされる．

ツンドラは，極地ツンドラと高山ツンドラに大別されるが，ここでは北方植生である極地ツンドラのみを扱う．極地ツンドラは優占種の生活型をもとに森林ツンドラ，低木ツンドラ，草地ツンドラ，荒地ツンドラに区分することもできる．ツンドラは，連続凍土帯にのみ分布する．そのため，永久凍土の発達・衰退により形成されたポリゴンをはじめとする多様な地形を反映した特異な群集が発達する（表）．

凍土層の上には活動層が存在する．また，植物に覆われた地表面の下には，泥炭を含む有機物層が存在する．植物のなかでも特にミズゴケ類（*Sphagnum*）は断熱効果が高く（図），ミズゴケの成長速度と泥炭の堆積速度は，有機物層の有機物蓄積速度を決める重要な要因である．また，その断熱効果により，サーモカルストをはじめとする微地形を形成する鍵となる．

これらの凍土に起源した地形的多様性と群集の α, β, γ 多様性のいずれかの間には正の関係が認められ[1]，地形がさまざまなレベルでの群集多様性の増加に寄与していることがわかる．しかし，これらが温暖化により衰退・消失すれば，これらの多様性も減少することは明らかである．さらに，パイジャラーヒやパルサは，絶滅危惧種で

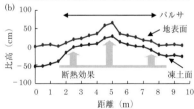

図 ブッシュフライングからみたツンドラ上に形成されたポリゴン地形（a）と，ポリゴン縁部に発達したパルサ上に発達したミズゴケマットの断熱効果（b）．ミズゴケと泥炭の厚さは50 cm以上に達する．2006年8月上旬にアラスカ・北極圏野生生物保護区のジェゴ川近くにて測定．

ある齧歯類や猛禽類の生息地を提供しており，これらの動物による植物群集への影響も認められ[2]，これらの地形の衰退は生態系のさまざまなレベルに対して影響する．

アラスカ・トゥーリック湖周辺のツンドラにおける長期生態学研究サイトで，アラスカ大学が中心となって行われている20年以上の温暖化実験から，温暖化はバイオームレベルでの変化をも誘導する可能性があることが示された．すなわち，温暖化に伴い有機物の分解速度が増し有機物蓄積量が減少する．これに合わせて，ワタスゲ谷地坊主が発達する草地ツンドラではワタスゲをはじめとする禾本類が減少し低木が増加することと，低木ツンドラでは低木の成長が増すことが示された．特に，温暖化は直接の温度効果よりもむしろ，温暖化に伴う有機物の分解速度の変化を介して群集の組成と構造を変化させていた．これらのことは，炭素収支に関しては，バイオマスの増加による吸収と有機物層の減少による放出を意味しており，これらの積算値は正負両方となりえることを示唆している．

永久凍土帯は，地層中に多量の水分を含み，活動層から水分を植物に供給している．そのため，ツンドラはほぼ全域が広い意味で湿原ととらえることもできる．湿原はメタン生成菌の活動が活発で，自然界においてメタンの主要な放出源であり，ツンドラからもメタンは放出される．ただし，ツンドラの優占種により放出量は異なり，草原ツンドラでは，ミズゴケ優占植生よりも禾本優占植生の方がメタン放出量は多く，湿原のメタン放出モデルにも植生を組み込む必要がある[3]．さらに，ツンドラでは，凍土中の温室効果ガスであるメタンが融解に伴い放出される．

ツンドラでもタイガ同様に，温暖化に伴い火災が大規模化しており，それに伴う凍土層および有機物層の減少が予測されている（⇨6-10「北方林における森林火災」）．特にツンドラでは，泥炭を含む有機物層は数百年以上の歳月をかけて蓄積されたものであり，その層が火災により焼失することになる．さらに，その後の有機物の再蓄積過程で昇温が起これば，分解増加や蓄積速度あるいは量の減少も起こる．その結果，有機物層の炭素蓄積が減少し，温暖化へのフィードバックが予測される．

そのため，北方植生においては，生態系の生産力，すなわち純バイオーム生産力（net biome productivity：NBP）について，火災という攪乱後の長期的な損失を見積もらねばならない．今後，ツンドラ・タイガの炭素収支に着目した，地下部における炭素蓄積の変化と純バイオーム生産力の正確な測定が必要である． 〔露崎史朗〕

表 永久凍土に関連した地形と陸上植物群集の多様性（文献[1～3]ほかをもとに作成）

地 形	多様性			機 構
	α	β	γ	
氷楔融解谷*	↑			地形異質性増加
パルサ	↑	↑		生息地増加
サーモカルスト			↑	沈降地形
残存小丘*		↑	↑	帯状分布形成

↑で示した多様性が地形発達により増加．
α多様性＝群集多様性，β多様性＝群集間多様性，γ多様性＝景観多様性
＊：ポリゴンの氷楔部分が溶けて沈降した際に残った隆起部分．サハ語でバイジャラーヒ（baidzharakhs）と呼ぶ．

文 献
1) Tsuyuzaki, S. et al., 2008, *Ecol. Res.*, **23**, 787.
2) Tsuyuzaki, S. et al., 2010, *Polar Biol.*, **33**, 565.
3) Tsuyuzaki, S. et al., 2001, *Soil Biol. Biochem.*, **33**, 1419.

6-15 北方林における物質生産

matter (dry matter) production of boreal forests

生態系生産量, ギャップ動態, 土壌炭素, 積雪, 凍土

北方林（タイガ，亜寒帯林）の1次生産（primary production）または物質生産（matter production）は，熱帯および温帯地域の森林のそれに比べ小さい．また，光合成から得られる有機物生産，すなわち総1次生産（gross primary production：GPP）から植物自身による呼吸（autotrophic respiration：R_a）を差し引くことで得られる純1次生産（net primary production：NPP）および現存量（バイオマス）は，熱帯林で$0.78 \sim 0.83$ kg C/m^2・年，18.8 kg C/m^2，温帯林では$0.56 \sim 0.63$ kg C/m^2・年，14.6 kg C/m^2，北方林では$0.23 \sim 0.36$ kg C/m^2・年，9.0 kg C/m^{2}である．北方林の総面積はおよそ$12 \sim 13.7 \times 10^6$ km^{2}と地球の陸域生態系全体の面積の約16%，全森林面積の30%を占め，ひとまとまりの森林帯としては世界最大の規模を誇る．特に，シベリア一帯はいまだに人の手が介入しない状態の自然が残る貴重な森林地域であり，地下土壌中には大量の炭素が貯蔵されている．

北方林が生育している環境場はユーラシア大陸および北米大陸の中高緯度帯であり，年間を通じて低温かつ降水量は少ない．高緯度帯のため太陽エネルギーの季節変化が大きいことも特徴で，50°Nの場合，夏季（7月）の日積算日射量はおよそ40 MJ/m^{2}であるが，冬季（12〜1月）には8 MJ/m^{2}程度である．そのため，生育期間は夏季の数ヶ月程度に限定される．このような厳しい生育条件下で効率的な物質生産を行うため，北方林は環境に適応をした林分構造や生理的機能を有している．たとえば，太陽高度が低くなる冬季には，森林内へ斜めから入射する太陽光を効率よく捕捉するように樹木個体の形状を円錐型とする樹種が多く，また林分密度が一般に粗であることも環境条件への適応としてとらえられる．一方で，近年の生理生態学的視点に基づく研究から，北方林の林分構造が生み出される仮説が提示されている．樹木は厳しい低温と乾燥条件下におかれると光阻害を受ける確率が高まり，特に実生の成長に悪影響を及ぼすことが指摘される[2]．すなわち，林床に多くの光が照射する開放空間（ギャップ空間）は実生の成長に適した空間とはならない．その代わりに，親木の下など強い日射にさらされない林床下に種子が定着すると実生の生存可能性が高まり，粗な林分構造が形成されるという仕組みである．

高温多湿な熱帯では，巨木の枯死や攪乱などに伴い林内に偶発的に生じたギャップ空間はさまざまな種子が新たな生育空間を得る機会を与える．そのため，実生にとってギャップ空間は「ゆりかご」的な存在となる．同時に，この空間は次世代の生態系を担う植物間の熾烈な生存競争の場となる．一方，北方林のギャップ空間は低温・乾燥下でかつ光阻害を被る実生にとっての危険地帯であり，「死に近い場所（墓場）」と化すことになる．その結果，北方林の特徴的な林分構造が生みだされ，物質生産が制御されている（⇨6-5「北方林の天然更新」）．

近年の物質生産の評価では，観測技術の向上も手伝い，従来の植生のみに特化した生産指標から，土壌での物質循環プロセスも考慮した生態系レベルでの生産指標，すなわち生態系生産量（net ecosystem production：NEP）の評価が重要視されている．NEPは生態系を構成する植物集団による純一次生産から，土壌中の動物・微生物など従属栄養生物による植物遺体の有

機物分解量，またこれらの動物・微生物の呼吸による有機物消費量（heterotrophic respiration：R_h）を差し引いた数量であり，以下の式で表される．

$$NEP = (GPP - R_a) - R_h = NPP - R_h$$

北方林では，地下部に堆積している土壌動態が，将来の気候変化と関連して大きな関心事項である．北極域も含めた北方陸域の生態系には，地球の陸域生態系全体が貯留する炭素のおよそ6割が存在する．北方林に限れば植物体に88 Pg C，土壌に471 Pg Cの炭素が貯留され，熱帯林（212 Pg C，216 Pg C）および温帯林（59 Pg C，100 Pg C）の量を大きく上回る．この北方林の炭素貯留量は全陸域生態系の約22％を占め，特に土壌の炭素量が膨大である．また，北方林が優占する周辺には多くの湿地が分布する．湿地では冷涼な気候と透水性の悪い特異的な水文環境のもとで，大量の炭素が土壌に蓄積される．そのため，北方域の生態系は現在まで炭素吸収源としての機能を維持してきた．しかし，この機能が将来にわたって持続するかはきわめて厳しい状況である．

気候変化予測に関する政府間パネル（IPCC）の2013年版報告書（IPCC-AR5）によれば，将来の気候変化に伴い北方林が優占する北半球高緯度地域は現在より7～8℃程度まで気温が増加する．この数値は全球平均の気温増加値である4.8℃を大きく上回る．そのため，温暖化は北方林の生態系に現在とは異なるさまざまな変化を起こすことになろう．たとえば温暖化の影響により融雪期が早くなると，植生の生育期間が長くなり，一次生産の増大がNEPを増加させると考えられる．一方で，温暖化に伴う積雪や凍土の融解は，短い時間スケールでは嫌気的水文環境を形成しメタンガ

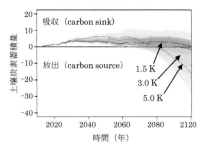

図　今後の気温増加に伴う土壌炭素蓄積量変化のシミュレーション結果

スなど温室効果気体の大気への放出を増加させることが予想される．また長い時間スケールでは凍土の消失・土壌の乾燥化により土壌有機物の分解が増大し，土壌中から大気中へ二酸化炭素が大量に放出される．その結果，NEPが大幅に低下し，北方林がこれまでの炭素吸収源から放出源に転換してしまうことが懸念される（図）[3]．このように，将来の気候変化に伴う北方林生態系の物質生産は植生タイプ・植生齢，土壌，積雪，凍土の有無で変化傾向は異なり，NEPの将来予測を難しくしている[3]．北方林の物質生産ならびに生態系の生産量に関する確度ある評価および将来予測を行うためには，大気，植生，雪氷間の相互作用に関するよりいっそうの理解が求められる．

〔戸田　求〕

文　献

1) 寺島一郎，2013，植物の生態―生理機能を中心に，裳華房．
2) Hara, T., 2010, *Sustainable Low-Carbon Society*, pp.31-43, Hokkaido University Press.
3) Homma, K. et al., 2003, *Plant Ecol.*, **166**, 25.
4) Schaphoff et al., 2013, *Env. Res. Lett.*, **8**, 014026.
5) 小野清美ほか，2015，低温科学便覧（北海道大学低温科学研究所編），丸善出版，pp.367-375.

6-16 北方林の利用

use of boreal forest

木材伐採，先住民，森林管理

　北方林（boreal forest）という言葉に厳密な定義があるわけではないが，おおむね 45°〜60°N の間に分布する針葉樹を主体とする森林と理解されている．

　北方林を擁する主要な国はカナダ，ロシア，スウェーデン，フィンランド，ノルウェー，アメリカ合衆国（アラスカ州）である．FAO（国連食糧農業機関）の 2010 年森林アセスメントでみると（州別のデータが計上されていないアメリカ合衆国を除く），これら国々（以下北方林諸国と略す）の総森林面積は 1 億 1796 万 ha で，全世界の森林の約 30% を占めている．

　また，丸太生産量（伐採活動の指標となる）は 4 億 8850 万 m^3 で，全世界の丸太生産量の約 15% を占めている．針葉樹丸太生産量に限定すれば，その比率は約 42% となる．

　丸太生産が活発に行われているということもあって，木材加工は北方林諸国にとって重要な経済活動となっている．たとえば製材の生産量は約 1 億 m^3 となっており，世界の生産量の約 25% を占めている．

　このように北方林は面積として大きいだけではなく，木材供給，特に針葉樹材供給源として重要な位置を占めている．またこ

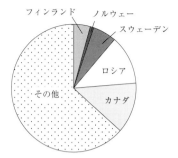

図1 北方林諸国の針葉樹丸太生産量が世界に占める比率

れら資源の加工によって国内経済にも重要な貢献を行っている．北方林諸国は一般に人口密度が低く，資源が豊富なために，林産業を輸出産業として重要な位置づけとしている国が多く，たとえばスウェーデンでは全輸出価額に占める林産物の比率は 11% となっている．

　こうした木材利用は，皆伐・一斉更新によって行う場合が多い．伐採後の更新はロシアでは天然更新による場合が多いが，その他の国々では植栽によって更新を図ることが一般的となっている．いずれにせよ，更新がうまくいかず，伐採跡地が荒廃地化することはほとんどない．また，人口密度が低く，土地開発圧力も低いため，森林を他の用途へ転用する圧力も弱い．このため，熱帯林のように森林破壊が進み，森林面積や蓄積が大きく減少するといった事態は生じていない．

　FAO や UNECE（国連欧州経済委員会）などが行っている森林資源状態の将来予測でも，北方林諸国の森林資源は維持・増大するとされており，量的にみる限り資源の持続性は確保されているといえる．

　ただし，原生的な森林の開発や，生産に適した単純な林相への誘導などが進み，生態系保全などの側面からみると森林の質が劣化していることは否めない．この点については別項目（⇨ 6-11「北方林への人為的

表 世界の森林面積

国　名	面積（千 ha）
フィンランド	22,157
ノルウェー	10,065
スウェーデン	28,203
ロシア連邦	809,090
カナダ	310,134
その他	2,853,411

図2 ロシア極東地域の皆伐跡地

影響」）を参照されたい．

次に北方林諸国でどのように森林が管理されているのかについてみてみよう．

森林の所有はロシアでは国有林，カナダでは州有林がほとんどを占めており，いずれも公的な森林所有のもとにある．これら国々では，林産業者に対して大面積の森林区画の伐採権を長期にわたって付与し，日常的な森林管理業務も委託するという形で森林管理を行っている場合が多い．

一方，フィンランド，スウェーデン，ノルウェーの北欧諸国は私有林が卓越しており，法律によって森林資源の取り扱いの基本方向を定め，国の森林行政機関が規制や助成などの政策を展開することで適切な森林管理が実行されるようにしている．また森林所有者の協同組合である森林組合が経営支援を行っている．

森林政策の内容や実効性について問題となっているのはロシアである．大きな政策改革が頻繁に行われたほか，現場森林管理組織の人員削減など行政改革が進んだため，実効性のある政策形成や森林管理が困難となっていることが指摘されている．

北方林の利用について忘れてはならないのは，先住民族の森林とのかかわりである．森林とのかかわりには2つの意味があり，第一はトナカイ放牧や狩猟など伝統的な森林の利用であり，第二には先住民族として森林そのものに対して持つ権利である．

フィンランド，スウェーデン，ノルウェーにまたがるラップランド地方では先住民であるサーミがトナカイの放牧を営んでおり，森林に対しても放牧の権利を認める地域が設定されている．

またロシアのシベリア・極東地域においても伝統的な狩猟による森林利用を残している民族が存在している．たとえば沿海地方ビキン川流域ではウデヘ族が狩猟・漁撈や山菜などの採取を行っているほか，こうした技能を生かして日本のNPOと協力したエコツアーなども行っている．ロシアではこれら先住民の伝統的な森林利用を守るために伝統的自然利用区域の指定が行われている．

一方，カナダでは先住民族が18世紀末に土地譲渡条約を結んで資源の所有権を放棄して保留地を得たが，近年，改めて森林資源へのアクセス権や開発への異議申し立てを主張するようになってきた．森林伐採や石油パイプラインの建設に対して先住民の森林への権利を主張して反対運動や訴訟を行い，この権利が認められつつある．

こうしたなかで，カナダ政府は1996年から15年にわたって先住民森林プログラムを展開してきた．このプログラムでは，先住民が森林利用へのアクセス権を獲得し，森林を管理し，経済的な利用を行って社会的経済的便益を得ることを目的として，人材育成を展開してきた．先住民が起業したり，合弁企業を設立するなどして，森林を活用した新たな活動を展開することに貢献をしたと評価されている．

〔柿澤宏昭〕

6-17 北方圏における人と動物の暮らし
human-animal relationships in the northern regions

移動性動物, 北方先住民族, 地球温暖化, 適応

a. 北方圏の生物相

北方林の生物多様性は，暖温帯林や熱帯林と較べて一般に低い．これは，白夜や永久凍土帯のように，光や温度などの環境ストレスが大きく，生育期間や繁殖力などの生活史形質に強い制約がかかることによる．

北方林やツンドラ（北方圏）の動物相については，冬眠や長距離移動など，寒冷環境に適応した特徴的な生活史を持つ種が目立つ．また，クレバスで営巣する集団が見つかったキタクビワコウモリのように，広域分布種の一部地域個体群が寒冷地独自の適応を示す場合もある．しかし，構成種はやはり少なく，また，旧大陸と新大陸で共通種や近縁種が多い（たとえば哺乳類ではヒグマ，オオカミ，ヘラジカ，トナカイなど）．

このため，北方林やツンドラにおける食物網は比較的単純で，植物と植食動物，ないしは植食動物と肉食動物の捕食–被食関係（食う–食われるの関係）の振動幅は，大きくなる傾向がある．例として，北米におけるカンジキウサギとカナダオオヤマネコの個体数の振動現象などがよく知られる．

植食動物による採食は，北方林の動態，とくに構成樹木の生残率の主要な決定要因の一つであるが，広葉樹と針葉樹では一般に後者の方が化学的防衛物質に富んでおり，これを積極的に利用する植食哺乳類は少ない．このため，針葉樹が卓越するユーラシアでは植食性昆虫が，広葉樹が卓越する北米では植食性哺乳類が，北方林の動態（密度変動）に，より重要な役割を担っていると考えられている．

b. 動物相の変遷

古生物学的にみると，後期更新世（約12万〜1万年前）のユーラシア大陸北部には，マンモス・ステップ（ツンドラ・ステップ）と呼ばれるイネ科草原が広がり，寒冷地に適応した大型植食獣（ケナガマンモス，ケブカサイ，ジャコウウシ，バイソン，トナカイ，ウマなど）を含む動物相，いわゆるマンモス動物群が存在した．

その構成種の多くは，最終氷期が終わった約1万年前頃，次々に地球上から姿を消している．その絶滅原因として，かつては人類による過剰狩猟説が広く支持されていたが，近年は，温暖化に伴う湿潤多雪化と双子葉植物の進出を原因とする気候変動説（気候–植生連動説）が有力となっている．

マンモス動物群の中で現生する大型哺乳類4種は，いずれも北方域に暮らす人々の資源として重要な存在となってきたが，そのうちウマを除く3種（トナカイ，ジャコウウシ，バイソン）は，複胃をもつ真反芻類（偶蹄目）で広食性であり，比較的広域に分布するため，とりわけ両大陸の先住民族にとって重要な資源動物となってきた．

ユーラシア大陸においては，ジャコウウシは約3000年前，ヨーロッパバイソンは20世紀初頭に，それぞれ最後の個体群が人為的要因（生息地開発と乱獲）により絶滅したが，現在は両種とも，在来生物相復元と先住民族による利用をめざした再導入や野生個体群復元が試みられている．

c. 地球温暖化（気候変動）の影響

近年，北方林やツンドラでは，森林（ブッシュ）の北上，寒冷環境に適応した在来種の衰退や分布域の変化，外来種の侵入など，地球温暖化による景観や生物相レベルの変化が進み，それらは北方先住民族の暮らしにも影を落としている．

図 集落近くを徘徊するホッキョクグマ（サハ共和国コリマ川河口部，F. G. Yakovlev氏撮影）

たとえば，主にシベリアの北極圏に暮らす，エヴェン族やエヴェンキ族など「トナカイの民」は，伝統的に家畜トナカイの遊牧と野生トナカイなどの狩猟で生計をたててきた．ところが近年，降雨・降雪量の増加，洪水の頻発，河川の凍結期間の短縮などのために，トナカイ（とりわけ往復3000 kmの季節移動を行う野生トナカイ）の移動ルートや越冬地の選択が不安定になり，狩猟や牧畜のコストがあがっている．この生活コストの上昇は，伝統的生活を諦めて都市に出る人々の増加にもつながっている．

ほかにも，海氷減少により行動圏を陸側にシフトさせたホッキョクグマが人や家畜を襲うなど，温暖化を背景とした人と動物の間のコンフリクト（利害衝突）が北極圏で増加している．

d. 温暖化への「適応」

このように，北方圏における人と動物の関係は，直接的にも間接的にも，地球温暖化の影響を受けて変容しつつあるが，その対策として，社会的適応（制度・政策などによるダメージ軽減）が図られている．

例えば，野生トナカイの季節移動ルートの不安定化に対して，サハ共和国（ロシア連邦）では，毎年のモニタリング結果をもとに保護区と狩猟区を設定するという順応的管理が試みられている．

また，国境や民族を越えた連携も進んでいる．北極域の保全と開発の抱括的ガバナンスを司るため，1996年に創設された北極評議会（AC：Arctic Council）には，北極圏植物相・動物相保存作業部会（CAFF：Conservation of Arctic Flora and Fauna Working Group）が設置され，北極圏の在来生物相の保全策が議論されている．そこでは生物多様性だけでなく，その保全の担い手である先住民族文化の多様性保全までが議論され，先住民族の積極的政策参加も進められている．

またACでは，北極圏に位置する国（当事国）だけでなく，非当事国との連携も大きな課題となっている．たとえば，CAFFの緊急課題として，北極圏と東アジアを往復する渡り鳥とその生息地の保全があるが，そこでは「非北極国」である日本の保全政策および研究の成果が評価されている．

ツル類・ハクチョウ類・ガンカモ類など，日本の多くの渡り鳥は東シベリアとの生息域間を往き来している．これら移動性動物の生息地保全やバイオセキュリティ（病原体や放射性物質などの防疫体制）の確保は，北極圏・北方圏に対して，日本が果たしうる責任と貢献の一つであろう．

〔立澤史郎〕

文 献

1) 立澤・オクロプコフ，2015，シベリア―温暖化する極北の水環境と社会（檜山・藤原編著），京都大学学術出版会．

6-18 年輪が語る過去の気候変動
climate reconstruction by tree rings

年輪, 古気候, 気候変動, 酸素同位体比

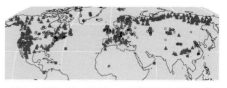

図1 IPCC AR4（2007）で北半球平均気温の復元に使われた古気候データ分布（▲が樹木年輪）

樹木の成長はしばしば気温変化の影響を受けるため，樹木の年輪幅や年輪密度の計測に基づいて，過去数百～数千年間の気温の変化を1年単位で復元する学問として，年輪気候学が発展してきた．近年，地球温暖化のメカニズムを理解しその未来を予報する気候モデルを検証するために，過去2000年間の気温の変化を大陸ごとに年単位で復元する国際的な取り組みが進み[1]，中世や近世の気候変動パターンが従来の予想以上に地域間で大きく異なっていたことがわかってきたが，その際の復元の主役も，やはり樹木年輪の幅や密度である．

年輪幅や密度から気温の変化を復元するうえで，北方林は最も理想的である．一般に樹木の成長にはさまざまな制限因子があるが，北方林，特に北極圏の森林北限地域において，最大の制限因子は夏の気温だからである．もともと寒冷で夏の短い北極圏では，夏の気温の低下が樹木成長の著しい停滞を招くので，年輪が気温の鋭敏な指標になる．この点，砂漠では降水量の変動が樹木成長を制限するし，日本を含むアジアの温暖湿潤域では通常は気候変動よりも森林内での隣接個体との競争が年輪幅に大きく影響している．それゆえ，IPCCなどにおける従来の気温復元では，たとえそれが「北半球の平均気温」とされていても，データの多くは北方林に由来していた（図1）．

近年，ヒマラヤやチベット，モンゴルなど，東アジア周辺の山岳地域でも樹木年輪に基づく気温の復元が進んだ結果，上述のように地域間で気温変動の様相が異なっていることがわかってきたが，その背景には，北方林の樹木年輪に依存してきた，これまでの気温復元の経緯がある．

北方林はこのように，最も精度のよい気温復元が可能な地域の1つとして高い信頼を得てきたが，近年の地球温暖化は，前提となる気温と樹木成長の関係が北方林においても単純ではないことを明らかにした．温暖化が進行した結果，地域によっては気温よりも干ばつに伴う水不足などの方が樹木の成長を律速するようになり，気温と年輪密度・年輪幅の関係が崩れてきてしまったのである（図2）[2]．

このことは，2つの新しい課題を提起することになった．1つは，今後地球温暖化が続いても，北方林の生産性（光合成炭素固定能力）は必ずしも高くならず，大気中の二酸化炭素濃度はこれまでの予想以上に増大する可能性があること．もう1つは，北方林の年輪幅に基づく古気温の復元には，過去の温暖期に過小評価があった可能性があり，年輪の幅や密度から復元した気候の変化を検証できる，独立した別の古気候の指標が必要になり始めたことである．

過去数百～数千年間の古気候の復元には，樹木年輪以外にも氷床コアや海底・湖底堆積物，サンゴ年輪，鍾乳石などのさまざまな代替指標が使われており，年輪の幅や密度から復元された気候変動の独立した検証が可能であるが，多くの代替指標は時間解像度が粗く，年単位での年輪古気候データの検証には使えないという問題がある．この点，年単位で正確に年代の決まる

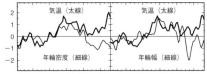

図2 20世紀の全北方林における平均的な気温（太線）と年輪密度（左細線）・年輪幅（右細線）の相対変化[2]. 左右の気温は, それぞれ4～9月, 6～8月の平均に対応している.

樹木年輪自身のなかにも, 幅や密度（気候変動に対する樹木成長の応答という純粋に生物学的な指標）以外に, 気候の変化をより直接に反映できるトレーサーが存在している. それは, 氷コアにも含まれる酸素の同位体比である. 樹木年輪セルロースに含まれる酸素の同位体比は, 高緯度地域では気温のトレーサーともなる降水同位体比の変動を反映することが知られており, より正確な気候の復元につながる可能性があった. 従来は, 樹木年輪などの有機物の酸素同位体比の測定は技術的に難しかったが, 21世紀になって熱分解式元素分析計と同位体質量分析計のオンライン装置が普及し, セルロース酸素同位体比の測定が容易にできるようになってきたのである[3].

しかし研究が進むなかで, 樹木年輪セルロースの酸素同位体比は, 氷コアの酸素同位体比とは異なり, 北方林でも単純な気温の指標になるわけではないことがわかってきた. セルロースの原料となるグルコースは, 葉の中で光合成によって作られる際, 葉内水の酸素同位体比の変動を記録するが, それ自身は, 「降水同位体比」に加えて, 「相対湿度」の影響も受ける[3]. 土壌を通って根から葉まで吸い上げられた降水は, 葉の気孔から大気に蒸散する際に「軽い ^{16}O が重い ^{18}O よりも蒸散しやすい」と

いう同位体分別を起こすため, 蒸散が起こりやすい相対湿度の低いときほど, 葉内水の ^{18}O が濃縮する（$^{18}O/^{16}O$ が高くなる）からである. ここで問題なのは, 降水同位体比が北方林では気温と正の相関（温度効果）を示すのに対し, 相対湿度は降水量と正の相関を示すことである. そのため北方林では, 年輪セルロースの酸素同位体比は, 気温と降水量という半ば独立した2つの気象要素の影響を同時に受け, 古気候トレーサーとしては使いにくい. 一方, 日本や東南アジアなどの中・低緯度の温暖湿潤域では, 一般に降水同位体比は降水量と負の相関（雨量効果）を示すため, 上述の相対湿度（降水量）と葉内水の ^{18}O 濃縮率の間の負の相関と組み合わさって, 年輪セルロースの酸素同位体比は, 降水量と顕著な負の相関を示す優れた古気候トレーサーになる.

では北方林の年輪酸素同位体比は, 無用の長物なのだろうか. 近年, 降水や水蒸気の同位体比に加えて, 樹木年輪セルロースの酸素同位体比までを物理的に予報できる気候モデリングの技術が発展してきた. 年輪の酸素同位体比は, その幅や密度などの生物学的要素とは異なり, 変動が物理化学的に定量計算できるからである. このような「同位体気候モデリング」の計算結果を, 年輪酸素同位体比の全球時空間分布と詳細に比較分析することで, より包括的に気候変動の理解が進むことが期待されている.

〔中塚 武〕

文 献

1) PAGES 2k consortium, 2013, *Nature Geoscience*, **6**, 503.
2) Briffa, k. R. et al., 1998, *Nature*, **391**, 678.
3) 中塚 武, 2014, 現代の生態学 11, 共立出版.

6-19 永久凍土と北方林生態系の将来
permafrost and the future of northern terrestrial ecosystems

シミュレーション予測，土壌炭素，気候フィードバック

北方林生態系に対する地球温暖化の影響が懸念されている．気候変動により気温や降水量が変化すれば，当然それに伴って北方林の植生も変化することが予期されるからである．ところが，問題はそれだけではない．北方林生態系に生じた変化が，将来の気候に大きな影響を与えることもある．つまり，気候と北方林生態系は，相互に作用する関係にある．このようにお互いに影響を与え合う状態を，「フィードバック (feedback) が生じている」という．

北極圏には大量の土壌の有機物（土壌炭素）が蓄えられているが，その原因は，土壌が極端に低温なため微生物の活性がとても低いことである．温暖化によって土壌の温度が上がると，土壌中の微生物の活性が上がり，土壌炭素の分解作用が強まるようになる．すると，分解の結果として二酸化炭素がこれまで以上に放出されるようになり，大気中の二酸化炭素濃度が上がり，さらに温暖化が進むことになる（図1）．これは，温暖化をさらに加速するはたらきなので，「正のフィードバック」という．

このような正のフィードバックを生み出す土壌炭素と温暖化の関係には，事態をより悪化させる要因もある．温暖化がきっかけとなって永久凍土が溶けることになれば，微生物は活発に土壌炭素を分解し始め，これが劇的な二酸化炭素濃度の上昇という結果を生む危険性がある．このように，土壌炭素にまつわる正のフィードバックは特に北極圏で強くなると予想されている．

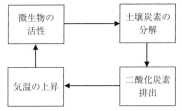

図1 地球温暖化をトリガー（きっかけ）として，土壌微生物の活性が上がり土壌炭素の分解が進む．その結果排出される二酸化炭素はさらに気温の上昇を引き起こす，という正のフィードバックになる．

温暖化と北方林にかかわる正のフィードバックはほかにもある．雪氷-アルベドフィードバックと呼ばれる作用である．雪が降ったあと天気のよい日，岩や樹木のそばの雪が溶けているようすに出くわすことがある（図2）．雪は白っぽいので太陽の熱を反射しなかなか温まらないが，黒褐色の岩はよく太陽熱を吸収し，まわりの雪を溶かしている．これはアルベド（反射率）の違いにより生じた現象である．

温暖化が起こると，地表面のアルベドにどのような影響を及ぼすだろうか．地表に雪や氷があるのか，それとも土壌がむき出しなのか，あるいは植物が生えているのかによって，アルベドは大きく異なる．たとえば，温暖化によって初雪が降るタイミングが遅くなり，雪解けのタイミングが早く

図2 右側が岩で，左側が雪．黒褐色をした岩は暖まりやすいので，岩に接する部分の雪が融けてすきまが空いている．

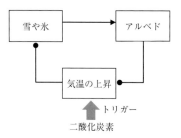

図3 二酸化炭素などの温室効果ガスの増加がトリガーとなって起こる温暖化は,雪氷-アルベドの正のフィードバックによって加速されることになる.なお,先端が丸い矢印は「逆接続」を表し,アルベドが下がると温度が上がる,というように作用を与える二者の変化の方向性が逆になっていることを示している.

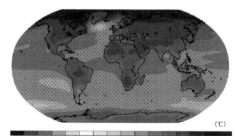

図4 IPCC(気候変動に関する政府間パネル)がまとめた地球温暖化の予測結果の1つ(IPCC 第5次報告書第1作業部会「政策決定者向け要約」より,シナリオ RCP8.5 に基づく).1986〜2005年の平均気温から 2081〜2100 年の平均気温が何℃上昇するかを表している.特に北極付近の温暖化が激しいのは,アルベドにまつわるフィードバックが原因である.

なると,1年を通してみた場合に雪や氷で覆われている時間が短くなるので,年平均のアルベドは低下する.すると,地表面はより多くの太陽のエネルギーを吸収し,温度が上がる.するとさらに雪や氷が減って,アルベドが下がる.これによってさらに温暖化が加速する.これは,激しい正のフィードバックである(図3).

さらに,陸上の植物の変化も大きい.北方林の主要な植生である針葉樹は黒っぽい色をしているため,むきだしの地面よりもアルベドが低く,太陽のエネルギーをより多く吸収することになる.温暖化が進むとアラスカやシベリアなどのツンドラにも樹木が生えるようになり,地面のアルベドがさらに下がる.これは温暖化のさらなる加速を招く.このように温暖化をさらに加速する正のフィードバックは数多く,その結果,地球温暖化が強められるという側面がある.事実,地球温暖化はカナダやシベリアなど北方域で特に強くなると予測されている(図4).

気候と北方林生態系には以上に述べたような多様なフィードバックが存在するため,将来の的確な予測には,必要な要素を適切に・定量的に評価することが不可欠である.そのような目的のため地球システムモデルというシミュレーションモデルの開発が進んでいる.地球システムモデルでは,温暖化による気温上昇を予測する際に,気候変動がもたらす雪氷の変化,植生の変化,土壌炭素蓄積の変化なども計算し,これらから気候へのフィードバックを考慮することが可能になる.しかし,シミュレーションの挙動に大きな影響を与える永久凍土の融解のタイミングや融解深などの予測には不確実な要素が多いため,今後の研究の発展が望まれている.〔伊勢武史〕

7

寒冷圏の微生物・動物

7-1 低温と微生物

low temperature and microbes

微生物，低温耐性，生体高分子

　微生物は地球上のあらゆる場所で活動している．その分布領域を決定づける主要な要因の1つが，液体状の水の存在範囲である．水が液体として存在するか否かは，温度に大きく依存する．生命は高温環境に起源し，進化に伴い多様化しながらその分布域を拡大したと考えられている．このような観点に立つと，0℃付近およびそれ以下の温度帯において生物が生息していることは，生命が水によって規定される分布範囲の最前線に到達した状態とも解釈することができる．微生物と温度の関係性を論じる場合，5℃以下の温度を指して低温と呼ぶ場合が多い．このような条件に当てはまる「低温環境」は，実際には地球上に広く分布する．たとえば，地球表面の7割は海洋に覆われているが，その9割に及ぶ膨大な体積の海水とその下に置かれた海底は常に低温環境にある．また，両極域を含む高緯度地帯や高山帯においては，陸上や表層水も長期間にわたって低温環境下にあり，こうした場に存在する雪や氷なども当然低温である．微生物はこれらすべての環境に広く分布し，少なからぬ存在量と多様性，そして活性を維持している．こうした環境に生息する微生物が持つ特性を表す言葉として，低温に耐性を持つことを示す「耐冷性」と，低温を好むことを意味する「好冷性」がある．その語義から，両者はそれぞれ生育が可能な温度と生育に適した温度によって定義されることになる．しかしながら，その基準となるべき温度については，明確に統一された見解には至っていない．意味のうえでは同一の微生物がどちらにも当てはまる場合が考えられ，実際に両者は一括して論じられることが多い．本項目では以降，耐冷性・好冷性の両者を合わせて「低温性」と称する．60℃以上で生育する好熱性の微生物が特定の系統群に集中する傾向を有しているのに対し，低温性微生物は数多くの系統群に散在している．同一の属の中で低温性のものとそうでないものが混在するケースも多数認められ，多様な系統群がそれぞれに低温性を獲得し，広大な低温環境へと進出してきたことがうかがえる．これらの多様な低温性微生物のうち，特徴的ないくつかのものについては本書の別項において個別に解説がなされている．低温への適応機構にもさまざまなものが知られているが，ここでは細菌について得られている知見を中心に，低温が微生物にもたらす負の効果と，低温性微生物がそれにどのように対処しているかについて概説する．

　温度はあらゆる物理化学的反応に影響を及ぼす重要な環境因子である．微生物は体サイズが小さいため，体全体が環境温度と平衡状態にあり，周辺環境の温度は直接そのまま細胞の温度に反映される．そのため当然のことながら，低温の効果は微生物の体を構成する物質そのものに及ぶ．これらの物質が低温から受ける影響は，ごく大まかに一言で表せば「硬く」なることであり，それらを「柔らかく」保つ仕組みが，微生物の低温への適応に寄与しているということになる．このような影響とそれに対する微生物の応答の代表的な例として，細胞膜を構成する脂肪酸の比率の変化があげられる．細胞膜は細胞の内外を隔てるとともに，物質の輸送を制御することで内部の恒常性を維持することに寄与している．この点において，細胞膜は生命の本質と深くかかわっており，その機能を維持することはあらゆる生物にとってきわめて重要である．細胞膜は脂質二重層と呼ばれる流動性をもった構造をとっており，これを構成す

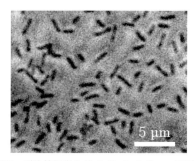

図1 耐冷性細菌 *Sulfuricella denitrificans* の顕微鏡写真．この菌は年間を通じて5℃程度に保たれているダム湖の深層水から得られ，0℃でも増殖することが確認されている．同じ種の細菌が南極の湖沼堆積物中に生息していることが示唆されている．

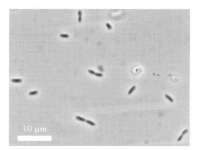

図2 北極圏の湿地土壌から得られた耐冷性細菌 *Methylobacter tundripaludum* の顕微鏡写真．この属の細菌は世界各地の低温環境から見出されており，積雪中に生息している可能性も示されている．

る主要な成分であるリン脂質の疎水性の部分を構成するのが脂肪酸である．低温環境では，細胞膜の流動性が損なわれ，正常な機能の発揮が困難となる．低温性細菌はこのような状況に対処するため，脂肪酸の組成を変化させることで細胞膜の流動性を保つ．一般的な傾向として，低温環境下では脂肪酸の平均鎖長が短くなり，不飽和脂肪酸が増える．短い脂肪酸や不飽和脂肪酸はいずれも融点が低く，低温環境下でも流動性を保つ傾向にある．また，分枝脂肪酸の割合が高いのも低温性細菌にみられる特徴の1つである．折れ曲がった形をした不飽和脂肪酸に加え，枝分かれした形の脂肪酸の割合が高くなることは，いわば"収まりの悪い"形状の脂肪酸を増やすことによって，脂肪酸どうしが隣り合った形で構成される細胞膜の流動性を上げていると解釈できる．脂肪酸は細胞膜の厚さ方向の大部分を占めており，その組成を変えることは膜の流動性をコントロールするうえで有効な手段であると考えられる．一方で，低温性細菌には細胞膜を構成する他の成分においてもいくつかの特徴がみられ，これらもまた流動性の調節に関与していると考えられている．

細胞を構成する主要な要素である核酸やタンパク質といった生体高分子の多くは，その形状が機能と密接に結びついている．これらの分子が本来の機能を発揮するためには，適切な立体構造が保たれている必要がある．これらの構造を形作るうえで重要な役割を果たす水素結合は，低温条件下で安定化する．温度の低下によってこの安定化が行き過ぎると，生体分子が本来とは違う構造をとってしまったり，機能を果たすうえで必要な柔軟性が失われたりする．核酸の場合，同一の一本鎖分子上の塩基間での水素結合により，部分的な二本鎖となることで二次構造と呼ばれる立体構造が形成される．一本鎖として働くメッセンジャーRNA（mRNA）の場合，低温環境下で二次構造が形成されると，タンパク質への翻訳が阻害され，本来の機能である遺伝子情報の伝達が果たせなくなる．これに対処する低温適応として，形成された二次構造を解消するとともに，特定のタンパク質がmRNAに結合することで一本鎖の状態を維持する機構が知られている．また，同じく翻訳の過程で働くRNAであるトランスファーRNA（tRNA）は，正確な立体構造をとることによってその機能を発揮する．低温環境において，tRNAの構造的な柔軟

性を維持するために，塩基の1種であるウリジンをジヒドロウリジンに変化させる機構が知られている．

タンパク質の立体構造にもまた，水素結合が大きく関与している．タンパク質の立体構造の形成には水素結合以外にも複数の要因が関与しているが，その多くにはやはり低温が影響を及ぼす．タンパク質は生体内においてさまざまな役割を果たすが，低温による構造の変化が機能に対して特に大きな影響を及ぼすのが酵素の場合である．低温環境においては化学反応全般の速度が低下する．低温環境下においても生命活動を維持するためには，こうした条件下でも高効率の触媒作用を発揮する酵素が必要となる．実際に，低温性細菌が持つ多くの酵素は，他の細菌の酵素よりも低温における活性が高い．このような酵素にはアミノ酸組成をはじめとするさまざまな特徴が認められているが，その多くは結合を緩めることなどによって構造上の柔軟性をもたらすものであると考えられている．これらの柔軟性に寄与する複数の機構は，1つの酵素においてそのすべてがみられるわけではない．また，この柔軟性はタンパク質分子全体の性質というよりも，分子の一部分に局所的に付与された性質であることが知られている．こうした酵素の柔軟性は，いかにして低温での高い活性に寄与するのであろうか．この点については，活性部位と基質の結合が容易になることが関係していると考えられているが，完全には証明されていない．

ここまでで言及してきた生体高分子は，細胞内外の水に囲まれた状態で存在している．この水そのものが凍結することは，低温が微生物に及ぼす最も深刻な影響の1つであろう．水の凍結は単なる温度の低下にとどまらない大きな負の効果を生物に及ぼす．大部分が水溶液である細胞質そのものが凍結してしまえば，生物活性は停止する．細胞質全体の完全な凍結に至らずとも，細胞内で氷の結晶が形成されれば，これによって細胞が物理的な損傷を受ける．この損傷が大きければ，その後環境の温度が上昇しても細胞の機能は復活しない．微生物が細胞内での氷の形成を避ける機構としては，大別して2種類のものが知られている．1つは，溶質を細胞内に蓄積することで凝固点を下げるというものである．この目的で細胞内に蓄積される物質としては，グリシン，ベタイン，グリセロールのほか，トレハロース，マンニトールやソルビトールなどの糖類が知られている．細胞質中においてこれらの物質の濃度を高く保つことは，凝固点降下による凍結の回避のほかに，タンパク質をはじめとする高分子の安定化にも寄与していると考えられている．凍結を防ぐためのより特異的なもう1つの機構は，その目的に特化したタンパク質によって水の凍結や氷結晶の成長を防ぐというものである．また一方で，氷の核となって結晶化を促進するタンパク質も知られている．このタンパク質は，水の過冷却を防ぐことによって低温環境での生存に寄与していると考えられている．水の凍結は，細胞外で起きた場合においても有害である．氷の結晶の生成に伴い，もとの水に溶存していた溶質が吐き出されることによって残存する水の浸透圧が上昇する．こうした状況下では浸透圧差によって細胞からの脱水が起こりやすい．低温性細菌は，細胞膜を介した積極的なイオン輸送によって，細胞内の浸透圧を調節し，周辺環境の変動に対応できることが知られている．

ここまで述べてきたように，低温は細胞の主要構成物質（水を含む）に直接影響を与える．低温の影響はこれにとどまらず，さまざまな形で間接的にも生物に負の影響を及ぼす．たとえば，温度が低下すると水への酸素の溶解度が高くなる．このような条件下では，代謝系を駆動させること

によって活性酸素が生じやすくなる．反応性の高い活性酸素による細胞損傷を避けながらも低温環境下で活性を維持するためには，この問題に対処することが必要となる．低温性細菌は，カタラーゼ，ペルオキシダーゼ，スーパーオキシドジスムターゼといった抗酸化酵素を生産し，これらによって活性酸素を除去している．

ここまで，低温が微生物細胞に及ぼす影響と，低温性微生物の適応機構を概説した．それでは，このような低温への適応機構は，どのようにして獲得されたものであろうか．既知の低温性細菌には系統的な偏りがなく，実際の低温環境においても中程度の温度域と遜色のない高い微生物多様性が認められる．低温で生育できない菌にごく近縁な種が低温性である例も少なくない．低温性の獲得は進化の過程において多くの系統で頻繁に起こっている可能性がある．環境に応じて脂肪酸組成を変える機構や，活性酸素を除去する酵素などは，低温性の有無にかかわらず多くの微生物が保持している．また，低温で高い活性を示す酵素は，これに相当する中温性の酵素と比較しても全体的な構造には大きな違いがみられないケースが多い．低温性の酵素でみられる部分的な柔軟性の獲得は，わずかなアミノ酸配列の改変でも実現可能であることが示されている．これらの知見を総合すると，低温性を獲得することの進化的な障壁は，さほど高くないように見受けられる．また，微生物の進化を考えるうえでは，遺伝子の水平伝播の寄与も考慮する必要があろう．系統的に隔たった微生物間での遺伝子のやり取りは，特定の形質が系統を越えて広まっていく過程で重要な役割を果たすと考えられている．低温性細菌の保持しているプラスミド上からはさまざまな機能にかかわる遺伝子が見出されているが，これらのなかには低温環境への適応に関与しているものや，水平伝播にかかわる可能性のあるものが含まれている．こうしたプラスミドを介した遺伝子の移動も，微生物が新たに低温耐性を獲得する過程に寄与している可能性がある．

低温環境に適応する能力を得た微生物は，実際どの程度の温度まで活性が維持できるのであろうか．培養系を用いた実験では，$-20°C$での代謝活性や，$-12°C$での増殖の報告例がある．自然環境中ではより低温域での微生物活性が存在することを示唆する観察例もある．環境中の微生物の大半は実験室内での培養ができていないので，実際により低温で活動できる微生物が存在している可能性は残されている．

微生物学は長い間，20～40°C付近で良好な生育を示す菌を対象として発展してきた．蓄積された知見が圧倒的に豊富なこれらの微生物との比較において，より低温で活動する微生物が「低温性」という特殊な性質を持ったものとみなされてきたのである．しかしながら前述の通り，地球上には広大な低温環境が広がっており，そこには莫大な存在量と多様性を持った微生物群が生息している．このことを考えると，低温性とはごく一般的な性質であり，われわれが低温性微生物と呼んでいるものこそが，実は「通常の微生物」と呼ぶにふさわしいものであるのかもしれない． 〔小島久弥〕

文　献
1) Margesin, R. and Miteva, V., 2011, *Res Microbiol.*, **162**, 346.
2) Chattopadhyay, M. K., 2006, *J. Biosci.*, **31**, 157.
3) Casanueva, A. et al., 2010, *Trends Microbiol.*, **18**, 374.

7-2 雪氷藻類
snow algae

氷河生態系, 彩雪現象, 好冷性微生物, 耐冷性微生物, クリオコナイト

　雪や氷の上に生息する, 低温に対する適応を持った藻類やシアノバクテリアで, 氷雪藻とも呼ばれる. 藻類では緑藻をはじめ車軸藻, 黄金色藻, シアノバクテリアではユレモなどが知られている. 雪氷藻類の分布は, 赤道直下の山岳氷河から北極, 南極の氷床まで非常に幅広く, 長期間積雪が存在する山岳域や夏期に融解が生じる氷河であれば, ほぼどこにでも生息している.

　グリーンランド, アラスカ, ロシア, 中国, チリなどの氷河上における, 雪氷藻類の種組成の高度変化を明らかにした研究から, 雪氷藻類には大きく分けて, 融解期に氷が露出する下流の裸氷域におもに生息する種, また上流部の積雪におもに生息する種の2タイプがあることが明らかとなった (文献[1]など).

　積雪上で観察される雪氷藻類には, 緑色植物門に属するクラミドモナス属 (*Chlamydomonas*), クロロモナス属 (*Chloromonas*), クロロサルシナ属 (*Chlorosarcina*), デスモテトラ属 (*Desmotetra*), 不等毛植物門に属するオクロモナス属 (*Ochromonas*) などが知られている.

　特にクラミドモナス属, クロロモナス属, オクロモナス属の雪氷藻類は, 融解期の水分を含んだ季節積雪や氷河上の積雪上で頻繁に観察され, 積雪が赤色や緑色や黄色に染まる彩雪現象を引き起こす種が多い (⇨7-11「彩雪現象」).

　彩雪のうち積雪上が赤く染まる現象は, "赤雪"と呼ばれ世界各地の季節積雪や氷河から報告されている (口絵16参照). これはおもにカロチノイドの一種であるアスタキサンチンとよばれる赤い色素を持つ休眠胞子が多量に発生することにより形成される. 北米などでは, 山岳域の積雪で密度の高い赤雪が頻繁に観察され"スイカ雪 *watermelon snow*"として知られており, 広域に広がる赤雪は人工衛星画像などからも検出・解析が可能である.

　彩雪は目視で容易に判別できることから, 雪氷微生物としては古くから研究報告例が残されている. 赤雪の生物学的な最初の報告は, 北極探検家であったジョン・ロスが1818年の北極遠征中に採取した *Chlamydomonas nivalis* であった. その後1920年代頃からハンガリーの藻類研究者エリザベート・コルにより, 世界各地の積雪から赤雪や緑雪等のもととなる藻類や, 他の多くの雪氷藻類や菌類の記載が行われている. 同時期に日本では, 小林義雄, 福島 博らが, 北は北海道, 南は大山 (島根県), 石鎚山 (高知県) まで, 全国49ヶ所の山岳域の積雪から雪氷藻類の研究を行っており, 彩雪を9種類に分類し, その中からそれぞれにおける構成種の割合をまとめている[2]. この後, 雪氷藻類の培養と生活史の観察から, 形態観察では別種とされていた種が, 同一種の異なる生活ステージであることなどが明らかとなり, 分類群の統一が盛んに行われた. 近年では, 顕微鏡下で細胞1つをピックアップし, 特定の遺伝子を増幅するシングルセルPCR法によるアプローチが盛んに行われており, 今後より細かい遺伝子レベルでの分類が進んでいくものと予想される.

　氷河下流部の, 裸氷域と呼ばれる融解期に氷が露出する部分に生息する雪氷藻類には, 車軸藻綱に属するメソテニウム属 (*Mesotaenium*), アンキロネマ属 (*Ancylonema*), キリンドロキスティス属 (*Cylindrocystis*), ミカヅキモ属 (*Closterium*), 緑色植物門に属するスコティエラ属 (*Scotiella*) などが知られている.

このうちメソテニウム属の*M. berggrenii*，アンキロネマ属の*A. nordenskioeldii*は，北極，アラスカ，ヒマラヤ，アフリカなど広範囲の地域の氷河から見つかっており，どの地域においても細胞内には褐色の色素を持っている．北極，スバールバル由来の*M. berggrenii*の研究から，この色素はプルプロガリンと呼ばれる赤色の化合物が派生した色素であることがわかった．この色素の存在は，日中の日射が非常に強い氷河上において，可視光や紫外線などを効率よく吸収し，細胞内部の核酸を紫外線による変性から守っている効果があると考えられ，過酷な光環境である氷河に適応するために不可欠であると考えられている[3]．

一方で，これら藻類に覆われた氷河の表面は，細胞の色や腐植物質の存在などにより黒紫色（グリーンランド・カナック氷河）になることが知られている．このような氷河では，雪氷藻類と腐植物質の集合体（クリオコナイト）により太陽光が吸収され，反射（アルベド）が低下する傾向にある．そのため，このような雪氷藻類に覆われた氷河では，日射による融解が促進される（⇨7-17「氷河生態系」）．

氷河の裸氷域には，原核生物であるシアノバクテリアも多く生息しており，これらも藻類と同様に光合成で炭酸固定を行う1次生産者であることから，広義では雪氷藻類として認識されている．これらには，ユレモ目のレプトリングビア属（*Leptolyngbya*），フォルミディウム属（*Phormidium*），フォルミデスミス属（*Phormidesmis*），ネンジュモ目のノストック属（*Nostoc*），カルソリックス属（*Calothrix*），クロオコッカス目のクロオコッカス属（*Chroococcus*）などが知られている．これらのうち糸状性のレプトリンビア属やフォルミディウム属などは，鉱物や腐植物質，その他の微生物を取り込んでクリオコナイト粒と呼ばれる団粒構造を形成することが知られている（図2）．クリオコナイト粒（Cryoconite granule）は，探検家アドルフ・ノルデンショルドの北極探検（1878～1879年）の際に，グリーンランドから初めて報告された．クリオコナイト粒は，グリーンランドをはじめ北米，アジア，南極まで世界的に分布している．クリオコナイト粒の形成に大きく関与している糸状性のシアノバクテリアの多様性は地域によって異なり，16S rRNA遺伝子の解析の結果，中国祁連山脈では6種類以上が検出されるにもかかわらず，南極では3種類，北極では2種類と低くなっている．クリオコナイト粒も色素を持った緑藻類と同様に氷河上のアルベドを低下させる．グリーンランドの氷床縁辺部では，クリオコナイト粒の分布により，表面氷の融解が促進され，これらに覆われた衛星画像から黒く見える暗色域（dark region）と呼ばれる部分の面積が年々拡大しており[4]，今後のグリーンランド氷床の融解を予測するうえで重要な要素の1つとなっている．

〔植竹 淳〕

文 献

1) Takeuchi, N., 2001, *Hydrol. Process*, **15**, 3447.
2) Fukushima, H., 1963, *J. Yokohama Munic. Univ. Ser. C, Nat. Sci.*, **43**, 1.
3) Yallop, M. L. et al., 2012, *ISME J*, **6**, 2302.
4) Wientjes, I. G. M., et al., 2011, *The Cryosphere*, **5**(3), 589.

7-3　氷核活性細菌
ice nucleation active bacteria

氷核タンパク，凝結核，人工雪

氷核活性細菌とは，氷核（氷晶核）形成を促進する（ice nucleation active：INA）能力を有する細菌の総称である．バクテリアのガンマプロテオバクテリア綱，シュードモナス属の *Pseudomonas syringae*, *Pseudomonas fluorescens*, *Pseudomonas viridiflava*, パントエア属の *Pantoea agglometrans* (*Erwinia herbicola*), *Pantoea ananatis* (*Erwinia ananas*), *Pantoea stewartii* (*Erwinia stewartii*), シャンソモナス属の *Xanthomonas campestris* などが知られており，氷核活性能力は同種間においても系統によってまったく異なる．これらの多くは世界的に分布する植物病原菌として知られており，他の粒子では氷核形成が起こりにくい $-5°C$ 以上の暖かい温度で氷核形成能力を有することが知られている．

氷核形成を促進する微粒子には，室内実験ではアミノ酸の一種であるロイシンやヨウ化銀，大気中においては海塩成分，土壌鉱物粒子，火山灰等が古くから知られていた．大気由来の土壌鉱物粒子，火山灰等の氷核形成温度は，$-10°C$ 以下であるのに対して，腐っている植物の多い場所では，氷核形成に関与する粒子数が多く，またその氷核形成温度が，約 $-2 \sim -1°C$ という，ほぼ $0°C$ 付近の暖かい気温でも形成されることが明らかとなった[1]．Maki ら[2] は，朽ちたハンノキから単離された植物病原菌の *P. syringae* の培養株が暖かい温度（$-1.8 \sim -3.8°C$）での氷核形成能力にきわめてすぐれていることを明らかにし，また超音波処理による物理的破砕や各種染色液等による化学処理で氷核形成温度が明らかに低くなることから，氷核形成にかかわる物質は，細胞に付着しているタンパク質であることがわかった．

氷核形成を促進する *P. syringae*, *E. herbicola* などの培養株から，氷核活性タンパクに関連する遺伝子（*inaZ*）が初めて発見された．この領域は氷核形成を促進するオクトペプチドをコードしており，オクトペプチドが細胞膜に貫入することで，氷核形成を促していることがわかった．現在では，氷核形成に関連する遺伝子として，*ice E* (*E. herbicola*), *inaW* (*P. fluorescens*), *inaA* (*E. ananas*), *inaX* (*X. campestris*) 等が知られている．これらの遺伝子がコードするタンパク質は細胞膜に貫入し，単体でも氷核形成を促進させるが，各種の糖類が結合した糖タンパク複合体や，さらに細胞膜のホスファチジルイノシトールと結合したリポ多糖タンパク複合体では，より高い氷核形成能力を示す[3]．

微生物による氷核形成は，大気循環にも大きな影響を与えていると考えられている．氷核形成の頻度は気候区分によって異なり，熱帯地域よりも高緯度地域の方が，形成される氷核の数や高温での氷核形成が起こりやすく，これは各気候に生育する植生の違いを反映していると考えられる[4]．また世界各地の積雪を採取して氷核形成能力を比較した研究では，氷核形成を促しているサンプルを高温（$95°C$・10 分間）やバクテリアの細胞壁を分解する酵素リゾチームで処理すると，氷核形成能力を失う試料の割合が非常に高い（$69 \sim 100\%$）ことが明らかとなった．これは細胞壁に組み込まれているタンパク質などが失活する，または細胞壁から除去されることにより氷核形成能力が低下するためであり，天然環境における INA 細菌由来の氷核の存在比がきわめて高いことを示した[5]．

INA 細菌の代表的な種として知られている *P. syringae* を，フランス，アメリカなどの雨，雪，渓流，池などの水に関連する

さまざまな環境から単離し，4種類のハウスキーピング遺伝子を解析した結果，植物病原性菌と水環境から単離された菌株が遺伝的に近い位置に属することが明らかとなった．このことから植物に由来するP. syringaeが，植物表面に寄生するのみならず，氷核形成を促して雲を作ることで移動し，さまざまな水環境中を循環しているのではないかと推測されている[6]．

アメリカやフランスの高山にある気象観測所では，雲中の大気フィルターサンプリングで直接雲を採取した試料から，培養法や非培養法で雲中の細菌叢の解明が行われた．アメリカ・コロラド州のウェーナー山の山頂にあるストームピーク研究所では，シュードモナス科 (Pseudomonadaceae) の比率は約1〜3％と低いが，一方でプロテアバクテリア門のBurkholderiales, Moraxellaceaeの比率が多く，なかでもサイクロバクター属 (Psychrobacter) のバクテリアの比率が高かった．Psychrobacterもシュードモナス科と同様に暖かい温度（−2℃）で氷核形成することが知られていることから，天然環境中ではシュードモナス科以外にもINA細菌が存在することが示唆されており[7]，今後さらなる研究が望まれる．

産業分野では，温帯地方の低温感受性の高い農作物が，春・秋の気候の突然の変化などによって受ける霜による凍害（霜害）に関連して，農業分野で盛んに研究が行われている．INA細菌は，葉や茎などの表面に付着して生育しており，高い温度でも霜の形成を促すことで，植物表面を傷つけて，植物体内へと侵入・感染する．このため，冬期に凍結に弱い農作物（トウモロコシ，トマト，リンゴなど）に莫大な被害を与える霜害を引き起こす原因として注目されている．日本でも，クワ，チャ，モモなどの霜害にさまざまなINA細菌が関与している．農業への経済的な影響が大きいため，INA細菌の付着を少なくするための殺菌剤，付着生育できないような葉面被覆剤（ポリマーなど），INA阻害剤の散布や，INA細菌と同種であるが氷核形成能力を持たない異株を定着させ，INA細菌と競合させることで生育の抑制が試みられている[8]．

またP. syringaeから精製されたタンパク質がSNOMAX®という名で市販されており，スキー場などで人工雪の核を作る際に活用されている．　　　　〔植竹　淳〕

文　献

1) Schnell, R. C. and Vali, G., 1972, *Nature*, **236**, 163.
2) Maki, L. R. et al., 1974, *Appl. Microbiol.*, **28**, 456.
3) Kozloff, L. M. et al., 1991, *J. Bacteriol.*, **173**, 6528.
4) Schnell, R. C. and Vali, G., 1976, *J. Atmos. Sci.*, **33**, 1554.
5) Christner, B. C. et al., 2008, *Proc. Natl. Acad. Sci. USA.*, **105**, 18854.
6) Morris, C. E. et al., 2008, *ISME J.*, **2**, 321.
7) Bowers, R. M. et al., 2009, *Appl. Environ. Microbiol.*, **75**, 5121.
8) 高橋幸吉, 1988, *Bio. Ind.*, **5**, 44.

7-4 雪と植物病原菌

snow and phytopathogenic fungi

雪腐病菌, 病害, 氷雪菌類, 種多様性, 低温適応

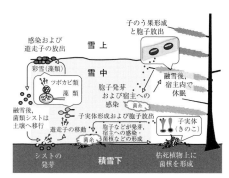

図1 積雪に依存する菌類の生活環

　菌類は, 光合成を行わず外部の有機物を利用する栄養摂取型であり, 菌糸または単細胞の葉状体を生じる真核生物である.

　積雪が1ヶ月以上続く地域では, 融雪後秋まき小麦など越冬性植物が枯死する現象がみられる. 古くは植物が凍結などの低温による生理的損傷を受けたことが原因だと考えられていた. しかし, 少雪・冬季の気温低下が起こる土壌凍結地域を除き, 凍結によって植物が枯死する例はきわめてまれである. これは積雪下の環境が雪による断熱効果により0℃付近に保たれており, 植物の凍結が回避されるからである. では, なぜ積雪下で植物の枯死が起こるのか. 積雪前に芝生に農薬を散布すると, その場所のみ植物の枯死を防止できる. 融雪直後に枯死した植物を観察すると, その表面に菌核 (植物の球根に相当) や胞子などを見ることができる. 積雪下において越冬性植物上で増殖し, その植物に対して病原性を示す一群の糸状菌を, 雪腐病菌 (snow molds) と称する[1].

　温帯の雪腐病菌は, 低温性の卵菌, 子のう菌, 担子菌であり, 木本類に感染する雪腐病菌では, 積雪下で宿主に感染し, 融雪後に病害を拡大する広温性の種がある (図1). 積雪上に発生する菌類には, 藻類に対して病原性を示すツボカビ類がいる. 極地の雪腐病菌は, 黒穂病菌, 接合菌や温帯・寒帯とは異なる子のう菌が環境に適応し, 雪腐病菌となったと考えられる[2]. このように, 雪腐病菌には多種類の菌類が含まれる.

　積雪下の環境は低温で, 微生物の増殖に不適である. また, 多くの生物が活動を停止しているため, 食物となる落葉などの有機物の量も制限される. しかし, 微生物活動の低下により, 食物をめぐる競合や寄生・捕食など他の生物間の競争にさらされる機会が少なくなる. 雪腐病菌は, 低温での増殖性に加え, 越冬性植物への病原性の獲得により, 積雪下へ生活の場所を移した開拓者と考えられている.

　菌類は生活史のなかに通常複数のステージを持つ. 子のう菌 Sclerotinia borealis, 担子菌 Typhula ishikariensis が好冷菌として知られている. しかし, S. borealis の菌核発芽は25℃でも認められる. また卵菌 Pythium iwayamai の遊走子放出は15〜10℃以下で起こることから, これらも好冷菌である. さらに生物間の相互作用は, 温度反応に影響を及ぼす. 20℃に増殖適温をもつ耐冷菌 Sclerotinia nivalis は, 3℃以下でのみ病害を示す. これは温度上昇に従い活動的になる土壌細菌との競合の結果, 本菌の生育が抑制されるためである. この生態から本菌を好冷菌とみなすことができる. 生活史や生態的特徴を考慮すれば, 菌類の低温への適応は細菌類とは異なっている. このため雪氷圏から採集され, 採集地で活動する菌類は, 氷雪菌類 (cryophilic fungi) と定義されている.

　生物に対する低温ストレスは, 細胞内外の水が凍結しない冷温ストレスと, 水が凍

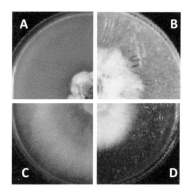

図2 凍結状態での雪腐病菌の増殖. A, B：S. borealis, C, D：T. ishikariensis. A, C：未凍結状態（-1℃・1ヶ月培養）, B, D：凍結状態（未凍結と同一条件）.

結する凍結ストレスに大きく分けられる. 特に細胞内凍結は, 多くの生物にとって致死的である. 凍結ストレスに対する適応は, 雪腐病菌の分類群ごとに異なる[3].

卵菌 P. iwayamai の菌糸・遊走子のう単独では凍結により死滅するが, 宿主となる植物に感染させると凍結耐性を示す. これは, 周囲が凍結しても細胞内に糖類などを蓄積し, 未凍結状態を保つ宿主細胞内に侵入することによる. この戦略は, 雪腐病菌にみられる共通した戦略である.

S. borealis は, 最も低温環境に適応した菌類である. 本菌は同一温度では, 凍結状態が未凍結状態よりも増殖が速く, 宿主の中のわずかな未凍結水とそれに含まれる濃縮された溶質を菌糸増殖のための水分および養分として利用している（図2）. 他の雪腐病菌に同様の性質が認められないことから, S. borealis の浸透圧耐性は, 本菌の特殊な性質である.

担子菌の菌糸体は凍結耐性が高く, その大多数は凍結によって死滅しない. しかし, 菌糸体は, 増殖可能な温度域でも凍結した環境では増殖が抑制される. 同一の培養温度・栄養素のもと培地が凍結すると, T. ishikariensis では増殖速度が約半分となる. このため, 担子菌は, 細胞外に凍結を阻害する不凍タンパク質（antifreeze protein：AFP）と呼ばれる機能タンパク質を大量に分泌し, 外界が凍りにくく, 菌糸が成長しやすい環境に変化させる. AFP は, シイタケやエノキタケ, 極地産酵母からも報告されており, これら AFP は担子菌に広く分布する. 菌類と動物の AFP は, 構造的な相同性はまったくなく, 収斂進化の結果とされる. また, 菌類 AFP と一次配列上の相同性を有する AFP 遺伝子が細菌類, 藻類, 動物（カイアシ類）などに存在することから, 遺伝子の水平伝播により多様な分類群に放散したと考えられる.

AFP は, 氷結晶の表面に結合し, 氷結晶を覆うことによって, 氷結晶への新たな水分子の吸着を阻害する. この機構により, 氷結晶の成長を抑制する. この性質により AFP は, 他の酵素のような分泌タンパク質と異なり, 1分子でその機能を発揮することができない. このため, 分泌された AFP は, 積雪下の多湿な環境中に拡散し, その機能を失う. このため担子菌は, 同時に細胞外多糖を分泌する. 担子菌の菌糸表面を覆う細胞外多糖は, その粘性と吸着能により AFP の環境中へ拡散を防止する効果が想定される.

〔星野 保〕

文 献

1) Hoshino, T. et al., 2013, *Advances in Medicine and Biology*, Volume 69, Nova Science Publishers.
2) Tojo, M. and Newsham, K. K., 2012, *Fungal Ecol.*, **5**, 395.
3) Hoshino, T. et al., 2013. *Plant and Microbe Adaptations to Cold in a Changing Wold*, Springer.

7-5 南極の地衣類はどこから来たのか？
Where are Antarctic lichens originated from?

共生，菌類，藻類，分布，耐寒性，DNA

図1 南極産イワタケ属の一種 *Umbilicaria* sp. とナンキョクホウネンゴケモドキ *Pleopsidium chlorophanum*（写真提供：神田啓史博士）

南極地域（以下，南極）は，大陸沿岸部での年平均気温が−10℃，内陸部では−25〜−50℃となる．そのような低温に加え，地表は暴風，乾燥，強烈な紫外線にさらされ，さらに極夜と呼ばれる太陽が出ない期間もある．したがって，南極は地球上で最も厳しい環境の1つといえるだろう．

南極の陸上生態系に生育している光合成生物として，顕花植物はわずかに2種，蘚類は約100種，苔類は約50種が知られているが，その一方で地衣類は約400種以上もの多様性が報告されている[1,2]．

地衣類は菌類と藻類から構成される共生体であり，共生している藻類（共生藻）が光合成産物を作り，それを菌類が利用する．一方，菌類は地衣類の体（地衣体）全体を構成し，いわば"住み家"を作ることによって，共生藻を乾燥や紫外線から守っている．地衣類は極域から熱帯まで分布しており，世界で約2万種が報告されている．極域や砂漠などの極限環境にまで分布域を拡大できたのは，共生という戦略を成功させたためと考えられている[3]．

極寒の南極において多様性およびバイオマスにおいても最も優占している地衣類が，どのようにして定着したのかは興味深い問題であり，研究者の間でさまざまな議論がなされてきた．おもな仮説は次の通りである．①南極がまだ温暖だった古気候のころの遺存種である，②南極の気候に合う種が過去に偶然飛来し，複数の種に分化した，③南極以外の複数の場所から長距離散布によって南極にしばしば飛来している[2]．

南極では低温，乾燥，紫外線などが限定要因になるために，他の地域からの長距離散布による地衣類の定着は稀であるとも考えられる．しかし，南極産イワタケ属地衣類の遺伝子を解析した研究では，地衣体を構成する共生藻は，ヨーロッパ産やオーストラリア産の他の地衣類の共生藻の塩基配列と同一，またはほとんど差がないことが示され，長距離散布が頻繁に起こっている可能性も示唆されている[2]．

進化の歴史のなかで，比較的新しい時期に他の地域から南極に飛来・定着し種分化した地衣類もあることは，サルオガセ属のナンキョクサルオガセ群の解析からも推察される．本群は，樹枝状の地衣体，内部に1本の中軸を持ち，皮層にウスニン酸を含む，という特徴がサルオガセ属の他の種と共通している（図2）．サルオガセ属は熱帯から極域まで地球に広く分布しているが，ナンキョクサルオガセ群は南極に分布の中心があり，一部の種は北極地域や南米の高山などにも分布している．分布の特徴に加えて，岩上生で，地衣体や子嚢盤に黒色色素を持つ，という特徴からもよくまとまったグループとして識別されてきた．ナンキョクサルオガセ群を独立した属として扱うべきという意見もしばしば出されてきた

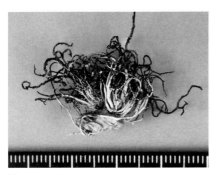

図2 ナンキョクサルオガセ *Usnea sphacelata*
(国立科学博物館所蔵)

が，形態的特徴や分子系統解析からサルオガセ属のなかでも比較的新しい時期に派生してきたグループであり，さらに一部のナンキョクサルオガセ群の種は他の関連種と単系統群としてまとまらないことも明らかになっている[4,5]．

南極産地衣類の固有率は20～50%との報告もあるが[1,6,7]，実際にどの程度の種が真に固有種であるのか，それらの固有種が古い時代からの遺存固有種であるのか，南極で新しい時代に分化した新固有種であるのかなどについては，DNA情報を含めた他の地域の種との比較研究で検証していく必要がある．

南極に定着するためには非常に厳しい低温に対する耐性を備えている必要がある．極域や高山に分布する地衣類は，冬期には非常に低い温度に長期間さらされるが死滅しない．実験室内では地衣類を-196°Cの液体窒素に数日間浸したり，-60°Cの冷凍庫に数年保管した後でも，通常の光合成を再開できることが多くの種で確認されている[3]．葉状地衣類のナンキョクイワタケでは，野外において-17°Cでも光合成が継続されることも確認されている[1]．また，温帯域の地衣類から単離培養された共生藻の成長至適温度が18～20°Cであったのに対して，南極産地衣類の共生藻では約15°Cであった[8]．極域や高山における地衣類は，より寒冷地に適した藻類との共生によって多様化してきたのであろう．地衣類の耐寒性のメカニズムについてはまだ十分に解明されていないことも多いが，細胞に含まれる高濃度の多価アルコールが氷の結晶の生成を減じて細胞の破壊を防いでいることも影響していると考えられている[3]．

〔大村嘉人〕

文　献

1) Øvstedal, D. O. and Smith, R. I. L., 2001, *Lichens of Antarctica and South Georgia: A Guide to Their Identification and Ecology. Studies in Polar Research*, Cambridge University Press.
2) Romeike, J. et al., 2002, *Mol. Biol. Evol.*, **19**, 1209.
3) Nash, T. H. III (ed.), 1996, *Lichen Biology*, Cambridge University Press.
4) Ohmura, Y. and Kanda, H., 2004, *Lichenologist*, **36**, 217.
5) Wirtz, N. et al., 2006, *Taxon*, **55**, 367.
6) Castello, M. and Nimis, P. L., 1997, *Antarctic Communities. Species, Structure and Aurvival* (Battaglia, B. et al. eds.), pp.15-21, Cambridge University Press.
7) Hertel, H., 1988, *Polarforschung*, **58**, 65.
8) Ocampo-Friedmann, R. et al., 1988, *Polarforschung*, **58**, 121.

7-6 クマムシ

Tardigrada（water bear）

クリプトビオシス，乾燥耐性，凍結耐性

クマムシは緩歩動物門 Tardigrada に分類される体長 1 mm 以下の小さな動物で，2015 年までに約 1200 種が知られている．顕微鏡の視野の中をノコノコと歩く姿がクマを連想させる．この門に共通する特徴として 5 体節，腹神経索，4 対の肢，肢端には通常 4 個の鉤爪があり，昆虫などと同様に脱皮しながら成長する．海産，淡水産，あるいは陸上の土壌やコケ（蘚類や地衣類）の中などに生息する．ただし陸産種も間隙水中に生活する水生動物である．浮遊型の幼生段階はなく，卵からは成虫と同じ体制の子が孵化する．

陸産種のうち，コケの中に生息するものは，乾燥によく適応した能力を有する．体外環境が乾燥すると，クマムシも乾燥して「樽」の形となり，すべての代謝活動が停止する．通常の生物ではこの状態は「死」であるが，ここに再び水が与えられれば元通りの生活が再開される（図 1）．この活動停止状態をクリプトビオシス（cryptobiosis）と呼ぶ．隠れた生命という意味である．これはクマムシに限らず，コケのようにすぐ乾いてしまう環境に住むための必要条件であり，ヒルガタワムシやセンチュウも同様の能力を持っている．またクマムシといえども乾燥しない環境に生息するもの，たとえば海産や淡水産のクマムシの多くは，乾けば死んでしまう．普通の市街地にもありふれたコケの中という小さな空間は，じつは極限的な環境なのである．東京の真ん中にもいたるところに極限環境があり，そこでは毎日乾燥しながらクマムシが生き抜いている．

クリプトビオシスの状態は乾燥に耐えるだけではなく，さらなる極限条件にも耐性を持つことが知られる．これは 18 世紀のスパランツァーニ以来，多くの実験によって確認されており，高温（151°C），低温（絶対零度），真空，紫外線，放射線（5000 Gy），高圧（7.5 GPa）などの条件にさらされた後でも，給水されれば復活する．なお，放射線については，乾燥状態でなくとも同等の耐性があり，非常に高い遺伝子修復能力を持つと推測されている．

クマムシの低温耐性について，保水状態のまま凍結しても死なないことが知られている．熱帯産から北極産までさまざまな環境から得られた 8 種類のクマムシについての凍結実験結果によれば，さまざまな温度降下速度で -30°C まで下げた後に室温に戻したところ，蘇生率は種によって違いがあり，低温環境への順応度が多様であることがわかる．この実験では，すぐれた乾燥耐性を持つオニクマムシ *Milnesium tardigradum* が凍結にも特に強いことが示されたが，その他の種でも程度の違いはあれ凍結耐性を持つことが確認された[1]．

南極沿岸の露岩域（オアシス）や，内陸の氷床から突き出た岩峰（ヌナタク）では，むき出しの岩盤上に生物は（バクテリア以外）何も生息していないように見える．しかしこのような場所でも，風や海鳥を介して海から運ばれる栄養分と豊富な雪解け水を利用して，わずかな岩陰や沢沿いなどに蘚類や地衣類が生育しており，そこには，やはりヒルガタワムシ，センチュウとともにクマムシが生活している．南極で

0.1 mm

図 1　クマムシのクリプトビオシス．左端から真ん中へ順に乾燥して「樽」となり，加水されると蘇生する（右端）．

はこれまでに 40 種ほどのクマムシが記載されているが，南極半島および沿海域（海洋性南極）と東南極との間での共通種は数種にとどまり，両地域間には生物分布に関する何らかの境界が存在することが示唆される．また海洋性南極に比べ東南極の種多様性は低い．クマムシは乾燥状態で風に乗って運ばれる可能性もあるが，南極で見つかるほとんどの種は固有種だと考えられている．

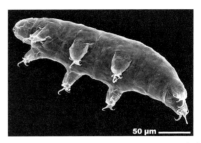

図2 南極クマムシ Acutuncus antarcticus の走査電子顕微鏡写真（撮影：鈴木 忠）

ホッキョクグマのような大型動物の存在しない南極の陸上では，クマムシは生態系の重要な構成要素である．南極半島の付け根エルスワースランドのヌナタクでは，センチュウが見つからず，ヒルガタワムシとクマムシのみで構成される極小生態系が存在している[2]．ここでは肉食性のオニクマムシが高次消費者，その他のクマムシとヒルガタワムシが一次消費者となっている．

南極で最も普通にみられるクマムシは Acutuncus antarcticus である（図2）．この種は南極全域に広く分布し，陸上のコケだけでなく，水の流れに生えるカワノリや湖底のコケボウズ（⇒7-20「南極湖沼生態系」）なども生息地として繁殖している．このようなクマムシは乾燥に強いだけでなく，前述のように凍結しても死なないため，何年間にもわたって凍結保存された湖底試料から生きたクマムシが回収されることもある．野外でも凍結と蘇生を繰り返して生き延びているのだろう．

北極は南極に比べてはるかに豊かな陸上の動植物相を示すことが知られている．クマムシもやはり多く生息し，グリーンランドやスバールバル諸島それぞれにおいて，すでに 100 種ほどが報告されている．

寒冷地特有のクマムシとして，氷河上のクリオコナイトホール（⇒7-7「雪氷動物」，7-17「氷河生態系」）に限って生息する種も知られている．たとえばアルプスの *Hypsibius klebelsbergi*，ヒマラヤの *Hypsibius janetscheki* などである．これらの体色は通常のクマムシと比べてきわめて濃い．*H. klebelsbergi* では濃褐色ないし黒色で，黒い色素顆粒がクチクラ下の上皮細胞に多量に含まれている[2]．同様な濃い体色は氷河上のトビムシなどでもみられ，紫外線防御との関連が推測されている．ただし *H. klebelsbergi* の若虫は体色が淡いので，成虫とは異なる方法，たとえば回避のための行動をとっているのかもしれない．以上のように，極限的な低温環境においてもさまざまなクマムシが暮らしているのである．

〔鈴木 忠〕

文 献

1) Hengherr, S. et al., 2009, *J. Exp. Biol.*, **212**, 802.
2) Convey, P. and McInnes, S. J., 2005, *Ecology*, **86**, 519.
3) Greven, H. et al., 2005, *Mitt. Hamb. Zool. Mus. Inst.*, **102**, 11.

7-7 雪氷動物

snow and ice animal

雪氷動物，氷河，ユキカワゲラ，アカシボ動物，低温適応，雪氷原食物連鎖

よく晴れた雪国の雪解け時期には，雪上でせっかちにうごめく黒みがかった虫や，ときとしてユスリカの成虫やクモを見かけることもある．また，ヒマラヤの氷河の上にもユスリカや小さいけれどソコミジンコの仲間を見ることもできる．氷河や海氷，雪など雪氷に出現する動物を総称して雪氷動物（snow and ice animal, snow and ice fauna）という．

雪の中の動物は古くから知られ，アリストテレス（紀元前4世紀）は『動物誌』において，雪から毛深いムシや白いムシ（蛆）が発生することを記している．わが国において，雪氷動物を初めて科学的に記述したのは鈴木牧之が1837年に著した『北越雪譜』[1]といわれている．その中で雪を記述した項に「雪中の虫」がある．「雪蛆」として「翼（はね）ありて飛行（とびあるき）」，「はねあれども蔵（おさめ）て蚑行（はいありく）」2種を実に詳細に記載している（図1）．図にはユスリカ科の一種とクロカワゲラ科の一種が描かれている．雪の上を歩きまわるこのような虫は「ユキムシ（雪虫）」として知られている．ただし，北海道や東北などで晩秋にあたかも降る雪のように飛翔する白い綿をまとったかのようなリンゴワタムシなどのアブラムシの仲間の「雪虫」とは異なる．

a. おもな雪氷動物とその生活史

表に雪氷動物の分類を示す．トウホクノウサギのように冬季に白毛となって雪に適応した大型の動物も雪氷動物の一種といえるが，ここでは無脊椎動物について述べ

図1 鈴木牧之の著したユキムシの図[1]．「雪蛆の図（せつじょのづ）此虫夜中は雪中に凍死（こほりし）たるがごとく，日光を得（う）ればたちまち自在（じざい）をなす．又奇（き）とすべし，色蒼（くろ）し．」

表 雪氷動物の分類

(1) 氷河動物（glacial fauna）
(2) 氷原動物（ice fauna）
　(2)-1 海氷動物（sea ice fauna）
　(2)-2 湖氷動物（lake ice fauna）
(3) 雪原動物（nival fauna）
　(3)-1 雪上動物（supranivean fauna）
　(3)-2 雪中動物（internivean fauna）
　(3)-3 積雪下動物（subnivean fauna）
(3) 雪氷面落下動物（supranivean faulout fauna）

る．

① 氷河動物[2,3]：　氷河上で成長や繁殖の期間のすべてをすごす．南極の氷床下には多くの氷河下湖が発見されて細菌類が確認され，これらを氷河下生物（subglacial organism）と呼ぶことから，氷河上の生物をsupraglacial organismとし，動物を氷河上動物（supraglacial fauna）とする場合がある．氷河動物としてはコオリミミズやヒョウガユスリカ，ヒョウガソコミジンコがよく知られている．コオリミミズ（ice worm, *Mesenchytraeus solifugus*）は氷上のミミズとして最も古く1880年代半ばに記載された種で，アラスカからオレゴン州までの北西太平洋岸の氷河の消耗域に分布する．黒みがかった体長1.5 cm未満のミ

ズの仲間でヒメミミズ科ナカヒメミミズ属に属する．この属は全北区の特に寒帯で多様性が高く，日本に分布する種も多い．コオリミミズは融解した氷粒間隙を移動し，太陽光を嫌い，夜に出現する．餌は雪氷藻や細菌である．南北半球を問わず，氷河からクリオコナイトホール (cryoconite hole) に生息する動物が知られている[4]．クリオコナイトホールは氷河の表面に形成された球形または楕円形の小さな穴で，水に満たされ，その中にクリオコナイトというシアノバクテリアや藻類，細菌，有機物を主体とする塊がある．これらは微小動物の絶好の餌となっている．クリオコナイトホールからヒョウガユスリカやヒョウガソコミジンコ，ワムシ類，ウズムシ類，線虫類，カワゲラ類，トビムシ類など少なくとも25種以上の種が発見されている．ヒマラヤのヤラ氷河で発見されたヒョウガユスリカ (Diamesa koshimai) は体長3 mmほどのヤマユスリカ科の仲間で，前翅が退化し，氷河の表面を歩行し，雪や氷の隙間にもぐりこむ[5]．秋に成虫となるが，オスは雪の中でメスと交尾してすぐ死に，メスだけが氷河上を歩行して上流に向かい産卵するというきわめて特異な繁殖生態を持つ．

②氷原動物[3]：　北極，南極両海の海氷面積は合わせて地球表面積の13％に達し，特異で主要な生態系となっている．海氷には凍るとき生じた隙間が存在し，その隙間に珪藻・鞭毛藻などの藻類とともにこれまで線虫類，ウズムシ類，ワムシ類，ソコミジンコ目，カラヌス目，ケンミジンコ目，オキアミ目，端脚目に属する種が生息し，海氷動物として知られている．生活史のすべてを海氷中で完結する種（例：ソコミジンコ科の Drescherilla glacialis など）と生活史の一部を海氷ですごす種がいるが，多くは動物プランクトン起源と考えられている．海氷の中や下に付着する藻類を餌とする食物網を形成している．

湖氷動物は湖の氷の中にみられる．南極・ロス海沿岸のマクマードドライバレーには年間を通して厚い氷が張ったままの湖が知られているが，この湖氷にはシアノバクテリアが発見されているものの無脊椎動物は知られていない．ピレネー山脈のRedon 湖の氷 (slush と呼ばれる水と氷からなる) からは，Synechocystis, Chlamydomonas, Chlromonas などの藻類とともに繊毛虫の仲間 (Askensia, Holophyra, Urotrica など) や散発的に Kelliottia や Polyarthra などのワムシが見出されている．

③雪原動物：　成長や繁殖の一時期に積雪や残雪・雪渓の表面や雪の中，雪と地面の境界にあらわれる多くの種類の無脊椎動物が知られている．

③-1 雪上動物[2]：　クモ目，カニムシ目，ザトウムシ目，シリアゲムシ目，トビムシ目，ハエ目，カワゲラ目，トンボ目に属する種が知られ，日中雪氷上で活発に活動し，あるいは繁殖をする．日本でユキムシとしてよく知られているのはカワゲラ目，ハエ目，トビムシ目に属する種である．カワゲラ目のなかで雪上にあらわれる種はユキカワゲラと総称され，日本では，クロカワゲラ科 (図2A) に属するユキクロカワゲラ (セッケイカワゲラ Eocapnia nivalis)，ヤマハダカカワゲラ (セッケイカワゲラモドキ Apteroperla monticola)，フトトゲクロカワゲラ (Capnia bituberculata) などのほか，オナシカワゲラ科，ミジカオカワゲラ科，ハラジロオナシカワゲラ科，アミメカワゲラ科に属する種も知られているが，分類学上未整理な種が多い．前二種の成虫は雪上に冬から春まで出現し，翅が退化しており，雪上を歩行する．幼虫は近くの河川に生息し，秋の低温の時期に終齢幼虫まで成長し，羽化期に雪上にあらわれ交尾する．

ハエ目ではヒメガガンボ科 (図2B) とガガンボダマシ科，ユスリカ科が知られて

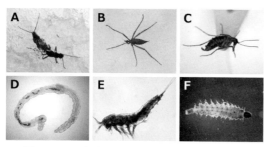

図2 雪上動物（A〜C），雪中動物の例（D〜F）[7].
A：クロカワゲラ科の一種（尾瀬沼），B：クモガタガガンボ属の一種（白神山地，中村剛之氏撮影），C：エゾユキシリアゲムシ（*Boreus yezoensis*，富良野，中村剛之氏撮影），D：ミジンヒメミミズ属の一種（尾瀬ヶ原），E：ソコミジンコ科の一種（尾瀬ヶ原），F：ヌカカ科の一種（尾瀬ヶ原）．［口絵18参照］

いる．ヒメガガンボ科のニッポンクモガタガガンボ（*Chionea nipponica*）の成虫は体長10mm程度で，前翅が退化しており，雪上に現れて長い脚で歩行する．温度が低下すると，雪の中に潜んだり，木を伝って雪の下までもぐる．幼虫は泥の中で生育し，秋に羽化する．やはりメスの前翅の退化したガガンボダマシ科のイマニシガガンボダマシが長い脚で雪上を活発に動き回る．ユスリカの仲間ではエリユスリカ亜科のトゲアシエリユスリカ属，ヤマユスリカ亜科のヤマユスリカ属，ケユキユスリカ属などに属する種が知られている．これらは-1℃前後でも雪上を歩き，交尾する．

雪上のトビムシはユキノミとも呼ばれる．トビムシ類は翅を持たず，跳躍器を腹部第4節に有し，跳躍によって移動する．樹木と積雪の間から雪上に出て，大集合することもある．*Dicyrtomina*（マルトビムシ科），*Hypogastrura*（ヒメトビムシ科），*Isotoma*（ツチトビムシ科）などに属する種が知られている[2]．雪上には0℃前後でも出現し，-2℃でも摂食が可能である．シリアゲムシ目では，ユキシリアゲムシ科に属する種が北海道から知られている（図2C）．トンボ目のなかの日本固有種であるムカシトンボ（*Epiophlebia superstes*）は，終齢幼虫が春の晴天や曇天の日に雪上で羽化場所を求めて歩き回ることが観察されている[6]．

③-2 雪中動物[7]：　雪表面への移動や，逆に積雪境界への移動時を除いて，雪氷の中のあたかもプランクトンのような動物であるが，報告は少ない．融雪時に尾瀬ヶ原湿原に出現するアカシボの中に多くの無脊椎動物（アカシボ動物）の存在が知られている（図2D〜F，図3）．雪コアで調べた全動物密度は$2.4〜3.6 \times 10^5$個体/m^{2}に達し，アカシボが雪表面へと発達するにつれて，上部に移動する．大型の動物では，ガガンボ科・ユスリカ科・ヌカカ科の幼虫，貧毛類，小型ではケンミジンコ類，ソコミジンコ類，ウズムシ類などが出現し，密度は低いが，クマムシ類も出現する．大型のガガンボ科幼虫などは積雪の上部に多くみられ，移動能力を反映しているとみられる．これらの動物は，土壌動物起源である．移動の原因としては，雪と泥炭境界面および雪中の酸素濃度の低下が考えられている[7]．一時的な出現で活発に動くことはないが，消化管内にはアカシボ粒子が認められる種もある．融雪が進むにつれて，雪表面に露出し，雪上動物ともなり，鳥類の

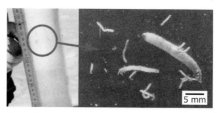

図3 尾瀬ヶ原のアカシボ雪コアの中の動物（下から63cm，○の部分）と取り出したガガンボ科幼虫とユスリカ科幼虫（1999年4月30日，コア長103cm，見本園）[7]．

餌ともなる.

③-3 積雪下動物[2]: 冬季に多くの無脊椎動物が積雪と地面の境界で活発に移動，活動することが知られている．貧毛類，ダニ目，クモ目，カニムシ目，トビムシ目，コウチュウ目，ハエ目，ハチ目，シリアゲムシ目などが知られている．ダニ類はヒマラヤの標高5000m地点や南極大陸でも見出され，オーストラリアやフィンランドの積雪下のトラップでは最も多く採集されている．クモ類も $-8°C$ まで活発に活動する．トビムシ類も積雪下で約 $-8°C$ まで活発に活動する．コウチュウ目ではハネカクシ科の *Athta*，*Philonthus*，オサムシ科の *Bembidion* に属する種やジョウカイボン科の種が約 $-5°C$ まで活動できる．トビムシのある種やハエ目のクモガタガガンボ類は積雪下での活動も知られていることから，積雪下動物のなかには雪の中を上下に活発に移動している種が存在していることが考えられる．

④雪氷面落下動物: 冬季や残雪期の雪上，雪渓上には，昆虫を主体とした節足動物が観察される．飛翔中や周囲の樹木などからのおもに受動的な落下による．これらは，捕食性の雪氷動物や鳥類，哺乳類の重要な栄養源ともなり，雪原への有機物の供給源となる．アラスカ・フェアバンクスの北，標高1100mで行われた定量的な研究[8]では，雪上の密度 $1.7 \sim 10.9$ 個体/m² （6〜8月の残雪）で，個体数の割合はハエ目61％，ハチ目28％，ヨコバイ亜目5.2％であった．また栄養塩としての寄与も測定されており，7月中旬から8月下旬の6週間で，雪原1m²あたり 0.25 mg P，4.3 mg N，21.3 mg C が報告されている．

b. 低温と積雪環境への適応

積雪環境下では外気温がきわめて低い場合でも，深くなるにつれて温度は高くなり安定化してくる． $-25°C$ 以下にもなるツンドラ地帯などを除き，一般に積雪20cmでの地面との境界の温度は $0 \sim -10°C$ である[2]．積雪3mの尾瀬ヶ原においては泥炭との境界面は融雪しており，0°Cである．このように雪氷動物は，氷点下の冬季を休眠ですごす昆虫などに比較すると，低温とはいえ，ある意味暖かく安定した環境で活動しているともいえる．活動できる温度の範囲は種によって異なるが $-10 \sim -0°C$ 前後，多くは $-0°C$ 前後である[2]．雪氷はまた天敵が少なく，繁殖相手が見つけやすい場でもある．

0°C前後や氷点下の低温下で活動，繁殖できるように適応した生物は好冷生物 (psycrophilic organism)といわれ，その適応には生理的適応と形態的適応がある．前者は，低温下で凍ることなく，代謝を維持することである．低温下で血液や細胞が凍らない仕組みについては，グリセリンや糖，不凍タンパクなどの凍害防御物質の濃度を上げ，氷核形成物質の濃度を下げることによって過冷却状態となり，凍結を回避する防凍型（非耐凍型 freeze intolerant）と，体内に氷が形成されても，ある程度の段階まで生存できる耐凍型（freeze tolerant）がある[9]．雪氷動物について，どちらの仕組みを獲得しているかの研究例は少ないが，3月のニッポンクモガタガガンボの成虫では $-10 \sim -14°C$ で凍結して再び生きかえらず，3月のエゾクロカワゲラでは $-5°C$ で凍結したことから防凍型とされている[9]．カナダの例では調べたすべての冬活動する昆虫が防凍型であったという[2]ことから，雪氷動物には防凍型が多いと予想される．

過冷却状態で活発に活動できる代謝を維持する生化学的機構については，低温活性酵素の存在が細菌類で明らかにされているが，雪氷動物については実態が不明である．

体色の黒化傾向も生理的な適応といえ

る．ヒョウガユスリカ，ユキカワゲラ，コオリミミズ，トビムシなどで知られており，紫外線からの防御適応と考えられている．黒化による熱吸収の効率化という説もある．

形態的適応としては，翅の退化，体表構造物の変化が知られている．翅の退化の例としてはヒョウガユスリカやクモガタガガンボ類，イマニシガガンボダマシ（雌）の前翅，ユキクロカワゲラなどの無翅型雪カワゲラの前・後翅がある．これらは，低温下で体表面積を小さくして放熱量を減らし，代謝量を減少させることや，結果として卵巣などの繁殖形質への投資を増加させていると考えられている．翅の退化で雪氷中にもぐりやすい体型になっている．コオリミミズでは，剛毛の先端部がほぼ直角にかぎ状に曲がり，さらに体の前方と後方で曲がり方が反対になるという特異な形態が知られている．氷の結晶の中の移動や氷河表面での水の流れに逆らうように適応したと考えられる．雪上にあらわれるトビムシには，冬に跳躍器の構造が大型化し，剛毛も増加し，複雑化するが春には元に戻る周期的季節変化を示す種が知られ，雪の上での跳躍に関係した適応であろうとされている[2]．

c. 雪氷原食物連鎖

氷河や雪，残雪，雪渓などの生物相が明らかになるにつれ，雪氷および周辺の陸域の生物を含めた雪氷原食物連鎖の特異性と重要性が明らかになってきている．雪氷上には藻類，細菌，原生動物，菌類，風などで運ばれた有機物残渣がある．氷河生態系では，これらをヒョウガソコミジンコ，ヒョウガユスリカ，コオリミミズ，トビムシなどが餌とし，食物連鎖は短い．雪氷上では，上記の藻類などに加えて，現存量の高い雪氷面落下動物とその死骸が加わる．トビムシ類，ガガンボ科幼虫，ユスリカ科幼虫，ソコミジンコ類，貧毛類などの植食者・腐食者の上位にクモ類や捕食性のクロカワゲラ類，ガロアムシ類，ゴミムシ類などが捕食者として位置する．さらにこれらを鳥類や哺乳類が捕食する．餌の少ない冬季の雪氷上では，これらの無脊椎動物はよく目立ち，場所によっては重要な栄養源となる．

〔福原晴夫〕

文　献

1) 鈴木牧之, 1837, 校註北越雪譜, 野島出版.
2) Aitchison, C. W., 2001, *Snow Ecology*, 229.
3) Laybourn-Parry, J. et al., 2012, *The Ecology of Snow and Ice Environments*, Oxford Univercity Press.
4) Zawierucha, K. et al., 2014, *J. Zool.*, **295**, 159.
5) 幸島司郎, 2000, 宇宙生物科学, **14**, 353.
6) 奈良岡弘治・高橋克成, 2007, *Tombo*, **49**, 15.
7) 福原晴夫ら, 2012, 低温科学, **70**, 75.
8) Edwards, J. S. and Banko, P. C., 1976, *Arctic and Alpine Research*, **8**, 237.
9) 朝比奈英三, 1992, 昆虫たちの越冬戦略, 北海道大学図書刊行会.

7-8 昆虫の耐寒性

cold tolerant of insects

休眠,過冷却,氷核物質,凍害防御物質,不凍タンパク質

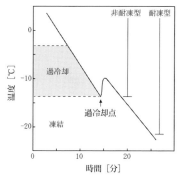

図1 昆虫の凍結曲線

昆虫は海洋を除くすべての陸地に生息しており，極地や高地を含むさまざまな環境に適応している．現在，既知種として100万種近くが記載されており，生物全体の記載種の半数以上を占めている．変温動物である昆虫が冬の低温を回避する戦略には，渡りと呼ばれる季節的な移動によるものも知られているが，寒冷地に生息する昆虫の大部分は移動することなく，巧みに厳しい冬を越している．

昆虫の多くは，年周期の気温の変動や季節のサイクルに合わせるようにその生活史が決まっている．日長の周期的変化（光周期）などの外因性環境因子と体内時計をもとに季節を読み取り，内分泌器官から分泌される複数のホルモンで発育が制御されている．多くの昆虫の生活史は卵，幼虫，蛹（完全変態昆虫），成虫などの発育段階（ステージ）に分けることができる．低温になり餌が枯渇する冬季には，生殖や成長を一時的に停止する休眠（diapause）という状態になるものが多い．休眠の時期を生活史のどのステージに組みこんでいるかは，種や生息環境により異なる．寒冷地に生息する昆虫は，冬の休眠時に耐寒性（cold tolerance）を高めて越冬している．寒冷地の昆虫は全ステージを通して低温に対する耐性があるわけではなく，休眠と耐寒性の誘導はそれぞれ独立した機構によるものと考えられている．また，越冬場所は土壌，朽木の中，樹皮の下，木の枝，草の茎の中などさまざまであり，それぞれの種に固有の遺伝的形質によって決まっている．

昆虫の循環系は開放性血管系で，器官や組織は血液（血リンパ）の中に浸っている状態になっている．冬の休眠相に入った昆虫を氷点以下に冷やすと，通常は細胞内よりも細胞外の血液で局所的な凍結が始まり，血液中のタンパク質，糖，塩類など溶質成分が液体部分で濃縮される．この濃縮は細胞内外の浸透圧差を生み，細胞は脱水され縮小する．細胞内部の脱水は細胞内凍結を抑制して組織の傷害を抑えることになる．

一般に耐寒性を持つ昆虫は，凍結すれば死亡する非耐凍型（凍結回避型），および凍結しても融解後に動きだす耐凍型（凍結寛容型）に分けられる[1]．どちらのタイプにとっても，細胞内凍結は器官や組織の損傷になるため致命的である．非耐凍型は細胞外の凍結も死につながるので，血液の凝固点を下げる工夫をしている．一方の耐凍型では，血液の凝固点降下よりも局所的な凍結を積極的に促進して，細胞の脱水と細胞内の凝固点降下を招くタイプである．

非耐凍型の昆虫を氷点下に冷やすと，ある時点で虫体温度は急上昇し，再び下降を始める（図1）．この虫体温度の経時変化を凍結曲線（freezing curve），急激に上昇を始める温度を過冷却点（supercooling point）という．温度が上昇するのは体内の水分が凍るときに，液体から固体への相転

移に伴う潜熱が放出されるためである.また,過冷却とは液体が凝固点を過ぎて冷却されても固体化せずに,液体の状態を保つ現象をいう.過冷却点に達するまで昆虫体内の血液は過冷却状態にあり,凍結していない.

水が凍り始めるときには,凍結のきっかけとなる微小な物質(氷核形成物質)が必要になる.体の過冷却状態をつくりだすために,昆虫は越冬前に消化管から内容物を排泄し,氷核形成物質になりうる物質を排除している.耐寒性を持つ昆虫の多くは代謝系の一部を変えて,多価アルコールや糖などの凍害防御物質(cryoprotectant)を合成し,蓄積する[2].これらは凍結防止剤として作用し,モル凝固点降下で過冷却点を下げるとともに,タンパク質の変性を抑制すると考えられている.多価アルコールではグリセリンを貯めるものが多く,ほかにソルビトール,スレイトールなど,糖ではトレハロースやグルコースなどである(図2a).非耐凍型の昆虫の方が,耐凍型よりも凍害防御物質を多く蓄積している.

非耐凍型の昆虫では,微小な氷核に対し結合能があり,氷結晶の成長を阻止する不凍タンパク質(antifreeze protein)が知られている.通常の凍結では微小な結晶どうしが連結して,より大きな結晶をつくるが,不凍タンパク質が結合すると結晶の連結が抑制される.昆虫の不凍タンパク質は,水が凍る凝固点を数℃下げるが,氷が溶ける融点は変化させない(熱的ヒステリシス)作用が強いとされている.近年,アラスカで$-60℃$の冬を越す甲虫から不凍タンパク質に似た機能を持つ物質が単離された[3].キシロースとマンノースが交互に結合したコア骨格を持ち,これに脂肪酸が非共有結合した構造をしている(図

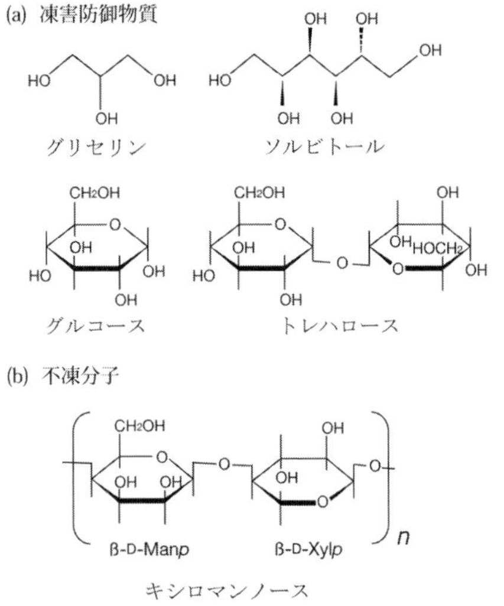

図2 耐寒性にかかわる物質
(a) 凍害防御物質: グリセリン, ソルビトール, グルコース, トレハロース
(b) 不凍分子: キシロマンノース (β-D-Man$p$, β-D-Xyl$p$)

2b).構造的には上記の凍害防御物質に近いが,機能的には不凍タンパク質に似ており,熱的ヒステリシスに対する作用がある.

血液の過剰な過冷却状態では,いったん氷核ができると急激な凍結が広がり,細胞内凍結を引き起こしかねない.耐凍型の昆虫では急激な凍結を避けるために,氷核形成タンパク質(ice-nucleating protein)を合成し,血液に分泌している例が知られている.これは比較的高い温度で凍結を開始し,過度な過冷却を回避することに役立っていると考えられている. 〔落合正則〕

文 献
1) Lee, R. E. Jr., 2010, *Low Temperature Biology of Insects*, p.3, Cambridge University Press.
2) 朝比奈英三, 2009, 虫たちの越冬戦略, 北海道大学出版会.
3) Walters, K. R. Jr. et al., 2009, *Proc. Natl. Acad. Sci. USA*, **106**, 3270.

7-9 鳥類の低温生存戦略

survival strategies in the cold for birds

渡り，体温調節，代謝，ハドリング

北極域には約100種，南極域には約40種の鳥類が生息することが知られている．しかしこれらの種の多くは，夏に極域で繁殖を行って冬には低緯度の地域・海域に移動する渡りを行う．環境温度が極端に低下する厳冬期を北極の陸域ですごす鳥はシロフクロウやライチョウなど6種，南極の高緯度域ですごす鳥はコウテイペンギン1種に限られている．鳥類は飛翔によって移動する能力が高く，また哺乳類などに比べて蓄積できる脂肪量は少ない．そのため，低緯度域への渡りによって気温・水温の下がる冬を避けるのが基本的な生存戦略といえるだろう．

鳥類は代謝による熱生産によって体温を維持できる内温動物であり，生存にとっては低温そのものよりも餌の確保の方が主要な問題だと考えられる．ただ，体温を保つために代謝によって熱生産速度を高めると，体内に蓄積したエネルギーの消費速度が高まり，餌の確保がより深刻な問題となってくる．このため，低温環境下ですごす鳥類は，効率的な体温調節を行うために，さまざまな形態的，生理的，行動的な特徴を持っている．

これらの特徴を考える際に，次の概念式が重要である．

$$MR = HL = C(T_b - T_a)$$

この式は熱生産のための代謝速度MR (metabolic rate)が，体からの熱損失速度HL (heat loss)と等しく，熱損失速度は体温 T_b (body temperature)と環境温度 T_a (ambient temperature)との温度差 $(T_b - T_a)$ に比例することを示している．また熱損失速度は体の熱コンダクタンス C (thermal conductance)にも影響を受ける．これは，熱帯から北極まで，さまざまな哺乳類・鳥類の体温調節を調べた生理学者ショランダーによって提唱された[1]．

この式から，低温にさらされた内温動物は，以下の方策で一定の体温を維持しようとすることが予想される：①代謝によって熱生産速度を高める，②体の熱コンダクタンスを低くし熱の損失速度を下げる，③体温と環境温度の差を小さくし熱損失速度を下げる．また，代謝に使うエネルギーが限られた状況では，④一定の体温を維持しない，という選択もありうる．以下，それぞれについてみていく．

まず①代謝速度についてみると，北極や寒帯に生息する鳥類は基礎代謝速度（一定温度条件での安静時の代謝速度）が熱帯に生息する鳥類より約20％高い．これは高緯度域の鳥類が低緯度域の鳥類よりも，熱生産速度のベースラインが高いことを意味する．その結果，極域の鳥類は熱帯の鳥類に比べて，環境温度がかなり低くなるまで代謝速度を基礎代謝速度以上に増加させない（図：下限臨界温度 lower critical temperature）．下限臨界温度が下がることで，極域の鳥類は環境温度の広い範囲において，一定の代謝速度を保ちながら体温調節を行うことができる．

次に，②体の熱コンダクタンスについてみると，鳥類においては羽毛（特に綿羽）が断熱において重要な役割を果たす．同じ分類群で比べた場合，極域に生息する種の方が綿羽の量が多い．また脚などの露出部が羽毛で覆われる種も多く，体全体として低い熱コンダクタンスをもつ．極域に生息する種では下限臨界温度が低温になっていること（図1）は，熱コンダクタンスが低く熱が失われにくいことも反映している．一方，羽毛を逆立ててより多くの空気をためる，という行動によっても熱コンダクタンスは低下する．多くの鳥類で低温にさら

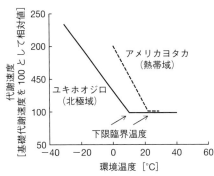

図 環境温度と代謝速度との関係[1]. 体温維持のために代謝速度が上昇する温度（下限臨界温度）は，北極域に生息するユキホオジロにおいて，熱帯域に生息するアメリカヨタカに比べ低い．

されると，羽毛を逆立て，嘴や脚などの露出部を体の羽毛に隠す行動がみられる．

③体温と環境温度の差（$T_b - T_a$）を小さくすることについても，さまざまな形態的，行動的な特徴がみられる．形態的特徴としては，脚の血管にみられる対向流熱交換システム（countercurrent heat exchange system）がよく知られている．鳥類では皮膚の薄い脚からの熱損失は大きい．脚で冷やされた血液がそのまま体の中心部に戻ると，体が急激に冷やされてしまうことになる．そこで，脚から体の中心部へ戻る静脈血が，体の中心部から末端へ向かう動脈血によって温められるように，静脈と動脈が接して熱交換を行う血管構造となっている．これによって，脚の末端部へ向かうほど温度は低くなり（たとえば，北極のワシカモメでは脚の末端部の温度は0℃近くまで下がる），環境温度との差が小さくなることで，熱損失速度も低下する．

行動的には，同種の他個体と体を接して温め合うハドリング（huddling）がさまざまな種類でみられる．最も顕著な例は，南極の厳冬期に繁殖するコウテイペンギンである．海氷上で卵を温めるオスは，ときに$-30℃$という外気温にさらされる．このとき，オスは$1 m^2$に7羽という高密度で密集し，互いの体を接して温め合う．ハドリングの内部の環境温度は時には$+30℃$近くまで上がる．結果として，ハドリングしない場合と比べるとコウテイペンギンは約51%も代謝速度を低下させている．ハドリングによる代謝エネルギー節約は，繁殖の成功のために不可欠となっている[2]．

④体温維持の代謝エネルギー節約のために，体温を低下させるという生理的な特徴を持つ種もいる[3]．ノルウェーに生息するコガラでは環境温度が$-20℃$のときに，夜間の体温を昼間の体温（40℃）よりも7℃も低下させる．これにより，日中の体温を夜間も維持する場合に比べて約35%の代謝エネルギーを節約できる．さらに極端に体温を低下させる種もおり，ハチドリでは8〜20℃まで，プアーウィルヨタカでは4.3℃まで体温が下がることがある．ただ，これらは温帯や熱帯に生息する種で，体温低下は餌が少なくエネルギー節約が必要なときには極端な低温環境でなくとも観察される．このことからも，鳥類においては低温そのものよりも餌の確保が生存にとって主要な問題であるという考えが支持される．

〔髙橋晃周〕

文献

1) Scholander, P. et al., 1950, *Biol. Bull.*, **99**, 237.
2) Gilbert, C. et al. 2008, *J. Exp. Biol.*, **211**, 1.
3) Schmidt-Nielsen, K., 1997, *Animal Physiology*, 5th edition, Cambridge Univ. Press.

7-10 哺乳類の低温適応―冬眠
cold adaptation in mammalian hibernation

冬眠, 低温耐性, エネルギー, 概年リズム, 生理的切り替え

　生物の生存において，エネルギーはその根本を担う．動物は植物と異なり，筋肉を使って移動し，エネルギー源の食物を得ることができるが，それに伴い多くのエネルギーが消費される．特に哺乳類では，活動しなくても体温を37℃付近に高く保つだけで多量のエネルギーを必要とする．もし体温が低下すると，細胞や組織は機能を失い凍死する．寒冷地では，冬期の食物不足は死に直結する大問題である．これを克服してわずかなエネルギーで生存する現象が，冬眠である．

　哺乳類の冬眠はもともと，冬期にフィールドから姿を隠す奇妙な現象として知られていた．これは，巣穴で体温が低下して不活動状態ですごすためとわかり，体温低下が冬眠の定義となった．体温の低下は細胞の代謝を全身性に抑制し，エネルギー消費を著しく低減させるので，冬期の食物不足を回避できる．冬眠する動物は7目（単孔目，ハリネズミ目，有袋目，翼手目，霊長目，齧歯目，食肉目）で確認され，全哺乳類の種では6％近くにもなる[1]．しかし，冬眠の特徴は一様ではない．たとえば，研究によく用いられる齧歯目では体温は0℃近くまで低下するが，食肉目のクマでは30℃以下にはならない．これは変温動物とは異なり，冬眠中も体温を低く調節し維持するからである．また同じ齧歯目でも，シマリスやジリスの冬眠は一定環境下でも概年性に発現するが，ゴールデンハムスターなどでは環境変化（短日，低温）による．摂食も，冬眠期間中にまったくしない種から少量を摂る種までいる．

　冬眠の最大の特徴は，通常の哺乳類ではただちに凍死する低体温に耐えることにある．齧歯目での研究が多く，1960年代以後には，冬眠を誘導する物質が探索されたが，当時は発見できず，低温に脆弱な心臓や脳神経系が正常に機能することなどが知られるようになった．

　この低温耐性機構に光を当てたのは1980年代の研究で，心臓の細胞で収縮を制御するカルシウムイオン（Ca^{2+}）の調節が，冬眠時期に劇的に変化するとの発見であった．通常ではCa^{2+}は細胞外から流入して供給されるが，冬眠中には細胞内の貯蔵部位（筋小胞体）の機能が飛躍的に増強され，それへと供給源が切り替わるのである．これにより，低温で細胞を傷害するCa^{2+}の過剰流入が回避され，傷害に抗するエネルギーも節減されると考えられている[1,2]．2000年代には，筋小胞体の機能増強にかかわるタンパク質で発現量の変化が示され[3]，この結果を裏付けた．他の器官でも同様の切り替えが考えられるが，検証は今後の課題である．

　冬眠中は体温低下による代謝抑制で不活動状態になるが，生命維持に必須の心臓や神経などは低いながらも機能してエネルギーを消費する．また，数ヶ月の冬眠期間中には，定期的に短時間の覚醒（中途覚醒）が必ず起こり[1]，多くのエネルギーが使われる．通常でのエネルギー源は食餌から得た炭水化物が主であるが，冬眠中には皮下に多量に蓄えられた脂肪へと切り替わり，食物を必要としない．これには，解糖系からTCA回路へと基質を供給する酵素の抑制や，脂肪分解酵素の活性増加が関与するとされ，血中の脂肪酸は安定的に維持される[3]．ヒトでのカロリー制限や飢餓，糖尿病でもこれに似た変化が起こる．

　冬眠を引き起こす物質が推測されて以来，その探索のなかで，冬眠中の血清や脳からの抽出物が夏期の非冬眠期の個体への

投与で体温低下を起こすと報告された．しかしその後の研究で，有効成分を同定することはできず，1980年代にはこのような物質の存在に否定的な見解が示された[1]．ところが1990年代初期に，冬眠に特異的な新規タンパク質（HP）複合体がシマリスの血液から見出された．HP複合体は肝臓で産生されて血液中に分泌され，概年リズムにより制御されて冬眠時期には減少する．しかし同時に，血液脳脊髄液関門を介した脳内輸送が促進され，脳内で増加し活性化されて冬眠が始まり，減少によって終結する．脳内濃度によって冬眠が規定されるのである[2,3]．興味深いことに，同様のHP複合体の調節は冬眠（体温低下）を妨げても概年性に起こり，このときに体は冬眠できる状態に調整されることが明らかになった．つまり，冬眠を可能にする生理的調整は体内の概年リズムで制御され，体温低下とは無関係に常体温で進行するのである[2]．冬眠を制御するタンパク質が同定された初めての例となる．

冬眠に伴って発現が変化する遺伝子の網羅的解析が近年，盛んになっている[3]．冬眠動物であるコウモリやハリネズミ，ジリスのゲノムDNA配列や遺伝子発現の解析が進行しており，同定された部分ではタンパク質コーディング領域でヒトのゲノムと高い相同性が観察されている．たとえば，前述の心臓細胞でのCa^{2+}調節やエネルギー源の切り替えに関与するタンパク質は非冬眠動物にも備わっており，それらをコードする遺伝子の発現が冬眠に伴って変化する．このような結果から，冬眠の制御は特異な遺伝子によるとの従来の推測とは別に，非冬眠動物にも共通した遺伝子の発現差によるとの考えも提示されている．

冬眠を制御する機構の最上位には，体内で自律的に産生される概年リズムがあると考えられる[2]．地球の公転により作り出される厳しい自然環境を生き延びて子孫を残すため，それを予知して生理的適応を指揮する機構と考えられ，鳥の渡りや季節性繁殖でも知られる．しかし，このリズムの研究は実験上の困難さ（個体レベルでの現象，年の周期，飼育環境のコントロールなど）もあり，機構の解明は今後の重要な課題となっている．冬眠が概年リズムではなく環境変化による動物種（ゴールデンハムスターでは光周期変化，クマでは冬眠前の食物の獲得状況，など）もいて，制御機構の解明はより困難を伴う．

冬眠機構への理解が深まるにつれ，ヒトの健康や医学への応用に期待が寄せられている[1,2,3]．低温と虚血からの心臓や脳神経系の保護効果は，臓器保存や，心筋や脳の梗塞での救命に利用が考えられ，長期の不活動状態でも筋萎縮や骨粗鬆症が起こらず，放射線への耐性の高まりも報告されている．さらに，寿命が非冬眠動物の数倍に達するので[1,2]，抗加齢や老化防止にも応用が考えられる．しかも，冬眠を可能にする生理的調整は常体温で起こることも示されている．

哺乳類の冬眠は，環境に適合してエネルギーを節約する変温性と，環境に依存せず活動性を維持する恒温性の利点をあわせ持ち，さらに，有害要因から体を保護して長寿も達成する機構と考えられる．

〔近藤宣昭〕

文 献
1) 川道武男・近藤宣昭・森田哲夫編，2000，冬眠する哺乳類，東京大学出版会．
2) Kondo, N., 2007, *Cold Spring Harb. Symp. Quant. Biol.* **72**, 607.
3) Andrews, M. T., 2007, *Bioessays*, **29**, 431.

7-11 彩雪現象

colored snow

融雪, 貧栄養, バクテリア, 藻類, 血の滝

微生物の増殖などにより, 積雪や氷河が特徴的な色を呈する彩雪現象 (緑雪, 赤雪など) は世界各地で観察されている[1]. 積雪や氷河の着色は太陽光の反射率を減少させ, 熱吸収を高めることにより融雪氷を加速させる効果があるため, 近年気候変動との関連性から注目を集めるようになっている.

生物の増殖栄養性の観点から, 彩雪現象の主要因は2つに大別される. 1つは, 雪氷藻類 (シアノバクテリア, 緑藻類) の光合成によるものである (⇨7-2「雪氷藻類」). この現象については, 古代ギリシャのアリストテレスが『動物誌』において言及しており, 2000年以上も前から既知である. 藻類の増殖活動の結果, 産生される光合成色素 (クロロフィル) や補助色素 (カロチノイド色素, たとえばアスタキサンチン) がおもな呈色因子である. 図1に示すように, 南極の昭和基地から数十km離れたラングホブデの雪田では, 夏期の融雪期において雪氷藻類のクロロフィル由来の緑雪やカロテノイド色素アスタキサンチン由来の赤雪現象が観察されている[2]. 夏期の南極雪田環境は貧栄養であり, 強い紫外線にさらされている. 彩雪現象を支える藻類の増殖には栄養塩の供給が必須であるが, ユキドリやペンギンなどの糞がおもな供給源である. これらの海鳥の餌は沿岸海洋に生息するオキアミ等のプランクトンであるため, 南極の彩雪現象は海洋生態系に支えられているともいえる. カロチノイド色素アスタキサンチンは紫外線を吸収するため, 藻類細胞内のDNA損傷を防ぐ効果がある. このように雪氷藻類によって生産

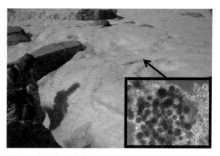

図1 南極宗谷海岸ラングホブデのやつで沢雪田において観察された赤雪現象 (2006年1月26日撮影). 右下枠内は赤雪の光学顕微鏡写真. 現場で採取した赤雪中には, 直径10～30μmの赤色の緑藻類細胞のほかに緑色細胞も観察される. [口絵17参照]

された有機物は従属栄養性バクテリアによって利用されるため, 低温環境に適応した特異的な微生物生態系が形成されている (図2).

もう1つの彩雪現象は, 光に依存しないバクテリアの物質変換作用によるものであり, 近年になって学術雑誌で報告されるようになった. その典型的な例は, 尾瀬のアカシボ現象である (⇨7-12「アカシボ」). 多雪地帯の湿原において, 融雪に伴い泥炭層からの嫌気的な水中に含まれる溶存還元鉄が積雪下部から上方へ浸透し, 大気由来の酸素を利用して鉄酸化バクテリアによって不溶酸化鉄が生成されるため, 積雪が赤褐色に呈する (溶存還元鉄は酸素があれば自然酸化されるため, 自然酸化鉄も含まれる). また, 同時にメタンの酸化や鉄の還元に係るバクテリアも共存しており, アカシボ現象の生成メカニズムは複雑である[3]. 他の典型例は, 東南極マックマード・ドライバー地帯のテイラー氷河において発見された「血の滝」(Blood Fall) であり, 広義の赤雪現象である. その存在は1900年代初頭から知られていたものの, 発生メカニズムに関する科学的メスが入ったのは近年のことである[4]. 「血の滝」は,

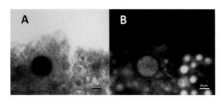

図2 やつで沢から採取した赤雪の顕微鏡写真．A：透過光像，B：DAPI染色後のUV励起落斜蛍光像．直径約 30 μm の球形藻類細胞周辺に数 μm のバクテリア細胞が高密度に生息している．遺伝子解析から，アスタキサンチンを産生する耐冷性従属栄養性 *Hymenobacter* が検出されている[2]．
［口絵 17 参照］

テイラー氷河の末端部のホールにおいて氷床下湖からの流出水が空気にさらされた箇所で観察される特異的な現象である．この氷床下湖は海水由来であり，氷表面から 400 m 深に存在し，光は届かない．湖水は，海水が凍結する際に塩類や有機物等が排出されたブラインであり海水が濃縮されたものである．湖水中の溶存酸素は検出されず，硫酸塩と還元鉄に富んでいる．還元鉄の由来として，氷河流動によって岩盤から削り取られた酸化鉄によるものと推定されている．このことは湖水が還元鉄に富んでいることと矛盾するが，嫌気的条件下での微生物学的鉄還元の結果である．氷床下湖のブライン中の溶存還元鉄が氷河末端部のホールから流出したことにより大気から供給される酸素で自然酸化した結果，「血の滝」現象が生じたと考えられている．しかし，還元鉄から酸化鉄への酸化の際，微生物による鉄酸化も考えられ，アカシボ現象との共通点も存在するであろう．

以上のように，彩雪現象は微生物の活動が積雪の性質を変化させ，融雪を加速させることで周辺環境に影響を及ぼすため，今後気候変動の観点からも包括的に解明されることが期待される．　　　　〔福井　学〕

文　献

1) 北海道大学低温科学研究所編, 2012, 低温科学, **70**.
2) Fujii, M. et al., 2010, *Microb. Ecol.*, **59**, 466.
3) Kojima, H., Fukuhara, H. and Fukui, M., 2009, *Syst. Appl. Microbiol.*, **32**, 429.
4) Mikucki, J. et al., *Science*, **324**, 397.

7-12 アカシボ

Akashibo

メタン，鉄，湿原，バクテリア

アカシボは融雪期に湿原や湖沼の積雪が広範囲に赤褐色を呈する彩雪現象の1つである．特に尾瀬ヶ原や尾瀬沼沿岸では雪原表面が赤褐色に変化し，雪解け後に湿原表面にその沈殿物が残存する．アカシボの色は酸化鉄によるもので，約 10 μm の球体・楕円体の粒子（アカシボ粒子）が融雪水1 mLに 10^5 個以上に達する．3月の積雪底面-湿地境界層にはアカシボ粒子のオレンジ色の着色層がみられ，融雪期に赤褐色から黒色を示す（図1）．アカシボ粒子には葉緑素やルビスコ遺伝子がなく，酸化鉄を溶かすと中から2～4個の桿状の粒子が現れる（図2）．尾瀬沼のアカシボは，遺伝子解析から約50種類のバクテリア類の集合体であり，Gammaproteobacteria 綱および Deltaproteobacteria 綱が多く，ほかにはみられない特徴である．それぞれメタン酸化細菌と鉄還元菌に相当するものと推定される[4]．湿原や泥炭に含まれている二価鉄が物理化学的および微生物的に酸化されて赤褐色化する．類似の現象は，東北地方の山岳地帯，水田等の融雪期にも観察される．

尾瀬ヶ原のアカシボ地帯には，発達段階に応じて雪上・雪中に多様な無脊椎動物が出現する．大型の分類群では，貧毛類，ガガンボ類，ユスリカ類，ヌカカ類など，小型では線虫類，ケンミジンコ類，ソコミジンコ類，ウズムシ類，クマムシ類などである．大型のガガンボ類幼虫，ユスリカ類幼虫，貧毛類は積雪上部に多く，小型の線虫類，ケンミジンコ類は下部に分布する．運動性の高いソコミジンコ類は積雪上部まで分布する．これらのアカシボ動物相は，融雪期の雪-泥界面の湛水状態と貧酸素状態

図1 アカシボの状況．上左：2012年3月23日尾瀬ヶ原のコア，上右：2014年5月9日尾瀬沼のコア，下：尾瀬ヶ原研究見本園2012年5月11日の景観．[口絵19参照]

の発達により湿地性の土壌動物が雪中を移動したと推定される[3]．

2～3月融雪期前の積雪期の尾瀬ヶ原の湿原窪地には溶けた水の層があり，その積雪の最下部より少し上にオレンジ色の層があり二価鉄が多く，アカシボ粒子が認められる．融雪期に融雪水やアカシボ粒子や細かい泥炭が噴出し，その後日射で溶け赤褐色の窪地ができる．強い日射を受けて雪面の所々に凹部を生じる「雪えくぼ」がみられる．斜面の「流れえくぼ」地帯にはアカシボはなく，雪えくぼの地点にアカシボが発生し，融雪後ヨシやスゲ，ミズバショウなどの植物が優占する．アカシボの凹地には微地形構造は特にみられない．尾瀬沼の積雪下層は氷板で大気が遮断されるため嫌気的であり，溶存酸素濃度が低下しガスが

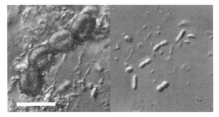

図2 アカシボの顕微鏡写真．左：シュウ酸添加前（スケールは 10 μm），右：シュウ酸添加後酸化鉄が溶解して中のバクテリアが現れた．

蓄積し，積雪・氷板に穴を開けると高濃度の二酸化炭素やメタンのガスが噴出することがある．尾瀬ヶ原研究見本園のアカシボ粒子は最大で $200\,g/m^2$，アカシボ粒子の量子収率は低く，藻類は少ない．アカシボ層には溶存有機物も多く，最大で $400\,mg\,C/m^2$ に達する．積雪の酸素同位体比は，周辺部分（$-12‰$）よりアカシボ層で重い（$-10‰$）ことから，アカシボの水は周辺からの雪解け水と泥炭間隙水の混合水と考えられる[1]．

日本の融雪時期には黄砂が降下し着色することがあり，「赤雪」とも呼ばれる．これは広範囲に薄く層状になり，色彩や化学成分がアカシボとは異なる．また，近隣の塵や樹皮などの植物遺体が降下し小規模にさまざまな色彩を呈したり，クラミドモナスなどの雪氷藻が増殖しても「赤雪」を生じる[2]が，これも微生物群集がアカシボとは異なる． 〔野原精一〕

文 献
1) 野原精一ほか，2012，低温科学，**70**，21．
2) Fukushima, H., 1963, *J. Yokohama Munic. Univ. Ser. C, Nat. Sci.*, **43**, 1.
3) 福原晴夫，2012，低温科学，**70**，75．
4) Kojima, H., Fukuhara, H. and Fukui, M., 2009, *Syst. Appl. Microbiol*, **32**, 429.

7-13 湿地・湖沼のメタン循環

methane cycling in wetlands and lakes

温暖化，嫌気環境，メタン生成，メタン酸化

メタン（CH_4）は二酸化炭素（CO_2）に次いで放射強制力の大きな温室効果ガスである．1750年に722 ppbであった大気中メタン濃度は2011年には1803 ppbにまで増加しており[1]，大気への放出源や吸収源におけるメタン動態の解明が地球環境変化の予測において重要となっている．

地表から大気への総メタン放出量は542〜852 Tg CH_4/年（2000〜2009年の推定値）であり，自然発生源から238〜484 Tg，人為発生源から304〜368 Tgのメタンが1年間に放出されている[1]．自然発生源で最も放出量が多いのは自然湿地（177〜284 Tg CH_4/年）である．特に，北半球高緯度域や熱帯地域の湿地からの放出量が多い．CO_2濃度の上昇と気温や降水パターンの変化により，湿地からのメタン放出量は今後さらに増加すると予測されている[1]．自然湿地以外には，湖沼などの淡水域からのメタン放出量（8〜73 Tg CH_4/年）が多く，海洋全体からの放出量をも上回っている．

湿地や湖沼におけるメタンの循環には，微生物によるメタン生成・消費プロセスが大きくかかわっている．酸素が枯渇した堆積物や湖の深水層には嫌気性古細菌であるメタン生成菌（methanogen）が分布しており，水素，酢酸塩，ギ酸塩，メタノール，メチル化合物などをエネルギー源や炭素源として利用しながら生育している．これらの基質の多くは，発酵微生物や水素生成菌，酢酸生成菌が有機物から生成したものである．メタン生成菌による代謝の最終産物としてメタンが生成する現象をメタン生成（methanogenesis）と呼んでいる．湿地や湖沼のメタン生成の多くは，水素を資化するメタン生成菌（*Methanoregula*属など）や酢酸を資化するメタン生成菌（*Methanosaeta*属など）による（表）．最近では，湖水中の酸素が豊富な好気環境でメタンを生成することができる未知の微生物代謝の存在も指摘されている[2]．

湿地や湖沼では，酸素濃度や土壌水分・地下水位，温度，基質，湿地植生，電子受容体などがメタン生成活性に影響する．特に偏性嫌気性のメタン生成菌にとって酸素の有無は重要であり，O_2濃度が上昇するとその活性は停止する．また，嫌気環境の発達に影響を及ぼす土壌の含水率や地下水位の変動も重要である．湿地土壌は地下水位が上昇すると大気とのO_2交換が滞って嫌気状態になりやすく，メタン生成が活発になる．反対に，地下水位が低下すると土壌にO_2が供給されるため，メタン生成速度は低下する．

一方，安定した嫌気環境であれば，水温の上昇や基質（水素，酢酸，易分解性有機物など）の増加がメタン生成速度を上昇させやすい．植物群落や植物プランクトンの一次生産が高い富栄養な湿地や湖沼では，大量の易分解性有機物が堆積物に供給されるためメタン生成速度も早くなる傾向にある．さらに，基質をめぐってメタン生成菌と競合関係にある嫌気性微生物もメタン生成活性に強く影響する．特に，硫酸還元細菌はSO_4^{2-}（嫌気呼吸の電子受容体）が十分存在する環境では基質（水素や酢酸など）をめぐる競争で有利となる．そのため，環境中では硫酸還元反応が優勢となり，メタン生成菌の活性が抑制される．

堆積物や湖の深水層で生成したメタンは，分子拡散，湖水の鉛直混合，メタンバブルの脱ガス，水生植物の通道組織などを経由して好気環境へと移動する．この移動中に，大部分のメタンがメタン酸化菌に消費されるといわれている[2]．特に移動速度

表　湿地や湖沼で生じる主なメタン生成およびメタン酸化反応

生成/酸化	反応	微生物
メタン生成	$4H_2 + CO_2 \rightarrow CH_4 + 2H_2O$	*Methanoregula*, *Methanobacterium* など
	$CH_3COO^- + H_2O \rightarrow CH_4 + HCO_3^-$	*Methanosarcina*, *Methanosaeta*
好気的メタン酸化	$CH_4 + 2O_2 \rightarrow HCO_3^- + H^+ + H_2O$	*Methylobacter*, *Methylosarcina* など
嫌気的メタン酸化	$CH_4 + SO_4^{2-} \rightarrow HCO_3^- + HS^- + H_2O$	ANME-1, ANME-2
	$3CH_4 + 8NO_2^- + 8H^+ \rightarrow 3CO_2 + 4N_2 + 10H_2O$	NC10

が遅い分子拡散や湖水の鉛直混合では消費されるメタンの割合が高く，この移動過程におけるメタンの消費が大気へのメタン放出を抑える重要なプロセスとなっている．

メタン酸化菌はメタンを炭素源およびエネルギー源として利用する微生物である．このうち好気性メタン酸化細菌（*Methylobacter* 属など）は，メタンを O_2 で酸化する（表）．一方，O_2 のかわりに SO_4^{2-}, NO_2^-, NO_3^- を電子受容体として使ってメタンを酸化する嫌気性メタン酸化古細菌（ANMEグループ）や真正細菌（NC10門）が湖水や堆積物中に存在することが明らかとなってきた（表）．また，鉄やマンガンを利用した嫌気的メタン酸化が堆積物中で生じている可能性も指摘されている[2]．ただし，嫌気的メタン酸化が湿地や湖沼のメタン収支にどの程度寄与しているのかほとんどわかっていない．

好気性メタン酸化細菌の活性は，基質の量が律速要因となりやすい．酸化還元境界の近傍では嫌気環境から供給されるメタンと好気環境から供給される O_2 がともに多く存在するため，メタン酸化速度は高くなる．湿地や湖沼では，好気的な水塊が接する堆積物の表層や急激に酸素濃度が低下する酸素躍層付近，根を介して O_2 が供給される植物の根圏環境などが，メタンの消費が活発な場所である．

メタン生成と同様に，温度も湿地や湖沼のメタン酸化速度を律速する．さらに，季節的な温度上昇によって湿地のメタン生成活性が上昇し，基質（CH_4）の増加によってメタン酸化速度が早くなるといった間接的な温度影響も知られている．

淡水湖沼では，メタン酸化細菌が1次生産者となるメタン食物網がしばしば成立する．メタン酸化細菌が同化したメタン由来の炭素がミジンコやユスリカ幼虫などの大型動物に転送されている証拠が，炭素安定同位体やリン脂質脂肪酸組成の分析結果から示されている．原生動物がメタン酸化細菌を捕食し，さらに大型動物が原生動物を捕食することで，メタン由来の炭素が上位栄養段階の消費者に転送されているのだろう．消費者によるメタン酸化細菌への捕食圧がメタン酸化速度に影響を及ぼす可能性も指摘されている．ただし，メタン食物網を流れる炭素フローが高次消費者にとってどの程度重要であるかはよくわかっていない．

〔岩田智也〕

文献

1) Ciais, P. et al., 2013, *Climate Change 2013: The Physical Science Basis*, pp.465-570, Cambridge University Press.
2) Conrad, R., 2009, *Environ. Microbiol. Rep.*, **1**, 285.

7-14 土壌凍結と微生物

microbial ecology in the freeze-thaw soil

土壌微生物, 凍結耐性, 不凍水

a. 土壌試料の冷凍保存と微生物の生態

　冬に霜柱の立つ地面または硬く凍結した土を見て，土壌微生物の振る舞いを想像する人は少ないかもしれない．しかし，畑や森林から採取した土を保存するときに，冷蔵と冷凍のどちらなら採取してきたときの状態をより維持できるだろうか？　と考えたことのある人はいるだろう．実際に土の凍結保存の可否を検討したり冬季の土壌微生物の生態を調べようとして，凍結融解を実験的に施して微生物の量的・質的変化を調べてみると，それらの変動は小さく，凍結融解の影響は無視しうると結論されることが少なくない．そして，供試した土が自然環境下で凍結融解が起こる地域から採取された土に優占する微生物は，凍結融解に耐性を有していたと考察されることが多い[1]．

　スウェーデン国内に分布する12地点の農耕地の鉱質土壌を用い，$-20°C$一定条件に1日，1, 3, 6, 13ヶ月静置した後$+25°C$で一晩融解処理し，クロロホルム燻蒸抽出法とSIR（基質誘導呼吸）法を指標に微生物バイオマスを測定した例では，$+2°C$で同じ時間静置した冷蔵保存試料よりも凍結保存試料の方が実験開始時の土の状態に近いと結論された．フィンランド国内の農耕地の泥炭土と砂壌土を用いて，$-17°C$と$+4°C$とをそれぞれ5日，7日間継続させる凍結融解処理を4回繰り返し，SIR法，リン脂質脂肪酸，DNAを用いて微生物バイオマスの測定を行った例では，$+6°C$に同じ時間静置した非凍結の対照区と比べて差がほとんどないことを観察した．いずれの例でも，採取地で土が凍結融解を受けるために微生物は凍結融解に馴化・適応している，と推察されている．ここで，①リン脂質脂肪酸やDNAといったバイオマーカーのすべてが微生物の生死の区別に適しているかどうか，また②実験室で行う凍結融解処理が寒冷地で起きている凍結融解と同一ではない[2]　など，方法論上の問題を一部含むことに注意が必要であるが，これらの結果は，多くの土壌微生物が凍結融解によって致死的な影響を受けることなく生残する印象を与える．なお，ベトナムやフィリピンといった熱帯地域の土を供試して凍結融解後の土壌微生物の生残性をクロロホルム燻蒸抽出法を用い調査した例では，微生物バイオマスは凍結融解処理（$-13°C$と$+4°C$の4回繰返し）により，$+4°C$一定に静置した対照試料の60〜70%に低下したにすぎず，過半数は生残することが認められた．さらに，ツンドラ地域に立地するカナダの軍事施設で重油汚染土壌のバイオスティミュレーションによる浄化の可能性について調べた例では，凍結融解処理（$-5°C$と$+7°C$を24時間サイクルで交互させた培養）により重油分解微生物の有意な増殖と汚染浄化の促進とを観察している．つまり，土壌微生物は凍結融解で致死的影響を受けないメカニズムを有している．

b. 細菌細胞の凍結融解に対する耐性

　冬にフェーンやチヌックがもたらす土の凍結融解の繰り返しが起こる地域の土壌微生物群集を解析した例では，共生関係による耐性メカニズムが明らかになった．凍結融解の繰り返し処理を自動的に実施できる処理槽を用いて土壌細菌の凍結融解耐性を植物病原細菌・腸内細菌と比較したところ，腸内細菌 *Escherichia coli* と植物病原菌 *Pseudomonas chlororaphis* 株は，48回の凍結融解の繰り返しの後に生残できなかったが，チヌックが起こる地域の土から調製し

た混合培養液では，希釈平板法で観察できるコロニーの多様性や数の減少はみられたが全滅には至らなかった．その48回の凍結融解繰り返し処理で生残した株を改めて凍結融解処理したところ，処理前の混合細菌群集と比べて1000倍以上の耐性を有している株が発見された．16S rRNAの配列に基づいてその菌株を同定したところ，異なる5属の細菌が認められた．次いで，その分離株の1つ *Chryseobacterium* sp. C14が融点近傍での氷晶の成長に伴う凍結害を防ぐ不凍タンパク質を生成することを確認した．この分離株の菌体を除去した培地に，同じ土から分離された不凍タンパク質生成能を有さない *Enterococcus* sp. 株C8を接種すると，凍結融解に対する耐性の向上が認められた．この結果から，片利共生的な凍結融解への耐性メカニズムの存在を明らかにした．

c. 土が微生物を凍結融解から保護する？

一部の土壌微生物は凍結融解に対して細胞レベルでの耐性メカニズム（不凍タンパク質の分泌のほか，細胞膜の脂肪酸組成の変化，多価アルコールの蓄積，熱ショックタンパク質や氷核タンパク質の生成など）を有しているが，これは微生物細胞の中および周辺の水の凍結を防ぐことにほかならない．ここで，微生物細胞の周辺にある水が凍結しないことについては，土粒子の表面の作用により水の化学ポテンシャルが低下することが関与している，すなわち土自身が不凍水を持つことで土壌微生物に生残する機会を与える場合もありうる．高感度液体シンチレーションカウンターを用いて凍土中の細菌の脂質画分への酢酸の取り込み量を経時的に測定することで代謝活性の評価を行った例では，+5℃，0℃，-1.5℃，-5℃，-10℃，-15℃，-20℃と温度が低下するにつれて酢酸の菌体への取り込み量は減少していったが，-10℃までは微生物代謝を定量的に検出することに成功している．また，土からの二酸化炭素発生を指標にして土壌微生物活性を評価した例では，-39℃まで活性を定量的に検出することに成功した．これらの研究は，凍土中の微生物活性と不凍水の厚さ（不凍水量／比表面積）の関連を指摘している．粘土鉱物カオリナイトの表面における不凍水の厚さは-1.5℃で15 nm，-10℃では5 nmと推計される．この薄いフィルム状の液体の水が凍土中において土粒子と微生物細胞とを包むように存在し，かつ不凍水が土粒子表面に連続的に広がっていれば，微生物はその水を養分や排泄物の輸送媒体として利用できる可能性がある．つまり，微生物細胞近傍の水が凍結しないことが土の凍結融解過程における微生物の生残および凍結した土における微生物活性を理解するうえで支配的な要因であるといえそうである．

土壌微生物は，氷点下の環境で細胞自身ないしその周辺の水を凍結させないこと以外に，土粒子表面の不凍水が発生するところで生残し，ときには増殖することもある．温度が低いこと自体は冬季に土壌微生物の活性を制限するおもな要因であるが，水の利用性も土壌微生物活性を支配する要因として無視できない．土が凍結すると微生物が利用できる液体の量が劇的に減少するため，不凍水量を定量的に把握することが凍結融解土壌中の微生物の環境条件を理解するうえで重要となる．　　〔柳井洋介〕

文　献

1) 柳井洋介ほか，2007，土と微生物，**61**, 26.
2) Henry, H. A. L., 2007, *Soil Biol. Biochem.*, **39**, 977.

7-15 永久凍土と微生物

microbe in permafrost

永久凍土，万年氷，氷楔，微生物，放線菌

a. 永久凍土中の微生物

極地での微生物調査の報告は多数存在する．シベリアの永久凍土では，1gあたり1万～100万個の微生物が，生きた微生物として観測できたと報告されている．グリーンランドの12万年前の氷の中からも種々の微生物を分離したと報告されている．年代の推測は，氷の中に溶け込んでいる二酸化炭素やメタンの炭素原子の同位体比率を測定して計算される．

極低温の場合，微生物は，凍結しても死ぬわけではないので，凍ったときの微生物叢をある程度反映して，凍土に変化があるまで「保存」されていることになる．

微生物は小さく軽いので，ジェット気流などの大気の流れではるか遠方まで運ばれ，極地にも運ばれて，氷の上に着氷し，そこで堆積して凍って万年氷に閉じ込められた微生物もあるだろう．

微生物は，低温環境下で順応して低温菌になるのだろうか，という疑問がわく．永久凍土など極地環境から分離された種々の微生物について，成育温度などの研究が行われている．最も低い温度で生育が知られている微生物は－10℃で増殖できる．ただしそれらの増殖はゆっくりで，約3週間で2倍に増える程度である．これらの菌は，3～10％の食塩に耐性である場合も多い．氷点下での生育には，菌体内の浸透圧を保つために，トレハロースやポリオールを保持する微生物も知られている．

氷点下環境から分離された微生物の最も生育に適した温度（至適温度）を調べた研究では，それら微生物の多くは，20℃～30℃に至適温度を示した．すなわち低温環境で生育している微生物は，至適温度は室温付近であるが，氷点下環境でも増殖ができる，生きていることができる微生物であるといえる．

b. 氷楔はタイムカプセル

骨格もなく堅い殻も持たない細菌は化石にはならない．しかし，万年氷や永久凍土の中に封じ込められている微生物を探せば，古代の微生物に出会える．「永久凍土」の定義は，地盤などが2年以上凍結した状態を保っていることで，地球上の陸地の14％にあたる．しかし，その氷や凍土が，太古から溶けずに絶え間なく凍結した状態が続いていたのか，という証明は難しい．

氷の中には，「氷楔」（ひょうせつ，ice wedge）と呼ばれる楔（くさび）形の氷が凍土層のあちこちに存在している．気温が下がる季節に地表に亀裂が生じ，そこに地表の水が流れ込み，凍結して細い楔形の氷ができる．氷ができるときに膨張して周囲の地面を押し広げる．季節の移り変わりによって，楔形の氷に再び亀裂が生じて，再び地表の水が流れ込み，そして凍る．冷却による地表の亀裂発生と水のある時期での水の亀裂への流入のサイクルで，氷は成長してゆく．この氷に葉脈のような独特の模様が形成される（図1）．葉脈構造があれば，凍結してから一度も溶けたことのない氷と判定でき，この中はまさしくタイムカプセルとなっている．

c. タイムカプセルの中の微生物

筆者らは，アラスカの氷楔の中の微生物の状況を調べた．氷楔から採掘したサンプルは，氷の表面への付着物による汚染を除くため，殺菌性のある70％エタノール溶液に浸け，取り出して周りのエタノールに火をつけて火炎殺菌も行い，内部の微生物の調査を行った．氷に含まれるDNAを濃縮し，遺伝子解析するとともに，寒天培地

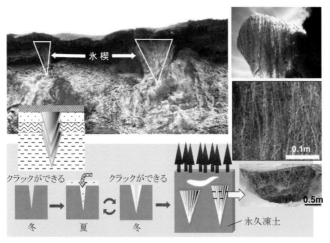

図 永久凍土中の氷楔の形成（写真はアラスカで撮影）

上に生育する微生物も調べたところ，両者は大きく異なっていた．

DNA解析では，グラム陰性菌のGammaproteobacteria綱が93％を占めていた．一方，寒天培地上に生育した微生物は，グラム陽性菌のGC含量が高い微生物，すなわち放線菌に分類される微生物が大多数を占めた．なかでも菌糸も胞子形成もみられない無芽胞で単細胞の放線菌 *Arthrobacter* 属などが多かった．高GC含量のグラム陽性菌が多く分離されたのは，グリーンランドの12万年前の氷と類似していた．高GC含量のグラム陽性菌は，他の微生物より氷の中での耐性があるようにみえる．

新属や新種の菌も見つかった．「新」といっても古代の微生物で，現在の環境からは見つかっていなかった菌だ．タイムカプセルの中には，珍しい微生物もしばしば閉じ込められている．古代と現代との相違を調べるために，タイムカプセルの中の微生物も使用できるだろう． 〔浅野行蔵〕

7-16 氷河・氷床・氷底湖の微生物
microorganisms in glacier, ice sheet and subglacial lake

雪氷微生物, アイスコア, 氷床下湖

　氷河や氷床に長年にわたって堆積した雪や氷は, 過去の環境情報を封印したタイムカプセルである. したがって, 氷河の深い部分から採取した柱状の氷サンプル (アイスコア) を分析すれば, 過去の環境変動について多くの情報を得ることができる. 過去の環境変動に関するデータは将来の環境変動予測に不可欠な情報であることから, 南極やグリーンランドなどの氷床アイスコア解析が行われ, 過去数十万年の地球環境が明らかになってきた.

　極限環境として知られる雪氷環境には, 藻類, 糸状菌, 酵母などの真核生物やバクテリアなどの微生物が生息している. しかし, 雪氷環境から検出されるすべての微生物が雪氷環境に固有のものであるとは限らない. 氷河末端の消耗域では, 周辺の土壌やモレーンから飛来したものが多いとも考えられ, また降雪後の表層から採取される微生物は, 雪の結晶とともに落下するケースもあり, その源は高層大気にあると考えられる. 南極圏や北極圏のように氷舌が海洋に接する場合は, 海洋水の飛沫も微生物のソースとして考慮する必要もあり, また氷河の周辺に生息する動物の糞便由来の微生物も検出の可能性がある. これらのプロファイリングは, その時点における氷河の周辺状況を表す1つの生物指標となりうる.

　南極氷床アイスコア中には, どのくらいの密度の微生物が存在しているのであろうか. 南極ボストーク基地におけるアイスコア試料の解析によると, 氷床表面付近のバクテリア細胞の密度は0〜0.02細胞/mLであり, アイスコア中には0〜24細胞/mLと非常に少ないことが報告されている. このように, 細胞数がきわめて少なく, またそのほとんどが難培養微生物である氷床アイスコア解析では, コンタミネーションの問題がクローズアップされてくる. 微生物解析の過程でコンタミネーションの可能性が否定できなければ, その後の解析結果は信頼性が得られず, 価値のないものになってしまうためである.

　アイスコア中の微生物の生息場所を推定した研究によると, 氷の融点近傍である氷床深部では, 氷と氷の界面, すなわち氷の結晶粒界の硫酸イオン等を含む液相に, 微生物が生息できると考えられている. 氷の結晶粒界に存在する無機・有機イオンを栄養源として微生物は生息していると推測されているが, 栄養源となる化学物質の存在状態と空間分布はよくわかっておらず, 微生物活動に実際に関与しているかどうかはまだ明らかになっていない.

　現在, 氷床・氷河中の微生物研究は盛んに行われているが, そのなかでも特に南極氷床下の水層と岩盤は, 人類に残された最後のフロンティアの1つとされ, その生態系の解明に世界的な期待が集まっている. 以下では, 氷床下湖やアイスコアサンプルを用いた遺伝子解析による生命探査や, 古環境の推定や変動に関する近年の研究成果を紹介する.

　南極氷床の下には150以上の氷床下湖が存在し, そのなかでも最大であるのがボストーク湖である. 琵琶湖の約20倍の面積を持ち, 湖の総面積は1万4000 km^{2}である. ボストーク湖は数百万年以上もの間, 外界と隔離されていると推測されており, その生態系の解明に期待が集まるようになった. 1999年のPriscuらの研究によると, ボストーク湖の水が氷床に付着してできた氷 (accretion ice) から, 顕微鏡観察による微生物細胞の確認や原核生物の16S

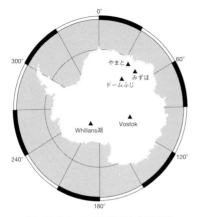

図 アイスコア掘削場所と氷床下湖

rRNA 遺伝子解析によって，数種類のバクテリアが検出された．その後 2013 年にはボストーク湖に多種多様なバクテリア，菌類，節足動物など推定 3507 種類の DNA が存在しており，その一部は魚の寄生菌・共生菌あるいは腸内細菌であると報告されている[1]．しかし，この研究結果に対し，不凍液などのアイスコア掘削過程や実験過程に伴うコンタミネーションの可能性も指摘されている．

2013 年にはアメリカの氷河底湖調査プログラム Whillans Ice Stream Subglacial Access Research Drilling（WISSARD）により，南極氷床下 800 m にある Whillans 湖の試料が採取され，南極氷床下湖において生命が生息しているかどうかが注目された．同様な氷床下湖の生命探査は前述のボストーク湖でも行われてきたが，ボストーク湖でのアイスコア掘削では不凍液を用いた掘削方式で行われたため，採取された氷試料表面や内部にもコンタミネーションが生じた可能性が指摘されていた．しかし，WISSARD プロジェクトでは，紫外線殺菌装置とフィルターを備えた熱水ドリル方式を新たに開発し，コンタミネーションが起こりにくい方法で掘削を行った．そして

2014 年にアメリカを中心とする国際研究チームが，数千年にわたって外界から隔離されていた太陽光の届かない暗黒の湖に，活発な代謝を行う微生物生態系が存在していたことを示す研究結果を発表した[2]．抽出した DNA から 16S rRNA 遺伝子分析を行った結果，3931 の種群による多様な微生物群集が確認され，87％はバクテリア（真正細菌）に，3.6％はアーキア（古細菌）に分類された．微生物は炭素源として二酸化炭素を利用し，また岩石からエネルギーを得ていると推測された．このように南極氷床下には微生物生態系が広域に存在し，南極大陸周辺の化学的・生物学的組成に影響を与えている可能性がある．

グリーンランドが数十万年前には森に覆われていたことを遺伝子情報解析から示した研究がある[3]．グリーンランド氷床の深部の氷試料からの DNA 解析により，過去に存在していた樹木や昆虫の遺伝子が検出され，今から 45〜80 万年前のグリーンランドにはチョウなどの昆虫が生息し，常緑樹の森に覆われていたことを示した．検出された植物の分類より，グリーンランドの夏の平均気温は 10°C 以上，冬は −17°C より暖かかったと推測している．さらにこの研究では，アミノ酸のラセミ化分析や進化速度の早いミトコンドリアの遺伝子情報を用いた相対速度検定により，氷試料から得られたアミノ酸や DNA 配列が，現世からのコンタミネーションではないことも示している．科学的な信憑性やコンタミネーションへの観点からも，このような推測方法は古代 DNA を解析するうえで非常に優れている．また，同じ試料を異なる 2 つ以上の研究施設で解析を行い，それぞれの施設で分析した結果を用いて議論することは，コンタミネーションの問題が付きまとう古代 DNA 研究の分野ではスタンダートになりつつある．

アイスコア解析は近年の地球温暖化，お

よびそれによって引き起こされる氷河変動を理解するための手段として有効であることから，盛んに研究されている．しかし急激な氷河縮小が報告されている中・低緯度地帯のアイスコアは，積雪表面からの融解水の浸透により，極域では年層の指標として利用される同位体比や化学成分などの物理・化学的環境指標の深度分布が乱されてしまうため，環境復元の情報として利用するのは困難であることが知られている．そのため，アイスコアを用いて良質な古環境情報を復元できるのは，極域や高所にしか存在しない，融解がほとんど起こらない寒冷な氷河にほぼ限られてきた．

しかしながら，氷河上の雪氷微生物活動は，温暖で融解が多い氷河ほど活発になるため，これらを利用することで，これまで利用が困難だった中・低緯度に位置する氷河のアイスコアからもさまざまな環境情報が得られることが報告されている．たとえば，氷河生態系の一次生産者である雪氷藻類などの微生物は，毎年夏に氷河表面で増殖し秋には新たな積雪で埋められる．そのため氷河の深い部分には過去に氷河表面で増殖した雪氷微生物が年層となって保存されていることや，藻類バイオマスと気温に関連があることがわかり，藻類バイオマスは気温や質量収支の指標になる可能性が示された[4]．さらに近年，ロシア・アルタイ山脈のソフィスキー氷河，天山ウルムチNo.1氷河，ネパールのリカサンバ氷河から得られたアイスコアから得られた過去の氷河表面で増殖した雪氷藻類や，アルタイ山脈のベルーハ氷河のアイスコアから得られた雪氷環境に特殊化した酵母を環境条件の指標として利用することで，過去の環境変動について多くの情報が得られることが明らかになっている．さらにベルーハ氷河のアイスコアには花粉が5種類含まれており，これらが飛散する季節の違いを季節マーカとして利用することで88年分の積雪が含まれていることが明らかとなった．同位体などの化学的環境指標が利用できないような中低緯度山岳地からのアイスコアでも正確に年代を復元できることが示され，このようなアイスコア中の生物学的情報を環境指標として利用することで，中・低緯度域に多く分布する温暖氷河アイスコアから良質な氷河学的情報や古環境情報の復元が可能になり，氷河研究や気候研究への大きな貢献が期待できるようになってきた．

近年，遺伝子情報などの分子生物学的分析手法を用いたアイスコア中のバクテリアの解析も広く行われるようになっている．東パミールのムスターグアタ氷河のアイスコアから培養されたバクテリアのうち大部分が好冷性や耐冷性の記載があったことから，培養できるバクテリアの多くは寒冷環境に適応したものであることが示された．また，グリーンランドの約5万年前のアイスコアから多様なバクテリアが培養され，16S rRNA遺伝子解析により種群の同定が行われ，アイスコアには長期間生息しているバクテリアが存在していることが示唆された．また，チベット高原マラン氷帽からのアイスコア解析によると，バクテリアの濃度は微粒子濃度と正の相関が，酸素同位体比とは負の相関が確認され，過去のバクテリア濃度と気候との関連性が指摘されている．

しかし，アイスコアから単離されたバクテリアは，実際の雪氷環境とは大きくかけ離れた富栄養培地での培養であるため，培養されたバクテリアが実際に氷河上で増殖する貧栄養な雪氷環境に適応した種かどうかは明らかでない．さらに，死滅した細胞からもDNA情報が検出されてしまうため，DNA情報からでは，アイスコア中で生存・生息しているバクテリアであるのか，それとも単にモレーンなどから飛来したものか，大気から降下したものかの判断ができない．そのため，細胞内の全転写産

物（全 RNA）の解析や氷河表面やモレーン，大気中などのバクテリア群集の生理，生態研究も注目されている．

南極アイスコア中の微生物が古環境指標として利用できるかどうか，南極沿岸域のやまと山脈の氷期に属するアイスコア試料とみずほ基地の間氷期のアイスコア試料中に含まれるバクテリアの 16S rRNA 遺伝子を用いた群集構造解析を行った研究がある．間氷期のみずほのアイスコア試料では *Bacteroidetes* が優占種であったものが，氷期のやまとのアイスコア試料では γ-*proteobacteria* が優占種であり，双方でバクテリアの構成が大きく異なっていた．氷期のやまとのアイスコア試料は，淡水，海水，氷河，植物から分離された記載種の割合が高くなったが，間氷期のみずほのアイスコア試料では，とりわけ動物を分離源とするバクテリアが多く検出され，南極アイスコアでも微生物情報が古環境指標として利用できることが示された．

南極ドームふじ基地で掘削されたアイスコア試料は，やまとやみずほのアイスコア試料に比べ，より古い年代の，連続的な時系列試料が利用できることで知られている．南極ドームふじ基地での第二期深層掘削計画の最終年となった 2007 年に，約 3035 m 深の氷床最下部から氷試料が掘削された．このとき，3034 m 深の約 72 万年前の氷試料から桿状バクテリアが検出されている．岩盤が氷床に封じ込められる前の古代の環境に由来する微生物である可能性があり，現在，全遺伝子情報データによる解析が行われている．

産業社会の発展により環境中に蓄積が誘導された物質として，抗生物質耐性菌をあげることができる．抗生物質耐性菌の環境中への放散状況を氷河表面から検出されるバクテリアから明らかにし，蓄積の主たる原因と伝搬経路について推定を行った研究を紹介する[5]．世界各地の雪氷中のバクテリア群集から抽出した DNA に含まれる抗生物質耐性遺伝子の検出や定量を実施したところ，抗生物質耐性遺伝子の検出には地域性がみられ，採取地点の周辺地域における抗生物質の使用状況を反映していることが示唆された．また 40°S 以南のチリや南極の氷河表層からは，抗生物質耐性遺伝子はほとんど検出されなかった．45°S 付近を境に，南北で高層大気循環が分断されることが報告されていることから，各地の氷河表層から検出される耐性遺伝子は，高層の大気循環によって運搬された北半球起源の耐性菌に由来するとも推測された．また，アイスコア試料は過去の抗生物質耐性遺伝子の分布状況を反映する可能性もあるので，さらなる調査が必要であろう．

最近では火星の氷床や永久凍土など，雪氷環境が地球外生命の生息場所としても注目されている．アイスコア中の微生物や雪氷微生物の生態を理解することは，地球の環境変化と微生物の関係を理解するうえでも重要である．　　　　　　　　〔瀬川高弘〕

文　献

1) Shtarkman, Y. M. et al., 2013, *PLoS ONE*, **8**, e67221.
2) Christner, B. C. et al., 2014, *Nature*, **512**, 310.
3) Willerslev, E. et al., 2007, *Science*, **317**, 111.
4) Yoshimura, Y. et al., 2000, *J. Glaciol*., **153**, 244.
5) Segawa, T. et al., 2013, *Environ. Microbiol. Rep*., **5**, 127.

7-17 氷河生態系

glacier ecosystems

雪氷生物,雪氷圏物質循環,雪氷化学,氷河変動,気候変動

　氷河生態系とは,氷河を単に雪氷から構成される無機的な系とするのではなく,氷河に生息する生物群集を含む生態系とみなす概念である.氷河上の生物群集の存在が最近明らかになったことによって,氷河における無機化学成分や炭素などの物質循環,さらに氷河表面のエネルギー収支や雪氷の質量収支がその生物過程の影響を大きく受けていることがわかってきた.つまり,氷河生態系は,氷河を地球システムの構成要素の1つとして,地球環境に対する機能をまったく新しく再評価する可能性を持つ概念である.

　極地や高山に分布する氷河は,寒冷で紫外線が強く,生物の栄養塩となる物質も限られる極限環境であるため,生物が生息できない無生物環境と長く考えられてきた.しかしながら,実際には氷河上に光合成を行う独立栄養生物や,その生産物に支えられた従属栄養生物を含む多様な生物が生息している.これらの生物は,氷点付近の低温環境で生物活動の維持が可能な,寒冷環境に適応した特殊な生物である.またこれらの生物の多くは,一時的に氷河を生息場所と利用するのではなく,生活史のすべて,またはほとんどを氷河上ですごしている.彼らが活動するのは,氷河の融解する夏季という1年の中のわずか数ヶ月間であるが,彼らの生物活動は氷河の物質循環や融解に大きな影響力を持つ.

　氷河生態系における食物連鎖の出発点となる微生物が雪氷藻類である[1].雪氷藻類は,雪や氷の表面で光合成を行って有機物を生産する独立栄養生物で,氷河上のほかの従属栄養生物に有機物を供給するという重要な役割を持つ.雪氷藻類は,融解期の氷河の積雪域および裸氷域で,雪粒の間や氷の表面に存在する融解水の水膜,氷の表面にたまった融解水の中で繁殖する.雪氷上の藻類のほとんどは,緑藻またはシアノバクテリア(藍藻)のどちらかの分類群に属する.緑藻類は,比較的細胞サイズが大きい単細胞生物で(数十μm),細胞内には葉緑素(クロロフィル)のほか,オレンジ,赤,茶色などカロテノイドなどの色素を持つ.比較的短期間で増殖し,大繁殖すると雪を赤や緑に染める.シアノバクテリアは比較的細胞サイズが小さい(数μm)原核生物で,糸状に連なっているものが多い.緑藻とシアノバクテリアは,形態だけでなく生活史や分散様式,繁殖速度や条件も大きく異なり,そのことは後で述べる地理分布の解釈に重要な意味を持つ.

　雪氷藻類に生産された有機物は,氷河上に生息する多様な動物により消費される[1].世界各地の氷河に広くみられるのは,クマムシやワムシなどの微小な動物である.彼らは藻類の生産物を食べながら,雪氷表面の融解水の水膜や氷河表面の堆積物の中で活動している.また昆虫類などの比較的大型の動物相も氷河には生息している.これらは地域に特有なものが多い.たとえば,ヒマラヤの氷河にはヒョウガユスリカという昆虫やヒョウガソコミジンコという甲殻類が生息している.北米の氷河には,コオリミミズという特殊なミミズが生息している.コオリミミズは夜行性で,日中は積雪表面下ですごし,夕刻になると藻類が大繁殖した赤雪表面に現れて活発に藻類を食べる.南米の氷河にはカワゲラが生息している.昆虫類のトビムシは,極域から低緯度帯の氷河まで広く生息している.さらに氷河には,菌類や酵母も存在することがわかってきている.

　これらの生物の遺骸などの有機物を分解

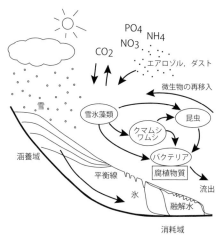

図　氷河生態系の概念図

する従属栄養性のバクテリアも，氷河には広く存在する．バクテリアの種類によっては，単に有機物を二酸化炭素に分解するだけでなく，氷河上の栄養塩類を含む微量化学成分の循環に深くかかわっているものもいる．さらに，氷河上のバクテリアの多くはウイルスに寄生されていることもわかっており，ウイルスも氷河生態系の重要な構成要素である．以上のように氷河上には寒冷な環境に適応した特殊な生物で構成される閉鎖的な食物連鎖が存在するのである．

　流動する雪と氷の上に成立する氷河生態系は，ほかの陸上生態系や水系生態系とは異なる特徴を持っている[2]．氷河は普通，上流側の涵養域と下流側の消耗域の2つの領域に分けられる．氷河に降った雪は涵養域で蓄積され圧密されて氷となり，重力によってゆっくりと下流へ移動し，消耗域で融けて水となり，最終的に氷河の外へ流出する．涵養域は年間降雪量が年間融解量を上回る領域で，融解期も含め年間を通じて表面は雪である．一方，消耗域は年間降雪量より年間融解量が大きい領域で，融解期には雪は融けてなくなり裸氷が露出する．

　このような涵養域と消耗域の表面状態の違いは，それぞれの領域の生物群集に大きく影響する．涵養域では，気温は低く融解期間も短いため，生物量（バイオマス）は少ない．涵養域の生物群集は，大気を介して移入してくる一部の緑藻類やバクテリア，トビムシ，クマムシなどである．彼らは融解期に一度繁殖した後，雪に埋もれてそのまま凍結状態で長期間にわたって氷体内に保存されることになる．一方，消耗域は融解期間が長いため，生物の生産量とバイオマスは比較的大きい．ただし裸氷の表面を流れる融解水も多いため，融解水とともに氷河外へ流出する危険も高い．裸氷表面は決して均一ではなく，クリオコナイトホールと呼ばれる融解水の水たまりや，氷河上湖，川，青氷や風化氷，ハンモックアイスなど，多様な表面状態が存在し，生物はそれぞれ自らの都合のよい場所に不均一に分布する．融解期が終わると表面は凍結し積雪に埋もれるが，翌年の融解期には積雪が融けて再び裸氷面が露出する．したがって，涵養域とは違い，消耗域では前年に活動していた生物が休眠から覚めて再び繁殖する．

　氷河の流動や氷体の温度も，氷河上の生物群集および各生物の生活史に影響する[2]．氷河上の生物は，氷河流動や融解水によっていずれは氷河外に排出されてしまう．本来の生息場所である氷河上にとどまるためには，上流への移動方法または氷河外から氷河上への再移入過程を持たなくてはならない．ヒマラヤのヒョウガユスリカは，成虫になると太陽コンパスを使って氷河上流へ移動することが知られている．藻類やバクテリアなどの微生物は，大気によって胞子が氷河上へ運ばれてくると考えられている．氷河の氷体温度は，融解水の流出経路や表面状態に影響することから，表面の生物群集に影響する．寒冷氷河やポリサーマル氷河といった氷体温度の違いによ

って，同じ地域の氷河でも微生物群集が顕著に異なる場合がある．

光合成生物によって氷河上で生産される有機炭素の量は，極域の氷河での測定によれば，1年 1 m^2 あたり炭素で 0.04～1.60 g ほどである[3]．この値は温帯の豊栄養湖沼に匹敵する．この測定値をもとに全球の氷河の年間正味炭素固定量を計算すると，全光合成量が 98 Gg，呼吸量が 34 Gg，差し引きの正味炭素固定量は 64 Gg となる．氷河上には，さらに大気を介して運ばれる外来性の有機物粒子も堆積している．氷河生態系の炭素循環では，光合成および外来性の炭素が氷河上の食物連鎖に入り，一部は呼吸によって二酸化炭素に分解され，また一部は融解水によって氷河外へ流出する．さらに一部は分解されにくい腐植物質となって，長期間氷河表面に堆積することになる．

氷河生態系における微生物の活動には，窒素やリンの循環も大きく作用する．氷河上の微生物のおもな窒素およびリンの供給源は，大気や降雪を介して供給されるエアロゾル起源のアンモニアや硝酸，リン酸塩などの化合物である．藻類やバクテリアは，融解水中に溶存したこれらの化合物を同化して繁殖している．氷河消耗域では，アンモニアや亜硝酸を酸化する硝化細菌が活動し，硝酸が微生物的に生成している．窒素が不足している極域の氷河表面では，窒素固定が行われている．微生物集合体であるクリオコナイト粒の内部では嫌気状態となり脱窒が起きていることも示唆されている．氷河生態系では，ほかの生態系に比べ窒素やリンの量は限られているが，その限られた栄養塩を巡る微生物による活発な循環が存在しているのである．

雪氷生物の存在は，世界各地のほぼすべての氷河に確認されている一方，その生態系としての特徴は地域によって大きく異なる．たとえば，極域の氷河では緑藻が主な生産者である．動物はクマムシやワムシなどに限られる．極域では太陽高度が低く，さらに雪氷中の溶存物質量も少ないため，比較的シンプルな生態系を形成している．それに対し，中・低緯度帯の山岳域の氷河では，積雪域に緑藻，裸氷域では表面全面にシアノバクテリアや緑藻が繁殖していることが多い．さらに，微小動物だけでなく，昆虫類やコオリミミズなどを含む多様な動物群集が存在する．中・低緯度帯の山岳氷河では，太陽高度が高いため日射が強い．さらに周辺の植生や土壌から輸送されてくる物質量も多く，融解水中の溶存化学物質濃度も比較的に高い．このような条件が，高い光合成生産と多様な生物群集を維持していると考えられる．さらに活火山に近く火山噴出物の影響を受けている氷河，乾燥域に位置し砂漠起源のダストの影響を強く受けている氷河などにも，特有の微生物と物質循環が存在している．このように氷河生態系はそれぞれの地域の特有の気候や環境条件と密接にかかわって特徴づけられる．

氷河表面の生物群集とは別に，氷と大地が接する氷河の底にも，独特の生態系が存在する[4]．氷河の底は太陽光が届かない暗闇の世界であるため，光合成微生物は生息できない．さらに大気に接していないため酸素のない嫌気状態である．そのような特殊な条件に存在するのは，氷の流動や融解水によって底部に流入した有機物に支えられたメタン菌などの微生物群集である．南極氷床の底部に見つかっている多数の氷床下湖も氷河底生態系の一部であり，氷河底の生物群集の重要な生息場所であると考えられている．氷河底は調査手段が限られているため，わかっていることが少なく，まだ知られていない生物地球化学過程が存在している可能性がある．

氷河表面に生息する微生物は，氷河環境に影響されるだけでなく，反対に微生物自

身が氷河の融解に影響を及ぼしている[5]. 氷河表面で微生物が繁殖すると, 雪氷面が微生物やその生産物によって着色する. 雪や氷はもともと白に近い色をしているため, 反射率（アルベド）が高く太陽光のほとんどを反射してしまう性質を持っている. しかしながら, 雪氷微生物によって着色するとアルベドが下がり, より太陽光を吸収することになって融解が速まるのである. たとえば, 融解期の積雪表面では, 赤雪のような藻類の大繁殖が融解を加速する. さらに氷河消耗域の裸氷域表面では, 糸状のシアノバクテリアが鉱物粒子や暗色の有機物（腐植物質）と直径 1 mm ほどの暗色の集合体（クリオコナイト粒）を形成し, 氷河表面を一面に覆うことがある. 不純物のない裸氷表面のアルベドは, 普通 0.5～0.4 ほどであるが, クリオコナイト粒に覆われた氷河では, 0.1～0.2 ほどにまでアルベドが低下する. このことは, 氷河の変動は単に気候変動のような物理的要因のみではなく, 微生物活動や群集構造といった生物的な要因によっても起こりうることを示している. 特に微生物活動の活発な氷河の質量収支の評価には, 氷河を生態系と認識することが重要であるといえる.

近年の地球規模の気温の上昇は, 世界各地の氷河を縮小させている. 地球温暖化のような気候変動は, 氷河生態系にも影響を与える可能性がある. たとえば, 気温の上昇によって氷河表面の融解期間が延びると, 藻類の繁殖期間も長期化し光合成生産量は増加するだろう. 温暖化によって氷体の温度が上昇すれば, 微生物群集が変化するかもしれない. さらに, 温暖化による間接的な環境の変化, たとえば大気循環や降水の季節パターン, 周辺の土地被覆の変化も, 氷河上に堆積する物質を変化させる要因となることから, 微生物群集に影響を与える可能性がある. 微生物活動や群集の変化は, 先に述べたように氷河表面のアルベドを変化させ, 氷河の融解に影響を与える. 温暖化によって氷河上の微生物が増えれば, 氷河表面は暗色化し融解が加速するだろう. つまり氷河の生物は氷河融解に対して正のフィードバックの効果を持つことになる. さらに, 氷期-間氷期サイクルや全球凍結（スノーボールアース）のような過去の気候変動においても, 氷河と雪氷生物の大きな相互作用があったかもしれない. より氷河面積の広がった氷期は, 雪氷生物の繁殖域が拡大した時代であり, 彼らのような寒冷に適応した生物の誕生と進化の理解に重要な意味を持つ可能性がある. このように気候変動に対する氷河の応答を明らかにするには, 氷河の生態系としての理解が欠かせない. 氷河生態系は, 炭素を含む物質循環の量的な規模としてはほかの生態系に比べわずかであるが, 全球的な気候変動, 水循環, そして生物の進化の理解にとって重要な役割を持っているのである.

〔竹内　望〕

文　献

1) Hoham, R. W. and Duval, B., 2001, *Snow Ecology*, Cambridge University Press.
2) Kohshima, S., 1987, *Evolution and Coadaptation in Biotic Communities*, pp.77-92, Kyoto University.
3) Anesio, A. M. et al., 2008, *Global Change Biology*, **15**, 955.
4) Hodson, A. et al. 2008, *Ecological Monographs*, **78**, 42.
5) Takeuchi, N. et al., 2001, *Arct. Antarct. Alp Res.*, **33**, 115.

7-18 極地沙漠

polar desert

低温, 乾燥, 南極, 蘚苔類, 地衣類

南極, 北極, 高山などでは緯度や標高が高くなるとともに気温が低下し, それに伴って景観的に植生が乏しく, また矮小化する傾向がみられる. 身近なところでは, 国内の山地では標高が高くなるとともに高木林はやがて低木の疎林となり, 高山に至ると草本や矮性低木からなる高山草原となる. 高緯度地域ではこの傾向がさらに進行し, 北極海沿岸地域に至ると草本や矮性低木に加えて蘚苔類や地衣類が優占し, 永久凍土が発達したツンドラと呼ばれる地域が広がる. さらに南極大陸では, 木本が姿を消すとともに草本もわずかに2種類しかみられなくなり, 乾いた砂礫地にわずかな蘚類と地衣類を中心とした植生がみられるだけとなる. このような極限の陸上生態系は, 一般に極地沙漠と呼ばれる (図1).

極地の植生に沙漠化をもたらす主な原因は, 低温に伴う極度の乾燥である. 地球上での低温極限環境と考えられる南極大陸の沿岸露岩域では, およその最高気温が+10℃, 最低気温が-40℃, 年平均気温でも-10℃という環境となるが, ここでは雨が降ることはほとんどなく, 降雪がみられるだけである. この降雪も, 降水量に換算して年間100 mmに満たないことが多く, 極地はまさに沙漠なみの小雨環境であるといえる. さらに降雪は, 融解しない限り生命はこれを利用できない. 気温が0℃を上回り, 積雪が融けて地上に液体の水が供給される期間は, 極地の短い夏のなかでもさらに限られた期間となる. 液体の水の供給量の少なさと, その利用可能期間の短さが, 極地を沙漠としているのである.

両極を比較すると, 極地沙漠の発達が顕

図1 極地沙漠の典型的景観を示す, 南極ロス海沿岸のドライ・バレー地域

著なのは南極である. これは, 北極では低緯度の森林地帯から北極海沿岸のツンドラまで植生が連続しているため, 温暖な時期には生物の侵入定着の機会が多く, 寒冷地へ適応して分布を拡大する種が出現する可能性が高いことが1つの原因となっている. これに対して南極では, 南極大陸が他の大陸と隔絶された孤島となっていることで, 動植物の侵入が難しい. また, 繰り返される氷期・間氷期サイクルとともに拡大・縮小を繰り返す南極氷床により繰り返し覆われるため, 間氷期が到来するたびに完全な裸地からの一次遷移から始まることになる. 現在南極露岩域にみられる生態系のほとんどは, 最大でも後氷期に入ってからの2万年程度の歴史しかない. 環境条件の厳しさとともに, 歴史の短さが南極陸上生態系の様相を決定しているといえる.

南極において極地沙漠の生態系を支える生産者は, 2種類の種子植物, 蘚苔類, 地衣類, 陸上藻類, シアノバクテリア類である. ナンキョクコメススキ (イネ科), ナンキョクミドリナデシコ (ナデシコ科) の2種の種子植物の分布は, 南極のなかでも比較的緯度が低く海に囲まれるため温暖な, 南極半島地域の一部に限られる. これ以南の南極大陸沿岸露岩域では, 蘚苔類と地衣類が主体となり, これに藻類, シアノバクテリア類が混在する植生がまばらに存

図2 飛雪をまとった地衣類群落（セール・ロンダーネ山地）

在するだけとなる．南極大陸を代表する植物である蘚苔類は，南極半島地域では蘚類が約100種，苔類では約30種に減少し，さらに大陸沿岸露岩域に至ると蘚類が30種，苔類はわずかに1種と，極端に単純化する[1]．地衣類も，南極半島にみられた約150種が100種ほどへと多様性を失うが，蘚苔類よりもさらに内陸の高緯度地域の山岳にも分布することが知られている．このほかに，単細胞の珪藻・緑藻・シアノバクテリア類が，湿り気のある砂地や蘚苔・地衣類の植生中に普通に見つかるほか，多細胞性のナンキョクカワノリやイシクラゲの群落が，ペンギンやユキドリなどの海鳥の営巣地周辺に発達している．

　ここに生活する動物として最大のものは節足動物であるダニやトビムシ類で，蘚苔・地衣類の群落や周辺の砂地でバクテリアや単細胞の藻類をおもに摂食している．水分の豊富な立地では，センチュウ，ワムシ，クマムシ，有殻アメーバや繊毛虫などの間隙水性の動物が多い．極地沙漠と呼ばれる生態系では動物相はきわめて単純で，その生物量も極端に少ないといえる．また動物食性のものはほとんど知られておらず，生態系の栄養段階の点でも興味深い．また，露岩域に点在する湖沼や沢などの陸水域には，魚類がまったく分布していない

のも大きな特徴である．

　極地沙漠では，植生は基本的にパッチ状に分布しており，その周辺には裸地が広がっている．分布を制限している要因は水であり，夏期に氷床や雪の吹きだまりから一時的に融水が供給される立地に限定される．主に沢沿い，吹きだまりの周辺，湖沼の沿岸，および湖沼底に発達した植生をみることができ（⇨7-20「南極湖沼生態系」），水への依存性が顕著に観察される．このほか，この地域ならではの特殊な水分供給環境として，飛雪をあげることができる．氷床表面の積雪は，常時吹き付ける斜面下降風（カタバ風）によって低い地吹雪となり，飛雪として岩峰や周辺の露岩域に吹き付ける．この飛雪が，夏期の日射によって暖められた岩肌や蘚苔・地衣類の群落に付着して融解し，液体の水を供給するのである．南極大陸氷床から離れ，より気温の高い砂礫地の広がる露岩域よりもむしろ，氷床に接した，より低温と思われる岩場に数種の蘚類や地衣類からなる植生が発達していることが観察される（図2）が，これは水分供給の点からいえば飛雪生態系と称するべきものである．

　極地沙漠では，その環境の厳しさによって，動植物の繁殖にも大きな制約がかかっている．ナンキョクコメススキでは，有性生殖による種子形成の頻度が低く，繁殖はほとんどが栄養生殖であるムカゴ形成に依存している．蘚苔類においても，胞子体の観察される種は緯度が高くなるにつれて減少し，繁殖は無性芽や植物体断片からの栄養生殖によると考えられている．

〔伊村　智〕

文　献

1) Longton, R. E., 1988, *Biology of Polar Bryophytes and Lichens*, Cambridge Univercity Press.

7-19 高山湖沼生態系

alpine lake ecosystems

貧栄養，微生物ループ，気候変動，脆弱性

高山湖沼とは，高木限界（treeline）より上の高山帯（alpine zone）に位置する湖沼を指す（図1）．日本の高山帯はハイマツや多年生草本が優占しており，本州中部地方では2800 m付近，北海道では1600 m付近の標高を下限としている．高山帯の湖沼は，高標高域ゆえに年平均水温が低い．また，外部からの栄養塩類の供給がほとんどないため，水質は貧栄養状態に保たれている．実際に，東日本の山岳地域に位置する41湖沼を対象とした調査では，標高の上昇に伴って水温や全リン濃度，および植物プランクトン生物量の指標であるクロロフィル a 濃度が減少する傾向が確認されている（図2）．また，紫外線照射量は一般に標高が1000 m上昇するごとに約20〜30％増加するため，高標高に位置する湖沼ほ

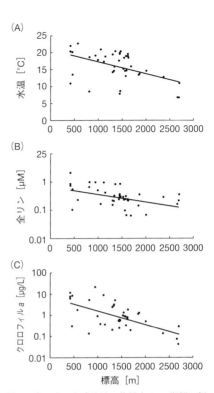

図2 東日本に山岳地域に位置する41湖沼の標高と（A）水温，（B）全リン濃度，（C）クロロフィル a 濃度の関係[1]

図1 高山湖沼の一例（北海道大雪山旭岳の標高1620 mに位置するすり鉢池）

ど内部に生息する生物はその強い影響にさらされる．特に，高木限界より高い標高に位置する高山湖沼は，樹木などの遮蔽物が少なくなるため，強い紫外線照射の影響が湖沼全体に及ぶ．その他の特徴として，高山湖沼の多くは表面積が狭く，水深が浅い．このような湖沼は熱容量（heat capacity）が小さいため，外気温の変化が湖沼表面を通じて水温に反映されやすい．そのため，放射や蒸発の熱交換，および太陽放射によって，短時間でも高山湖沼の水温は急速に変化する．加えて，冬季は高標高に特有の低い外気温によって湖沼表面が容易に凍結し，湖沼内部への太陽光の浸透が著しく低下する．また，湖沼体積が小さ

いため，大気沈降物や集水域からの流れ込みなど，外部から混入する物質の影響が大型の湖沼と比較して相対的に大きくなる．このように，高山湖沼は外環境の変化を反映しやすいため，気候変動による影響のモニタリングに適している．

高山湖沼生態系には，一般の内陸水環境と同様に両生類や甲殻類，水生昆虫，環形動物，大型水生植物，単細胞藻類，原生動物，さらに細菌といった多様な生物が含まれている．しかしながら，高山湖沼では，湖沼生態系において最上位の捕食者である魚類が生息していない場合が多い．内陸水環境に生息する魚類は，水系を越えての移住が困難であるため，地理的隔離の影響が強く，その分布には歴史地理的な背景が深く関係する．そのため，水産資源や観光資源の確保を目的とした人為的な魚の放流がない限り，高標高に位置する湖沼に魚類が自然に侵入することはほとんどない．したがって，高山湖沼では，魚類の存在しない独特の生態系が形成されている．また，山岳湖沼では，大型水生植物の多様性が標高の上昇とともに減少し，一部の種では，その分布は高標高域に制限される．同様に，一部のミジンコでは，種によって分布域が低標高と高標高に分かれる．その一方で，細菌については高標高域に特有な種はこれまで見つかっておらず，高山湖沼の浮遊性細菌群集を構成する種のほとんどは，標高にかかわらず世界中の淡水環境で検出される種と共通している[1]．

湖沼には複数の経路の食物網（food web）が存在し，その生態系が維持されている．まず，大型水生植物や単細胞藻類といった光合成生物による一次生産を起点として，原生動物や動物プランクトン，魚類へとつながる経路を生食連鎖（grazing food chain）と呼ぶ．次に，湖底に沈降する生物の遺骸や排出物，およびその分解産物を起点として，それらを利用する底生動物から上位捕食者へとつながる経路を腐食連鎖（detritus food chain）と呼ぶ．さらに，細菌が湖水中に含まれる溶存態有機物を取り込むことで増殖し，捕食される経路を微生物ループ（microbial loop）と呼ぶ．貧栄養環境である高山湖沼では，光合成生物の活性が弱いため，周囲の陸域から流れ込む異地性の溶存態有機物が高山湖沼の生態系にとって主要な炭素源となる．したがって，上記した食物網のなかでは，微生物ループの経路が相対的に重要となる．山岳地域において陸域から供給される溶存態有機物は腐植物質を多量に含んでおり，これらは分子量が大きく，生物による分解が困難な物質である．そのため，多くの細菌種にとって，この溶存態有機物を炭素源として直接利用することは難しい．しかしながら，湖水中に含まれる腐植物質は，太陽光照射によって光化学的に分解されることで，一部の細菌による利用性が高くなる（図3）．Betaproteobacteria綱の*Polynucleobacter*属

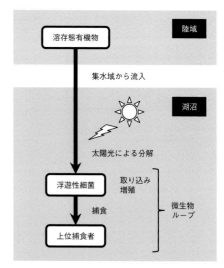

図3　高山湖沼で主要な炭素フロー．陸域から供給された腐植物質を多く含む溶存態有機物は，太陽光による光分解を受けた後，微生物ループの経路に取り込まれる．

に属する細菌は，この腐植物質の光分解産物に高い利用性を持つ分類群の1つであり[2]，世界中の腐食栄養湖から優占種として頻繁に検出されている．この属に近縁な細菌は高山湖沼からも同様に高い頻度で検出されていることから，高山湖沼生態系において重要な役割を担っていることが予想される[1]．

高山湖沼は，気候変動に対してきわめて脆弱な環境であるため，その影響の評価を目的とした研究において特に注目されている．たとえば，地球温暖化による平均気温の上昇は，高山湖沼の表面が凍結する時期や期間を大きく変化させる．また，山岳地域での気温上昇の影響は，植生帯の分布標高の遷移させる可能性があり，集水域の植生変化を通じて，高山湖沼に間接的な影響を及ぼすことが予想される．このように，地球規模での気候変動は，本来人為的な影響がほとんどない高山帯の湖沼環境を急速に変化させ，その生態系に壊滅的な損害をもたらす可能性がある．さらに，気候変動による影響として，近年，砂漠化の進行や産業の発達によって窒素やリンなどの栄養塩類を含んだ微粒子が大気中で増加している．これらは大気沈降物として高山帯にまで到達し，環境を汚染する可能性がある．実際に，日本の十和田八幡平国立公園では，中国大陸起源の大気沈降物の影響によって，1990年代以降，山岳湖沼の富栄養化（eutrophication）が進行していることが湖沼堆積物の調査によって明らかにされている[3]．

〔藤井正典〕

文 献
1) Fujii, M. et al., 2012, *Microb. Ecol.*, **63**, 496.
2) Watanabe, K. et al., 2009, *FEMS Microbiol. Ecol.*, **67**, 57.
3) Tsugeki, N. K. et al., 2012, *Ecol. Res.*, **27**, 1041.

7-20 南極湖沼生態系

Antarctic lake ecosystem

露岩域，氷床下湖，貧栄養，鉛直構造，
ベントス生態系，強光・紫外線適応

南極大陸は平均 2000 m，最大で 4000 m 以上に達する氷床で覆われており，地表が露出した露岩域は限定的な存在である．海洋性南極と呼ばれる南極半島部やその周辺島嶼，東南極の大陸縁辺部にある南極オアシスと称されるエリアのほか，山稜などが氷床上に突出したヌナタクなどに露岩域があり，その面積は大陸のわずか2%程度と見積もられている．そこには氷蝕作用で湖盆が形成された多様な湖沼が多数表在している．

20世紀初頭，文明圏から比較的容易にアクセスできた海洋性南極と内陸露岩が広がる McMurdo Dry Valleys において南極での最初の湖沼研究がなされ，湖の物理化学特性とともに湖沼周辺や湖沼内に生育するマット状の微生物群集や微細な動植物種等の発見報告がなされた（図1）．1957～1958年の国際地球観測年（International Geophysical Year：IGY）とそれに伴って南極観測科学委員会（SCAR）が設立されたのを契機に，国際的に南極観測の機運が高まり，南極各地に世界各国の観測基地建立がなされて自然科学観測が活発化した．その一環として東南極のオアシスにある湖沼の科学研究も着手され，現在に至っている．近年では大陸内陸部の氷床の下に380以上もの氷床下湖の存在が確認され，現在，氷床下湖の生物や生態系に関する研究も展開されつつあるが，観測地までのアクセス，試料採集や観測方法の開発などの多数の困難を抱えているため，まだ，その詳細や実態は不明のままである[1]．

南極の露岩部にある湖沼のほとんどは比較的浅い氷河湖である．その成立年代は南極大陸のほとんどが氷床で覆われたとされる最終氷期終了後（約1.2万年前），現在の間氷期にあたる完新世に生じた氷床の大規模後退に伴って出現したと考えられる．わずかではあるが，260万～1.2万年前の氷期-間氷期が繰り返された第四紀更新世

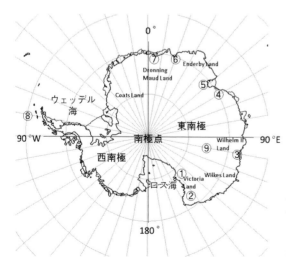

図 南極湖沼群の発達した露岩域（オアシス）と Vostok 氷床下湖の位置．①McMurdo Dry Valleys，②Northern Victoria Land，③Bunger Hills，④Vestfold Hills & Larsemann Hills，⑤Radok Lake area，⑥Syowa Oasis，⑦Schirmacher Oasis，⑧South Shetland Islands，⑨Vostok 氷床下湖

に形成されたとされる湖沼もある．内陸露岩である Dry Valleys の湖沼や東南極の沿岸露岩域である Larsmann Hills，また Vestfold Hills にある一部の湖沼からは，数万年前の湖底堆積物が採集されている．だが，琵琶湖やタンガニーカ湖などの数百万年の歴史を持つ「古代湖」に相当する湖沼の存在は，まだ確認されてはいない．ただし，氷床下湖は地殻の変動により形成された構造湖と考えられるので，南極が氷床で覆われる以前からの長い歴史を持つ可能性があるものの，その詳細は湖水の水質も含め不明である．

　露岩域に表在する湖沼は，氷床の移動と後退に伴った氷蝕作用で形成された窪地に氷雪の融解水や海水が留まっているものである．現在の氷床の前縁部や比較的標高のある谷部の窪地，氷河堆積物や氷によってせき止められた谷，山頂部の氷帽消失後にできた窪地（カール）にある湖沼の多くは氷雪の融解水（淡水）に湖水の起源を持つ．一方，海岸付近の露岩には氷床の加重消失に伴って陸地が隆起して（アイソスタティック・リバウンド）海が隔てられて湖沼となった，海に起源を持つ湖水をたたえたものもある．それら湖水は寒冷環境での塩類の析出と沈降，湖氷の凍結や蒸発に伴う塩類の濃縮，あるいは集水域からの融解水の流入による希釈などによって変質し，湖水の化学成分のうち，特に塩分環境には大幅な多様化が認められる．淡水～塩湖～超塩湖までが存在する．

　南極湖沼の生物を含む環境特性は，南極大陸が他の大陸から隔絶して高緯度に位置すること，大部分の大陸露岩域が出現したのが地球史的には比較的最近である約 1 万年前であることが大きく関係している．酷寒で 1 年のほとんどが湖氷に覆われること，白夜から極夜にわたる大きな日射の季節変動があること，他大陸からの生物の移入に乏しく，集水域である周辺陸域にも生物群集の繁殖・発達は貧弱であるため，極貧栄養～貧栄養の湖水がほとんどであること，湖水中の生物群集の主体は微生物群集であり，魚類などの巨視的生物群集を欠いている．中・低緯度の湖沼では湖沼の低次生産者として重要であるミジンコやカイアシ類などの甲殻類にも乏しく，海洋性南極にある湖沼や南極オアシスの比較的古い履歴を持つ塩湖，浅い海が海岸隆起などで陸封された湖沼などで，わずかにベントス性やプランクトン性の甲殻類が見出されているにすぎない．また，中・低緯度域の湖沼に比べ集水域が狭く，河川も未発達で，その流入出も夏季の短期間に限られるため，湖沼ごとの孤立性がきわめて高いという特徴もある．例外的にペンギン類の集団営巣地やアザラシの繁殖地近傍にある湖沼では，これら動物活動による海起源の栄養（排泄物・死体等の分解物）が持ち込まれるため，湖水が富栄養化してプランクトン藻類などのブルーム現象が認められる．

　南極大陸周辺の島嶼や沿岸部のオアシスにある数～数十 m 程度の最大深度を持つ湖沼は，盛夏の 1～2 ヶ月程度，湖氷が融解消失し，湖面が表出するものが数多くある．これら季節湖氷の厚さは 1～2 m 程度であり，それより深部には，周年，液体の湖水が存在する．湖水の鉛直構造は湖沼の物質循環と生物活動に強く影響する．夏季のごく短期間のみ湖氷が融解するような寒冷域の湖では，夏季の無氷時の熱対流と風による攪拌で混合し，それ以外の季節には湖氷が湖面を覆うため風の直接的な攪乱を受けず，また，結氷状態では水の温度と密度の関係上，逆成層化して鉛直混合が停止するものと想定され，寒冷一循環（cold monomictic）パターンをとると考えられてきた．多くの淡水湖沼では寒冷一循環に相当する季節的鉛直混合が生じているのではあるが，南極湖沼での観測が増加するにつれ，季節湖氷が発達消失を繰り返すいくつ

かの湖では，表層のみが夏季に鉛直混合する部分循環（meromictic）パターンをとるもの，あるいは無氷時に融解水の流入で成層化し，結氷時に金属混合するものもあることがわかってきた．後者2つは塩湖・超塩湖で観測された混合様式である．一般的な寒冷一循環パターンとは逆の夏成層・冬循環する湖では，夏季の表層水温が20℃以上に達する一方，冬期湖氷下全体の湖水温度が-18℃まで低下するほどの大幅な水温変動を見せるものもある．これらのほか，観測例が乏しいのではあるが，氷床前縁やより寒冷な大陸内部には，しばしば5mを超える厚さの多年湖氷で覆われた湖沼もあり，こうした湖沼は風の攪乱などの影響を受けず，鉛直循環が生じない無循環湖となっていると想定される．また，超塩分湖のなかには現在の環境下では結氷温度まで湖水が冷却されずに湖氷が発達しないものもある．こうした無氷湖は周年風の影響を受け，冬期冷却により塩水の冷却沈降が生じることから考えると，多循環性を示すか，夏季に周辺からの淡水流入がある場合には表層部に季節成層が発達する可能性がある[2]．

南極大陸の露岩域は生物活動が可能な限られた陸地として「オアシス」と称される一方で，寒冷で降水に乏しいため，生命活動に必須である液体の水が不足することによりしばしば「極地沙漠」と呼ばれるほど生物の乏しい場となっている．これに対しておよそ2m以上の深度のある湖沼では，湖氷が発達したとしても深部には液体の水が終始存在する．それゆえ湖水や湖底は南極大陸上においてきわめて豊饒な生物群集が存在し活動する場となっている[3]．特に湖底には微細生物群集マットが発達することが数多くの南極湖沼でごく普通に認められており，湖によってはそれが1m以上の厚さに達する有機堆積物となってしていることも知られている．このマット状の微生物群集は，その主要な独立栄養生物群集として見出されるシアノバクテリア群集から，歴史的にシアノバクテリア・マットと呼ばれることもある．湖水の栄養環境は極貧栄養～貧栄養である湖がほとんどであり，シアノバクテリアによる窒素固定能が貧栄養下での微生物の生産活動に重要であることに異論はないが，Syowa Oasisの湖沼のマット状微生物群集中では独立栄養生物群集としてシアノバクテリア以上に糸状緑藻類が優占する場合も見つかっている．マット状の微生物群集内には光合成独立栄養生物であるシアノバクテリアや藻類群集のほか，物質の分解を担う細菌類・菌類，化学合成細菌類，原生生物群，センチュウ・ワムシ・クマムシ等の多細胞微小動物群集も見出され，これらが生態系を構築して物質循環系を営んでいる．中・低緯度域でもみられるような藻類やシアノバクテリア寄生性のウイルスなどの存在も報じられている．いずれも微細な生物なのだが，その微生物群集は単にマット状の平面構造をとるのみならず，集合体が湖底から鉛直的に立ち上がって立体構造をとりながら群生している場合もある．季節的に融水が存在する湖沼周辺の沢や湿潤な陸域にはバイオフィルム状の微生物群集や糸状藻類の季節的な群生のほか，土壌藻類や蘚類群集の発達も認められる．

数多くの海洋性南極の湖沼や南極オアシスの湖沼からは，微生物群集に加えて湖底には水生の蘚類が繁茂すると報告されている．湖底の一部，あるいは湖底一面にカーペット状に群生して湖沼の主要な生物生産を担っている場合もある．また，微生物群集を伴ってコケボウズとよばれる円錐もしくは柱状の立体構造をとって，湖底から50cm以上も突出した湖中林状になることも，Syowa Oasisの複数の湖で確認されている．

多様で豊饒な湖底のベントス生物群集に

対し，湖水中のプランクトン群集は海洋性のペンギン・アザラシなどの大型動物の活動によって富栄養化がみられるいくつかの湖沼や部分循環性を示す塩湖の境界層付近以外ではそれほど発達したものが見出されていない．プランクトン群集が発達した湖沼からは光合成独立栄養生物として緑藻類や鞭毛藻類のほか，部分循環湖では無酸素環境の下層から供給される硫化水素を水素供与体とする光合成細菌群の繁殖も報じられている．南極湖沼でプランクトン群集が発達しない理由として，湖水の栄養塩不足に加え，夏季には清澄な湖水を透過するきわめて強い日射と紫外線が終始入射するため，この時期に鉛直循環が活発化する湖水中では水の動きとともに存在位置を移動させられるプランクトン群集の増殖が阻害されている可能性がある．一般的な貧栄養環境の南極湖沼において光合成独立栄養のプランクトン群集量の指標としてのクロロフィル量の季節変動の観測例では，湖氷が発達し，湖氷を透過する光がわずかに水中へ入射する秋と早春期に増加の極大が生じ，極夜期と白夜期には極小となることが報告されている．

比較的浅い湖沼が多い南極オアシス域の湖底のベントス微生物群集にとっても，夏季に湖底表面まで到達する強い日射と紫外線の影響は甚大である．群集表層には紫外線吸収を担って防御する物質であるマイコスポリン様アミノ酸やシトネミンなどの物質が蓄積され，紫外線障害修復などを担うカロテノイド類，過剰な光エネルギーを消散するキサントフィル回路色素類なども多量に保持されているため，群集はしばしば赤褐色に強く色づいて見える．これら物質の保持量は湖底に到達する光エネルギー総量や紫外線量と正の相関を示す．表層から数 mm 下部の群集は緑色〜青緑色を呈しており，光エネルギーがほとんど到達しないと算定される群集内数 cm 以下では黒色の有機物分解層となっている．

南極の春季にあたる 10 月，最大氷厚になっている季節湖氷を透過して湖沼に入射する光エネルギーが高まる頃，ベントス群集の光合成も活発化するようである．活発化した光合成によって酸素が群集内で発生するために浮力を生じ，湖底から群集塊が大規模に剥離浮上する現象もある．ベントス群集の剥離浮上自体は初夏の日本の水田などで「アオカナ発生」として目にする機会もある現象である．剥離浮上して湖氷下に浮上した群集はやわらかで特定の構造を持たない集塊であり，その後 1〜2ヶ月間，本来の成育場である湖底より強い日射にさらされることになる．湖氷消失時の夏季には，剥離浮上した群集が強光環境への適応応答現象と考えられる防御色素類の群集表面での蓄積による強い着色と，楕円球状の比較的固い構造体となって浮遊，湖岸へ多量に吹き寄せられて集積することも観測される．ベントス群集の剥離浮上は湖内(底)の(生産)物質が水中に移動し，湖外への物質供給がなされる現象ととることもできる．貧栄養環境である湖沼周辺の陸上生態系にとって，ベントス群集の剥離浮上とその移送に伴った周辺陸域への湖内生産物供給は，物質循環系の拡大と富栄養化という観点から注目すべき現象と思われる．

〔工藤　栄〕

文　献

1) Layborn-Parry, J. and Wadham, J. L., 2014, *Antarctic Lakes*, Oxford.
2) Kudoh, S. and Tanabe, Y., 2014, *Adv. Polar Sci.*, **25**, 75.
3) Vincent, W. F. and Layborn-Parry, J., 2008, *Polar Lakes and Rivers*, Oxford.

7-21 メタンハイドレートと微生物
methane hydrates and microorganisms

嫌気的メタン酸化, アーキア, 未培養機能未知微生物

海底下の堆積物や永久凍土のような高圧低温環境には、メタン分子が結晶構造をとった水分子に取り囲まれたメタンハイドレート（methane hydrates）という固形物が広く分布している。これは「燃える氷」などとも呼ばれ、石油や天然ガスに代わるエネルギー源として関心が寄せられている。（⇨8-18「雪氷圏のガスハイドレート」）。メタンハイドレートは現在の大気中に含まれる量のおよそ4000倍ものメタンを含むと推定されている。現在の大気中へのメタンの主要な放出源は、湿地、家畜の腸内、化石燃料の生成や水田土壌などである。メタンは二酸化炭素の20倍もの温室効果を持つことから、大気中への大量の放出が懸念されている。特に、今後の気候変動などの影響でメタンハイドレートが融解した場合に、大気中へ急速にメタンが放出されるのではないかと危惧されている。

推定ではガスハイドレートの99％は海底の沿岸堆積物に形成されているといわれ、残りの1％は高緯度の永久凍土の地下に形成されていると考えられている。極地の海洋では大陸辺縁や大陸棚周辺の海水温が0℃周辺の堆積物で、また中温の海洋の堆積物では低温（約2℃以下）でさらに水深が300〜500 m以深の場所（3〜5 MPa）に、安定してガスハイドレートが形成される。その総量は $7 \times 10^2 \sim 1.3 \times 10^4$ Gt C とも推定されており、莫大である。

日本では南海トラフや新潟沖などでメタンハイドレートが確認されている。また北米ではHydrate Ridge（Cascadia Margin）、メキシコ湾、カナダのマッケンジーデルタなど、さまざまな場所でメタンハイドレートの存在が確認されている。

メキシコ湾の研究例では、メタンハイドレートそのものから 1.0×10^6 細胞/mL、周辺の堆積物から 1.5×10^9 細胞/g の微生物が検出され、実際にはハイドレートそのものにも堆積物と同じくらいの数の微生物がいるのではないかと推定されている[1]。

メタンハイドレートおよび周辺の堆積物に生息する微生物は16S rRNA遺伝子配列を用いた系統解析や堆積物から抽出された脂質の解析、および炭素の同位体分別の測定等から明らかにされてきた。メタンハイドレートがみられるような海底下および永久凍土帯の地下は、通常嫌気的な環境である。光もなく酸素もない還元的な環境であるため、硫酸還元やメタン生成が現場での主要な微生物代謝と予想される。

Hydrate Ridgeでは、主要なバクテリアとしてγ-proteobacteria, Deltaproteobacteria, Epsilonproteobacteria, Cytophaga/Flavobacteriumクラスター、Actinobacteria, Firmicutesが多く検出されている。そのうちDeltaproteobacteriaを除いては、広くさまざまな海洋堆積物から検出されており、メタンが多い環境に特異的なものではないようである。これらは主にメタン以外の有機物の分解にかかわっていると考えられている。

一方南海トラフでは多様性がより高く、主要な門としてはActinobacteria, Bacteroidetes, Planctomycetes, Proteobacteria, green nonsulfur groupが見つかっている。なかでもActinobacteriaはメキシコ湾海底のハイドレートでも見つかっている。

Deltaproteobacteriaに関しては、*Desulfosarcina/Desulfococcus*（DSS）グループの硫酸還元菌がさまざまなハイドレート上の堆積物表層において高頻度で検出されている。このグループの多様性は非常に高い。Hydrate Ridgeの堆積物表層では集合体を

形成し，1 cm³ あたり 10¹⁰ 細胞になるほど数が多い．このグループの硫酸還元菌の一部は次に紹介する嫌気的メタン酸化に関与することが知られている．

メタンハイドレート周辺堆積物におけるアーキア（古細菌）の多様性はバクテリア（真正細菌）に比べて低く，主にメタン生成アーキアと嫌気的メタン酸化にかかわるANME-1，-2，-3 が主要なメンバーとして検出される．

メタンハイドレート中のメタンは有機物の熱分解あるいは微生物による生成のいずれかに由来すると考えられている．現在まで調べられているメタンハイドレートのうち，軽い炭素同位体に富んでいるもの（$\delta^{13}C$ が $-60‰$ より低い）がある．これは微生物の代謝過程における同位体分別の結果とされ，生物学的に生成されたメタンに由来すると考えられている．生物学的なメタン生成は，そのほとんどが Euryarchaeota 門に属するアーキアによって行われている．Hydrate Ridge の深海底堆積物中からは，Methanobacteriales や Methanosarcinales などが検出されている．これらは一般の海洋（たとえば浅海の堆積物）から検出されるメタン生成アーキアと共通するものが多い．また南海トラフでは *Methanoculleus submarinus* が単離されるなど，新しいメタン生成アーキアも見つかっている．

一方メタンハイドレート周辺の堆積物には，酸素がない状態でメタンを酸化する嫌気的メタン酸化アーキア（anaerobic methane oxidizing euryarchaeota：ANME）が多く，かつ他種の微生物と集合体（コンソーシア consortia）を形成して生息していることが知られている．このコンソーシアは ANME と Deltaproteobacteria の硫酸還元菌（特に DSS グループの場合が多い）からなり，その内部で特徴的な分布様式をとることが知られている．なかでもANME-2 アーキアはメタン生成アーキアの Methanosarcinales に近縁であり，メタン生成の逆反応で嫌気的にメタンの酸化を行っている．嫌気的メタン酸化はエネルギー獲得効率が非常に悪く，試算では 1 年に 1 回という分裂速度でゆっくりと増殖すると考えられている．近年まで ANME によるメタン酸化と硫酸還元菌による硫酸還元の共役による共生関係が必須と考えられてきたが，ANME が単独でメタン酸化を行える可能性も示唆されている．しかしANME も DSS グループの硫酸還元菌もまだ分離培養されておらず，反応の詳細なメカニズムはまだ明らかになっていない．Hydrate Ridge の ANME/DSS 集合体は堆積物表層で特に数が多く，バイオマスの大半を占めている．ANME はメタン濃度と海水由来の硫酸塩濃度が両方低くなる層（sulfate-methane transition zone：SMTZ）にその数のピークが一致することが知られている（図）[2]．

メタンシープと呼ばれる領域では硫酸還元域が形成されず，メタンガスが直接海水中に放出される場合もある．水中に放出されたメタンは酸素を用いて好気的に微生物によって酸化されることも知られている．

メタンフラックスの解析から，海底堆積物中で生成されたメタンのうちの約 90％は海水中に放出される前に硫酸還元域の嫌気的メタン酸化を行う微生物によって酸化されており，最終的に大気中に放出される量はごくわずかと見積もられている．微生物によるメタンのフィルター機能は地球温暖化ガスの大気中への放出の抑止力として機能している．

このようにメタンハイドレート周辺の微生物の群集構造は，異なる場所でも互いに共通する点も多く，前述の嫌気的メタン酸化に関連する微生物以外にも，未培養の微生物が多く検出されている．メタンハイドレートが含まれている堆積物（Peru Margin（site 1230）と Cascadia Margin）で

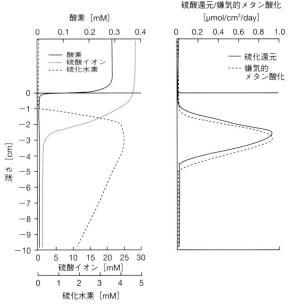

図 メタンハイドレート上の堆積物における化学物質勾配と硫酸還元およびメタン酸化活性（文献[2]より改変）．メタンは堆積物深層から大量に放出されている．

は，特にバクテリアの candidate division JS1 と DSAG（Deep Sea Archaeal Group, MBGB とも）が優占している[3]．バクテリアでは *Chloroflexi* や JS1，Planctomycetes が多く検出されているが，その機能は未知である．また Cascadia Margin の深層では MCG アーキアという深海堆積物中に広く分布するおそらく従属栄養性のアーキアも多く見つかっている．これらの未培養微生物はメタンとの関連性が議論されているものの，直接的にメタンの代謝にかかわるかどうかはわかっていない．

また淡水湖のバイカル湖でもメタンハイドレートは見つかっている．しかし海洋で検出された ANME や DSS グループの硫酸還元菌に近い微生物は検出されなかった．バクテリアは JS1 や *Chloroflexi* が検出されており，海洋堆積物と共通する部分もある．

このようにメタンハイドレートは微生物にとって直接利用できる基質となっており，その周辺の環境は，さまざまな未知の微生物にとっての有用な生息地であるといえる． 〔久保響子〕

文 献

1) Lanoil, B. D. et al., 2001, *Appl. Environ. Microbiol.*, **67**, 5143.
2) Knittel, K. and Boetius, A., 2009, *Annu. Rev. Microbiol.*, **63**, 311.
3) Inagaki, F. et al., 2006, *Proc. Natl. Acad. Sci. USA*, **103**, 2815.

7-22 好雪性変形菌類

nivicolous myxomycetes

変形菌類,雪融け,残雪,子実体形成

好雪性変形菌類（nivicolous myxomycetes, snowbank myxomycetes）とは,春頃に融けつつある残雪の縁で子実体（fruiting body, fructification）を形成するという生態的特性を有する変形菌類（真正粘菌類；Myxomycetes, Myxogastria, true slime molds）である．本項では最初に変形菌類について概説し，次にその1つの生態群である好雪性変形菌類について述べる．

変形菌類は,タマホコリカビ類（細胞性粘菌類）やプロトステリウム類（原生粘菌類）とともに粘菌類（動菌類；Myxomycota, Mycetozoa, slime molds）を構成する．現在では,粘菌類はアメーボゾア（Amoebozoa）に位置づけられている．変形菌類の生活史には,自由生活をするアメーバ状の栄養体となる時期と,子実体を形成して胞子となる時期が含まれる（図）．前者には2つの段階がある．1つは,単細胞単核性の粘菌アメーバ（myxamoeba）または鞭毛細胞で,胞子が発芽すると生じる．これらは,細菌などを摂食し,分裂して増殖する．また,環境の急激な悪化に伴いシストとなり一時的に休眠することもできる．もう1つは,アメーバ状の単細胞多核体である変形体（plasmodium）である．交配型が適合する粘菌アメーバや鞭毛細胞が接合して形成される接合子が,細胞分裂することなく核分裂を繰り返すことで生じる．変形体は,細菌や真菌類などを摂食して成長する．種類によっては大型化し,たとえば手の平以上の大きさになる場合もある．また,菌核（sclerotium）を形成して一時的に休眠することもできる．成熟した変形体は,適した環境条件になると子実体の形成を開始する．子実体は多数の胞子を内包し,一般的に胞子は直径 5～15 μm の球形である．胞子は,乾燥し成熟した子実体から,風,雨滴,昆虫などにより散布される．子実体には,胞子の風散布に適すると考えられる構造がみられ,主にこの散布様式により比較的長距離の輸送が可能である．胞子は発芽後,再び粘菌アメーバまたは鞭毛細胞となる．また,上記の有性生殖とは別の生殖様式の存在も報告されている．以上のように,変形菌類の生活史が,形態も大きさも異なる時期で構成される多様なものであることは,野外調査だけでなく培養や顕微鏡観察により明らかとなった．たとえば,変形菌類の一種モジホコリ（*Physarum polycephalum*）は,培養が容易であり生物学のさまざまな分野において研究材料として用いられている．しかし,この種のように,培養による胞子から胞子への生活環の一巡に成功している変形菌類は少ない．こうした一部の変形菌類の培養実験により示された生活環や生理的性状などが,ほかの変形菌類にも当てはまるとは言い切れない．また,実際に野外において,どのように生活環が一巡しているのか,特

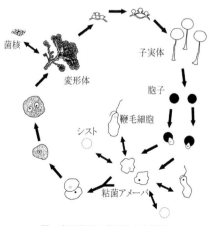

図 変形菌類の典型的な生活環

に栄養体となる時期ではどのような動態を示すのかなどについては，研究が遅れている．

現在，変形菌類には約900種が知られている．従来，変形菌類の分類や同定は，おもに子実体の形態形質に基づき行われてきた．変形菌類の生活環において最も多様な形態的特徴を示すのは，子実体形成の時期である．一方で，変形体には，原変形体，可視変形体，透明変形体の3型や，可視変形体と透明変形体の中間型があり，こうした変形体の種類も分類基準の1つとなっている．変形菌類には，ハリホコリ目（Echinosteliales），コホコリ目（Liceales），ケホコリ目（Trichiales），モジホコリ目（Physarales），ムラサキホコリ目（Stemonitales）の5目が認められている．従来の分類体系では，子実体の形成様式を重要視して，ムラサキホコリ目と他の4目とを異なる分類群として扱ってきた．しかし，近年の分子系統学的解析により，ムラサキホコリ目とモジホコリ目が近縁であることが支持されてきている．これらの2目では胞子の色が黒色や紫褐色といった暗色であり，dark-spored clade という一群としてとらえることが提案されている．

変形菌類種にもよるが，子実体や変形体，菌核は肉眼での検出が可能な大きさであり，野外における発生を目視で確認できる場合が多い．前述の通り，変形菌類の分類や同定は主に子実体の形態形質に基づいて行われており，また，子実体は乾燥標本として，その基質とともに保管することができる．そのため，野外研究の多くは子実体形成の時期にある変形菌類を対象としている．子実体の採集に基づいた変形菌類相の調査が進んでおり，寒帯から熱帯まで世界的に広く分布していることが確認されている．ツンドラや砂漠においても見つかっているが，これまでに報告が多いのは温帯の森林である．微小生息場所としては，落葉，枯草，腐木などの植物遺体，土壌，生木樹皮，動物の糞などが知られている．

生態群としての好雪性変形菌類に焦点を当てた研究は，20世紀初頭に始まったとされる．初期に行われたMeylanによる一連の研究は，後にKowalskiの研究などにより再評価された．現在に至るまで，好雪性変形菌類相の調査報告，新種の記載，分類の評価などの研究が行われている．日本においても野外調査が進められ[1]，これまでに，北海道・本州・四国の根雪のある地域で，雪融けの頃に子実体の発生が報告されている．好雪性変形菌類の子実体は，残雪の縁で，雪の下敷きになっていたササなどの生きた植物や枯草などの植物遺体の上で形成が確認される．このように特異な発生状況から，好雪性変形菌類は生態的要求の明確な生物群としてとらえられているが，異なる季節での発生が確認された場合もある．好雪性変形菌類の生態についてはほとんど解明されていない．融けつつある残雪と子実体形成が関係していることから，積雪下の微気象条件が好雪性変形菌類の生息に適していると推定されている．どのように生活環が一巡しているのかは明らかとなっていないが，温度，湿度，基質の水分含量などのさまざまな因子が影響を及ぼしていると予想される．また，積雪に覆われ続ける長い冬の重要性も示唆されている．おそらく，子実体形成に先立つ変形体の時期は積雪下で生育していると考えられており，その生育に適した温度を保つうえで，積雪の層が重要な役割を果たすことが指摘されている．また，野外研究の多くは，標高の高い山を調査地としており，好雪性変形菌類は高山性種ととらえられることもある．一方で，標高の低い山などでも発生が確認されているため，「好雪性」と「高山性」を同義的に扱うことについては疑問視もされてきた[1]．2009年にはそれまで個々の文献に分散していた好雪性変形菌

類の垂直分布に関するデータの比較研究が発表された[2]．この研究で用いたデータは79報の文献から得られ，それらの調査地となった大山塊は22ヶ所にのぼる．それらのうち15ヶ所はヨーロッパに位置し，特にアルプス山脈やジュラ山脈における調査報告が多い．発生が確認された63種の好雪性変形菌類を対象とした比較解析の結果，垂直分布の範囲は山地帯から高山帯まで広がっていることが示された．森林限界以上においてより多い発生数を示す種も認められたが，好雪性変形菌類は生態群としては高山性ではないと結論づけている．

好雪性変形菌類は多系統である．分類学上の取り扱いが流動的な状況の分類群が多く，種数などの集計を難しくしているが，現在のところ約80種が知られている．その多くがdark-spored cladeに所属する．好雪性種の数が最も多いのはルリホコリ属（Lamproderma）である．ここ20年ほどの間に，この属には多くの形態種が新記載され，分類学的整理が進められつつある．近年，子嚢壁が早落性で裂けて断片化し，細毛体の遊離端がしばしば漏斗形に拡大することを特徴とするクロミルリホコリ属（Meriderma）が新設された．現在のところ，この属は好雪性種のみからなる．また，ルリホコリ属とその近縁属の分子系統学的解析も行われ，好雪性種が単一のクレードとしてまとまらないことが示された．加えて，全種を解析対象とはしていないものの，クロミルリホコリ属の単系統性を裏付ける結果も得られている．

近年，変形菌類の研究には分子形質を用いた解析が導入され始めている[3]．変形菌類の分子系統学的研究は初期の段階であり，これまでに解析対象となった分類群も遺伝子も限定的ではある．しかしながら，前述の通り，これらの解析結果は形態形質に基づいた従来の変形菌類の分類体系を支持しない場合もあり，今後の研究の進展が期待される．同様に，変形菌類の生態学的研究も転換期を迎えている．微生物生態学の分野において用いられる分子生物学的手法が導入されつつある．この手法では，微生物の検出や識別の手段としてDNAやRNAなどの生体分子を利用する．土壌などの野外採取試料にどのような変形菌類が存在するのかを調べるには，たとえば，試料からDNAを直接抽出し，この中に含まれる変形菌類由来のDNAをその塩基配列を指標として検出し識別，同定するという解析方法がとられる．現在のところ，分子生物学的手法を用いた変形菌類の生態学的研究は数報にとどまる．好雪性変形菌類を対象とした研究も行われている．エアロゾル粒子の解析では，春の雪融けの頃に空気中での存在が認められた[4]．土壌における群集構造もとらえられており，これまで明らかにされてこなかった多様な変形菌類の生息が示されている．また，研究の基盤となる子実体標本の塩基配列データの蓄積も進められつつある．今後，こうした方向での研究が，自然界における変形菌類の生態解明に大きく貢献するものと期待される．

〔加茂野晃子〕

文　献
1) Tamayama, M., 2000, *Stapfia*, **73**, 121.
2) Ronikier, A. and Ronikier, M., 2009, *Mycologia*, **101**, 1.
3) Stephenson S. L., 2011, *Fungal Divers.*, **50**, 21.
4) Kamono, A. et al., 2009, *Naturwissenschaften*, **96**, 147.

8

雪氷・アイスコア

8-1 地球最古の氷

oldest ice on the earth

南極氷床, 100万年を超えるアイスコア掘削

南極氷床でこれまでに掘削されてきたアイスコアは，日本のドームふじコアで約72万年，欧州連合の掘削したドームCのコアは約80万年の年代を持つ．これらが現在得られている最も古い連続した気候記録としての氷である．

一方，地球上で報告されている最古の氷としては，Sugdenら（1995）が南極のドライ・バレーと呼ばれる場所での氷床末端部に露出した氷の年代を，その中の火山灰に含まれるアルゴンの同位対比の計測から求め，その年代を810万年前と推定したものである[1]．ただし，こうした露頭の氷は例外的かつ断片的な存在であり，アイスコアに通常期待されるような，気候シグナルの時系列の連続記録として利用することは困難である．

アイスコアは，地球上の環境変動の歴史をその中に含んでおり，地球の上で今後起こっていく環境変動を予測していくために欠かせない，古気候の知見を得ることができる．気候変動に関する政府間パネル（IPCC）の報告でも，氷期・間氷期スケールの変動の知見は，アイスコアから得られたものが多用されてきた．国際的な研究の流れのなかで，現在の最も古い氷よりも年代をさかのぼり，100万年を超える古さをもつアイスコアの取得に，アイスコアの研究にかかわる世界の主要研究グループ，おもに，日本，欧州，米国，中国のグループの関心が寄せられている．

a. どんな条件下に存在しうるのか？

地球上の最古のアイスコアがあると考えられているのは南極氷床である．グリーンランドや北極域では可能性はまずないといっていいであろう．具体的には，南極大陸内陸部のなかで，より寒冷でより氷床の水平流動が小さく，そして，より氷床の岩盤高度が高く氷床が薄い地域にその可能性がある．氷床は，巨視的にみれば，南極氷床表面の寒冷な環境と，地殻からの地殻熱流の間にたつ断熱材のような役割を果たしている．この断熱材が厚ければ，氷床と大陸岩盤の境界面は圧力融解点に達し，古い氷は融解と流出により失われる．現在の南極内陸部では，氷の厚さが約2800 m以上になるとこれが発生している[2]．氷の厚さが約2800 mよりも薄い場所で，内陸ドーム域近傍となるのが，ドームふじ，ドームA，ボストーク基地，ドームCの近傍である．これらの地域に，特にアイスコア研究者の関心が寄せられている．

これらの地域で仮に氷床底面が凍結し，非常に古い氷が残っていたとしても，注意をすべき点がある．それは，周囲と比較して相対的に薄い氷床底面付近の約5％程度の厚さに，約70万年より古い部分のコアが鉛直方向に非常に圧縮された状態で保存されていると考えられることである[3]．氷床表面から掘削を進めたときに，氷床底部の氷の年代が判明するのは，大規模な掘削計画の最終段階となる．

一方，沿岸部は氷床の厚さが薄くなり，氷床底面は凍結している[4]．南極氷床の変動の歴史のなかで，こうした沿岸地域に非常に古い氷が残されている可能性は，前述のドライ・バレーに限らず，多くの地域にあるといっていい．ただし，何らかの放射年代などを活用できる環境がなければ，採取した氷の年代を特定することは困難である．

b. 国際的な動向

日本のアイスコア研究は，世界最先端の氷床深層掘削技術を有している．南極氷床

内陸に建設したドームふじ基地において2度にわたる深層掘削を実施し，70万年以上をカバーする3035 mの深さまでのアイスコア掘削に成功した実績を持つ．また，100〜300 mの深さの浅層アイスコアの掘削を南極，北極やグリーンランドの多地点で実施してきた．日本では，国立極地研究所や北海道大学低温科学研究所を中心にして，国内的・国際的に，アイスコア研究を学際的融合研究として進めることが期待されている．そのなかで，「最古の氷」の掘削・採取と分析は，今後10年スケールで進める研究と認識されている．

また，アイスコア研究の国際的な連携は，International Partnership for Ice Core Sciences（IPICS）を軸に進められている．このIPICSのなかの議論で，可能な最古のアイスコア（最大150万年にいたるもの）の掘削候補地を探る研究会合も開催されている．

過去の経験に照らせば，深層アイスコア1本の掘削は，10年規模の時間を要する大プロジェクトになる．欧州連合や日本に共通し，深層掘削のこれまでの経験が継承できる時間スケールは今後約10年程度と認識されている．この時間スケールのうちに「最古の氷」の掘削を実現するとしてタイムラインを検討したとき，今後数年程度のうちに，掘削候補地点の選点，掘削機の開発，基地設営など，順次，近い将来に取りかかっていく必要がある．タイムラインのなかでの第一の仕事は，南極の氷床環境にかかる知見を固めていくことである．

一方，別な視点としては，アイスコアから得ることのできる古環境の信頼性は，複数本のコアの比較・確認があって初めて実現する．複数地点で掘削されたアイスコアが知見をそれぞれ補ってきた状況は，グリーンランド氷床でも南極でもこれまで起こってきた．欧州連合としてのアイスコア，他グループのアイスコア（たとえば，日本や中国や米国など）を掘り，それらから得られる知見の突き合わせによって気候シグナルの信頼性を担保するべきことが議論されている．国際的には，「最古の氷」の候補地探しの興味は，ドームふじ周辺とドームC近傍に限定される．他の地域，たとえばリッジB地域，あるいはヴォストーク基地周辺は，列挙されてはいても，アクセスが非常に困難である．中国はドームA地域頂部に基地を設置し，深層アイスコア掘削に着手している．この地点の年代の見積もりは，モデル研究から，約70万年前後と算出されているが，計算には誤差も約50万年あるとみられている．〔藤田秀二〕

文　献

1) Sugden, D. E. et al., 1995, *Nature*, **376**, 412.
2) Fujita, S. et al., 2012, *The Cryosphere*, **6**(5), 1203.
3) Seddik, H., 2008, Doctoral thesis, Hokkaido University.
4) Pattyn, F., 2010, *Earth and Planetary Science Letters*, **295**(3-4), 451.

8-2 氷期-間氷期サイクル

glacial-interglacial cycles

アイスコア,海底コア,気候・氷床モデル,ミランコビッチ理論

46億年の地球の歴史のなかで,氷床が存在した時を「氷河時代」,それ以外の時を「無氷河時代」と呼ぶ.約300万年前から現在まで続く最近の氷河時代においては,長期的な寒冷化傾向に重なって,気候変動が数万年の周期を持つようになり,その振幅が大きくなり周期も変わってきた.特に最近100万年間においては,現在のように南極とグリーンランドのみに氷床が存在する「間氷期」と,それらに加えて北米大陸やユーラシア大陸を氷床が広く覆った「氷期」を約10万年周期で繰り返してきた.氷期の最寒期には,カナダ全土とアメリカ合衆国北部,ヨーロッパ北部や西シベリア北部などを,厚さ3kmにもおよぶ氷が埋め尽くしていた.その結果,海面は現在より130mも低くなり,地球の平均気温は現在より約5℃低く,南極の気温は約9℃,グリーンランドの気温は約20℃も低かったと推定されている.南極のアイスコアから得られた氷期最寒期の大気中CO_2濃度は約180 ppmであり,間氷期の濃度の3分の2程度であった(⇨8-13「アイスコアの空気からわかること」,⇨8-21「過去の二酸化炭素濃度の変動」).

緯度や季節ごとの日射量は周期的に変動するが,それは,①地球の公転軌道の扁平度(離心率,約10万年周期),②自転軸の傾き(約4万年周期),③自転軸の首振り運動(約2万年周期)の3つの要素によって決まる(図1).実際,アイスコアや海底堆積物コアから得られる古気候データにそれらの周期性が確認できる(図1の最下段).氷期-間氷期サイクルの根本的な要因は,北半球高緯度における夏の日射量の変

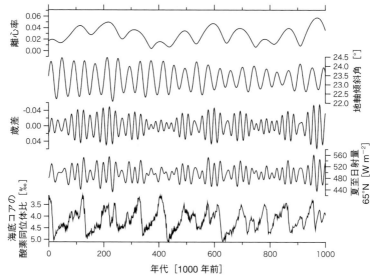

図1 地球の軌道要素と北半球の夏期日射量,氷期-間氷期サイクル.最下段のデータは,地球上の氷床量と深海温度を反映した指標である.

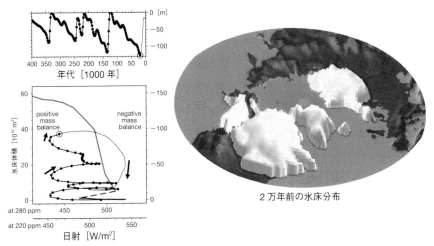

図2 気候・氷床モデルで再現された氷期-間氷期サイクル(左上), 2万年前の氷床分布(右), 北米氷床の体積と日射との関係(左下). 日射に対する氷床の定常応答が赤線と青線で示され, 実際の日射変動にともなう氷床変動が黒線と点で示されている. (東京大学ホームページより抜粋)
http://www.aori.u-tokyo.ac.jp/research/news/2013/20130808.html

動であると考えられている(ミランコビッチ理論と呼ばれる). 夏の日射が着目される理由は, それが氷床の質量収支を決定する最重要要素だからである. また, ドームふじアイスコアから復元された南極の気候は, 北半球の夏の日射量の変動にわずかに遅れて変化したことが分かっている[1]. このことから, 北半球の夏の日射量の変化によって北半球の氷床が大きく変化し, その影響が地球全体に伝わったのではないかと推察できる.

しかし, 夏の日射量の変動には2万年と4万年の周期性が卓越しており, 氷期-間氷期サイクルに卓越する10万年周期の変動は非常に小さい(図1の下から2番目). また, 氷期-間氷期サイクルのパターンは, 数万年をかけた寒冷化(氷床拡大)と, 1万年足らずの間に起こる温暖化(氷床縮小)を繰り返すという, ノコギリ刃のような形をしている(図1の最下段). これらは長年の謎であり, その説明のため, 地球システム内部の非線形な相互作用を想定し

た仮説が数多く立てられ, その検討には数個の数式で記述される概念モデルが用いられてきた. しかし当然ながら, 概念モデルで10万年周期を生み出せても, 地球で実際に起こっている仕組みを理解したことにはならない.

最近, 地球温暖化の将来予測にも用いられる気候モデルと3次元氷床モデルを組み合わせ, 地球軌道要素と大気中CO_2濃度を入力データとして40万年間にわたる北半球氷床の変動をシミュレーションし, 10万年周期の氷期-間氷期サイクルの再現に成功するという, 大きなブレークスルーがあった[2](図2). その結果, 氷期-間氷期サイクルの10万年周期は, 公転軌道によって変化する日射量の振幅と, 北米大陸の大気-氷床-固体地球にまたがる非線形な相互作用が原因で生み出されていたことが分かった. また, 氷期から間氷期に移り変わる際の急激な氷床縮小は, 地球表層の荷重変化に対する固体地球の応答時間が数千年のオーダーであることで説明できる. 氷床

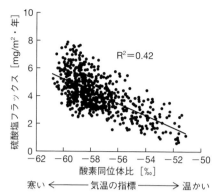

図3 硫酸塩フラックスと気温との関係
（北海道大学・極地研プレスリリースより抜粋）
http://www.nipr.ac.jp/info/notice/20121001aerosol.html

グがあり，氷床表面高度が下がり続けるため，氷床融解が一気に進んだと考えられる．

大気中 CO_2 濃度を一定にした実験から，温室効果ガスは主体的に10万年周期を生み出すわけではないが，氷床変動の振幅を2倍程度に増幅する作用があることもわかった．とりわけ，北半球氷床から離れた低緯度から南極にかけての気候変動が北半球氷床と同期した変動を示すのは，温室効果ガスの寄与が大きいと考えられる（⇨8-13，⇨8-21 参照）．また，ドームふじコアの解析から，南極上空の硫酸塩エアロゾルが氷期−間氷期に伴って変動していたことが突き止められ，これも南極の気候変動を増幅した可能性がある[3]（図3）．

〔川村賢二・阿部彩子〕

が最大限に発達すると，氷床分布の南限が中緯度に達する（したがって融解しやすくなる）とともに，氷床荷重により大陸地殻がマントルに深く沈み込む．この状態で，夏期日射量の増大にともなって氷床が縮小を始めると，大陸地殻の隆起にはタイムラ

文 献
1) Kawamura, K. et al., *Nature*, **448**, 912, 2007.
2) Abe-Ouchi, A. et al., *Nature*, **500**, 190, 2013.
3) Iizuka, Y. et al., *Nature*, **490**, 81, 359, 2012.

8-3 グリーンランドの気候変動
climate changes in Greenland

ヤンガードリアス，ダンスガード・オシュガーイベント，最終間氷期

グリーンランドでは1960年代から2012年までにCamp Century（1966年，掘削深1375m），Dye 3（1981年，2037m），GRIP（1992年，3029m），GISP2（1993年，3053m），NGRIP（2003年，3085m），NEEM（2012年，2540m）の6地点（図1）で1000mを超える深層氷床コアが掘削されている．これらの深層コアは，過去の気候変動に関して，それぞれのコアが掘削された当時には予想もされていなかった新しい発見を多数もたらした．ここではそのなかで特に重要な研究成果を紹介する．

氷床コアの分析では，水分子を構成する酸素と水素の安定同位体比を気温の指標として用いることが多い．Camp CenturyとDye 3で掘削されたコアの酸素同位体比（$\delta^{18}O$，値が大きいほど気温が高かったことを示す）の測定結果から，最終氷期が終わり完新世（現在の間氷期）に移行する際，グリーンランドでは温暖化の途中でヤンガードリアス（Younger Dryas：YD）と呼ばれる一時的な寒冷期があったことがわかった（図1）．この寒冷期はグリーンランドで掘削されたすべての深層コアで見つかっているほか，ヨーロッパや北米大陸でも見つかっており，北大西洋域の広域で生じた現象であることがわかっている．Dye 3コアの酸素同位体比のデータから，YD終了時にわずか40年で7°Cも気温が上昇したと推定され，気候変動の研究者に衝撃を与えた．

最先端の分析技術でNGRIPコア[1]を従来にない高時間分解能で連続分析したところ，YD付近の高時間分解能データから，さらに衝撃的な事実が明らかになった[2]．YDを挟む1万5500年前〜1万1000年前の時代に着目すると，NGRIP地点の気温は，1万4700年前頃に上昇した後，1万2900年前頃に低下したが，1万1700年前頃，再び上昇した．1万4700年前頃と1万1700年前頃の温暖化に少し先立ち，まずダスト降下量が減少し始めた．次に，グリーンランドの降水の起源となる海域の海水温が1〜3年という短期間で2〜4°Cも低下した．その後，グリーンランドの気温が，最初の温暖化の際にはわずか3年で，後の温暖化の際には50〜60年で10°Cも上昇した．これほど急激な気候変動は，NGRIPコアの分析結果が出る前は予想もしていなかったものである．

温暖化の際にみられたダスト降下量の減少はアジアの砂漠が湿潤化したためであると考えられ，海水温の低下は水蒸気の起源となる海域が北に移動したためであると考えられる．これらの変化は，熱帯収束帯が北に移動して北半球の大気循環が変化したことが原因であると考えられているが，このように急激な気候・環境変動が生じたメ

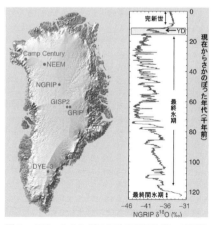

図1 グリーンランドにおける深層氷床コア掘削地点の位置とNGRIPコアの酸素同位体比

カニズムの詳細は不明である.

図1が示す通り,グリーンランド氷床コアの研究から,YDのような急激な気候変動は特殊なものではなく,最終氷期には同様の気候変動イベントがたびたび生じていたことがわかった.このイベントはグリーンランド氷床コア研究のパイオニア2名の名前に因んで,ダンスガード-オシュガー (Dansgaard-Oeschger:DO)・イベントと名付けられている.最終氷期開始期のDOイベント25に始まり,YDを挟んだ一番最近のDO1まで,過去12万年の間に25回のDOイベントが起きていた.グリーンランドでは各DOイベントにおいて,5～10℃の寒冷化が600～2000年の時間をかけて比較的ゆっくりと起こった後,寒冷期が300～700年続き,その後,3～5℃/100年という非常に速い速度で再び温暖期に戻った.グリーンランドの氷床コアで発見されたDOイベントは,北大西洋域の海底コアでも見出され,DOイベントが北大西洋域に広くみられた気候変動イベントであることが示された.さらにその後,DOイベントと関連する気候変動イベントが,日本海やカリブ海をはじめとするさまざまな地域の海底コアや中国の鍾乳石など,世界各地の古気候データにも見出された.

YDを含むDOイベントが生じた原因は北大西洋の海洋の熱塩循環の変化にあると考えられている.温暖化の過程で北半球の氷床が融けたり,氷期の寒冷期に大きく拡大して不安定になった北半球の氷床が崩壊することで,大西洋に大量の淡水が流入し,北大西洋深層水が一時的に停止したか弱まったことが寒冷化を招いたと考えられている.YDについては,氷期の終了に伴う温暖化で,北米大陸を覆っていたローレンタイド氷床が融解して五大湖周辺にアガシー湖という湖を形成し,この湖が突然決壊したことが,北大西洋への淡水流入の原因であるとする説が最も有力である.

南極の氷床コアでもグリーンランドで発生した25回のDOイベントのすべてに対応する温暖化イベントが見つかり,AIM (Antarctic Isotope Maximum) と名付けられた.DOイベントとAIMは海洋循環を通じてリンクしていたと考えられる.北大西洋深層水が停止するか弱まると,南大洋は北大西洋とは逆に,熱が奪われなくなるため温暖化する.ここで南大洋という大きな熱の貯蔵庫と熱をやり取りするため,グリーンランドが寒冷化するタイミングと南極が温暖化するタイミングは,1000～1500年ずれている.また,北大西洋に端を発する気候変動のシグナルが南極に達するまでにシグナルの振幅は小さくなり,変動の速度もゆっくりとしたものになる.グリーンランドのDOイベントに比べて南極のAIMで気温変動の振幅と速度が小さかったのは,そのためだと考えられる.

DOイベントのような急激な気候変動が今後もし起これば,人類にはかりしれない影響を及ぼすことが危惧される.このような気候変動が将来も起こりうるのかを予測するには,そのメカニズムの理解をさらに深める必要がある.また,温暖化が進行した将来の地球環境を高精度で予測するには,最終氷期だけでなく,現在よりも気温が高かった最終間氷期の気候・環境変動を詳しく研究することも重要である.最終間氷期を完全にカバーする氷床コアを掘削するため,デンマークをリーダーとし,日本を含む14ヶ国がNEEMコアの掘削を実施した.

図2はNEEMコアから復元された最終間氷期の気温と氷床高度の変動を示したものである[3].図2aの②の線は氷の$\delta^{18}O$を,①は$\delta^{18}O$から推定された気温を示す.気温は最近1000年の平均値からのずれとして表されている.図2bの③は含有空気量のデータで,一点鎖線④は氷床表面融解がない場合の推定値である.実際には氷床表

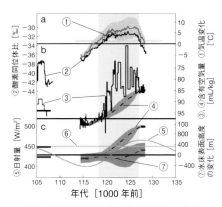

図2　最終間氷期の気温と氷床高度の変動

面融解が生じていたため，含有空気量は一点鎖線からはずれて値が大きく低下している．図2cの⑦の一点鎖線は，融解がない場合の含有空気量の推定値（④）から日射量の変化（⑤）による影響と氷床流動の影響（⑥）を差し引いて，氷床高度の変化を推定した結果である．氷床高度は現在からの差として示されている．

図2によると，北グリーンランドでは最終間氷期開始期の12万6000年前頃が最も温暖で，現在よりも気温が約$8±4$℃も高かった．また，12万8000年前と12万2000年前の間の6000年間に氷床の厚さが$400±250$ m減少し，12万2000年前には氷床表面高度が現在よりも$130±300$ m低下していた．

図2の薄い灰色で囲まれた部分（11万8000年前～12万7000年前）は，氷床の表面が融解していた時代である．現在の北グリーンランド内陸部は夏でも融雪が生じることは非常に稀であり，2012年7月のようなグリーンランド氷床全域に及ぶ顕著な氷床表面の融解は，過去100年以上生じていなかった．しかし，NEEMコアの分析結果から，最終間氷期には2012年7月のような氷床表面融解が頻繁に生じていたことがわかった．最終間氷期には含有空気量だけでなく，NEEMコアから抽出した空気の希ガスの存在比（$\delta Kr/Ar$, $\delta Xe/Ar$）やメタンガス濃度も極端に大きな値になっている部分があり，氷床表面が融解していたことを裏付ける強力な証拠である．

NEEMコアから推定された氷床表面高度の変化に基づいて計算すると，このように顕著な氷床表面融解が生じていたにもかかわらず，最終間氷期におけるグリーンランド氷床の氷の量は最低でも現在の90%はあったと推定される．これは従来の推定値よりもずっと大きい．最終間氷期には海水準が現在よりも4～8 m高かったと推定されているが，グリーンランド氷床の縮小だけではこれだけの海面上昇は説明できない．この結果は，最終間氷期に南極氷床が縮小し，海面上昇に大きく寄与していたことを示唆する．

現在各国がNEEMコアの分析を精力的に進めており，日本もエアロゾル，大気成分，微生物，物理特性などの研究を実施している．今後，最終間氷期の気候・環境変動についてさらに詳しい情報が得られることが期待される．

〔東久美子〕

文　献

1) North Greenland Ice Core Project members, 2004, *Nature*, **431**, 147.
2) Steffensen, J. P. et al., 2008, *Science*, **321**, 680.
3) NEEM community members, 2013, *Nature*, **493**, 489.

8-4 氷河湖
glacial lake

氷河湖決壊，デブリ氷河，氷底湖

　氷河湖とは氷河・氷床の浸食・融解や堰き止めによって形成される湖すべてを指し，氷河湖の決壊が原因で発生する洪水を氷河湖決壊洪水と呼ぶ．
　氷河の浸食により形成された凹地に湛水してできた氷河湖で代表的なものは，北米の五大湖である．アイスランドなどの火山の多いところでは，氷帽や氷床の底部が融解して形成される氷底湖があり，氷河湖の一種とみなせる．
　カラコラムなどの氷河が前進している地域では氷河が河川を堰き止めてできる湖 (ice dammed lake) がみられ，湖の水深が増すと，氷河は湖水の浮力によって浮き上がり，氷河の下を湖水が流出して決壊する．このような氷河湖決壊の場合，湖水は氷河の下をしみ出すため，決壊したときのピーク流量は小さく被害も比較的小さい．湖水が流出し氷河が着底すると再び貯水し，決壊は定期的に繰り返し起こるのが特徴である．
　氷河末端部で氷上湖が拡大しモレーンで堰き止められている湖 (moraine dammed lake) (図1) が，近年ヒマラヤやアンデス，ニュージーランドにおいて拡大している．それらの多くが，氷河下部の岩屑に覆われているデブリ氷河上に形成されており，形成初期は数十mの大きさであるが，複数の小さな湖が徐々に拡大し，合体することによって1〜数kmスケールの大きな氷河湖となる (図2)．このような湖は，モレーンの崩壊によって決壊が起こるため，繰り返し決壊が起こることはほとんどないが，一気に湖水が流出するため，土砂を含んだ土石流のような様相を呈し，ピーク流

図1　モレーンに堰き止められたツォー・ロルパ氷河湖（写真提供：藤田耕史）

量が大きく被害も甚大である．
　モレーンで堰き止められている湖の決壊の原因としては，懸垂氷河や雪崩が氷河湖に崩落して起こった津波のため，湖水がモレーンを越流し，モレーンが崩壊し決壊が起こるといわれている．このような氷河湖決壊はネパールヒマラヤにおいて1960年代から2000年まで3年に1回の頻度で起こってきたが，2000年以降は，特に大きな氷河湖決壊は起こっていない．過去に決壊の起こった氷河湖において堰き止めているモレーンの特徴を決壊前に撮影した衛星画像から得られる数値標高データから解析すると，モレーンの傾斜が急なだけでなく，さらにモレーンの厚さが薄いことが条件であることがわかってきた[1]．

図2 モレーンに堰き止められた氷河湖の拡大過程

カラコラムからヒマラヤの東西における氷河湖変動の分布をみると，氷河の縮小速度が速いヒマラヤの東ほど氷河湖は多く分布し，拡大速度も大きい．このように，モレーンに堰き止められた氷河湖は氷河の縮小に伴い形成されている．

またデブリ氷河上に多く分布する小さな湖（supraglacial pond /lake）も氷河湖に含められる．デブリに覆われた氷河は，厚い岩屑に断熱されているため融解が抑えられているが，散在する小さな湖や湖を取り囲む裸氷は，効率良く熱を吸収するスポットとしての役割を果たす[2]．デブリ氷河は，従来ほとんど融解しないと考えられてきたが，近年，衛星画像によって得られる数値標高データの解析により，デブリ氷河もデブリに覆われていない氷河と同程度縮小し ていることが明らかになってきた[3]．この原因として氷河上の池やその周りの裸氷の融解が効いているため，と考えられている．

南極氷床では1970年に初めてアイスレーダーによって氷底湖（subglacial lakes）が発見された．現在，南極氷床下には379個の氷底湖の位置が確認されており，氷床の流動速度が遅いところや，分水嶺，また氷流の流速が速くなり始める地点の上流部に多く分布する．ICESat（Ice, Cloud, and Land Elevation Satellite）観測衛星による標高の繰り返し測定から，氷底湖上の氷床表面標高が絶え間なく変化しているため，氷底湖間で水が行き来し，水で満たされたり，排出していると考えられる．このような氷底湖間での水の移動により，氷床や，氷流の底面すべりを促進するなど流動に影響を与えることが観測されている．

一方グリーンランド氷床では，下流部において形成された氷上湖（グリーンランドではmelt pond, surface meltwater lakeとも呼ばれている）が注目されている．これらの氷上湖は，周りの雪や氷面に比べ日射を吸収しやすいため，氷の融解を促進する．また氷上湖の湖水がムーランを通って氷床底部に入り，底面すべりを促進することも報告され，氷床における氷上湖，氷底湖ともに氷床の底面すべりを促進していることで注目されている．　　〔坂井亜規子〕

文　献
1) Fujita, K. et al., 2013, *NHESS*, **13**, 1827.
2) Sakai, A. et al., 2000, *IAHS*, **264**, 119.
3) Nuimura. T. et al., 2011, *J. Glaciol.*, **58**, 648.

8-5 氷河地形

glacial landforms,
glacial geomorphology

カール,モレーン,アウトウォッシュプレーン

「あそこは昔氷河に覆われていたね」と,雪氷の片鱗すら見えない青々とした山を指さしながらそういえるのは,その景観のどこかに,氷河が作り出した特有の地形を見出すことができるからである.最後の氷期が終焉してから1万年あまりが経過した現在,かつて厚い氷に覆われていた大地の多くが地表面に現れて,実際に見たり触ったりできるようになっている.今や多くの人口をかかえるようになった北ヨーロッパや北米大陸のかなりの範囲は,氷河が残した痕跡の上に現代文明を謳歌させているといってもよい.わが国では,日本アルプスや日高山脈などの地形に,かつて氷期に存在した氷河の痕跡が認められ,風光明媚な山岳景観を作り出している.

氷河が地表面と相互に作用しながら作りあげた「氷河地形」は,このように時として氷河自身が消滅した後も永く残存する.そのおかげで,氷河地形を認定することによって消え去った氷河を復元することができるのである.解氷後に残された氷河地形は,過去に繰り返された複数の氷河作用の結果を累積したものであり,消滅した氷体の物理状態や氷期の地形形成環境を復元するうえで有用な情報を提供してくれる.

反面,過去の気候条件のもとで形成された氷河地形の大半は,その後にたどってきたさまざまな環境下で少なからず変形・攪乱・開析されて,初成形態を残していない.また,氷河作用以外の地形営力によって形成された類似の地形も混在していて,氷河地形の的確な認定にはさまざまな傍証と専門的な解釈が必要とされる.氷河地形を正しく読み取り,氷河が存在した当時の環境を復元しつつ,現在に至るまでの地形発達史を理解するには,氷河地形の定義を共有しつつ議論すること,そして,現存する氷河の周辺で実際に起こっている現象を正しく理解しようとする姿勢が不可欠である.

氷河地形は氷成地形とも呼ばれ,さまざまに定義されてきた.特に,これまで述べたような過去の氷河を復元する指標として用いる立場から,解氷後に確認できる地形だけを氷河地形として,基本的にレリック地形であるとする見解がかつては優勢であった.しかし,現在形成されつつある地形も含める視点を有していないと,氷河地形の成因そのものを究明する姿勢がおろそかになりかねない.よってここでは「氷河の作用によって形成された地形全般」を氷河地形と呼ぶことにする.この「氷河の作用」には,氷体による直接的な作用だけでなく氷体の融解によって生じた水流の作用も含むので,氷河地形は氷河の分布域を越えた広範囲に分布するとみなせる.したがって,氷河底の地形のように,地表面に現れていない地形があることも認識しておく必要がある.このように氷河地形は,そもそも氷河とは何か,という視点を抜きにしてはとても定義できるものではない.これを強調する意味で,氷河の形態そのものも氷河地形に含める,という考え方もある[1].

氷河地形は,一般的な地形と同様に,侵食作用によるものと堆積作用によるものとに大別され,両者が複合している場合も少なくない.

流動する氷河は,底面や側面で地表面と接し,削磨したり,はぎ取ったり,溝を掘ったりしながら地表面物質を内部に取り込んで運搬する.これが氷河の侵食作用であり,略して「氷食」という.実際には,氷体と融解水とが複合的に作用し,さらに氷河底面での復氷現象も過程の一部として関与している.このため,氷食は,凍結した

氷が地表面に及ぼす直接的な作用に限定せず，氷河のさまざまな物理状態が複合的に作用する侵食作用とみなすのが妥当である．

氷食地形は，氷河擦痕や条溝などの直線的な微地形，ロッシュムトネ（roche(s) moutonnée），ドラムリン（drumlin）などの流線型地形，氷食谷やカール（kar）などの大スケールの地形まで，多岐にわたる．これらはいずれも，氷河の流動方向に対して一定方向に配列する傾向がある．この特質は，過去の氷河の流動方向を示す指標として用いられる．

一方，堆積作用は一般に，基盤岩石以外の地表面を構成する，削砕物質や生物の遺骸などの物質が累積していく過程であり，水溶液中から沈殿し集積される化学的過程も含む．これらのうち，氷河の氷体およびその融解水によって運搬・集積された地表面物質のことを「氷成堆積物」という．

氷成堆積物は，氷河の表面・内部・底，およびその周縁，ならびに過去の氷河拡大範囲に分布し，堤防状の高まりをなすモレーンリッジ（moraine ridge）や，紡錘形状の丘をなすドラムリンなどの地形を構成する．また，明瞭な起伏をなさないグラウンドモレーン（ground moraine）という地形を構成する場合もある．

モレーンリッジの特徴である堤防状の形状は，氷河の前進によって堆積物が押し出されたり氷河上の岩屑が転げ落ちたりして，寄せ集められた結果である．また，氷河底堆積物や氷河中に取り込まれていた岩屑層が氷河の流動に伴って低角にずり上がる衝上過程によっても，岩屑が寄せ集められる．こうした地形は，氷河の末端や側端位置を復元するのに都合がよい．

融解直後の水は，氷体に接する水流となって地形形成営力として働きはじめ，フローティルを堆積させたりする．そうした融解水流が氷河前面に集まって，より広範囲へと影響を及ぼすようになっていく．アウトウォッシュプレーン（outwash plain）は，そのような広範囲に広がった融氷水流による氷河前面の地形の代表で，扇状地状の平面形態を呈し，網状流が発達する．その構成物は，河川堆積物ではあるが，氷河を起源とすることを重視して，特に融氷水流堆積物とよばれる．類似の用語に「融氷河（性）堆積物」があるが，これは水流の有無を問わず氷河の融解で排出された堆積物全般をさす．

融解水が氷河底を流れると連続的なトンネルを発達させ，その形状に従って砂礫が細長く堆積する．こうして人知れず氷河底で堆積した砂礫が，氷河が消滅した後に堤防状の地形として地表に現れたものをエスカー（esker）という．同様の地形に，氷河と側壁との間に岩屑が堆積したケイム段丘，氷河の後退に伴って前面に順次出現するリセッショナルモレーンやハンモッキーモレーンなどがある．

氷体と地表面との境界では凍結破砕作用などの周氷河作用も働き，トリムラインのような地形が形成される．直接の成因は必ずしも氷河とは関係しないが，氷河周縁環境を反映しているという意味で，氷河地形に含む場合もある．これらに加えて，モレーン上の水たまり，氷体やモレーンが水をせき止めてできる氷河湖，氷食谷が沈水したフィヨルドなども氷河地形の一種であるといえる．さらに，融氷後，氷河から開放された地表面が不安定化し，地すべりや斜面崩壊などが頻発するようになる．これらは近年，パラグレイシャル（傍氷河）環境として，氷河地形の学問領域で扱われるようになってきた．

〔澤柿教伸〕

文　献
1）岩田修二，2011，氷河地形学，東京大学出版会．

8-6 氷河底面プロセス

subglacial process

底面すべり，底面排水システム，氷底湖，氷河底生物，接地線

氷河の厚さは山岳氷河で数十〜数百 m，南極とグリーンランド氷床では数千 m に達する．氷河の底面が圧力融解温度に達している場合，氷は基盤の上をすべり，氷底の水路を融解水が流れ，場所によっては湖が形成されている．これらの氷河底面プロセスは，氷河の流動や融解水の貯留と排水，氷や水による地形の浸食や堆積に重要な役割を果たしている．また最近になって南極氷床底面の湖において生物活動が確認され，氷河底面の生態系が注目を集めている．しかしながら厚い氷の下に広がる環境はその観測が難しく，地球上で最も探査が行われていない場所の1つといえよう．掘削孔を用いた直接観測と，電波や地震波を使った遠隔探査によって，氷河底面についての理解が徐々に進みつつある状況である．

氷河底面の温度は氷河表面気温，地熱，氷流動に伴う熱，氷厚などによって決まり，極域の氷河であってもその底面が融解していることが珍しくない．たとえば南極氷床内陸の表面温度は年平均で-50℃を下回るが，氷の厚い部分では地熱の影響を受けて底面が融解している．またヨーロッパアルプスやアラスカなど比較的気温の高い地域では，ほとんどの氷河で底面が融解している．融解した氷河底面では，氷が岩盤や堆積物の上をすべり，また水で飽和した軟らかい堆積物が変形して，氷河の流動が生じる（図1）．これら氷河底面における氷流動メカニズムは，南極やグリーンランドの氷流，カービング氷河（海や湖に流入する氷河）で観測される特に速い流れに重

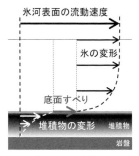

図1 氷河の流動成分を示す模式図．氷河底面では堆積物の変形と氷底面のすべりによって氷が流動する．

要な役割を果たしている．氷河のなかには年間数 km の速度で流れるものもあり，そのような流動の主要因は底面でのすべりや堆積物の変形である．また氷河底面水圧の上昇によって流動速度が上昇することが知られており，水圧の変化が流動の日周期変動や季節変化，サージ現象（氷河流動の著しい加速現象）などを引き起こす．

氷河が基盤上をすべる際には，氷底部に取り込まれた岩屑が引きずられて基盤岩の磨耗が起きる．また氷の凍結破壊作用によっても基盤岩の破壊が生じると考えられている．その結果生成した岩屑は氷河下に堆積し，水や氷の流れによって下流に運ばれる．このようなプロセスに代表される底面での浸食運搬作用が，氷河地形の形成をつかさどっている．氷河底面が凍結した氷河では底面すべりも水流もなく，浸食作用は非常に小さい．氷河が後退した後に残された底面堆積物や，基盤上の擦痕，底面水流による溝などは，過去の氷河規模を復元したり，氷の流動方向を推定したりするうえで重要な情報となる．

多くの氷河では，雪や氷の融解水がクレバスやムーランと呼ばれる氷河内の水路を抜けて，氷河底面に水流を形成する．融解水が氷河末端から排水されるまでの過程はほとんど観測されたことがなく，水理学的

な理論に基づいたモデルが提案されている．たとえば底面に形成される水路は，氷の融解による拡大と氷の粘性変形による縮小のバランスで時空間的に大きく変化するとされる．また融解水の供給が増える春から夏にかけて，網目状に広がった細い水脈が，より数の少ない巨大な水路へ変化すると考えられている．その結果，氷河底面の水はより迅速に末端から排水されるようになり，融解水の貯留時間が減少し，底面水圧が低下する．

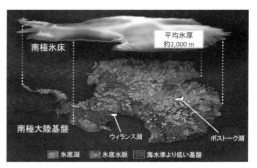

図2 南極氷床における氷底湖，底面水流の分布（文献[1]を改変）．[口絵20参照]

氷河底面の融解水は特定の場所に停留し，湖を形成する場合がある．特に南極氷床ではこれまでに約400個の氷底湖が見つかっており（図2），最も大きなボストーク湖の面積は 1.4×10^4 km^2，最大水深は1000 mに達する[2]．これらの湖は電波・地震波探査によって確認できるほか，規模の大きな湖の存在は氷床表面の形状からも推定できる．西南極の沿岸近くでは，氷底湖の直上で氷床表面が1〜2年の間に数m隆起・沈降する現象が観測され，氷底の水脈を通じて湖水が移動した結果と考えられている．南極の氷底湖は長期間にわたって隔絶された環境にあり，特殊な生態系の存在が長く議論されてきた．2012年には西南極沿岸近くのウィランス湖で掘削が行われ，厚さ800 mの氷床の下で採取された湖水に生命体が確認された[3]．さらに内陸の氷底湖においても生命体の探査が進められている．

南極氷床とグリーンランド氷床の一部では，氷床の周縁や溢流氷河の末端が海に浮いた状態で海洋に張り出して，棚氷や浮氷舌を形成している．接地した氷と棚氷の境界を接地線と呼び，接地線より海側では氷床底面が海水に接し，棚氷の下には深さ数百mに及ぶ海水層が存在する．南極氷床では棚氷の底面融解が氷消耗量の約半分を占めることが明らかになり[4]，棚氷底面の環境が氷床変動に重要な役割を果たすとして注目されている．棚氷底面の融解は，海水温度や塩分濃度，海洋循環などに影響を受けるが，数百mの厚さを持つ棚氷下での観測は容易でなく，その詳細の解明が急がれている．また接地線付近の地形・物理的環境は，氷床の安定性を議論するうえで重要である．しかしながら，正確な接地線位置，基盤や堆積物の形状，潮汐による氷の上下動の影響，氷床底面からの融解水の流出など，未解決の問題が多い．棚氷の下は光が届かず，外洋から離れた特殊な環境であるが，1977年にロス棚氷の下，外洋から430 km離れた地点に生物が見出された[5]．その後南極ではいくつかの棚氷の下で，多様な生物から構成される生態系が確認されている．

〔杉山 慎〕

文 献

1) Deretsky, Z. and U.S. National Science Foundation, 2012．(http://www.nsf.gov/news/news_summ.jsp?org=NSF&cntn_id=109587)
2) Wright, A. and Siegert, M., 2012, *Antarct. Sci.*, **24**, 659.
3) Christner, B. C. et al., 2014, *Nature*, **512**, 310.
4) Rignot, E. et al., 2013, *Science*, **341**, 266.
5) Lipps, J. H. et al., 1979, *Science*, **203**, 447.

8-7　日本の氷河

glaciers in Japan

氷河, 立山, 剱岳, 流動, アイスレーダー

　今から約11.6～約1万年前，地球全体の気温が今よりも5～7℃も低かった最終氷期には，日本にも日本アルプスや北海道の日高山脈に約400もの氷河が発達し，カールやモレーン，U字谷などの氷河地形が形成された．しかし，最終氷期が終わって温暖な気候が続く現在の日本に，氷河は存在しないと考えられていた．

　近年，電波で氷の厚さを測るアイスレーダーや誤差数cmで位置がわかる測量用GPSなど新しい機器を使った観測が立山連峰とその周辺の多年性雪渓で行われるようになり，いくつかの雪渓は，流動する氷体を持つ氷河であると判明した[1]．現在，氷河として学術的に認められているのは剱岳の三ノ窓氷河，小窓氷河，立山の御前沢氷河の3つである（図1）．ここでは，各氷河についてそれぞれの特徴をみていく．

図2　三ノ窓氷河．2011年10月18日撮影．写真左の尾根が八ッ峰，右の尾根が三ノ窓尾根．

a.　三ノ窓氷河

　三ノ窓氷河は，剱岳の八ッ峰と三ノ窓尾根の間の氷食谷を埋める氷河である（図2）．長さは1600 m以上，幅は100 m，標高は1700～2500 m．豪雪地帯に位置し，さらに八ッ峰と三ノ窓尾根という急峻な尾根に挟まれているため，積雪期に「雪崩の巣」と化し，膨大な雪が集積（積雪深にして20～25 m）する．この膨大な積雪も秋までに大部分が融け，10月になると氷体が一部露出してクレバスやムーランといった氷河特有の地形が表面に現れる．

　三ノ窓氷河では，2011年から3回，アイスレーダーによる氷厚観測が行われている．その結果，厚さ70 m，長さ1200 mに達する国内最大規模の氷体を持っていることがわかった．2011年秋にGPSを使った氷体の流動観測が行われ，氷体は1ヶ月間で最大31 cm流動していることが明らかになった（図3）．これらの結果から，三ノ窓氷河は現存する「氷河」であると判明した．

　2013年9月下旬，三ノ窓氷河の中流部

図1　立山・剱岳周辺の氷河と多年性雪渓

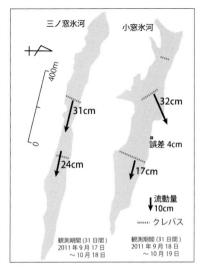

図3 三ノ窓氷河と小窓氷河の流動

では，深度20mに達するボーリング調査が行われた．コア解析の結果，表面から5m以深では密度が830 kg/m³を超えて氷河氷になること，氷河氷は気泡層，透明層，汚れ層の互層からなること，表面から12.5m以深では気泡の伸長がみられ内部流動が示唆されることがわかった．

b．小窓氷河

小窓氷河は，剱岳の三ノ窓尾根と池ノ平山（標高2561m）南東面の間の氷食谷を埋める氷河である．長さは1200m，幅は200m，標高は1900～2300m．小窓氷河にも秋になるとクレバスやムーランといった氷河特有の地形が表面に現れる．

2010年と2011年の秋に行われたアイスレーダーによる氷厚観測の結果，厚さ30m以上，長さ900mと三ノ窓氷河に次ぐ規模の氷体を持っていることがわかった．2011年秋にGPSを用いた流動観測が行われ，氷体は1ヶ月間で最大32cm流動

していることが確認された（図3）．このため，小窓氷河も現存する「氷河」であると判明した．

c．御前沢氷河

御前沢氷河は，立山の主峰，雄山東面の御前沢カールを埋める氷河である．長さは700m，幅は200m，標高は2500～2800m．氷河末端はサル股モレーンとよばれる氷河地形によって堰き止められている．

御前沢氷河では，2009年秋からアイスレーダーを用いた氷厚観測が繰り返し行われている．その結果，上流部に厚さ36m，長さ200m，下流部に厚さ27m，長さ400mの2つの氷体を持っていることがわかった．2011年秋～2012年秋にかけて行われた流動観測では，両氷体とも1年間に20cm前後流れていることがわかった．三ノ窓氷河や小窓氷河ほど活動的でないものの，現在でもかろうじて流動しているため御前沢氷河も現存する「氷河」といえる．

また，この氷河では，2013年10月上旬に深度7mに達するボーリング調査が行われた．コア解析の結果，表面から0.6m以深では密度が830 kg/m³を超えて氷河氷になること，氷河氷は三ノ窓氷河と同様気泡層，透明層，汚れ層の互層からなることがわかった．

立山連峰とその周辺の多年性雪渓では，ほかにも剱岳池ノ谷右俣雪渓，立山内蔵助雪渓，鹿島槍ヶ岳カクネ里雪渓の内部に厚さ30～50mに達する氷体が存在することが確認されている．今後の観測によりこれらの雪渓も氷河であると判明するかもしれない．〔福井幸太郎・飯田　肇〕

文献

1) 福井幸太郎・飯田　肇, 2012, 雪氷, **74**, 213.

8-8 雪国への恵み，雪資源

grace to the snowy, snow resources

利雪，氷室，雪冷房，雪山，雪資源，雪国新時代

a. 鳥　瞰

　雪氷の利用，とりわけ雪の利用「利雪」がわが国の雪国で進んでいる．環境保全，省資源，省エネルギーを地盤とした身の丈に応じた生活の第一歩として，「ゆき」の利用を薦めたい．雪の利用は21世紀の雪国の発展への大きな起爆材として期待され，すでに，その実施が始まっている．世界を見渡しても，夏暑く，冬寒い．これほど豊かな雪に恵まれた地域はほかに例がない．ついに私たちは，日本の雪国に住む私たちにだけ与えられた「雪国の新時代」に立ち入ったのである．雪が単にエネルギーとしてだけではなく，雪国の生活とじかに響き合うことに，利雪の意義深さを感じる．

　雪国の雪と，夏に雪のある風景を鳥瞰しよう．以下，少々読みにくいので，まずは括弧の中を飛ばして読み，しかる後に括弧の中も含め見直していただきたい．

　毎年，毎年（持続性）いやになるほど（量の確保）降る雪．春までの我慢．春になれば雪は融け，田畑を潤す（循環性，水資源，国土の保全）．「冬の雪」はやっかいだ（交通の阻害，暖房，除雪などでのエネルギー消費．心を萎えさせる）．しかし，暑い夏に雪があるとしたなら，それは立派な（雪の市民権獲得）冷熱エネルギー資源（高い省エネルギー効果と環境保全効果）である．世界中いたるところに，氷室の跡がある（普遍性）．冬の寒冷エネルギーは古くから（技術の簡素性），量の多少はあれ（夏の冷熱は貴重），半年間蓄熱され（潜熱蓄熱による良好な貯蔵性）貴重な夏の涼として利用されていた（冷熱は高価，直接的な利用形態）．今，あらためて古くからの雪の保存と利用の技術を見直し，現代の技術，社会背景とほどよい融合を図ると，「雪国新時代」が見えてくる（質素で活気ある社会の構築．経済効果．食を通した世界への貢献）．

　わが国の雪国では年間500億～900億tの雪が降り，そのうち5000万t程度の雪が，雪捨て場（雪堆積場）へ運搬排雪され，また，雪対策経費は年間4000億円程度と推測される．このように雪と戦いつつも雪と共存している雪国は，国土面積の50％以上を占め，人口は20％に達し，農業

図1　現在の「氷室」（北海道勇払郡穂別町・とまこまい広域農業協同組合穂別支所）．3月に貯雪空間に雪を蓄え，夏季に冷気を自然対流させ，隣接する貯蔵空間で長芋などの低温貯蔵を行っている．

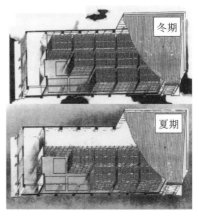

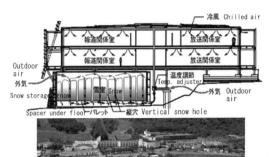

図2 2008年に開催された洞爺湖サミットにおいて使用された国際メディアセンター（竹中工務店提供）．7000 t の雪を床下に保存し，1万1000 m² の冷房を行った．

を基幹産業とする経済規模は大きく，経済活動に雪が寄与できる分野も広い．また，夏に1 t の雪氷を利用することにより，約10〜12 L の石油の消費を節約でき，30〜35 kg の炭酸ガスの放出を抑制できる[1]．

雪国では，真夏に数万 t から数百万 t の雪（密度の低い氷）を利用することがすでに可能となっており，エネルギー消費を抑制し，また，環境に大きな負荷を与えずに巨大な冷熱産業の構築を望むことができる．

b. 利雪施設の例

利雪施設の例として図1に「氷室」を示す．ここでいう氷室とは，150 mm の断熱を施した農業倉庫で，正月野菜・春野菜の出荷後の空いた空間に雪を詰めて秋までの冷熱源とするものである．通年 2〜4°C，湿度 90％以上の安定した貯蔵環境を簡単につくり出すことができ，また，既設の倉庫の改造によっても容易に作れるため，特に畑作を中心とした地域において広く利用されている．

全空気式の雪冷房を使用した施設の例を図2に示す．貯蔵した雪に鉛直方向に複数の孔をあけ，これに空気を通して冷却する．構造が簡単で，空気を冷やす能力も高い．このシステムを用いた大型のデータセンターの冷房も計画されている．

雪堆積場（雪捨て場）を 30 cm の樹皮（バーク）で覆うだけで，雪の融解を年間で 1.5 m に抑制できる．図3の雪山は街中

図3 「雪山」（朝日新聞社提供，平成8年2月11日）．約200万 m³（100万 t）の雪が捨てられる札幌市・大谷地雪堆積場．雪面をバーク材で被覆するだけで，この8割を真夏に利用できる．

に現れた，切り取り自在の氷山である．

c. エール

雪はその冷熱とともに，超軟水である雪解け水や，ガスハイドレートの母材あるいは夏の観光施設の部材としての利用も有望で，すでに試行が始まっている．雪国は夏も雪でにぎわうことになるだろう．

〔媚山政良〕

文　献
1) 媚山政良，2003，室蘭工業大学紀要，**53**，3.

8-9 河川・湖沼の雪氷現象

phenomena of river and lake ices

河川氷,湖沼氷,御神渡り,しぶき着氷,氷紋,フロストフラワー,氷瀑

河川や湖の淡水が凍るとき,特異な形や氷の造形ともいえる美しい現象など特徴ある雪氷現象が見られる.

御神渡り（thermal ice ridge）は,湖を横断するように連なる氷の峰である（図1）.湖が全面結氷した後に氷の温度が低下すると氷は収縮して張力が生じ,氷の強度を越すと表面が割れて裂け目が生じる.この裂け目にできた開水面に薄い氷が張り,朝になって気温が上がると氷が膨張して薄い氷は盛り上がって氷の峰が生じる.湖が大きいほど盛り上がる規模は大きく,諏訪湖,屈斜路湖,摩周湖などが有名である.

しぶき着氷（splash icing）は湖や海で強風のために発生した波しぶきが,樹木や船舶,灯台などの地物に凍着する現象である（図2）.樹氷や樹霜など雲粒や水蒸気による着氷に比べ,一度にかかる水の量が多いこと,しぶきのかかり方が間欠的であることが特徴で,短時間に成長することが多い.

氷紋（surface patterns on ice cover）は,湖や池の結氷表面において,雪が積もった氷板の下から水が噴出してできる模様であり,放射状氷紋・同心円氷紋・懸濁氷紋のおもな3種類がある.噴出した水が放射状に水路をつくりながら雪の中を拡散するとき,放射状氷紋ができる.同心円氷紋（図3）は放射状氷紋に同心円が付随したものであり,積雪層が吸水してその重みで陥没することによって生じる.懸濁氷紋（図4）は噴出水が懸濁粒子などを含んでいるときにできる.その粒子は氷紋の水路を放射状に流れて先端に達し,そこで雪にこし取られ

図1 屈斜路湖の御神渡り（東海林明雄撮影）

図3 同心円氷紋（東海林明雄撮影）.写真中央の同心円氷紋の直径は約3 m.

図2 屈斜路湖のしぶき着氷（東海林明雄撮影）

図4 懸濁氷紋（東海林明雄撮影）

図5 阿寒湖のフロストフラワー（ひがし北海道観光事業開発協議会・野竹鉄蔵提供）

図6 層雲峡・銀河の滝の氷瀑（高橋修平撮影）

て沈積するため，枝の先端が丸く見える．

フロストフラワー（frost flowers）（図5）は，湖や河川の氷面に点在して発達した直径数cmの霜の塊である．湖のような淡水氷では「霜の花」，海氷上では「フロストフラワー」と区別する場合もあるが，双方ともフロストフラワーと呼ぶことも多い．開水面周囲に発達することが多く，薄くて透明な氷表面に発達し，花が咲いたように見えることからこの名がついた．暖かい開水面や薄氷から水蒸気が供給され，周囲の冷えた氷表面の小さな突起物に水蒸気が昇華凝結し，次第に霜が成長してできる．

海氷上でもフロストフラワーは生成し，低温で風が弱い条件での薄い海氷表面にみられる．その霜の結晶は100 psuを超す高塩分濃度を持つことが特徴であり，人工衛星のシグナルに顕著に現れることがある．

氷瀑（frozen waterfall）は河川の滝や峡谷の岩場の湧水が凍って瀑布状に見える状態を示す．北海道層雲峡の流星の滝や銀河の滝（図6）は，冬には氷瀑となり，よく登攀家が氷壁登りをしている．その他，茨城県の袋田の滝，長野県の横谷峡の氷瀑，兵庫県の七曲滝など冬の各地で見られる．

氷河においても，傾斜が急な部分では，氷が割れてクレバスが多く発生し，滝のようであることからアイスフォール（icefall）と呼ばれ，氷瀑と和訳される．

巨大気泡氷（ice with big air bubbles）

図7 巨大気泡氷（東海林明雄撮影）．中央の円板状気泡の直径は約10 cm．

は，用語としては確定していないが，内部に大きな気泡が閉じ込められた氷である（図7）．池や湖の底の有機物堆積層からメタンガスが発生するとき，ガスが浮上して氷の下に貯まり，氷の成長とともに大きな気泡が閉じ込められる．気泡の形は扁平な円盤形が多いが成長条件によってダルマ型や年輪が付いたような逆すり鉢型などさまざまな形が生じる．泡の裏側に霜の結晶が成長し純白に輝いて見えることが多い．

一般の氷によくみられる小さな気泡は，水中に溶解していた空気などのガスが，凍結時に気泡として析出したものである．

ほかにも湖の波打ち際にできるダンゴ氷や湖氷融解時にみられる柱状のキャンドルアイスなど，川や湖が凍結するときの雪氷現象は人々の目を引きつけるものが多い．

〔高橋修平〕

8-10 アイスコア掘削技術

technology of ice core drill

アイスコア,コアドリル,掘削,氷河・氷床

過去の地球環境の変遷を明らかにするために,氷床や氷河の雪や氷を採取するアイスコア掘削が実施されている.通常は氷を丸くくりぬいて直径10 cm程度で円柱状のアイスコア試料を採取する.このアイスコア掘削を行うためのドリルは,掘削方法および掘削深度によって分類される.掘削方法は機械的に刃(カッター)で氷を削る方法と,電熱で氷を融かして掘り進む方法がある.掘削深度が深くなると,氷の自重による塑性変形によって掘削した孔が縮む.そのため,深度300〜1000 m以上掘削する場合には,掘削孔に氷と同じ密度で粘性の低い不凍液を入れて,孔の収縮を抑えながら掘る.なお,コア採取が必要ない場合には,雪や氷を蒸気あるいは温水で融かすスチームドリルやホットウォータードリルも使用されるが,ここでは説明を省略する.掘削技術に関する国際会議が数年ごとに開催され,その論文集が出版されている[1〜4].また米国の氷掘削プログラムのホームページに掘削技術の初期から最新までの論文やレポートがまとめられていて参考になる.(http://www.icedrill.org/library/index.shtml)

a. エレクトロメカニカルドリル(浅層ドリル)

ドリルをワイヤーケーブルで吊って,ドリルの下方にあるコアバレルの先端につけた刃を電動モーターで回して氷を削り,円柱状のコアを採取する装置.ドリルを上げ下ろしするウインチシステム,ドリルを吊るすマストシステム,ドリルモーターやウインチモーターを制御するコントローラー

図1 浅層ドリルシステム.掘削が終了しアイスコアをコアバレルに入ったまま地上に回収した直後.

図2 コアバレルの先端.3枚の刃(カッター),2枚のコアキャッチャーと刃の食い込み量を調整するシューで構成されている.

と組み合わせて使用する.このドリルを吊るすウインチケーブルの内芯として電線が組み込まれており,ドリルモーターに電力を供給する.ドリル上部にアンチトルク機構があり,コアバレルが回転してもドリル本体は回らないので掘削することができる.このアンチトルクには物理的に掘削壁に溝を掘って回転を止めるサイドカッター式アンチトルクが使われていたが,溝が外れるとドリルがスタックする危険があった.現在は3枚の板バネを押し付けることでコアバレルの回転による反力を止めるリーフスプリング式アンチトルクが主流である.地上からウインチケーブルを通じて供給される電力はスリップリングを介してドリルモーターに供給される.ドリルモーターは減速機で減速されて毎分50〜90回転

でコアバレルを回す．ドリルの下方は二重のパイプで構成され，掘削孔径より少し直径の小さい外管の中にコアバレルが入っている．コアバレルが回転して先端の刃で氷を削り，刃先で発生する切削チップは外筒内側とコアバレル外側のスパイラル状の溝でつくられるコンベヤによって持ち上げられ，コアバレル上部の窓からコアバレル内に落ちる．外筒内側にはリブと呼ばれる凸あるいは凹の溝をつけているのが特徴で，この工夫がないとチップのコンベア輸送ができない．掘削されたコアは，刃の少し上方に取り付けてあるコアキャッチャーによって「くさび」のように折られ，落下しないようにコアを支えて地上に引き上げ回収する．通常は深さ100〜200 m級のコア掘削に用いられる．

b. 液封型エレクトロメカニカルドリル（深層ドリル）

前出のエレクトロメカニカルドリルと同様の機構で500〜1000 m以上の深層掘削を目的としたドリルで，掘削孔の変形を防ぐために液封液を注入しながら掘削する．切削チップは液封液とともにチップ収納室へ回収し，チップ密度を500〜550 kg/m^{3}程度まで高めながら液のみをフィルターで濾して掘削孔内へ戻す．たとえば3000 mの掘削だと液圧が270気圧程度になるので深海のように耐圧性が要求され，ドリルモーター・減速機や制御コンピューターは耐圧室で保護する．また液封液の種類によって，電線ケーブル被覆，シールやOリングに関しての耐液性が必要になる．日本の深層掘削では酢酸ブチルという有機溶媒を使用した．この酢酸ブチルは−60°Cという低温でも粘性が高くなくほぼ氷と同じ密度であり，比較的安価であるという特徴がある．他国では液封液として軽油系の液体へ密度調整のための高密度液（たとえば代替フロン）を混ぜて使用していた．しか

図3 深層ドリルシステム．掘削終了後に回収したドリル，全長12.3 m．

し，極域では代替フロンが使えなくなり，また酢酸ブチルの異臭を嫌うことから，新たな液封液を探している．氷床深部での掘削状況を把握するため，ドリル，ウインチ，マストやコントローラーには，さまざまなセンサーが付いている．たとえば，日本の深層掘削ではコアバレル回転速度，ドリルモーター電流，掘削速度，刃の接地圧，傾斜，液温，液圧，ケーブル荷重，ケーブル繰り出し速度などをモニターできる．この日本で開発された氷床深層ドリルによって，南極氷床のドームふじ基地にて2007年に3035 mまでの深層掘削に成功し，過去70万年を超える古気候復元が可能なアイスコアを採取した．この深層ドリルはシンプルな機構と効率のよい掘削が可能で，世界でもトップクラスの掘削速度を達成した．詳細は文献[5,6]を参照してほしい．

c. サーマルドリル

ドリル先端につけた円周状のヒーターで氷を融かしてコア掘削を行う．融け水は真空ポンプによってバレル上方にある貯水タンクに貯められる．コアはコアキャッチャーで折って回収する．機構が単純でメカニカルドリルに比べてドリル全体の長さの割には長いコアが得られるので掘削効率はよいが，ヒーターへの供給電力が大きい．ま

た，電熱で氷を融かすので，冷たい氷との温度差が大きく，熱歪によるクラックなどが生じ，コアの質がメカニカルドリルより悪いことがある．南極氷床のみずほ基地では液封液なしで700 m までのサーマルドリルによる掘削に成功しているが，掘削孔の変形との競争だったようだ．液封型サーマルドリルでは，氷の融け水の処理をアルコールに溶解させる方式もある．

d. ハンドオーガー（手回しコアドリル）

手回しでコアバレルを回して雪氷コアを採取するコアドリル．氷床や氷床の表層や海氷のコア掘削で用いられる．コアバレルを回し，先端についている2枚ないし3枚の刃で円周状に氷を削り，コアバレル内に円柱状のコアを取り込む．切削チップはコアバレルに巻いてあるスパイラルと掘削孔壁で形成される一種のコンベアによって上方に運ばれ，コアバレル上部に開いている窓からバレル内に落ちる．1回の掘削で30〜50 cm のコアが採取できる．孔が深くなれば，延長棒を接ぐ．通常は10 m までの掘削に用いるが，コアバレルや延長棒をFRPなどの軽量材料で作っているものでは，30 m 以上の掘削も可能である．人力で回す代わりに，電動モーターや小型発動機を取り付けて掘削することもできる．

〔本山秀明〕

文 献

1) Ice drilling technology, 1994, *Mem. Natl. Inst. Polar Res., Spec. Issue*, **49**, 498.
2) Ice drilling technology 2000, 2002, *Mem. Natl. Inst. Polar Res., Spec. Issue*, **56**, 329.
3) Selected papers from the 6th International Workshop on Ice Drilling Technology, 2007, *Ann. Glaciol*, **47**.
4) Ice drilling technology, 2014, *Ann. Glaciol.*, **55** (68).
5) 藤井理行・本山秀明編著，2011，アイスコア—地球環境のタイムカプセル（極地研ライブラリー），成山堂書店．
6) Motoyama, H., 2007, *Scientific Drilling*, **5**, 41.

8-11 さまざまな過去の気温推定法
temperature reconstruction

酸素・水素安定同位体, 気温復元

極域の氷床から得られるアイスコアにはさまざまな環境指標が保存されている. なかでも気温は最も基礎となる情報である. しかし, 気温の定量的な復元は容易ではなく, さまざまな推定方法が提案されている.

気温を復元する際に最も頻繁に使われる指標は, 水の酸素・水素安定同位体比 ($\delta^{18}O$, δD) である. 水の分子を構成する酸素と水素の安定同位体比の変動を気温変動の指標とするものである.

降水の $\delta^{18}O$ が変動する理由は, 水分子の物性の違いにある. 重い水分子 ($HH^{18}O$) と軽い水分子 ($HH^{16}O$) では, 飽和水蒸気圧や分子拡散係数が異なる. この違いにより, $HH^{18}O$ は $HH^{16}O$ よりも蒸発しにくく, 凝結しやすい. これらの性質の違いが, 地球スケールでの相変化・拡散・混合等の水循環過程において, $\delta^{18}O$ 値を変動させる. たとえば, 気温が低くなると, 南極の水蒸気量がより少なくなるので, 軽い分子しか南極にたどり着けなくなり, 水の同位体比はより軽くなる.

実際に, 南極の降雪の水安定同位体比と雪の採取地点の年平均気温の関係には正の相関がある (図1). この事実は, 南極の降雪の $\delta^{18}O$ が気温の指標として利用できることを示している.

このような雪の $\delta^{18}O$ 値を用いた気温復元には, さまざまな不確かさがある. たとえば, 極域の降雪の $\delta^{18}O$ 値は, 地球スケールの水循環の最終値であり, 初期値としては, 海水が蒸発して水蒸気になったときの同位体比が重要である.

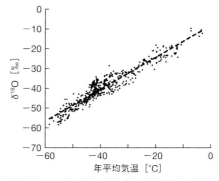

図1 南極表層雪の $\delta^{18}O$ と年平均気温[1]. 安定同位体比は標準物質に対する相対的な差を記号 δ (デルタ) と ‰ (パーミル) という単位で示す. 水の場合の標準物質は平均海水である.

水蒸気の起源を考慮した気温推定を行う場合には, $\delta^{18}O$ に加えて水の水素同位体比 (δD) を測定して, $\delta^{18}O$ と δD を組み合わせた d-excess ($= \delta D - 8 \times \delta^{18}O$) という指標が用いられる. d-excess とは, 水の同位体比から水蒸気輸送・降水過程の影響を取り除くことで, 水蒸気が蒸発した際の海洋の状態を復元する指標である. 同位体シミュレーションを用いることで, $\delta^{18}O$ と d-excess 値を, 南極の気温 (ΔT_{site}) と降雪をもたらした水蒸気起源の海面水温 (ΔT_{source}) の2成分に分離して, 過去の気温変動をより精確に復元することができる. 東南極のドームふじアイスコアの解析例では, 氷期の ΔT_{site} は現在より約 8°C 低かったと推定されている (図2).

南極の気温変動をほかの手法で推定した結果は, 安定同位体比による見積もりと最大30%程度しか離れていない. したがって, 水の同位体比を用いた南極の気温復元の信頼性は高いといえる.

北極 (グリーンランド) では雪の同位体比から気温を復元するのは南極よりも複雑であると考えられている. 最大の原因は, 降雪量の季節変動である. グリーンランドの氷期には, 冬の降雪量が極端に少なかっ

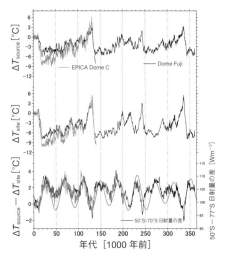

図2 南極アイスコアの水の酸素・水素同位体比を用いた過去36万年間の気温復元[2]．南極ドームふじとEPICA DomeCにおけるΔT_{site}とΔT_{source}の変動．ΔT_{source}とΔT_{site}の差は，日射量の変動に起因する強い4万年周期がある．

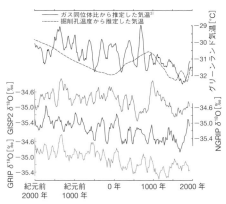

図3 さまざまな推定手法によるグリーンランドの過去2000年間の気温変動[3]

たと推定されている．結果として，アイスコアの$\delta^{18}O$を使った温度計は冬の低い$\delta^{18}O$値を記録しない偏った結果になってしまうのである．

グリーンランドでは，掘削孔の温度測定やガスの同位体比による気温復元も行われている．前者は，アイスコアを掘削した後の掘削孔温度を精密に測定することで過去の気温を推定する手法である．温度データを直接用いる点で不確実性が少ないが，短い時間周期の変動は平滑化されてしまう欠点がある．後者のガスの同位体比は，アイスコア中の窒素やアルゴンなどのガスの安定同位体比を用いる手法である．この手法はフィルン層の上端と下端の温度勾配によって，ガスの同位体分別の大きさが決まることを原理としている．

これらの複数の温度復元手法を適用した過去4000年間の気温変動を図3に示した．ガス同位体法と水の酸素同位体比法による気温推定には統計的に有意な相関がある（$r = 0.41 \sim 0.57$）．掘削孔温度解析とも数百年の周期の傾向は整合的であり，小氷期（14世紀中頃〜19世紀中頃）の寒冷化も確認できる．

新しい気温推定手法も開発されつつある．たとえば，水のδDと$\delta^{18}O$に加えて$\delta^{17}O$を組み合わせた解析が提案されている．今後，水の酸素・水素同位体は，ほかの気温推定法や同位体気候シミュレーションと合わせて解析されることで，南極の気温だけではなく地球全体の水循環変動指標として解釈が進むことが期待される．

〔植村 立〕

文 献
1) Masson-Delomotte, V. et al., 2008, *J. Climate*, **21**, 3359.
2) Uemura, R. et al., 2012, *Clim. Past*, **8**, 1109.
3) Kobashi, T. et al., 2011, *Geophys. Res. Let.*, **38**, L21501.

8-12 アイスコア解析の最先端

state-of-the-art technology for ice core analyses

連続フロー分析（CFA），サンプル少量化，同位体分析

過去の気候・環境変動を復元するため，世界各国がアイスコアの分析を実施している．分析項目は化学分析，物理分析，気体分析，微生物分析など多岐にわたるが，ここでは主として化学分析について述べる．

近年の分析の方向性は大きく分けて2つある．1つは基本的な分析を，できるだけ高時間分解能・連続で実施すること，もう1つは，基本的な分析では得られない新しい情報を得るため，限定されたサンプルについて高度な分析を実施することである．従来から一般的に実施されている質量分析計による水の安定同位体比分析，イオンクロマトグラフによるイオン分析，レーザー式粒度分布計やコールターカウンターによる固体微粒子の分析などは前者である．さまざまな物質の起源推定のための質量分析計による同位体分析や，ガスクロマトグラフを用いた有機物の分析などは後者である．ICP質量分析計による微量無機元素の分析は，その中間的な位置づけであろう．分析技術の進化により，後者が前者の位置づけに変化していくことが多い．

アイスコアの分析は，使用できるサンプル量が限られているという制約がある．さらに，極地のアイスコアは，含有不純物が極微量であるという特徴がある．これにより，通常ならば比較的簡単に分析できる化学成分の場合でも，極域のアイスコアでは分析に高度な技術が必要になることが多い．アイスコアに含まれる空気や極微量の不純物の成分を，できるだけ多種類，高速で分析するため，また，サンプル少量化のため，各国が分析技術の開発に力を入れている．

従来，アイスコアを融解して行う分析は，コア表面に付着した汚染を手作業で除去した後，手作業で融解・分注を行って種々の分析装置に導入するという手順であった．イオンクロマトグラフ，安定同位体比質量分析計，ICP質量分析計などオートサンプラーによる自動分析が可能な分析装置でも，前処理作業に膨大な時間と労力が必要であった．これが制約となって，2000〜3000 mの深層氷床コアから高時間分解能の連続データを取得することはたいへん困難であった．前処理作業を大幅に削減し，分析を自動化するために，アイスコアを汚染なしで連続自動融解し，融解水を直接各種の分析装置につないで連続フロー分析を行う方法が開発されている．この分析法は Continuous Flow Analysis，あるいは略して CFA と呼ばれている．

CFA システムは，通常，アイスコアを連続的に自動融解する部分と融解水を自動分析する部分から構成される（図1）．現在一般的に使われている自動融解部は，ヒーターが埋め込まれた融解ヘッド上に，角柱状のアイスコア・サンプルを載せるタイプのものである．融解ヘッドは二重または三重構造になっており，サンプル断面の外側から発生した融解水が内側から発生した融解

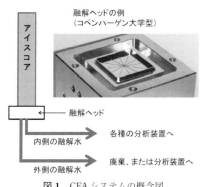

図1　CFA システムの概念図

水と混合しない工夫がされている．内側の融解水は，アイスコア・サンプルの表面に付着した汚れの影響を受けないので，手作業で汚染除去することなく，サンプルを各種の化学分析装置に導入することができる．外側の融解水は，捨てる場合もあるが，汚染の影響をあまり受けない，水の安定同位体比分析などに使用されることもある．

CFAシステムの自動分析部は，大きく分けて2つのタイプがある．1つは自作の分析装置を接続するタイプ，もう1つは既製品の分析装置を接続するタイプである．前者はスイスのベルン大学とデンマークのコペンハーゲン大学が中心となって開発を進めており[1,2]，pH，Na^+，NH_4^+，Ca^{2+}，SO_4^{2-}，NO_3^-，H_2O_2，HCHO，PO_4^{3-}，TOCなどの分析を行うことができる．後者は接続する分析装置によって技術開発を実施している研究室が異なるが，これまでに電気伝導度計，レーザー式粒度分布計，イオンクロマトグラフ，ICP質量分析計，レーザー分光式水同位体比分析計，レーザー誘起白熱方式のブラックカーボン分析計等が用いられている．最近では，CFAシステムにレーザー分光式メタンガス分析計を接続することで，アイスコアに含まれるメタンガスを連続分析することも可能になった．

自動分析部の代わりに，または自動分析部と並列でフラクション・コレクターを接続し，融解水を自動的にサンプル瓶に詰めて，各種分析装置で分析を行う場合もある．また，自作の分析装置と既製品の分析装置を同時に用いる場合もある．

CFA技術の進歩により，アイスコア・サンプルの前処理の手間と分析時間が大幅に削減され，従来にない高時間分解能での連続分析が可能になった．その結果，グリーンランドでは，わずか3年で平均気温が10℃も上昇した時代があったことなど，それまで予想もつかなかった新しい発見があった．このようにCFAによるアイスコアの分析は，気候変動研究の進展に大きく貢献すると考えられる．しかし，CFAシステムは市販されておらず，自作すべき箇所が多数あるため，導入している研究室は世界的に見ても限られている．日本では国立極地研究所がCFAの技術開発を進めており，今後運用していく予定である．

アイスコアに含まれるダスト，生物起源物質，人為起源物質，気体成分など，種々の物質の同位体を分析する技術もめざましい進歩を遂げている．以前は極域のように積雪中の不純物濃度の低い地域では，多量のサンプルを必要としたため，アイスコアの高時間分解能の分析は困難であったが，最近は，質量分析計の感度の向上と前処理技術の進歩により，比較的少量のサンプルで分析が可能になった．SrやNdの同位体を使った氷期の南極アイスコアに含まれるダストの起源推定は，以前からフランスやイタリアの研究者によって行われてきたが，最近は，ダスト濃度の低い間氷期についても分析が可能になってきた．SO_4^{2-}のS，NO_3^-のNやOをはじめとするさまざまな元素の同位体についても分析法の開発が進められている．このほかレーザーアブレーション・ICP質量分析法による不純物の高解像度マッピング法などの開発も進められており，今後の研究の進展が期待される．

〔東　久美子〕

文　献

1) Röthlisberger, R. et al., 2000, *Environ. Sci. Tech.*, **34**, 338.
2) Bigler, M. et al., 2011, *Environ. Sci. Tech.*, **45**, 4483.
3) McConnell, J. R. et al., 2002, *Environ. Sci. Tech.*, **36**, 7.

8-13 アイスコアの空気からわかること
air in ice cores

アイスコア,温室効果ガス,窒素,酸素,希ガス

アイスコアは,過去の大気を閉じ込めた「タイムカプセル」といわれる.氷を切削または融解し,気泡に閉じ込められた空気を回収して分析すれば,過去の大気組成がわかるというものである.これはおおむね正しく,たとえば二酸化炭素(CO_2)やメタン(CH_4),一酸化二窒素(N_2O)などの温室効果ガスの濃度は,測定値が過去の大気の濃度と約1%以内で一致する(氷床内での変質がない場合)(⇨ 8-21「過去の二酸化炭素濃度の変動」).表に,代表的なアイスコアの気体測定成分と,それらに含まれる環境情報を示した.

厳密には過去の大気がそのまま氷床に保存されるわけではなく,気泡になる前にわずかに変質を受けるため,その考慮が不可欠である.気体成分の変質は,雪が圧密を受けて氷へ変化するまでの過程で起こる.図に示すように,氷床上部の厚さ50〜100 mの層では,空隙が互いにつながっている(つまり,通気性がある).この層はフィルンと呼ばれ,表面の層(雪)や通気性のない層(氷)と区別されている.フィルンの空隙率は,表面付近から氷化する深度に向かって,約60%から10%に減少する.フィルンの底部では,空隙が分断されて気泡となり,全ての空隙が大気と隔絶されると「氷」と呼ばれるようになる.

フィルンの空隙は狭く曲がりくねっているので,大気中のような対流による空気の混合は表面付近に限られている(図).そのため,気体の移動は主に分子拡散が担っている.分子拡散のもとでは,すべての気体は重力と温度勾配によって分離し,その度合いは気体ごとに異なっている.その結果,質量の異なる2種類の分子を比べると,質量の大きい分子ほど,重力分離によりフィルンの下部に濃縮し,温度分離により低温側に濃縮する.その地上大気に対する濃縮度は0.001%のオーダーに過ぎないが,測定可能であり,その定量化には窒素(N_2)やアルゴン(Ar),クリプトン(Kr),キセノン(Xe)といった不活性な気体が用いられる.これらの気体は,大気中の同位体比が長期間一定で化学反応も起こさないため,フィルン内での物理過程による分別を読み解くのにきわめて有用である.

フィルンにおける重力分離と温度分離は,性質の異なる2種類の気体の同位体比を測定することで分離して評価できる.温度分離の値からは,過去の氷床表面の温度変化が定量的に求められ,重力分離の値からは,過去のフィルンの厚さが求められる(表).

N_2や希ガスからフィルンの重力分離が定量化できると,温室効果ガスの濃度や同位体比,O_2の同位体比,希ガス濃度などに対して適切な補正が可能になり,過去のそれらの成分の変動が求められる.温室効果ガスの同位体比には,過去の放出・吸収

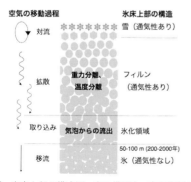

図 氷床上部の模式図.右に構造を,左に空気の移動過程を,中央には気体成分の変質を示す.

表　アイスコアの気体から得られる環境情報

含まれる情報	アイスコアの気体測定成分
温室効果ガス濃度	CO_2, CH_4, N_2O 濃度
温室効果ガスの放出源・吸収源	CO_2, CH_4, N_2O 濃度, 同位体（炭素, 水素, 窒素, 酸素）
氷床表面の温度変化	N_2, Ar 同位体
フィルンの厚さ	N_2, Ar, Kr, Xe 同位体
アジアモンスーンなどの水循環，氷床量	O_2 同位体
アイスコアの年代	O_2/N_2, O_2 同位体，空気含有量
年代の対比	CH_4 濃度, O_2 同位体
海水の温度	Kr, Xe 濃度
氷床表面融解	Kr/Ar, Xe/Ar
氷床高度，氷化密度	空気含有量

源に関する情報が含まれ，O_2 の同位体比には，陸域の降水や氷床量の情報が含まれる．

アイスコアの空気の O_2/N_2（酸素濃度の指標）は，過去の大気組成の復元には用いられない．その理由は，フィルンの底部で気泡が形成される過程において，分子サイズがわずかに小さい酸素分子が気泡から優先的に抜けてしまい，過去の大気の情報を失っているからである．その代わり，O_2/N_2 はフィルンの層構造や結晶サイズを反映し，コア掘削地点の夏期日射量に応じて変化したことがわかっており，このことを利用してコアの年代決定に用いられる[1]．ドームふじコアのこの方法による年代決定精度は約 2000 年であり，他のアイスコアの年代精度より 3 倍以上高い．O_2/N_2 の正確な測定はコアの保管や測定の条件が厳しく，これまで 40 万年を超えて成功しているのはドームふじコアのみである．この手法が利用できないコアの場合には，精度は落ちるが，O_2 の同位体比に含まれる 2 万年周期や空気含有量（一定量の氷に含まれる空気の量）に含まれる 4 万年周期の変動を利用する方法がある．アイスコア間の年代の対比には，南北のアイスコアから測定でき，かつ大気中でおおむね均一である CH_4 濃度や O_2 同位体比が用いられる．

最近開発が進められているものとして，希ガスの濃度比を元にした海水温や氷床表面融解の復元が挙げられる．希ガスの大気中の濃度は，海水の温度に応じた溶解量によって決まる．たとえば，氷期のような寒冷期に海水の温度が低ければ，希ガスが多く海水に溶け込むため，大気中の希ガスは少なくなる．これを利用して，過去の希ガス濃度を正確に推定できれば海水温の指標になる．なお，この場合の海水温は，表面温度ではなく海洋全体の温度である．

同じ原理で，氷床表面の融解が起こると，融解水に大量の希ガスが溶け込んで再凍結する．これを含むアイスコアを測定すると，希ガスの濃度が著しく上昇する．このことを用いれば，融解による氷板が目視できない深いコアであっても，表面融解の頻度や程度を求めることができる．

空気含有量は過去の表面気圧の変化，すなわち氷床高度の情報を含んでいる．しかし，空気含有量は気泡形成時の空隙率によっても大きく変化するため，その分離が課題となっている．　　　　　　　〔川村賢二〕

文　献
1) Kawamura, K. et al., 2007, *Nature*, **448**, 912.

8-14 氷床・氷河上ダストの起源
glacial dust origins

Sr-Nd同位体比, アイスコア, アルベド, 雪氷微生物, 氷河暗色化

極地や高山に分布する氷床や氷河の上には, 雪や氷だけではなく周囲の土壌や遠方の砂漠から風によって運ばれてきた鉱物粒子（風送ダスト）が堆積している. このようなダストは氷河上に蓄積すると表面を黒く汚し, アルベド（日射の反射率）を下げて氷河の融解を促進させる効果がある. また, 氷河の涵養域に毎年保存される風送ダストは, アイスコア（氷河にドリルで穴をあけて取り出した円柱状の氷試料）研究において過去の環境を知るための重要な指標となる. そのなかでも, ダストの起源を特定することは, 氷河やその周囲の環境を理解するために大きな意味を持っている. 過去に氷河上に飛来したダストの起源を特定できれば, その当時の大気循環の変動や, 供給源となる場所の環境変動を明らかにすることが可能なためである.

氷河上のダストに関する研究は, 濃度や量などについてはこれまでに多数行われてきたが, その起源に関する研究が本格的に始まったのは1990年代に入ってからのことである. ダストの起源特定には, X線回折解析（XRD）を用いた鉱物組成分析やダスト中に含まれる主要元素, および希土類元素組成分析, さらには気候モデル等を用いたバックトラジェクトリー解析など複数の手法が用いられてきた. なかでも, 従来海底コアや風送ダスト研究などにおいて利用されてきた, ストロンチウム（Sr）とネオジム（Nd）の安定同位体を極域のアイスコア中のダストに応用したことで, より詳細な起源特定を行うことが可能となった. たとえば, グリーンランド氷床内陸域で掘削されたGISP2アイスコアの海洋酸素同位体ステージ2（23340〜26180年B.P.）期の氷に含まれるダストのSr-Nd同位体比を分析し, 供給源となる各地の砂漠の同位体比と比較した結果, アイスコアダストの同位体比は中国のゴビ砂漠に近い値を示すことがわかった[1]. この結果は, グリーンランド氷床に供給されたダストの起源が, 大気循環モデルによって予測されていたサハラ砂漠あるいはアメリカ大陸ではなく, はるか遠方のアジアであるということを示唆している. また, 南極ではドームCのアイスコア中のダストのSr-Nd同位体比の分析から, その供給源が主にパタゴニアであることが明らかになった.

近年では, 極域に加えて中低緯度の山岳氷河でもアイスコアが掘削されるようになり, ダストに関する研究も行われるようになってきた. 特に, 周囲を広大な砂漠に囲まれたアジアの氷河では, ダストが大量に供給されて表面を黒く汚し, アルベドを大きく低下させていることから, その起源に注目が集まっている. このようなアジアの氷河表面に堆積するダストのSr-Nd同位体比を分析した結果, 同位体比は氷河の地理的位置によって南北で大きく異なる値を示すことがわかった（図）. 北部の氷河（アルタイ）ではSrが低くてNdが高い値を示すのに対し, 南部の氷河（ヒマラヤ）では反対の傾向を示した. また, 中部の氷河（パミール, 天山, 祁連山）はその中間の値を示した. このことは, 各氷河上のダストの起源が氷河によって大きく異なることを示している.

これらの同位体比を各地の砂漠の砂や堆積物の値と比較してみると, その値は各氷河周辺の起源物質に近い値を示した（図）. これは, 各氷河のダストはそれぞれの氷河周辺から供給されたものであることを意味している. アジアの砂漠では, 春になると

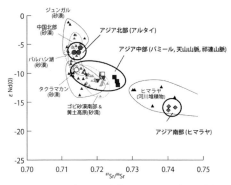

図 アジアの氷河上に堆積するダスト（ケイ酸塩鉱物）の Sr-Nd 同位体比．Nd 同位体比は標準物質（CHUR）の Nd 比からの差を表す．$Nd(0)$ として表記する．グレースケールで示した▲は各氷河周辺のレス，砂漠の砂，河川堆積物の値を示す[2]．

ダストストームが頻発していることから，氷河上にもこのストームに由来する風送ダストが大量に供給されていると思われる．

このようなダストの起源の違いは，氷河上の微生物の生態にも影響を与えている可能性がある．氷河上には寒冷な環境に適応した特殊な微生物（雪氷微生物）が繁殖しており，氷河表面に堆積する鉱物ダストからカルシウム（Ca）などの栄養塩を取り込んで繁殖に利用していると考えられている．分析の結果，雪氷微生物が栄養塩として利用する鉱物ダストの種類，およびその起源は氷河によって異なることが明らかになった[2]．ほかの地域に比べて雪氷微生物が多く生息するアジア中部の氷河では，微生物は Ca を豊富に含む砂漠由来の鉱物を利用していたことから，ダストを通じた氷河上の栄養塩条件が雪氷微生物の繁殖に大きく影響している可能性が示唆された．

さらに，氷河上のダストの起源を特定することは，クリオコナイト増加に伴う氷河暗色化メカニズムの解明においても重要となる．クリオコナイトとは，おもに氷河上に堆積する鉱物粒子と雪氷微生物に由来する有機物から構成される暗色の物質で，氷河表面に蓄積するとさらなるアルベドの低下を引き起こし，氷河の質量収支に影響を及ぼす[3]．近年，世界各地の氷河において，このクリオコナイトの増加と，それに伴う氷河表面の暗色化が報告されている．なかでも，グリーンランド氷床の西部沿岸域では，裸氷域の表面が数十 km の範囲にわたって暗色化してアルベドが減少しており，2000 年以降その面積が拡大していることが明らかになってきた．グリーンランドでは近年の温暖化を受けて氷床の後退が進んでおり，それに伴う沿岸部の露岩域やツンドラ帯の拡大によって氷床表面へのダストの供給が増加している可能性がある．また，氷床の質量減少に伴い，氷が薄化して氷体内部からのダストの供給が増加している可能性も考えられる．さらに，その影響は氷床表面のダストを栄養塩源とする雪氷微生物にも及ぶと考えられ，豊富な栄養塩の供給によって，繁殖する微生物量が増加し，形成されるクリオコナイトの量も増加しているのかもしれない．温暖化の影響を顕著に受ける極域の氷河において，このようなダストのアルベド低下効果を受ければ，氷河の融解はますます加速されると考えられる．暗色域のダストの起源に関するさらに詳細な研究を行い，そのメカニズムを解明することは，今後の氷河変動を理解するうえで欠かせないのである．

〔永塚尚子〕

文　献

1) Biscaye, P. E. et al., 1997, *J. Geophys. Res.*, **102**(C12), 26765.
2) Nagatsuka, N. et al., 2014, *Environ. Res. Lett.*, **9**(4), 045007.
3) Takeuchi, N. et al., 2001, *Arct. Antarct. Alp. Res.* **33**(2), 115.

8-15 屋久杉とアイスコア

Yaku cedar tree and ice core

宇宙線, 太陽活動, 太陽フレア, 炭素14, ベリリウム10

30°Nに位置する世界自然遺産・屋久島には, 樹齢千年を超える杉 (*Cryptomeria japonica*) が自生することが知られており, 屋久杉と称されている. 季節が明瞭な気候下に生育する樹木の幹には, 一年一年を刻む成長輪, すなわち年輪がよく発達する. これらの成長幅や密度, 主構成元素である炭素や酸素および水素の同位体は, その場の気温や降水量あるいは日射量などを示すよい古気候・古環境の代理指標 (プロキシ) である. 屋久杉には, 過去2000年間にもおよぶ年輪を保存する個体が知られており, これらは古気候・古環境の優れた記録庫 (アーカイブ) となっている.

近年, この屋久杉年輪と, 同じく古気候・古環境の優れたアーカイブであるアイスコアとの結びつきが注目されている (図1). それには, 年輪を構成する主要元素の1つである炭素の放射性同位体, すなわち炭素14 (^{14}C) が大きくかかわっている.

^{14}Cは, 6個の陽子と8個の中性子から原子核が構成される半減期5730年の放射性同位体で, 考古資料や地質試料の年代決定手段として有名である. この^{14}C年代決定では, 炭素に含まれる^{14}Cの割合 (^{14}C濃度) が大気中では常に一定であったとの仮定のもとに, ^{14}C濃度の実測値より, 試料が大気と炭素の交換を止めた年代を知ることができる. その一方で, 年輪のように計数等で独立に連続して正確な年代が得られる試料では, ^{14}Cの実測値を年代で補正することにより, 逆に大気中の^{14}C濃度とその永年変動が復元されうる. 大気中の^{14}C濃度は, 炭素循環が大きく変わらない限りは, 単位面積・単位時間あたりの大気での生成量, すなわち^{14}C生成率を反映する. ^{14}Cの生成は, 銀河系をおもな起源とする高エネルギーの粒子 (銀河宇宙線) が大気に侵入した際に, これが大気と相互作用を起こすことによってなされる. つまり^{14}Cの生成率は, 地球に到達する銀河宇宙線の強度によって変化し, さらにこの変化は, 大気中の^{14}Cにも反映することになる. このことから, 屋久杉年輪は, 宇宙線変動に由来する^{14}Cの変動を, 正確な年代とともに2000年間も連続して記録する, 非常に貴重なアーカイブといえる[1)].

屋久杉に残された^{14}Cの変動は, その原因が宇宙線変動という基本的には全球規模の現象に由来するため, 極域で掘削されたアイスコアの中にも原理的には記録されうる. しかし, アイスコアに気体として取り込まれる炭素はきわめて少量であるため, ^{14}Cそのものを測定するのは現実的ではない. 一方で, ベリリウムの同位体であるベリリウム10 (^{10}Be) や塩素の同位体である塩素36 (^{36}Cl) は, ^{14}Cのように宇宙線と大気との相互作用で生成し, かつアイスコアでも比較的容易に分析できる. よって, アイスコアに含まれるこれらの同位体の濃度を分析し, その結果と年輪の^{14}C変動を照らし合わせることで, 共通した宇宙線強度変動の強い証拠が得られることになる. また, 年輪中の^{14}Cもアイスコア中の^{10}Beや^{36}Clも, 生成率の変動から記録の固定まで

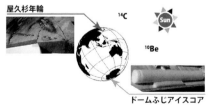

図1 屋久杉年輪と南極アイスコア (写真提供: 武蔵野美術大学・宮原ひろ子博士, 国立極地研究所・本山秀明博士)

に要する時間が1年程度と考えられていることより（厳密にいえば，数十年以上の周期性を持つような変動の場合には，より大きい ^{14}C のラグが予想されている），地域も物性もまったく異なる古気候・古環境アーカイブの同時間面を，宇宙線強度変動に基づいて全球規模で精度よく特定することが可能となる[2]．

宇宙線の強度変動は，何を原因として生じるのであろうか？ 宇宙線の一次粒子は荷電粒子である陽子を主体とするため，磁場による変調効果を受ける．太陽風の勢力圏である太陽圏に到達した銀河宇宙線は，まずはその磁場（太陽磁場）の影響を受け，さらにこれを潜り抜けて地球圏にまで到達した宇宙線は，地球磁場の影響を受ける．地球磁場強度の変動は数千年規模の現象と考えられており，太陽圏に到達する宇宙線の変動は（特別な場合を除いて）さらにゆっくりとした1000万年規模のものと考えられている．したがって，屋久杉が網羅する過去2000年の期間では，黒点の11年周期に代表されるような太陽磁場・太陽活動の変動が，宇宙線変動の主要因とされる．

実際に，太陽活動の11年周期は，年輪中の ^{14}C や年層が発達したアイスコア中の ^{10}Be を用い，観測時代を超えて数百年前に至るまで追跡されている．太陽には数十年間にわたり活動が低下し，ほとんど（もしくはまったく）黒点が観察できなくなるグランドミニマムと呼ばれる期間が存在する．この期間でも太陽活動の周期性は維持されており，さらにその周期長（波長）が14年程度に伸びるという事実も，屋久杉を含む年輪の ^{14}C 記録やアイスコアの ^{10}Be から明らかになった[1]．また，この11年周期に伴って，黒点数が増え太陽が活発化したピークにて，太陽全体の磁場極性が反転することが知られている．この極性の反転も考慮すると，太陽磁場には11年周期2回分の，すなわち約22年の周期性があると

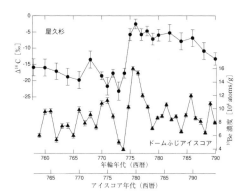

図2 屋久杉の ^{14}C とアイスコアの ^{10}Be に共通した西暦775年の濃度上昇[3]．アイスコア年代には数年の不確かさがあり，これを年輪年代と同期させる対比点としても有用である．

いえる．太陽の複雑な磁場は，極性の違いだけでも宇宙線の変調効率を変化させるため，太陽活動が同程度であっても，そのときの極性により地球に到達する宇宙線の強度が変化する．特にグランドミニマムでは，14年周期の2倍の28年ごとに強い宇宙線が地球に到達することが予想されており，その証拠が年輪の ^{14}C とグリーンランドアイスコアの ^{10}Be に実際に残されている[1]．

太陽から放出される荷電粒子と磁場は，通常は銀河宇宙線を遮蔽する役割を担う．しかし，これまで観測されたことがないような巨大な太陽フレアやコロナ質量放出が生じた場合，^{14}C や ^{10}Be を生成するほどの高エネルギーの粒子が，「太陽から」地球に大量に降り注ぐことが予想できる．このような現象を示す可能性のある短期間の濃度上昇が，屋久杉年輪の ^{14}C と南極アイスコアの ^{10}Be にて，同時間面に検出されている（図2）[3]．　　〔堀内一穂〕

文　献
1) 宮原ひろ子, 2014, 地球の変動はどこまで宇宙で解明できるか, 化学同人.
2) 堀内一穂, 2014, 月刊地球号外, **63**, 31.
3) Miyake, H. et al., 2015, *Geophys. Res. Lett.*, **42**, 5282.

8-16 グリーンランド氷床の表面融解
surface melt on Greenland ice sheet

地球温暖化，雪氷面の暗色化，BC，クリオコナイト

1990年代後半から，顕著なグリーンランド氷床の質量減少が地上観測，衛星観測，領域気象モデルによって確認されている．その主な原因は気温の上昇に伴う氷床の表面融解と溢流氷河からの氷の流失が増加したためと考えられている[1]．氷床の表面融解に関係する重要な物理量は表面質量収支（surface mass balance：SMB）である．SMBは雪や雨による涵養量Aと表面における昇華，蒸発，霜などの水蒸気輸送E（ここでは下向きを正とする）および表面融解水の流出量RからSMB = $A + E - R$によって計算される．ここで，Rは表面融解量Mと融解水の氷床表面での貯留または再凍結Fの差で表される．表面融解量Mは氷床表面における短波放射収支，長波放射収支，潜熱，顕熱，氷床内部への熱伝導の各フラックスによって決まる．一般に気温が上昇すると，下向きの顕熱輸送量が増加し氷床表面を加熱する．このため，地球温暖化が進行すると，氷床表面融解が起こりやすくなる．また，表面融解水の一部は積雪内部に浸透し，下層の低温の氷によって冷却され上積（うわづみ）氷として再凍結する．その際，潜熱によって氷床を加熱する効果を持つ．

氷床は地理的に年間の質量収支が正の涵養域と負の消耗域に分けられる．図1はグリーンランド氷床上SIGMA-Aサイトで観測された地上気温と雪面の高さの時間変化である．雪面の高さは積雪の圧密効果，地吹雪，削剥効果によってその地域の正確な表面質量収支量を表しているものではないが，おおむね表面質量収支の結果を反映している．SIGMA-Aは涵養域に位置し，ほぼ1年を通じて降雪によって雪面の高さが上昇している．しかし，2012年7〜8月，2013年7月，2014年6〜7月の気温が0℃前後のときに表面融解が起こり，雪面低下が観測されている．特に，2012年の7月11〜12日にはグリーンランド氷床表面の98.6%が融解する歴史的な融解イベントが起こった[2]．このときにはニーム基地（77°27′N，51°04′W，2450 m a.s.l.）を含むグリーンランド氷床上の広い地域で降雨があったと報告されている．また，最も標高の高いサミット基地（72°34′N，38°28′W，3209 m a.s.l.）でも表面融解が観測されたが，温度の高い下層雲からの下向き放射が雪面温度を上昇させた可能性があることが報告されている．SIGMA-Aでも気温の上昇だけでなく，下層雲によって下向き長波放射が

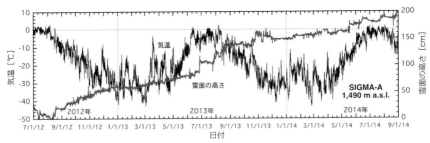

図1 グリーンランド氷床上SIGMA-Aサイト（78°03′N，67°37′W，1490 m a.s.l）で2012年7月から2年あまりの期間に自動気象観測装置で測定された地上気温と雪面の高さ

増加する放射効果が表面融解を大きくしたと考えられる。このような大規模な表面融解を示唆する証拠は，グリーンランドの多くの地点で掘削されたアイスコア中から1889年の氷板として確認されているほか，サミットで掘削されたアイスコアからも500～1994年の間に8回の融解を示す薄い氷板が確認されている[2]．

表面融解量を増加させるほかの要素として，氷床表面アルベドの低下があげられる．アルベドが低下すると正味の短波放射量（下向きを正とする）が増加し，氷床表面を加熱する．涵養域では一般に表面が積雪によって覆われているが，気温の上昇に伴い積雪粒子の変態が進み，粒径が増加することによりアルベド低下が起こると考えられる．積雪粒径が一般的な新雪粒径50 μmから融解時のざらめ雪の粒径1000 μmに変化したとき，アルベドは一般的な大気条件で約0.14低下する．このため，地球温暖化の進行に伴い，粒径が増加し，この結果アルベド低下によって氷床表面融解が加速される正のフィードバック効果が働く．また，積雪にブラックカーボン（BC）やダスト（鉱物粒子）などの光吸収性不純物が含まれるときにもアルベドが低下する．現在のグリーンランド氷床上におけるBC濃度は数ppbw程度で，これによるアルベド低下量は最大2％程度である（⇨2-6「積雪中のブラックカーボン」）．したがって，グリーンランド氷床上涵養域では，BCの効果よりも気温上昇に伴う粒径増加効果によるアルベド低下の方が大きいといえる．

氷床上の消耗域では夏季に裸氷が現れるが，グリーンランドではその多くがクリオコナイトと呼ばれる氷河上の堆積物によって覆われる（⇨7-2「雪氷藻類」，7-17「氷

図2　クリオコナイトで覆われた北西グリーンランドのカナック氷河（2011年8月1日撮影）

河生態系」）．クリオコナイトはアルベドを低下させるため，表面融解に寄与する．アルベドは一般的な積雪面が0.7～0.85程度であるのに対し，クリオコナイト濃度の高い裸氷面では0.3程度まで低下する．図2は北西部のカナック氷帽の夏季の写真である．クリオコナイトによって裸氷面が暗色化している．クリオコナイトは鉱物粒子，微生物，有機物で構成され，代表的な微生物はシアノバクテリアのように光合成を行うことにより，鉱物粒子を栄養源として氷河上で繁殖する．グリーンランド氷床の消耗域ではほとんどの地域でこのような微生物活動による氷床表面の暗色化が起こっている．特に，中西部のカンゲルサックからイルリサット地域の消耗域では近年暗色域の面積が拡大している[3]．消耗域では地球温暖化の進行に伴い，微生物活動が活発化し，表面融解量の増加に寄与している可能性がある．

〔青木輝夫〕

文　献

1) van den Broeke, M. et al., 2009, *Science*, **326**, 984.
2) Nghiem, S. V. et al., 2012, *Geophys. Res. Lett.*, **39**, L20502.
3) Wientjes, I. G. M. et al., 2012, *J. Glaciol.*, **58**, 787.

8-17 ドームふじ基地での越冬観測
overwintering observation at Dome Fuji Station

深層掘削,雪氷観測,気象観測,雪まりも,皆既日食

ドームふじ基地は南極沿岸の昭和基地から南に約1000 kmに建設された日本の観測基地で，77°19′01″S，39°42′41″E，標高3810 mに位置する（図1）．この基地は氷床深層掘削を目的として，1995年1月に建設された（図2）．この場所は昭和基地南方の南極氷床・東ドロンイングモードランドで最も標高が高い地点である．

ドームふじ基地では，1995年2月～1998年1月，2003年2月～2004年1月まで合計4年間にわたり越冬観測が実施され，深層掘削と雪氷・気象観測が行われた．1996年12月8日には第37次南極地域観測隊（以降，37次隊のように記す）が2503.96 m深までの氷床掘削に成功した．得られた氷床コアの最下部の年代は約34万前と推定された．この後，2007年1月26日には第47/48次隊が3035.22 m深の深層コアを掘削することに成功した（図3）．この深さは氷床底部の基盤にきわめて近く，その後の研究で最深部の氷は70万年前を超えることがわかった．

ドームふじ基地での越冬観測の結果，夏季には気温が−30～−40℃程度であり，冬季には−50～−80℃近くまで下がることがわかった．観測された最低気温は−79.7℃（1996年5月14日3時34分および1997年7月8日23時13分）であった．

雪氷観測では，雪面での積雪堆積過程や雪面起伏，レーダー観測による氷床内部構造などが調べられた[1]．4年間のドームふじ基地での越冬観測中，いくつかの特徴的な自然現象に遭遇した．ここではそれらの中から筆者がかかわった2つを紹介する．

一番目は雪まりも[2]である．これはドームふじ基地で初越冬観測をしていた36次隊が1995年7月に発見したもので，雪面で表面霜が成長し，球形化したものである．球の直径が5～30 mm程度，北海道阿寒湖で観察されるマリモと形が似ているこ

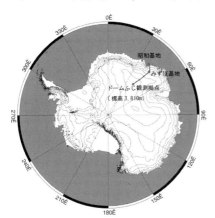

図1 ドームふじ基地の位置

図2 建設直後のドームふじ基地

図3 3035.22 m深の氷コア（提供：国立極地研究所）

図4 ドームふじで観測された雪まりも[2]

図5 ドームふじでの皆既日食の様子(藤田耕史撮影)[3]

とから,「雪まりも」と名づけた(図4).雪まりもを詳細に調べると,長さ1 mm,直径0.01 mm程度の針状結晶が多数絡み合ってできていた.雪面で形成された針状の霜結晶が風でまくられて,雪面を回転移動して形成されたと考えられている.

二番目は2003年11月23日未明に観測した皆既日食である[3].米国の探検家John Davisが南極半島に上陸して以来,皆既月食は14回起こっている.しかしながら,観測基地近傍で皆既日食が起こらなかったため,このときが世界で初めて南極で観測された皆既日食となった.図5は地上から見た皆既日食中の黒い太陽,図6は人工衛星が撮影した宇宙空間から見た皆既日食の状況である.このときにはドームふじでは皆既日食のため日射量(短波放射量)が36.63 MJ/m^{2}減少し,それは日積算日射量の1.6%に相当した.このため気温は最大3.0℃低下し,表面雪温は4.6℃低下した.

次に基地の建物と生活を紹介する[4].ドームふじ基地は,厚さ100 mmの断熱材の冷凍庫(床面積7.2 m × 4.5 m)5棟をつないで建設された.建物内は発電機の廃熱で暖めた不凍水を循環させるファンコンベクター暖房を基本としており,居住棟内の気温はおおよそ20℃前後に調節可能であった.気圧は平均600 hPa程度と平地の2/3程度であり,こちらは調整不可能であった.したがって,ドームふじでは少し走ると低圧のために息が切れるような状況であった.

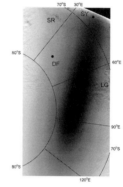

図6 人工衛星テラが撮影した宇宙空間から見た皆既日食.DFはドームふじ基地,SYは昭和基地[3].

ドームふじ基地は南極氷床上で最も標高が高い地点に建設された越冬観測基地であり,生活環境も世界で一,二を争う厳しい環境下にある.しかしながら,そこで得られた氷床コアや種々の観測データからは,過去に地球がどのような気候環境の変化を経てきたのかを明らかにすることができる.これらデータは今後の地球環境の変動予測で重要なデータとなるだろう.

〔亀田貴雄〕

文 献

1) 高橋修平ほか,2008,南極資料,**52**(特集号),117.
2) Kameda, T. et al., 1999, *J. Glaciol.*, **45**(150), 394.
3) Kameda, T. et al., 2009, *J. Geophys. Res.*, **114**, D18115.
4) 亀田貴雄,2015,水環境学会誌,**38A**, 142.

8-18 雪氷圏のガスハイドレート

gas hydrates in polar regions

エアハイドレート，メタンハイドレート，大気成分保存，地球温暖化

ガスハイドレートは，水分子と気体などの分子が低温・高圧状態で反応してできる無色透明な包接化合物結晶である（⇨11-10「クラスレートハイドレートの物性」）．雪氷圏は低温条件下にあるので，ガスハイドレートが生成しやすい．ここでは，アイスコア中の空気のハイドレート（エアハイドレート）と永久凍土中のメタンハイドレートについて紹介する．

a. アイスコア中のエアハイドレート

氷床氷中には多くの気泡が含まれているが，この気泡は深くなるに従って高い上載圧によって圧縮され，収縮していく．深さが1000 mを超える頃になると，気泡は肉眼では見えないくらいまで小さくなり，透明な氷となる．この時気泡中に含まれていた空気は消滅してしまったのではなく，無色透明で小さなエアハイドレート結晶となって氷中に存在しているのである（図1）．つまりエアハイドレートは，気泡が氷床深部の低温・高圧状態で変化したものである．

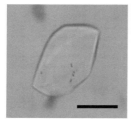

図1 ドームふじ深層コア氷中のエアハイドレート（深さ約3000 m，スケールバーは100 μm）

気泡中には，気泡が形成された当時の大気が含まれている．氷床深部ほど古い大気成分が保存されており，それらは気泡中ではなくエアハイドレート中に保存されている．このため氷床コアの解析において，「太古の空気の缶詰」ともいえるエアハイドレートの存在は，非常に重要な意味を持つ．気泡を含む氷は，その深さの圧力が気泡にかかっているため，コア回収後にクラックが発生して中に閉じ込められていた空気成分を放出してしまう．しかし気泡がエアハイドレートになると，氷床コアが掘削され地上に回収された後もすぐにはエアハイドレートは分解しないため，中にある空気分子は氷中に保存される．つまり気泡がすべてエアハイドレート結晶に変化した深さの氷床コアは，大気成分の分析において精度の高い分析ができるのである．

この物質の存在は，1981年グリーンランドDye-3 コア氷の現場解析で初めて確認された[1]．その後，多くの深層コア氷中で存在が確認され（図2），結晶の数や大きさの分布も気候変動を反映した情報を持つことが示唆された．またエアハイドレート結晶の分布を注意深く観測した結果，この結晶自身が氷床中でゆっくり成長していることがわかった．結晶成長には水分子と空気分子（おもに窒素と酸素の混合気体）の供給が必要であるが，空気分子の供給源は周囲のエアハイドレート結晶以外にはない．そのため空気分子は，小さな結晶から大きな結晶へ（オストワルド効果）非常にゆっくりとではあるが氷中を移動するため，気候が形成されたところとは異なるところへ移動する．氷床深部になって1年あたりの厚さが薄くなっていくと，この空気の移動が大気成分の分析結果に影響を及ぼしかねなくなる．今後氷床深部のコア氷中から大気成分を分析する技術が向上すると，エアハイドレートの結晶成長効果を考慮する必要が出てくるかもしれない．

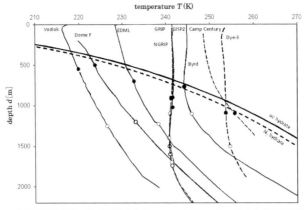

図2 氷床深層掘削孔の垂直温度分布とエアハイドレートの分布および平衡条件[2]

b. 永久凍土中のメタンハイドレート

メタンハイドレートは「燃える氷」とも呼ばれ，日本近海に豊富に存在する近未来の国産天然ガス資源の1つとして注目されている．しかしながら雪氷圏でのメタンハイドレートは，天然ガス資源というよりも天然ガスパイプラインを閉塞させる厄介者としての研究の歴史が長い[3]．20世紀初頭，シベリアの天然ガスパイプラインに閉塞事故が相次いだ．この原因を調べた結果，高圧で水分を含んだ天然ガスをパイプラインで輸送している間に，パイプ中にメタンハイドレートが生成してパイプを詰まらせていたことが判明した．そのため石油・天然ガス開発会社は，メタンハイドレートをパイプ中で生成させない研究を現在まで続けている．メタンハイドレートをパイプ中で生成させないためには，まず徹底的に水分を除去してからパイプに送り込む必要がある．さらに，メタンハイドレートの結晶成長を阻害する物質（インヒビター）を加えることが検討された．インヒビターとしては，塩やアルコールのように生成条件を低温・高圧側にシフトさせる「熱力学的インヒビター」や，結晶成長自身を阻害する「カイネティックインヒビター」といった化学物質が開発されている．

一方，雪氷圏で天然に産出するメタンハイドレートとしては，11-10で解説するように永久凍土下の天然ガスをゲスト分子とするものがあげられる．このメタンハイドレートのガス起源としては，主として熱分解起源のメタンガスがあげられる．多くの場合，高緯度地方の石油・天然ガス田に付随して分布しており，ロシアのメソヤハガス田ではメタンハイドレート起源による天

図3 永久凍土下に存在するメタンハイドレートからの天然ガス生産（提供：MH21）

然ガスが，枯渇ガス田を復活させたと報告されている．日本のメタンハイドレート開発コンソーシアム（MH21）では，カナダ北部のMallikにおいてメタンハイドレート層からの天然ガス産出試験を実施し，2002年と2008年にガスの産出に成功している（図3）．

しかし永久凍土下のメタンハイドレートは，別の意味で注目され始めている．近年の地球温暖化の影響により，シベリア地方の永久凍土層が融け始めていることがわかってきた．このとき，永久凍土下にメタンハイドレートとして閉じ込められていたメタンガスが大気中に放出されているという可能性が指摘されている．メタンハイドレートは体積にして190倍ものガスを結晶中に貯蔵できる（⇨11-10）．そのため，永久凍土下にメタンハイドレートが分布している場合は，かなりの量のメタンガスが大気中に放出されることになる．すなわち，メタンハイドレートが地球の炭素循環のなかでシンクやソースの役割を担うことが考えられている．最近では，メタンハイドレートの生成・分解を炭素循環シミュレーションの中に取り入れる研究も報告され，地球環境変動の主要な要因として注目されている．

〔内田　努〕

文　献

1) Shoji, H. amd Langway, C. C. Jr., 1982, *Nature*, **298**, 5874.
2) Uchida, T. et al., 2014, *J. Glaciol.*, **60**, 1111.
3) 日本エネルギー学会天然ガス部会資源分科会CBM・SG研究会GH研究会，2014, 非在来型天然ガスのすべて，日本工業出版．

8-19 粒々のダイナミクス
snow particle in motion

吹雪，風紋，バルハン，雪崩

図2　バルハン砂丘（左：Google earth より）とスノーバルハン（南極）

　地上に降り積もった雪（積雪）が風を受けて舞い上がると吹雪に，一方，重力の作用のもと斜面を駆け下ると雪崩となる．
　これらの雪氷粒子（通常，直径 1 mm 以下）は一般に形状が複雑で，付着力などの物性が温度に大きく依存するという特性を持つ．しかし基本的には上記の現象はいずれも粒々（粒状体）の運動である．したがって，砂などの粒子により形成されるパターンやダイナミクス（動力学）との共通性も大きく，こうした観点から現象を俯瞰することは，メカニズム解明にも有効である．
　吹雪中の飛雪粒子の運動は，雪面上を転がりながら移動する「転動」，雪面近傍を跳びはねる「跳躍」，大気乱流に取り込まれて高く舞い上がり複雑な運動をする「浮遊」に大別される．またその発生と発達は「風による粒子の取り込み」，「粒子の軌道変化」，「粒子と雪面の衝突」，「風速の変化」という4つの素過程を介して進行するが，こうしたメカニズムの理解と解明の歴史は，用語も含めて，Bagnold（1941）による飛砂の研究に端を発している．
　海岸の砂浜や砂漠にみられる風紋（リップル ripple）は，図1に示すように雪面上にも形成される．また 10 cm 程度の波長が，風速，つまり粒子の運動の空間スケー

ルに依存する性質も共通である．このほか，もう少しスケールの大きい三日月型のバルハン（barchan）も条件に応じて雪面上に出現する（図2）．ただし，スノーバルハンは，一般にバルハン砂丘に比べて小型で（最も小さいバルハン砂丘の半分以下），かつ平坦（幅や長さに対する高さの比率が小さい）という特徴がある．谷口ほか（2012）は，こうした形態的特徴から，スノーバルハンは通常のバルハン砂丘より若い地形であるプロトデューンに対応するとし，雪氷粒子間の焼結作用が，砂に比較して発達を抑制すると説明している．
　一方，雪崩，とりわけ図3に示す煙型雪崩は，ときに 100 m の高さにまで達する雪煙り層（密度が空気とほぼ同程度）に覆われるため，総じて流体的に振る舞うと考えられがちである．しかし，この雪煙り層の下には流動化した雪と多数の雪塊から構成された厚さ 1〜5 m で密度 100〜300 kg/m^3 の流れ層が存在する場合が多く，その振る舞いも複雑である．実際，雪崩堆積物（デブリ）には，直径が 10〜100 cm 程度の雪の塊が多数見出されるが，これらは，低温で乾雪の場合は底面から取り込まれた硬い積雪が破壊される過程で，一方，湿雪雪崩では流動の過程で水分を媒体に新たに形成されることが多い．一般に後者の方が塊の大きさの幅が広く平均値も大きい．このようにして形成された多量の雪塊は，雪崩の運動にも大きな影響を与える．土石流では先端部に巨礫が集中することが知られているが，雪塊は衝突に伴って比較的容易に破壊が進行するためか，位置によらずほ

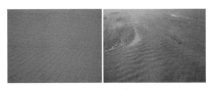

図1　海岸の砂浜（左）と南極の雪面（右）に形成された風紋

図3 煙型雪崩（左：ノルウェー，リグフォーン）とピンポン球なだれ実験（右：宮の森スキージャンプ台，札幌）

ほぼ一様な大きさを示す場合が多い．

雪崩を「斜面上を粒子の集団が重力により空気や底面，それに粒子間で相互作用しながら流れ下る現象」としてとらえ，そのメカニズム解明に取り組んだアプローチが，図3右に示すスキージャンプ台で実施された，65万個のピンポン球を流下させる実験である．ピンポン球は密度が小さく空気抵抗の効果が相対的に大きいため，重力落下する終速度が小さく，比較的短時間で定常もしくは準定常な状態に到達する．図3から，先端にはピンポン球が集中した明瞭な頭部が，一方，後方にかけては粒子（球）が散乱した尾部が形成されているようすがわかる．これは抵抗力が粒子なだれの空間スケールの2乗に，一方，駆動力（重力）は3乗に比例するため，粒状体の運動が定常に達すると，大きな集団ほど終速度が速くなることに起因する．同様に雪崩（図3左），火砕流，岩屑流などの大規模崩壊現象も明瞭な頭部・尾部構造という形態的特徴を持つ．このため上記の特徴の再現が，モデル実験による巨視的な意味での現象の相似性を議論するうえで非常に重要となる．ちなみに，速度の代表スケールを終速度，長さの代表スケールを斜面の長さとしてフルード数による相似則を検討すると，およそ8 m/sの速度で流れるピンポン球なだれは，50 m/sで4 km以上駆け下る大規模な煙型雪崩に匹敵することが導かれる．

ピンポン球1個では，ほとんど止まってしまいそうな速度で斜面を転がり落ちるのに対し，たとえば30万個のピンポン球なだれの速度は時速55 kmに達する．同様に雪崩の速度や流下距離も，一般に規模が大きくなるほど増加することが経験的に知られている．これは土石流などとも共通の現象で，一般には駆動力と抵抗力の関係で説明が可能であるが，ほかにも規模の増大とともに流れ層内部で流動化が進行する，厚さの増加に伴って底面付近で雪粒子や雪塊の激しい衝突が起こり空間密度が低下し摩擦も小さくなるためとの議論もある．

雪崩は巨視的には液体のように振る舞うが，微視的には雪粒子や，雪塊を要素とする固体粒子集団がお互いに相互作用をしながら流れ下る運動である．こうした観点から連続体の方程式に粒状体の流れの特性を加えた運動方程式を導出し，3次元の地形上での流れの速度や高さ，広がりの変化のシミュレーションも試みられている．

ところで，不幸にも雪崩に巻き込まれてしまったら…．雪崩の密度は流れ層でも300 kg/m^{3}程度で浮力はあまり期待できない．ただ流動化した雪の粘性は水に匹敵するという報告もあり，泳ぐことの意味はそれなりにあるかもしれない．一方，異なる大きさの粒子が入った容器を振動させると，しだいに大きな粒子が表面近くに浮き上がってくる．アバランチバルーンはこの効果を期待して考案された．バルーンが膨らんで体積が増加し，表面近くへ浮上すると，流れ層では表面近くの速度が底面より大きいため，しだいに先端方向へ移動する．雪崩が停止した際には先端の表面付近に達している可能性が大きく，捜索を迅速に行ううえで有用と期待されている．

〔西村浩一〕

8-20 南極とグリーンランドの氷床質量変化と海面上昇

evolution of Antarctic and Greenland ice-sheets and sea-level changes

地球温暖化, 氷床質量変化, 海面上昇, 氷床モデル

現在の地球上に存在する氷床(大陸規模の陸上の氷体, ice sheet)は, グリーンランド氷床と南極氷床である. 過去の海水準の復元から時代とともに大きく変動していたことが知られているが, その主要な原因は氷床量の変動であると考えられている. また地球温暖化による氷床の融解が将来の海水準上昇に与える影響も社会的な関心事の1つである. いずれの場合でも氷床の時間変動を理解することが重要である.

質量収支(mass balance)とは氷床の水(氷)の収支のことであり, そのうちの収入を涵養(accumulation), 支出を消耗(ablation)と呼ぶ. 涵養はほぼすべて降雪による. 消耗のほとんどは表面融解と末端消耗(氷山分離と末端部の底面融解)の和である. 夏期でも融解の少ない現在の南極氷床の消耗はほぼ後者であり, 一方現在のグリーンランド氷床ではおよそ半々であると考えられている. 氷は重力の作用によって流動し, 涵養域から消耗域に氷が輸送されることで, 氷床が維持されている.

氷床の質量収支が負になる(氷床全体の質量が減少する)ということは, すなわち(最終的には)海洋に減った分の水を供給することであり, 海水準を上昇させる効果を持つ(もちろんその逆もある). 現在地球上に存在するグリーンランド氷床, 南極氷床の体積は海水準に換算して7m程度, 65m程度と巨大な氷体であり, 小さな質量収支の不均衡でも海水準への影響は大きい.

氷床の変動量を知る方法は, 氷厚の変化を直接求めるか, あるいは涵養・消耗・流動を求めて間接的に氷厚の変化を求めるか, いずれかである.

将来の地球温暖化に伴う氷床の質量変化の推定には質量収支の変動の推定が重要である. 表面融解による消耗が大きくなることが懸念されているが, 氷床変動を精度よく推定するためには, 温暖化に伴う降雪の変加量(増加する傾向にある)なども考慮する必要がある.

前述の通り, 氷床は重力の作用によって流動する流体としてとらえることができる. 氷床中央部ではたかだか1年に0~10m程度の水平速度であるが, 縁辺近くに存在する氷流(ice stream)と呼ばれる領域では局所的に年1km以上の速度にも達する. 氷流の大きな速度は, 氷底面と基盤の間に(液体の)水が入りこむことによって生じる底面すべりの効果が大きい.

陸上を流動する氷が融解しきれずに海洋に到達すると浮力を受ける. 海水面より上にある氷が十分に厚いうちは浮上せずに海底に着床したままであるが, あるところで浮力に負けて浮く. 浮いている部分を棚氷(ice shelf)と呼ぶ. 棚氷の変動それ自体はほとんど海水準に影響しないが, その変動が内陸の氷流・氷床の速度に大きな影響を与えるため, 海水準変動を考えるうえでも重要な過程である.

近年になってしばしば大規模な棚氷の消失が観測されている. 棚氷が分離することで力の均衡が崩れ, その上流での流動が加速され, より多くの氷が海に輸送されることも懸念されている.

このように, 氷床変動の理解には, 気候変動と氷床流動の性質の総合的な理解が重要である.

近年は人工衛星を用いた氷床全体の変動の推定が進んでいる. 衛星観測で氷床の標高や重力をとらえることにより, それぞれに長所短所がある複数の方法で最近の氷床

変動が求められている．IPCC の第五次報告書では，複数の観測をもとにした最近のグリーンランド氷床，南極氷床の変動推定をまとめている．それによると，グリーンランド氷床，南極氷床ともに近年の縮小に加速傾向が見てとれる．グリーンランド氷床については 2002 年を境に 10 年の平均的な体積変動が加速していると考えられている．その体積変動を海水準上昇率で換算すると，0.09 mm/年から 0.59 mm/年と増加している．南極氷床に関しては同じく 2002 年を境に 0.08 mm/年から 0.40 mm/年に増加の傾向がみられる．氷床の変化が加速していると考えられている．

氷床流動モデルとは，一般的に与えられた氷厚分布などをもとにして氷床の 3 次元的な流動速度を求めるものである．流動速度は氷の粘性（固さ）に大きく依存し，その粘性は氷の温度や不純物などに大きく依存する．実際の氷床の粘性・温度・不純物などの 3 次元情報は限られた地点の観測情報しかないため，氷床全体の流動の計算においては，通常何らかの仮定を用いて氷床流動モデルのなかで同時に求めている．

氷床流動モデル計算には氷床内部だけではなく，氷床の外側の情報（境界条件）が必要である．たとえば涵養・消耗などを通じた氷の収入・支出の分布であり，氷の内部の温度を決める大気，海洋，地面との熱交換の量である．また，氷の流動の性質は基盤地形の高さや岩盤の性質，浮力を決める海水準の高さ等にも依存する．したがって，大気・海洋・固体地球などほかの気候システムと密接に連動している．

上記のように与えられた，あるいは仮定した情報をもとに，ある瞬間の流動分布を計算することに加えて，流動分布から氷床分布の時間変動を求めることがよく行われている．現実には氷床変動自体が相互作用を通じてほかの気候システムに影響を与えるため，ほかのシステムも同時に計算する

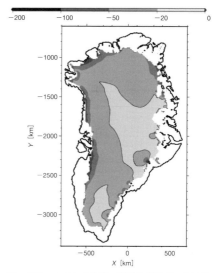

図　グリーンランド氷床の温暖化実験例．ある温暖化シナリオ下における 100 年後の現在からの標高変化（m）を表す．

ことで氷床変動の計算を行っている．

現在世界には 10 を超す数の氷床流動モデルが存在し，地球温暖化に伴うグリーンランド・南極氷床の変動，最終氷期や今よりずっと温暖であった過去の氷床分布の再現など，さまざまな課題で使用されている．しかし，氷床モデル・気候モデルの不確定性とその複雑な相互作用によって，たとえ同じ課題を取り扱ってもモデル間での推定に小さくない差が生じることがある．図は 1 つの氷床モデルを使用したグリーンランド氷床の温暖化実験の結果の例である．氷床流動や融解の性質を決めるパラメータの組合せにより，応答推定に大きな幅が生じることが考えられている．このうえにさらに温暖化の推定の幅，氷床モデルの差が加わり，応答の推定の幅はさらに増える．信頼性の高い氷床モデルの開発のため，各システムのモデルそれぞれの改良と，相互作用の総合的理解が急務であると考えられる．

〔齋藤冬樹〕

8-21 過去の二酸化炭素濃度の変動
variations of atmospheric carbon dioxide in the past

ドームふじ氷床コア，過去の大気環境の復元：CO_2，安定炭素同位体比，氷期・間氷期

過去の大気組成の変化を再現するには，南極やグリーンランドなどの氷床に封じ込められた空気を抽出して分析する手法が最も有力である．氷床は雪が降り積もってできたものであるため，表層はフィルンと呼ばれる通気層になっているが，深さとともに圧密が進み，密度830 kg/m³になると通気性がなくなり，気泡が大気から隔絶され氷中に孤立する（⇨8-13「アイスコアの空気からわかること」）．したがって，これより深層では深くなるほど古い空気が氷中に保存されていることになる．このような空気取り込み過程からわかるとおり，氷床に含まれる空気量は少なく，氷100 gあたり標準状態で8 mL程度にすぎない．このため，過去の大気組成の復元には，微量な空気を汚染なく抽出し分析する高い技術と，質の高い氷床コアが不可欠である．

日本の南極観測隊はこれまでに南極大陸のさまざまな地点で氷床コアを掘削してきた．沿岸部は年間積雪量が多いため，そこで掘削されたコアからは時間分解能の高い空気試料が得られるが，あまり遠い過去までは遡れない．逆に内陸の積雪涵養量が少ない地点で掘削されたコアからは，時間分解能は荒いが，遠い過去まで遡れる空気試料が得られる．

図1は，南極大陸沿岸域のH15地点で日本の南極観測隊により掘削されたコアから求めた過去250年間の二酸化炭素（CO_2）濃度変化である．南極点では世界に先駆けて系統的な大気中のCO_2濃度観測がKeelingらによって1957年に開始され

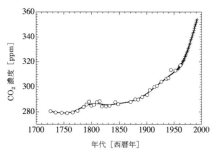

図1 氷床コアおよび大気の直接観測から得られた過去250年間のCO_2濃度変化．白丸は南極H15コアから復元された大気中のCO_2濃度であり，＋印はKeelingらにより1957年から南極点で観測されているCO_2濃度の年平均値である．

たが，その結果も図に示されている．まず，1960年付近に着目すると，氷床コアから復元された濃度と大気観測から得られた濃度がきわめてよく一致していることから，氷床コアは大気成分を変質させることなく保存していることがわかる．両者のデータから，大気中のCO_2濃度は18世紀には280 ppmだったが，その後徐々に増加し，増加傾向も次第に大きくなってきたことがわかる．ちなみに2013年の南極域における年平均濃度は，393.0 ppmにまで達している．

図2はドームふじで掘削された氷床コアから求めた過去34万年間のCO_2濃度変化を示す[1]．図の灰色に塗られた期間は間氷期を表し，その他の期間は氷期を表している．大気中のCO_2濃度はそのような気候変動に対応して変化しており，間氷期には280〜290 ppm，氷期には190〜270 ppm程度だったことから，CO_2は気候変動に対し正のフィードバック効果を及ぼしたことになる．詳しくみると，氷期から間氷期に移行する際CO_2濃度は気温上昇に同期して増加しているが，間氷期から氷期への移行期には気温低下が先行し，数千年遅れてCO_2濃度が低下している．氷期中の気温は寒暖を繰り返しながら全体的に寒冷化が進

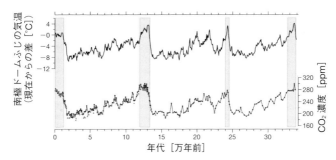

図2 南極ドームふじ深層氷床コアから再現された大気中における過去34万年間のCO₂濃度変化と気温変化.図の灰色に塗られた期間は間氷期を表し,その他の期間は氷期を表す.

行するような変化をしており,CO_2濃度もそれにほぼ同期して低くなったり高くなったりを繰り返しながら次第に低下し,最も低い濃度は氷期の終わり頃の最寒期に出現している.このような事実から,温室効果気体であるCO_2が氷期・間氷期の気候変動に重要な役割を演じてきたことは明らかである.しかし,このような気候変動に同期したCO_2濃度変動がなぜ起こるのかについてはまだよくわかっていない.この問題を解明するためにCO_2の濃度と安定炭素同位体比($δ^{13}C$)を組み合わせた研究が進められている[2].それによれば,間氷期から氷期に500 Gtもの炭素が陸上生物圏から大気を通して海洋に流入したと推定されている.したがって,海洋はそれを凌駕するように大気から大量のCO_2を吸収したことになるが,そのプロセスとしてCO_2溶解度の増加,生物ポンプの活発化,アルカリ度の変化,南極域の海氷の拡大,といったことが候補としてあげられている.

〔青木周司〕

文 献

1) Kawamura, K., et al., 2003, *Tellus*, **55**B, 126
2) Sigman, D. and Boyle, E. 2000, *Nature*, **407**, 859.

9

寒冷圏から見た大気・海洋相互作用

9-1 オホーツク海高気圧の発達
formation of the Okhotsk High

ブロッキング高気圧, 季節進行, テレコネクション, 移動性高低気圧, ヤマセ

オホーツク海高気圧（Okhotsk High）は，暖候期にオホーツク海に形成される地表の寒冷高気圧である．平年の海面気圧場では確認することはできないが，いったん形成されると数日間停滞することが多い（図1）．高気圧の南側を吹く地表の冷湿な北東風は「ヤマセ」と呼ばれ，北日本・東日本の太平洋側に異常低温をもたらす．オホーツク海高気圧は梅雨期に最も出現しやすいが，盛夏期になってもオホーツク海高気圧が頻繁に出現すると冷夏となる．平成になってからでは1993年，2003年が顕著な冷夏としてあげられる．

地上でオホーツク海高気圧が発達する際に上空にブロッキング高気圧を伴うことは，すでに50年前から気象庁の予報官によって指摘されてきた．ブロッキング高気

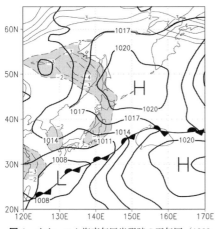

図1 オホーツク海高気圧出現時の天気図（1993年7月21日）[2]．陰影は低温偏差．

圧とは顕著で持続的な気圧の峰である．ブロッキング高気圧の発達・減衰の予報は容易ではない．その1つの理由は，ブロッキング高気圧の発達・維持に少なくとも2つの過程がかかわりうるからである．1つは移動性高低気圧波からのフィードバック強制による増幅であり，もう1つは西風ジェット気流の分流域での伝播阻害に伴う準停滞性ロスビー波束の局所的砕波である[1]．ロスビー波とは，大気や海洋の大規模な水平流に対する地球自転の効果が緯度ともに増大することに起因する波動である．背景の偏西風に対し西向き位相速度を持つため，水平波長が移動性高低気圧波よりかなり大きい場合，波動に伴う循環偏差はほぼ停滞する．ただし，ロスビー波の強い分散性を反映し，波束の群速度は東向きで，しかも背景の西風風速の約1.5～2倍の大きさである．よって，循環偏差がほぼ停滞していても，偏西風の蛇行の強い領域が西から東へ伝播し，離れた複数の地域で連鎖的に異常気象が起こる．これを遠隔影響（テレコネクション）という．

近年の研究から[2]，オホーツク海高気圧の発達にかかわる上空のブロッキング高気圧の形成において，前述の2つの過程の関わりが初夏と盛夏期において異なることが見出された．5月においては，北太平洋中部で形成された高気圧性偏差が，移動性高低気圧からのフィードバック強制を被りつつ，数日かけて西方に進展し，オホーツク海の上空でブロッキング高気圧，下層でも高気圧が発達する．これは「背が高く」暖かい等価順圧的高気圧であるが，その南側を吹く北東風が冷たい親潮を吹き渡り，北・東日本の太平洋側の気温を低下させる．

一方，冷夏にかかわる7月においては，地上高気圧がピークを迎える1週間ほど前に，北欧上空でブロッキング高気圧が減衰する際に射出される停滞性ロスビー波束が

鍵を握る．その波束がユーラシア北部を亜寒帯ジェット気流に沿って伝播し，極東上空でその伝播が阻害され局所的な砕波が起こるのに伴い，オホーツク海やや北方上空にブロッキング高気圧が発達する．5月の場合と異なり，ブロッキングの増幅には移動性高低気圧からのフィードバック強制はほとんど寄与しない．よって7月には，北欧の熱波とわが国の冷夏とが，亜寒帯ジェット気流を伝播する停滞性ロスビー波束に伴うテレコネクションとして連鎖的に起こりがちなのである．一般に，ブロッキング高気圧は「背が高く」暖かい等価順圧的な鉛直構造を持つ．極東のブロッキング高気圧は元来等価順圧的であるものの，そのやや南方に形成される地表のオホーツク海高気圧は「背が低い」寒冷な高気圧である．この形成には，早春まで結氷して夏季でも寒冷なオホーツク海と夏季に急速に暖まるシベリア大陸との間の東西気温傾度が重要となる．北方に位置する上空の高気圧性偏差は，オホーツク海上に東風偏差をもたらす．これがオホーツク西岸付近の強い東西気温傾度を横切るため，顕著な寒気移流偏差が起こる．こうして形成された寒気が地表の寒冷高気圧を発達させるのであり，さらに地表高気圧に伴う北東風が冷たい親潮を吹き渡るため，北・東日本の太平洋側に異常低温をもたらすのである．

なお，梅雨期6月に出現するオホーツク海高気圧は，付随する上空のブロッキング高気圧が5月のように北太平洋にその起源をもつ場合と，7月のように北欧からの停滞性ロスビー波に伴い形成される場合と，状況によって異なるのが特徴である．ただし，6月にはオホーツク西岸付近の東西気温傾度が強まっているため，5月のように移動性高低気圧からのフィードバック強制の下で形成された高気圧性偏差も，7月のように下層に寒気偏差を持つ．

このように，オホーツク海高気圧の形成には，極東・ユーラシア域の季節進行が深くかかわっている．その1つは，盛夏期に向けて急速に温暖化するシベリア大陸と，寒冷なままの周辺海域との間で強化される気温傾度である．オホーツク海との間で季節的に強化される東西気温傾度は，6～7月に形成されるオホーツク海上の寒冷高気圧形成に不可欠で寒気移流偏差に重要である．また，オホーツク海上の寒冷高気圧は霧・下層雲の形成にも有利である[3]．一方，北極海との間で季節的に強化される南北気温傾度は，温度風の関係から6～7月に北極海沿岸に亜寒帯ジェット気流を吹かせるが，それは北欧から極東へ伝播する停滞性ロスビー波の導波管として働く．すなわち，梅雨後期のオホーツク海高気圧の頻繁な出現は，極東・シベリア域での大気・海洋・陸面・海霧（大気放射）の相互作用の一側面ともとらえることができよう．

これに対し，5月においてはシベリアが暖まりきっておらず，導波管は北極海沿岸ではなく，シベリア中部を横切り北日本付近に達する．このため，たとえ北欧でブロッキング高気圧が発達したとしても，その影響はオホーツクやその北方に及びにくいのである．代わりに，6～7月に比べて，5月では北西太平洋中緯度における移動性高低気圧の活動がまだまだ強い．このため，寒候期と同様なメカニズムでオホーツク海上空にてブロッキング高気圧が発達し，オホーツク海高気圧が形成されるのである．

〔中村　尚〕

文　献

1) Nakamura, H. et al., 1997, *Mon. Wea. Rev.*, **125**, 2074.
2) Nakamura, H. and Fukamachi, T., 2004, *Quart. J. Roy. Meteor. Soc.*, **125**, 2074.
3) Tachibana, Y. et al., 2008, *J. Meteor. Soc. Jpn.*, **86**, 753.

9-2 オホーツク海の下層雲・霧と大気海洋相互作用
low-level cloud/fog and atmosphere-ocean interaction in the Okhotsk Sea

冷たい海，下層雲-海面水温フィードバック，海面熱フラックス，放射

下層雲とは高度2km以下の低い雲で，層状雲である層雲と層積雲が分類される．層雲は灰色でほぼ一様な層状の雲で，層積雲は多数の雲の塊が層状に広がった雲である．霧は，本質的には地表に接している雲であり，特に層雲と霧は似ている．積雲や積乱雲も下層雲に分類されることが多いが，ここでは「冷たい」海の特徴である層雲・層積雲に注目する．

下層雲は地球の気候形成にも役割を担っている．日射（短波入射）の反射率が地表より高いわりに，雲からの長波放射（赤外線の射出）は地表と大差ないことから，地球の放射エネルギー収支に影響している．

下層雲は海上それも亜寒帯と南極海で雲量が多く，亜熱帯西岸沖や北極海でも多い．海上の霧は海霧と呼ばれ，過半が移流霧であり，そのため中緯度で寒流暖流が接する海域で多い．オホーツク海とその周辺海域も下層雲が多い海域で，特に夏季は層雲・層積雲そして霧が発達する．オホーツク海上の下層雲量はオホーツク海高気圧と正の相関があり，高気圧に覆われているとき下層雲が多い[1]．これは高気圧が来ると晴れる日本の大部分の地域と異なるところで，オホーツク海が「冷たい」ことによる．

雲や霧の形成は，一般に水蒸気が飽和ないし過飽和となり雲凝結核や氷晶核上に凝結または昇華することで生じる．飽和に至る過程には，気温の低下・水蒸気の増加・気塊の混合がある[2]．夏季オホーツク海の下層雲形成においては，冷たい海による気温の低下が重要である．周囲の陸や太平洋から来た暖かい未飽和の空気が，海面からの顕熱フラックスで冷却され，雲が形成される．下層雲ができ始めると長波放射が増えて気温がさらに低下し，下層雲の形成が促進される．海面からの蒸発による水蒸気供給も生じるがほとんど効かない．海霧も同様に，潮汐混合による冷水域等で暖かい空気が冷やされることで頻繁に発生する．

オホーツク海の夏季下層雲・霧も，日本の大部分の地域の雲も，飽和に至る主過程は気温の低下だが，気温を下げる要因が違う．オホーツク海では低い海面水温が，「日本」では気塊の上昇に伴う断熱膨張が重要なことが多い．そのためオホーツク海では，高気圧が発達すると気塊がオホーツク海上に留まりやすく下層雲ができやすいのに対し，移動性低気圧が来るとオホーツク海外から暖かく相対湿度の低い空気が来て下層雲（層雲・層積雲）が減る．逆に，日本の大部分の地域では，低気圧に伴う上昇流が雲の形成に重要なのに対し，高気圧は上昇流を抑制し晴れやすくする．オホーツク海が「冷たい」海であることが鍵なのである．

下層雲は一度形成されると，自身を維持し続けるように作用する．雲上部は長波放射で冷却され，雲の下の気温が下がる．海面では気温が海水温より低くなり，雲形成時とは逆に，海面からの乱流熱フラックスで大気が加熱される．これら上側の冷却と下側の加熱により，成層が不安定化して混合層が形成・維持されるとともに，混合層全体の熱バランスが決まる．潜熱と顕熱をまとめて熱輸送・熱収支をみると，雲上部の放射冷却は霧雨や雲水により下に輸送され，海面での加熱は乱流により上に輸送される．その結果，雲上部では放射冷却と海面から乱流で運ばれた熱（雲水生成による凝結加熱）がおおむねバランスし，雲下部から海面付近では海面加熱と霧雨・雲水で

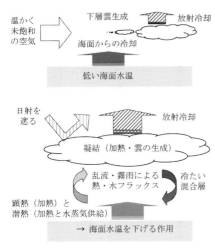

図 下層雲形成（上）と維持（下）の模式図

運ばれてきた潜熱（蒸発冷却）がおおむねバランスする．水収支をみると，海面からの乱流フラックスが海面で蒸発した水蒸気を混合層上部に運び，霧雨等で減った水が補給される．こうして下層雲が維持される．

下層雲の維持は海面熱フラックスや海面気圧に影響を与える．下層雲があると，気温低下により顕熱フラックスが上向き（大気を加熱し海洋を冷却）になり，上向きの潜熱フラックスも増加する．加えて短波入射も大幅に遮蔽される．したがって，下層雲は海面水温を下げるように作用する．海洋は大気に冷やされ海洋混合層が発達・維持される[3]．また，大気混合層が低温になることで，海面気圧を数hPa高くする効果もある．逆に，総観規模の大気場が同じままで下層雲がなくなると，放射冷却が大幅に減少し，境界層は高温の状態で安定成層する．海面気温は海面水温より高くなり，顕熱フラックスが下向きとなり（大気を冷却），上向きの潜熱フラックスも減少する．短波もそのまま海面へ入射する．結果として，海洋の表層が暖められ，大気と海洋の両方の密度成層が安定化する．

以上をまとめると，海面水温が低いことで下層雲・霧ができ，下層雲・霧ができることで海面水温が低く保ちやすくなるという「下層雲–海面水温フィードバック」がオホーツク海全体でみると働きうる．ただし，海面が大気を冷却し下層雲が形成される海域と，下層雲が海面水温を下げる海域はたいていずれており，移流の効果もあるので，鉛直1次元過程ではない．オホーツク海で海面水温が低い理由は，潮汐混合や海氷・冬季冷却の名残など，海洋由来の影響が大きいが，下層雲・霧も海面水温を低く保つのに有意な寄与をしている．

他の下層雲（層雲・層積雲）の多い海域のうち，北極海でも夏季に同様の下層雲・霧の形成がみられるが，他の代表的な下層雲域では主要な過程が少し異なる．とはいえ，他海域でも下層雲–海面水温フィードバックや海氷も含めたフィードバックが指摘されており，下層雲を介した大気海洋相互作用は気候形成・変動を理解するのに重要な要素の1つである．なお，冬季もオホーツク海では下層雲が多いが，筋状の積雲や蒸気霧などと，形成要因が海洋による大気加熱に伴う対流や水蒸気供給すなわち海が「温かい」ことにあり，夏季とは異なる．最後に，本項目ではふれなかったエアロゾルや雲微物理過程，より大規模な大気場との関係，放射伝達や境界層乱流の詳細など，下層雲に重要な過程はほかにもある．これらを含め，下層雲・霧と大気海洋相互作用は今も研究され続けている．

〔中村知裕〕

文 献
1) Koseki, S. et al., 2012, *J. Geophys. Res.*, **117**, D05208.
2) Ahrens, C. D. 著，古川武彦監訳，2008，最新気象百科，丸善出版．
3) Tachibana, Y. et al, 2008, *J. Meteorol. Soc. Jpn.*, **86**, 753.

9-3 ストームトラック

stormtrack

低気圧，海洋前線，地表傾圧帯，ジェット気流，北極振動

「ストームトラック（stormtrack）」の原義は（地上）低気圧の経路だが，今日では地上天気図の気圧極小や対流圏下層の渦度極大として低気圧中心を認識し，その統計に基づき低気圧の頻繁な通過が認められる領域を指す．こうして定義される「総観的」ストームトラックは，客観解析データの海面気圧や指定気圧面高度，南北風，気温場において周期約1週間以下の移動性波動擾乱成分を抽出し，その変動（分散・標準偏差）やそれに伴う極向き熱輸送の顕著な領域として定義される「波動力学的」ストームトラックともよく一致する[1]．いずれの定義に基づいても，わが国近傍を含む中緯度北太平洋域は，北米東岸・北大西洋域と並んで，北半球寒候期において最も顕著なストームトラック域である．暖候期においては移動性高低気圧の活動は弱まるが，これは特に北西太平洋域にて顕著である．一方，南半球のストームトラックは中緯度南大洋上（45～50°S付近）に緯度円を取り巻くよう環状的に分布する．この傾向は夏季に特に明瞭であるが，冬季には南太平洋のストームトラックが，下層では亜寒帯域（55°S付近）にまで南下する一方，上層では亜熱帯域（30～35°S）にまで北上し，上層・下層とも環状性がかなり不明瞭になる．

上記ストームトラック域の上空には偏西風ジェット気流が吹き，温度風の関係から対流圏の南北気温傾度が強まっている．そこを東進しつつ発達する移動性高低気圧は極向きに熱を輸送し，南北気温勾配を緩和するよう働く．たとえば北半球では，低気圧の前面で暖かな南寄りの風が，後面では冷たい北寄りの風が吹き，系統的に熱エネルギーが極向きに輸送される．これを可能にするのは，気圧の峰（高気圧）や谷（低気圧）が高さとともに西傾する擾乱の傾圧構造である．エネルギー論的には，極向き熱輸送を行う擾乱は南北気温傾度の緩和を通じてジェット気流に伴う有効位置エネルギーを変換し増幅すると解釈できる．実際，これら波動擾乱に伴う対流圏下層の極向き熱輸送は上記ストームトラック域で極大となり，上空の西風ジェットのコア領域にあたる両地域のやや上流で擾乱の傾圧的発達が特に顕著な傾向を示している．

歴史的にみれば，地表付近の観測に基づいて20世紀初期に提示された「ノルウェー学派」の概念モデルでは，温帯低気圧の発達には暖気と寒気の境界としての地表の前線の存在が本質的とされた．その後，20世紀半ば以降に発展した「傾圧不安定理論」では，緯度とともに低下する地表気温の南北傾度の強まり，すなわち地表傾圧帯の存在が移動性高低気圧の発達に必要不可欠なことが理論的に示されたものの，偏西風ジェット気流に伴う自由大気中の気温南北勾配の方に注目が集まっていた．

最近，ストームトラック形成における地表傾圧帯の重要性が再認識されている[1]．ストームトラック域では個々の移動性高低気圧が極向きに熱を輸送しつつ発達し，海上気温勾配を緩和させようとする．よって，低気圧が繰返し発達しストームトラックが形成されるには，寒冷前線背後の寒気に強い暖流から大量の熱が供給されて効率的に気温勾配が回復するという「海洋傾圧調節」が必要となるが[2]，これは暖流と寒流が合流する海洋前線帯で効果的に機能する．たとえば，黒潮系の水と親潮系の水が接して水温勾配の強い日本東方海上の亜寒帯前線帯に沿ってはストームトラックが位置している．また，冬季における地表傾圧

帯の維持には，寒冷な陸地と沖合の暖流との間の温度差も重要である．たとえば，北西大西洋のストームトラック域では，寒冷な北米大陸と沖合の（メキシコ）湾流との間で温度差が顕著である．北西太平洋のストームトラック域でも，いわゆる「南岸低気圧」の発達には，日本列島と沖合の黒潮との温度差が寄与している．ただし，海洋との熱交換は個々の高低気圧には熱的減衰として働くため，低気圧の発達には黒潮や湾流という暖流からの水蒸気供給が重要となる．降水は通常低気圧の暖域でより活発なため，降水に伴う潜熱解放は低気圧に伴う暖気を強め，有効位置エネルギーを増加させようと働く．急速に発達する「爆弾低気圧」の発生頻度が高いのもストームトラック域である．

さて，ストームトラック域では海上偏西風が強い．これは，移動性高低気圧による熱輸送が対流圏の南北気温勾配を緩和させようと働くが，このとき温度風平衡の制約のもとでは西風の鉛直シアを減ずるように上空の西風運動量が下方輸送されるからである．こうして中緯度のストームトラック域には，対流圏全体に及ぶ深い偏西風ジェット気流が形成され，極前線（亜寒帯）ジェット（PFJ）と呼ばれる．一方，熱帯のハドレー循環に伴う西風角運動量輸送によって，亜熱帯上空には強い西風ジェット気流（STJ）が形成されている．PFJへの西風（角）運動量の輸送は，発達した移動性高低気圧波がSTJに向けて伝播することで行われる．STJと異なり，PFJは波動によって駆動されているのであり，海洋前線帯・ストームトラック・海上偏西風を伴うPFJの三者の共存関係が確認されている[1]．

なお，寒候期における「北極振動」を含む環状モード変動は，極域・高緯度域と亜熱帯・中高緯度域の気圧の南北振動で特徴づけられ，広い範囲に循環変動と異常天候をもたらすが，この変動は中緯度ストームトラック・PFJの揺らぎと解釈される[2]．一方，夏季の「北極振動」は，北極・亜寒帯域にて顕著であるが，この変動は夏季に北極海を取り巻くように形成されるストームトラックと付随するPFJの揺らぎの反映と考えられている[3]．このストームトラックは，夏季に気温が上がる亜寒帯の大陸と冷たい北極海との間の気温差を反映するものである．　　　　　〔中村　尚〕

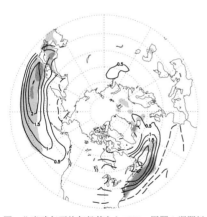

図　北半球年平均気候値としての，周期1週間以内の移動性高低気圧波動による海上（1000 hPa）東西風加速（0.5 m/s/日：実線は西風加速，破線は東風加速，ゼロ線略）[1]．西風加速の強い領域が，移動性高低気圧による極向き熱輸送の顕著なストームトラック域に相当．陰影は海面水温勾配の顕著な海洋前線帯．

文　献
1) Nakamura, H. et al., 2004, *AGU Geophysical Monograph*, **147**, 329.
2) Nakamura, H. et al., 2008, *Geophys. Res. Lett.*, **55**, L15709.
3) Ogi, M. et al., 2004, *J. Geophys. Res.*, **109**, D20114.

9-4 アリューシャン低気圧

Aleutian Low

テレコネクション,太平洋 10 年振動(PDO),50 年・20 年変動,気候レジーム・シフト

アリューシャン低気圧(Aleutian Low)は,時間平均した冬季の海面気圧にみられる低気圧で,アリューシャン列島付近に中心が位置し,北太平洋の大部分を覆っている.アリューシャン低気圧の領域で海面気圧の年々変動が大きく,アリューシャン低気圧は北半球における大気循環の変動中心でもある(図1).年々変動が大きい領域は,平均気圧で示されるアリューシャン低気圧の中心から東部に分布しており,アリューシャン低気圧が強い年にはアリューシャン低気圧は東側に張り出し,弱い年には西側に縮み込む.

アリューシャン低気圧が強まると,低気圧の東側で吹く南風が通常よりも多く南からの暖かい空気を運ぶために,北米西岸の中高緯度で暖かい気候状態となる.一方,日本周辺では西高東低のいわゆる冬型の気圧配置が強まり,寒冷な気候となる.また,アリューシャン低気圧の中心から南における気圧の南北勾配は偏西風の強さに比例するため,アリューシャン低気圧が強い

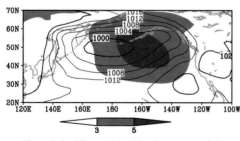

図1 北太平洋およびその周辺域における,冬期(12月~2月)の海面気圧の平均値(等値線)および,各年の冬期平均海面気圧の年々変動についての標準偏差(陰影)

と北太平洋を吹き渡る偏西風も強くなる.

アリューシャン低気圧の強化弱化は,北太平洋の海面気圧のさまざまな変動パターンのなかで最も強力なものである.このことは,アリューシャン低気圧の勢力の変化が,北太平洋およびその周辺領域の地表面付近の大気循環にとって非常に重要であることを意味している.

アリューシャン低気圧の勢力を表す指標として,北太平洋指数(North Pacific Index:NPI)が広く利用されている.北太平洋指数は,30°N~65°N,160°E~140°Wで領域平均した海面気圧であり,平年値からのずれとして示されることが多い.20世紀はじめから現在までの北太平洋指数(冬と春について)を図2に示す.北太平洋指数には,経年変動と呼ばれる比較的短期の年々の変動のほかに,10年スケール変動と呼ばれる長期変動がみられる.冬期の北太平洋指数における10年周期以上の長期変動成分(黒太線)は,1920年代と1970年代に大きく気圧が低下してアリューシャン低気圧が強化され,逆に1940年代と2000年代半ばには気圧が上昇してアリューシャン低気圧が弱化したことを示している.これらの変化は,気候のある状態から他の状態への急峻な遷移である,気候レジーム・シフトとも呼ばれている.1940年代の気候レジーム・シフトでは日本の気温も大きく上昇し,わが国の気候に重要な影響を与えた.気候レジーム・シフトには50年程度の変動成分が寄与していることが示唆されており,実際に30年以上の超長期変動成分(図2の灰色線)から,ほぼ50年程度の1周期と,レジーム・シフト前後の符号反転が読み取れる.また50年変動のほかに,冬の北太平洋指数の長期変動成分には1950年,1970年,1990年,2010年付近に正のピークを持つ,20年程度の変動も顕著にみられる.興味

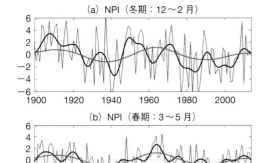

図1 北太平洋指数（NPI）の変動．(a) 冬期（12月〜2月）と (b) 春期（3〜5月）．細線は北太平洋指数そのもの，黒太線はおおむね10年以上の周囲成分，また灰色線は30年以上の周期成分を取り出したもの．

深いことに，春の北太平洋指数には50年程度の成分が冬同様にみられるものの，冬と共通する20年変動の成分はみられない．このことは，20年と50年の変動成分は物理的に異なる起源を持っていることを意味している[1]．また，1970年代の気候レジーム・シフトでは，気候のみならず海洋生態系にも広範な影響が及んだことがわかっており，最近の2000年代に生じた気候レジーム・シフトが気候および生態系にどういう影響を与えたのかについても，今後の解明が待たれる．

これらの10年スケールでのアリューシャン低気圧の強化・弱化は，北太平洋（数）10年振動（Pacific (inter-) Decadal Oscillation：PDO）とよく対応している．北太平洋10年振動は，海洋表面水温の北太平洋における最も主要な変動パターンの強さで定義され，その水温変動の大部分はアリューシャン低気圧の強弱変化に伴う風および気温の変化によってもたらされるのである．ただし逆に海面水温がアリューシャン低気圧に影響をもたらす可能性も，特に黒潮・親潮域について指摘されている[2]．

アリューシャン低気圧はまた，北太平洋10年振動以外にもいくつかの重要な気候現象と関係している．まず，エルニーニョが生じるとその影響が中緯度に大気中の大規模波動として伝播して，波動の経路上にあるアリューシャン低気圧を強める．このため，エルニーニョ年の冬には北米西岸は暖冬となる．この熱帯と北太平洋のように遠く離れた地点の気候変動が関係を持つことを，テレコネクションと呼ぶ．また，アリューシャン低気圧は，北極海上に変動中心を持つ北極振動とも関係している．北極振動が正である場合には，北極海で海面気圧が低下し，北太平洋北部と北大西洋北部で気圧が上昇する．この北太平洋北部での気圧上昇域は，アリューシャン低気圧の領域と重なるため，正の北極振動は，弱いアリューシャン低気圧と関係している．

地球温暖化に伴って，アリューシャン低気圧がどのように変化するのかは，それが地域の気候に及ぼす影響という点でも興味深い．結合モデル相互比較プロジェクトのモデル解析結果では，モデル間のばらつきが大きいものの，複数気候モデルの将来予測の平均としてはアリューシャン低気圧は20世紀末から21世紀末にかけて，北偏し強化することが示唆されている[3]．

〔見延庄士郎〕

文献
1) Minobe, S., 1999, *Geophys. Res. Lett.*, **26**, 855.
2) Tanimoto, Y. et al., 2003, *J. Geophys. Res.*, **108**, 3304.
3) Oshima, K. et al., 2014, *J. Met. Soc. Japan*, **90**, 385.

9-5 北極振動

Arctic Oscillation

北半球環状モード，北大西洋振動，極渦，成層圏・対流圏相互作用，南極振動

　北極振動は北半球中高緯度の大気でおもに冬に卓越する内部変動パターンである．北半球冬季の月平均海面気圧偏差場（偏差とは気候値からのずれ）の変動を主成分分析という統計的手法で調べると，北極域と中緯度域の間でのシーソー的な変動が最も卓越する[1]．大気質量の北極域と中緯度域の再配分に対応する変動である．この変動パターンを北極振動（Arctic Oscillation：AO）という．南半球でも同様なパターンが卓越し南極振動という．両方とも環状の変動パターンなので，北極振動は北半球環状モード（Northern Annular Mode：NAM），南極振動は南半球環状モードとも呼ばれ[1]，この方が実態に近い．「振動」といっても特定の卓越周期はなく，約2週間程度の持続性があるだけである．

　実際の海面気圧偏差分布の北極振動（以下AOと記す）パターンへの射影を，AO指数という．実際の偏差場がどの程度AOと似ているかを示す指標である．慣習上，北極域の気圧偏差が負で中緯度の気圧偏差が正のとき指数を正としている．AO指数が+1に対応する海面気圧偏差パターンを図1に示す．AOが正のときに北極域で負，中緯度で正であるが，特に大西洋域での偏差が大きい．通常，冬のアイスランド付近にはアイスランド低気圧が，スペイン沖の大西洋にはアゾレス高気圧が存在する．AOが正になると低気圧・高気圧それぞれが強まり，負になるとそれぞれ弱まる．この大西洋域の変動は欧州の気候に大きな影響を及ぼし，古くから北大西洋振動（North Atlantic Oscillation：NAO）として

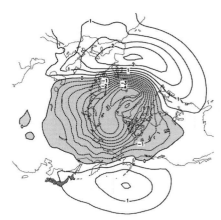

図1　正の北極振動に伴う海面気圧偏差[2]．等値線間隔は0.5 hPa，負の領域に陰影．

知られていた．NAOはAOの一部と考えられる．一方，太平洋域ではもともとアリューシャン低気圧がある北太平洋域で正の気圧偏差となっている．つまりAOが正であるとアリューシャン低気圧が弱まる傾向となる．

　AOに伴う気温の変動を図2に示す．正のAOのとき，欧州では図1の気圧偏差からわかるように暖かい大西洋からの西風が強くなるので温暖化する．日本もアリューシャン低気圧が弱まり冬の季節風が弱まるので暖かくなる．また，ユーラシア大陸北部やアメリカ東部も暖かくなる．一方，地中海やアフリカ北部およびカナダ北部では寒くなる．逆にAOが負になると，欧州・東アジア・アメリカ東部で寒波となる．AOが負のときは偏西風の蛇行が大きくなり欧州，日本，北米等で寒波となりやすい（図3）．

　冬のAO指数は1960年代から変動しつつ上昇し1989年に大きな正の最大値となり，以後はゆっくり下降している（図3）．2010年には極端な負となり，北半球中緯度の多くで記録的な寒冬となった．

　AOは西風の変動を伴っている．冬に指

図2 正の北極振動に伴う925 hPa気温偏差[2]．等値線間隔は0.5℃，負の領域に陰影．

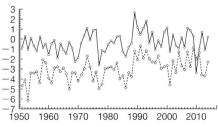

図3 冬の北極振動指数と札幌平均気温の変化（1951〜2014年）．実線が北極振動指数（無次元），破線が札幌の気温（℃）．

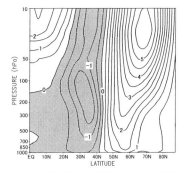

図4 冬の北極振動に伴う東西平均した西風偏差の緯度・気圧断面図[2]

数が正のとき東西平均した西風は45°Nより北で強まり南では弱まる（図4）．冬の高緯度の西風偏差は成層圏の極夜ジェットまで伸びている[1,2,3]．冬の成層圏では極渦の強さの変動である成層圏環状モードが卓越しており，対流圏と成層圏の環状モードが結合している．冬季北極成層圏では北極域の気温が急に上昇し極渦が崩壊する突然昇温という現象が時々起こるが，これは成層圏の負のAOに対応する．成層圏で負のAOになるとその後2ヶ月程度，対流圏でも負のAOになりやすい．成層圏のAOは対流圏の長期予報の観点から有用である．

環状モードは本質的には平均流と擾乱との正のフィードバックによって自励的に起こる大気の内部変動である．擾乱としては移動性高低気圧の総観規模擾乱やプラネタリー波があり両方とも重要である[3]．冬のプラネタリー波は成層圏まで伝播し成層圏と対流圏を結びつける役割を果たす．夏は成層圏が東風になるのでプラネタリー波は伝播せず，AOも対流圏に限られたものとなる．また総観規模擾乱の卓越する緯度が北偏するのでAOパターンも北偏する[3]．

AOは大気の内部変動であるが，外部境界条件の影響は受けるので，気候変動との関係が注目される．たとえば，地球温暖化が進むと21世紀末には冬のAOは正に変化すると予測されている．一方，近年AOは低下傾向となっているが（図3），北極海の海氷面積減少がAOの一時的な負へのシフトの1つの要因と考えられる．さらに太陽活動の11年周期との関係も指摘されており，成層圏からの影響と考えられている．

〔山崎孝治〕

文献

1) Thompson, D. W. J. and Wallace, J. W., 2000, *J. Climate*, **13**, 1000.
2) 山崎孝治編，2004，北極振動（気象研究ノート第206号），日本気象学会．
3) Ogi, M. et al., 2004, *J. Geophys. Res.*, **109**, D20114.

9-6　成層圏-対流圏結合
stratosphere-troposphere coupling

環状モード，ダウンワードコントロール，オゾンホール，プラネタリー波

　成層圏には興味深い現象がある．熱帯の成層圏で東風と西風がほぼ2年ごと（24～30ヶ月周期）に交代する現象である準2年振動がその一例である．東風・西風の位相は下方に降りてくる．一見，上層に原因がありそうだが，実際には対流圏から成層圏へ伝播する赤道波や重力波が西風運動量を成層圏へ運ぶことにより起こっている．

　冬季北極域成層圏は寒冷であるが，数日間で極域気温が数十℃も上昇することがある．これを成層圏突然昇温という（⇨1-6）．大規模なものは昇温に伴い西風の極夜ジェットが東風に変わる．この原因も対流圏から成層圏へ伝播するプラネタリー波が成層圏で減衰することである．プラネタリー波の持つ東風運動量を平均場に与えて平均場の西風が減速し，極向きの流れが誘起され極域で下降流が起こり昇温する．

　対流圏から成層圏へ伝播する波は成層圏で西風を減速させ，赤道域から極域に向かう流れを作り出す．これをブリューワー・ドブソン循環（BD循環，⇨1-7）という．対流圏の空気は熱帯対流圏界面から成層圏に入りBD循環によって両方の高緯度に運ばれる．フロンなどオゾン層破壊気体は北半球での放出が多いが，成層圏では北極と南極にほぼ均等に輸送される．

　ここまでは対流圏が成層圏に影響を与える相互作用の話であった．逆に成層圏が対流圏に与える影響に対する研究が十数年前から進んできた．1つのきっかけは環状モード（北極振動，南極振動，⇨9-5）の発見である．環状モードは極域と中緯度域間で気圧がシーソー的に変動するもので，成層圏の風系が西風でプラネタリー波が成層圏へ伝播できる冬季には対流圏と成層圏は結合している．

　南極では近年春にオゾンホールが発達し南極域成層圏は寒冷化している．そのため成層圏の春の極渦の崩壊時期が遅れている．南極域の下部成層圏の高度は，オゾンホール前に比べて，オゾンホール後の春～夏にかけて低下しており極渦が強化傾向にある．その影響は1月を中心とした夏の対流圏に及んでいる[1]（図1）．対流圏のオゾンホール前後の変化は南極振動の正のパターンを示す．南極振動が正のときは高緯度の西風が強くなり，南極大陸内部では寒冷化する一方，南極半島や南米南部では温暖化する．ニュージーランドやオーストラリア南部も温暖化する．つまりオゾンホールによって成層圏が変化し，その影響が成層圏・対流圏結合によって地表の気候に及んでいるのである．なお南半球では真冬には極渦が強すぎてプラネタリー波は極域には伝播しない．春になると西風が適度な強さになり成層圏・対流圏結合が強くなる結果，南半球の夏に成層圏の影響が強く現れる．

　大気中の温室効果ガス濃度増加によるいわゆる地球温暖化によっても南極振動は正のトレンドを持つと考えられているが，こ

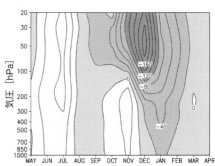

図1　南極域高度場のオゾンホール初期と最近（1990～2009と1979～1985）の差．等値線間隔は20 m，影は負．ERA-interimデータ使用．

れまでのトレンドの主因はオゾンホールと考えられる．今後，成層圏オゾンが回復してゆけば夏季対流圏における南極振動のトレンドも反転するかもしれない．

北半球では，成層圏・対流圏結合は冬に強く現れる．それぞれの高度で北極振動を定義してその関係を調べると，一冬の時間スケールで，ゆっくりした北極振動のシグナルは成層圏から対流圏へ時間とともに下降しているようにみえる[2]．また成層圏の北極振動がある位相で持続するとき，対流圏もその位相が持続しやすい．成層圏突然昇温時（成層圏で負の位相に対応）の後，対流圏でも2ヶ月程度，北極振動が負になる傾向がある（図2）．負の北極振動は中緯度では寒波をもたらす．この北半球冬季の成層圏・対流圏結合は長期予報の観点からも注目される．

大規模な低緯度の火山噴火により成層圏エアロゾルが増大した最初の冬は，放射加熱の北極域と中緯度域の差により成層圏下部の西風が強くなり，それが対流圏に伝播して正の北極振動になりやすい．したがって中緯度では暖冬になりやすい．

成層圏の変動が対流圏に影響を及ぼすことは観測でも数値実験でも明らかになっており，種々の機構が考えられている[3]．

成層圏の変動が放射を通して直接対流圏に影響を及ぼす過程がまず考えられる．成層圏下部の気温が変われば長波放射を介して対流圏気温も同じ方向に変化させる．

力学的な過程も重要であると考えられている．その1つは子午面循環を介してのダウンワードコントロール（downward control）である．成層圏突然昇温の場合，成層圏下部でプラネタリー波は西風減速の強制力を及ぼす．また通常より暖かい極域成層圏大気は長波放射で冷却される．これらはいずれも極域で下降流を生じさせ，その循環が対流圏まで及ぶという過程である．また成層圏下部の循環や成層が変わることにより総観規模擾乱の活動度を変え（eddy feedback）対流圏の環状モードを変えるという過程も働いていると考えられる．この総観規模擾乱を介した結合は，北半球夏季でも対流圏界面付近の安定度の変化を介して，成層圏が対流圏に影響を及ぼす可能性が指摘されている．

成層圏・対流圏結合は一般に太陽活動の11年周期の極大期に強い傾向がある．成層圏オゾンが極大期に多いので放射を通した過程が強くなるのか，成層が変化して力学的な結合が強くなるのか，詳細は不明である．ここまで述べた中高緯度の成層圏・対流圏結合のほかに，BD循環を介して成層圏変動が熱帯上部対流圏に影響し対流活動に影響を及ぼすとする研究もある．〔山崎孝治〕

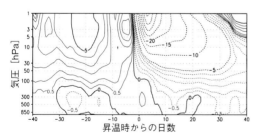

図2　成層圏突然昇温時の高緯度（50～80°N）の帯状平均東西風偏差の合成図．単位 m/s．横軸は昇温時を day 0 とした前後40日を示す．負の値は高緯度の風が弱くなり負の北極振動を示す．

文　献

1) Thompson, D. W. J. et al., 2011, *Nature Geosci.*, **4**, 741.
2) Baldwin, M. P. and Dunkerton, T. J., 1999, *J. Geophys. Res.*, **104**, 30937.
3) Kidston, J. et al., 2015, *Nature Geosci.*, **8**, 433.

9-7 北太平洋亜寒帯循環の長期変動
long-term variations in the subarctic region of the North Pacific Ocean

北太平洋10年振動（PDO），温暖化，高密度水の沈みこみ，子午面循環

　北太平洋亜寒帯循環は40°N以北を反時計回りに巡る循環で，アリューシャン低気圧を主たる駆動源とする風成循環である．南にせり出すアリューシャン列島によって東部のアラスカ循環と西部の西部亜寒帯循環に分かれている．西部亜寒帯循環の北縁にはベーリング海，西縁にはオホーツク海という列島に仕切られた縁辺海があり，それぞれが固有の海水特性を持ちつつも，海峡を通した海水交換によって北太平洋と密接に結びついている（図1）．

　北太平洋では10年以上の長いスケールで大気と海洋が連動して変動しており，太平洋10年振動（Pacific Decadal Oscillation：PDO）と呼ばれている．PDOの指標が正の時期はアリューシャン低気圧の強化時に対応する．そのとき亜寒帯循環が強化されるとともに，表面水温は，亜熱帯循環との循環境界領域（図1）を除き，亜寒帯循環全体で気候値よりも高くなる．近年では1970年代後半以降PDOは正偏差で風成循環が強い状態が続いたが，2000年代半ばからは負偏差が卓越する傾向にあった．

　さらに長期のトレンドをみると，表層水温（0～700m深の平均）は1971年から2010年にかけて上昇傾向であった（IPCC第5次報）[1]．その値は，亜寒帯域全体で0.1°C/10年と，全球平均の昇温率とほぼ同等である．一方，塩分は亜寒帯循環全体で低下しており，1950～2008年の期間においてその値は表面で-0.024 psu（practical salinity unit）/10年であった．オホーツク海東部，ベーリング海でもそれぞれ-0.017，-0.020 psu/10年であり[2]，塩分低下は亜寒帯域全体でかなり均一に生じていることがわかる．これは海流による塩分の平滑化作用が効率的に働いていることを示唆するものである．亜寒帯域での表面塩分低下は，温暖化による水循環の活発化と，それに伴う降水増加が原因と考えられている．

　これらの変動は表面ばかりではなく300m以深の中層にまで及ぶ．たとえばオホーツク海の中層はこの50年で0.6°C以上昇温するなど，亜寒帯循環中層での温暖化が顕著であった．その深度に達しうる重い水は，オホーツク海北西陸棚域（図1）で海氷生成時に作られる．これは高密度陸棚水（Dense Shelf Water：DSW）と呼ばれ，オホーツク海で約300m深まで沈み込み，千島列島の海峡から流出した後，亜熱

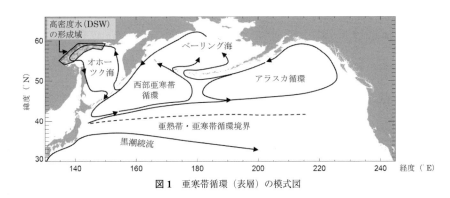

図1　亜寒帯循環（表層）の模式図

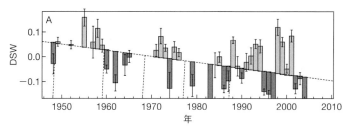

図2 オホーツク北西大陸棚における高密度水(DSW)塩分の経年変化(文献[2]を改変). 縦軸は塩分偏差.

帯循環を含む北太平洋全域の中層に広がっていく. DSWはオホーツク陸棚上では大気と接しているため酸素を高濃度で溶存するなど, 北太平洋中層においては周りと比べて海水年齢が若いことが特徴である.

DSWは結氷温度に近い冷たい海水のため, 塩分変化が密度変化に直結する. したがって, 沈み込みの性質を知るには表層塩分が最重要パラメータとなる. ところがDSW形成域はロシア経済水域内であり, データ不足が深刻であった. そこで北海道大学低温科学研究所とロシア研究機関が共同研究を行いロシア経済水域内の塩分データを大幅に増加させることにより, DSW変動の抽出に成功した. その結果, DSW塩分は-0.024 psu/10年の割合で低下していることが明らかとなった(図2)[2]. これは亜寒帯循環表層の低塩化率と同等で, 50年間で沈み込み深度が100 mも浅くなることに相当するほど大きな変化である. すなわち, 表層の低塩分化に伴って中層への

DSW輸送が弱化傾向にあり, それが中層温暖化の要因となっていた. また, DSW塩分に10年スケールの変動が顕著であった. その変動を海洋循環に沿って遡ると, 亜寒帯循環を発し, ベーリング海およびオホーツク海東部を経由して, DSW形成域へと連なる表層の塩分偏差伝播が見出された(図3). さらにこの塩分偏差は海洋中層の変動をも引き起こしていた. したがって, 亜寒帯表層→DSWの沈み込み→北太平洋中層という, 深さ方向を含む海洋変動のつながりが明らかとなってきたのである. DSWは海洋に溶けたCO_2や栄養物質である鉄分など物質輸送にとって重要であり, その変動メカニズムの解明は喫緊の課題である.

〔三寺史夫〕

文 献
1) Rhein, M. et al., 2013, in Stocker, T.F. et al. (eds.). Cambridge U. Press.
2) Uehara, H. et al., 2014, *Prog. in Oceanogr.*, **126**, 80.

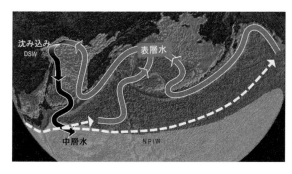

図3 北太平洋の表層と中層をつなぐ子午面循環の模式図(文献[2]を改変). 薄灰色の太い矢印は, オホーツク海北西陸棚域のDSW形成域へと至る, 塩分偏差の表層伝播経路, 黒く太い矢印は沈み込みから海洋中層への伝播経路を表す. 白い破線矢印は亜熱帯(黒潮)から亜寒帯へと流入する高塩分水の供給路.

9-8 環オホーツク地域の大気海洋海氷相互作用
large-scale air-sea interaction in the Pan-Okhotsk region in winter

オホーツク海，海氷，シベリア高気圧，アリューシャン低気圧

環オホーツク地域とはオホーツク海とその周辺の陸域と海域を指す．巨大なユーラシア大陸と太平洋にはさまれ，夏・冬ともに大陸-海洋間における温度差が極端に大きいことがこの地域の特徴である．このため，環オホーツク地域には大気海洋相互作用を通して特有な季節進行があり，日本の気候形成にも重大な影響を与えている．たとえば，オホーツク海は夏でも冷たい海面水温を保ち，地表面が30℃にもなる大陸との温度差を通して，オホーツク海高気圧の強化と停滞を促す．オホーツク海高気圧の停滞が長引くと梅雨明けが遅れたり，冷夏を引き起こして，農作物にしばしば深刻な被害をもたらす．一方，冬のオホーツク海で最も顕著な現象は大規模な海氷の生成である．海氷（流氷）はオホーツク海を南下し北海道まで到達する．これは北半球での流氷の南限である．海氷の存在は環オホーツク地域の気候形成に重要であるとともに，水産業などへの影響も大きい．また，北海道は海氷を容易に見ることができる世界でも稀な地域でもあるため，有力な観光資源となっている．このように環オホーツク地域の大気海洋相互作用とそれに基づく季節進行は独特であるが，夏のオホーツク海高気圧と下層雲がかかわる大気海洋相互作用については他項目（⇨9-1, 9-2）でも説明されているので，本項では冬に重点をおいて述べる．

地球上で最も広大な大陸であるユーラシア大陸では，冬季，東方に進むに従い寒気が涵養されシベリア高気圧が発達する．オホーツク海で大規模な海氷生成が起こるのは，その上流にあたるユーラシア極東において北半球で最も低温となる寒極が形成され，そこから寒気が吹き出すためである．

オホーツク海の海氷はこの寒気の吹き出しに伴い11月下旬～12月上旬に水深の浅い北西陸棚域から張り始める．最近の研究で，海氷の張り始める時期と先行する10～11月のオホーツク西部における熱放出量の大きさの間に高い相関があることが見出された[1]．つまり浅い陸棚上では，晩秋に冷却が強ければ海氷の出現が早いという，単純な1次元プロセスが卓越するということである．たとえば，近年で最も海氷が広範囲に広がったのは2001年冬であるが，その前年の秋の大陸は異常な低温であった．さらに重要なのはその初冬の状態が1月以降の海氷面積にも効いていることであり，実際1シーズンにおける海氷変動のかなりの部分は初期の海氷面積，南東方向成分の風，風上側（大陸）の気温を用いることによって説明できる[2]．すなわち，晩秋の状態がそのシーズン後半の海氷面積にまで影響することを示唆している．このことは，いったん海氷域が広がるとその効率的な断熱効果と高いアルベドのため海氷域は熱的に大陸の延長となり，その結果，シベリア高気圧からの吹き出しが東に移動しさらに海氷域が広がるという，正のフィードバック効果が働くことを示唆している．

このことから，海氷面積の偏差が大きい年はその偏差がさらに拡大する傾向にある．そのため海氷面積の年々の変動は大きく，衛星等による広域観測が始まった1971年以降において年間最大海氷域面積の最小値は $86 \times 10^4 \mathrm{m}^2$（1984年），最大値は $152 \times 10^4 \mathrm{m}^2$（1978年）と，その比は約2倍にも達する．

以上のようなひと冬を通した海氷域面積の偏差は，北半球スケールの大気循環にも有意な影響を与えることがわかってきた[3]．

海氷は断熱材であるため,オホーツク海に海氷が張ると,大陸からの冷たい季節風は海氷上で変質せずに氷縁まで達する.そして,洋上に出るやいなや海面から大量の潜熱・顕熱を受け取る.したがって氷縁位置の移動は大気への熱源の変動を意味しており,オホーツク海が海氷で広く覆われる年には熱源が通常より南東の千島・カムチャツカ沖への移動となって現れる.このため凍ったオホーツク海上では通常より季節風が強化されるとともに強い冷却が生じ,高気圧性偏差を生じることになる.またその北東のベーリング海上に低気圧性偏差が生ずる(図上).上空の対流圏中層では地上高気圧偏差の東側で下降流となって低気圧性偏差が励起される.さらにそこから停滞性ロスビー波束のエネルギーが東方に伝播することにより,北半球の広範囲にわたって影響を及ぼすことが見出された(図下).

気候学的に重要なことは,ベーリング海上の気圧偏差が冬季気候変動の主要要因であるアリューシャン低気圧の変動として現れることである.したがって,北太平洋の10年規模変動においてオホーツク海の海氷変動が1つの要因となっている可能性がある.また,オホーツク海の海氷面積が大きい年には,ベーリング海東部陸棚域の海氷面積は小さくなるという,シーソー現象が知られている.これは,オホーツク海の海氷面積増加→アリューシャン低気圧強化→ベーリング海東部での南風偏差→ベーリング海陸棚上での海氷域縮小,という一連の相互作用プロセスを示唆するものである.それがさらに北大西洋振動(NAO)を刺激して,北半球全体の

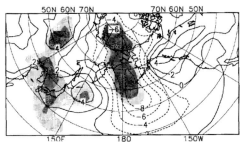

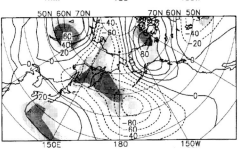

図 再解析データに基づいたオホーツク海の多氷年(1978,1980,1983,1988)平均と少氷年(1974,1984,1991,1994)平均の気圧差合成図[3].海氷の多寡に対する冬季の大気応答を表す.上:地表面気圧の差,および下:500 hPa高度の差.エルニーニョの影響を除いている.濃い(薄い)陰影は差が99%(95%)の信頼度で有意な領域.

海氷変動につながっているという研究もある.オホーツク海は小さな縁辺海ではあるが,北半球スケールの気候システムのなかで重要な要素となっていることが次第に明らかとなりつつあり,さらなる研究が待たれる.

〔三寺史夫〕

文 献

1) Ohshima, K. I. et al., 2005, *Geophys. Res. Lett.*, **32**, doi: 10.1029/2004GL021823
2) 山崎孝治,2000,雪氷,**62**,345.
3) Honda, M. et al., 1999, *J. Climate*, **12**, 3347.

9-9 北極海海氷変動と日本の気象気候
Arctic sea-ice variability and weather/climate in Japan

海氷, バレンツ海, ユーラシア, 寒冬, 大雪

地球の雪氷圏（積雪，氷河・氷床，凍土，海氷・湖氷など）は，水循環・物資循環やエネルギー収支を通じて地球の気候システムにおいて重要な役割を果たしている．雪氷は温度変化に対して敏感であり，地球規模で進む温暖化傾向とともに，特に北極域では雪氷圏が大きく変化しつつある．一方世界各地で冷夏や低温大雪など「寒い」異常もしばしば起こっており，近年の気候変動を理解するうえで，地球規模で今何が起こっているかを考える必要がある．雪氷圏の変化は世界各地の気象・気候に影響を及ぼすと考えられているが，近年減少が著しい北極海の海氷域変動が日本の気象・気候に及ぼす影響をおもに取り上げて解説する．

21世紀に入り，夏季を中心に北極海の海氷域面積が大きく減少している（図1）．2005年9月にはシベリア沿岸が大きく開き当時の最小面積の記録を更新，2007年9月にはさらに著しく減少して，海氷のない海域が北極点の近くに達した．続いて2012年9月はユーラシア大陸側で大幅に減少し，最小面積の記録を大幅に更新し，1979〜2000年平均のほぼ半分まで減少している（図2）．この海氷域の減少は，世界の温暖化モデルの予測を上回るスピードで進んでおり，高温化の影響のみならず，海氷の減少を促進するフィードバック（アルベド，側面融解など）が働いていると考えられる．

日本では1980年代後半からしばらく暖冬少雪傾向となっていたが，2005/06年の全国的な寒冬豪雪以降，近年の冬は日本各地でしばしば寒冬大雪になっている（2005/06年冬以降10冬のうち7冬）．気象庁が「平成18年豪雪」と命名した2005/06年冬の大気場の特徴をみると，ユーラシア大陸上でシベリア高気圧が強く発達し，日本から中央アジア一帯が広く低温偏差，反対に北側のシベリア北部や北極海一帯は高温偏差となっている[1]．2005/06年以降の低温大雪年もおおむね同様の傾向となっている．海氷減少のトレンドを除去した約30年のデータを用いた解析でも，秋口の北極海の海氷が特にシベリア沿岸で少ない年に続く冬はシベリア高気圧が発達し極東やユーラシアで有意に低温，北極海一帯では高温になる結果が得られており[2]，もともと北極域の海氷域変動は日本を含むユーラシア各地の気象・気候に影響を及ぼ

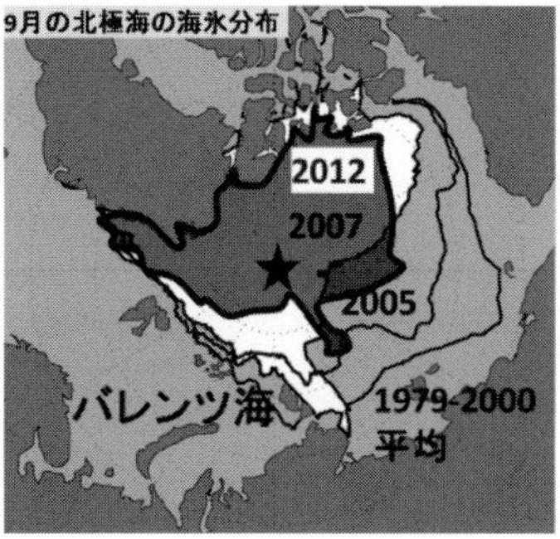

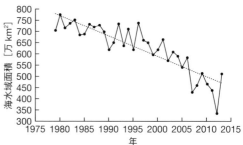

図1 北極海の9月の海氷域分布（2005, 2007, 2012, 1979〜2000年の平均値）

図2 北極海の海氷域面積の年最小値（気象庁）

す要素であることが示唆される.

北極海の海氷変動の影響を定量的に調べた数値実験の結果によれば，秋の北極海シベリア沿岸で海氷が多いケースと少ないケースを設定し，大気場の応答を調べたところ，少氷時の方が冬に極東やユーラシア各地で低温になる傾向がほぼ再現されている[2]．大気場の応答を詳しく調べると，ユーラシア大陸上で大規模なジェット気流の蛇行が発生しており，定常ロスビー波応答として理解されている．冬に向かって海氷域が拡大する初冬を中心に，シベリア沿岸でも西方に位置するバレンツ海付近で海氷が少ないケースの方が大きな大気加熱を持つ．この加熱異常が定常的な強制となって定常ロスビー波を励起しユーラシア大陸上空を南東方向に伝わり，真冬にかけてシベリア高気圧を発達させ，日本など極東各地に寒気が入りやすくなることが示されている（図3）．近年，北極海の海氷域減少に対する大気場の応答については多くの研究が実施され，北極海上の高低気圧活動の変化，北極振動や北大西洋振動など大規模大気循環場変動への影響，成層圏循環を介した遠隔応答など多様なプロセスが提唱されており，活発な議論が進められている.

日本の気象・気候の近年の状況をみると，夏～秋にかけて高温傾向が顕著で，日本海に蓄積した熱の影響で冬の表層の海水温が高い状態が続いており，言い換えれば大量の熱や水蒸気の供給源となりうる．ここに強い寒気が持続して入ると，それは大量の雪を日本海沿岸各地にもたらすことになる．2005年頃以降，日本に大雪をもたらす条件，すなわち日本海の高水温と大陸の寒気蓄積の条件が整っている年が多く，今後もより注意深く監視する必要がある．では，北極海の海氷の減少が今後も続いた場合ますます日本やアジア各地の冬は寒くな

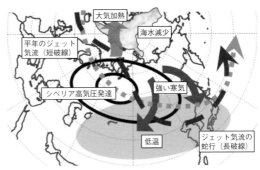

図3　南極昭和基地とハレー基地におけるオゾン．鉛直全量の10月月平均値の推移[3]

るのか，という疑問も当然湧いてくる．しかし熱の分布や輸送，さらに大気循環場の状態も変わってくる可能性があり，大気場の基本場そのものが変わってくるであろう．北極海の海氷域減少に対する大気応答の非線形性を示唆する研究もある[3]．つまり海氷の減少が続いても，日本の冬がいっそう寒くなるとは考えにくい．現況は地球規模の温暖化の過程に伴う変動による一時的な低温化と考えるのが自然であり，長期的にみると温暖化が進むことは確実であろう．

最後に，北極は意外と近い，ということを知っていただきたい．北極海は日本から約4000～6000 kmの範囲で，東南アジア諸国，赤道，ハワイなどとあまり変わらず，エルニーニョの発生箇所はもっと遠い．また距離以上に重要なことは，日本から見てシベリア側の北極は偏西風の風上に位置することで，日本など極東域は北極の異変の影響を直接受けやすいといえる．北極の変化に今後とも注意を図る必要があろう．

〔本田明治〕

文　献
1) 本田明治・楠　昌司編，2007，気象研究ノート216，日本気象学会．
2) Honda, M. et al., 2009, *Geophys. Res. Lett.*, **36**, L08707.
3) Petoukhov, V. and Semenov, V. A., 2010, *J. Geophys. Res.*, **115**, D21111.

9-10 南極大気・海洋の長期変動
long-term variability of Antarctic atmosphere and ocean

温暖化，海洋の低塩分化，南半球環状モード (SAM)

南極圏は地球上で最も観測の少ない地域の1つであり，その大気や海洋における長期的な変動傾向の把握には困難が伴う．しかしながら1957〜1958年の国際地球観測年（Inter-national Geophysical Year：IGY）を端緒として，1970年代以降には人工衛星による観測が拡充され，今日までの観測資料の蓄積につながっている．これらの観測を基礎として，20世紀半ば以降，南極域の大気と海洋の長期的変化の実態が明らかになってきた．

地上気温に関しては，南極半島付近で，北極圏における顕著な温暖化に匹敵するような温暖化が生じている．IGY以降の約50年間，ファラデー基地では10年間で$0.58\pm0.31°C$という強い温暖化傾向を示している．こうした傾向は，おおまかにはこの期間における偏西風の強化と極方向へのシフトを伴う南半球環状モード（Southern-hemisphere Annular Mode：SAM）の正偏差化[1]（図）と対応しているとされている．SAMとは北半球環状モードあるいは北極振動（⇨9-5）の南半球版で，SAMが正のときには赤道側のジオポテンシャルハイトアノマリが高く高温偏差，極側は逆になる．1970年代以降の正偏差化には，温室効果ガスの増加や成層圏オゾンの減少といった人為起源の強制力の働きが指摘されている．

南極半島域に加えて，広く西南極域にも強い温暖化傾向が認められるようになってきた．内陸にあるバード基地では，断片的な観測を再合成した結果，南極半島と同程度の温暖化が求められた．また統計的手法を用いて時・空間的な補間を施した研究では，IGY以降の約50年について，東南極域においても有意な温暖化があるという結果が得られた．このように，南極大陸上では，場所や期間や強さについては違いがあるものの，地上気温は全体として温暖化しているとする見方が支配的になってきた．

こうした地上気温の上昇傾向に対しては，数値実験による結果などから，人為起源の影響が自然変動の範囲を超えて顕著に表れていると考えられるようになってきた．ただし，気候変動に関する政府間パネル（IPCC）の第5次評価報告書では，地上気温の傾向自体の確信度も低いことから，人為的影響の確信度は低いとされている[2]．

海洋においても，表面から底層に至るまで，水温や塩分の長期的な変化が観測されている．$30°S$以南の100〜1000m深程度の亜表層では，その割合は研究により異なるが，全般的に昇温傾向がとらえられている．この特徴は，大まかには，緯度平均的な水温場が極向きにシフトしたとすると説明できるとされている．特に南半球では偏西風の強化やシフト（SAMの正偏差化）に伴って，亜熱帯循環や南極周極流といった海洋循環系が平均的にみて極向きにシフトしたことが，こうした緯度帯に高い昇温率が局在している主因と考えられている．

1990年代以降の世界海洋循環実験（WOCE Hydrographic Program）とその再観測から，亜表層だけでなく，海底付近における全球的な昇温傾向がとらえられている．昇温傾向の分布は空間的に一様ではなく，南極大陸に近い海域ほど昇温率が高い．南極底層水の流下方向にあたる大西洋西部や北太平洋にも昇温傾向がみられる．水温指標で定めた南極底層水の全体積も減少している．こうした海洋底層における昇温傾向は，地球表層の気候システム全体に蓄えられている貯熱量の増加からみても無

視し得ない要素となっている．

海洋の塩分についても長期的な変化がみられている．21世紀に入ってからの自動昇降式中層フロート網の展開による塩分場の全球的な把握が，変化傾向のより正確な理解を可能にした．南極周極流域の亜表層では，低塩化傾向が観測されている．

大陸棚上を含むより高緯度側の表層では，南極半島の西側など一部では高塩化傾向がみられるが，おおむね低塩化傾向がとらえられている．特にロス海の大陸棚上では，1950年代～2000年代にかけて，10年間で0.03程度の長期的かつ顕著な低塩化傾向がとらえられている．こうした傾向には，南大洋域における全般的な降水量の増加が寄与していると同時に，南極沿岸域については，パインアイランド氷河を中心とした西南極氷床の流出が加速したことの影響が指摘されている．

海洋の底層では，1990年代以降，南極大陸近傍を中心として低塩化傾向が観測されている．最も顕著な低塩分化は南東太平洋海盆西部とオーストラリア-南極海盆でみられる．こうした南極底層水の低塩化の原因の1つとして，そのもととなる海水の1つである高密度陸棚水（大陸棚上で海氷が生成されるときにできる高塩水）の変質が考えられるが，南極底層水の母海水の1つであるロス海の高密度陸棚水が顕著に低塩分化していることと整合している．

大気と海洋の長期的な変動は，SAMというパターンにも代表されるように，相互に関係している．海洋の循環場は風応力の影響を受ける一方で，下層大気のジェットは，ストームトラックの活動を通して海洋循環場に伴う海面水温フロントの影響を受ける[3]．これらは互いに正のフィードバックを形成し，長期的な変動を引き起こす可能性がある．

南極気候システムの長期変化については

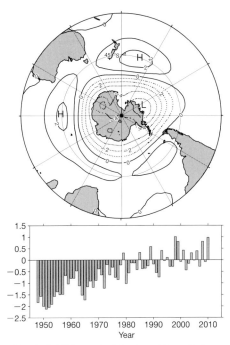

図 南半球環状モード（SAM）のパターンとインデックスの時間変化．海面気圧場の解析に基づいたもの（パターンの単位 mb）．
http://jisao.washington.edu/data/aao/slp/

近年理解が急速に進展しつつあるが，比較的均一な観測網の整備を含めた多くの課題が残されている．大気と海洋をはじめとする気候サブシステム間の相互作用の解明が今後の理解の進展の鍵を握るであろう．

〔青木 茂〕

文 献

1) Marshall, G. J., 2003, *J. Clim.*, **16**, 4134.（http://www.antarctica.ac.uk/met/gjma/sam.html）
2) Bindoff, N. L., 2013, *Climate Change 2013 The physical science basis*, 867.
3) Nakamura, H. et al., 2004, *Earth's Climate: The Ocean-Atmosphere interaction*, 329.

10

寒冷圏の身近な気象

10-1 気温が下がる仕組み
mechanism of cold air temperature

放射冷却,熱収支,冷気湖

地表や大気には,常に熱エネルギーが出入りしている.出入りする熱エネルギーにはさまざまな形態があるが,総熱量は必ず保存する.このような熱収支(heat/energy budget)の考え方に基づき,気温や地表温度が低下する仕組みを説明する.

a. 放射冷却

物体の絶対温度が0 Kよりも高い場合,その物体は自身が持つ熱エネルギーを電磁波(放射)として放出する性質がある.物体の絶対温度をTとするとき,物体の単位表面積が単位時間あたりに出す放射のエネルギーはσT^4と表せ($\sigma = 5.67 \times 10^{-8}$ Wm^{-2}K^{-4}はステファン・ボルツマン定数),温度が高い物体ほど多くのエネルギーを放出する.また,物体の温度が高いほど波長が短く,温度が低いほど波長の長い電磁波を射出する.表面温度が5800 Kもある太陽は紫外線や可視光を出すが,地球上の温度範囲で放出されるのは赤外線である.このことから,日射のことを短波放射,地表や大気が発する赤外線のことを長波放射と呼ぶ.

地表は,昼夜を問わず長波放射を放出することによって自身の持つ熱エネルギーを減少させている.一方,大気中の温室効果ガス(水蒸気・二酸化炭素・メタンなど)や雲もそれぞれの温度に応じた赤外線を出している.そのエネルギーの一部が常に地表に降り注ぎ,地表の熱エネルギーを増加させている.一般に,上空の大気や雲の温度は地表より低いため,地表が受け取る長波放射のエネルギーは自身が放出するエネルギーより少ない.そのため,日射によるエネルギー供給がなくなる夜間には,他の熱供給源がなければ,地表が時間とともに熱エネルギーを失っていくことになる.これが放射冷却(radiative cooling)の基本メカニズムである.

b. 地表面の熱収支

地表面に入射する日射量から反射量を差し引いたものが,正味として地表面が吸収する日射量である.また,大気から地表に入射する赤外放射から地表が発する赤外放射量を減じたものが,地表が正味として吸収する長波放射のエネルギーである.これら2つの和を正味放射量という.一般に,日射がある日中には正味放射量はプラス,夜間にはマイナスとなる.特に,上空の大気が寒冷で水蒸気が少なく,雲のない快晴のときには,地表に向かう長波放射量が小さくなるため,夜間の正味放射量は負の大きな値となる.

日中は,地表に吸収された正味放射のエネルギーは,地中を加熱する地中伝導熱,地表に接する大気を加熱する顕熱,地表に存在する液体(固体)の水を蒸発(昇華)させる潜熱に分配される.つまり,放射によって地表が受け取った熱エネルギーが,3種類の熱に形を変えて地表から出て行くことで,熱収支が閉じている.

一方,夜間は,大気の方が地表より温かいため,顕熱は大気から地表に向かって流れ,地表が放射冷却によって低温化するのを緩和する.言い換えれば,マイナスの正味放射によって冷やされた地表に触れることにより,空気が顕熱を失って冷える.冷えた空気は密度が高まるため通常は地表付近にとどまるが,地表付近の風が強いと,上下方向への大気混合が活発になる.すると,より多くの顕熱が地表に向かって流れることになり,地表は冷えにくくなる.

また,夜間には,日中に加熱された地中からも地表に向かって熱が伝わってくる.

この地中伝導熱が大きければ，やはり放射冷却による地表の低温化が緩和される．地中伝導熱は，熱容量や熱伝導率が高い湿った土壌やコンクリート面などで大きく，間隙に空気を多く含む乾燥土壌や新雪などでは小さい．以上のことから，風が弱く，大気も地表も乾燥した晴天の夜間に，地表が最も冷えやすいことがわかる．

c. 地形の影響

地表に接する大気の最下層部は，夜間に地表が冷えると，地表に顕熱を奪われたり，地表から発せられる長波放射が減少することで熱の受給率が低下するため冷却する．空気は冷えると密度が高まるため，地表に傾斜があると，冷えた空気が傾斜に沿って流れ下る風が生じる．これを山風，斜面下降風または冷気流という．

冷気流は，斜面上を流れ下る際に冷たい斜面に顕熱を奪われてさらに冷やされ，次第に流速と厚みを増していく．そして，斜面を下りきった先が開けた平野であれば冷気は周囲へ広がっていくが，周りを山で囲まれた盆地や谷の場合には，その底部に冷気が次々と堆積していく．このとき，周囲の山は盆地や谷の外を吹く風の侵入をはばみ，堆積した冷気の拡散を防ぐ働きをする．こうして盆地や谷の内部に冷たい空気が堆積し，いわゆる冷気湖（cold air pool）が形成される．図1は，北海道幌加内町の母子里盆地において，気温の高度分布が一晩の間にどのように変化するかを，係留気球を用いて観測した例である．日の入後，時間とともに下層から冷却が進展し，翌朝には冷たい空気の層が厚さ100m程度にまで発達したようすがわかる．これが冷気湖である．冷気湖の厚さは，放射冷却の強さのほか，上空の風の強さにも影響されるが，理想的な条件のときには周囲の山の平均的な高さ程度まで発達する．

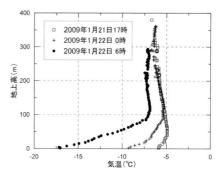

図1　盆地上空の気温高度分布の例

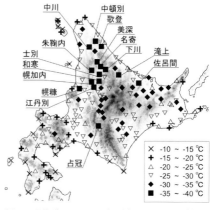

図2　北海道のアメダス観測点における最低気温の分布（統計期間：1978〜2007年の1〜2月）

このように，盆地や谷の底部には周囲の斜面で冷やされた空気が集まるので，平野よりも気温が下がりやすい．また，冷気湖ができると，地表が受ける長波放射が減少することによって地表がさらに冷却し，そのことが再び冷気湖の底部を冷やすことにつながる．図2は，北海道のアメダス観測地点における1978〜2007年の1〜2月の日最低気温の記録の分布である．−35℃以下という非常に低温な記録が観測された地点は，内陸の盆地に集中していることがわかる．

〔渡辺　力〕

10-2 ポーラーロウ

polar low

低気圧，日本海，寒気吹出し，積雲対流

低気圧は風や雨・雪をもたらし，日々の天気を大きく左右する．熱帯で発生する台風や，中緯度で発生し温暖前線・寒冷前線を持つ温帯低気圧は，天気予報でも頻繁に紹介される低気圧であるが，冬季の中高緯度の海洋上にはどちらとも異なる低気圧が発生する[1]．例として2005年12月5日の天気図を図1に示す．日本の東海上には前線を伴った温帯低気圧がみられるが，日本海には別の小さな低気圧がみられる．同じ日の気象衛星の雲画像（図2）では，小低気圧が日本海で渦を巻いているようすがみられる．このような小低気圧はポーラーロウ（polar low），あるいは寒気内小低気圧と呼ばれる[1,2]．

対流圏では中緯度で南北方向の温度差が大きく，その境は寒帯前線と呼ばれる．ポーラーロウは，この寒帯前線よりも高緯度側（寒気内）で発達する強風を伴った小低気圧（水平スケール200～1000 km）と定義される．ただし，詳細な定義は文献により少しずつ異なっている[3]．ポーラーロウ

図2　2005年12月5日14時の気象衛星の可視画像（気象庁提供）．日本海中央部に渦状のポーラーロウ，日本の東海上に温帯低気圧，黄海（図の左）に筋状の雲がみられる．

はノルウェー海，バレンツ海，ラブラドル海，ベーリング海，南極大陸周辺海域など，冬季の中高緯度の多くの海域で観測されている．日本海はポーラーロウが発生する海域の中では比較的低い緯度に位置する．

ポーラーロウは水平スケールの小さな低気圧であるが，冬季の海洋上で急速に発達する．このため，漁業や海運，海底油田開発，沿岸域の生活への影響が大きく，ノルウェーやイギリスなどのヨーロッパの国々では盛んに研究がなされている．日本海のポーラーロウも，日本海沿岸に大雪を降らせるほか，強風や突風によって山陰線余部鉄橋での列車転落事故（1986年12月），北海道沖での約6000トンの旧ソ連船の海難事故（1981年2月）などを引き起こしている．

日本海のポーラーロウは，冬季のアジア大陸上の寒気が北寄りの風によって日本海上へと吹き出すときに発生する．陸や海氷上で冷やされた寒気が相対的に暖かい海の上に吹き出すと，海面からの熱と水蒸気の供給により積雲対流が活発になる．このような積雲対流は気象衛星の雲画像では，風の方向に並んだ筋状の雲としてみられる

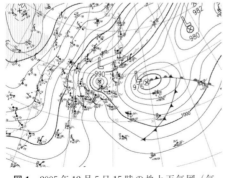

図1　2005年12月5日15時の地上天気図（気象庁提供）

が，ポーラーロウが発生すると渦状に組織化する（図2）．また，ポーラーロウが発生しやすい場として，上層に寒冷渦やトラフなどの擾乱がみられる場合も多い．ポーラーロウは日本列島に上陸すると急速に弱まるため，寿命は短い．

ポーラーロウにはさまざまな形態を持つものがあるが，ここでは発達メカニズムが異なると考えられる2つの代表的な形態を紹介する．1つは，図2にみられるような，台風に似たスパイラル状の雲バンドや眼（中心部の雲のない領域）を持つものである．このようなポーラーロウは，形態だけでなく発達メカニズムも台風に似ていると考えられている．台風を発達させるエネルギー源は，低緯度の暖かい海洋上で発達する積乱雲が放出する凝結熱である．海面水温の低い冬季の中高緯度でも，海面水温よりはるかに冷たい寒気が吹き出すときには，活発な積雲対流が生じ，台風と似たメカニズムが働いている．

ポーラーロウのもう1つの代表的な形態は，記号のコンマ「，」のような雲パターンを伴うものである（図3）．このような形態のポーラーロウは，温帯低気圧と似たメカニズムで発達すると考えられている．温帯低気圧は，中緯度での南北方向の温度差をエネルギー源として発達するが，ポーラーロウの場合は，陸や海氷上で冷やされた大気と，比較的に暖かい海洋の上で温められた大気との間の温度差をエネルギー源として発達すると考えられている．

上記はポーラーロウの2つの代表的な形態と発達メカニズムであるが，実際の事例では，程度の差こそあれ，両方のメカニズムが同時に働いていることが多く，その形

図3 2010年2月18日15時の気象衛星の可視画像（気象庁提供）．日本海北部にコンマ状ポーラーロウ，日本の東海上に温帯低気圧がみられる．

態も台風と温帯低気圧の中間的な性質を示す．また，事例によって，上層の擾乱や地形など他の要因も発達速度や形態に影響する．このようにポーラーロウの発達には複数のメカニズムが関わるため，その形状は多様性に富んでいる．また，冬季の中高緯度の海洋上では，ポーラーロウよりさらに小さなスケールの渦もみられるが，これらも含めた低気圧や渦を総称してポーラーメソサイクロン（polar mesocyclone）と呼ぶこともある[3]．冬季の日本海の雲画像を眺めていると，個性にあふれたさまざまな渦を見つけることができる[2]．　〔柳瀬 亘〕

文　献
1) 山岸米二郎，2012，日本付近の低気圧のいろいろ，東京堂出版．
2) 二宮洸三，2008，日本海の気象と降雪，成山堂書店．
3) Rasmussen, E. A. and Turner, J., 2003, *Polar lows*, Cambridge University Press.

10-3 爆弾低気圧
bomb cyclone

温帯低気圧, 気象災害, 暴風雨

爆弾低気圧（bomb cyclone）とは，1日程度の短い時間のうちに急速に発達する温帯低気圧のことである．より具体的には，緯度 φ に位置する低気圧中心の海面更正気圧に $\sin 60°/\sin \varphi$ を乗じた値が 24 時間以内に 24 hPa 以上降下した温帯低気圧のことである[1]．したがって，緯度が 40° 付近に位置する日本付近の爆弾低気圧は，24 時間以内に 18 hPa 以上の中心気圧の下降が条件となる．また，気圧降下の条件を満たす場合でも，熱帯低気圧および台風は爆弾低気圧とはしない．なお，「爆弾」という表現が誤解を招く恐れがあるため，科学や予報の用語として急発達低気圧と言い換える傾向にある．

急激な中心気圧の降下は低気圧周辺の風速の強化や暖湿気の流入が急激に起こることを意味する．したがって，爆弾低気圧は強風や豪雨または豪雪を伴う急激な気象変化を伴うため，通常の温帯低気圧に比べ，気象災害を引き起こす可能性が高くなる．たとえば，2008 年 2 月 24 日に最大発達した爆弾低気圧（図1）は北海道内に暴風雪に伴う交通障害をもたらし，その翌日に予定されていた北海道大学の入学試験が延期されるなど社会に大きな影響を与えた．また，2013 年 3 月 2 日～3 日にかけて北海道を通過した爆弾低気圧はオホーツク海沿岸域における気象の急変をもたらし，9 名もの犠牲者を出した．

爆弾低気圧の急速な発達は，対流圏上空に吹くジェット気流と関係している．したがって，ジェット気流が強い冬季から春季にかけて爆弾低気圧がよくみられる．また，地理的にはジェット気流が強い日本から北

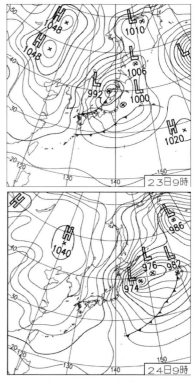

図1　2008 年 2 月 23 日 9 時（上）と同 24 日 9 時（下）における天気図（気象庁資料を改変）．23 日に秋田沖にあった低気圧が，24 日には北海道の東に移動し，その間，中心気圧を大きく降下させていることがわかる．

太平洋にかけての領域，北米の東海岸から北大西洋にかけての領域（図2），および南極大陸周辺の海洋上に多く分布する[2]．これらの領域は温帯低気圧の活動度が大きな領域，いわゆるストームトラックとほぼ一致する．爆弾低気圧の最大発達は，これらストームトラック域の入り口である日本付近や北米の東海岸において特にみられる．これらの領域は，北からの寒流と南からの暖流がせめぎ合う海洋前線域と一致する．温帯低気圧の発達は南北の気温勾配と関係する大気場の傾圧不安定性により説明され

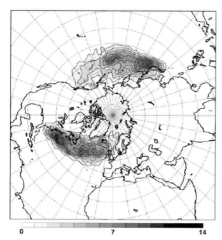

図2 1979年から2008年までの爆弾低気圧の分布[2]. スケールの数字1単位は緯度1°四方の正方形に10^{-5}個の低気圧があることを意味する.

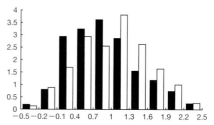

図3 1979/80年から1994/95年まで（黒）と1995/96年から2010/11年まで（白）における日本の東（35〜41.25°N, 135〜160°Eの範囲）での冬季温帯低気圧の最大発達率の頻度分布[5]

るが，この場の不安定は温帯低気圧の通過により解消される．海洋前線は，場の安定化作用に抗い，南北方向に急な気温勾配を保つのに貢献している[3].

日本付近の爆弾低気圧を分類した研究によると，日本海を通過して急発達するものに比べて，日本の南岸を通過するときに急発達するものの方が多いことがわかっている[4]．これは，日本海を通過するものに比べ，南岸を通過する低気圧の方が多くの水蒸気供給を伴っており，潜熱が低気圧の発達に大きく貢献するためである．また，日本海で急発達する場合と南岸で急発達する場合とでは，上空のジェット気流や下層の寒気の吹き出しの様相が異なっている．

爆弾低気圧は，ここ30年程度の解析において，日本付近で増加の傾向にあることが示唆されている[5]．図3のように北西太平洋における冬季の温帯低気圧は確かに最大発達率が大きいものが増加している．これは，下層の傾圧性の増加と気温上昇に伴う水蒸気量の増加が要因となっていることがわかっている．今後，地球温暖化に伴う気候の変化によって，爆弾低気圧の頻度がどのようになるかは研究の途上にある．

〔稲津　將〕

文　献

1) Sanders, F. and Gyakum, J. R., 1980, *Mon. Wea. Rev.*, **108**, 1589.
2) Allen, J. T., Pezza, A. B. and Black, M. T., 2010, *J. Climate*, **23**, 6468.
3) Nakamura, H. et al., 2004, *Earth's Climate: The Ocean-Atmosphere Interaction*（*Geophysical Monograph Series 147*）(Wang, C., Xie, S.-P. and Carton, J. A. eds), pp.329-345, American Geophysical Union.
4) Yoshida, A. and Asuma, Y., 2004, *Mon. Wea. Rev.*, **132**, 1121.
5) Iwao, K., Inatsu, M. and Kimoto, M., 2012, *J. Climate*, **25**, 7282.

10-4 冬季雷・竜巻
winter thunderstorm, tornadoe

冬の雷, 竜巻, 漏斗雲

寒冷圏で発生する「極端気象 (severe weather)」の代表格として，冬季雷と竜巻がある．

冬季雷は初雪や鰤（ブリ）の初水揚げ時に多いことから，日本海側の地域では昔から「雪起こし」あるいは「鰤起こし」と呼ばれてきた．図1に示した1月の平均雷雨日数の分布からもわかるように，冬季雷は北陸地方の日本海沿岸部で多発している．表に過去30年間の全国気象官署の統計のうち雷日数の多い上位10地点を示したが，すべて北陸から東北にかけての日本海側の地域であり，これらの地域は夏冬を通して雷が観測される地域といえる．

日本海側の空港周辺では，航空機への雷撃が冬季に頻発している[1]（図2）．図3に小松空港における延べ20年間の離着陸航空機への月別雷撃遭遇件数を示した．この図からも，雷撃は寒候期，特に12月から2月にかけての「厳寒期」に頻繁に発生して

表 年間の雷日数全国上位10官署
（気象庁統計：1971～2000年）

1	金沢	37.4日	6	新潟	30.5日
2	酒田	36.0日	7	敦賀	30.2日
3	高田	35.7日	8	相川	29.5日
4	輪島	32.7日	9	秋田	29.4日
5	福井	30.9日	10	富山	29.4日

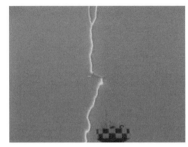

図2 石川県小松空港で発生した冬季の航空機雷撃事例（1997年1月6日）

いることが明らかである．

夏と冬の雷雲の大きな違いは，まず雲頂高度にある．夏の雷雲は15 km程度まで発達することもあるが，冬の雷雲の雲頂高度はたかだか5 km程度である．また，冬季雷は対流構造が不明瞭な層状に広がった雲から発生する場合があることも夏の雷雲と異なった特徴である．さらに，レーダーエコー強度も夏に比べて冬の雷雲の方が一般に弱い．冬の雷雲内の上昇気流が弱いため，雲内の電荷発生に必要なあられ（霰）の空間濃度や粒径が小さいことが原因と考えられる．

厳冬期には，シベリア起源の寒気が日本海上を吹走中に海面から水蒸気が補給されることで積雲群が発生し，日本海沿岸に接近する頃に積乱雲群へと変貌する．これら積乱雲群の中であられが活発に生成されるとレーダーエコー強度も大きくなり，雷活動も活発となる．ただし，あられがいくら生成されても，$-10°C$高度が地上から約2 km以下だと非発雷か一発雷となる．そ

図1 1月の平均雷雨日数（『日本気候表』（気象庁，1991）をもとに川上正志氏（気象庁）作成）

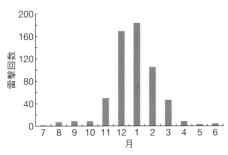

図3 月別雷撃件数（1981〜2000年）（小松気象隊統計より）

図5 寒候期の漏斗雲の例（2013年11月29日）（小松気象隊・宇田英史氏提供）

のため，北海道では東北・北陸に比べて落雷回数が少ない．これら雷活動が活発でない冬の積乱雲群でも，高建造物や図2でも紹介した離着陸する航空機が引き金（トリガー）となって「トリガード雷」が発生することがある．この雷の特徴は放電継続時間が長く，かつ大きな電荷が一気に中和されることであり，地上の送電線などの施設に大きな被害をもたらすこともある．

図4は，気象庁が作成した過去30年間の竜巻分布図である．この図から日本海沿岸でも竜巻が多いことがわかるが，その発生時期は冬季に集中している．暖候期の竜巻は，台風や寒冷前線，あるいは強い日射で暖められた山岳地域で発生する積乱雲やスーパーセルから発生する．一方，寒候期の竜巻は，強い寒気が日本海に流入した際に，おもに海上から海岸線付近で発生する．図5は日本海上で発生した「漏斗雲」を撮影したものである．寒候期に海上の積乱雲の下部でよくみられるもので，垂れ下がった雲の先端が海上に達すれば海上竜巻（water spout）と呼ばれる．

海岸近くに出現する海上竜巻の多くは，異なった風向を持つ空気が接するシアーライン上に生じた渦の上で対流が発生し，その上昇流で渦管が引き伸ばされて竜巻が発生するいわゆる非スーパーセル型である．暖候期の陸上で発生する竜巻（tornado）に比べてスケールが小さくて寿命も短く，かつ通常は陸に上がると弱まり消滅することが多い．そのため，わが国では船舶や建物等の被害もほとんど報告されていないが，近年，ドップラーレーダーを用いた稠密観測から，東北地方に発生した列車事故の原因として小規模な竜巻が関与している可能性も指摘されている．〔道本光一郎〕

図4 竜巻分布図（全国）（1961〜2015年）（気象庁ホームページ「竜巻分布図」より）

文 献

1) 道本光一郎，1998，冬季雷の科学，85，コロナ社．

10-5 ブリザード

blizzard

暴風雪, 地吹雪, 視程, 南極, 昭和基地

ブリザード (blizzard) とは，当初は北米で総観規模の移動性擾乱に伴う寒気の吹き出し時に起こる暴風雪のことであったが，現在では世界各地で発生する暴風雪に対して使われている．米国気象局では，風速が 16 m/s 以上，降雪または地吹雪を伴い，視程が頻繁に 400 m 以下になる状態が 3 時間以上続いた場合をブリザードと呼んでいる．低温の目安は原義では −7°C 以下であったが（米国気象学会編気象学辞典），現在ではこの基準は使われていない．

南極大陸沿岸域は世界で最も風の強い地域であり，ここで発生する暴風雪がむしろブリザードとして有名である．南極に科学的な興味が持たれつつあった時代，オーストラリアの南極探検隊長の Mawson は，1911〜1914 年の報告書のタイトルに "The home of the blizzard" を用いているくらいである．

南極で発生する強風には 2 つの側面がある．1 つは，南極大陸の地表（氷床）面で冷却された空気が大陸斜面を吹き下ってくるカタバ風が関係する「持続する強風」である．この側面としてたとえば，先の Mawson が設けた観測所 Cape Denison (67°01′S, 142°39′E：図 1 参照) で 1913 年 7 月に記録された平均風速 24.8 m/s[1] は，南極に存在する「持続的な強風」が科学的に知られるきっかけとなった．ちなみに年平均風速の世界記録は，1912〜1913 年にかけて同観測所で記録された 19.4 m/s である[2]．

もう 1 つは，低緯度側から接近する総観規模低気圧に伴う，北米のブリザードと同様の極端な強風である．南極でこれまでに

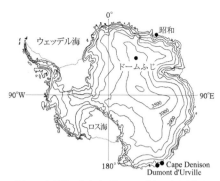

図 1　本項目で取り上げている南極の観測基地

記録された最大風速は，1972 年 7 月にフランスの基地 Dumont d'Urville (66°40′S, 140°0′E) で記録された風速 91 m/s (327 km/h) で，これはわが国でこれまで記録された最強の竜巻（藤田スケール F3）に匹敵する．このような強風の形成には，大気側の要因だけではなく，南極大陸沿岸の入り組んだ地形による風の収束もかかわっている．

日本の昭和基地のブリザードは総観規模低気圧の接近に伴って発生し，表の定義に従って A〜C の等級に分けられている．激しいブリザードのときには風速が 60 m/s を超えたり，地吹雪のために 1 m 先も見えないことがある．そのため A 級ブリザードのときには，建物の外に出ることが禁じられている．

1997 年 6 月 17 日〜18 日にかけて発生した A 級ブリザードは，昭和基地での観測史上最悪の事例の 1 つである．このとき

表　昭和基地のブリザードの階級の定義

A 級	視程* 100 m 未満，かつ風速 25 m/s 以上が 6 時間以上継続
B 級	視程 1 km 未満，かつ風速 15 m/s 以上が 12 時間以上継続
C 級	視程 1 km 未満，かつ風速 10 m/s 以上が 6 時間以上継続

*：物体が視認できる最大の距離．

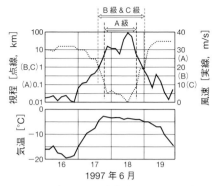

図2 1997年6月に昭和基地で発現したA級ブリザードに伴う地上気象の変化．視程および風速の軸にブリザードの階級基準を表示する．

図3 1997年6月に昭和基地で発現したA級ブリザード時の衛星による赤外画像．白い領域は温度が低く，おおむね雲域にあたる．○は昭和基地，●はドームふじ基地の位置．

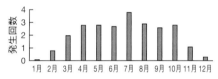

図4 昭和基地における月別のブリザード発現回数の平年値（1981～2010年の平均）

の地上気象の変化を図2に示した．6月16日の夜に風速の強まりと視程の低下が始まり，17日の夜にA級ブリザードとなった．その後A級の状態が約24時間継続し，51.1m/sの最大瞬間風速を記録した．このときのブリザードでは，語源となった北米のブリザードとは逆に，－20°Cの気温が－5°C以上にまで上昇し，昭和基地の夏の平均的な気温になった．

図3は6月17日のNOAA衛星の赤外画像である．南大洋海上にある低気圧に伴う渦を巻いた雲域が南極大陸上空にまで広がっている．この低気圧の接近に伴ってブリザードが発生した．強風によって海洋上の暖かい空気が南極域に運び込まれたため，昭和基地（図3の白丸）の気温が急激に上昇した．このとき南極内陸のドームふじ基地（図3の黒丸）でも20m/sを超える強風と，約－70°Cから約－30°Cへと40Kにも及ぶ気温の上昇が観測された[3]．

このような北米と南極との気温変化の違いは，ブリザードをもたらす擾乱が活動する傾圧帯と観測地の相対的な位置の違いに起因する．すなわち，傾圧帯の低緯度側に位置する北米では擾乱に伴って移流してくる寒気の影響を受け，逆に，高緯度側に位置する南極では暖気が移流する．南極沿岸域で発現するブリザードは南半球の冬期に多く，昭和基地では平均的に月に3回から4回の頻度で発現する（図4）．〔平沢尚彦〕

文 献

1) Schwerdtfeger, W. 1984, *Weather and Climate of the Antarctic*（*Developments in Atmospheric Science 15*），Elsevier.
2) King, J. C. and Turner, J., 1997, *Wind, Antarctic Meteorology and Climatology*, Cambridge University Press.
3) Hirasawa, N., Nakamura, H. and Yamanouchi, T., 2000, *Geophys. Res. Lett.*, **27**, 1911.

10-6 降雪粒子と雪雲
snow particle, snow cloud

過冷却水滴，雪片，あられ，ひょう

　雪粒子とは，氷晶，雪結晶，雪片，あられ（霰），ひょう（雹）といった氷点下の雲内で形成され成長した固体粒子の総称である．通常，大きさが0.1 mm以下の氷の結晶として定義される氷晶は，空気中を落下する速度がきわめて小さいため降雪粒子には含まれない．ただし，南極や北極，高緯度地帯，内陸盆地や高山といった極端に気温が低くなる場所では，氷晶がダイヤモンドダストとして地面に降り積もることもある．

　雪結晶は大きな氷晶として定義され，雪片は雪粒子が複数個併合したものである．これまで正式に報告された最も大きな雪片は，1887年1月28日にアメリカ・モンタナ州で記録された長さ38 cm，厚さ20 cmの雪片である．わが国では長径9 cm，短径5 cmという記録が残されている[1]．

　雪結晶の表面に過冷却した雲粒が付着したものを雲粒付き雪結晶，表面のほとんどが付着した雲粒で覆われた雪結晶を濃密雲粒付き雪結晶と呼ぶ．さらに大量の雲粒が付着して団塊状あるいは紡錘型の形をした降雪粒子を，雪あられと呼ぶ．紡錘型雪あられの場合には，紡錘の尖った部位にエンブリオ（胚芽）と呼ばれる雪結晶，あるいはやや大きめの凍結水滴がみつかることがある[2]．過冷却雲粒がほぼ同じ方向から付着した場合には紡錘型あられとなり，回転運動などによってさまざまな方向から付着した場合には団塊状あられとなる．

　本州の日本海沿岸では，融けかかった雪粒子（みぞれ粒子）が雪あられのエンブリオになる場合もある[3]．このことは，氷点下で生成された降雪粒子が0℃よりも暖かい高度まで落下しながらいったん融け，それが再度氷点下まで持ち上げられて再凍結したことを意味している．すなわち，この観測事実は，雪雲の雲底を離れて地上に向かって落下した降水粒子が上昇流によってふたたび雪雲内に運び込まれ再度成長するという，リサイクルプロセスが存在することを示す直接的証拠である．

　雪あられの表面が融けて水膜ができ，それが再凍結したものを氷あられと呼ぶ．これもリサイクルプロセスの存在を示すものであり，これが何度も繰り返されて大きくなったものがひょうである．気象業務的には直径5 mm以上のあられをひょうと呼んでいるが，実際には5 mm以上の雪あられもあれば，5 mm以下の氷あられも降るので，単純に大きさではなく，密度や内部構造の違いで雪あられとひょうとは区別すべきであろう．

　また気象業務的には，雪結晶あるいは雪片が降ったときのみ降雪と記録する．そのため，あられのみが降った翌日には無降雪でも降雪深・積雪深が増加するという奇妙な記録となる．そのような区別には，雪は水蒸気（気体）からの昇華凝結で，あられは過冷却水滴（液体）の付着凍結で成長するという両者の成長過程の違いが根拠となっている．しかし，実際に降ってくる雪片を個々の雪粒子にほぐしてみると（図），無垢の雪結晶，雲粒付き雪結晶，濃密雲粒付き雪結晶，雪あられなどが混在していることがわかる[4]．さらに近年，降雪粒子の測定や画像処理技術が進展したことにより，あられ，雪片，雪結晶といった雪粒子のタイプの自動判別が可能となり[5]，短時間であってもあられ単独で降ることはきわめて稀であり，ほとんどの降雪はあられと雪片が混在していることが定量的にも明らかとなってきた[6]．

　上空ほど気温が低いため，真夏でも上空5000 mの気温は0℃以下であり，雲頂部

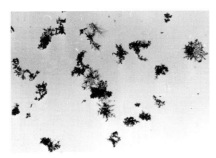

図 1つの雪片を構成する雪粒子の接写写真の一部．過冷却水滴が数多く付着している粒子ほど黒く見える．

の気温が少なくとも−10℃以下に達した雲内には雪粒子が存在する．その典型例が積乱雲であり，地上では激しい雨が降っていても上空には雹や雪粒子が存在する．同じように，梅雨前線，低気圧，台風などに伴って発生する雲の雲頂部の温度は0℃以下である．さらに，対流圏の上層に発生する巻雲は氷晶で構成されている．このように，雲内で成長した降雪粒子が融けて降る雨をコールドレイン（冷たい雨）と呼ぶ．

雲頂の気温が0℃よりも高い雲から降る雨はウォームレイン（暖かい雨）と呼ばれ，雨滴は雲粒や雨粒どうしが衝突併合して形成される．一方，コールドレインは，0℃高度以下に存在する雨滴が，先に述べたリサイクル過程によって雲内で再凍結や雪粒子と混合したり，上空からの降水粒子が0℃高度以下に存在する下層の水雲内で成長することによって増雨効果を起こす（シーダーフィーダーメカニズム）など，ウォームレインに比べて降水形成過程はより複雑である．

寒気吹き出し時に日本海上やオホーツク海上に発生する筋状あるいは帯状の雲は，冬季にのみみられる特徴的な雪雲である．これらの雲の雲頂部は，シベリア高気圧によって形成される強い温度逆転によって抑えられている．そのため，暖候期の雨雲に比べて雲頂高度が低く，山岳や島，地峡といった地形の起伏や，海と陸との気温差といった地面付近の大気状態にも影響を受けやすい．したがって，雪雲が発生・発達しやすい場所，さらに侵入しやすい場所が地形的に固定されやすいため，同じ地域に長時間雪が降る豪雪地帯も限定される．雨滴の落下速度と密度を1とすると雪片の落下速度と密度は0.1以下であり，水は流れやすいが雪は積もりやすい．そのため，豪雨災害は短時間に狭い地域に発生するが，豪雪災害は比較的広い地域に起こりやすく，かつその影響が長期化しやすいといえる．逆に，雨として降る水はダムや貯水池がなければ短時間で海に流れてしまうが，降雪粒子として降る水はそれらの施設がなくともおもに山岳地域に蓄積される．

〔藤吉康志〕

文 献
1) 岡田武松, 1951, 雨, 岩波書店.
2) Harimaya, T., 1976, *J. Meteor. Soc. Japan*, **54**, 42.
3) Takahashi, T. and Fukuta, N., 1988, *J. Atmos. Sci.*, **45**, 3288.
4) Fujiyoshi, Y. and Wakahama, G., 1985, *J. Atmos. Sci.*, **42**, 1667.
5) Grazioli, J. et al., 2014, *Atmos. Meas, Tech.*, **7**, 2869.
6) Kubo, M. et al., 2009, *ICCAS-SICE2009*, 1.

10-7 ダイヤモンドダスト

diamond dust

晴天降水,細氷,初期氷晶,昇華,南極氷昇涵養

極地やそれに準ずる低温な地域では,目ではほとんど見えない雲から雪が降ることがある.そのような降雪を clear sky precipitation(晴天降水と訳される)と呼び,このときの降雪粒子が日光を反射して輝くことからダイヤモンドダスト(ダイヤモンドの塵)と呼ばれてきた.北海道の内陸域では冬期の日最低気温が−20°C 以下になることは珍しくなく,このような日の早朝には青空の下できらきらと輝くダイヤモンドダストを見ることができる.日本の気象庁の予報言語によれば,この現象は細氷と呼ばれる.

南極内陸のドームふじ基地(標高 3810 m)で撮影したダイヤモンドダストの写真を図1に示す.上写真に見られる太陽を中心とした円弧は 22°のハロー,太陽の左右にあるこの円周上の明るい部分が幻日,太陽と 2 つの幻日を結んで全天を一周しているのが幻日環である.これらの光学現象は,全天を覆っているダイヤモンドダストによって引き起こされたものである.図 1 下段は太陽真下で比較的明るく輝く領域を望遠レンズで拡大したものである.いくつもの光の点は浮遊する氷晶の存在を示し,地表に向かうほど全体が白くなっているのは地表近くほど氷晶の数が多いためである.

図 2 は,南極点基地で採取されたダイヤモンドダストの顕微鏡写真である.ダイヤモンドダストの正体は数十 μm の大きさの単結晶であり,おもに角柱や角板の形をしている.これらの粒子は結晶形成の初期段階にあたる初期氷晶で,これらの粒子が大気中を落下しながら成長を続けると,われ

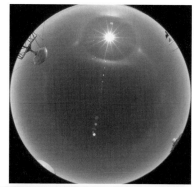

図1 上:魚眼レンズによる南極ドームふじ基地(66°40′S, 140°0′E)上空の全天写真(1998 年 1 月 7 日撮影),下:同基地で観測されたダイヤモンドダスト(1997 年 12 月 31 日撮影).

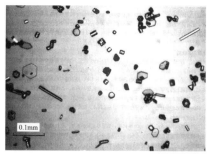

図2 南極点基地で採取されたダイヤモンドダストの顕微鏡写真[1]

われに馴染み深い雪結晶となる.Kikuchi ら (2013)[2] が作成した降雪粒子の分類には複数の初期氷晶が含まれている.

ダイヤモンドダストは,地上に近い大気中で空気が冷却されて氷晶核に水蒸気が昇

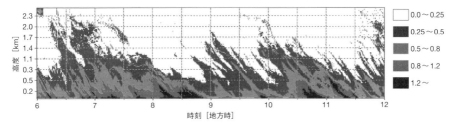

図3 ドームふじ基地におけるシーロメータ観測の例．観測日時は2003年7月25日の地方時6時〜12時．後方散乱強度（単位 $10^{-5}\,\mathrm{sr}^{-1}\,\mathrm{m}^{-1}$）により塗り分け[4]（原図はカラー）．

華凝結することで，あるいは薄い雲内に存在する過冷却した微少水滴（雲粒）が凍結して形成される．湿った空気が冷やされてダイヤモンドダストを形成する過程として，おもに2つ考えられるが，どちらも暖気が冷気の中へ進入することで起こる．

1つは水平方向の混合である．川や湖，ときには温泉などの上空で作られた比較的暖かく湿った空気が冷たい陸地に進入して冷却される．北海道など冬の極地に比べて暖かい地域で観察されるダイヤモンドダストの多くはこの過程で形成され，氷晶を作る水蒸気の供給源は川や湖などの比較的近傍の地表面である．

もう1つは鉛直方向の混合であり，放射冷却によって接地気温逆転層が発達する地域で卓越する．風が弱くかつ冷たい接地境界層とその上を通過する比較的暖かい空気層の間に大きな風速差が存在すると，乱流混合によって上空の暖かい空気が下層の冷気層に侵入して冷やされる．この過程が大規模に起こっているのが南極大陸上である．したがって，南極内陸の氷床上で発生するダイヤモンドダストの水蒸気の供給源は，気温逆転層の上にある自由対流圏の下部の空気に含まれた水蒸気であり，さらに遡れば南極大陸の外から長距離輸送されてきた水蒸気である．この過程が南極氷床の涵養量のうちの半分から8割程度を支えていると考えられている．すなわち，巨大な南極氷床を涵養した主要プロセスの1つがダイヤモンドダストであり，まさに「塵も積もれば山となる」のことわざ通りである．

Smileyほか（1981）[3]はライダーを用いた観測によって，南極氷床上の接地気温逆転層内でダイヤモンドダストが形成されていることを世界で初めて明らかにした．図3は，ライダーと同様に上方に向かって照射したレーザー光の後方散乱強度の鉛直分布を測定できるシーロメータを用いて，ドームふじ基地でダイヤモンドダストを観測した結果である．後方散乱強度が地上付近，特に気温逆転層にあたる400 m以下で大きくなっている．このことは，ダイヤモンドダストの粒子数と粒径のいずれも地上ほど増加していることを意味している．また，上空から地上まで細い線状構造が数多くみられ，ダイヤモンドダストが空中で間欠的に発生していることもわかる．

〔平沢尚彦〕

文献
1) 菊地勝弘，1988，南極の科学3 気象（国立極地研究所編），古今書院．
2) Kikuchi, K. et al., 2013, *Atmos. Res.*, **132-133**, 460.
3) Smiley, V. N. et al., 1980, *J. Appl. Meteorol.*, **19**, 1074.
4) 平沢尚彦・藤田耕史，2008，南極資料，**52**（特集号），159.

10-8 雪と雨の境目
snow-rain boundary

みぞれ，凍雨，雨氷，ブライトバンド，着氷

0°Cよりも低い温度の雲内で形成され成長した雪粒子が，落下中に0°C高度を通過すると融けて雨となる．融解中の粒子はみぞれ（霙）粒子と呼ばれるが，気象庁の観測分類上では雪に含まれる．雪粒子は大きさによって融ける速度が異なり，小さいほど早く融けきる．そのため，同じ高度あるいは同じ時間に降ったみぞれ粒子でも，図に示したように，まだ雪片の形を残したもの（A, B），平たい円盤状のもの（C），すでに雨滴となったもの（D）などが混在している[1]．

降雪粒子は相対湿度が90％以上であれば，約+2°Cまででほぼ融けきって雨滴となる．すなわち，0°C高度の直下ではAやBのような粒子が多いが，約+2°C付近ではCやDのような粒子がほとんどとなる．相対湿度が90％よりも低いと，地上気温が+5°C以上でもときにAやBのような粒子が降ることがある．その理由は，乾いた空気中では水分子が雪の表面から熱を奪いながら蒸発（気化）することで，雪の表面温度が0°C以下に下がってしまうためである．このように雪と雨の境界は，気温だけではなく相対湿度にも依存する．地上に雪が降る臨界相対湿度（％）は，以下のような地上気温（°C）の1次関数として与えられている．

臨界相対湿度 $= a \times$（地上気温）$+ b$

ここでaとbは地域ごとに経験的に決まる定数で，aは$-6 \sim -7$程度，bは95％前後である．

雪粒子が融けきるまでは周囲の空気から熱を奪い続けるため，雪を起源とした雨（コールドレイン）が降り続くと，厚い0

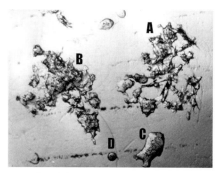

図 地上に降った霙粒子の接写写真

°C等温層が上空に形成される．普通，気温は上空に行くほど低くなるため，0°Cの等温層は安定層の役割を果たす．事実，熱帯域でも対流の発達が抑制されたり，0°C高度に層積雲の発生頻度が高いことが知られている[2,3]．さらに，あられやひょうが融解しながら落下すると，その周りの空気が冷やされて強い下降流が発生し，これが地面に到達してダウンバーストをもたらすことが知られている[4]．

0°Cよりも暖かい空気層で融けた雨滴が落下中に再度0°C以下に冷えて凍結した場合には凍雨，凍結せずに過冷却状態で落下して地表物に衝突した際に凍結した場合には雨氷（glaze）と呼ばれる．雨氷が降ると地表の物体は透明な氷で覆われることから，雨氷はclear iceとも呼ばれる．雨滴が落下中に0°C以下になる気象条件としては，雨滴が落下する下層の気温が0°Cよりも低い場合と，気温が0°Cよりも高くても湿度が極端に低い場合とがある．いずれも温暖前線に伴って起こりやすい．また，夜間の放射冷却や，雪粒子の融解や降水粒子の蒸発によって冷やされた大気が斜面に沿って下降して蓄積した冷気プールによって盆地でも発生しやすい．

みぞれ粒子や過冷却した雨滴が物に付着する現象を着氷と呼ぶ．乾いた雪や雨に比べてみぞれ粒子は容易に電線や木の枝葉に

付着するため，送電線や樹木の倒壊を引き起こし，山岳遭難の要因にもなる．さらに，道路に積もった湿雪は重く道路除雪も困難である．上記のように，凍雨や雨氷は温暖前線に伴って発生しやすいため，広範囲かつ長時間にわたって被害が起こる．事実，北米や中国で広範囲に発生した凍雨は，社会経済ばかりではなく，植物・動物などの生態系にも甚大な被害をもたらした[5,6]．

湿雪の全質量に対する水の割合を重量含水率と呼ぶ．積雪の場合には，雪と水の比熱あるいは誘電率の違いを利用して含水率を測る装置がある．一方，個々のみぞれの含水率を同じように測定することは不可能である．そこで，0℃以下に冷やした濾紙に霙を直接受けると含まれた水が染みを作る．次に濾紙を0℃以上に暖めると雪が融けるため染みが広がる．水の量と染みの面積との関係式を作っておけば，濾紙を暖める前と後の染みの面積を比較することで，含水率がわかる[7,8]．以前はデータの解析に膨大な時間をかけたが，今は画像解析によって比較的短時間で測定が可能である[9]．

融け始めのみぞれ粒子は誘電率的には雨（水）に近く大きさは雪片に近いため，コールドレインをもたらす雨雲をレーダで観測すると，ちょうど融解層付近だけ上下のレーダエコーに比べて反射強度が強くなる．この層は，レーダエコーの鉛直断面内では明るい帯に見えることから，ブライトバンドと呼ばれている．ブライトバンドが地面近くに形成されると，レーダの反射強度から推定した降水強度が異常に大きくなるため，雨のレーダナウキャストや予報に大きな誤差が発生する．また，融解層中で電波が強く反射されるということは，言い換えれば融解層を通過する電波が大きく減衰することを意味する．加えて上で述べたようにみぞれ粒子はきわめて物に付着しやすいため，みぞれ時にはアンテナにも付着し受信障害が起こる．以前は電波障害といってもテレビが見えにくくなったりラジオが聞きづらい程度の障害で済んだが，携帯電話やGPSに依存している情報化社会では，霙によって引き起こされる通信障害は致命的にもなりかねない． 〔藤吉康志〕

文 献
1) Fujiyoshi, Y., 1986, *J. Atmos. Sci.*, **43**, 307.
2) Findeisen, W., 1940, *Meteorol. Z.*, **57**, 493.
3) Johnson, R., Ciesielski, P. E. and Hart, K. A., 1996, *J. Atmos. Sci.*, **53**, 1838.
4) Srivastava, R. C., 1987, *J. Atmos. Sci.*, **44**, 1752.
5) Millward, A. A. and Kraft, C. E., 2004, *Landscape Ecol.*, **19**, 99.
6) Zhou, B. et al., 2011, *Bull. Amer. Meteorol. Soc.*, **92**, 47.
7) 中村 勉, 1960, 雪氷, **22**, 145.
8) Sasyo, Y. et al., 1991, *J. Meteor. Soc. Japan*, **69**, 83.
9) Misumi, R. et al., 2014, *J. Appl. Meteor. Climatol.*, **53**, 2232.

10-9 蜃気楼

mirage

光の屈折, 気温の逆転層, 移流, 放射冷却

蜃気楼は，遠くの景色が通常とは違った様相を呈する現象である．蜃気楼の語源は紀元前の中国の渤海湾において，「蜃」という架空の動物が気を吐いて楼閣を作り出すと考えられていた自然現象が由来となっている．実際の蜃気楼は，密度の小さな暖かい空気と密度の大きな冷たい空気の境界で光が屈折することにより起こる大気光学現象であり，また，観察者は屈折した光が直進しているものと勘違いするために虚像を見てしまう物理的錯覚でもある．

蜃気楼は，虚像の見える位置の違いで，上位蜃気楼と下位蜃気楼の2種類に分けることができる．上位蜃気楼は，観察者と対象物の間において，上層が暖かく下層が冷たい「上暖下冷」の気層構造となり，気温の逆転層が形成された場合に発生する．この場合，実際の光の経路が凸状であるため，虚像は上方に見える（図1）．一方，下位蜃気楼は，上層が冷たく下層が暖かい「上冷下暖」の気層構造であり，光の経路が凹状で，そのため虚像は下方に見える

図1 上位蜃気楼の光の経路

図2 下位蜃気楼の光の経路

図3 暖気移流による上位蜃気楼（石狩湾）[口絵22参照]

（図2）．

さらに，それぞれ2種類の蜃気楼は，温度の異なる気層の境界が形成される機構によって，移流タイプと放射タイプに分けることができる．

移流タイプの上位蜃気楼は，おもに春から夏にかけての暖候期に，冷温な水面上に暖気が移流し，「上暖下冷」の気層が形成されることで稀に発生する．語源となった渤海湾の蜃気楼や，国内での名所となっている富山湾の蜃気楼[1]はこのタイプである．国内において確認されているその他のおもな地域は，オホーツク海，石狩湾[2]，猪苗代湖，琵琶湖である．このタイプの上位蜃気楼は春の風物詩としてそれぞれの地域で親しまれていて，富山湾では「喜見城」，オホーツク海では「幻氷」，石狩湾では「高島おばけ」と呼ばれている．図3は，初夏の石狩湾での対岸の港湾施設のタンク群において，伸び上がった像や，上方の反転像が見えたときの様相である．このタイプの蜃気楼は，温度の低い大きな水域があり，かつ暖気が移流するような条件がそろえば，他の地域でも確認できる．

放射タイプの上位蜃気楼は，おもに秋から冬にかけての寒冷期に，放射冷却現象により地表面の温度が低下し，「上暖下冷」の気層が形成されることで発生する．このタイプの上位蜃気楼は，南極大陸で確認された事例が多い．国内における事例は少ないが，結氷した風連湖[3]などの北海道の

図4 放射冷却による上位蜃気楼（オホーツク海）[口絵22参照]

図6 太陽放射による下位蜃気楼（道路上）

湖，流氷に覆われたオホーツク海などで確認されている．図4は，厳冬期のオホーツク海における流氷原の彼方に，氷が伸び上がって板塀状になり，上方に反転像も見られた様相である．放射冷却による接地逆転層が形成され，観測者が温度境界層付近の高さで観察すれば，冬の内陸部などでも確認できる．

移流タイプの下位蜃気楼は，おもに秋から冬にかけての寒候期に，温暖な水面上に寒気が移流し，「上冷下暖」の気層が形成されることで頻繁に発生する．遠くの島などが宙に浮いているように見える「浮島現象」は，冬の風物詩として知られている．実際は，空の虚像が島影の下方に反転しているために島が宙に浮いているように見える．図5は，冬の石狩湾において，対岸の丘や建造物がまるで宙に浮いているように

見えた様相である．

放射タイプの下位蜃気楼は，太陽放射に伴う地表面の温度上昇により「上冷下暖」の気層が形成されることで発生するので，季節を問わず発生する．特に，アスファルトで覆われた道路面では，太陽放射が強いと路面が熱くなるので頻繁に発生する．図6は，日差しの強い日に，路面に水たまりがあるかのように見えた様相である．観察者がその水たまりに近づこうとしても逃げるように見える現象なので「逃げ水」と呼ばれる．遠方にオアシスが現れたかのように見える砂漠の蜃気楼は，このタイプの蜃気楼である．

夏の強い太陽放射による下位蜃気楼は，低温環境を必要としないが，それ以外の蜃気楼は，冷温な水面，放射冷却，寒気移流などの低温環境が必要である．そのため，寒冷地域の方が，蜃気楼の発生する条件がそろいやすいといえる．なお，蜃気楼を観察する際には，遠方の景色の変化を見ることになるので，双眼鏡を用いるとよい．

〔大鐘卓哉〕

図5 寒気移流による下位蜃気楼（石狩湾）

文献
1) 木下正博・市瀬和義，2002，天気，**49**，57.
2) 大鐘卓哉・金子和真，2009，細氷，**55**，33.
3) 柴田清孝，2013，天気，**60**，709.

10-10 氷晶による光学現象（ハロー）
halos by ice crystals

氷晶雲，光学，ハロー

太陽や月からの光が大気中の氷晶によって反射，屈折されることにより，光の輪や弧（アーク）が観測されることがある．これらを総称してハロー（halo；英語の発音は「ヘイロー」に近い）と呼ぶ．中緯度地方では，対流圏上部に発生する巻雲と巻層雲でみられることが多い．高緯度地方でみられるダイヤモンドダストもハローの一種である．

上層雲を形成する氷晶の多くは，六角柱または六角板を基本とした結晶である．ハローの基本的な原理は氷晶の表面での可視光の反射と氷晶内部を通る光の屈折によって説明ができる．六角柱や六角板氷晶の底面や側面は，90°または120°のいずれかの角をなしているため，入射した光は表面で屈折し，別な側面から再度屈折して出てくる際に，頂角60°または90°のプリズムとして働く．屈折して出てくる光の偏向角（入射方向と射出方向のなす角）は入射角の関数となる．氷晶がさまざまな姿勢をとっていると入射角もさまざまとなり，偏向角はある入射角のときに最小値をとる．そのときの偏光角を最小偏向角と呼び，この角度付近において射出光の輝度が最も高くなる．氷の屈折率は可視光の長波長側ほど大きく，赤，黄，紫の光に対応する氷の屈折率は1.307，1.310，1.317となる．よって屈折が起きるときには，色により異なる角度で屈折し，虹のように色が分かれて（分光して）見える．

空気中での氷晶の姿勢は空気力学によって制約されており，約10 μm以下の小さい氷晶は空気中であらゆる姿勢をとう

図1　2013年6月9日，広島付近の上空で撮影された複合ハローの写真

る．より大きな氷晶が空気中を落下するときには空気抵抗の影響を受けるため，板状の氷晶はその平面を水平に，柱状の氷晶はその長軸を水平に保つような姿勢（水平配向）をとりやすい．実際には姿勢がふらつきながら振動しており，振動の度合いは粒子形状や大きさに依存する．

図1は，飛行機からさまざまなハローが同時に見られたときの写真である．太陽を中心とした視半径約22°の光の輪を内暈（ないうん，うちがさ）または22°ハローという．内側が赤色，外側が紫色と分光するが，実際には内側の赤のところだけが色付いて見え，他の色は分離がはっきりしないことが多い．原理は，光線が六角柱氷晶の1つの側面から入射し，1つの側面を挟んだ別の側面から出る場合，この2つの面が60°の角をなしているため，氷晶は頂角60°のプリズムとして働くことによる．

氷晶の向きが3次元的にランダムになっていると，太陽を中心とした輪に見え，22°ハローとなる．22°ハローの下に接するように見える弧が下端接弧である．六角柱氷晶を通る光の経路は22°ハローと同じであるが，六角柱の長軸が水平かつ側面が自由な向きをとりうる場合に現れる．

図1には，太陽と同じ高度に太陽から約24°離れた位置に明るい領域が見えており，

図 2 六角柱氷晶を仮定した光散乱の理論計算
[口絵 21 参照]

幻日と呼ばれる．水平配向した六角板氷晶があるとき，側面から光が入射し，一つ側面を挟んだ別の側面から出る場合に幻日が現れる．22°ハローと同様に分光し，鮮やかな虹色に見えることもある．太陽高度0°では散乱角約22°で最も輝度が高いが，太陽高度が高くなると偏向角が22°よりも大きくなり，太陽高度が約61°以上では見られない．

幻日環は太陽と同じ高度に見られる天頂を中心とした白い弧である．氷晶の表面での太陽光の反射によって起こり，六角板氷晶の底面または六角柱氷晶の長軸がほぼ水平な場合に，垂直な面での反射などによって起きる．水平配向した平板状または柱状の氷晶の上の水平面で反射が起きると，飛行機から見下ろした場合に，水平線からちょうど太陽高度と同じ角度だけ下方に白い領域が見える．これが映日である．氷晶のふらつきが大きいと，上下に広がって白い筋のように見える．映日は下方に鏡が置かれたかのように直視できないほど非常にまぶしいことがある．日出または日没時の地上において，同じように水平配向した氷晶の下の水平面による反射により，太陽から上方へ伸びる光の筋が見られることがあり，太陽柱（光柱，サンピラー）と呼ばれ

る．図1でうっすらと見えている映幻日は，六角板の側面から入射して下の底面で内部反射し，側面から射出されたものである．

ほかに比較的よくみられるハローとして，環天頂弧と環水平弧がある．それぞれ太陽高度32°以下のときに太陽から約46°以上上方，太陽高度58°以上のときに太陽から約46°以上下方に見える虹色の弧である．どちらも水平配向した六角板氷晶による屈折が原因であり，明瞭に色が分離して見えるのが特徴である．ほかにも，外暈（46°ハロー），珍しいパリーアークや9°ハローなどの現象もある．氷晶の形や晶癖とハローとの物理的関係についてさらに詳しくは，専門書[1,2]を参照されたい．

上層雲が出ているときに注意深く観察していれば，高い確率でハローが見られる．アメリカのユタ州における約10年間の観測によると[3]，日中に観測された上層雲のうち約74％の頻度で1時間以内に1つ以上の光学現象が見られた．このうち約半分が22°ハローであり，上端接弧と幻日がそれぞれ約12％であったが，多くは不明瞭であった．明瞭なハローが見えるのは，氷晶雲全体のうちの特殊な例といえる．

図2に，六角柱の大きさと表面の粗度を変えて光の散乱を理論的に計算した結果を示す．22°ハローと46°ハローが再現されており，明瞭な22°ハローは平均的な粒子半径が10 μm以上で，氷晶の表面が滑らか，かつ内部に気泡を含まない場合にのみ現れることが示されている． 〔岩渕弘信〕

文 献
1) 柴田清孝，1999，光の気象学，朝倉書店．
2) Tape, W. and Moilanen, J., 2006, *Atmospheric Halos and the Search for Angle X.*, American Geophysical Union.
3) Sassen, K., Zhu, J. and Benson, S., 2003, *Applied Optics*, **42**, 332.

10-11 気象改変
weather modification

人工降雨，人工降雪，シーディング，ヨウ化銀ド
ライアイス，吸湿性粒子

自然の雲にドライアイスやヨウ化銀（AgI）などの物質を散布することをシーディング（種まき）と呼び，シーディングにより自然の雲から雨や雪を降らせることを人工降雨・人工降雪・降水調節などと呼ぶ．地上気温が低く雪やあられの形で降ってくる場合を便宜的に人工降雪と呼び，地上に雨が降る人工降雨と区別する．より広義に霧・雲・降水を人為的に変えることは「気象改変」または「気象調節」と呼ばれる．戦後まもなく米国で始まった科学的根拠に基づく人工降雨は，現在までに世界気象機関（WHO）に報告されているだけでも約40ヶ国において，毎年100件以上のプロジェクトに広がりをみせている（図1）．

人工降雨の基本的な考え方は，最小限の人工的刺激によって自然の雲が持つ潜在的降水能力を最大限に引き出すことにある．空気を直接暖めることで雲を発達させて凝結する雲水量を増加させるには，莫大なエネルギーを必要とするため，現実的な方法ではない．現在広く行われている人工降雨は，シーディングによる雲の微物理構造の変化を利用するものである．

0℃高度より上空に過冷却微水滴と少数の氷晶が混在しているような雲内では，水に対する平衡水蒸気圧は氷に対するそれより高いため，小さな水滴が急速に蒸発すると同時にその水蒸気が氷晶に昇華凝結して急速に成長して雪となり，地上気温が0℃より高いと融けて雨として降ってくる．ただし，雲頂温度が比較的高い雲では氷晶の数濃度が低く，降水ができにくいことがわかっている．雲頂高度が0℃高度よりも高

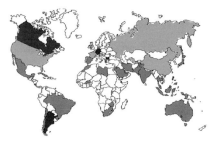

図1 気象改変を実施している国々．人工増雨雪（薄い灰色）降雹制御（黒），人工増雨雪と降雹制御（濃い灰色）．

い「冷たい雨」の人工調節法として現在最もよく用いられているのは，過冷却の雲内に人工的に氷晶を発生させる方法である．これには，空気を-45℃以下に冷やして均質凝結凍結過程により水蒸気から直接氷晶を発生させる強冷法（ドライアイス等）と，人工氷晶核（ヨウ化銀（AgI）等）を散布して氷晶発生を促進させる方法がある．

雲頂高度が0℃高度よりも低い「暖かい雨」を形成する雲では，いったん直径40～50 μmの雨滴の芽ができると，それが落下しながら小さな雲粒を効率よく捕捉し急速に大きな雨滴に成長する．しかし，数 μmの雲粒から40～50 μm程度の雨滴の芽まで成長するのには時間がかかり，寿命が1時間程度の雲からは降水が起こりにくい．暖かい雨の人工調節法としては，吸湿性物質を雲核として雲内に導入し早く雨滴の芽を生成させる方法や，散水によって直接雨滴の芽となる水滴を導入する方法がある．

気象調節技術には，増雨・増雪を目的としたいわゆる人工降雨・降雪のほかに，作物や都市部の建築物・自動車等に大きな被害を与えるひょう（雹）の粒径を小さくすることを狙った降雹抑制，霧による空港の滑走路や高速道路の視程障害を改善することを狙った霧消し，集中豪雨・豪雪の緩和，台風抑制，などがあげられる．

現在世界中で最も多く行われているのは

人工降雨・降雪で，そのなかでも冬季山岳性混合相雲を対象としたAgIやドライアイスを用いた方法が最も効果的と考えられている．対流性の雲を対象とした増雨増雪や降雹抑制を狙ったシーディングの効果に関しては，その実効性を疑問視する研究者も少なくない．最近の研究では，数値気象モデルと積雪融雪流出モデルを組み合わせた数値シミュレーションにより，少雪年でも越後山脈にかかる増雪の見込みのある雲に対して一冬を通してドライアイスシーディングを行うことにより，春先から初夏にかけてダム貯水量を大幅に増加させる可能性が示されている（図2）．

地上の発煙装置でAgIアセトン溶液を燃焼気化して直径30～100 nmの微粒子を生成し雲に送り込む方法が，ランニングコストが安価なことから現在でも最も広く用いられている．しかし，AgIの氷晶核としての能力が温度に強く依存すること，太陽光照射や水滴中でのわずかな溶解に伴って能力が劣化しやすい等の制約を考慮すると，地上からのAgI粒子の発煙は冬季の比較的背の低い山岳性混合相雲のシーディングには適しているが，その他の気象条件で使用する場合には航空機からのAgIシーディングやドライアイスシーディングなども検討する必要がある．一方，1990年代に吸湿性物質の微粒化技術が開発され，暖かい雲や対流性の混合相雲を対象とした吸湿性粒子を用いた人工降雨実験がいくつかの国で実施されているが，その効果に関しては評価が分かれるところである．

効果が最も顕著に見えるのは過冷却霧へのシーディング（霧消し）である．水と氷に対する飽和水蒸気圧の差を利用して，氷晶の成長・落下と微水滴の蒸発により視程改善をはかるもので，氷晶発生には強冷法が用いられ，液体炭酸や液体プロパンを使用する方法も提案されているが，滑走路の霧

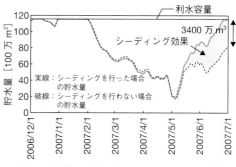

図2 矢木沢ダム貯水量に対するシーディング効果[1]

消しには航空機からのドライアイス散布が最もよく用いられている．

最近にわかに注目を集めているのは，炭酸ガスの増加に伴う地球温暖化を抑制するためのジオエンジニアリング（意図的気候改変）の議論である．たとえば，上層雲の変調を通して地球の反射率を高めることや，海水を大量に大気中にスプレーして雲核数濃度を増加させることにより大気下層の雲の反射率を高めることで温暖化を抑制す方法，成層圏下部に散乱性の硫酸塩エアロゾルやその前駆物質ガス（SO_2）などを注入して太陽光放射を弱める方法なども提案されている．しかし，ジオエンジニアリングが提案するこれらの方法のほとんどが，これまでの人工降雨と比べても研究が不十分といわざるを得ない．基礎的物理過程の理解や数値モデルを用いたそれらの効果や影響についての公正な検証評価が今後の課題である．また，ジオエンジニアリングを選択することで，地球温暖化の主因である人為的二酸化炭素の排出抑制に対する意欲が失われることを危惧する声も聞かれる．

〔村上正隆〕

文　献

1) 村上正隆ほか, 2015, 気象研究ノート, **231**, 332.

氷の結晶成長／宇宙における氷と物質進化

11-1 氷結晶の構造と相図

structure and phase diagram of ice crystal

水素結合，氷則，無秩序相，秩序相

水分子は酸素原子に水素原子2個が共有結合してできている[1]（図1a）．酸素原子は水素原子よりも電子を引きつける力が強いので，酸素原子はマイナスに水素原子はプラスに帯電する．その結果，水分子が2個あると水素原子と酸素原子が引きつけ合って水素結合（hydrogen bond）を作る（図1b）．高温では水分子が激しく熱運動しているので，水分子間の水素結合は常につなぎ変わって，自由に形を変えられる液体の水になる．低温では，与えられた温度圧力条件下でギブス自由エネルギーが最小になるような安定相が表れ，水分子が周期的に並んだ氷結晶になる（図1c, d, e）．

与えられた温度圧力条件下での安定相を図示したものが相図（phase diagram）である[2]（図2）．液相と結晶の境界を融解曲線と呼ぶが，I_h相の融解曲線は右下がりであるのに対し，III相，V相，VI相，VII相では右上がりである．これは，I_h相の結晶は隙間が大きく水よりも密度が低いので，定温加圧するとルシャトリエの原理によりI_h相は密度が高い液体の水になろうとするためである．また，高圧相（VI相，VII相，VIII相，X相）では，互いの隙間を埋めるように2つの結晶格子が入り組んだ高密度の自己包摂構造（self-clathrate）をとることにより高圧下で安定化している．

安定な氷結晶の水素結合が満たす2つの規則「①どの酸素原子のそばにも，ちょうど2個の水素原子がある．②どの水素結合にも，ちょうど1個の水素がある．」は，氷則（ice rules）として知られている（図1b）．比較的高温では，水分子は結晶格子点を中心として水素結合により安定化される6個の向きの間を回転ジャンプできるので，水素結合中の2つの水素位置は氷則の条件下でそれぞれ確率1/2でランダムに占有される（図1d, e）．このような水素結合無秩序相（disordered phase）は，酸素原子は結晶格子上にあるが，水素原子位置は周期的でないという意味で特異な「結晶」である．低温では熱エネルギーが小さくなり，水分子の回転ジャンプも稀になり，結晶全体のエネルギーが最小になるように各水分子の向きが決まる水素結合秩序相（ordered phase）が表れる．多くの場合，I_h相とXI相，III相とIX相，VII相とVIII相のように，無秩序相と秩序相が1つの酸素原子配置に対応してペアを作る．

このことを熱力学的に考えてみよう．結

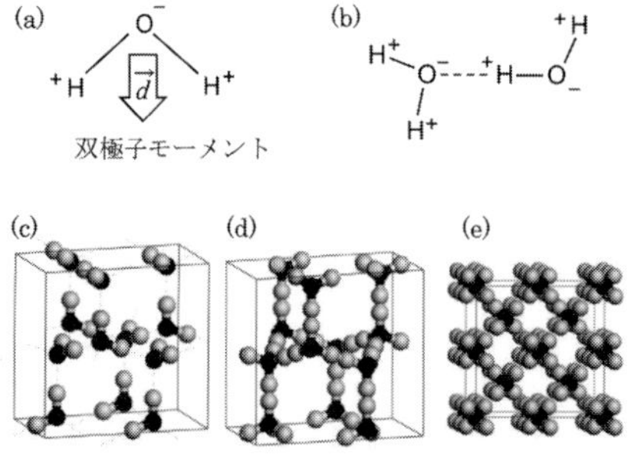

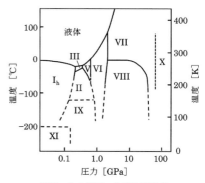

図1 氷の構造．(a) 水分子，(b) 水分子二量体，(c) XI相，(d) I_h相，(e) VII相．

図2 水の相図：主要な安定相

晶のギブス自由エネルギーは，$G = H - TS$ と書ける．ただし，H はエンタルピー，T は温度，S はエントロピーである．エントロピーは系の乱雑さを表す量であり，ボルツマン定数 k_B と系が取り得る状態数 W を使って $S = k_B \log W$ と定義される．無秩序相（I_h 相）と秩序相（XI 相）のギブス自由エネルギーの差 $\Delta G = \Delta H - T\Delta S$ を考える．秩序相・無秩序相のおもな違いは分子の向きだけなので，エンタルピーの差 ΔH は小さい．エントロピーは秩序相では 0，無秩序相では Pauling モデル[1]により 1 分子あたり $S_{res} = k_B \log (3/2)$ となる．低温（$T = 0$）では，$\Delta G(P,T) = \Delta H > 0$ となり，エンタルピーが一番小さい秩序相が最安定であるが，高温（$T > \Delta H/S_{res}$）では $\Delta G < 0$ となり，エンタルピーは多少高くても状態数が多い無秩序状態が安定となるのである．

　水分子は全体として電気双極子モーメント $\vec{d}$ を持っているので（図 1a），氷結晶に外部から電場 E をかけると，水分子を電場の方向にそろえようとする力が働く．高温の無秩序相では，水分子は一定の時間（デバイ緩和時間）で回転ジャンプして，電場に比例した一定の確率で電場の方向に向くので，誘電分極が $P = \chi E$ と書ける常誘電体（paraelectrics）である．デバイ緩和時間は氷に交流電場をかけて測定した複素インピーダンスの周波数依存性から決定できる．秩序相では水分子の回転ジャンプが起こらないのでデバイ緩和時間は発散する．秩序相である XI 相は単位胞内の水分子が配向して有限の電気分極を持つ強誘電相（faraelectrics）であり，VIII 相は正反対向きの電気分極を持つ 2 つの副格子で構成される反強誘電相（antiferroelectrics）である．強誘電相では，結晶は分極の方向が異なる多数のドメインに分裂して分極を互いに打ち消して，巨視的な電場によるエネルギー増加を防いでいると考えられる．

　VII 相を室温で圧縮すると水素結合中の 2 つの水素原子安定位置が互いに近づき中点に収束（水素結合対称化）して X 相へと転移する．このとき氷の電気伝導度は圧力 10 GPa 付近で鋭いピークを示す[3]．これはこの圧力で水素原子の運動が水分子の回転ジャンプから 2 つの安定位置間のジャンプへと変化するためだと考えられる．さらに，氷 VII 相や X 相を加熱して高温高圧状態にすると水分子から水素原子が電離して酸素原子が作る結晶格子の間を自由に飛び回る「超イオン相」になることが第一原理分子動力学計算によって予測され，惑星科学からも注目されている．また，格子点の回りを水分子が自由回転している「プラスティック相」が相図で VII 相と液相との間に存在すると分子動力学計算に基づいて提唱されているが，実験的には確認されていない．

　以上，温度圧力一定の熱平衡条件下にある純粋な水分子の一様無限系の理想的な相図について述べたが，これは氷の姿のほんの一面にすぎない．実際の実験や自然界では非平衡性や環境条件を反映して，I_c 相，IV 相と XII 相のような「準安定結晶」や，結晶周期性を持たない「アモルファス氷」，閉塞空間中の氷，ガス分子などを含むハイドレート，雪の結晶のように微視的には I_h 相であるが巨視的には多様な形状を持つものなどさまざまな構造の氷が観測される．

〔飯高敏晃〕

文　献

1) Petrenko, V. F. and Whitworth, R. W., 1999, *Physics of Ice*, Oxford University Press.
2) Chaplin, M., *Ice Phases*．(http://www1.lsbu.ac.uk/water/ice_phases.html)
3) Okada, T. et al., 2014, *Sci. Rep*., **4**, 5778.

11-2 氷 I_h の相転移と自然現象

ice I_h and natural phenomena

氷 I_h 相，相図，密度，圧力融解

氷が複雑な結晶多形を持つことは，前項(11-1)で解説した通りである．本項目では，われわれに最も身近な氷である「氷 I_h」相の基本的な性質と，それがどのような現象をもたらすかについて説明する．以下では氷 I_h 結晶を単に「氷結晶」と呼ぶ．

一般に，固体は液体よりも密度が大きいため，液体中では沈んでしまう．一方，氷が水に浮くことは，われわれの日常生活でよく経験する．この性質は，氷に特有な結晶構造に基づいている．水分子は2つの水素原子（正電荷）と2つの非共有電子対（負電荷）を持つ．そのため水分子は，氷結晶中では周囲に4つの水分子が水素結合によって四面体状に配列した構造をとる（図1）．水素結合は，通常の分子間力（ファン・デル・ワールス力）に比べてきわめて強く，指向性もたいへん強い．そのため，氷中ではきわめて安定な四面体配列が形成される．この四面体配列は他の結晶構造に比べて非常に隙間が大きいため，氷は液体の水よりも密度が小さい．すなわち，氷は水よりも軽く，水に浮くことになる．氷と同様な四面体配列を持つシリコンやゲ

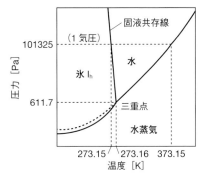

図2 氷（I_h 相）の圧力-温度相図

ルマニウムも，結晶の方が液体よりも軽い．

図2に氷結晶の圧力-温度相図を示す．このなかで，氷と水が平衡状態で共存する固液共存線が負の傾きを持つことが，氷に特有な現象の大本となる．圧力をかけると体積が小さくなる方向に平衡が移動するため，氷はより体積が小さな液体の水になろうとする．すなわち，圧力が増加すると氷の融点は減少する．この現象は「圧力融解」と呼ばれる．圧力融解は，氷河の底面での滑りなどに重要な役割を果たす．

氷が水に浮くことは，地球上に住む生命にも大きな影響を与える．冬期には，湖沼は大気によって冷やされ，水面から凍り始める．もし，氷が水よりも重ければ，水面で生成した氷が湖底に沈むため，新たに現れた水面で氷が次々と生成し，最後には湖沼は底から水面まですべてが凍結してしまうであろう．しかし，実際には湖沼が全凍結することは稀である．氷は水に浮くため，水面で生成した氷はむしろ断熱材の役割を果たし，湖沼が全凍結することを防いでいる．

〔佐﨑 元〕

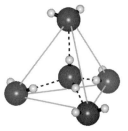

図1 氷（I_h）結晶中の水の四面体配列[1]．大きな丸は酸素，小さな丸は水素を示す．点線は水素結合，灰色線は四面体形状を表す．

文献
1) Hobbs, P. V., 1974, *Ice Physics*, p.18, Clarendon Press.

11-3 アモルファス氷の相転移

phase transition of amorphous ices

アモルファス氷, ガラス状態の水, ポリアモルフィズム

アモルファス氷とはガラス状態の水のことである. 一般に液体は融点以下でも結晶化させなければ過冷却液体として準安定な液体状態でいられる. そして, さらに温度を下げてガラス転移温度 (T_g) 以下にしたとき, 分子の幾何学的配置が不規則なまま分子の並進運動が止まった固体が形成される. この無秩序な分子配置の固体を, ガラスという. ガラス状態の粘性は大きく, 状態が平衡に達する時間が極端に長いため, 通常ガラス状態は非平衡である.

水 (H_2O) の場合, 1気圧の液体の水は融点 ($T_m = 0°C / 273 K$) で結晶化し, 氷 I_h と呼ばれる結晶構造の固体になる. 氷の結晶構造は圧力と温度に依存し, 少なくとも13種類の結晶構造が知られている. このような単一組成で複数の結晶構造を持つ現象は, ポリモルフィズム (Polymorphism, 多形) と呼ばれている. 水も融点以下で過冷却液体が存在するが, 均一核生成温度 (T_H) 以下で, 液体は極短時間で結晶化してしまう. ただし, 結晶化現象はキネティックな現象なので, T_H 以下でも結晶化を避けて T_g 以下に冷却すれば, 水をガラス状態にすることができる.

ガラス状態の水 (amorphous solid water: ASW) は, 1935年にBurtonとOliverが水蒸気を冷却基板に蒸着させることによって初めて作られた. また, 1980年にBrüggellerとMeyerが1気圧で数 μm 径の水滴を $\sim 10^6$ K/秒で超急冷する方法を用いて, 液体の水から直接ガラス状態の水 (hyperquenched glassy water: HGW) を作った.

一方で, 三島らは1984年に結晶氷 I_h を77Kで加圧するとアモルファス化することを発見した (図1). このアモルファス化した氷は, 1気圧で作られたガラス状態の水 (ASWとHGW) より密度が20％ほど高い, 新しい水のガラス状態であることがわかった. 従来の水のガラス状態と区別するために, 1気圧で作られたガラス状態の水を低密度アモルファス氷 (low-density amorphous ice: LDA), 三島らによって作られたガラス状態の水を高密度アモルファス氷 (high-density amorphous ice: HDA) と呼んでいる. アモルファス氷は極低温の氷 I_h への電子線照射や紫外線照射などでも生成されることが知られている.

これまでのLDAとHDAの構造解析や物性測定等から, LDAとHDAの分子配置に長距離秩序がなく, LDAとHDAは異なるガラス状態であることが示されている. しかし, 2つの乱れた構造の幾何学的な違いを定量的に特徴づけることは難しい. LDAの分子配置の特徴は, 氷 I_h や包接水

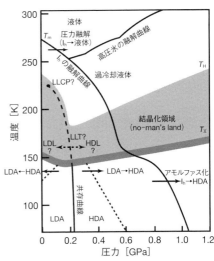

図1 水のポリアモルフィズムを考慮した水 (H_2O) の状態図

和物のケージ構造に類似しており，四面体性の高い5〜7員環ユニットで構成された隙間がある分子配置と考えられている．一方，HDAの分子配置は，比較的大きい7〜9員環ユニットが極端につぶれ，四面体性の低い高密度な配置と考えられている．これらの異なる分子配置は，水分子間のポテンシャルに2つの極小（引力）が存在していることに関係している．

このように，水にはLDAとHDAの2つの乱れた状態が存在する．単一組成で2つ以上の乱れた構造が存在することをポリアモルフィズム（Polymorphism）と呼んでいる．

三島ら[1]は1985年にLDAとHDAが相互に転移することを示している．(図1, 2) 単純に考えれば，乱れた構造を加圧したとき，その状態は連続的に緻密化することが想定される．しかし，LDAはある圧力で不連続な体積変化を伴ってHDAに転移した．そしてこのLDA-HDA転移は可逆であった（図2）．また，HDAは110 K以下では1気圧で比較的安定な状態で回収でき，1気圧でHDAを温めると，測定条件（昇温速度やHDAの緩和状態など）で転移温度は異なるが，125〜130 Kで急激な体積増加を伴ってLDAに転移する[2]．HDAから転移させたLDAは，従来のLDA（ASWとHGW）と同じである．LDAは1気圧でさらに昇温すると150〜160 K (T_X) で結晶氷 I_c に結晶化する．

このLDA-HDA転移は不連続な転移にみえる．しかし，ガラス状態の粘性は高いため，外場の変化に状態が追従できずに遅れて状態変化が起き，見かけ上不連続な変化として観測される懸念がある．つまり，非平衡状態下で起きる相転移の1次性を実験的に示すことは難しい．現時点では，HDAからLDAへの転移中にLDAとHDAの2つの状態が共存し，それらの中間状態

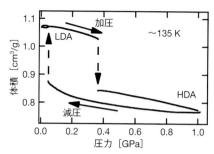

図2　圧力によるアモルファス氷の相転移

が存在しないことから，LDA-HDA転移は1次であると考えられている．

このLDA-HDA転移の1次性は重要な意味を持つ．なぜなら，水のガラス状態は温度が上がると液体になると考えられ，2つの異なったアモルファス氷の存在は，高温領域に2つの液体の水（low-density liquid：LDLとhigh-density liquid：HDL）が存在することを意味する（図1）．実際にLDAとHDAにはそれぞれ異なった T_g が存在することが示されている．そして，もしLDA-HDA転移が1次なら，T_g 以上で1次の液-液転移（liquid-liquid transition：LLT）が存在し，さらに，LLTの共存線の終端に液-液臨界点（liquid-liquid critical point：LLCP）が存在することになる（図1）．この水のLLCPは，気相-液相の臨界点と区別して「水の第2臨界点」とも呼ばれている．このLLCP周辺の揺らぎの影響を理解することで，これまで説明できずにいた低温・低圧の水の奇妙な振る舞い（たとえば，4℃での密度極大など）が解明されることが期待されている．〔鈴木芳治〕

文　献
1) Mishima, O. et al., 1985, *Nature*, **314**, 76.
2) http://www.nims.go.jp/water（昇温によるHDAからLDAへの転移の動画）

11-4 雪の成長とその形

formation of patterns in growth of snow crystals

氷,気相成長,成長形,表面カイネティクス,形態不安定性

空から降ってくる雪の結晶の形,すなわち気相から成長する氷の成長形(growth form)は,成長中に通過した大気層の条件によって千差万別に変化する.雪の形態(pattern)と成長条件に関しては,中谷宇吉郎の先駆的研究以来,多くの実験的研究が行われてきた.その結果は,雪結晶の形態と温度および氷に対する過飽和度との関係を示すダイアグラムとしてまとめられている[1].そこでは温度の低下とともに晶癖変化が起こることと,過飽和度の増加とともに雪結晶の基本形である2つの底面と6つのプリズム面で囲まれた六角プリズムの形態が不安定化することが示されている(図1).

雪結晶の晶癖は,温度の低下とともに,六角板状と六角柱状の間を三度変化する.この晶癖変化は,氷の表面融解によって起こると説明されている.最近の新しい観察結果を含めて詳しくは11-7「表面融解」の項目をご覧いただきたい.

図1のダイアグラムに示される形態は,はじめから雲の中でつくられるわけではない.雲の中の過冷却水滴が凍結してできた雪結晶は,はじめは球形である.この球形の結晶は,周囲の過飽和状態の水分子を取り込んで次第に成長し六角プリズムへと変化する.その後,ダイアグラムに示される温度と過飽和度の条件に応じた特徴的なパターンへと発達していく.

六角プリズムのまわりの水蒸気の分布は,外形に応じて十分に緩和しており,その表面過飽和度は結晶の角や稜で大きく,面の中央で最小になっている.表面過飽和度の不均一は,過飽和度のみならず結晶のサイズとともに増大する.低過飽和状態では,その不均一は小さく六角プリズムを維持したまま成長できる.しかしながら,高過飽和状態では結晶の角や稜が優先的に伸び始める(形態不安定性 morphological instability).$-4°C$から$-10°C$では六角柱は針状結晶に,$-10°C$から$-22°C$では六角板は樹枝状結晶へと発達する.

雪結晶が実際に成長する際の素過程として,次の2つが重要である:①気相から雪結晶表面に水分子を補給する過程(拡散過程),②結晶表面で水分子が結晶格子に組み込まれる過程(表面カイネティクス).雪結晶における形態不安定性の仕組みは,素過程①と②に関する次の2つの因子の綱引きによって起こる.(i)形態の安定化因子:表面カイネティクスから決まるカイネティック係数の特異性,(ii)形態の不安定化因子:表面過飽和度不均一(Berg effect).

六角板から樹枝状結晶へと遷移する形態の安定性の臨界条件は,結晶の角と面の中央の成長速度の等号条件により理論的に求まり,結晶サイズと過飽和度のダイアグラ

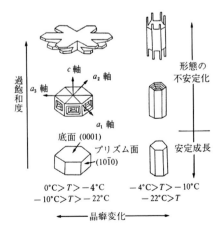

図1 温度・過飽和度に対する晶癖変化と形態不安定性を示す模式図

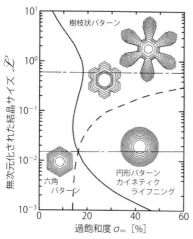

図2 過飽和度と無次元化された結晶サイズに対する雪結晶の形態（数値計算結果）[2]

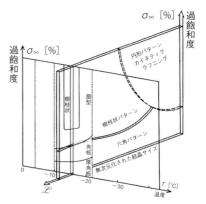

図3 形態は過飽和度，温度および無次元化された結晶サイズで整理される[2]．

ムで与えられる（図2の実線が臨界条件）[2]．また，安定性の臨界条件の数学的な意味は一般的に明らかとなっている[3]．

典型的な樹枝状結晶が現れる$-15°C$では，底面に垂直な軸であるc軸のまわりの表面は，分子的尺度でみて平らな6つのプリズム面と，ステップと呼ばれる1分子層の厚みを持つ段差が，ある間隔で並びわずかにプリズム面から傾いた微斜面から構成される．気相から表面へ吸着した水分子は，ステップ間を表面拡散し，気相に再離脱するかステップに取り込まれる．この吸着分子を取り込んだステップが前進することにより，面の厚みが増して結晶が成長する．

このc軸のまわりのカイネティック係数は，巨視的には平坦にみえるわずか0.1°程度まで傾きが大きくなると最大値に達してしまう．また過飽和度がゼロではプリズム面のカイネティック係数は，ステップが存在しないので0である．しかし過飽和度状態では，ステップが2次元核生成やらせん転位の助けを借りて生成される．したがってカイネティック係数の分布は，プリズム面付近で過飽和度に依存する極小値となり，それ以外の方位ではほとんど最大値となる方位の特異性を持つ．

ところで表面カイネティクスから決まる成長速度の異方性の大きさは，プリズム面のステップ生成頻度を通じて表面過飽和度に敏感に依存する．一般に結晶サイズの増加とともに表面過飽和度は減少するので，その異方性の大きさは，サイズとともに増大する．このように形成される形態は，成長条件だけでなく結晶サイズにも依存する．したがって図1と図2のダイアグラムを組み合わせた3次元のダイアグラムで雪の形態は決定される（図3）[2]． 〔横山悦郎〕

文 献
1) Kobayashi, T., 1961, *Phil. Mag.*, **68**, 1363.
2) Yokoyama, E. and Kuroda, T., 1990, *Phys. Rev.*, **A41**, 2038.
3) Yokoyama, E. et al., 2008, *Phys. D*, **237**, 2845.

11-5 氷結晶の融液からの成長
ice crystal growth

形態不安定化, 浮力対流, 平衡形, 無重力実験

液体の水を静かに冷やすと, 0°C 以下になっても凍結せずに液体のままで存在することができる. この過冷却状態にある水中で氷の結晶を生成させると, 結晶の界面では水分子を取り込み, 結晶の外形は時間とともに発展する. 図1は, 氷の結晶成長のようすを撮影した連続写真で, 最初は薄い円盤状であった結晶は円盤の周囲に発生した凸凹が成長とともに発達し, 最終的に雪の結晶と同様に顕著な六回対称を示す樹枝状結晶が生成される. この結晶の形はどのようにして決まるのであろうか.

最初に結晶の平衡形についてみてみよう. 結晶の平衡形とは, 成長も融解もしないときに実現される結晶の外形のことで, 結晶の体積が一定であれば結晶を取り囲む界面の自由エネルギーの総和が最小値となるように決まる[1]. 一般に, 結晶の平衡形は, 結晶の界面自由エネルギーの方位依存性を示すウルフ図形 (あるいは, ウルフプロット) が決まれば, 理論的に推定できる. 実験では, 結晶を成長も融解もしない状態に保つことはきわめて困難であるため, 実際に平衡形を求めることは一般には難しい. しかし, 水中にある氷結晶については, 一定容積の圧力容器内に水を充填して氷単結晶を1個だけ共存させることで, 平衡形を求めることができる. これは, H_2O の固液平衡線が通常とは逆の傾きを持つ (すなわち, 圧力が上昇すると氷の融点が下がる) ことを利用する[2]. 温度を 0°C 以下で一定に保ったままで密閉容器に圧力をかけると融点が下がり, 氷結晶は融解して圧力を下げる. 逆に, 圧力が下がると融点が上がり, 結晶が成長するので圧力が上がる. このプロセスにより自動的に平衡状態が達成され, このときの結晶形が平衡形となる. この方法で観察された氷の平衡形は, -16°C を境に平らなベーサル面とプリズム面で囲まれた六角板から円盤状の形に変化した[2]. すなわち, プリズム面が

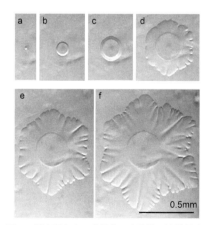

図1 過冷却水中で成長する氷結晶の連続写真. 各写真の時間間隔は2秒.

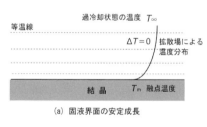

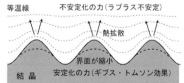

図2 (a) 過冷却水中で氷が成長すると, その界面前方には熱拡散場が生じる. (b) 界面における凸の部分は熱拡散が効率化するので成長促進 (不安定化), 逆に界面自由エネルギーの不利が増すので成長抑制 (安定化) の力が働く.

この温度で平ら（スムース）な界面から荒れた（ラフな）界面へと相転移した（ラフニング転移[1]と呼ぶ）ことを示している．

一方，非平衡状態におかれると結晶は成長し，結晶形（成長形）は時間とともに変化する．このとき，界面が平らなままで成長するのか，それともより複雑な形へと発展していくのかで，結晶の外形は大きく変化する．前者は外形が相似形を保ったままで変化するので安定成長，後者はもとの形を維持できないので不安定成長と呼ばれる．この安定成長から不安定成長への移り変わりを形態不安定化と呼び，そのしくみを理解することが形の解明につながる．

形態不安定化は，成長界面に生じた凹凸の振幅をさらに発達させようとする力（不安定化の力）と逆に減衰させてもとの平らな状態に戻そうとする力（安定化の力）のせめぎあいによって決まる[3]．図2に，この2つの力が何によって生じるかを模式的に描いた．過冷却水中で成長する氷界面での不安定化の力は，結晶化に伴い解放される潜熱がどのように液体側に拡散するかに関係する．結晶が成長すると界面の温度は上昇するので，界面前方には熱拡散場（結晶から遠方に行くほど温度が低下）が生じる（図2a）．この界面に凹凸が発生する（図2b）と，凸の部分では局所的に等温線の間隔が密になり熱が逃げやすくなるので，この部分はさらに前に出っ張ろうとする．逆に凹の部分は取り残されるので，凹凸はますます発展する．拡散場はラプラスの式で記述されるので，これをラプラス不安定とも呼ぶ．一方，凸部は表面積が拡大するので界面自由エネルギーの不利が生じる．このため，表面積を縮小しようとする安定化の力が作用する．これは，界面の曲率半径が小さくなるほど，そこでの局所的な融点が低下すると言いかえることができるので，ギブス-トムソン効果とも呼ばれる．このような形態不安定化のしくみは，

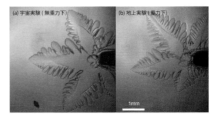

図3 (a) 宇宙実験で得られた氷結晶と，(b) 地上で成長した氷結晶

このモデルを最初に提唱した研究者の名前をとってマリンズ-セカーカ不安定[1]と呼ばれ，氷の結晶形はこのモデルで説明される典型的な例として知られている．

一方，結晶の周囲に熱拡散場が発達すると，空間的な密度分布が生じ，浮力対流を駆動する要因になる．この対流は，熱拡散場の等方性を乱し，結晶の成長速度を大幅に変えるなど，結晶の形態不安定化や結晶成長のしくみを考えるうえで大きな支障となる．これを避けるには，浮力対流を完全に排除できる無重力環境で実験を行うことがきわめて有用である．このため，氷の結晶成長実験が国際宇宙ステーションの日本実験棟「きぼう」において，世界で初めて実施された[4]．宇宙では，図3aに示すように，対称性に優れた氷の結晶が生成されるが，重力のある地上実験では，対流の上流側では成長が大幅に促進され，結晶の対称性が大きく乱されている（図3b）．この宇宙実験の成果をもとに，氷結晶の形態不安定化のしくみに関する理解が大きく前進した．
〔古川義純〕

文 献

1) 黒田登志雄，1984，結晶は生きている，サイエンス社．
2) Maruyama, M. et al., 2005, *J. Cryst Growth*, **275**, 598.
3) Furukawa, Y., 2015, *Handbook of Crystal Growth 2nd ed.* (Rudolph, P. ed), p.1061-1112, Elsevier.
4) Furukawa, Y. et al., 2014, *Int. J. Microgravity Sci. Appl.*, **31**, 93.

11-6 氷結晶の成長機構

growth mechanism of an ice crystal

成長の異方性,水の構造,界面構造,分子動力学

過冷却水から成長する氷の結晶形は,平坦な {0001} 面(ベーサル面)を持つ薄い円盤もしくは氷の構造の六方対称性を反映した薄い樹枝である.これらの形は,ベーサル面の成長が他の面方位に比べて著しく遅いために形成される.その成長速度の面方位による違い(異方性)を生じさせる要因の1つは,成長機構の異方性である.

各面方位の成長は,過冷却水-氷界面において液体の水の構造から氷結晶構造へ変化する過程を経て起こる.つまり,成長機構の異方性を明らかにするということは,液体の水の構造および界面構造の時間変化の異方性を明らかにすることである.実験解析が困難なそれらをいかにして明らかにするかが問題であった.

近年,コンピュータ・シミュレーションが強力な研究手段として活躍している.分子動力学(molecular dynamics:MD)法と呼ばれるシミュレーション法では,固体や液体など凝集体中の各分子(または原子)に働く力を計算して運動方程式を解いて分子運動を解析していくことにより,目に見えない分子レベルの構造やその時間変化を調べることができる.

MD法により,液体の水の構造や動的性質の特徴が分子レベルでわかってきた.液体の水の中では水分子の配列に長距離的な秩序はなく,またその配列は時々刻々と変化している.しかし,瞬間瞬間では水分子の多くは互いに水素結合で結ばれており,大規模な水素結合の"網"が形成されている.界面では,ある厚みの領域にわたって水素結合網の構造が液体の不規則なものか

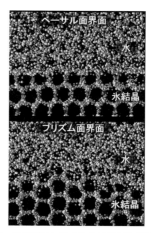

図 ベーサル面およびプリズム面の界面付近の水分子配列構造のMD解析.大小2つの球は,それぞれ水分子の酸素原子と水素原子を表す.[口絵23参照]

ら結晶の規則正しいものへ連続的に変わっている.その界面の厚みは氷結晶の面方位によって異なる.

図は,MD法で解析したある瞬間のベーサル面と {10$\bar{1}$0} 面(プリズム面)の界面付近の水分子配列構造である.ベーサル面上でもプリズム面上でも,氷の成長時には界面付近の液体の水分子が"集団的に"運動してその水素結合網の構造が徐々に秩序化していく.ベーサル面は分子レベルで比較的平坦な界面構造を持つ.平坦な界面上では,水素結合網の秩序化は界面に沿って2次元的に起こる.プリズム面は幾何学的に凹凸のある界面構造を持つ.幾何学的に荒れた界面では水素結合網の秩序化は3次元的に起こる.これら界面構造および水素結合網の秩序化過程の異方性が,成長速度の異方性と関係している.

〔灘 浩樹〕

文 献
1) Nada, H. and Furukawa, Y., 2005, *J. Crystal Growth*, **283**, 242.

11-7 表面融解

surface melting (premelting)

擬似液体層, 気固界面

氷（I_h 相）は融点である 0℃ よりも温度が高くなると，固相から液相に相転移する．しかし，氷の表面は 0℃ 以下の温度であってもわずかに融けており，氷と空気との界面には液体が生成することが知られている（図 1）．融点以下の温度で結晶表面が融ける現象を表面融解，そして生成した液体を擬似液体層と呼ぶ．金属や半導体，無機・有機結晶など，氷以外の結晶表面も表面融解することが知られている[1]．氷の表面融解は，スケートの滑りやすさから，復氷現象，霜柱による凍上，氷結晶粒の粗大化，雪結晶の形の変化，雷雲中での電荷の分離まで，氷や雪に関するきわめて幅広い現象の鍵を握ると考えられている．

a. 表面融解の基本的性質

表面融解は，復氷現象を説明するためにファラデーによって 1850 年代に提唱された．しかし，擬似液体層を実際に計測できるようになったのは，1980 年代に入ってからである．偏光解析法や陽子チャネリング法，陽子後方散乱法などのさまざまな手法を用いて，さまざまな温度のもとで，氷結晶表面に生成した擬似液体層の厚みがこれまでに計測されている．その一例を図 2 に示す[2]．温度が 0℃ に近づくにつれて，擬似液体層の厚みが顕著に厚くなるようすがわかる．また，分子動力学法などの計算科学の手法によっても，氷結晶が表面融解し，擬似液体層が生成するようすはよく調べられている（図 1）．温度が融点に近づくにつれ，表面融解が進み，擬似液体層の厚みが増してゆくようすが再現されている．低温下での雪はパウダー・スノーと呼ばれ，乾いてさらさらしているため互いにくっつきにくいが，温度が上がるにつれて湿雪となり，容易に雪玉を作れるようになることは，日常よく経験する現象である．

擬似液体層は，氷とバルクの水の中間の性質を持つことが明らかにされている．これが，「擬似」液体層と呼ばれる理由である．さらに，より低温（-20 ～ -10℃）でも表面融解が起こることが報告されている．

表面融解についての理論的な研究もなさ

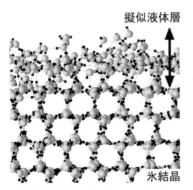

図 1　分子動力学計算で再現した，氷結晶ベーサル面（｛0001｝面）が表面融解するようす．大きな丸（灰色）は酸素を，そして小さな丸（黒）は水素を示す．

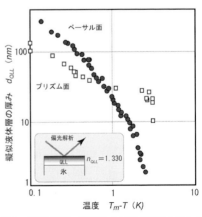

図 2　偏光解析法で計測した擬似液体層の厚みの温度依存性．T_m は融点，T は計測温度．

れている．黒田と Lacmann[3] は，氷結晶表面が空気と直接接するよりも，氷結晶と空気の間に中間の性質を持つ擬似液体層が存在する方が，界面自由エネルギーの利得を得ることができるため，表面融解が起こるのではないかと考えた．彼らは，水蒸気と氷結晶が平衡な条件のもとで擬似液体層の厚みを求めるための理論モデルを提唱し，またさらに，擬似液体層の生成には氷表面がバルクの水で濡れてすべて覆い尽くされる必要があることも示している．

b. 最近の新たな展開

近年の光学顕微鏡の目覚ましい発達により，氷結晶のベーサル面が表面融解するようすが最近可視化された[4]．図3に示したベーサル面の左半分では，水1分子高さ（0.37 nm）の単位ステップ（結晶上の分子層の成長端：黒矢印頭）が黒矢印方向に成長している．一方，図右半分では表面融解が進行しており，液滴状（白矢印頭）および薄い層状（半白黒矢印頭）の2種類の擬似液体層が生成している．これまでは，氷結晶表面上では1種類の擬似液体層が空間的に一様に生成すると考えられてきたため，形態が異なる2種類の擬似液体層の生成は，これまでの表面融解の概念に大きな修正を迫る．水が2種類の液体相を形成することは，基礎科学の観点から興味深い．

さらに，氷結晶中の格子欠陥が2種類の擬似液体層の生成を誘起することも明らかにされている．図3の擬似液体層は−1.5°C以上の融点直下の温度領域でしかその生成が観察されていないが，天然の氷結晶がよりたくさんの格子欠陥を有すると考えると，−20〜−10°Cの温度下で表面融解が起こることも説明できる．

表面融解については，まだ謎が山積みで

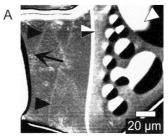

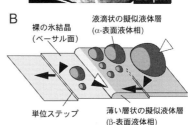

図3 氷ベーサル面上で可視化された表面融解過程の光学顕微鏡像（A），および模式図（B）．黒矢印頭：単位ステップ（黒矢印方向に成長），白矢印頭：液滴状の擬似液体層（α-表面液体相），半白黒矢印頭（β-表面液体相）．

ある．2種類の擬似液体層の構造や熱力学的な安定性はどう異なるのか，氷結晶のもう1つの重要なファセット（低指数）面であるプリズム面はどのように表面融解するのか，今後の研究の進展がまたれる．

〔佐﨑 元〕

文 献

1) van der Veen, J. F., Pluis, B. and van der Gon, A. W. D., 1988, *Chemistry and physics of solid surfaces VII* (Vanselow, R. and Howe, R. F. eds), p.455, Springer-Verlag.
2) Furukawa, Y., Yamamoto, M. and Kuroda, T., 1987, *J. Crys. Growth*, **82**, 665.
3) Kuroda, T. and Lacmann, R., 1982, *J. Crys. Growth*, **56**, 189.
4) Sazaki, G. et al., 2012, *Proc. Natl. Acad. Sci. USA*, **109**, 1052.

11-8 雪から氷へ

snow metamorphism

雪，氷，密度

　雪（snow）とは水蒸気が空中で氷晶核に昇華凝結したものである．地上の樹木や電線などの物体表面に昇華凝結したものは霜と呼ばれる．雪は地上に降り積もり，積雪となる．積雪表面に昇華凝結したものを表面霜ということから，堆積後まもない積雪は雪と霜から構成されているといえる．

　氷（ice）とは水分子の固相のことである．物理的に水の固相を定義するときには雪ではなく氷と呼ばれる．しかしながら，雪もまた前述の通り水蒸気が昇華凝結したものであるから，水分子の固相のことを指す言葉である．両者の違いは何であろうか．

　雪と氷の区別は，雪氷学の観点からは，通気性があるかないかでなされる．なだれ（雪崩）は漢字が示す通り雪に区分される．怖い話であるが，なだれに巻き込まれ埋められた場合，約2割は物理的衝撃などにより即死し，残りの8割は埋められた瞬間は生存しているといわれる．その8割の50％生存時間は約30分である．もしなだれが通気性のない氷であれば，数十分という時間を生きながらえることはできない．遭難者は通気性のある雪の下で，空気を確保しながら救助を待っていることになる．

　冷凍技術の進歩により，最新の家庭用の冷凍冷蔵庫には，過冷却状態を作り出し瞬間的に凍らせることで鮮度を保つなどの機能がついているようだ．最新型でなくとも，20世紀最大の発明の1つといっても過言ではない冷凍庫の製氷皿に砂糖水を入れておくと，簡単に氷菓を作成できる．すでに氷と書いているが，この氷菓をよく観察すると，冷凍庫内の空気を閉じこめたと思われる気泡が内包されている．このように雪も氷も空気を含んでいるが，氷に含まれている空気には通気性がない．通気性がないため，冷凍庫の製氷皿で作成される固体の水は氷と呼ばれる．

　雪と氷で定義上に大きな違いがないため，あえて区別する必要はないと考える方がおられるかもしれない．しかしながら，雪と氷では物性が異なるため，区分することは重要である．たとえば，雪は白色をしているが氷は透明である．雪が白色である理由は通気性があり，雪と空気の比表面積が大きく，日射などの光をよく散乱させるためである．そのため，雪は日射をよく反射する．スキー場などで弱い冬の日射にもかかわらず日焼けをするのは，雪の優れた反射率による．他方で，氷は光をよく透過する．寒冷地のリゾートホテルなどで氷をライトアップして幻想的な空間を演出しているが，これは氷の透過性を利用している．

　これまで述べたように雪は雪，氷は氷と区別するのは概念として比較的容易である．またこのような区別は重要であるが，両者とも空気を含んでいる固体の水であるため，それぞれを別の物体として考えるだけでなく，雪が氷へと変化していく現象があることを考慮しておくべきである．この現象を雪の変態（snow metamorphism）という．参考までに，氷が雪に変態する逆方向はない．雪は水蒸気が空中で昇華凝結したものであるため，水分子の気相である水蒸気を経由する必要があり，氷が直接雪に変化することは定義上不可能である．

　あられ（霰）やひょう（雹）は大気中で雪結晶が水蒸気や過冷却水を付着させて，氷粒になった例である．大気中で複雑華麗な六角形の結晶構造を有していた雪結晶が，周囲の水蒸気や過冷却水を集めすぎた結果，大気中で通気性がなくなり氷に変態したものである．しかしながら，大気中で

雪が氷になることは稀であり，雪から氷への変態はおもに地上で起きやすい．そのため，降雪ではなくて積雪の構造を知ることが雪から氷への変態の鍵になる．

通気性の有無が雪と氷の違いであることから，ある一定の体積に固体の水と空気がそれぞれどれだけの割合で存在しているのか，を定義すると通気性を議論しやすい．そのような物理量として雪や氷の密度（density）がある．市販のミネラルウオーター1 L（= 0.001 m^3）の重さは1 kgである．水の密度は1000 kg/m^{3}と表現できる．海氷やコップの中の氷が海や水に浮くのはよく知られている．空気を含んでいない純粋な氷の密度は917 kg/m^{3}であり，水の密度よりも小さい．空気の重さは無視できるので，純粋な空気の密度はほぼ0 kg/m^{3}である．

積雪の雪粒を一粒ずつみると，時間の経過とともに形は変わっていく．降雪後のすぐの雪は新雪と呼ばれ，複雑な六角形の雪結晶を維持している．このような複雑な構造の雪結晶が組み合わさって積雪を構成しているため，通気性は抜群である．新雪の密度は30〜150 kg/m^{3}である．

時間が経つと雪粒は球に近づいていく．融解を経験せずに球形状となった雪粒からなる積雪をしまり雪，融解を経験し球形状となった雪粒からなる積雪をざらめ雪という．ざらめ雪は融点（0℃）以上の高温環境で生じるために，しまり雪に比べて球形化が早い．球形化が進行すると，一粒一粒は氷粒と呼べるが，粒と粒の間に隙間があり，この隙間を気体が通気する．そのため，粒子塊としてみれば，しまり雪もざらめ雪も氷ではなく雪である．しまり雪，ざらめ雪の密度はそれぞれ，150〜500 kg/m^3，300〜500 kg/m^{3}であり，新雪よりも高密度である．

ざらめ雪の形成過程中に起きやすい氷の形成機構として，ある程度まとまった雪解け水が雪層に貯蓄され，冷気によって再凍結することがある．自然界の積雪内でできるこのような融解再凍結氷を上積氷という．また，北国の都市部では，積雪を車や人が踏み固めることで雪が通気性を失い氷に変態する．このように融点近い環境は雪から氷に変態しやすいといえる．

より低温の環境では，融解再凍結とは異なった氷の形成機構を持つ．たとえば，南極の内陸では年平均気温が−50℃であり，真夏ですら融解することはない．このような地域にはざらめ雪は存在しないが，しまり雪や雪の中で霜が形成される霜ざらめ雪が存在している．これらの雪はより上部の雪の荷重によって潰され，密度が重くなっていく．このような圧密が進行し，密度が500 kg/m^{3}以上の固い雪をフィルンという．フィルンが氷に変態するメカニズムは2つある．1つは雪粒の再配列で，もう1つは雪粒の塑性変形である．再配列は粒子そのものの形を変えず，粒子をお互いに移動させながら隙間を埋め，より高密度になるようにする機構である．塑性変形はキャラメルのように粒子そのものが変形して隙間を埋めていく機構である．密度730 kg/m^{3}までは再配列が，密度550〜830 kg/m^{3}では塑性変形による変態が強く関与している．

密度830 kg/m^{3}になるとフィルンは通気性を失い氷になる．純氷の密度は917 kg/m^{3}であるので，密度830 kg/m^{3}の氷は空気を気泡として含んでいることになる．南極氷床の深い場所では，圧力によって気泡がどんどん収縮し，純氷の密度（917 kg/m^3）に近づいていく．〔飯塚芳徳〕

文 献
1) 日本雪氷学会編，2014，新版 雪氷辞典，古今書院．
2) 前野紀一・黒田登志雄，1986，雪氷の構造と物性，古今書院．

11-9 不凍タンパク質と氷核タンパク質
antifreeze protein and ice-nucleating protein

凍結抑制，サーマル・ヒステリシス，氷核活性物質，氷核活性細菌

a. 不凍タンパク質

地球上の多くの生物は，朝晩ほんの少しの時間だけも含めて0°C以下の環境を少なからず経験する．生物の体液や細胞液には塩分が含まれているため，モル凝固点降下により0°Cよりいくぶん低い温度まで凍結しない．では，もしその凍結温度以下になると生物は凍結死してしまうのだろうか．

寒冷地に生息する魚や昆虫のなかには，体液が凍結温度以下になっても凍結死することなく生き延びるものがいる．それらの生物は冬になると特殊なタンパク質をつくりだし，それが体液の凍結抑制に重要な働きをするためといわれている．その特殊なタンパク質として代表的なものは不凍タンパク質 (anti-freeze protein：AFP) である．AFPは寒冷地の魚や昆虫，植物，バクテリア，菌類などがつくりだす．代表的な寒冷地の魚であるコマイ (氷下魚) は不凍糖タンパク質 (anti-freeze glyco-protein：AFGP) をつくる．AFGPは糖鎖が付いたタンパク質でありAFPとは区別されるが，AFPと同様な機能を示す．

AFPの構造は生物の種類に応じてさまざまである (図1)．カレイのAFPはα-ヘリックスというシンプルなコイル形状であり，昆虫ゴミムシダマシのAFPはβ-ヘリックスという形状である．

AFPの機能は氷の結晶成長抑制である．そのことは，AFPを混入した水を0°C以下に冷やすことによりわかる (図2)．純水の場合はやがて氷の核生成が起き，そのまま成長していく．通常，氷は {0001} 面の成長が遅くc軸に垂直な方向の成長が速いため，成長形は平坦な {0001} 面を持つ薄い円盤もしくは氷結晶構造の六方対称性を反映した薄い樹枝となる．この成長形の特徴は，不純物が混入していても通常変わらない．しかしAFPが混入している場合，氷が成長するにつれてある特異な形へと変わり，成長が止まる．魚カレイのAFPの場合，{20$\bar{2}$1} 面を側面として持つ六角錐2つを上下反対向きに底面でつなげた形になる．これは，AFPが {20$\bar{2}$1} 面に選択的に

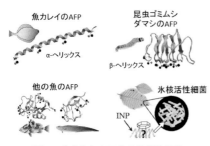

図1 代表的なAFPと氷核活性細菌

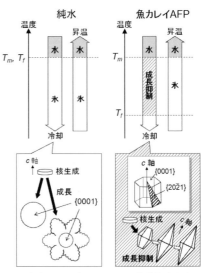

図2 純水および魚カレイAFPを含む水からの氷の結晶成長過程とサーマル・ヒステリシス．T_m，T_fはそれぞれ融点と凝固点を表す．

吸着してそこでの成長を抑制するからである．ひとたびその形になると，氷結晶全体が成長抑制面だけで覆われるため，それ以上成長しにくくなる．この現象は，融点以下のある温度（凝固点）まで観察され，それ以下の温度になると氷は成長を開始しやがて水全体が凍結する．このように，通常はほぼ等しいはずの融点と凝固点に差が生じることをサーマル・ヒステリシス（thermal hysteresis）という．

成長が抑制される氷結晶面方位やサーマル・ヒステリシスの程度（融点と凝固点の差）は，AFPの種類に依存する．昆虫AFPのサーマル・ヒステリシスの程度は魚のAFPに比べて格段に大きい．

AFPによる氷の成長抑制は，吸着AFP周辺に成長する氷先端が凸の曲率を持つことによる局所的融点降下により説明されることが多いが，まだよくわかっていない．

b. 氷核タンパク質

バクテリアや地衣類，植物などには，AFPとは機能的にほぼ正反対である氷核活性物質をつくりだすものもいる．氷核活性物質とは，氷の核生成温度を高める物質である．純水の水滴を徐々に冷やしていく実験を行った場合，氷の核生成は$-35°C$以下まで下がらないと起こらない．しかし，水滴に何らかの物質が混入している場合，それを足場としてより高い温度で核生成が起こる．氷核活性物質とは，その中で核生成温度を著しく高める物質のことである．人工降雪剤としても利用されてきたヨウ化銀は代表的な氷核活性物質であり，核生成温度は$-4°C$以上にまで上がる．

バクテリアの一部は氷核タンパク質（ice-nucleating protein：INP）を細胞膜につくる．INPを持つバクテリアは氷核活性細菌と呼ばれる．代表的な氷核活性細菌であるシュードモナス・シリンジ（*Pseudomonas syringae*）の場合，核生成温度は約$-2°C$にまで上がることもある．氷核活性細菌以外の生物が持つ氷核活性物質がINPかどうかは，まだよくわかっていない．

生物がなぜ氷核活性物質をつくりだすのかにはさまざまな説がある．氷核活性細菌の場合，冬になるとINPの作用により葉を凍結させ，そこにできる亀裂に入り込んで増殖のための栄養を摂取するといわれている．菌類と藻類の共生生物である地衣類の場合，菌類は氷核活性物質の作用により空気から水分を摂取してそれを藻類にも供給し，その見返りとして藻類から光合成により作られる栄養源を分け与えられるといわれている．生物表面に吸着した水滴を蒸発の遅い氷に変えることにより，脱水から身を守ることが氷核活性物質の役割との説もある．植物には，氷核活性物質の作用により細胞外の水を積極的に凍結させ，それにより細胞内の水の凍結を防ぐものもいる．

INPの詳しい構造は不明である．しかし，周期的なアミノ酸配列が含まれている．その周期配列部分の構造が氷の格子構造とマッチするために，氷核活性の機能が示されると考えられている．

氷核活性物質は産業で利用されている．たとえば，ガンマ線照射した氷核活性細菌は人工降雪剤としてスキー場などで利用されている．また，ジュースなどの飲料や食品の製造における凍結濃縮に氷核活性物質が利用されることもある．〔灘　浩樹〕

文　献

1) Graether, S. P., 2010, *Biochemisty and Function of Antifreeze Proteins*, Nova Science.
2) Lee, Jr., R. E., 1997, *Biological Ice Nucleation and its Applications*, APS Press.

11-10 クラスレートハイドレートの物性
physical properties of clathrate hydrates

結晶構造，平衡条件，結晶成長過程，天然ガスハイドレートの分布

クラスレートハイドレート（clathrate hydrate）は，水（H_2O）分子がかご状の格子を作り，その中にメタンガスなどの疎水性分子を包接した結晶構造を持つ化合物である．この結晶中での H_2O 分子は，氷と同じく四面体の頂点に配置して水素結合による格子を作っている．そのため氷に非常に似た物性を持つので，クラスレートハイドレートを「添加物を含む氷の多形」とみることもできる．ここでは，クラスレートハイドレートの基本的な物性である結晶構造と相平衡条件について述べ，その結晶成長過程について述べる．最後に，天然条件下で生成されるクラスレートハイドレートの例をいくつか紹介する．

a. 結晶構造とゲスト分子

クラスレートハイドレートは，格子を作る H_2O 分子（ホスト分子）と，かご状格子（ケージ）中に包接される分子（ゲスト分子）とから形成される．ホストが H_2O 分子であるため「ハイドレート（水和物）」と呼ばれるが，シリコンなどホストとなる分子が異なるクラスレート化合物の一種である．標準状態で気体となるゲスト分子を持つクラスレートハイドレートは「ガスハイドレート」と呼ばれ，8-18 で紹介したエアハイドレートやメタンハイドレートがその例である．ガスハイドレートの結晶構造は，おもに図1で示す2種類の立方晶（I型とII型）と1種類の六方晶（H型）が知られている．いずれの構造もゲスト分子が1分子入る程度のケージ（S, M, L_I, L_{II}, L_H）を2～3種類有している．

クラスレートハイドレートを生成することのできるゲスト分子は，H_2O 分子と相互作用の弱い分子が多い．これは格子となる H_2O 分子と強い相互作用をするとケージが維持できず，結晶が崩壊してしまうから

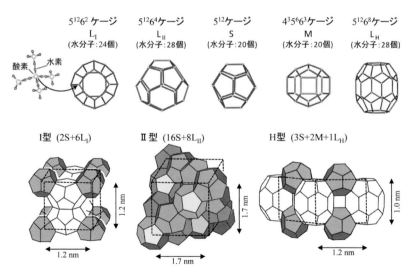

図1 ガスハイドレートを構成するケージ構造とガスハイドレートの結晶構造[1]

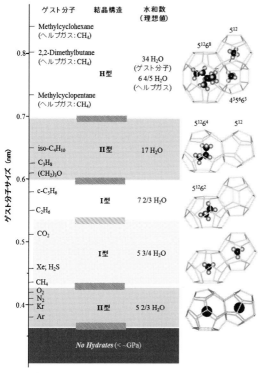

図2 各種ガスハイドレートの結晶構造，水和数のゲスト分子サイズ依存性[1]

と考えられている．クラスレートハイドレートのインヒビター（⇨8-18）としてアルコールが使用されるのは，この理由によるところが大きい．図2には，ゲスト分子の大きさと結晶構造とを対比させたものを示す．この図に示されるように，ゲスト分子の大きさとケージの空隙の大きさとの関係によって結晶構造が決まることがわかる．ケージに入ることができない大きさの分子や，逆にケージの空隙より十分に小さいヘリウム分子などはクラスレートハイドレートを作ることができない．しかしその後の研究で，水素分子もクラスレートハイドレートを作らないと考えられていたが，圧力を高くすることで形成することがわかった．また0.7 nm以上の大きさを持つ分子もクラスレートハイドレートを作らないと考えられていたが，Sケージに包接されるゲスト分子（メタン分子等）を同時に含むと，さらに大きなケージを持った六方晶結晶が形成されることがわかった．

b．相平衡

クラスレートハイドレートは，基本的に低温・高圧条件下で安定である．図3には，数種類のガスハイドレートの相平衡条件を示した．ガスハイドレートは，各相平衡条件より低温・高圧側の条件下で安定に存在することができる．この図からわかるように，ゲスト分子の種類によって相平衡条件は大きく異なる．たとえば0℃（273 K）における平衡圧力は，メタンハイドレートが約26気圧なのに対し，CO_2ハイドレートは約12気圧，エタンハイドレート

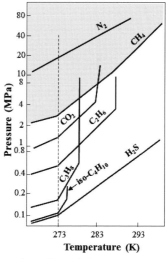

図3 おもな天然ガス成分のガスハイドレートの相平衡条件[1]．灰色部分：メタンハイドレートの安定領域．

は約5気圧，プロパンハイドレートは約1.5気圧と，生成しやすくなっていく．逆に窒素ハイドレートは160気圧と，メタンハイドレートより生成しにくいことがわかる．

この図に示されているのはゲスト分子が1種類のガスハイドレートであるが，混合ガスの場合それぞれの相平衡条件の中間に位置し，混合ガス組成の分圧に比例することが知られている．たとえば天然ガスハイドレートの場合，メタンが主成分であるがその他にエタンやプロパンも含む．同じ温度ではメタンハイドレートの平衡圧力に比べ，エタンハイドレートやプロパンハイドレートは低い平衡圧力であるため，天然ガスハイドレートはメタンハイドレートより平衡圧力が低くなる．

c. 結晶成長

ここでは，クラスレートハイドレート結晶が成長する際に必要な条件について述べる．一般的に生成条件下にある結晶の成長を制御するプロセスとしては，①物質供給過程，②生成熱除去過程，③結晶格子への分子の組み込み過程（カイネティクス）の3つを考える必要がある．以下に，それぞれについて簡単に解説する．

①物質供給過程： クラスレートハイドレート結晶は，ホスト分子のH_2Oとゲスト分子とが低温・高圧条件で反応して形成される．そのため結晶が成長するには，十分な量のゲスト・ホスト分子が供給される必要がある．海底堆積物中のメタンハイドレートなどは，反応場にH_2O分子が豊富に存在する．そのためゲスト分子であるメタンガスが供給されることによって結晶が形成される．メタンガスの供給としては，堆積物中に存在するメタン生成菌による生物起源ガスや，より深いところで有機物が高温・高圧条件で分解されて生成された熱分解起源ガスが上昇してくる場合がある．氷床氷中のエアハイドレート（⇨8-18）は気泡から形成されるが，このときはH_2O分子の供給源は氷結晶なので，エアハイドレート結晶はまず気泡の表面から形成され，その後形成されたハイドレート層を通過するゲスト・ホスト分子の移動によって成長速度が決まると考えられている．

②生成熱除去過程： クラスレートハイドレート結晶の格子の構造は四面体配置したH_2O分子の水素結合によるため，基本的に氷と似ている．そのため生成熱は氷なみに

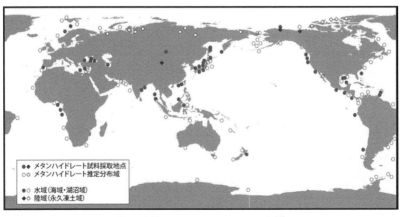

図4 世界のメタンハイドレートの分布[1]

大きく，I型では50〜75 kJ/mol，II型では125〜130 kJ/molと見積もられている[2]．したがってクラスレートハイドレート結晶が成長し続けるためには，反応場から生成熱を除去しなければならない．水中にあるゲスト液滴の表面でクラスレートハイドレートが生成するような場合，反応物質は界面を挟んで十分な量存在するので，結晶成長速度は主にこの生成熱除去過程によって律速されると考えられる．たとえば液体CO_2相中での水滴上にCO_2ハイドレート膜が生成される過程では，CO_2ハイドレート膜が生成された直後に気泡が発生した[3]．これはハイドレート生成熱の発生により，液体CO_2の温度が上昇して一部気化したためと考えられる．Mochizuki and Mori[4] は，この現象をモデル化して熱伝達によるCO_2ハイドレート膜の成長速度を議論した．

③カイネティック過程： 分子が結晶に取り込まれていくカイネティクスについては，まだ十分な研究が行われていないが，8-18で述べた雪氷圏での天然ガス輸送に関連するカイネティックインヒビターの研究から，いくつかの知見が得られている[2]．クラスレートハイドレートの結晶成長を阻害するメカニズムとしては，カイネティックインヒビターとして知られる化学物質（たとえばPVP等）がクラスレートハイドレート結晶上に特異的に結合して，それ以降の成長を阻害することが考えられている．このモデルは，氷結晶の成長を不凍タンパク質が抑制するメカニズムを模しているが，まだ十分な検討がなされているとはいえず，今後の研究に期待したい．

d. 天然クラスレートハイドレートの分布

以上のように，天然ガスなどのゲスト分子と水とが豊富に存在し，低温・高圧な条件がそろえばクラスレートハイドレートは天然にも存在する．図4に示すように，こ

図5 メタンハイドレートの海洋産出試験[5]

のような条件は海底堆積物中や永久凍土下に多くみられる．これは，天然ガスの主成分であるメタンをゲスト分子とするメタンハイドレートの相平衡曲線と，垂直温度分布を重ねると理解できる[1]．

海底堆積物中の天然ガスハイドレート（メタンハイドレートとも呼ばれる）は，近年「非在来型天然ガス」の1つとして，近未来の天然ガス資源の1つとして期待されている．2013年3月には，日本の太平洋岸南側に位置する南海トラフにおいて，メタンハイドレート層からの天然ガス開発試験が行われ，世界で初めて海域メタンハイドレートから天然ガスが開発された（図5）．日本の周辺にはこうしたメタンハイドレートが多く分布しており（図6），その成因や正確な分布の観測，ガス量の把握などの研究が進められている．そのうちの1つとして，オホーツク海サハリン沖で進められているメタンハイドレートの調査研究について，次項11-11にて詳細に述べる．

永久凍土下の天然ガスハイドレートについては，海底堆積物中のメタンハイドレートより開発の歴史は古い．ロシアのメソヤハガス田では，在来型天然ガスが開発された後で生産を中止している間，ガス田の圧力が復活し，後年天然ガスの開発が再開されたという経緯が報告されている[1]．この現象は，開発によって地下圧力が低下し，

図6　日本周辺のメタンハイドレート分布図[1]

A：詳細調査により海域の一部に濃集帯が存在（約 5,000 km^2）
B：濃集帯を示唆する特徴が海域の一部に認められる（約 61,000 km^2）
C：濃集帯を示唆する特徴がない（約 20,000 km^2）
D：調査データが少ない（約 36,000 km^2）

永久凍土下に存在していたメタンハイドレートが分解して，地下圧が復活したものと考えられている．このように在来型天然ガスの近くに存在するメタンハイドレート層からのガス開発が報告されるが，8-18 でも述べたように，永久凍土下の天然ガスハイドレートは地球環境変動によるメタンのシンクやソースとしての重要性にも注目が集まっている．

メタン以外の天然に存在するガスハイドレートとしては，8-18 で述べたようなエアハイドレートがあげられる．また，火山性ガスである二酸化炭素（CO_2）や硫化水素（H_2S）もガスハイドレートを作りやすく，沖縄沖の海底から湧出する高 CO_2 含有流体が CO_2 ハイドレートを生成していることが報告されている[6]．

宇宙空間もガスハイドレートの生成環境の 1 つである．たとえば太陽系の中で考えると，火星に大量にある CO_2 はその多くがドライアイスとして存在しているが，CO_2 ハイドレートもあると考えられている．また土星の衛星のタイタンには多量のメタンが存在していることがわかっているが，そのソースの 1 つとしてメタンハイドレートが考えられている．太陽系に訪れる彗星のなかにも，その核の部分がガスハイドレートでできている可能性があることも指摘されている．

〔内田　努〕

文　献

1) 日本エネルギー学会天然ガス部会資源分科会 CBM・SG 研究会 GH 研究会，2014，非在来型天然ガスのすべて，日本工業出版．
2) Sloan, E. D. Jr. and Koh, C. A., 2008, *Clathrate Hydrates of Natural Gases 3rd ed.*, CRC Press.
3) Uchida, T. et al., 1999, *J. Cryst. Growth*, **204**, 348.
4) Mochizuki, T. and Mori, Y. H., 2006, *J. Cryst. Growth*, **290**, 642.
5) http://www.mh21japan.gr.jp/
6) Sakai, H. et al., 1990, *Science*, **248**, 1093.

11-11 オホーツク海のメタンハイドレート
methane hydrates at Okhotsk Sea

海底表層型メタンハイドレート，堆積物コア，ガス・水・土質分析

メタンハイドレート（methane hydrate：MH）は，水分子の水素結合で作られたナノスケールのかごにメタンなどのガス分子を取り込んだ構造である（⇨11-10）．MH生成に必要な温度と圧力を満たす条件下に水分子とメタン分子があれば（濃度条件も必要），天然および人工系いずれの環境でもMHは生成する（⇨8-18，11-10）．天然のMH存在域の1つとして知られるのがロシア連邦サハリン島沖海底であり，1990年代前半に実試料採取が報告され，2003年からは日本（筆者らのグループ），ロシア，韓国が主導する国際共同プロジェクトによって，海底表層型MHの採取に基づいた，MH生成環境および機構に関する研究が精力的に行われている[1]．

サハリン島北東沖のMH採取海域において（図1），調査船から曳航した装置から海底に音波を照射すると，海底面で非常に強い音波反射が得られる．直径300～800m程度のほぼ楕円形で表面が10mほど盛り上がっている特徴があり，50ヶ所以上発見されたこれらの場所を，筆者らは"湧出ストラクチャー"と名付けた．その近傍の海底面には深さ30mほどの窪み（ポックマーク）やガスプルーム（海底からのガス湧昇）が観察されることがあるが，湧出ストラクチャーの分布と1対1に対応しているわけではない．湧出ストラクチャーの密集域は過去に大規模な海底地滑りが起こったと思われる場所にあり，大陸斜面にはステップ状の形態も観察され，堆積層が変形していると考えることができる．この変形を引き起こした力が深部では断層を形成し，ガスと水を表層に輸送する路を作っている可能性も指摘される．湧出ストラクチャーの海底下を音波探査で調べると，図2に示すようにコントラストが弱いシグナルが得られる（図中の矢印範囲）．これは堆積物内のガス充填が音波反射を弱くする（ガスが充填されていない堆積物と比べて）現象と考えられ，湧出ストラクチャー直下には深部から表層までのガスもしくはガス・水の湧出路が存在するとの解釈が可能である．これを確かめるには，海底

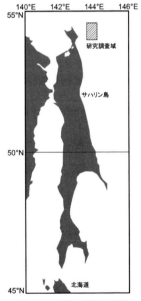

図1 本項目の研究調査域

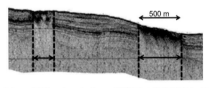

図2 湧出ストラクチャー海底下の音波探査シグナル例．矢印範囲で地層が分断され，深部に向かってコントラスト・色調が弱くなっている．

堆積物コアを採取し，ガス，水，土質強度などの総合分析と考察が必要である．

表層堆積物間隙水の溶存メタンは，そのほとんどが微生物による酸化分解を受けるので，メタン濃度は深部から表層に向けて低下してほぼ枯渇する．一方，メタン酸化分解の際には硫酸イオンなどを酸化剤とするので，その濃度は海底から深部に向けて低下する．メタンと硫酸イオンがいずれも枯渇する深度はSMI (sulfate-methane interface) といわれる．サハリン島沖の調査域では1m未満のSMIが観察され，これは非常に強いメタンフラックスを意味する．採取したMHのガスは，メタンが主成分であること，メタンは二酸化炭素還元を経た微生物起源であること，そしてわずかに熱分解起源のエタンが混合していることが，ガス組成分析およびガス同位体比分析から明らかにされている[2]．ラマン分光分析からは，MHの水和数，ハイドレート内の硫化水素の存在も明らかにされている．間隙水およびMH解離水の分析（イオン，水素および酸素同位体組成，含水比など）からは，湧出ストラクチャーの深部から海底に向かって気体状メタンが水を伴わずに湧昇し，海底直下の堆積物間隙の水分子を使ってMH生成したことが示されている[3]．しかし7kmほど離れた別の湧出ストラクチャーでは海水に比べて異常に重い水素同位体組成の水が間隙水中に観察されたことから，メタン湧昇は水を伴っていると考えられ，ストラクチャーごとの複雑な湧昇機構が示唆された．そこで，ほかのMH存在域をガスと水の移動およびそれに伴うMH結晶成長の観点からみると，一例として，ロシア連邦バイカル湖底表層型MHに関する知見が興味深い．バイカル湖は現時点では世界で唯一MHを産する淡水湖であり，1990年代後半に実試料採取が報告され，2002年からは日本（筆者らのグループ），ロシア，ベルギーが主導する国際共同プロジェクトによって精力的に研究が行われている．バイカル湖では，湖底面下1m程度の堆積物中に結晶構造I型とII型が共存する泥火山が見つかっている．Hachikuboら[4]は，MHの炭化水素の炭素および水素同位体組成から，II型ハイドレートが先に生成し，その直下にI型ハイドレートが後に生成したことを示している．その後のロシア，ベルギーとの共同研究では，湖底表層堆積物内の不均一な温度分布および深部からのガス湧出路の変化などを考慮すると，I型が先に生成する可能性も示している．MH生成に伴うメタン湧出路の変化はサハリン島沖海底での報告もあり[5]，ガス・水の湧出路の存在がMH生成環境を作るが，一方で，MH生成がガス・水の湧出路を作ることがわかりつつある．ひとつひとつの知見を積み重ねることによって，MH生成環境と複雑なMH生成機構解明の端緒を開くことが期待される．

［南　尚嗣，八久保晶弘，坂上寛敏，山下　聡，庄子　仁］

文　献

1) Shoji, H. et al., 2005, *Eos*, **86**(2), 13.
2) Hachikubo, A. et al., 2010, *Geo-Marine Lett.*, **30**, 313.
3) 南　尚嗣ほか，2009, 地学雑誌, **118**(1), 194.
4) Hachikubo, A. et al., 2009, *Geophys. Res. Lett.*, **36**, L18504.
5) Minami, H. et al., 2012, *Geo-Marine Lett.*, **32**(5-6), 525.

11-12 凍結現象と化学反応

freezing and chemical reaction

凍結濃縮, 凍結電位, 化学反応

化学反応は一般に低温ほど遅くなり, さらにより低温で固体になると, 分子の動きが抑制され, 反応はさらに遅くなる. 一方, 凍結した方が溶液中よりも速くなる反応も数多く知られている. 促進機構としては, ①氷中の未凍結溶液への凍結濃縮, ②それに伴う未凍結溶液の pH 変化, ③凍結電位による電気化学反応, ④凍結電位の緩和による pH 変化, ⑤自由な水分子の減少による競争反応の変化, ⑥氷表面の触媒反応, ⑦その他, に分けられる.

冷凍庫の氷が白くなるのは, 水に溶けていた空気が, 氷結晶に押し出され, 逃げ場を失った結果, 最後には微小の気泡として氷の中に残るためである. 空気に限らず, 水に溶けている物質は, 氷結晶の中に入りにくく, まだ凍っていない未凍結溶液に押し出され, どんどん濃縮され, ある温度（共晶温度）以上では, 未凍結溶液として氷中の微小空間に残る. これをマイクロポケット（micro-pocket）という. また, この濃縮現象を凍結濃縮（freeze-concentration）と呼んでいる（図1参照）.

凍結では, 低温による反応速度の低下と濃縮による速度の増加が複雑に関与している. 1次反応（反応速度が1つの物質の濃度に依存する反応）は凍結しても反応は速くならないが, 2次反応以上では速くなる

図1 凍結濃縮概念図. C：濃縮相, S：氷結晶に取り囲まれた未凍結溶液, R：マイクロポケット.

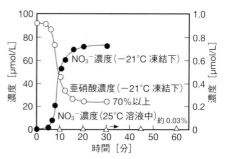

図2 凍結による亜硝酸の酸化. 初期濃度：亜硝酸ナトリウム約 100 μmol/L, pH4.0.

ことがある[1]. 図2に亜硝酸が溶存酸素により酸化され, 硝酸になる反応の時間変化を示す. 溶液中では1時間で約 0.03% しか反応しないが, 凍結すると約 10 分で 70% 以上が硝酸になり, 約 20 万倍も速い. この反応は亜硝酸に2次の反応（亜硝酸濃度の2乗に比例して反応が進む）であることが1つの理由である. さらに, pH も凍結濃縮により変化し, 低 pH ほど反応が速くなるので, この効果も加わっている. 雪の中の亜硝酸と硝酸の濃度比は雨に比べると非常に小さく, これは過冷却水滴が雪と衝突して凍結したためと考えられている.

また, アンモニウムイオンが存在すると亜硝酸の運命はさらに複雑な変化を起こす. 凍結による亜硝酸の酸化はきわめて速く, 全体が凍ると反応は止まるが, 亜硝酸とアンモニウムの反応は凍結後に徐々に進み, 窒素ガスと水に変化する[2]. この反応は, 高濃度では実験室の窒素発生源として有名であるが, 環境中のような低濃度では進まない. ここでも凍結濃縮が重要である. 5 mM の亜硝酸アンモニウムは pH 4 のとき, 24 時間で約 50% が窒素に変化する.

凍結により pH が変化するのは凍結濃縮だけが理由ではない. 凍結ではすべての物質が排除されるわけでなく, わずかであるが氷の中にも取り込まれている. その取り

込まれる割合がイオンの種類によって異なり，プラスイオンとマイナスイオンでアンバランスが生じ，氷とマイクロポケットの間で凍結電位（freezing potential）が生じる．その大きさは，+200 Vから-90 Vまで知られている[3]．この凍結電位は化学反応を起こすには十分であるが，信用できる研究結果はまだ報告されていない．生じた電位は，いつまでも安定に存在しているわけではなく，プロトンが氷からマイクロポケット（またはその逆）へ移動することで電位を緩和し，マイクロポケットのpHを変化させる．たとえば，塩化ナトリム水溶液の入った水溶液を凍結するとマイクロポケットのpHが上昇する．塩化物イオンの方が氷に取り込まれやすく，氷がマイナス，マイクロポケットがプラスの電位となり，プロトンが氷側へ移動するためである．実際に塩化ナトリウム水溶液（初期pHは約5.6）を下から凍結し，上に残った未凍結溶液のpHを測定すると，pHは徐々に上がり，最後にはpH 9以上のアルカリ性になる[4]．これは凍結濃縮だけでは説明できない．アルカリ性で反応するが酸性では安定に存在する物質を含む溶液に塩化ナトリウムが溶けていると，pH 4.5の溶液が凍結によりアルカリ性になり，加水分解が進行する．この反応は塩化ナトリウムが存在しなければ起こらないし，凍結しなければ進まない[4]．

凍結による反応促進は，濃縮による反応促進効果と低温による反応抑制効果が関与するため，ある温度で反応速度は最大となる．最大速度となる温度は，反応次数が大きいほどより低温になり，また活性化エネルギーが大きいほど高温になる[1]．また，共晶温度以下では未凍結溶液が存在しないため反応は進まないと考えられているが，実際には反応は進むという報告もあり，詳しくはまだわかっていない．

酸化鉄（hematite, maghemite, goethite）を含む水滴が凍結過程を経ると溶解性の鉄（II）が増加し，有効鉄が増加し生産性が向上する可能性が指摘されている[5]．同様に，二酸化マンガンが還元されてMn^{2+}イオンとなって溶解する反応も氷中で速くなる[5]．この反応は光が当たると溶解量が増加する[6]．また，クロロフェノールの光分解反応による生成物が，溶液中と氷中で異なる[7]．亜硝酸とヨウ化物や臭化物イオンとの反応が氷中で特異的な反応を起こし，オゾン濃度に影響を与えている可能性など，さまざまな反応が報告されている．これらのいつくかの反応は，なぜ氷中で進むのかわかっておらず，今後の研究が期待される．

凍結は世界のどこでも起こる現象であるが，これまで理解されていなかった過程が多く存在し，環境へ影響を与えていることが少しずつ認識されてきている．

〔竹中規訓〕

文 献

1) Takenaka, N. and Bandow, H., 2007, *J. Phys. Chem. A*, **111**, 8780.
2) Takenaka, N. et al., 2011, *J. Phys. Chem. A*, **115**, 14446.
3) Cobb, A. W. and Gross, G. W., 1969, *J. Electrochem. Soc*, **116**, 796.
4) Takenaka, N. et al., 2006, *J. Phys. Chem. A*, **110**, 10628.
5) Kim, K. et al., 2010, *Environ. Sci. Technol.*, **44**, 4142.
6) Kim, K. et al., 2012, *Environ. Sci. Technol.*, **46**, 13160.
7) Klánová, J. et al., 2003, *Photochem. Photobiol. Sci.*, **2**, 1023.
8) O'Concubhair, R. and Sodeau, J., 2013, *Acc. Chem. Res.*, **46**, 2716.

11-13 機能性材料としての氷
ice as a functional material

物質分離，氷への吸着と分配，キラル分離，
マイクロリアクター，光ファイバー

　本書の多くの項目で述べられているように，氷やその関連物質は環境中でさまざまな役割を果たしている．自然界の化学的な現象に氷が関与しているのなら，氷を材料として積極的に利用できないかという考えに至る．本項では氷を機能性材料として分離・計測を行う，すなわち「氷で測る」を紹介する．「氷で測る」ことは氷が関与する現象の理解，「氷を測る」ことにもつながる．

　氷表面には-OHや-Oのダングリングボンドが存在する．これらは水素結合の供与体や受容体として働き，そのため氷は水素結合により種々の分子を吸着する．これを利用して，氷を固定相とする物質分離，アイスクロマトグラフィーが可能である．アイスクロマトグラフィーは，極性基を持つ種々の物質の分離に利用できるだけでなく，物質の氷表面での相互作用に関する情報も供給する．氷への安定な吸着には2つ以上の水素結合が同時に形成する必要があること，氷は類似の相互作用により物質を吸着するシリカゲルに比べて極性基の数の識別能が高いことなどが明らかになった．

　上の例は，純粋な氷を用いる分離である．氷を用いる物質分離は氷に混ぜ物をすることでさらに特徴的な側面をみせる．たとえば，NaCl水溶液を凍結して，-10℃程度の温度に保つと，NaClを含む水溶液と氷が共存する．比較的希薄な水溶液を凍結すると，見た目は普通の氷だが内部に微細な水溶液相がちりばめられた状態になる．このような氷を用いて分離を行うと，氷表面への物質の吸着と氷と共存する液相への分配の両方が起きる．液相の体積は，溶液に加える溶質（NaClなど）の濃度と温度により決まる．水溶液には分配で溶質が保持されるので，吸着による保持と分配による保持を温度や加える溶質の濃度により自由に変化させ，制御することが可能である．このような機能を持つ固定相はほかには存在しない．ヒドロキノン（HQ）とレゾルシノール（RS）のアイスクロマトグラフィーでは，温度やドープするNaClの濃度により，保持が逆転する．HQは水相への分配が大きいのに対し，RSは氷への吸着が強い．したがって，液相がない純氷の固定相にはRSの方が強く保持されるのに対し，液相が生じると，HQの保持の方が大きくなり，溶出順が逆転する．HQとRSの保持時間変化は水溶液相の体積と分配係数から定量的に説明可能であった．つまり，液相は通常の水と同じ性質を持っていることが示唆された．一方，クラウンエーテル類では，氷共存液相において同温度，同イオン強度の水溶液に比べて，ナトリウムイオンやカリウムイオンとの錯生成が4けたほど大きくなることがわかった．

　この液相にさらに機能を加えることが可能である．図1にβ-シクロデキストリン（β-CD）とKClの水溶液を凍結して得られた氷固定相によるキラル分離の例を示す．β-CDはブドウ糖が7分子環状につながったバケツ型の分子で，中央の分子の空孔に物質を取り込み，バケツの縁に相当する所の水酸基との相互作用で光学活性物質が見分けられる．β-CDだけを加えた氷固定相ではキラル分離はできず，塩とともに加える必要があった．β-CDは分子空孔の広い側から分子を内部に取り込むので，β-CDが氷表面に固定されていると分子配向が不適切で，キラル認識できない場合が多い．これに対し，塩をβ-CDとともに凍結すると，先述のように氷と共存する液相が生じる．β-CDは水溶性であるので，液相に溶解して自由に動き回ることができる．

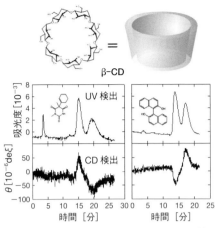

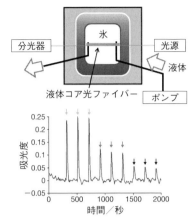

図1 キラルアイスクロマトグラフィーの例.
左：ヘキソバルビタール（固定相 0.5 mM βCD + 75 mM KCl ドープ氷）, 右：1,1'-2-ビスナフトール（固定相 10 mM βCD + 100 mM KCl ドープ氷）.
移動相：THF/ヘキサン.

図2 氷をクラッドとする液体コア光ファイバーの実験模式図（上）と色素溶液の光吸収（下）

この状態でのキラル認識は，β-CD の配向による制約を受けない．またドープしたほぼすべての β-CD が有効に機能するため，うまくキラル認識が起きたと考えられる．

電解質ドープ氷中の水溶液相は，添加物の種類によりさまざまな形になる．電解質の場合，低濃度では球状の液相が，高濃度では液相どうしがつながったチャンネル構造を形成する．球状の液相を形成する条件では，電解質の濃度や温度が大きくなると液相も大きくなり，その半径は数百 nm から数 μm である．同濃度の電解質溶液を凍結させて生じる液相は，電解質の種類によらず一定物質量の電解質を溶解していることがわかった．また，液相の数密度は，電解質の種類，濃度によらず常に一定であった．電解質は氷の粒界の特定部位に析出すると考えられる．電解質結晶が安定に存在できる場所とその数は，氷の結晶の性質によって決まる．したがって，析出する電解質の種類にはよらず，析出できる場所の数密度は常に一定であると考えることができる．液相1つの体積は aL-fL のオーダーで

ある．この液相を反応場として利用すると，1つの液相あたり 1000 個程度の金属イオンを検出することが可能であった．

最後に光学材料としての氷について述べる．気泡や不純物を含まない氷は光学的に透明である．さらに屈折率が約 1.307 であり固体としては屈折率が小さい．この値は一般の液体よりも小さく，したがって液体を氷に閉じ込めると液体をコア，氷をクラッドとした光ファイバーを形成することができる．液体コアの光ファイバーは長い光路を持つ分光測定用のセルとして利用できる．図2にその例を示す．氷中に作製したトンネル内に液体を通すと，全体として光ファイバーとして機能する．色素溶液を流すと光ファイバー内で光が吸収される．その程度が図2下のチャートに示されている．

このように氷の機能を利用すると種々の計測や反応を設計できる．いくつかの異常現象が見出されており，その分子過程の解明が次の課題である．

〔岡田哲男〕

文 献
1) Okada, T., 2014, *Anal. Sci.*, **30**, 43.
2) 岡田哲男ほか, 2013, 低温科学, **71**, 29.

11-14 宇宙低温下の気相反応と分子生成
cold gas-phase reactions in space

活性化エネルギー，イオン分子反応，中性ラジカル反応，放射会合，解離性再結合

宇宙における星と星の間の空間，すなわち星間空間には分子や塵から構成される星間物質（interstellar medium）が存在している．星間空間において，とりわけ星間物質が豊富に存在している領域を星間分子雲と呼ぶ．分子雲の環境温度と分子数密度は，おおむね10～数十K，$10^2 \sim 10^6$ cm^{-3} の範囲にあり，低温・低密度の過酷な環境である．分子雲の主成分は水素分子であるが，精力的な天文観測によって現在までに150種を超える分子の存在が確認され，その数は年々増加している．この事実は，宇宙における低温・低密度環境下においても多種・多様な化学反応が起こっていることを意味している．星間分子雲などの宇宙低温下における気相反応では活性化エネルギーを要する化学反応はほとんど起こらない．なぜなら，こうした反応の反応速度定数はアレニウス則に従って，温度の低下とともに指数関数的に減少するからである．観測によって発見されるさまざまな分子は，主として活性化エネルギーを必要としないイオンや中性ラジカルによる気相反応を経由して生成されると考えられている．

表に宇宙低温下で生じる気相反応の一覧を示した[1,2]．星間分子生成において特に重要な反応は，(a) のイオン分子反応である．イオン分子反応は一般に低温で非常に速く進行する．なぜなら，電荷を持つイオンが中性分子にゆっくり近づくと，イオンが作る電場によって分子が分極し，イオン-分子間に引力（分極力：induced dipole force）が働くからである．発熱反応であればイオンと分子が衝突した後，ほぼ100%に近い確率で反応が進行すると考えられるため，低温での反応速度定数は一般に温度に依存しない．反応速度定数の典型的な大きさは100 K以下で 10^{-9} cm^3/s のオーダーである．中性分子がアンモニア（NH$_3$）のような極性分子の場合，分極力に加えて極性分子が持つ永久電気双極子とイオンの間により大きな引力が働き，その反応速度定数は10 Kにおいて 10^{-8} cm^3/s のオーダーにも達する．星間分子生成においてイオン極性分子反応が果たす役割は大きい[2]．

以上のように一般的なイオン分子反応の振る舞いはよく知られているが，例外も存在する．たとえば，NH$_3$ は低温下の気相において NH$_3^+$ + H$_2$ → NH$_4^+$ + H，NH$_4^+$ + e^- → NH$_3$ + H の2つの連続する反応で生成することが可能であるが，前者の反応速度定数は300 Kから100 Kに向かって減少し最小値をとった後，10 Kに向かって急上昇することが理論・実験の両面から明らかにされている[3]．この事実は，イオン分子反応であっても量子効果によって低温における温度依存性が重要となる反応系がある

表 宇宙低温下の気相反応[2]

(a)	イオン分子反応	H$_2^+$ + H$_2$ → H$_3^+$ + H C$^-$ + NO → CN$^-$ + O
(b)	中性分子反応	C + C$_2$H$_2$ → C$_3$H + H
(c)	放射会合	C$^+$ + H$_2$ → CH$_2^+$ + hv C + H$_2$ → CH$_2$ + hv
(d)	解離性再結合	N$_2$H$^+$ + e^- → N$_2$ + H
(e)	結合性脱離	C$^-$ + H$_2$ → CH$_2$ + e^-
(f)	化学イオン化	O + CH → HCO$^+$ + e^-
(g)	放射性再結合	H$_2$S$^+$ + e^- → H$_2$S + hv
(h)	負-正イオン再結合	HCO$^+$ + H$^-$ → H$_2$ + CO
(i)	電子付着	C$_6$H + e^- → C$_6$H$^-$ + hv
(j)	光解離	C$_3$N + hv → C$_2$ + CN
(k)	光電離	C$_6$H + hv → C$_6$H$^-$ + hv
(l)	星間塵表面反応	H + H + grain → H$_2$ + grain

e^-：電子，hv：光子．反応 (l) については項目 11-17 参照．

ことを意味しており，たいへん興味深い．

中性分子どうしの反応の多くは活性化エネルギーを要するため，前述したように低温下では生じにくい．しかしラジカルが関与する反応では低温（〜10 K）で反応速度定数が約1けた増加する例（CN + NH$_3$ → products など）が多数見つかっており，低温での中性ラジカル反応の重要性が認められている[1,2]．メタノール（CH$_3$OH）と OH の約 30 K での反応では，室温の場合と比較して約2けたの反応速度定数の上昇が確認され，低温ラジカル反応における量子トンネル反応の重要性も指摘されている[4]．

2つの反応物が1つの反応生成物を生じる直接結合反応は，より大きな分子を効率よく生成する過程として重要である．この過程は，余剰エネルギーを光子として放出し安定化する，放射会合（表の(c)）として知られている．放射会合は通常のイオン分子反応と比べて非常に遅い反応であるが，それが唯一の反応経路である場合には重要である．たとえば C$^+$ + H$_2$ → CH$_2^+$ + $h\nu$ の例があげられる（→CH$^+$ + H は吸熱反応）[1,2]．放射会合は分子雲中の炭化水素化学の解明にとって重要な反応過程である[1,2]．

星間空間で同定されている分子種のほとんどは中性分子であるが，イオン分子反応では中性分子を生成できない．中性分子が存在するためにはイオンの中性化過程を必要とする．表に示した中性化反応のなかで，宇宙低温下で最も重要な役割をしているのが解離性再結合（d）である．中性分子生成の最終過程であるため，星間分子の存在度に与える影響が大きく，実験・理論の両面から精力的な研究が行われている[5]．

図に水素が織りなす反応ネットワークを示す．宇宙線による水素分子のイオン化に

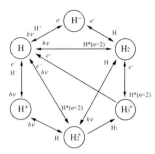

図　星間分子雲における水素が織りなす反応ネットワーク[1,5]．○中の標的と矢印の先端の入射粒子（e^- など）が衝突し，生成物を生じる過程を表す．H*（$n = 2$）は水素原子の準安定励起状態を示す．

引き続きイオン分子反応によって急速に H$_3^+$ が生成する．H$_3^+$ は強力な陽子付加分子イオンであり，さまざまな星間分子生成の起点となる．たとえば，水分子（H$_2$O）は，H$_3^+$ + O → OH$^+$ + H$_2$，OH$^+$ + H$_2$ → H$_2$O$^+$ + H，H$_2$O$^+$ + H$_2$ → H$_3$O$^+$ + H，H$_3$O$^+$ + e^- → H$_2$O + H という一連の反応過程によって作ることができる[5]．

宇宙低温下の分子生成に重要な気相反応を概観してきたが，分子存在度の精確な理解のためには，表に示した他の反応を理解することも重要である．さらに，気相反応だけでは存在度の説明がつかない分子も存在する．その原因として星間塵表面反応（表の(l)）が重要であり，現在も精力的に研究が行われている（⇨11-15〜11-18）．

〔岡田邦宏〕

文　献
1) Smith, I. W., 2011, *Annu. Rev. Astron. Astrophys.*, **49**, 29.
2) Wakelam, V. et al., 2010, *Space Sci. Rev.*, **156**, 13.
3) Herbst, E. et al., 1991, *J. Chem. Phys.*, **94**, 7842.
4) Shannon R. J. et al., 2013, *Nature Chem.*, **5**, 745.
5) Geppert, W. D. et al., 2013, *Chem. Rev.*, **113**, 8872.

11-15 分子雲での化学進化

chemical evolution of molecular clouds

気相反応,星間塵表面反応,星・惑星系形成

太陽系は天の川銀河と呼ばれる銀河に属する.夜空に輝く天の川はこの銀河を真横から見た姿である(図1).天の川銀河には数千億個の星(恒星)と,質量にしてその数%の星間ガスが存在する.多くの恒星はその中心で水素からヘリウムを合成する核融合反応を行うことにより光り輝いているが,やがて中心で水素が枯渇すると,ガスを星間空間に放出しはじめる.これが星間ガスとなって銀河内を漂う.星から放出された重元素の一部は凝集してサブミクロンサイズの個体微粒子(星間塵)を形成している.太陽系近傍では,星間塵は質量比にしてガスの1%程度である.星間ガスには温度・密度の異なるさまざまな相があり(図2),分子雲はそのなかで最も低温(~10 K),高密度($>10^3 \mathrm{cm}^{-3}$)である.星間塵により銀河内の星が放つ,分子を分解する紫外線からも十分に遮蔽されているので,主成分である水素は水素分子になっている.分子雲のなかでも特に密度の高い領域は分子雲コアと呼ばれ,コアが自己重力で収縮することによって次の世代の星が生まれる.宇宙ではこの過程の繰り返しによって,炭素,酸素などの重元素が少しずつ作られてきたのである.

炭素,窒素,酸素は水素に対してそれぞれ1万分の1程度の個数存在し,分子雲中では一酸化炭素,アンモニア,水などさま

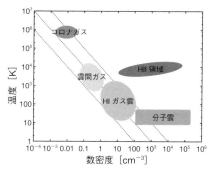

図2 星間ガスの温度・密度[1].H Iガス雲は中性の水素原子からなる星間雲,H II領域は若い大質量星の周りにできるイオン化した水素ガスである.点線は圧力一定の条件を表す.

ざまな分子を構成している.今までに140種以上の分子が検出されている.表におうし座分子雲で観測されている分子の例とその存在度を示す.分子雲には水など地球上でもなじみ深い分子のほかに,イオン分子やラジカルなど反応性の高い分子も多く存在することがわかる.

分子雲は星間ガスとしては高密度であるが,地球上に比べると非常に密度が低く,ある分子が生成してからほかのガス分子(主に水素分子)に衝突するまで数日以上かかる.よって反応しやすいイオン分子や

表 おうし座分子雲の分子組成[2,3]

分子種	存在度[a]	分子種	存在度
CO	1.7 (−4)[b]	NH_3	2.45 (−8)
HCO^+	9.3 (−9)	N_2H^+	2.8 (−10)
CH_3OH	3.2 (−9)	HCN	1.1 (−8)
C_4H	7.1 (−8)	H_2O 氷	1.7 (−4)
CCS	7 (−9)	CO_2 氷	3.4 (−5)

a:水素分子の個数を1とした相対存在度.b:X (−Y) はX×10^{-Y}を表す.

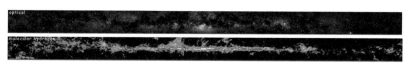

図1 可視光(上)および電波(下)で観測された天の川.可視光で黒く見える部分は,星間ガスに含まれる星間塵が星の光を遮っており,電波では光って見える.[口絵24参照]

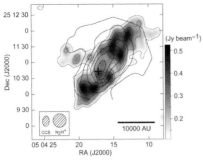

図3 分子雲コアの電波観測例[4]. グレーコントアはCCS輝線, 等高線はN_2H^+輝線の強度を表す. 図中の棒線は太陽と地球の距離の1万倍の長さを表す.

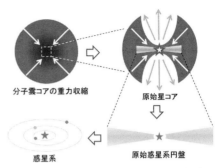

図4 太陽程度の質量の星と惑星系の形成過程

ラジカル分子も分子雲や分子雲コア全体では検出可能な量で存在することができる.

分子は気相および星間塵表面での化学反応によって生成・破壊される(⇨11-14「宇宙低温下の気相反応と分子生成」, ⇨11-17「氷星間塵表面での化学」). 化学反応は数十万年以上かけてゆっくりと進行し, 一般的に分子雲は化学的に非平衡状態にあると考えられる. 実際, 電波望遠鏡で観測すると, 分子雲ごとの組成の違いや, 分子雲コア内で空間的な分子組成の変化がわかる(図3). 分子組成は時間だけでなく紫外線の強度や温度などによっても変化する. これら組成の時間的・空間的変化は, 分子雲で起こりうるさまざまな反応を列挙した反応速度式の数値計算でも調べることができ, 数値計算と観測の比較によって分子雲内の物理環境や進化段階を推定できる.

分子雲内では分子雲コアが重力収縮を起こすことによって次世代の星が誕生する. 太陽程度の質量の星が生まれる場合は, 生まれたばかりの星の周りに原始惑星系円盤が形成し, その中で惑星系が誕生する(図4). すなわち, 分子雲の中のガス, 星間塵は円盤に取り込まれて惑星系の材料となるのである. このような星・惑星系形成過程およびそこでの物質の進化は, 近年さかんに研究されている. 星形成によって加熱された温かい分子雲コアではメタノールをはじめとする大型有機分子や水蒸気が観測されている. 一方, 原始惑星系円盤でも水蒸気, 一酸化炭素, ホルムアルデヒド, アセチレンなどの存在が確認されている.

〔相川祐理〕

文 献
1) Myers, P. C., 1978, *Astrophys. J.*, **225**, 380.
2) Agundez, M. and Wakemam, V., 2013, *Chem. Rev.*, **113**, 8710.
3) Bergin, E. A. et al. 2005, *Astrophys. J.*, **627**, L33.
4) Aikawa, Y. et al. 2001, *Astrophys J.*, **552**, 639.

11-16 氷星間塵

interstellar ice dust

分子雲, アモルファス氷, 氷マントル

星間空間には, ケイ酸塩や炭素質物質の微粒子が大量に存在し, これらは星間塵と呼ばれている. 星間塵は晩期型星近傍で生成され, その後, ガスとともに分子雲を形成する. 分子雲は 10 K 程度の極低温環境であるため, 星間塵の周囲はやがて H_2O を主成分とした氷マントル (ice mantle) で覆われる. このような星間塵を特に氷星間塵という. 地球から分子雲を可視域で観測した際, 真っ黒で何もない空間のように見えるのは, 大量に存在する氷星間塵がその背後からの可視光を遮蔽するためである. 氷星間塵は惑星系の原材料物質であり, 分子の形成や進化に大きな役割を果たしている.

氷星間塵の大きさや数密度は, 分子雲を通して観測される星のスペクトルから推定することができる. 氷星間塵による吸収や散乱により, スペクトルの紫外〜可視, 赤外領域にディップが生じる. その形状を解析することにより, 氷星間塵の大きさは $0.1\,\mu m$ 程度と見積もられている. 数密度は典型的な分子雲で $10^{-8} \sim 10^{-6}$ 個/cm^3 程度である.

近年の天文観測衛星により実際に観測された氷星間塵の赤外線吸収スペクトルを図1に示す. 波長 $10\,\mu m$ 付近にケイ酸塩の核, $3\,\mu m$ 付近に氷マントルの主成分である H_2O 氷の振動バンドに起因する吸収が見て取れる. H_2O 氷の吸収スペクトルの形状は, 鋭いピークを持つ結晶氷のものではなく, 幅の広いアモルファス構造を示している (⇨11-20「宇宙の氷—低温下の安定相および準安定相」). 参考までに図2に天文観測による氷のスペクトルと実験室で得

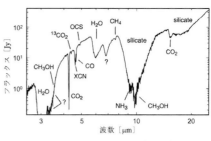

図1 星が生まれつつある領域 (W33A) の分子雲に存在する氷星間塵の赤外吸収スペクトル[1]. 赤外線天文衛星 (Infrared Space Observatory) によって観測された.

られたアモルファス氷と結晶 (I_h) 氷のスペクトルを示す. アモルファス氷はエネルギー的には氷の安定相ではないが, 分子雲の極低温, 低圧力環境下では安定に存在できることがわかっている. アモルファス氷

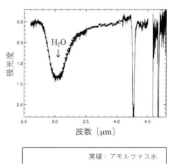

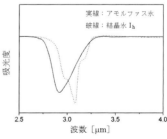

図2 上図: 分子雲 (Elias16) で観測された氷星間塵の赤外吸収スペクトル[2]. $3\,\mu m$ 付近に H_2O 氷に由来する吸収がみられる. 下図: 実験室で作られた (作製法は本文参照) アモルファスおよび結晶 (I_h) 氷の赤外線吸収スペクトル. 上図と比較すると, H_2O 氷はアモルファス構造であることがわかる.

表 分子雲で観測された氷マントルの主要成分（H_2O を 100 としたときの相対値）[3]

分子種	分子雲の名称			
	W33A	NGC7538 IRS9	Elias29	Elias16
H_2O	100	100	100	100
CO	9	16	5.6	25
CO_2	14	20	22	15
CH_3OH	22	5	< 4	< 3.4
H_2CO	1.7〜7	5	—	—
NH_3	15	13	< 9.2	< 6

はその内部に多くの空隙を含んでおり，大きな表面積を持つことが特徴である．

図1のスペクトルをみると H_2O 以外にも CO_2 をはじめとする多くの分子種が氷マントルに閉じ込められていることがわかる．いくつかの分子雲で観測された氷マントルの主要成分を表に示す．

氷マントル中の分子の同定や定量は，気相分子よりも難しい．氷中では分子間相互作用により，同じ分子でも温度や氷の組成によって吸収スペクトルの形状が変化する．また，吸光係数も変わることがあるので，天文観測と理論的な解析のみで氷マントル中の分子を定量的に見積もることは困難である．したがって，氷マントル中の分子の情報を得るためには実験的なアプローチが不可欠である．表のような分子の存在度は，多くの実験結果の解析から初めて明らかになった．典型的な実験では，超高真空中で極低温に冷却された基板に，H_2O，CO 等の混合ガスを一定量蒸着し，疑似氷マントルとなる試料氷を作製する．さまざまな混合ガス組成比や基板温度において赤外線吸収スペクトルを測定し，その形状や吸光係数の変化を記録する．こうした研究は，分子の同定や定量を可能にするだけでなく，氷マントル内における分子の存在形態に関する情報も与えてくれる．たとえば，CO 分子は H_2O に完全に取り囲まれた状態のものと，CO 分子がいくつか集まった純 CO 固体の状態や揮発性の高い非極性分子に囲まれた状態のものが存在することがわかっている．

表からわかるように，最も存在度の高いのが H_2O で，CO，CO_2 がそれに続く．これらの分子が多いのは，宇宙における H，C，O 元素の存在度が高いことに起因している．およそ 100 K 以下の環境では，ほとんどの H_2O は蒸発できず氷マントルに固定されるため，気相に漂う H_2O 分子の割合は氷中分子の 0.1％ 未満にすぎない．しかし，後述するように，氷マントル中の H_2O は気相のものが低温の星間塵に凝結したものではない．

氷マントルの主要分子のうち，もともと気相で生成され存在していたものが低温の氷星間塵に吸着したとして，その存在量が説明できる分子種は CO のみである．H_2O を含む他の多くの分子の生成には，氷星間塵上の表面反応が不可欠と考えられている．また，氷マントル中には未同定の多種多様な有機分子が含まれていると考えられており，それらの生成過程に関する研究が，現在さかんに行われている（⇨11-17「氷星間塵表面での化学」，11-18「星雲における有機物生成」）．　〔渡部直樹〕

文 献

1) Boogert, A. C. M. and Ehrenfreud, P., 2004, *Astrophysics of Dust*（ASP Conference Series, vol.309）, p.547.
2) Gibb, E. L. et al. 2004, *Astrophys. J. Suppl. Ser.*, **151**, 35.
3) Ehrenfreund, P. and Charnley, S. B., 2000, *Ann. Rev. Astron. Astrophys.*, **38**, 427.

11-17 氷星間塵表面での化学

chemistry on interstellar ice dust surface

星間塵表面反応，氷マントル，光化学反応，トンネル反応

氷星間塵は，分子雲で形成される惑星系の原材料物質を生成する化学反応の場になっている（⇨11-15「分子雲での化学進化」）．したがって，氷星間塵表面での分子生成・進化を調べることは，われわれが住む太陽系の起源を知ることにもつながる．最近では，分子雲にはすでにアミノ酸が存在していると考える研究者も多く，これらの有機分子生成に対する氷星間塵の寄与も大きく注目されている．本項目では，氷星間塵で生じる化学反応について概説する．

分子雲に存在する氷星間塵の氷マントル（ice mantle）は，主に水素（H），酸素（O），炭素（C），窒素（N）原子からなる分子によって構成され，その主要分子はH_2O, CO, CO_2, H_2CO, CH_3OH, NH_3 等である．H_2O の存在量が卓越しており，それ以外の分子種は H_2O に対して数〜数十％の量である．大きな分子や微量成分は天文観測による検出が困難なため，同定はされていないが，氷マントル中には複雑な有機分子を含む多種多様な分子種が存在していると考えられている（⇨11-18「星間雲における有機物生成」）．分子雲内で星の形成が始まると，周囲の氷星間塵の温度は上昇し，およそ 100 K 程度で氷マントルは蒸発する（その際，氷マントルに含まれる難揮発性の有機物などは星間塵表面に残留する）．したがって，氷マントルで生じる化学過程は，気相での分子進化にも大きな影響を及ぼす．

まだ星形成が始まっていない分子雲中心部では，氷星間塵の温度は 10 K 程度の極低温になる．化学反応は一般的に温度が高い方が起こりやすいが，そのような過酷な環境下で氷マントルの分子はいったいどのように生成したのだろうか．

極低温であっても進行する化学反応は存在する．たとえば気相でのイオン分子反応や中性ラジカル反応は，活性化エネルギーをほぼ必要としないため，10 K 程度の極低温でも生じる（⇨11-14「宇宙低温下の気相反応と分子生成」）．しかし，氷マントルに含まれる主要分子のうち，気相反応によって生成し，その後氷マントルに取り込まれたと仮定して，その存在量の説明がつくものは CO 分子のみである．他の分子に関しては，一連の気相反応でも生成可能ではあるが，観測された十分な量を生成することはできない．現在では，H_2O を含む数多くの分子生成に氷星間塵表面反応が重要な役割を果たしていると考えられている．

分子雲環境で多様な分子生成を可能にする，気相反応にはない氷星間塵表面反応に特有の3つの反応形態を紹介する．一般に氷マントルと分子は物理吸着で結合しているため，以下で述べる反応形態（B），（C）は物理吸着系を想定している．

(A) 氷マントル中の分子が外部から入射してきた紫外線を吸収すると，隣接した分子を巻き込んだ光化学反応を起こす．たとえば，光を吸収した H_2O が CO と隣り合っていると，以下の①，②の反応が連続して生じ，結果として CO_2 分子を生成することができる．① H_2O + photon → OH + H，② CO + OH → CO_2 + H．反応①は H_2O が光を吸収して OH と H に解離する反応，反応②は解離した OH が，隣接する CO と反応して CO_2 を生成する反応である．反応②は活性化エネルギーを必要とするが，反応①で生成した OH は高いエネルギーを持つため，極低温下でも進行する．このように，光化学反応は光のエネルギーを活性化エネルギーにあてることができる．気相では分子どうしが希薄に孤立しているた

め，このような連鎖的な反応は起こりえない．

　分子雲内では大量の氷星間塵により，外部からやってくる紫外線は遮蔽されてしまう．一方で，高エネルギーの宇宙線は分子雲内に侵入し，気相の水素分子を励起させる（⇨11-18）．励起した水素分子の脱励起光（紫外線）が，光化学反応の引き金になる．光化学反応と似た形態で，宇宙線が誘起する反応があり，宇宙線も反応のエネルギー源となる．反応①の"photon"を宇宙線に置き換えればよい．ただし，宇宙線は氷マントル内でエネルギーを失うまでに数多くの分子と相互作用することができる．したがって，紫外線による光化学反応とは異なり，二次反応を含む多くの反応を一度に引き起こすことができる．

(B) 氷星間塵表面が反応の場となるため，反応によって生じる余剰エネルギーが表面に吸収される．言い換えれば，表面が反応の第三体になる．発熱反応は発生した余剰エネルギーを何らかの形で放出させなければ完結しない．気相反応の場合，反応により新たな結合が産まれる代わりに，他の結合が切れることによりエネルギーを放出することが多い．たとえば，$AB + CD \rightarrow ABC + D$のような形態である．この反応では，ABCという新たな分子が生成するが，同時にCDの結合が切れてDを放出してしまう．一方，表面での反応では余剰エネルギーを表面に逃がすことができるため，$AB + CD \rightarrow ABCD$のような単純な付加反応が起こりうる．単純付加反応は解離を伴わないため，分子合成を進めるうえで非常に効率のよい反応といえる．この反応形態の代表的な例として，2つの水素原子による水素分子生成：$H + H \rightarrow H_2$があげられる．この反応は星間塵表面で生じる最も重要な化学過程の1つである．水素原子どうしが結合する際，およそ4.5 eV（1 eV $= 1.6 \times 10^{-19}$ J）の余剰エネルギーが発生する．気相でこのエネルギーを放出する手段は光しかないが，気相で孤立した基底状態の水素原子どうしが結合して光を放出する過程は量子力学的に許されない．したがって，最も単純と思われるH原子どうしの結合による水素分子生成は気相ではきわめて起こりにくい．

(C) 低温の氷星間塵表面では，反応物どうしが隣接した状態で長時間の相互作用が可能になるため，気相での1回衝突では起こりにくい反応も進みうる．その代表的なものがトンネル反応（tunneling reaction）である．トンネル反応は物質の波動性に起因する量子力学的な現象で，低温かつ反応物の質量が小さいほど起こりやすい．トンネル反応は活性化エネルギーの障壁を透過（トンネル）することにより進行するため，熱的に反応が起こらないような低温下でも有効である．しかし，トンネル反応の反応断面積は一般的に小さく，気相ではそれが起こる確率は非常に低い．これまでの研究で，氷星間塵表面のCO分子にH原子が逐次付加する反応でH_2CO，CH_3OHが生成されることがわかっている．この逐次付加反応にもトンネル反応がかかわっている．また，このときの反応はすべて単純付加で，解離を伴わない．つまり，反応形態(B)の特徴が生きてくる．同様に，H_2O生成にもトンネル反応が重要な役割を果たすと考えられている．

　ここで紹介した反応形態を含め，これまでに行われた氷星間塵表面の化学に関する研究がまとめられた総説があるので参考にしてほしい[1]．

〔渡部直樹〕

文献
1) Watanabe, N. and Kouchi, A., 2008, *Prog. Surf. Sci.*, **83**, 439.

11-18 星間雲における有機物生成
formation of organic materials in interstellar clouds

分子雲, 低密度雲, 光化学反応, 炭素質物質

星間雲（分子雲および低密度雲）では，主として光化学反応による有機物の生成・変成が起こっている．まず，星間雲の温度・圧力や放射場の特徴をみてみよう．分子雲は温度が $10 \sim 20$ K，圧力は水素分子の数に換算して $10^{3 \sim 6}$ 個 H_2/cm^3 である．低密度雲は分子雲をとりまく高温（$80 \sim 100$ K），低圧（$10^{1 \sim 2}$ 個 H/cm^3）の星雲である．低密度雲には恒星からの強い紫外線が入射するため気相に分子は存在できず，すべて原子になってしまう．それに対して，分子雲には恒星からの強い紫外線が入射しないので，H_2 や CO などの分子は気相に安定に存在できる．しかし，高エネルギーの宇宙線が分子雲の水素分子を励起し，それが基底状態へ戻るときに弱い紫外線が発生する．分子雲および低密度雲における紫外線の強度は，それぞれ，光子のフラックスで，10^3 個 $cm^{-2}s^{-1}$ 程度，10^7 個 $cm^{-2}s^{-1}$ 程度である．

このような弱い紫外線でも光化学反応を起こすには十分であり，光化学反応は分子進化に本質的な役割を果たしている（図1）．星間雲でどのような光化学反応が起こっているかを星間雲の観測から研究することは困難なので，実験室における模擬実験が主な研究手段となる．室内実験と星間雲との最も大きな違いは，紫外線の強度である．実験室での1時間の紫外線照射は分子雲では 10^6 年に対応し，低密度雲では 10^2 年に対応する．このように，実験室では宇宙に比べて何桁も大きなフラックスである（10^{14} 個 $cm^{-2}s^{-1}$ 程度）が，1個の光子は1個の分子としか相互作用を起こさず，

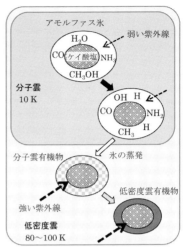

図1 星間雲における有機物生成・変成過程の模式図

かつ多光子反応が起きるほどのフラックスではないので，模擬実験で星間雲で起こりうる現象をおおむね再現しているといえる．

超高真空槽中に10 K 程度に冷却された金属板を置き，H_2O, CO, NH_3, CH_3OH, CH_4 などの混合ガスを金属板上に蒸着して，アモルファス氷を作製する．混合ガスの組成は，分子雲の氷星間塵の赤外線天文観測をもとに決める．この氷に紫外線ランプ（重水素ランプ，水素放電ランプ，各種エキシマランプなど）を用いて紫外線を照射すると，H_2O, CH_3OH, NH_3 の分解により種々のラジカル（H, OH, CH_3, NH_2）が形成される．なお，CO は分子雲中の紫外線では分解されない．ラジカルは隣接する分子と反応する．さらに，紫外線照射後に氷の温度を上昇させると，ラジカルが動きやすくなり，種々の有機物が形成される．さらに温度を上げていくと $170 \sim 200$ K で氷は完全に蒸発する．氷が蒸発したあとに白色〜黄色の有機物が残る．これは「organic refractory residue」や「イエロ

ー・スタッフ」と呼ばれることが多いが，ここでは，「分子雲有機物」と呼ぶ．これらの過程は，分子雲にあった氷星間塵が低密度雲へ移動し，氷が蒸発する過程に対応している．

各種分子を含むアモルファス氷に紫外線を照射して形成された分子雲有機物の収量は紫外線照射量にほぼ比例し，氷の組成にはあまり依存しない．したがって，星間雲中で「氷の生成→紫外線照射によるラジカルの形成→氷の蒸発による分子雲有機物の形成」という一連の過程で生成される有機物量の見積もりが可能になった[1]．

分子雲有機物は，一部ではあるが，化学組成が明らかになっている[2]．メタノール-水の混合溶液に溶けるものはガスクロマトグラフ質量分析法で分析され，エチレングリコール，グリコール酸，尿素，グリセロール，グリシンなどの生成が明らかになった．また，加水分解生成物中にグリシン，セリン，アラニン等の多種類のアミノ酸があることがわかった．ここで注意すべき点は，分子雲有機物中に存在するアミノ酸はグリシンに限られ，他のアミノ酸は加水分解を経ないと検出されないことである．したがって，分子雲有機物中にアミノ酸前駆体が存在すると述べることは正しいが，グリシン以外のアミノ酸が存在すると述べることは誤りである．分子量の大きいものはFAB質量分析法で分析され，長鎖状の炭化水素などが存在することがわかった．現在最先端の分析法により，分子雲有機物の網羅的な分析が進められている．透過型電子顕微鏡観察によると，分子雲有機物の電子線回折像はアモルファスに相当するハローパターンを示すが，高分解能像を見るとナノメーターサイズのグラファイト

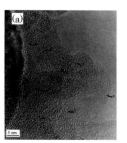

図2 分子雲有機物（a），および低密度雲有機物（b）の高分解能透過型電子顕微鏡像

およびダイヤモンド前駆体が観察された[3]．

分子雲有機物は，低密度雲でさらに強い紫外線の照射を受ける（図1）．白色～黄色であった分子雲有機物にさらに紫外線を照射すると茶褐色～黒褐色に変わった．赤外線吸収スペクトルおよびラマン散乱の測定から，分子雲有機物に存在していた種々の官能基が減少したこと，ラザフォード後方散乱分析の結果からO，Nが減少しCが主成分になったことがわかった[1]．多環式芳香族炭化水素も何種類か含まれている．これらの実験から，低密度雲では分子雲有機物が炭素化，重合化して炭素質物質に変化したと結論される．低密度雲有機物の高分解能電子顕微鏡像を図2に示す[3]．大きさ5 nm程度のダイヤモンド微粒子とグラファイトが存在していることが明らかである．実験では低密度雲での10^6年に相当する紫外線照射を行ったが，分子雲で生成された「ダイヤモンド前駆体」が，わずか10^5年程度で5 nm程度のダイヤモンドに成長することが明らかになった．

〔香内 晃〕

文献

1) Jenniskens, P. et al., 1993, *Astron. Astrophys.*, **273**, 583.
2) Greenberg, J. M. and Mendoza-Gomez, C., 1991, The *Chemistry of Life's Origins* (Greenberg, J. M. and Mendoza-Gomez, C. X. eds), pp.1-32, Kluwer.
3) Kouchi, A. et al., 2005, *Astrophys. J.*, **626**, L129.

11-19 氷惑星・氷衛星

icy planets and satellites

高圧力,ガニメデ,タイタン,天王星,海王星

地球が存在する太陽系について,その全体の構成を考えてみたとき,最も大量に存在する固体は,じつは H_2O の氷である.この豊富な氷の存在は,元素の宇宙存在度に起因する.つまり太陽誕生のさらに以前の元素の合成の際に,酸素が水素とヘリウムの次に多く作られた元素であったために,水素と酸素が反応した氷が固体の代表になったわけである.この氷を多量に含む惑星や衛星は,そのほぼすべてが木星の位置よりも外側に存在する.これらの氷天体の構造や進化のようすは,水の惑星として知られる地球とは大きく異なるものである.まず,そこには極低温から高温,また真空から超高圧力までの,きわめて多様な条件が実際に存在する.さらに46億年の昔から延々と続く惑星の形成と進化の歴史においては,起こる現象の時間スケールも幅が広い.このような温度,圧力,時間のスケールに対応して,氷を主成分とする物質がさまざまな性質を示すことが,最近の研究によって示されてきている.本項では,このような惑星の氷の性質を紹介してみたい.

まずは木星や土星の衛星であって,氷を主成分とする固体からなる天体である氷衛星について述べる.これらの衛星の氷は,表面だけでなく,天体の内部をも構成することが,衛星の力学的性質の観測,特に密度と慣性能率の観測から明らかにされている[1].天体の内部は天体をつくる物質の重みで圧縮されており,その圧力条件は地球の表層環境とは大きく異なる.木星のガリレオ衛星の1つであるガニメデの表面は,地球にも存在する氷 I_h で覆われているが,そのさらに下層には,図1に示す別の氷 VI の厚い層が存在する.このガニメデの内部を代表する氷は,微視的に水分子が水素結合で結ばれた構造を持つことにおいては,地球の氷とよく似たものである.ただしその結びつき方の幾何学が異なっている.その結果として,図1からもわかるように,なじみのある雪印(六方晶系)ではなく菱形に近い(正方晶系 tetragonal bipyramid)外形をつくる.氷 VI の密度は圧力 0.6 GPa(約 6000 気圧),温度 273 K において 1.33 g/mm^3 であり,地球の氷の約 1.5 倍もあって,水には浮かずに逆に沈んでしまう.この氷のほかにもガニメデ内部には氷 III,氷 V などの,さらに異なる構造の氷が存在する可能が高いが,いずれも水に沈むエキゾチックな氷である.

このガニメデの一例においてわかるように,氷が高圧力のもとで持つことができる結晶構造は,水素結合の幾何学的な自由度を反映して特に数が多く,現在でも新しい構造が次々に報告されている(2015年現在で氷 XVI まで).氷衛星の内部には,これらの異なる結晶構造を反映した,多様な流動特性を持つ氷が共存している.それらの氷の流動現象はさらに天体の大きさ,表面温度やタイムスケールに制約されたうえで,氷衛星の表面で観察されている活発な地質現象に対して,多大な影響を与えてい

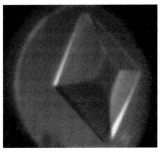

図1 ダイヤモンドを通して撮影した氷 VI の結晶.周囲は同じ1万気圧の水で満たされている.

る[1].

　クラスレートハイドレートの項 (11-10) とも関連するが，いくつかの氷の構造（氷 I_c, 氷 II ほか）は，その結晶構造を維持しながら，水素などのガスを結晶中の隙間に大量に吸収することができる．これらの構造は filled ice という独自の名称を持つが，その中のガス分子はほとんど反応熱なしに出入りが可能である．つまり氷の構造を水素などのガスの貯蔵に使うことも可能である[2]．このような性質は，工学的な応用の可能性も考えられるが，氷衛星の起源や進化の問題を理解するためにも重要である．土星の最大の衛星であるタイタンの内部には，メタンが filled ice やその他のメタンハイドレートの形で46億年前に大量に集積しており，それがそのまま貯蔵されている．それらの貯蔵庫が大気へのメタンの供給源として継続的に働いてきたために，タイタンの94 K の表面には，雨，渓谷，河川，湖，火山など，極寒の世界にはふさわしくない活発な地学現象が数多く観察される．

　太陽系の惑星のうちで最も外部に存在しており，巨大氷惑星といわれる天王星と海王星は，主成分である氷に加えて，アンモニア，メタンを副成分として含む．これらの氷惑星の大きさは地球の約4倍であり，もちろん氷衛星よりもはるかに大きい．その中心の条件は圧力 800 GPa，温度 8000 K にも達する[1]．この極端な条件において，氷はどのような性質を示すのだろうか．図2に氷惑星内部の H_2O の状態図を示す．この領域の氷はすべて立方晶系の氷 X である．氷 X は，強い圧縮を受けた結果，水分子の集まった結晶というよりは，イオン化合物的な性質を全体として持つようになった結晶だと考えられる．この性質は superionic ice X という，陽子による伝導性を持つ氷において特に顕著である．この氷

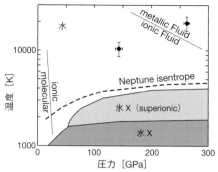

図2　氷惑星内部の氷と水の状態．Neptune isentrope は海王星内部の条件を示す．

が溶けると，やはり伝導性のある液体 (ionic fluid) へと変わる．H_2O の化学式を持ち，陽子伝導性と強い反応性を持つこれらの固体や液体が，巨大氷惑星の内部を主に構成しており，それが強力な惑星磁場の形成に関与していると考えられている[1]．

　筆者らは巨大氷惑星内部に相当する圧力での H_2O の密度，温度，可視光線反射率を，高強度レーザーを使った衝撃圧縮条件下において，ナノ秒の時間のうちに同時に計測する研究を進めている．図2に含まれる2つの測定点において，いずれも有意な光の反射を示す実験結果が得られた[3]．より具体的には，金属化した H_2O の状態が見つかった（図中「Metallic fluid」）．このような金属の状態は太陽系内の氷惑星には存在しにくいが，太陽系外のさらに大きな氷惑星の内部においては実際に存在する可能性が高い．

〔奥地拓生〕

文　献

1) Jones, B. W., 2007, *Discovering the Solar System* (2nd ed.), John Wiley & Sons.
2) 奥地拓生, 2009, 高圧力の科学と技術, **19**, 210.
3) Kimura, T. et al., 2015, *J. Chem. Phys.*, **142**, 164504.

11-20 宇宙の氷――低温下の安定相および準安定相
ices in space――stable and metastable phases at low temperatures

低温・低圧, 氷 XI, 氷 I_c, アモルファス氷

常温・常圧（0°C 以下，1 気圧付近）における氷の安定相は氷 I_h であり，72 K 以下では氷 XI が安定相となる（図 1）[1]．氷 I_h は酸素原子の配列は規則正しいが，プロトンの配置が乱れた（プロトン・ディスオーダー）六方晶系の結晶である．一方，氷 XI は酸素原子の配列は氷 I_h と同じであり，プロトンの配置も規則正しい（プロトン・オーダー）斜方晶系の結晶である．低温では，相転移速度が非常に遅いため，氷 I_h から氷 XI への転移はほとんど起こらず，また，水蒸気の凝縮で氷 XI が生成されることもない．通常，150 K 以下の温度では氷 I_c やアモルファス氷などの準安定相が生成される．氷 I_c は，酸素原子の配列はダイヤモンドと同じで，プロトンの配置が乱れた立方晶系の結晶である．宇宙空間では，大きな氷衛星などを除くと，圧力が非常に小さい星雲に氷微粒子が存在しているので，氷自体が 100～150 K で昇華してしまう．したがって，宇宙空間の氷微粒子に関しては，150 K 以下での氷の準安定相の相関係を知ることが重要になる．本項目ではまず実験室における氷の生成および相転移を紹介し，次いで低温の宇宙空間の星雲に存在する氷を紹介する．

氷 I_h については，本書の各章で言及されているのでここではふれず，氷 XI のみを説明する．氷 XI の安定領域である 72 K 以下では，氷 I_h から氷 XI への相転移は非常に遅く，実験室スケールの時間での相転移の実現は困難であった．そこで，氷 I_h に KOH 等をドープし，これを 70 K 以下の温度で 1 週間ほど放置しておくことで，氷 XI が得られた．KOH を不純物として加えるのは，氷中に OH^- イオンを導入して水分子の再配向を容易にするためである．中性子構造解析により，プロトン・オーダー相であることが確認された．また，熱測定により，72 K で一次の相転移の存在が認められ，氷 XI-氷 I_h の転移温度は 72 K とされた．ところが最近，氷 I_c への 2 MeV の電子線照射により，72 K 以上の温度でも氷 XI が生成されることが明らかになった．また，赤外線吸収スペクトルの測定からも，氷 XI は 72 K 以上の温度でも転移せず，ある程度の量が残っていることが示唆された．

低温・低圧で準安定相であるアモルファス氷を作製する方法としては，以下の方法がある．①蒸着法：室温の水蒸気をおおよそ 120 K 以下の金属基板に蒸着させる．②表面原子反応法：10 K 程度の基板上で，酸素原子と水素原子を反応させる（⇨11-16）．③照射損傷法：氷 I に 70 K 以下で電子線，イオン，紫外線を照射する．④液体急冷法：微水滴または水の薄膜を，液体プロパンに入れて，または，10 K 程度の冷えた金属板に衝突させて急冷する．このような方法で作製されたアモルファス氷の密度は①と④でのみ測定例がある．①の蒸着法の場合，10 K 程度では密度 1.1 g/cm³ の高密度アモルファス氷が，50 K 以上では密度 0.94 g/cm³ の低密度アモルファス氷ができる．④の液体急冷法では，密度 0.94 g/cm³ の低密度アモルファス氷となる（高圧法で作製するアモルファス氷に関しては項目 11-3 を参照）．蒸着法で作製したアモルファス氷の場合，非常に表面積が大きく（数百 m²/g），空隙の多い構造であることがわかる．そのためバルク密度（空隙を含む）は 0.7～0.94 g/cm³ と他のアモルファス氷より小さくなる．

蒸着法の場合，蒸着温度が高くなると（120 K 程度．ただし，蒸着速度，基板の種

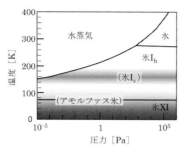

図 H_2O の低圧下での平衡状態図．相境界を実線で，準安定相を括弧で示す．アモルファス氷および氷 I_c が存在する領域は一義的には決まらないので，目安として灰色の濃淡で示した．

表 宇宙の氷（低温の星雲や天体表層で存在が確認されている H_2O 氷）

地　球	氷 I_h，氷 I_c
火　星	氷 I
木星の衛星	氷 I，アモルファス氷
土星，天王星，海王星の衛星	氷 I
彗　星	アモルファス氷
原始星	氷 I，アモルファス氷
分子雲	アモルファス氷
赤色巨星	氷 I

＊天文観測で氷 I_h と氷 I_c を区別することはできないので，氷 I と表記した．

類，膜厚などに依存し，一義的には決まらない)，準安定相である氷 I_c が，さらに高温になると安定相の氷 I_h ができる（図）．また，低温で生成されたアモルファス氷は温度上昇に伴い不可逆的に氷 I_c，氷 I_h へと転移する（これらの転移温度も加熱速度などに依存し一義的には決まらない）．一度結晶化して氷 I_c または I_h になった場合，それらを再度低温にしても元には戻らない．氷 I_c または I_h の結晶がアモルファスに戻るのは，③の照射損傷法によって氷結晶に低温で電子線や紫外線を照射した場合だけである．

次に，宇宙空間の氷をみてみよう[2]．宇宙に存在する氷の相を同定する場合に重要になるのは，赤外線吸収スペクトルの OH 伸縮振動バンド（3 μm 付近）の形状である．氷 I_h や氷 I_c の場合，バンドが 3 つのシャープなピークに分離される．一方，アモルファス氷の場合，スペクトルはブロードになる．したがって，赤外線天文観測により，アモルファス氷と氷結晶は容易に区別できる．しかし，氷 I_h と氷 I_c では違いはほとんどないので，赤外線吸収スペクトルの形状から両者を区別することは困難であり，その場合，氷 I と表記される．氷 XI は，OH 伸縮振動バンドの形状は氷 I_h と同じであるが，衡振バンドの半値幅が氷 I_h より狭くなるといわれている．しかしながら，このバンドは，ケイ酸塩の強いバンド（SiO 伸縮モード）と重なってしまうために，氷 XI の同定は困難であろう．

実際の低温・低圧の宇宙空間に存在する氷を表にまとめた．アモルファス氷が生成する条件は，温度や圧力（水蒸気の分圧）で決まり単純ではないが，低温の星雲（天体）にアモルファス氷が，高温の天体に氷 I が存在していることがわかる．木星の衛星にだけアモルファス氷の存在が確認されているが，これは氷 I の結晶が木星磁気圏由来の高エネルギー粒子線によって損傷を受けアモルファス化したためと考えられている．本項では詳しく述べないが，低温のアモルファス氷からなる微粒子や天体には，H_2O 以外の分子，たとえば，CO，CO_2，CH_3OH などが含まれている（⇨11-15，11-21，11-22）．また，氷衛星表面には，CO_2，N_2，CH_4 などが存在している．

［香内　晃］

文　献

1) Petrenko, V. F. and Whitworth, R. W., 1999, *Physics of Ice*, Oxford.
2) Gudipati, M. S. and Castillo-Rogez, J., 2013, *The Science of Solar System Ices*, Springer.

11-21 彗　星

comet

太陽系始原天体，太陽系形成，コマ

　太陽系内の天体であり，かつ固体微粒子（塵）やガスを放出する活動を示す小天体を，一般には彗星と呼ぶ．通常，中央集光のある，ほぼ等方的な広がりを示す「コマ」と呼ばれる構造がみられる．また，質量放出の規模が大きくなるに従い，「尾」と呼ばれる構造が顕著にみられるようになる．こうした特徴から，古くから人々の興味の対象となってきた．

　彗星は，その最も明るい部分に「核」と呼ばれる固体部分を有している．コマは彗星核から放出されるガスや固体微粒子からなっており，惑星間空間へと拡散していく（惑星大気のように重力的に束縛されてはいない）．固体微粒子の一部は太陽の放射による放射圧を受けて尾を形成する．これが塵の尾である．また，固体微粒子のうち特にサイズの大きなものは彗星軌道に近い部分を運動し続け，地球と交差した場合には流星として観測される．一方，コマ中のガスが太陽光によって電離されると，プラズマが惑星間磁場によって加速され，反太陽方向にのびた直線的な尾を作る．これがプラズマの尾と呼ばれる部分である．このように，彗星とは本質的に彗星核からの質量放出現象であるといえる．彗星の天文学的なリモート観測は，彗星核内部に存在していた物質を，惑星間空間において太陽光をプローブとして探査していることになる．これとは対照的に，探査機による直接的な「その場観測」も現在では進んでおり，より詳細な情報が得られつつある．

　彗星核は，主に揮発性成分（氷）と難揮発性の固体微粒子からなる．それらの比率についてはさまざまな研究があるが，おおむね質量比にして同程度が含まれているものが多いとされている（リモート観測では比較的サイズの小さな固体微粒子が選択的に観測されることが多く，固体微粒子の質量についての見積もりに不定性が大きい）．

　揮発性成分の主なものは H_2O（水）であり，次いで CO_2（二酸化炭素），CO（一酸化炭素）などが含まれる．これらの相対存在比は彗星ごとに異なっていることが観測的に示されており，何らかの進化を反映しているとされる（後述）．平均的には H_2O に対してそれぞれ 10％程度の CO_2 や CO が含まれていると考えられる．その他，アミノ酸を含むさまざまな有機物などが含まれていることがわかっている．こうした特徴から，彗星核が誕生後間もない地球にさまざまな生命起源物質を持ち込んだのではないかという説もあるが，現状では地球における生命発生との関係は明らかではない．揮発性成分については，彗星核から昇華した後に気体としてコマを形成する．太陽光による励起によって発光がみられるため，それら成分比は比較的明らかにしやすい．特に，各種元素の同位体を含む分子についても観測が可能となることが多く，分子ごとに同位体比異常がみられるなどの詳細が明らかになっている（⇨ 11-22「彗星の化学」）．

　難揮発性成分である固体微粒子は，炭素質（黒鉛など），各種のケイ酸塩鉱物などからなると考えられている．その形状については十分な理解は進んでいないが，NASA が行った彗星塵のサンプル回収探査 STARDUST の結果からは，非常に空隙率の高い，もろい構造をしていることがわかっている．また，回収されたサンプルの詳細な地上での分析から，彗星塵には非常に高温（1000℃以上）で加熱された後に冷却・固化したものが含まれていることが明らかになっている．これについては彗星核の形成という観点からも，非常に重要な結

果である.

私たちの太陽系は,現在から約46億年前に分子雲と呼ばれる極低温の希薄なガス雲(固体微粒子を含む)から形成されたと考えられている.こうした極低温・低密度のガス雲中では固体微粒子の寄与もあってきわめて複雑な化学反応が非常に長いタイムスケールで進行する.分子雲中で密度の高い部分が重力的に集まり,分子雲コアが誕生し,その中で原始星とその周囲の原始惑星系円盤が形成される.太陽の場合,原始星はやがて太陽となり,周囲の原始惑星系円盤の中でさまざまな惑星が形成される.この惑星形成においては,まず「微惑星」と呼ばれる前段階の小天体が形成されたという考えが一般的である.しかし,これらの微惑星すべてが惑星に取り込まれたわけではない.惑星との近接遭遇などによって太陽系の外縁部に重力的に散乱されたものは,現在も太陽系外縁部(カイパーベルトおよびオールト雲と呼ばれる領域)に残存している.これらの微惑星残存物は,太陽から非常に遠方に存在しているため,ほとんど太陽光による加熱の影響を受けず,また質量が小さいために短寿命核種の放射性壊変熱による加熱などの影響も小さく,46億年経った現在でも太陽系形成初期の性質を保持した始原的な天体であると考えられている.こうした微惑星残存物が,太陽系内外のさまざまな天体による重力的な摂動の影響を受けて太陽に近づく軌道に進化した場合,彗星として観測される.すなわち,彗星核の正体は微惑星残存物なのである.

彗星核(すなわち微惑星)の形成においては,分子雲などの星間空間で形成された氷微粒子(ケイ酸塩鉱物などの固体微粒子の周囲に氷マントルが形成されたもの)をほぼそのままで含んでいるとする考えと,

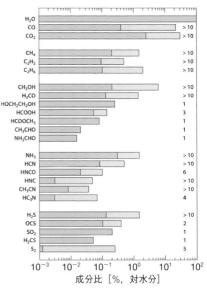

図 彗星氷の成分比[1].右端の数字はその分子が観測された彗星の数.

星間氷がひとたび原始惑星系円盤中でガス化した後,さまざまな化学反応を経た結果再度,凝結してから彗星核に取り込まれたとする考えがある.特に,太陽近傍で凝結あるいは加熱を受けたと考えられる微粒子が彗星核に含まれており,太陽近傍から彗星核の形成領域(太陽から遠方で,氷を含んだ微惑星が形成されうる領域)にまで物質の輸送があったと考えられる.このような原始惑星系円盤内での物質循環・混合の結果を反映している可能性が高い.

2014年にはヨーロッパ宇宙局の彗星探査Rosettaが彗星核表面の直接探査を実施しており,今後さらに彗星核についての理解が進むと考えられる. 〔河北秀世〕

文 献

1) Mumma, M. J. and Charnley, S. B., 2011, *Annu. Rev. Astron. Astrophys.*, **49**, 471.

11-22 彗星の化学

chemistry of cometary volaties

彗星分子，彗星観測

彗星に含まれる揮発性および難揮発性の物質の探査は，主に地上からの天文学的観測（リモート観測）によって実現されているが，特に近年では彗星探査機による「その場（*in situ*）」観測が実現されるようになり，より詳細な情報が得られつつある．

彗星に含まれる揮発性物質（氷）の主成分は水（H_2O）であるが，これに対してそれぞれ10%程度の二酸化炭素（CO_2）および一酸化炭素（CO）が含まれている．また，それ以外にさまざまな有機分子など（数%程度）を含んでおり，それらの成分比などから，彗星に取り込まれた太陽系初期の物質がたどった化学進化についての知見を得ることができる（⇨11-21「彗星」）．

彗星に含まれる氷の成分は，組成比としては星間空間で観測される氷（氷星間塵）と共通点が多く，大雑把には星間氷の特徴を引き継いでいるといってよい（⇨11-16）．しかし，詳細にみた場合，H_2Oが相対的に多い傾向にあることがわかっており，氷星間塵がそのまま彗星核に取り込まれたのではなく，太陽系が形成される母体となった原始惑星系円盤内での物理化学進化の影響を受けていると考えられる．彗星核のもととなった微惑星は，原始太陽系円盤内で，H_2Oが凝結する境界である「スノー・ライン（snow line）」よりもさらに太陽から遠い領域で形成されたと考えられる．彗星核のもとになった微惑星の形成領域内で太陽からの距離の違いによって温度環境などが異なるため，その領域に存在する氷の成分比が異なる．特にH_2Oは彗星氷中の揮発性成分のなかで昇華温度が比較的高いものであるから，太陽に比較的近い暖かい部分でも氷として存在している．こうした暖かい領域では星間氷もひとたびガス化している可能性が高く，さまざまな気相反応や固体表面反応によって，分子雲中での化学進化の結果から，さらに進化が進んでいると考えられる．一方，太陽から比較的遠い領域で形成された微惑星については，星間氷が一部，ほとんど熱的に影響されないままに彗星核に取り込まれた可能性もある．このように彗星ごとの化学組成比のばらつきが，原始太陽系円盤内での物理環境のプローブとなるのである．

彗星核が太陽に近づき表面からさまざまな成分が昇華する際には，彗星核表面近傍ではガス密度が十分に高く，さまざまな化学反応がコマ中で起こる可能性がある．しかし，ガスの膨張速度が〜1 km/s程度と速く，コマはすぐに希薄な状態となってしまうため，一部の例外を除いて，その影響は少ないと考えられている．それでも，観測された彗星コマ中の分子組成比から彗星核中の氷組成比を推定する際には，こうしたコマ中の化学反応についても注意が必要である．

彗星核に氷として取り込まれた各種分子の生成過程については，たとえば特定分子に取り込まれている同位体の存在量などが手がかりとして用いられることが多い．最も需要なものとして，彗星氷の主成分である水分子における重水素の存在比がある．太陽系における元素組成比としては，重水素（D）の水素（H）に対する比率D/H比 $= 2 \times 10^{-5}$ 程度であったと考えられている．しかし，彗星の水分子中には元素組成比から予想されるよりも多くの重水素が取り込まれており，そのD/H比は約10倍程度にもなる．このような「重水素濃集」は低温度環境における化学反応がカギとなっていると考えられており，彗星起源物質の生成環境・過程を探るうえで重要な手がかりとなる（⇨11-17「氷星間塵表面での化

学」).例えば,原始太陽系が絶対温度10K程度の分子雲から誕生したとすると,彗星核に含まれる水分子のD/H比がもっと高くなると予想される.一方,分子雲よりももっと温度の高い環境である原始惑星系円盤において水分子が作られており,これらが最終的に彗星核に取り込まれたとすれば,観測で得られた水分子のD/H比を説明できる可能性がある.近年では,地上観測機器の発達や彗星の直接探査の実現によって,水分子のD/H比を観測から決定できることが多くなり,彗星ごとの多様性が明らかになりつつある.この多様性は,彗星核が取り込んだ水分子の原始太陽系円盤内での形成環境を反映している可能性が高い.残念ながら,水分子以外の彗星分子における重水素の濃集については,十分な数のサンプルが得られているとはいえない.ごく一部の明るい彗星についてのみ,地上から観測に成功しているのみである(DCN/HCNなど).

重水素以外に濃集が注目されている元素が窒素である.彗星に含まれる分子のうち,シアン化水素(HCN)や,コマ中におけるHCNの光解離生成物であるCNラジカルについては,太陽系元素組成比である$^{14}N/^{15}N \sim 450$に対して,$^{14}N/^{15}N \sim 150$という値が得られている.重水素と水素が質量にして2倍もの差があったことに比べると,窒素の場合,ほとんど質量差がないため,その濃集メカニズムについては,現在も十分には明らかになっていない.最近になって,彗星に含まれるアンモニア(NH_3)の窒素同位体比を,その光解離生成物であるNH_2ラジカルから推定した結果も,HCNなどと同じく〜150程度となっていることが明らかになりつつあり,異なる分子種において同程度の濃集が起こっている可能性がある.基本的にはきわめて低温度な環境における化学反応がカギを握ると考えられている.これらの観測事実をすべて説明できる化学進化モデルの構築が,今後の課題である. 〔河北秀世〕

表 彗星の水分子において直接測定された重水素/水素比

彗星名	水のD/H比
C/1996 B2	$(2.9 \pm 1.0) \times 10^{-4}$
C/1995 O1	$(3.3 \pm 0.8) \times 10^{-4}$
8P/Tuttle	$(4.09 \pm 1.45) \times 10^{-4}$
103P/Hartley 2	$(1.61 \pm 0.24) \times 10^{-4}$
C/2009 P1	$(2.06 \pm 0.22) \times 10^{-4}$
67P/Churyumov-Gerasimenko	$(5.3 \pm 0.7) \times 10^{-4}$

原始惑星系円盤ガスでの値は,木星など巨大ガス惑星の観測から推定されており,約2×10^{-5}程度.一方,彗星氷中の水分子については,その10倍程度の濃集が観測されている.観測されたD/H比が彗星ごとにばらつくことから,原始惑星系円盤中の物理環境の違いを反映している可能性が高い.

文献

1) Mumma, M. J. and Charnley, S. B., 2011, *Annu. Rev. Astron. Astrophys.*, **49**, 471.
2) Shinnaka, Y. et al., 2014, *Astrophy. J. Lett.*, **782**, L16.
3) Bockelée-Morvan, D. et al., *Space Science Review* (in press.).

索引

和文索引

ア

アイスアルジー　88, 92, 100, 106
アイス・アルベドフィードバック　132
アイスウェッジ　165
アイスクロマトグラフィー　383
アイスコア　86, 239, 264, 266, 284, 287, 291, 295, 301
アイススタラクタイト　139
アイスポンプ　158
アイスレンジ　168
アウトウォッシュプレーン　275
アカシボ　220
アカシボ動物　220
赤雪　208, 232
亜硝酸　381
アスタキサンチン　229
暖かい雨　354
圧力融解　360
アデリーペンギン　122
アバランチバルーン　305
アモルファス氷　361, 397
アラゴナイト　78
あられ　344
亜硫酸ガス　36
アリューシャン低気圧　318, 324, 327
アルテディドラコ科　110
アルベド　46, 132, 136, 143, 184, 187, 201, 246, 298
アレルギー　44
暗色化　298
安定炭素同位体比　309
安定同位体　58, 161
安定同位体比　287
アンテナサイズ　181
アンモニウム　381

イ

イエロー・スタッフ　394
イオン分子反応　385
イソプレン　39, 56, 60
遺存固有種　215
1次生産　193
一次有機エアロゾル　38
一日潮汐波　26
一年氷　136
一酸化二窒素　291
遺伝子　240
違法伐採　185
移流　350
イルカ　128
イワタケ属　214
インヒビター　302, 375

ウ

ウェッデルアザラシ　124
ウェッデル海　148
ウォームレイン（暖かい雨）　345
浮島現象　351
うきぶくろ（鰾）　117
宇宙ゴミ　29
宇宙実験　366
宇宙線変動　295
雨氷　348
雨量効果　200

エ

エアハイドレート　301, 374
エアロゾル　5, 36, 42, 46
エアロゾル粒子　50
永久凍土　164, 167, 189, 192, 237
映日　353
衛星観測　60
衛星発信器　128
栄養塩　76, 80
液-液転移　362
液-液臨界点　362
液体コア光ファイバー　384
エスカー　275
エドマ　165
エネルギー開発　185
エネルギー源　227
エネルギー収支　243
エルニーニョ　14, 49, 59
遠隔影響（テレコネクション）　312
遠隔観測　31
沿岸ポリニヤ　74, 148, 152
塩湖　253
塩素　36　295

オ

塩素化学　32
鉛直構造　253
鉛直乱流拡散　147
煙霧　66
オイルサンド　186
大雪　328
オキアミ　99
オキアミ類　105
オキソカルボン酸　36
オストワルド効果　301
オゾン　2, 9, 11, 15, 30, 382
オゾン層　7
オゾン破壊　2, 69
オゾンホール　3, 5, 10, 322
オゾンホール問題　3
オーバーシュート　17
オホーツク海　152, 314, 324, 379
オホーツク海高気圧　312, 326
御神渡り　282
オールト雲　400
オーロラ　22
オーロラオーバル　22
オーロラサブストーム　23
温室効果　48
温室効果ガス（気体）　18, 37, 48, 52, 291
温帯低気圧　336, 338
温暖化　127, 188
温暖化イベント　270
温暖化指標種　118
温度拡散率　135
温度効果　200
温度風　316
音波探査　379

カ

カイアシ類　102, 104
海塩　54, 86
海塩組成分別　63
海塩粒子　62
皆既日食（南極での）　300
海上竜巻　341
外生菌根菌　180
海中騒音　129

海底堆積物コア　380
カイネティックインヒビター　302, 377
カイネティック係数の特異性　363
概年リズム　227
カイパーベルト　400
海氷　64, 88, 92, 100, 106, 142, 326, 328
　——の減少　154
　——の融解過程　135
海氷縁　120
海氷縁生態系　100
海氷生産量　152
海氷生物群集　107
海氷動物　219
海氷プロキシ　92
海氷モデル　142
界面構造　367
海面上昇　271
回遊　128
海洋汚染　129
海洋傾圧調節　316
海洋酸性化　78
海洋性南極　252
海洋前線域　338
海洋堆積物　92
海洋のコンベアベルト　146
解離性再結合　385, 386
化学成分　54
化学トレーサー　148
化学輸送モデル　18
ガガンボ科幼虫　220
過剰狩猟説　197
ガス　380
ガスハイドレート　301, 374
化石燃料　49
河川氷　282
下層雲　314
カタバ風　38, 342
カニクイアザラシ　124
カービング　160
カービング氷河　276
下部熱圏　32
花粉分析　189
過飽和　17
カムチャツカ半島　173
カモグチウオ科　110, 115
ガラス状態の水　361
カラマツ　57, 183
カラマツ属　175
カール　275
カルサイト　78
カルシウムイオン　54, 227

過冷却　140, 224, 365
カロテノイド類　255
カワゲラ目　219
間隙水　380
環状モード　320, 322
環状モード変動　317
完新世　252
岩石氷河　164
乾燥耐性　216
寒冬　328
間氷期　266, 308
緩歩動物門　216
涵養　305
涵養域　244, 298
涵養量　297, 347
寒冷一循環　253
寒冷化　28
寒冷前線　336

キ

気温の逆転層　350
器官外凍結　178
喜見城　350
気候システム　92, 159, 188
気候-植生連動説　197
気候変化　194
気候変動　250
気候変動に関する政府間パネル　151, 330
気候モデリング　200
気候モデル　142
気候レジーム・シフト　318
キサントフィル回路色素類　255
キサントフィルサイクル　181
擬似液体層　368
気象影響　45
気象災害　338
季節海氷域　102, 108, 132, 152
季節海氷縁辺域　119
季節回遊種　128
季節湖氷　253
季節風　152
季節渡り　121
気相反応　385
基礎生産　88, 92
基礎生産者　99
北大西洋深層水　146, 148, 150, 270
北大西洋振動　320
北太平洋中層水　152
北半球の寒極　152
揮発性有機化合物　39, 60
ギブス-トムソン効果　366
気泡　301

逆成層化　253
ギャップ　173, 176, 193
ギャップ更新　173
キャンドルアイス　283
急激な気候変動　269
吸湿性粒子　355
吸湿性を表すパラメータ　51
吸収源　184
休眠　223
共生藻　214
共生体　214
鏡面冷却式水蒸気計　18
強誘電相　359
強冷法　354
極域成層圏雲　10
極域中間圏夏季エコー　7
極渦　4, 9, 13, 321
極横断漂流　154
極冠域　22
極磁気嵐　23, 25
極成層圏雲　3, 5, 14, 21
極前線（亜寒帯）ジェット　317
極端気象　340
極地沙漠　247, 254
極中間圏雲　7
極夜　36
極夜ジェット　9, 13, 321, 322
巨大魚付林　153
巨大気泡氷　283
巨大氷惑星　396
キラル分離　383
霧消し　354
キール　137
銀河宇宙線　295
筋小胞体　227
菌類　212, 214

ク

グイマツ　189
クサウオ科　110, 115
屈折　350
クマムシ　220
雲　44
雲凝結　37
雲凝結核　50
クモ目　219, 221
グラウンドモレーン　275
クラスレートハイドレート　301, 374
グランドミニマム　296
クリオコナイト　294, 298
クリオコナイトホール　217, 244
クリオコナイト粒　209, 245
グリースアイス　136, 141

クリプトビオシス 216
グリーンランド 269
グリーンランド氷床 273, 276, 297
クロロフィル 171
クロロフェノール 382
クロロヨードメタン 70

ケ

珪藻 92
珪藻類 98
形態的適応 221, 222
形態不安定化 366
形態不安定性 363
ケイム段丘 275
ケージ 374
ゲスト分子 302, 374
血液脳脊髄液関門 227
結晶構造 374
結晶主軸 138
結晶成長 301
ケープダンレー底層水 149
煙型雪崩 304
限界風速 9
顕花植物 214
嫌気的メタン酸化アーキア 257
ゲンゲ科 110, 115
健康影響 44
幻日 346, 353
原住民生存捕鯨 129
懸垂氷河 272
原生的森林 185
顕熱 187
幻氷 350

コ

高圧力 395
豪雨災害 345
高栄養塩-低クロロフィル 94
光化学オキシダント 56
光化学反応 9, 68, 393
航空機観測 52
航空機への雷撃 340
光合成 88, 171
光合成活動 48
光合成細菌群 255
光合成炭素固定能力 199
黄砂 44, 54, 232
高時間分解能 269, 289, 290
更新世 252
降水 160
降水同位体比 200
豪雪災害 345
降雪粒子 344

酵素 207
コウテイペンギン 122
好氷性種 128
降雹抑制 354
鉱物粒子 44
高分岐イソプレノイド 92
高密度アモルファス氷 361
高密度陸棚水 80, 148, 324
好冷性 204
好冷生物 221
氷 370
——の凍結破壊作用 276
氷 I_c 397
氷 I_h 360
氷 XI 397
氷あられ 344
コオリイワシ 111, 116
コオリウオ 117
コオリウオ科 110, 112, 115
氷衛星 395
氷マントル 389
コオリミミズ 218, 243
古気温の復元 199
古気候 264
古気候トレーサー 200
呼吸作用 48
黒化傾向 221
国際地球観測年 252
黒色炭素 46
コケボウズ 217, 254
50年変動 318
湖沼氷 282
湖底堆積物 253
湖内生産物供給 255
コハク酸 36
湖氷動物 219
湖盆 252
コマ 399, 401
固有種 102, 215
コールドレイン（冷たい雨） 345
混合層 140
昆虫 243

サ

細菌 44
最終間氷期 270
最終氷期 252
最終氷期最盛期 190
再生産-加入過程 119
彩雪現象 229, 231
砕波 9
細胞外凍結 177
再無機化 77
サージ現象 276

砂塵 44
サハリン島 379
サブグリッドスケール海氷厚分布モデル 143
サーマル・ヒステリシス 373
サルオガセ属 214
山岳大気 50
酸素安定同位体比 138
酸素同位体比 200, 232, 269
サンプル少量化 289
産卵期 113

シ

シアノバクテリア 243, 298
シアノバクテリア・マット 254
シアーライン 341
ジェット気流 4, 338
ジオエンジニアリング 355
紫外線 2, 255
磁化率 92
ジカルボン酸 36
磁気嵐 22
磁気圏 22
磁気圏対流 25
時系列セジメントトラップ係留系 90
資源動物 197
自己包摂構造 358
子午面循環 8, 10, 15, 38
糸状緑藻類 254
始新世 93
自然火災攪乱 188
持続性 280
シーダーフィーダーメカニズム 345
質量収支 243, 305
シーディング 354
シトネミン 255
しぶき着氷 282
ジブロモメタン 70
シベリア 52, 193
シベリア高気圧 326, 328
シベリアトウヒ 189
シベリアマツ 189
シベリアモミ 189
脂肪酸 64
四面体配列 360
霜の花 283
周極植物 169
周極分布 102
シュウ酸 36
重水素濃集 401
自由対流圏 50
周北区 169

重量含水率　349
重力沈降　38
収斂進化　120
樹枝状結晶　363
寿命　227
樹木年輪　199
準2年振動　322
準安定相　397
純バイオーム生産力　192
純氷　371
商業捕鯨　128
条溝　275
硝酸　381
蒸発　160
晶癖　363
消耗　305
消耗域　244, 298
常誘電体　359
常緑針葉樹林　189
常緑タイガ　190
昭和基地　149
植生遷移　188
植物遺体　174
植物区系区　169
植物系統地理学　169
植物生態地理学　169
植物プランクトン　88, 99, 100
植物分類地理学　169
ジョードメタン　70
シルト質土壌　167
人為汚染　55
人為起源二酸化炭素　78
深過冷却　178
蜃気楼　350
真菌　44
人工降雨　354
人工降雪　354
人工氷晶核　354
新固有種　215
針状結晶　363
侵食作用　274
新生代　93
針葉樹　179
森林火災　37, 61, 183, 186
森林管理　196
森林構造　173
森林伐採　185
森林北限地域　199

ス

スイショウウオ　112
彗星　378, 399
水素結合　358, 360, 374
水素結合対称化　359

水素結合秩序相　358
水素結合無秩序相　358
垂直温度分布　302
水和数　375
すす　46
鈴木牧之　218
ステロール類　64
ストームトラック　316, 338
スノー・ライン　401
スーパーセル　341
スバールバル　125, 126
スペースデブリ　29
スポンジ氷　136
スルゲート　58

セ

生活史　104, 108
星間ガス　387
星間塵　387
星間分子雲　385
生成熱　376
成層化　94
成層圏　2, 9, 15
成層圏オゾン　14
成層圏界面　11
成層圏化学過程　18
成層圏突然昇温　10, 322
「成層圏の泉」仮説　17
生態系生産量　193
成長機構　367
成長率　363, 366
生物起源ガス　376
生物群系（バイオーム）　107
生物地球化学循環　66
生物ポンプ　94
西部北極海　80
生理的適応　221
赤外線吸収スペクトル　398
積雪　54, 182
積雪下動物　221
積雪不純物　46
積雪面の熱収支　187
積雪や凍土　194
積雪粒径　46, 298
赤道準2年振動　14, 19
世代時間　104
石灰化生物　78
雪渓　221, 279
雪原動物　219
雪上動物　219
接地気温逆転層　347
接地逆転層　351
接地線　277
雪中動物　220

雪氷原食物連鎖　222
雪氷藻　219, 232
雪氷藻類　208, 243
雪氷動物　218, 221
雪氷微生物　241
雪氷面落下動物　221
雪片　344
セーフサイト　175
セール　137
セルロース　67
遷移　183
全球凍結（スノーボールアース）
　246
先住民族　196, 197
鮮新世　93
蘚苔類　247
潜熱　187
蘚類　214

ソ

相図　358
相対湿度　200
相平衡条件　374
藻類　214
疎水性分子　374

タ

太陰潮汐　26
体温　225
体温低下　227
タイガ　189, 191
大気汚染　68
大気-海洋相互作用　315
大気光学現象　350
大気大循環　11
大気潮汐波　26
大気のテープレコーダ　17
大気波動　11, 29
大気輸送　67
対向流熱交換システム　226
代謝速度　225
大西洋子午面循環　150
堆積作用　274
代替指標　199
耐凍型　221
ダイナミックソアリング　121
台風　338
太平洋10年振動　324
太平洋産種　104
タイムカプセル　237, 291
太陽活動　28, 296
太陽系　378
太陽磁場　296
太陽同期潮汐波　26

太陽熱潮汐 26
太陽非同期潮汐波 26
太陽風 23, 296
大陸棚堆積物 80
代理指標 92
対流圏 9
対流圏オゾン 60
苔類 214
耐冷性 204
ダウンバースト 348
ダウンワードコントロール 17
多回産卵 119
高島おばけ 350
多細胞微小動物群集 254
多循環性 254
ダスト 46, 269, 293, 298
脱水過程 17
脱窒 5, 77
竜巻 340, 341
立山 54, 279
棚氷 277
棚氷底面融解水 158
ダニ目 221
多年氷 139
多年氷域 132
ダフ 173
多様性 191
タラ科 115
タリク 167
ダンゴ 283
短冊状氷 138
炭酸カルシウム飽和度（Ω） 78
炭水化物 179
ダンスガード-オシュガー（DO）イベント 270
炭素 14 295
炭素質エアロゾル 40
炭素質物質 394
炭素循環 303
炭素プール 108
断熱冷却 11
弾粘塑性（EVP）レオロジー 143

チ

地衣体 214
地衣類 214, 247
地温 179
地球温暖化 116, 122, 191, 197, 199, 321, 322, 329, 339
地球環境 284
地球環境変動 66, 378
地球磁場 296
地形営力 274

地磁気 23
地磁気活動 28
窒素固定 77
血の滝 229
地表オゾン 36
地表オゾン破壊 70
地表傾圧帯 316
チベット高原 66
チャクチ海 80
着氷 348
中間圏 9, 15, 32
中間圏界面領域 7
中規模渦 151
中新世 93
中性ラジカル反応 385, 386
中層大気 16, 19, 32
中層鉄仮説 153
稠密観測 341
超塩湖 253
長距離散布 214
超高層大気 28
長鎖脂肪酸 38
超伝導サブミリ波リム放射サウンダ（SMILES） 32
塵の尾 399

ツ

冷たい雨 354
剱岳 278
ツンドラ 187, 191, 197, 247

テ

低温性 204
低温性微生物 204
低温耐性 216
低温耐性機構 227
定常ロスビー波 329
ディスクリートオーロラ 23
泥炭 184
定着氷 98
ディフューズオーロラ 23
低密度アモルファス氷 361
低密度雲 393
底面すべり 273
底面融解 160
鉄（II） 382
鉄仮説 94
鉄還元菌 231
鉄酸化バクテリア 229
鉄分 325
デバイ緩和時間 359
デブリ氷河 272
電解質ドープ氷 384
電気双極子モーメント 359

ト

同位体 30
同位体気候モデリング 200
同位体濃縮 30
同位体比 58
同位体分析 289
同位体分別 200
凍雨 348
凍害防御物質 224
冬季雷 340
凍結抵抗性 177
凍結電位 382
凍結濃縮 381
凍結破砕作用 275
トウヒ 183
トウヒ属 175
動物相 197
動物プランクトン 104
冬眠 227
糖類 64
独立栄養生物群集 254
土質強度 380
土壌含水率 57
土壌窒素 179
土壌微生物 179
土壌有機物 179
土壌粒子 42
ドップラーレーダー 341
トナカイの民 197
トビムシ 220
ドームふじ基地 39, 285, 299, 308, 343, 346
ドームふじコア 292
ドライアイス 354, 378
ドラムリン 275
トリガード雷 341
トリムライン 275
トンネル反応 392

ナ

内量 352
中谷宇吉郎 38, 363
流れえくぼ 231
雪崩 304
南海トラフ 377
南極 270
南極オアシス 252
ナンキョクオキアミ 108, 120
南極海 78, 146
南極海洋生態系 108
ナンキョクカジカ亜目 110, 112, 114
ナンキョクカジカ科 110, 114

索引 407

南極観測委員会　252
ナンキョクサルオガセ群　214
南極昭和基地大型大気レーダー計画　12
南極振動　320, 322
南極底層水　144, 146, 148, 161, 330
南極氷床　245, 273, 276, 347

ニ

ニーオルスン　58
逃げ水　351
二酸化硫黄　55
二酸化炭素　10, 37, 48, 52, 232, 291, 308
西南極氷床　331
二次有機エアロゾル　39, 56
20年変動　319
ニッポンクモガタガガンボ　220
ニラス　136, 141

ヌ

ヌナタク　252

ネ

熱塩循環　92, 146
熱帯対流圏界層　17
熱帯低気圧　338
熱伝導率　135
熱分解起源ガス　376
熱力学過程　143
熱力学的インヒビター　302
粘菌類　259
粘塑性　142
粘塑性（VP）レオロジー　142
年輪　295
年輪気候学　199
年輪セルロース　200
年輪幅　199
年輪密度　199

ノ

ノトセニア　116
ノルウェー学派　316

ハ

バイオエアロゾル　44
バイオセキュリティ　198
バイオフィルム　254
バイオマス燃焼　37
バイカル湖　189, 380
パイプライン　186
ハイボリュームエアサンプラー　64

ハイマツ　189
ハエ目　219
波加速　10
ハクジラ類　128
爆弾低気圧　317, 338
バクテリア　240, 244
剥離浮上　255
蓮葉氷　136
ハダカイワシ科　110
8時間潮汐　26
発生卵　119
パッチ　108
ハドレー循環　317
パラグレイシャル　275
パラメータ　143
パルサ　164
ハルパギフェル科　110
バルハン　304
バレンツ海　329
ハロー　352
ハロカーボン　70
ハロゲン　36
反強誘電相　359
帆翔　121
繁殖生態　118
半日潮汐波　26

ヒ

非海塩性　54
東樺太海流　152
微化石　92
ヒゲクジラ類　128
飛砂　304
非在来型天然ガス　377
非スーパーセル型　341
微生物　204, 237, 239, 243
微生物バイオマス　235
微生物ループ　250
必須微量金属　80
ピナツボ火山の大噴火　49
比熱　134
ヒマラヤ　243
ヒマラヤ山脈　66
白夜　36
氷縁ブルーム　88, 99, 103
氷縁ブルームの「種」　101
氷河　274, 276, 278, 284
氷河暗色化　294
氷核活性細菌　373
氷核活性タンパク　210
氷核タンパク質　373
氷河湖　252, 275
氷河湖決壊　272
氷河湖決壊洪水　272

氷河擦痕　275
氷河上動物　218
ヒョウガソコミジンコ　218, 222
氷河動物　218
ヒョウガユスリカ　218
氷期　266, 274, 308
氷期-間氷期サイクル　246, 266
氷原動物　219
氷山舌　149
氷床　252, 268, 284, 305
氷晶　99
氷晶核　37, 42, 210
氷晶核形成　18
氷床下湖　239, 245, 252, 273
氷上湖　273
氷床コア　269, 301, 308
氷床高度　270
氷床表面融解　270
氷床融解　268
氷床流動モデル　307
氷食　274
氷食谷　275
氷触作用　252
氷星間塵　401
氷星間塵表面の化学　392
氷星間塵表面反応　391
氷成堆積物　275
氷楔　237
氷雪菌類　212
氷則　358
氷底湖　272, 277
氷瀑　283
氷板　232
氷盤間相互作用　142
表面カイネティクス　363
表面過飽和度不均一　363
表面質量収支　297
表面融解　160, 297, 363, 368
表面融解水　297
氷紋　282
氷流　276
漂流岩屑　92
微粒子　36
貧栄養　249, 253
ピンゴ　164

フ

フィードバック　183, 201
フィヨルド　275
フィルン　291, 371
風成循環　147
風物詩　350
風紋　304
富栄養化　253

孵化仔魚　119
不均一反応　62
複素屈折率　40
復氷　274
富士山　50
フタル酸エステル　64
物質循環　168, 243, 255
物質循環変動　76
不凍魚　114
不凍水　236
不凍タンパク質　114, 118, 213, 224, 236, 372, 377
不凍糖タンパク質　111, 114, 372
不凍ペプチド　115
浮氷　98
吹雪　304
部分循環　254
フミン様溶存有機物　80
冬型の気圧配置　318
ブライトバンド　349
ブライン　62, 74, 80, 84, 86, 98, 106, 134, 138, 146, 161
ブラインチャンネル　98, 138
ブラウンカーボン　41
フラジルアイス　136, 138, 140
プラズマシート　23
ブラックカーボン　37, 40, 46, 298
プラネタリー波　9, 13
プランクトン群集　255
ブリューワードブソン循環　10, 15, 19, 322
浮力　147
プロキシ　92, 295
フロストフラワー　62, 86, 283
ブロッキング現象　14
ブロッキング高気圧　312
フローティル　275
フロン　2, 10, 148
分子雲　387, 392, 393
分子動力学　367, 368
分布　104
分離浮遊卵　118

平均大気年代　16
平衡圧力　375
平衡形　365
平衡条件　302
ヘモグロビン　112
ベリリウム10　295
ベーリング海　324
ベルリン現象　13
変形菌類　259
偏光解析法　368

偏西風　67, 318
偏西風ジェット気流　316
ベントス生物群集　254

ホ

放射エネルギー　187
放射会合　385, 386
放射冷却　331, 347, 350
放出源　184
ボウズハゲギス　114
放線菌　237
防凍型　221
飽和水蒸気圧　17
保護効果　227
ホスト分子　374
北極霞　36
北極海　78, 104, 118, 154, 328
――の氷　64
北極海産カイアシ類　104
ホッキョクグマ　126, 197
北極圏　36
北極圏植物相・動物相保存作業部会　198
北極振動　317, 319, 322
ホッキョクダラ　118
北極評議会　198
北方針葉樹林　189
北方林　175, 183, 187, 191, 193, 197, 199
ボーフォート循環　154
ポーラーサンライズ　36, 68
ポリアモルフィズム　362
ポリニヤ　144
ホルムアルデヒド　60

マ

マイクロ波散乱計　157
マイクロ波放射計　149, 156
マイクロポケット　381
マイコスポリン様アミノ酸　255
埋土休眠種子　175
－10℃高度　340
マジェランアイナメ　111
マツ属　175
マリンズ-セカーカ不安定　366
丸太生産　195
マルチカテゴリーモデル　143
マロン酸　36
万年氷　237
マンモス・ステップ（ツンドラ・ステップ）　197
マンモス動物群　197

ミ

水　380
ミズゴケ類　191
ミズナラ　57
みずほ基地　286
みぞれ　348
密度　371
密度躍層　140
未凍結溶液　381
南半球環状モード　330
宮部ライン　170
ミラビライト　86
ミランコビッチ理論　267

ム

無機イオン成分　54
無糸球体腎　115
無循環湖　254
霧水　65
ムーラン　273

メ

鳴音モニタリング　128
メタン　37, 48, 52, 58, 183, 192, 232, 291
メタン酸化　18
メタン酸化細菌　231, 233
メタン食物網　234
メタン生成　233
メタン生成菌　233
メタンハイドレート　256, 301, 374, 379, 396
メタンフラックス　380
メルトポンド　132, 135

モ

燃える氷　302
木林利用　195
モノテルペン　56, 61
モミ属　175
モレーン　274
モレーンリッジ　275
モントリオール議定書　4

ヤ

屋久杉　295
夜光雲　7
山火事　173, 175
ヤマセ　312
ヤンガードリアス　150, 269
ヤングアイス　136

ユ

融解熱　134
有機エアロゾル　41, 60
有機炭素　46
有機物　37, 393
有機物層　183
有効位置エネルギー　316
融水プール　98
融氷河(性)堆積物　275
融氷水流堆積物　275
雪　370
　──の結晶　363
　──の変態　370
雪あられ　344
雪えくぼ　231
ユキカワゲラ　219
雪腐病菌　212
雪国の新時代　280
雪と雨の境界　348
ユキノミ　220
雪まりも　299
ユキムシ　219
雪虫　218
雪冷房　281
ユーラシア　328

ヨ

ヨウ化銀　354
ヨウ化物　382
ヨウ化メチル　70
陽子後方散乱法　368
陽子チャネリング法　368
溶存鉄　83
溶存鉄濃度　80
溶存有機物　82
葉内水　200
葉緑体　171
ヨーロッパアカマツ　189

ラ

ライギョダマシ　111
雷撃　341
落葉針葉樹林　189
落葉タイガ　190
ラジカル　5
ラニーニャ　14
ラフティング　137
ラフニング転移　366
ラプラス不安定　366
乱獲　129

リ

力学過程　142
陸起源有機物　38, 83
リグニン　64
リサイクルプロセス　344
利雪　280
リッジング　137
立方晶　374
リード　142
リモートセンシング　88
硫酸イオン　54
硫酸塩　36

ル

ルビスコ　180

レ

冷夏　312
冷気湖　335
冷気プール　348
冷水性種　348
レーザー高度計　157
レーダー高度計　157
レボグルコサン　66
連続フロー分析　289
連続分析　269, 290

ロ

漏斗雲　341
露岩域　252
ロス海　148
ロスビー波　312
六角プリズム　363
ロッシュムトネ　275
六方晶　374
六方晶系の氷 I_h　138

ワ

渡り鳥　197
ワモンアザラシ　125

粒状氷　139
流氷　98, 326
林冠火災　183
リングカレント　25

欧文索引

AABW　146
Aeronomy of Ice in the Mesosphere　8
AFP　372
AIM　270
AIM 衛星　8
AMOC　150
AMSR2　156
AMSR-E　156
ANME　257
antifreeze protein　224
AVHRR　156

BC　46, 298
BDC　19
^{10}Be　295

^{14}C　295
CAFF　198

calving　160
CCN　50
CFA　289
CFC　2, 10
C. glacialis　104
CH_4　58
^{36}Cl　295
clear ice　348
ClO　33
ClO の「第三ピーク」　33
CO_2　308, 325
CO_2 ハイドレート　375
cold monomictid　253
Conservation of Arctic Flora and Fauna Working Group　198
Continuous Flow Analysis　289
Copepoda　104
cryoprotectant　224
CryoSat-2　157

cryptobiosis　216

Dense Shelf Water　80, 324
d-excess　287
D/H 比　401
diapause　223
disordered phase　358
DNA　240
Dst 指数　24
DSW　80, 324

elastic-viscous-plastic　143
evaporation　160
EVP　143

faraelectrics　359

glaze　348

H_2O　374
HDA　361
high-nutrient, low-chlorophyll　94
HNLC　94
HO_2　33
HOCl　33
HP複合体　227
hydrogen bond　358

ice dammed lake　272
ice mantle　389
ice rules　358
ICESat　157
IGY　252
IPCC　151, 330
Iron Hypothesis　94
isotope　30, 161
isotopic enrichment　30

LDA　361

Matsuno-Gillパターン　17
MAX-DOAS法　61
melt pond　273
meromictic　254
mesopause　7
methanogen　233
methanogenesis　233
MH21　303
Mn^{2+}　382
MODIS　156

moraine dammed lake　272
NADW　146, 150
NEEM　269
NEP　193
NGRIP　269
NLC　7
noctilucent cloud　7
n-アルカン　64

O_3　32
OHラジカル　58
ordered phase　358

Pacific Decadal Oscillation　324
PANSY　12
paraelectrics　359
Paulingモデル　359
PDO　324
PFJ　317
phase diagram　358
pH変化　381
PM2.5　36
PMC　7
PMSE　7
polar mesospheric summer echoe　7
polyamorphism　362
precipitation　160
PSC　3, 4, 5, 21

QBO　19

Quasi-Biennial oscillation　19
QuikSCAT　157

remote sensing　31

SAM　330
SAR　157
SCAR　252
self-clathrate　358
severe weather　340
SMB　297
SMILES　32
SMMR　156
SOAトレーサー　64
Sr-Nd同位体比　293
SSM/I　156
STJ　317
supraglacial pond/lake　273
surface meltwater lake　273

tornado　341
TTL　17

viscous-plastic　142
VOC　56
VP　142

water spout　341

$\delta^{13}C$　58
δD　58
$\delta^{18}O$　269, 287

Memo

B.ストーンハウス著　前極地研 神沼克伊・三方洋子訳

北　極・南　極（普及版）
―極地の自然環境と人間の営み―

10140-9 C3040　　　　　B 4 変判 216頁 本体7800円

美しい写真と地図を用い、自然・生態から探検史・国家間関係に至る全貌を解説。〔内容〕地球の端／極の寒さ／氷の分析／極の海の生き物たち／陸上の動植物／初期の探検家たち／後期の探検家たち／極の政治力学／寒冷気候の科学／法制化と協力

日本雪氷学会編

積雪観測ガイドブック

16123-6 C3044　　　　　B 6 判 148頁 本体2200円

気象観測・予報、雪氷研究、防災計画、各種コンサルティング等に必須の観測手法の数々を簡便に解説〔内容〕地上気象観測／降積雪の観測／融雪量の観測／断面観測／試料採取／観察と撮影／スノーサーベイ／弱層テスト／付録（結晶分類他）／他

日本気象学会地球環境問題委員会編

地　球　温　暖　化
―そのメカニズムと不確実性―

16126-7 C3044　　　　　B 5 判 168頁 本体3000円

原理から影響まで体系的に解説。〔内容〕観測事実／温室効果と放射強制力／変動の検出と要因分析／予測とその不確実性／気温、降水、大気大循環の変化／日本周辺の気候の変化／地球表層の変化／海面水位上昇／長い時間スケールの気候変化

◈ 世界自然環境大百科〈全11巻〉◈
大澤雅彦総監訳　　地球の生命の姿を美しい写真で詳しく解説

前千葉大 大原　隆・自然環境研究センター 大塚柳太郎監訳
世界自然環境大百科1

生きている星・地球

18511-9 C3340　　　　　A 4 変判 436頁 本体28000円

地球の進化に伴う生物圏の歴史・働き（物質、エネルギー、組織化）、生物圏における人間の発展や関わりなどを多数のカラーの写真や図表で解説。本シリーズのテーマ全般にわたる基本となる記述が各地域へ誘う。ユネスコMAB計画の共同出版。

前東大 大澤雅彦・元筑波大 岩城英夫監訳
世界自然環境大百科3

サ　バ　ン　ナ

18513-3 C3340　　　　　A 4 変判 500頁 本体28000円

ライオン・ゾウ・サイなどの野生動物の宝庫であるとともに環境の危機に直面するサバンナの姿を多数のカラー図版で紹介．さらに人類起源の地サバンナに住む多様な人々の暮らし、動植物との関わり、環境問題、保護地域と生物圏保存を解説

前東大 大澤雅彦監訳
世界自然環境大百科6

亜熱帯・暖温帯多雨林

18516-4 C3340　　　　　A 4 変判 436頁 本体28000円

日本の気候にも近い世界の温帯多雨林地域のバイオーム、土壌などを紹介し、動植物の生活などをカラー図版で解説。そして世界各地における人間の定住、動植物資源の利用を管理や環境問題をからめながら保護区と生物圏保存地域までを詳述

前農工大 奥富　清監訳
世界自然環境大百科7

温　帯　落　葉　樹　林

18517-1 C3340　　　　　A 4 変判 456頁 本体28000円

世界に分布する落葉樹林の温暖な環境、気候・植物・動物・河川や湖沼の生命などについてカラー図版を用いてくわしく解説．またヨーロッパ大陸の人類集団を中心に紹介しながら動植物との関わりや環境問題、生物圏保存地域などについて詳述

前信州大 柴田　治・前東大 大澤雅彦・
前長崎大 伊藤秀三監訳
世界自然環境大百科9

北極・南極・高山・孤立系

18519-5 C3340　　　　　A 4 変判 512頁 本体28000円

極地のツンドラ、高山と島嶼（湖沼、洞窟を含む）の孤立系の三つの異なる編から構成されており、それぞれにおける自然環境、生物圏、人間の生活などについて多数のカラー図版で解説。さらに環境問題、生物圏保存地域についても詳しく記述

自然保護助成基金 有賀祐勝監訳
世界自然環境大百科10

海　洋　と　海　岸

18520-1 C3340　　　　　A 4 変判 564頁 本体28000円

外洋および海岸を含む海洋環境におけるさまざまな生態系（漂泳生物、海底の生物、海岸線の生物など）や人間とのかかわり、また沿岸部における人間の生活、保護区と生物圏保存地域などについて、多数のカラー写真・図表を用いて詳細に解説

前北大 小泉　格著

図説 地 球 の 歴 史

16051-2　C3044　　　　Ｂ５判 152頁 本体3400円

「古海洋学」の第一人者が，豊富な説明図を駆使して，地球環境の統合的理解を生き生きと描く。〔内容〕深海掘削／中生代／新生代／第四紀／一次生産による有機物の生成と二酸化炭素／珪藻質堆積物の形成と続成作用／南極と北極／日本海

立正大 吉﨑正憲・気象庁 加藤輝之著
応用気象学シリーズ4

豪 雨・豪 雪 の 気 象 学

16704-7　C3344　　　　Ａ５判 196頁 本体4200円

日本に多くの被害をもたらす豪雨・豪雪は積乱雲によりもたらされる。本書は最新の数値モデルを駆使して，それらの複雑なメカニズムを解明する。〔内容〕乾燥・湿潤大気／降水過程／積乱雲／豪雨のメカニズム／豪雪のメカニズム／数値モデル

日本ヒートアイランド学会編

ヒートアイランドの事典
―仕組みを知り，対策を図る―

18050-3　C3540　　　　Ａ５判 352頁 本体7400円

近年のヒートアイランド(HI)現象の影響が大きな社会問題となっている。本書はHI現象の仕組みだけでなく，その対策手法・施工法などについて詳述し，実務者だけでなく多くの市民にもわかりやすく2～6頁の各項目に分けて解説。〔内容〕HI現象の基礎（生活にもたらす影響，なぜ起こるのか，計測方法，数値解析による予測，自治体による対策指針）／HI対策（緑化による緩和，都市計画・機器，排熱・蒸発・反射による緩和）／HI関連情報（まちづくりの事例，街区・建物の事例など）

日本微生物生態学会編

環 境 と 微 生 物 の 事 典

17158-7　C3545　　　　Ａ５判 448頁 本体9500円

生命の進化の歴史の中で最も古い生命体であり，人間活動にとって欠かせない存在でありながら，微小ゆえに一般の人々からは気にかけられることの少ない存在「微生物」について，近年の分析技術の急激な進歩をふまえ，最新の科学的知見を集めて「環境」をテーマに解説した事典。水圏，土壌，極限環境，動植物，食品，医療など8つの大テーマにそって，1項目2～4頁程度の読みやすい長さで微生物のユニークな生き様と，環境とのダイナミックなかかわりを語る。

前東大 田辺　裕監訳
オックスフォード辞典シリーズ

オックスフォード 地 理 学 辞 典

16339-1　C3525　　　　Ａ５判 384頁 本体8800円

伝統的な概念から最新の情報関係の用語まで，人文地理と自然地理の両分野を併せて一冊にまとめたコンパクトな辞典の全訳。今まで日本の地理学辞典では手薄であった自然地理分野の用語を豊富に解説，とくに地形・地質学に重点をおきつつ，環境，気象学の術語も多数収録。簡潔な文章と平明な解説で的確な定義を与える本辞典は，地理学を専攻する学生・研究者のみならず，地理を愛好する一般読者や，地理に関係ある分野の方々にも必携の辞典である

元早大 坂　幸恭監訳
オックスフォード辞典シリーズ

オックスフォード 地 球 科 学 辞 典

16043-7　C3544　　　　Ａ５判 720頁 本体15000円

定評あるオックスフォードの辞典シリーズの一冊"Earth Science (New Edition)"の翻訳。項目は五十音配列とし読者の便宜を図った。広範な「地球科学」の学問分野――地質学，天文学，惑星科学，気候学，気象学，応用地質学，地球化学，地形学，地球物理学，水文学，鉱物学，岩石学，古生物学，古生態学，土壌学，堆積学，構造地質学，テクトニクス，火山学などから約6000の術語を選定し，信頼のおける定義・意味を記述した。新版では特に惑星探査，石油探査における術語が追加された

日本雪氷学会監修

雪 と 氷 の 事 典

16117-5 C3544　　　A5判 784頁 本体25000円

日本人の日常生活になじみ深い「雪」「氷」を科学・技術・生活・文化の多方面から解明し、あらゆる知見を集大成した本邦初の事典。身近な疑問に答え、ためになるコラムも多数掲載。〔内容〕雪氷圏／降雪／積雪／融雪／吹雪／雪崩／氷／氷河／極地氷床／海氷／凍上・凍土／雪氷と地球環境変動／宇宙雪氷／雪氷災害と対策／雪氷と生活／雪氷リモートセンシング／雪氷観測／付録(雪氷研究年表／関連機関リスト／関連データ)／コラム(雪はなぜ白いか？／シャボン玉も凍る？他)

日本地球化学会編

地 球 と 宇 宙 の 化 学 事 典

16057-4 C3544　　　A5判 500頁 本体12000円

地球および宇宙のさまざまな事象を化学的観点から解明しようとする地球惑星化学は、地球環境の未来を予測するために不可欠であり、近年その重要性はますます高まっている。最新の情報を網羅する約300のキーワードを厳選し、基礎からわかりやすく理解できるよう解説した。各項目1～4ページ読み切りの中項目事典。〔内容〕地球史／古環境／海洋／海洋以外の水／地表・大気／地殻／マントル・コア／資源・エネルギー／地球外物質／環境(人間活動)

立正大 吉崎正憲・前海洋研究開発機構 野田 彰他編

図説 地 球 環 境 の 事 典
〔DVD－ROM付〕

16059-8 C3544　　　B5判 392頁 本体14000円

変動する地球環境の理解に必要な基礎知識(144項目)を各項目見開き2頁のオールカラーで解説。巻末には数式を含む教科書的解説の「基礎論」を設け、また付録DVDには本文に含みきれない詳細な内容(写真・図，シミュレーション，動画など)を収録し，自習から教育現場までの幅広い活用に配慮したユニークなレファレンス。第一線で活躍する多数の研究者が参画して実現。〔内容〕古気候／グローバルな大気／ローカルな大気／大気化学／水循環／生態系／海洋／雪氷圏／地球温暖化

前気象庁 新田　尚監修　気象予報士会 酒井重典・
前気象庁 鈴木和史・前気象庁 饒村　曜編

気 象 災 害 の 事 典
―日本の四季と猛威・防災―

16127-4 C3544　　　A5判 576頁 本体12000円

日本の気象災害現象について、四季ごとに追ってまとめ、防災まで言及したもの。〔春の現象〕風／雨／気温／湿度／視程〔梅雨の現象〕種類／梅雨災害／雨量／風／地面現象〔夏の現象〕雷／高温／低温／風／台風／大気汚染／突風／都市化〔秋雨の現象〕台風災害／潮位／秋雨〔秋の現象〕霧／放射／乾燥／風〔冬の現象〕気圧配置／大雪／なだれ／雪・着雪／流氷／風／雷〔防災・災害対応〕防災情報の種類と着眼点／法律／これからの防災気象情報〔世界の気象災害〕〔日本・世界の気象災害年表〕

森林総合研究所編

森 林 大 百 科 事 典

47046-8 C3561　　　B5判 644頁 本体25000円

世界有数の森林国であるわが国は、古くから森の恵みを受けてきた。本書は森林がもつ数多くの重要な機能を解明するとともに、その機能をより高める手法、林業経営の方策、木材の有効利用性など、森林に関するすべてを網羅した事典である。〔内容〕森林の成り立ち／水と土の保全／森林と気象／森林における微生物の働き／野生動物の保全と共存／樹木のバイオテクノロジー／きのことその有効利用／森林の造成／林業経営と木材需給／木材の性質／森林バイオマスの利用／他

上記価格（税別）は 2016 年 6 月現在